A SINGULARIDADE ESTÁ MAIS PRÓXIMA

RAY KURZWEIL

A SINGULARIDADE ESTÁ MAIS PRÓXIMA

A FUSÃO DO SER HUMANO COM O PODER DA INTELIGÊNCIA ARTIFICIAL

TRADUÇÃO
Renato Marques

goya

A SINGULARIDADE ESTÁ MAIS PRÓXIMA

TÍTULO ORIGINAL:
The Singularity Is Nearer

COPIDESQUE:
Thaís Carvas

REVISÃO:
Isabela Talarico
Mônica Reis

CAPA:
Oga Mendonça

DADOS INTERNACIONAIS DE CATALOGAÇÃO NA PUBLICAÇÃO (CIP)
DE ACORDO COM ISBD

K96s   Kurzweil, Ray
A Singularidade está mais próxima: A fusão do ser humano com o poder da inteligência artificial / Ray Kurzweil ; traduzido por Renato Marques. - São Paulo : Goya, 2024.
512 p. ; 16cm x 23cm.

Tradução de: The Singularity Is Nearer: When We Merge with AI
Inclui índice.
ISBN: 978-85-7657-660-0

1. Inteligência artificial. 2. Computação. 3. Nanotecnologia.
4. Evolução humana. I. Marques, Renato. II. Título.

2024-2194
CDD 006.3
CDU 004.81

ELABORADO POR ODILIO HILARIO MOREIRA JUNIOR - CRB-8/9949

ÍNDICES PARA CATÁLOGO SISTEMÁTICO:
1. Inteligência artificial 006.3
2. Inteligência artificial 004.81

COPYRIGHT © RAY KURZWEIL, 2024

ESTA EDIÇÃO FOI PUBLICADA MEDIANTE ACORDO COM A VIKING, UM SELO DO GRUPO PENGUIN, PARTE DE PENGUIN RANDOM HOUSE LLC.

COPYRIGHT © EDITORA ALEPH, 2024

TODOS OS DIREITOS RESERVADOS.
PROIBIDA A REPRODUÇÃO, NO TODO OU EM PARTE,
ATRAVÉS DE QUAISQUER MEIOS, SEM A DEVIDA AUTORIZAÇÃO.

DIAGRAMAS DAS PÁGINAS 93, 94, 95 E 96 TIRADOS DE *A NEW KIND OF SCIENCE*, DE STEPHEN WOLFRAM (PÁGINAS 56, 23-27, 31). COPYRIGHT © 2002 POR STEPHEN WOLFRAM, LLC. USADO COM PERMISSÃO DA WOLFRAM MEDIA, WOLFRAMSCIENCE.COM/NKS; GRÁFICO DA PÁGINA 130 USADO COM PERMISSÃO DO GALLUP, INC. (NEWS.GALLUP.COM/POLL/1603/CRIME.ASPX); GRÁFICO DA PÁGINA 193 USADO COM PERMISSÃO DA LAZARD, INC.; FOTO DA PÁGINA 199 DO VERTICROP SYSTEM PELO USUÁRIO VALCENTEU DO WIKIMEDIA COMMONS VIA CC BY 3.0 (CREATIVECOMMONS.ORG/LICENSES/BY-SA/3.0/); FOTO DA PÁGINA 202 DA FDA POR MICHAEL J. ERMARTH.

---

goya
é um selo da Editora Aleph Ltda.

Rua Bento Freitas, 306, cj. 71
01220-000 – São Paulo – SP – Brasil
Tel.: 11 3743-3202

WWW.EDITORAGOYA.COM.BR

@editoragoya

Para Sonya Rosenwald Kurzweil. Como se fosse há apenas alguns dias, agora eu a conheço (e a amo) faz cinquenta anos!

SUMÁRIO

9   **INTRODUÇÃO**

15   **CAPÍTULO 1**
Em que ponto dos seis estágios nós estamos agora?

19   **CAPÍTULO 2**
Reinventar a inteligência

85   **CAPÍTULO 3**
Quem sou eu?

123   **CAPÍTULO 4**
A vida está ficando exponencialmente melhor

213   **CAPÍTULO 5**
O futuro dos empregos: boas ou más notícias?

257   **CAPÍTULO 6**
Os próximos trinta anos na saúde e no bem-estar

291   **CAPÍTULO 7**
Perigo

313   **CAPÍTULO 8**
Diálogo com Cassandra

319   **APÊNDICE**
Preço/desempenho da computação, 1939-2023, fontes da tabela

345 NOTAS

489 ÍNDICE REMISSIVO

505 AGRADECIMENTOS

INTRODUÇÃO

No meu livro de 2005, *A Singularidade está próxima: quando os humanos transcendem a biologia*, expus minha teoria de que tendências tecnológicas convergentes e exponenciais estão levando a uma transição que será absolutamente transformadora para a humanidade. Existem várias áreas-chave de mudança que, simultaneamente, continuam a acelerar: o poder computacional está ficando mais barato; há uma melhor compreensão da biologia humana; e a engenharia é possível em escalas muito menores. À medida que o potencial de realização da inteligência artificial cresce e que a informação se torna mais acessível, integramos essas capacidades de maneira cada vez mais estreita com a nossa inteligência biológica natural. Mais cedo ou mais tarde, a nanotecnologia permitirá que essas tendências culminem na expansão direta de nosso cérebro com camadas de neurônios virtuais na nuvem. Dessa forma, nos fundiremos com a IA e aumentaremos nossas próprias capacidades multiplicando em milhões de vezes a potência computacional que nossa biologia nos deu. Isso expandirá nossa inteligência e consciência de forma tão profunda que é até difícil compreender. É a esse evento que dou o nome de Singularidade.

O termo "singularidade" é emprestado da matemática (em que se refere a um ponto indefinido em uma função, como na divisão por zero) e da física (em que se refere ao ponto infinitamente denso no centro de um buraco negro, onde as leis normais da física entram em colapso). Mas é importante lembrar que utilizo o termo como metáfora. A minha previsão da Singularidade tecnológica não sugere que as taxas de mudança se tornarão realmente infinitas — uma vez que o crescimento exponencial não implica infinito —, tampouco faz disso uma singularidade física. Um buraco negro tem uma gravidade tão forte que não deixa nem a própria luz escapar, mas a mecânica quântica não dispõe de meios para explicar uma quantidade verdadeiramente infinita de massa. Antes, uso a metáfora da singularidade porque ela captura nossa incapacidade de, com o nosso atual grau de inteligência, compreender essa drástica mudança. Contudo, à medida que a transição se desenrola, melhoraremos a nossa cognição com rapidez suficiente para nos adaptarmos.

Em *A Singularidade está próxima*, expliquei de forma detalhada que as tendências em longo prazo sugerem que a Singularidade acontecerá por volta de 2045. Na época em que o livro foi publicado, essa data situava-se quarenta anos — duas gerações completas — no futuro. Naquela distância, pude fazer previsões sobre as amplas forças que provocariam essa transformação, mas, para a maioria dos leitores em 2005, o assunto ainda estava relativamente longe da realidade cotidiana. E muitos críticos argumentaram que meu cronograma era demasiadamente otimista, ou até mesmo que a Singularidade era impossível.

Desde então, contudo, algo extraordinário aconteceu. O progresso continuou a acelerar, desafiando os céticos. As redes sociais e os smartphones passaram de quase inexistentes a companheiros diários que, hoje, conectam a maior parte da população mundial. As inovações dos algoritmos e a emergência do *big data* [grande volume de dados] permitiram que a IA alcançasse avanços espantosos mais cedo do que os especialistas esperavam — desde dominar jogos como *Jeopardy!* e Go até dirigir automóveis, escrever textos, passar em exames da Ordem dos Advogados e diagnosticar câncer. Agora, grandes modelos de linguagem, poderosos e flexíveis como GPT-4 e Gemini são capazes de traduzir instruções de linguagem natural em códigos de computador, reduzindo drasticamente a barreira entre humanos e máquinas. No momento em que você estiver lendo estas páginas, dezenas de milhões de pessoas provavelmente já terão conhecido esses recursos na prática e em primeira mão. O custo para o sequenciamento do genoma caiu cerca de 99,997%, e as redes neurais começaram a desencadear importantes descobertas médicas ao simular digitalmente a biologia. Estamos até mesmo adquirindo a capacidade de, enfim, conectar computadores diretamente ao cérebro.

Subjacente a todos esses desdobramentos está o que eu chamo de Lei dos Retornos Acelerados: as tecnologias de informação, como a computação, ficam exponencialmente mais baratas, porque cada avanço torna mais fácil conceber a fase seguinte da sua própria evolução. Como resultado disso, enquanto escrevo estas frases, 1 dólar compra cerca de 11.200 vezes mais poder computacional, em valores ajustados pela inflação, do que quando *A Singularidade está próxima* chegou às livrarias.

O gráfico a seguir, que irei detalhar mais adiante, resume a tendência mais importante que impulsiona nossa civilização tecnológica: o crescimento exponencial de longo prazo (mostrado como uma linha mais ou menos reta nesta escala logarítmica) na quantidade de poder computacional que 1 dólar constante pode comprar. A notória Lei de Moore observa que o tamanho dos transistores diminui de modo constante, permitindo que os computadores se tornem cada vez mais poderosos — mas isso é apenas uma manifestação da Lei dos Retornos Acelerados, que já era válida muito antes da invenção dos transistores e, espera-se, continuará a ser válida mesmo depois que os transistores atingirem seus limites físicos e forem suplantados por novas tecnologias. Essa tendência definiu o mundo moderno, e quase todas as futuras inovações discutidas neste livro serão, direta ou indiretamente, possibilitadas por ela.

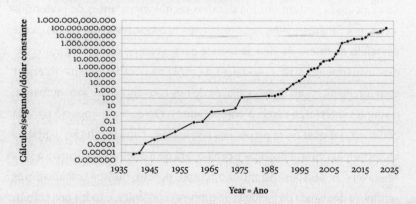

Preço/desempenho da computação, 1939-2023[1]

Melhor relação preço/desempenho da computação alcançada em cálculos por segundo por dólar de 2023 constante

Para maximizar a comparabilidade das máquinas, este gráfico centra-se na relação preço/desempenho durante a era dos computadores programáveis, mas as estimativas para dispositivos de computação eletromecânicos anteriores mostram que essa tendência remonta pelo menos à década de 1880.[2]

Portanto, nos mantivemos dentro do prazo previsto para a Singularidade. A urgência deste livro vem da própria natureza da mudança exponencial. Tendências quase imperceptíveis no início deste século estão agora impactando de forma concreta bilhões de vidas humanas. No início da década de 2020, entramos na parte acentuadamente íngreme da curva exponencial, e o ritmo da inovação vem afetando a sociedade como nunca antes. Em termos objetivos: enquanto você lê estas páginas, provavelmente está mais próximo da criação da primeira IA sobre-humana do que do lançamento do meu último livro, *Como criar uma mente: os segredos do pensamento humano*, de 2012. E provavelmente está mais perto da Singularidade do que do lançamento do meu livro de 1999, *A era das máquinas espirituais*. Ou, para medirmos em termos de vida humana, os bebês nascidos hoje estarão se formando na faculdade quando a Singularidade acontecer. Isso é, num nível muito pessoal, um tipo de "próximo" diferente do que era em 2005.

Foi por isso que escrevi este livro agora. A milenar marcha da humanidade em direção à Singularidade tornou-se uma corrida. Na introdução de *A Singularidade está próxima*, escrevi que àquela altura estávamos "nos primeiros estágios dessa transição". Atualmente, estamos entrando no ápice da transição. Aquele livro tratava de vislumbrar um horizonte distante — este é sobre os últimos quilômetros da arrancada final para alcançá-lo.

Felizmente, agora podemos ver esse caminho com muito mais clareza. Embora ainda restem muitos desafios tecnológicos antes de podermos alcançar a Singularidade, seus principais precursores estão rapidamente passando da esfera da ciência teórica para o campo da investigação e do desenvolvimento ativos. Ao longo da próxima década, iremos interagir com inteligências artificiais capazes de nos convencer que são humanas, e simples interfaces cérebro-computador terão enorme impacto na vida cotidiana, tal qual os smartphones fazem hoje. Uma revolução digital na biotecnologia curará doenças e prolongará de maneira significativa a vida saudável das pessoas. Ao mesmo tempo, porém, muitos trabalhadores sentirão a dor aguda da ferroada da ruptura econômica, e todos nós enfrentaremos riscos decorrentes da utilização indevida, acidental ou deliberada, dessas novas capacidades. Na década de 2030, o autoaperfeiçoamento da IA e o amadurecimento da nanotecnologia farão a interação entre humanos e máquinas como nunca na história, aumentando ainda mais tanto a promessa quanto os riscos e mazelas. Se conseguirmos enfrentar os desafios científicos, éticos, sociais e políticos acarretados por esses avanços, até 2045 transformaremos profundamente, e para melhor, a vida na Terra. No entanto, se falharmos, a nossa própria sobrevivência estará em xeque. Portanto, este livro trata da nossa aproximação final da Singularidade — as oportunidades e os perigos que devemos enfrentar juntos ao longo da última geração do mundo tal como o conhecemos.

Para começar, examinaremos minuciosamente a maneira como a Singularidade acontecerá e colocaremos esse fato no contexto da longa busca de nossa espécie para reinventar nossa própria inteligência. Criar senciência com tecnologia traz à tona questões filosóficas importantes, por isso abordaremos o modo como essa transição afeta a nossa própria identidade e senso de propósito. Em seguida, voltaremos nossas atenções às tendências práticas que caracterizarão as próximas décadas. Mostrarei que a Lei dos Retornos Acelerados vem impulsionando uma gama muito ampla de métricas que refletem o bem-estar humano. Um dos aspectos negativos mais óbvios da inovação, porém, é o desemprego causado pela automação nas suas diversas formas. Embora esses danos sejam reais, veremos por que há boas razões para otimismo no longo prazo — e por que, em última análise, não entraremos em competição com a IA.

À medida que essas tecnologias desencadeiam uma enorme abundância material para a civilização, nosso foco passará a ser a superação da próxima barreira ao nosso pleno florescimento: as fragilidades da biologia humana. Em seguida, analisaremos as ferramentas a serem utilizadas nas próximas décadas a fim de obtermos um domínio cada vez maior sobre a própria biologia — primeiro, derrotando o envelhecimento do corpo e, em seguida, incrementando nosso cérebro limitado e inaugurando a Singularidade. No entanto, essas inovações também podem nos colocar em perigo. Novos e revolucionários sistemas em biotecnologia, nanotecnologia ou inteligência artificial podem resultar em uma catástrofe existencial, a exemplo de uma devastadora pandemia ou uma reação em cadeia de máquinas autorreplicadoras. Concluiremos com uma avaliação dessas ameaças, que justificam um planejamento cuidadoso; porém, explicarei em minúcias que existem abordagens muito promissoras para mitigá-las.

Vivemos os anos mais empolgantes e importantes de toda a história. Não é possível dizer com 100% de certeza como será a vida após o advento da Singularidade. No entanto, ao compreender e antecipar as transições que conduzem a ela, podemos ajudar a garantir que a entrada final da humanidade na Singularidade seja segura e bem-sucedida.

CAPÍTULO 1

EM QUE PONTO DOS SEIS ESTÁGIOS NÓS ESTAMOS AGORA?

No meu livro *A Singularidade está próxima*, descrevi a base da consciência como informação. Citei seis estágios, ou épocas, desde o início do nosso universo, cada estágio desencadeando o seguinte a partir de métodos de processamento de informações do estágio anterior. Assim, a evolução da inteligência funciona por meio de uma sequência indireta de outros processos.

A Época Um foi o nascimento das leis da física e, mais tarde, das leis da química, que foram possibilitadas pelas leis da física. Algumas centenas de milhares de anos depois do Big Bang, começaram a se formar átomos a partir de elétrons que circulavam em torno de um núcleo de prótons e nêutrons. Aparentemente, os prótons em um núcleo não deveriam estar tão próximos uns dos outros, porque a força eletromagnética tenta separá-los violentamente. No entanto, existe uma força separada, chamada força nuclear forte, que mantém os prótons juntos. O responsável por conceber as regras do universo, "seja lá quem tenha sido", forneceu essa força adicional, possibilitando a evolução via átomos.

Bilhões de anos depois, os átomos formaram moléculas capazes de representar informações elaboradas. O carbono era o componente básico mais útil e versátil, pois conseguia formar quatro ligações, em comparação com uma, duas ou três da maioria dos outros núcleos. O fato de vivermos em um mundo que permite uma química complexa é uma extrema improbabilidade. Por exemplo, se a força da gravidade fosse ligeiramente mais fraca, não existiriam supernovas para criar os elementos químicos dos quais a vida é feita. Se fosse apenas um pouco mais forte, as estrelas entrariam em colapso e morreriam antes que se pudesse formar a vida inteligente. Essa constante física teve de se manter dentro de um leque muito estreito, caso contrário não estaríamos aqui. Vivemos em um universo que é equilibrado com extrema precisão, de modo a permitir um nível de ordem que possibilitou o desenrolar da evolução.

Há vários bilhões de anos, teve início a Época Dois: a vida. As moléculas tornaram-se complexas o suficiente para definir um organismo inteiro em uma molécula. Assim, as criaturas vivas, cada qual com seu DNA, foram capazes de evoluir e se espalhar.

Na Época Três, os animais descritos pelo DNA formaram cérebros, que armazenavam e processavam informações. Esses cérebros propiciaram vantagens evolutivas, desenvolvendo maior complexidade ao longo de milhões de anos.

Na Época Quatro, os animais usaram a capacidade cognitiva superior que conquistaram, juntamente com os polegares, para traduzir pensamentos em ações complexas. Foi o surgimento da humanidade. Nossa espécie usou essas habilidades para criar tecnologias capazes de armazenar e manipular informações — de papiros aos discos rígidos. Essas tecnologias aprimoraram as capacidades do nosso cérebro para perceber, gravar e avaliar padrões de informação. É outra fonte de evolução muito maior do que o nível de progresso anterior. Com o cérebro, adicionamos cerca de 16,4 centímetros cúbicos de matéria cerebral a cada 100 mil anos, ao passo que com a computação digital estamos duplicando a relação preço/desempenho a cada dezesseis meses.

Na Época Cinco, fundiremos diretamente a cognição humana biológica com a velocidade e o poder da nossa tecnologia digital. Trata-se das interfaces cérebro-computador (BCIs, no acrônimo em inglês). O processamento neural humano ocorre a uma velocidade de várias centenas de ciclos por segundo, em comparação com vários bilhões por segundo da tecnologia digital. Além da velocidade e do tamanho da memória, aprimorar nosso cérebro com computadores não biológicos nos permitirá adicionar camadas ao nosso neocórtex, desencadeando uma cognição muitíssimo mais complexa e abstrata do que podemos imaginar atualmente.

A Época Seis é quando a nossa inteligência se espalha por todo o universo, transformando a matéria comum em computronium, que é matéria organizada na densidade máxima da computação.

No meu livro de 1999, *A era das máquinas espirituais*, previ que em 2029 as máquinas/computadores começariam a ser aprovados num Teste de Turing — em que uma inteligência artificial é capaz de se comunicar por texto de forma indistinguível de um ser humano. Repeti isso em *A Singularidade está próxima*, de 2005. Passar em um Teste de Turing válido significa que uma IA domina a linguagem e o raciocínio de senso comum como os humanos. Turing descreveu seu conceito em 1950,[1] mas não especificou de que maneira o teste deveria ser administrado. Numa aposta que fiz com Mitch Kapor, definimos as nossas próprias regras, que são muito mais difíceis do que outras interpretações.

Minha expectativa era que, para passarmos em um Teste de Turing válido até 2029, precisaríamos ser capazes de alcançar uma grande variedade de conquistas intelectuais com a IA até 2020. E, de fato, desde essa previsão, a IA dominou com imensa proficiência muitos dos desafios intelectuais mais difíceis da humanidade — de jogos de perguntas e respostas e Go a aplicações sérias, como radiologia e descoberta de medicamentos. Enquanto escrevo este texto, os principais sistemas de IA, como Gemini e GPT-4, estão estendendo suas capacidades a diversos domínios de desempenho — e estimulando novos passos no caminho para a inteligência geral.

Em última análise, quando um programa passar no Teste de Turing, ele precisará, na verdade, parecer bem menos inteligente em muitas áreas, porque, caso contrário, ficará óbvio que se trata de uma IA. Por exemplo, se conseguisse resolver corretamente qualquer problema matemático num piscar de olhos, o programa seria reprovado. Assim, em uma tarefa do nível do Teste de Turing, as IAs terão capacidades que realmente vão muito além dos melhores humanos na maioria das áreas.

Estamos agora na Época Quatro, em que a tecnologia disponível já produz resultados que excedem nossa capacidade de compreensão em algumas tarefas. E estamos fazendo progressos rápidos e cada vez mais acelerados em relação aos aspectos do Teste de Turing que a IA ainda não dominou. Passar no Teste de Turing, o que estou antevendo para 2029, nos levará à Época Cinco.

Uma capacidade fundamental na década de 2030 será conectar as regiões superiores do nosso neocórtex à nuvem, o que ampliará diretamente o nosso pensamento. Dessa forma, em vez de ser uma concorrente, a IA se tornará uma extensão de nós mesmos. Quando isso acontecer, as partes não biológicas da nossa mente proporcionarão uma capacidade milhares de vezes mais cognitiva do que as partes biológicas.

À medida que esse aspecto progredir exponencialmente, ampliaremos nossa mente muitos milhões de vezes até 2045. Essas incompreensíveis velocidade e magnitude de transformação permitirão que tomemos emprestada da física a metáfora da Singularidade para descrever o nosso futuro.

CAPÍTULO 2

REINVENTAR A INTELIGÊNCIA

O que significa reinventar a inteligência?

Se toda a história do universo gira em torno de paradigmas de processamento de informações em constante evolução, a história da humanidade já começa com mais de meio caminho andado. Em última análise, nosso capítulo nessa grande história diz respeito à nossa transição de animais com cérebro biológico para seres transcendentes cujo pensamento e identidade deixam de estar atrelados ao que a genética fornece. Na década de 2020, estamos prestes a entrar na última fase desta transformação: reinventar a inteligência que a natureza nos deu num substrato digital mais poderoso, para depois fundir-nos com ele. Ao fazermos isso, a Época Quatro do universo dará origem à Época Cinco.

Mas como acontecerá em termos concretos? Para compreender o que implica reinventar a inteligência, examinaremos primeiro o nascimento da IA e as duas grandes escolas de pensamento que surgiram dela. Para entender por que uma prevaleceu sobre a outra, relacionaremos isso com o que a neurociência nos diz sobre como o cerebelo e o neocórtex deram origem à inteligência humana. Depois de analisarmos a maneira como a aprendizagem profunda está atualmente recriando os poderes do neocórtex, teremos condições de avaliar o que a IA ainda precisa alcançar a fim de atingir os níveis humanos e como saberemos quando isso acontecer.

Por fim, voltaremos nossas atenções para o modo como, auxiliados pela IA sobre-humana, projetaremos interfaces cérebro-computador que expandirão enormemente nosso neocórtex com camadas de neurônios virtuais. Isso dará oportunidades para o desbloqueio de modos de pensamento inteiramente novos e, em última análise, expandirá milhões de vezes a nossa inteligência: essa é a Singularidade.

O nascimento da IA

Em 1950, o matemático britânico Alan Turing (1912-1954) publicou no periódico *Mind: A Quarterly Review of Psychology and Philosophy* um artigo intitulado "Computing Machinery and Intelligence"[1], em que fez uma das perguntas mais ousadas na história da ciência: "Uma máquina pode pensar?". Embora a ideia de máquinas pensantes remonte, pelo menos, a Talos de Creta, o autômato feito de bronze da mitologia grega,[2] o avanço de Turing foi reduzir o conceito a algo empiricamente testável. Ele propôs usar o "jogo da imitação" — que hoje conhecemos como Teste de Turing — para determinar se a computação de uma máquina era capaz de realizar as mesmas tarefas cognitivas de nosso cérebro. Nesse teste, juízes humanos entrevistam tanto a IA quanto pessoas por meio de mensagens instantâneas, remotamente, sem ver com quem estão falando. Fazem perguntas sobre qualquer assunto ou situação que desejarem. Se, após certo período, o comitê de juízes especialistas não conseguir determinar se quem respondeu foi a IA ou os humanos, então se conclui que a IA passou no teste.

Ao transformar essa ideia filosófica numa ideia científica, Turing gerou um tremendo entusiasmo entre os pesquisadores. Em 1956, o professor de matemática John McCarthy (1927-2011) propôs um estudo de dois meses, com dez pessoas, a ser realizado no Dartmouth College, em Hanover, New Hampshire.[3] O objetivo do "Workshop de Dartmouth" era o seguinte:

> O estudo baseia-se na conjectura de que todo e qualquer aspecto da inteligência humana possa, em princípio, ser descrito de maneira tão precisa que uma máquina seja capaz de simulá-lo. Haverá uma tentativa de descobrir como fazer as máquinas utilizarem a linguagem, formarem abstrações e conceitos, resolverem problemas que hoje são reservados aos humanos e aprimorarem a si mesmas.[4]

Nos preparativos para a conferência, McCarthy propôs que esse campo, que acabaria por automatizar todos os outros campos, fosse chamado de "inteligência artificial".[5] Não é uma designação que me agrade, uma vez que "artificial" faz com que essa forma de inteligência pareça "não real", mas é o termo que perdurou.

O estudo foi realizado, mas seu objetivo — especificamente, fazer com que as máquinas entendessem os problemas descritos em linguagem natural — não foi alcançado no prazo almejado de dois meses. Ainda estamos trabalhando nisso; é claro, agora com muito mais de dez pessoas. De acordo com o conglomerado tecnológico chinês Tencent, em 2017 já existiam cerca de 300 mil "pesquisadores e profissionais de IA" no mundo,[6] e o *Relatório Global de Talentos em IA* de 2019, elaborado por Jean-François Gagné, Grace Kiser e Yoan Mantha, contou com aproximadamente 22.400 especialistas em IA publicando resultados de pesquisas originais, dos quais cerca de 4 mil foram considerados extremamente influentes.[7] E, de acordo com o Instituto de Inteligência Artificial Centrada no Ser Humano da Universidade Stanford, pesquisadores de IA geraram em 2021 mais de 496 mil publicações e mais de 141 mil registros de patentes.[8] Em 2022, o investimento corporativo global em IA foi da ordem de 189 bilhões de dólares, treze vezes maior do que na década anterior.[9] Quando você estiver lendo este livro, os números terão crescido ainda mais.

Tudo isso teria sido difícil de imaginar em 1956. No entanto, o objetivo do Workshop de Dartmouth era mais ou menos equivalente à criação de uma IA que fosse capaz de passar no Teste de Turing. Minha previsão de que alcançaremos isso até 2029 tem se mantido consistente desde meu livro de 1999, *A era das máquinas espirituais*, publicado numa época em que muitos julgavam que esse marco *jamais* seria alcançado.[10] Até pouco tempo, profissionais da área consideravam que minha projeção era de um otimismo extremo. Por exemplo, uma pesquisa de 2018 revelou uma previsão agregada entre especialistas em IA de que a inteligência das máquinas em nível humano só chegaria por volta de 2060.[11] Mas os últimos avanços em grandes modelos de linguagem [ou modelos de linguagem de grande escala; LLMs, no acrônimo em inglês] alteraram rapidamente as expectativas. Enquanto eu escrevia os primeiros rascunhos deste livro, o consenso da plataforma Metaculus, principal site de previsões do mundo, oscilava entre as décadas de 2040 e 2050. No entanto, o surpreendente progresso da IA nos últimos dois anos sobrepujou as projeções e, em maio de 2022, o consenso da Metaculus concordou comigo quanto à data precisa de 2029.[12] Desde então, chegou a oscilar para 2026, colocando-me, do ponto de vista técnico, no campo dos prazos longos![13]

Até mesmo especialistas na área ficaram surpresos com muitos dos avanços recentes em IA. Não se trata apenas de acontecerem mais cedo do que a maioria esperava, mas também de que parecem ocorrer de maneira súbita e sem muito aviso de que um gigantesco salto é iminente. Por exemplo, em outubro de 2014, Tomaso Poggio, especialista em IA e ciência cognitiva do Instituto de Tecnologia de Massachusetts (MIT), afirmou: "Do ponto de vista intelectual, a capacidade de descrever o conteúdo de uma imagem seria uma das coisas mais desafiadoras para uma máquina. A fim de resolver esse tipo de questão, precisaremos de outro ciclo de investigação básica".[14] Poggio estimou que esse avanço revolucionário estava a pelo menos duas décadas de distância. No mês seguinte, o Google lançou uma IA de reconhecimento de objetos capaz de fazer exatamente isto. Quando Raffi Khatchadourian, da revista *The New Yorker*, perguntou-lhe a respeito, Poggio recuou para um ceticismo mais filosófico sobre se essa capacidade representava uma verdadeira inteligência. Cito esse fato não como uma crítica a Poggio, mas como observação de uma tendência que todos compartilhamos. Ou seja, antes que a IA atinja determinado objetivo, o desafio parece extremamente difícil e singularmente humano. Porém, depois que a IA chega lá, o tamanho da façanha diminui aos olhos humanos. Em outras palavras, verdade seja dita: o nosso verdadeiro progresso é mais significativo do que parece em retrospecto. É uma das razões pelas quais continuo otimista em relação à minha previsão para 2029.

Então, por que ocorreram essas descobertas repentinas? A resposta está em um problema teórico que remonta aos primórdios da área. Em 1964, quando eu cursava o ensino médio, conheci dois pioneiros da inteligência artificial: Marvin Minsky (1927-2016), um dos co-organizadores do Workshop de Dartmouth, e Frank Rosenblatt (1928-1971). Em 1965, matriculei-me no MIT e comecei a estudar com Minsky, que na ocasião realizava um trabalho fundamental que alicerça os expressivos avanços da IA que vemos hoje. Minsky ensinou-me que existem duas técnicas para criar soluções automatizadas para problemas: o enfoque simbólico e o enfoque conexionista.

O enfoque simbólico descreve, em termos baseados em regras, a maneira como um especialista humano resolveria um problema. Em alguns casos, os sistemas baseados nessa abordagem podem ser bem-sucedidos. Por exemplo, em 1959, a RAND Corporation introduziu o *General Problem Solver* (GPS), um programa de computador capaz de combinar axiomas matemáticos simples para resolver problemas lógicos.[15] Herbert A. Simon, J. C. Shaw e Allen Newell desenvolveram o GPS para ter a capacidade teórica de resolver *qualquer* problema que pudesse ser expresso como um conjunto de *well-formed formulas* [fórmulas bem formadas, ou WFFs]. Para que o GPS funcionasse, seria necessário utilizar uma WFF (em essência, um axioma) em cada fase do processo, incorporando-a metodicamente a uma prova matemática da resposta.

Mesmo que você não tenha experiência com lógica formal ou matemática baseada em provas, essa ideia é fundamentalmente a mesma que acontece na álgebra. Se você sabe que 2 + 7 = 9 e que um número desconhecido x adicionado a 7 é 10, você consegue provar que x = 3. Mas esse tipo de lógica tem aplicações muito mais amplas do que apenas resolver equações. É também o que usamos (sem sequer nos darmos conta) quando nos perguntamos se algo corresponde a uma determinada definição. Se você sabe que números primos são aqueles divisíveis apenas por 1 e por eles mesmos, e sabe que 11 é divisor de 22 e que 1 não é igual a 11, então é capaz de concluir que 22 não é um número primo. Começando com os axiomas mais básicos e elementares possíveis, o GPS poderia fazer esse tipo de cálculo para questões muito mais difíceis. Em última análise, é isso que os matemáticos humanos também fazem — a diferença é que uma máquina pode (pelo menos em teoria) pesquisar todas as formas possíveis de combinar os axiomas fundamentais em busca da verdade.

Para ilustrar: se houvesse dez desses axiomas disponíveis para escolha em cada ponto, e digamos que fossem necessários vinte axiomas para chegar a uma solução, isso significaria 10^{20}, ou 100 bilhões de bilhões, de soluções possíveis. Hoje dispomos de computadores modernos para lidar com números tão grandes, mas em 1959 isso estava muito além do que as velocidades computacionais conseguiriam alcançar. Naquele ano, o computador DEC PDP-1 era capaz de realizar cerca de 100 mil operações por segundo.[16] Em 2023, uma máquina virtual Google Cloud A3 poderia realizar cerca de 26.000.000.000.000.000.000 operações por segundo.[17] Hoje, 1 dólar compra cerca de *1,6 trilhão* de vezes mais poder de computação do que comprava quando o GPS foi desenvolvido.[18] Problemas cuja resolução exigiria dezenas de milhares de anos com a tecnologia disponível em 1959 levam, atualmente, apenas alguns minutos em hardware de computação vendido em qualquer loja. Para compensar suas limitações, o GPS programou heurísticas que tentariam classificar a prioridade das possíveis soluções. As heurísticas funcionavam às vezes, e seu êxito corroborou a ideia de que uma solução computadorizada seria capaz, no fim das contas, de resolver qualquer problema definido com rigor.

Outro exemplo foi um sistema chamado MYCIN, desenvolvido durante a década de 1970 com o intuito de diagnosticar e recomendar tratamentos curativos para doenças infecciosas. Em 1979, uma equipe especializada de avaliadores comparou seu desempenho com o de médicos humanos e constatou que o MYCIN se saiu tão bem ou melhor do que qualquer um dos médicos no estudo.[19]

Uma "regra" típica do MYCIN afirma:

SE: 1) a infecção que requer tratamento for meningite
2) e o tipo de infecção for por fungos
3) e os organismos não foram vistos na mancha da cultura
4) e o paciente não for um hospedeiro comprometido
5) e o paciente esteve em uma área que seja endêmica para coccidiomicoses
6) e o paciente for negro, asiático ou indiano
7) e o antígeno criptocócico no líquido cefalorraquidiano não for positivo,

ENTÃO: existem evidências sugestivas (.5) de que o criptococo não é um dos organismos (além daqueles observados em culturas ou esfregaços) que pode estar causando a infecção.[20]

No final da década de 1980, esses "sistemas especialistas" utilizavam modelos de probabilidade e conseguiam combinar muitas fontes de evidência para tomar uma decisão.[21] Ainda que uma única regra *se-então* não fosse suficiente por si só, por meio da combinação de milhares delas o resultado do sistema global poderia tomar decisões confiáveis para um problema restrito.

Embora o enfoque simbólico tenha sido utilizado por mais de meio século, sua principal limitação era o "teto de complexidade".[22] Quando o MYCIN e outros sistemas semelhantes cometiam um erro, corrigi-lo poderia resolver esse problema específico, mas isso, por sua vez, daria origem a três outros erros, que viriam à tona em outras situações. Parecia haver um limite na complexidade, um teto que tornava muito estreita a gama geral de problemas do mundo real passíveis de resolução.

Uma maneira de encarar a complexidade dos sistemas baseados em regras é considerá-la como um conjunto de possíveis pontos de falha. Em termos matemáticos, um grupo de n coisas tem 2^{n-1} subconjuntos (sem contar o conjunto vazio). Assim, se uma IA usa um conjunto de regras com apenas uma regra, há apenas um único ponto de falha: essa regra funciona corretamente por si só ou não? Se houver duas regras, existem três pontos de falha: cada regra por si só e as interações nas quais elas se combinam. O crescimento é exponencial. Cinco regras significam 31 pontos de falha potenciais, dez regras significam 1.023, cem regras significam mais de mil bilhões de bilhão de bilhão, e mil regras significam mais de um gugol de gugols de gugols! Logo, quanto maior o número de regras, maior será o número de subconjuntos possíveis. Mesmo que apenas uma fração extremamente minúscula de possíveis combinações de regras introduza um novo problema, chega um ponto (cuja posição exata varia de uma situação para outra) em que adicionar uma nova regra para resolver um problema provavelmente causará mais de um problema adicional. Esse é o teto da complexidade.

É provável que o mais antigo projeto de sistema especializado ainda em funcionamento seja o Cyc (da palavra *encyclopedica*), criado por Douglas Lenat e seus colegas da Cycorp.[23] Iniciado em 1984, o longevo Cyc tem o objetivo de codificar todo o "conhecimento do senso comum" — fatos amplamente conhecidos, do tipo *Se um ovo cair, quebrará*, ou *Uma criança correndo pela cozinha com os sapatos sujos de lama irritará os pais*. Essas milhões de pequenas ideias não estão escritas em lugar nenhum. São suposições tácitas subjacentes ao comportamento e ao raciocínio humanos, necessárias para compreender o que uma pessoa média sabe em vários domínios. No entanto, como o sistema Cyc representa também esse conhecimento com regras simbólicas, ele enfrenta o teto da complexidade.

Na década de 1960, enquanto Minsky me aconselhava sobre os prós e os contras do enfoque simbólico, comecei a ver o valor agregado do enfoque conexionista. Isso requer redes de nós que criam inteligência por meio de sua estrutura, e não por meio de seu conteúdo. Em vez de usar regras inteligentes, utilizam nodos burros, organizados de modo a extrair insights dos próprios dados. Como resultado, têm o potencial de descobrir padrões sutis que jamais ocorreriam a programadores humanos que tentassem criar regras simbólicas. Uma das principais vantagens do enfoque conexionista é que permite resolver problemas sem compreendê-los. Para começo de conversa, mesmo que tivéssemos uma perfeita capacidade de formular e implementar regras isentas de erros para a resolução simbólica de problemas de IA (e não temos), estaríamos limitados por nossa compreensão imperfeita de quais regras seriam ideais.

Esta é uma poderosa forma de resolver problemas complexos, mas é uma faca de dois gumes. A IA conexionista tende a tornar-se uma "caixa-preta" — capaz de cuspir a resposta correta, mas incapaz de explicar de que maneira a encontrou.[24] E tem o potencial de se tornar um baita problema, porque as pessoas vão querer ver o raciocínio por trás de decisões de alto risco sobre assuntos como tratamento médico, aplicação da lei, epidemiologia ou gerenciamento de riscos. É por isso que muitos especialistas em IA estão trabalhando para desenvolver melhores formas de "transparência" (ou "interpretabilidade mecanicista") em decisões baseadas em aprendizado de máquina.[25] Resta saber até que ponto a transparência será eficaz à medida que a aprendizagem profunda se tornar mais complexa e mais potente.

No entanto, quando dei meus primeiros passos no conexionismo, os sistemas eram muito mais simples. A ideia básica era criar um modelo computadorizado inspirado no funcionamento das redes neurais humanas. No início, isso era bastante abstrato, porque o método foi concebido antes de termos uma compreensão detalhada de como as redes neurais biológicas são de fato organizadas.

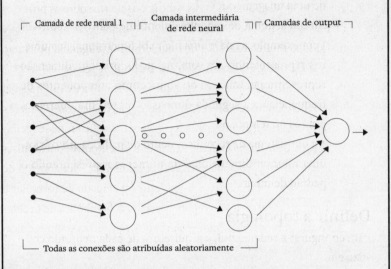

Diagrama de rede neural simples

Aqui está o esquema básico para um algoritmo de rede neural. Muitas variações são possíveis, e o projetista do sistema precisa fornecer determinados métodos e parâmetros críticos (detalhados a seguir).

Criar uma solução de rede neural para um problema envolve as seguintes etapas:

- definir o input;
- definir a topologia da rede neural (isto é, as camadas de neurônios e as conexões entre os neurônios);
- treinar a rede neural com exemplos do problema;
- rodar a rede neural treinada para resolver novos exemplos do problema;
- abrir o capital de sua empresa de redes neurais.

Essas etapas (exceto a última) são detalhadas a seguir:

O input do problema

O input do problema da rede neural consiste de uma série de números. Esse input pode estar:

- em um sistema de reconhecimento de padrões visuais: uma fileira bidimensional de números representando os pixels de uma imagem; ou
- em um sistema de reconhecimento de padrões auditivos (por exemplo, a fala): uma fileira bidimensional de números representando um som, na qual a primeira dimensão representa parâmetros do som (como componentes de frequência) e a segunda dimensão representa diferentes pontos no tempo; ou
- em um sistema de reconhecimento de padrões arbitrários: uma fileira n-dimensional de números representando o padrão de input.

Definir a topologia

Para configurar a rede neural, a arquitetura de cada neurônio consiste em:

- múltiplos inputs, em que cada input está "conectado" ao output de outro neurônio ou a um dos números de input;
- e, em geral, um único output, que está conectado ao input de outro neurônio (normalmente localizado em uma camada mais alta) ou ao output final.

Configure a primeira camada de neurônios

- Crie N_0 neurônios na primeira camada. Para cada um desses neurônios, "conecte" cada um dos múltiplos inputs do neurônio a "pontos" (isto é, números) no input do problema. Essas conexões podem ser determinadas de maneira aleatória ou utilizando um algoritmo evolucionário (veja a seguir).
- Atribua uma "força sináptica" inicial para cada conexão criada. Esses pesos podem começar todos idênticos, podem ser atribuídos de modo aleatório ou podem ser determinados de outra forma (veja a seguir).

Configure as camadas adicionais de neurônios

Configure um total de M camadas de neurônios. Para cada camada, configure os neurônios dessa camada.

Para camadas:

- Crie N_i neurônios na camada$_i$. Para cada um desses neurônios, "conecte" cada um dos múltiplos inputs do neurônio aos outputs dos neurônios na camada$_{i-1}$ (veja variações a seguir).
- Atribua uma "força sináptica" inicial para cada conexão criada. Esses pesos podem começar todos idênticos, podem ser atribuídos de modo aleatório, ou podem ser determinados de outra forma (veja abaixo).
- Os outputs dos neurônios na camada$_M$ são os outputs da rede neural (veja variações a seguir).

Os testes de reconhecimento

Como funciona cada neurônio

Uma vez configurado, o neurônio faz o seguinte para cada teste de reconhecimento:

- Cada input pesado para o neurônio é computado, multiplicando o output do outro neurônio (ou input inicial) ao qual o input desse neurônio está conectado pela força sináptica daquela conexão.
- Todos esses inputs pesados para o neurônio são somados.
- Se essa soma for maior do que o limiar de disparo desse neurônio, então se considera que esse neurônio "disparou" e seu output é 1. Caso contrário, o output dele é 0 (veja variações a seguir).

Faça o seguinte para cada teste de reconhecimento:

Para cada camada, da camada$_0$ à camada$_M$, e para cada neurônio da camada:

- Some seus inputs pesados (cada input pesado = output do outro neurônio [ou input inicial] ao qual o input desse neurônio está conectado, multiplicado pela força sináptica dessa conexão).
- Se a soma de inputs pesados for maior do que o limiar de disparo desse neurônio, configure o output desse neurônio = 1, caso contrário, configure-o para 0.

Para treinar a rede neural

- Execute repetidos testes de reconhecimento em problemas de amostragem.
- Após cada teste, ajuste as forças sinápticas de todas as conexões interneuronais para aprimorar o desempenho da rede neural nesse teste (veja a discussão abaixo sobre como fazer isso).
- Continue esse treinamento até que a taxa de precisão da rede neural não esteja mais aumentando (por exemplo, quando alcançar uma assíntota).

Decisões fundamentais de projeto

No esquema simples apresentado, o projetista desse algoritmo de rede neural precisa determinar desde o início:

- o que os números de input representam;
- o número de camadas de neurônios;
- o número de neurônios em cada camada (cada camada não precisa necessariamente ter o mesmo número de neurônios);
- o número de inputs de cada neurônio, em cada camada. O número de inputs (isto é, conexões interneuronais) também pode variar de neurônio para neurônio, e de camada para camada;
- o "cabeamento" (isto é, as conexões) real. Para cada neurônio, em cada camada, isso consiste de uma lista de outros neurônios, cujos outputs constituem os inputs deste neurônio. Isso representa uma área fundamental do projeto. Há várias maneiras possíveis de se fazer isso:

- (i) cabear aleatoriamente a rede neural; ou
- (ii) utilizar um algoritmo evolucionário (veja a seguir) para determinar um cabeamento ideal; ou
- (iii) utilizar o melhor julgamento do projetista do sistema para determinar o cabeamento.
- As forças sinápticas iniciais (isto é, os pesos) de cada conexão. Existe uma série de maneiras possíveis de se fazer isso:
  - (i) configurar as forças sinápticas para o mesmo valor; ou
  - (ii) configurar as forças sinápticas para diferentes valores aleatórios; ou
  - (iii) utilizar um algoritmo evolucionário para determinar um conjunto ideal de valores iniciais; ou
  - (iv) utilizar o melhor julgamento do projetista do sistema para determinar os valores iniciais.
- O limiar de disparo de cada neurônio;
- O(s) output(s), que pode(m) ser:
  - (i) os outputs da camada$_M$ de neurônios; ou
  - (ii) o output de um único neurônio de outputs, cujos inputs são os outputs dos neurônios da camada$_M$; ou
  - (iii) uma função (por exemplo, uma soma) dos outputs dos neurônios na camada$_M$; ou
  - (iv) outra função de outputs de neurônios em múltiplas camadas.
- As forças sinápticas de todas as conexões devem ser ajustadas durante o treinamento dessa rede neural. Trata-se de uma decisão fundamental de projeto, e do tema de muitas pesquisas e discussões sobre redes neurais. São várias as maneiras de se fazer isso:
  - (i) para cada teste de reconhecimento, aumente ou diminua cada força sináptica por uma quantidade fixa (geralmente pequena), de modo que o output da rede neural corresponda mais proximamente à resposta correta. Uma maneira de fazer isso é

tentar, ao mesmo tempo, incrementar e decrementar e ver qual tem o efeito mais desejável. Esse processo pode levar muito tempo, por isso existem outros métodos para tomar decisões locais sobre a quanto aumentar ou diminuir cada força sináptica;

(ii) existem outros métodos estatísticos para modificar as forças sinápticas após cada teste de reconhecimento, de modo que o desempenho da rede neural desse teste corresponda mais proximamente à resposta correta;

(iii) observe que o treinamento de rede neural funcionará, ainda que as respostas dos testes de treinamento não estejam todas corretas. Isso permite o uso de dados de treinamento do mundo real que podem ter uma taxa de erro inerente. Uma chave para o sucesso de um sistema de reconhecimento com base em redes neurais é a quantidade de dados utilizados para treinamento. Normalmente, é necessária uma quantidade bem substancial para se obterem resultados satisfatórios. Assim como os estudantes humanos, a quantidade de tempo que uma rede neural gasta aprendendo suas lições é um fator fundamental em seu desempenho.

Variações

Muitas variações do que foi apresentado são viáveis:

- Existem maneiras diferentes de determinar a topologia. Em particular, o cabeamento interneuronal pode ser configurado de modo aleatório ou pela utilização de um algoritmo evolucionário, que imita os efeitos da mutação e da seleção natural no projeto da rede.
- Existem maneiras diferentes de configurar as forças sinápticas iniciais.

- Os inputs dos neurônios na camada$_i$ não precisam necessariamente vir dos outputs dos neurônios na camada$_{i-1}$. Por outro lado, os inputs dos neurônios em cada camada podem vir de qualquer camada inferior ou superior.
- Existem diferentes maneiras de determinar o output final.
- O método descrito resulta em um disparo "tudo ou nada" (1 ou 0), chamado de não linearidade. Existem outras funções não lineares que podem ser utilizadas. Via de regra, usa-se uma função que vai de 0 a 1 de forma rápida, porém relativamente mais gradual (do que tudo ou nada). Além disso, os outputs podem ser número diferentes de 0 e 1.
- Os diferentes métodos para ajustar as forças sinápticas durante o treinamento representam decisões fundamentais de projeto.

O esquema apresentado descreve uma rede neural "síncrona", na qual cada teste de reconhecimento procede computando os outputs de cada camada, começando com a camada$_0$ até a camada$_M$. Em um sistema paralelo verdadeiro, no qual cada neurônio opera de modo independente dos outros, os neurônios podem operar de forma assíncrona (isto é, independente). Em uma abordagem assíncrona, cada neurônio está constantemente escaneando seus inputs, e dispara sempre que a soma de seus inputs pesados excede seu limiar (ou qualquer valor que sua função de output especifique).

O objetivo é, então, encontrar exemplos reais a partir dos quais o sistema possa descobrir como resolver um problema. Um ponto de partida típico é definir aleatoriamente o cabeamento da rede neural e os pesos sinápticos, de modo que as respostas produzidas por essa rede neural não treinada também sejam, consequentemente, aleatórias. A função-chave de uma rede neural é que ela tem de aprender seu assunto, tal qual o cérebro dos mamíferos que lhes serve de modelo (pelo menos de modo aproximado). Uma rede neural começa ignorante, mas é programada para maximizar uma função de "recompensa". Em seguida, a rede neural é alimentada com dados de treinamento (por exemplo, fotos contendo cãezinhos corgis e fotos que não contenham corgis, conforme uma indicação feita de antemão por humanos). Quando a rede neural produz um resultado correto (por exemplo, identificando com precisão se há um corgi na imagem), ela recebe um feedback de recompensa. Esse feedback pode então ser utilizado para ajustar a força de cada conexão interneuronal. As conexões que mantêm a coerência e a consistência no fornecimento de respostas corretas são fortalecidas, ao passo que aquelas que fornecem respostas erradas são enfraquecidas.

Com o tempo, a rede neural se organiza de modo a ser capaz de fornecer as respostas corretas sem orientação externa. Experimentos demonstraram que as redes neurais conseguem aprender assuntos mesmo com professores não confiáveis. Mesmo se os dados de treinamento estiverem corretos apenas 60% das vezes, uma rede neural ainda será capaz de aprender lições com uma precisão bem superior a 90%. Sob algumas condições, proporções ainda menores de classificações acuradas podem ser usadas de forma eficaz.[26]

É contraintuitivo que um professor consiga treinar um aluno para superar suas próprias habilidades e, da mesma forma, talvez seja confusa a noção de que dados de treinamento não confiáveis consigam produzir um desempenho excelente. A resposta curta é que os erros podem se anular entre si. Digamos que você esteja treinando uma rede neural para reconhecer o numeral 8 a partir de amostras manuscritas dos numerais de 0 a 9. E digamos que um terço das indicações seja imprecisa — uma mistura aleatória de oitos codificados como quatros, cincos codificados como oitos, e assim por diante. Se o conjunto de dados for grande o suficiente, essas imprecisões se compensarão e não distorcerão substancialmente o treinamento em nenhuma direção específica. Isso preserva a maior parte das informações úteis no conjunto de dados sobre a aparência dos oitos e ainda treina a rede neural para um padrão elevado.

Apesar desses pontos fortes, os primeiros sistemas conexionistas tinham uma limitação fundamental. As redes neurais de camada única eram matematicamente incapazes de resolver alguns tipos de problemas.[27] Quando visitei o professor Frank Rosenblatt em Cornell, em 1964, ele me mostrou uma rede neural de camada única chamada Perceptron, que conseguia reconhecer letras impressas. Tentei fazer modificações simples no input. O sistema fazia um bom trabalho de associação automática (isto é, conseguia reconhecer as letras com razoável precisão mesmo que eu cobrisse partes delas), mas não se saía tão bem com a invariância (ou seja, não conseguia reconhecer as letras após alterações de tamanho e tipo de fonte).

Em 1969, Minsky criticou o súbito surto do interesse na área, apesar de ter feito um trabalho pioneiro sobre redes neurais em 1953. Ele e Seymour Papert, cofundadores do Laboratório de Inteligência Artificial do MIT, escreveram um livro intitulado *Perceptrons*, que demonstrava em detalhe por que uma Perceptron seria intrinsecamente incapaz de determinar se uma imagem impressa era ou não conexa. As duas imagens da página 36 são da capa de *Perceptrons*. A imagem de cima não está totalmente conexa (as linhas pretas do desenho não compõem uma única forma contígua), ao passo que a imagem de baixo está bem conectada (as linhas pretas do desenho formam uma única forma contígua). Um ser humano é capaz de determinar com bastante facilidade uma conexão, tarefa igualmente simples para um programa de software. A Mark 1 Perceptron de Rosenblatt pertence a uma categoria de rede neural chamada de "rede neural de alimentação avante" [*feedforward neural network*],* que não consegue fazer essa discriminação.

Em suma, a razão pela qual as Perceptrons *feedforward* não conseguem resolver esse problema é que isso implica o uso da função computacional XOR (ou exclusiva), que classifica se um segmento de linha faz parte de uma forma contígua na imagem, mas não faz parte de outra. No entanto, uma única camada de nós sem feedback é matematicamente incapaz de implementar XOR porque, em essência, tem que classificar todos os dados de uma só vez com uma regra linear (por exemplo, "Se ambos os nós dispararem, a função de output é verdadeira"), e XOR requer uma etapa de feedback ("Se um destes nós disparar, *mas ambos não dispararem*, a função de output é verdadeira").

---

* Redes neurais de alimentação avante são redes neurais artificiais nas quais os nós não formam *loops*; também são conhecidas como redes neurais multicamadas, pois todas as informações são apenas repassadas: durante o fluxo de dados, os nós de entrada recebem dados, que viajam através de camadas ocultas e saem dos nós de saída. Não existem links na rede que possam ser usados enviando informações de volta do nó de saída. [N. T.]

Quando Minsky e Papert chegaram a essa conclusão, ela efetivamente eliminou a maior parte do financiamento para o campo do conexionismo, e se passariam décadas até que as verbas voltassem. Mas, na verdade, em 1964, Rosenblatt me explicou que a incapacidade da Perceptron de lidar com a invariância se devia à falta de camadas. Se você pegasse o output de uma Perceptron e o retroalimentasse para outra camada idêntica, ele seria mais geral e, com repetidas doses desse processo, seria cada vez mais capaz de lidar com a invariância. Se você tivesse camadas suficientes e dados de treinamento suficientes, a Perceptron daria conta de lidar com um extraordinário nível de complexidade. Perguntei-lhe se ele realmente havia tentado isso, e respondeu que não, mas que essa demanda estava no topo de sua agenda de pesquisa. Era uma sacada incrível, mas Rosenblatt morreu apenas sete anos depois, em 1971, antes de ter a oportunidade de testar as suas ideias. Levaria mais uma década até que múltiplas camadas começassem a ser usadas de maneira mais generalizada e, mesmo assim, redes multicamadas exigiam mais poder computacional e dados de treinamento do que era prático. O significativo aumento no progresso da IA nos últimos anos resultou do uso de múltiplas camadas de redes neurais, mais de meio século depois de Rosenblatt ter vislumbrado a ideia.

Assim, os enfoques conexionistas da IA foram em larga medida ignorados até meados da década de 2010, quando os avanços do hardware finalmente fomentaram seu potencial latente. Enfim, ficou razoavelmente barato reunir poder computacional e exemplos de treinamento suficientes para que esse método se destacasse. Entre a publicação de *Perceptrons* em 1969 e a morte de Minsky em 2016, a relação preço/desempenho computacional (ajustada pela inflação) aumentou por um fator de cerca de 2,8 *bilhões*.[28] Isso mudou o panorama das abordagens que eram possíveis na IA. Quando falei com Minsky perto do fim da sua vida, ele lamentou que o livro *Perceptrons* tivesse sido tão influente, pois àquela altura o conexionismo acabara de se tornar um grande sucesso nesse campo de estudos.

O conexionismo é, portanto, um pouco como as invenções das máquinas voadoras de Leonardo da Vinci: eram ideias prescientes, mas inviáveis enquanto não fosse possível desenvolver materiais mais leves e mais fortes.[29] Depois que o hardware evoluiu, o conexionismo vasto, como o de redes de cem camadas, tornou-se viável. Como resultado, esses sistemas foram capazes de resolver problemas que antes estavam longe de uma solução. Esse é o paradigma que impulsiona todos os avanços mais espetaculares dos últimos anos.

O cerebelo: uma estrutura modular

Para compreender as redes neurais no contexto da inteligência humana, proponho um pequeno desvio: voltemos ao início do universo. O movimento inicial da matéria em direção a uma maior organização progrediu a passos *muito* lentos, sem um cérebro que o guiasse. (Veja a seção "A incrível improbabilidade do ser", no Capítulo 3, sobre a probabilidade de o universo ter a capacidade de codificar informações úteis.) O tempo necessário para criar um novo nível de detalhe foi de centenas de milhões a bilhões de anos.[30]

Na verdade, foram necessários bilhões de anos até que uma molécula pudesse começar a formular instruções codificadas para criar um ser vivo. Há certa divergência quanto às evidências atualmente disponíveis, mas a maioria dos cientistas situa o início da vida na Terra em algum ponto entre 3,5 bilhões e 4 bilhões de anos atrás.[31] O universo tem uma idade estimada em 13,8 bilhões de anos (ou, em termos mais precisos, essa é a quantidade de tempo que transcorreu desde o Big Bang), e a Terra provavelmente se formou há cerca de 4,5 bilhões de anos.[32] Assim, cerca de 10 bilhões de anos se passaram entre a formação dos primeiros átomos e o momento em que as primeiras moléculas (na Terra) se tornaram capazes de se autorreplicar. Parte dessa demora pode ser explicada pelo acaso — não sabemos até que ponto era improvável que as moléculas que se chocavam aleatoriamente na "sopa primordial" da Terra primitiva se combinassem da forma correta. Talvez a vida pudesse ter começado um pouco mais cedo, ou talvez o mais provável fosse que começasse muito mais tarde. No entanto, antes que qualquer uma dessas condições necessárias fosse possível, ciclos de vida estelares inteiros tiveram que acontecer enquanto as estrelas fundiam o hidrogênio nos elementos mais pesados necessários para sustentar a vida complexa.

De acordo com as estimativas mais abalizadas dos cientistas, passaram-se então cerca de 2,9 bilhões de anos entre a primeira vida na Terra e a primeira vida multicelular.[33] Outros 500 milhões de anos se passaram até os animais começarem a andar em terra firme, e mais 200 milhões antes do aparecimento dos primeiros mamíferos.[34] No que diz respeito especificamente ao cérebro, o período de tempo entre o desenvolvimento incipiente das redes nervosas primitivas e o surgimento do primeiro cérebro centralizado e tripartido foi algo em torno de 100 milhões de anos.[35] O primeiro neocórtex básico só apareceu entre 350 e 400 milhões de anos, e foram necessários mais 200 milhões de anos para que o cérebro humano moderno evoluísse.[36]

Ao longo de toda essa história, cérebros mais sofisticados proporcionaram uma acentuada vantagem evolutiva. Na competição por recursos, os animais dotados de mais inteligência geralmente levavam a melhor.[37] A inteligência evoluiu durante um período muito mais curto do que as etapas anteriores: alguns milhões de anos, uma nítida aceleração. A mudança mais notável no cérebro dos pré-mamíferos foi a região chamada cerebelo. Na verdade, o cérebro humano de hoje tem mais neurônios no cerebelo do que no neocórtex, que desempenha o principal papel em nossas funções de ordem superior.[38] O cerebelo é capaz de armazenar e ativar um grande número de informações que controlam tarefas motoras da pessoa, como o ato de assinar o próprio nome. (Essas informações são conhecidas informalmente como "memória muscular". Na verdade, isso não é um fenômeno dos músculos em si, mas sim do cerebelo. À medida que uma ação é continuamente repetida, o cérebro se adapta de modo a torná-la mais fácil e mais subconsciente — assim como a passagem de muitas rodas de carroça vão gradualmente abrindo sulcos em uma trilha.)[39]

Uma maneira de você agarrar uma bola de beisebol rebatida bem alto em pleno ar é resolvendo todas as equações diferenciais que regem a trajetória da bola, bem como seus próprios movimentos e, ao mesmo tempo, reposicionar seu corpo com base nessas soluções. Infelizmente, você não dispõe de um aparelho de resolução de equações diferenciais acoplado a seu cérebro; então, em vez disso você resolve um problema mais simples: como colocar a mão enluvada de maneira mais eficaz entre a bola e seu corpo. O cerebelo parte da premissa de que, para efetivar cada recepção, sua mão e a bola devem parecer estar em posições relativas semelhantes; portanto, se a bola estiver caindo rápido demais enquanto sua mão parece estar indo muito devagar, o cerebelo instruirá sua mão a se mover numa velocidade maior, de modo a se ajustar à posição relativa familiar.

Essas ações simples do cerebelo para mapear inputs sensoriais nos movimentos musculares correspondem à ideia matemática de "funções básicas" e nos permitem agarrar a bola sem a necessidade de resolver quaisquer equações diferenciais.[40] Também podemos usar o cerebelo para antever quais seriam nossas ações, mesmo se não agirmos de fato. Durante uma partida de beisebol, seu cerebelo pode lhe dizer que você até consegue agarrar a bola, mas no meio do caminho provavelmente vai colidir com outro jogador, então talvez seja melhor não realizar essa ação. E tudo isso acontece de modo instintivo.

Da mesma forma, quando você dança, seu cerebelo quase sempre direciona seus movimentos sem que você perceba. Pessoas que não têm um cerebelo totalmente funcional, em decorrência de lesões ou doenças, ainda assim são capazes de direcionar ações voluntárias por meio do neocórtex — mas isso requer esforço —, e podem sofrer de problemas de coordenação muscular conhecidos como ataxia.[41]

Um componente-chave para o indivíduo dominar as habilidades físicas é realizar suas ações constituintes com frequência suficiente para arraigá-las em sua memória muscular. Movimentos que antes exigiam concentração e pensamento consciente começam a parecer automáticos. Isso basicamente representa uma mudança do controle do córtex motor para um controle mais cerebelar. Esteja você arremessando uma bola de futebol americano, resolvendo um cubo mágico ou tocando piano, quanto menos esforço mental consciente precisar empregar para realizar a tarefa, melhor será o seu desempenho. Suas ações serão mais rápidas e suaves, e você poderá dedicar sua atenção a outros aspectos do êxito. Quando os músicos alcançam esse grau de domínio de seu instrumento, conseguem produzir determinada nota de forma tão fácil e intuitiva quanto as pessoas comuns produzem notas com a voz ao cantar "Parabéns a você". Se eu perguntasse a uma pessoa como consegue fazer com que suas cordas vocais produzam a nota certa, ela provavelmente não saberia descrever o processo. É o que psicólogos e treinadores chamam de "competência inconsciente", porque em grande medida a habilidade ou aptidão funciona num nível abaixo da consciência.[42]

No entanto, os poderes do cerebelo não são o resultado de uma arquitetura extremamente complexa. Embora contenha a maioria dos neurônios do cérebro de um ser humano adulto (ou de outra espécie), não há muita informação sobre seu desenho geral no genoma — basicamente é uma estrutura composta por módulos pequenos e simples.[43] Embora a neurociência ainda esteja trabalhando para entender os pormenores do funcionamento do cerebelo, sabemos que ele consiste em milhares de pequenos módulos de processamento organizados em uma estrutura de alimentação avante.[44] Isso ajuda a moldar nossa compreensão de quais arquiteturas neurais são necessárias para realizar as funções do cerebelo; portanto, novas descobertas sobre ele podem fornecer mais informações úteis para o campo da IA.

A maioria dos módulos do cerebelo tem funções definidas com rigor — as funções que controlam os movimentos dos dedos de alguém tocando piano não se aplicam ao movimento das pernas durante uma caminhada. Embora o cerebelo tenha sido uma região-chave do cérebro durante centenas de milhões de anos, nós humanos dependemos cada vez menos dele para a sobrevivência, à medida que o nosso neocórtex, mais flexível, assumiu as rédeas no que diz respeito a guiar nossa vida na sociedade moderna.[45]

Os animais não mamíferos, em contrapartida, não contam com as vantagens de ter um neocórtex. Em vez disso, o cerebelo deles registrou com muita precisão os comportamentos-chave de que necessitam para sobreviver. Esses comportamentos animais acionados pelo cerebelo são conhecidos como "padrões de ação fixos". São séries de ações intrinsecamente incutidas nos membros de uma espécie, ao contrário dos comportamentos aprendidos por meio da observação e da imitação. Mesmo nos mamíferos, alguns comportamentos bastante complexos são inatos. Por exemplo, o roedor da espécie rato-veadeiro (*Peromyscus maniculatus*) cava tocas curtas, ao passo que um camundongo-branco-praieiro (*Peromyscus polionotus ammobates*) cava tocas mais extensas com um túnel de fuga.[46] Quando camundongos criados em laboratório e sem experiência anterior em tocas foram colocados no solo, cada um deles cavou o tipo de toca feita por sua respectiva espécie na natureza selvagem.

No geral, determinada ação no cerebelo (por exemplo, a capacidade de um sapo de esticar com precisão sua língua para apanhar uma mosca) perdura numa espécie até que uma população com uma ação aprimorada a supere por meio da seleção natural. Quando os comportamentos são impulsionados pela genética em vez da aprendizagem, sua adaptação é várias ordens de magnitude mais lenta. Embora a aprendizagem permita que as criaturas modifiquem de forma significativa o seu comportamento durante uma única vida, os comportamentos inatos limitam-se a mudanças graduais ao longo de muitas gerações. Curiosamente, porém, hoje em dia os cientistas da computação utilizam vez por outra abordagens "evolucionárias" que refletem comportamentos geneticamente determinados.[47] Isso envolve criar um conjunto de programas com certas características aleatórias e ver até que ponto funcionam bem numa determinada tarefa. Aqueles que apresentam bom desempenho podem ter suas características combinadas, de forma muito semelhante à mistura genética da reprodução animal. Em seguida, "mutações" aleatórias podem ser introduzidas para ver quais delas impulsionam o desempenho. Ao longo de muitas gerações, isso pode otimizar a resolução de problemas como programadores humanos talvez nunca teriam imaginado.

Implementar o equivalente a essa abordagem no mundo real leva milhões de anos. Pode parecer demorado, mas lembre-se de que a evolução anterior à biologia (como a formação dos complexos precursores químicos necessários à vida) tendia a levar centenas de milhões de anos. Portanto, o cerebelo foi, na verdade, um acelerador.

O neocórtex: uma estrutura automodificadora, hierárquica e flexível

A fim de progredir mais rapidamente, a evolução precisou conceber uma forma de permitir ao cérebro desenvolver novos comportamentos sem esperar que a mudança genética reconfigurasse o cerebelo. Foi aí que o neocórtex entrou em cena. Significando "nova camada" ou "nova casca", o neocórtex surgiu há cerca de 200 milhões de anos numa nova classe de animais: os mamíferos.[48] Nesses primeiros mamíferos, criaturas semelhantes a roedores, o neocórtex era do tamanho de um selo postal e igualmente fino, e se acomodava feito um invólucro em volta dos cérebros que tinham o tamanho de nozes,[49] mas era organizado de maneira mais flexível que o cerebelo. Em vez de ser uma coleção de módulos díspares que controlam comportamentos diferentes, o neocórtex funcionava mais como um todo coordenado. Portanto, era capaz de um novo tipo de pensamento: podia inventar comportamentos em dias ou até horas. Isso desencadeou o poder da aprendizagem.

Há mais de 200 milhões de anos, os lentos processos de adaptação dos animais não mamíferos geralmente não eram um problema, uma vez que o ambiente mudava muito devagar. Normalmente, demorava milhares de anos para ocorrer uma transformação ambiental que exigisse uma resposta no cerebelo.

Portanto, o neocórtex estava essencialmente à espera de uma calamidade para dominar o mundo. Essa crise, que hoje chamamos de evento de extinção do Cretáceo-Paleógeno, ocorreu há 65 milhões de anos, 135 milhões de anos após o surgimento do neocórtex. Devido ao impacto de um asteroide e possivelmente também à atividade vulcânica, toda a Terra mudou de forma súbita. Isso resultou na extinção em massa de cerca de 75% das espécies animais e vegetais que habitavam o planeta, incluindo os dinossauros. (Embora as criaturas que comumente conhecemos como dinossauros tenham sido extintas durante esse evento, alguns cientistas consideram as aves um ramo sobrevivente dos dinossauros.)[50]

Foi então que o neocórtex, que era capaz de inventar novas soluções num piscar de olhos, ganhou destaque. Os mamíferos aumentaram de tamanho. O cérebro deles cresceu em um ritmo ainda mais veloz, ocupando uma fração maior da massa corporal de um animal. E o neocórtex cresceu em velocidade ainda mais acelerada, desenvolvendo dobras para expandir a sua área de superfície.

Se pegássemos o neocórtex de um ser humano e o esticássemos, ele teria o tamanho e a espessura de um guardanapo grande.[51] Porém, devido à extrema complexidade de sua estrutura, atualmente ele constitui cerca de 80% do peso do cérebro humano.[52]

Descrevo com mais detalhes os mecanismos de funcionamento do neocórtex em meu livro de 2012, *Como criar uma mente*, mas farei um breve resumo para explicar os conceitos-chave. O neocórtex consiste em uma estrutura repetitiva relativamente simples, cada uma composta por cerca de cem neurônios. Esses módulos são capazes de aprender, reconhecer e se lembrar de um padrão. Os módulos também aprendem a se organizar em hierarquias, os níveis superiores dominando conceitos cada vez mais sofisticados. Essas subunidades repetidas são conhecidas como minicolunas corticais.[53]

De acordo com as estimativas atuais, em todo o córtex cerebral existem de 21 bilhões a 26 bilhões de neurônios, e 90% deles — ou uma média de 21 bilhões — estão no próprio neocórtex.[54] Com aproximadamente cem neurônios cada, isso sugere que temos algo em torno de 200 milhões de minicolunas.[55] Estudos recentes mostram que, ao contrário dos computadores digitais, que realizam a maior parte das suas operações de forma sequencial, os módulos do neocórtex empregam um paralelismo maciço.[56] Em essência, quer dizer que muitas coisas estão acontecendo simultaneamente. Isso faz do cérebro um sistema muito dinâmico, razão pela qual é uma tarefa tão difícil recriá-lo em um modelo computacional.

A neurociência ainda tem muito a aprender sobre os detalhes, mas os princípios básicos de como as minicolunas são organizadas e conectadas elucidam sua função. Assim como as redes neurais artificiais executadas em hardware de silício, as redes neurais no cérebro usam camadas hierárquicas que separam os inputs de dados brutos (sinais sensoriais, no caso humano) e outputs (para os humanos, comportamento). Essa estrutura permite níveis progressivos de abstração, culminando nas sutis formas de cognição que reconhecemos como humanas.

No nível inferior (diretamente conectado a inputs sensoriais), um módulo pode servir para reconhecer determinado estímulo visual como uma forma curva. Os outros níveis processam as saídas dos módulos neocorticais inferiores e acrescentam contexto e abstração. Assim, níveis progressivamente mais elevados (mais distantes daqueles ligados aos sentidos) podem reconhecer a forma curva como parte de uma letra, reconhecer essa letra como parte de uma palavra e conectar essa palavra a abundantes significados semânticos. No nível superior estão conceitos muito mais abstratos, como o reconhecimento de que uma afirmação é engraçada, irônica ou sarcástica.

Embora a "altura" de um nível neocortical defina seu nível de abstração em relação a um único conjunto de sinais que se propagam a partir de inputs sensoriais, esse processo não é unidirecional. As seis camadas principais do neocórtex comunicam-se dinamicamente umas com as outras em ambas as direções — portanto, não podemos dizer que o pensamento abstrato acontece exclusivamente nas camadas mais altas.[57] Em vez disso, é mais útil pensar na relação níveis-abstratividade em termos de espécie. Ou seja, o nosso neocórtex multicamadas nos dá mais capacidade para cultivarmos pensamentos abstratos do que criaturas com córtex mais simples. E quando conseguirmos conectar o nosso neocórtex diretamente à computação baseada na nuvem, desencadearemos o potencial para pensamentos ainda mais abstratos do que atualmente o nosso cérebro orgânico consegue suportar sozinho.

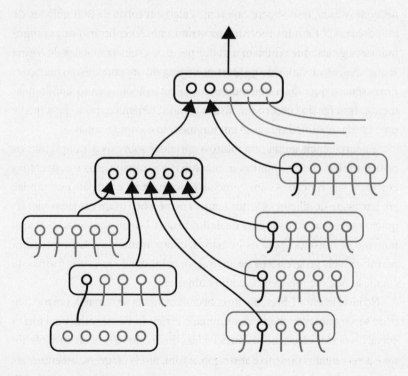

Os fundamentos neurológicos dessas abstrações são uma descoberta bastante recente. No final da década de 1990, uma paciente epiléptica de 16 anos de idade foi submetida a uma cirurgia cerebral, e o neurocirurgião Itzhak Fried manteve a menina acordada para que ela pudesse responder ao que estava acontecendo.[58] Isso foi viável porque no cérebro não existem receptores para a dor.[59] Sempre que ele estimulava um ponto específico do neocórtex da menina, ela ria. Fried e sua equipe logo perceberam que estavam efetivamente acionando a real percepção do humor: a paciente não estava rindo apenas por reflexo; ela realmente estava achando a situação engraçada, embora nada de engraçado tivesse acontecido na sala de cirurgia. Quando os médicos lhe perguntavam por que ela estava rindo, a menina não dava respostas do tipo "Ah, por nenhum motivo específico" ou "Vocês acabaram de estimular meu cérebro"; em vez disso, ela imediatamente encontrava uma causa para explicar sua reação, e explicava suas risadas com comentários como: "É que vocês são muito engraçados — todos aí de pé, parados".[60]

A viabilidade de localizar e acionar o ponto do neocórtex que codifica a informação responsável por acharmos algo divertido revelou que ele é responsável por conceitos como humor e ironia. Outros testes não invasivos reforçaram essa descoberta. Por exemplo, a leitura de frases irônicas ilumina partes do cérebro conhecidas como rede ToM (do inglês *Theory of Mind*, teoria da mente).[61] Essa capacidade de abstração neocortical foi o fator que permitiu aos humanos inventarem a linguagem, a música, o humor, a ciência, a arte e a tecnologia.[62]

Nenhuma outra espécie jamais alcançou esses feitos (apesar das frequentes manchetes caça-cliques afirmarem o contrário). Nenhum outro animal consegue acompanhar o ritmo de uma batida movimentando a cabeça, ou contar uma piada, ou fazer um discurso ou escrever (ou ler!) este livro. Embora alguns outros animais sejam capazes de criar ferramentas primitivas, a exemplo dos chimpanzés, esses instrumentos não são sofisticados o bastante para desencadear um rápido processo de autoaperfeiçoamento.[63] Do mesmo modo, alguns outros animais utilizam formas simples de comunicação, mas não são capazes de comunicar ideias hierárquicas, o que nós podemos fazer com a linguagem humana.[64] Já estávamos fazendo um excelente trabalho como primatas sem córtex frontal, mas quando esses módulos adicionais se tornaram disponíveis para nos permitir compreender conceitos sobre o mundo e a existência, ultrapassamos nossa condição de animais avançados e nos tornamos animais filosóficos.

No entanto, devemos ter em mente que a evolução do cérebro foi apenas uma parte da nossa ascensão como espécie. A despeito de todo o nosso poder neocortical, a ciência e a arte humanas não seriam possíveis sem outra inovação fundamental: nossos polegares.[65] Animais com neocórtices comparáveis ou até maiores (em termos absolutos) do que o dos humanos — por exemplo, baleias, golfinhos e elefantes — não têm nada parecido com um polegar opositor capaz de agarrar com precisão materiais naturais e transformá-los em tecnologia. Conclusão: do ponto de vista evolutivo, somos muito sortudos!

Também somos afortunados pelo fato de nosso neocórtex não apenas ter camadas, mas conectá-las de maneiras novas e poderosas. A organização hierárquica dos módulos não é exclusiva do neocórtex — o cerebelo também tem hierarquias.[66] O que diferencia o neocórtex são três características-chave que permitem a criatividade dos mamíferos e, especialmente, dos humanos: (1) ele consegue propagar o padrão de disparo de neurônios para um determinado conceito por toda a sua estrutura, e não apenas na área específica onde se originou; (2) um determinado padrão de disparo pode ser associado a aspectos semelhantes de muitos conceitos diferentes, e conceitos relacionados são representados por padrões de disparo relacionados; e (3) milhões de padrões podem disparar simultaneamente[67] por todo o neocórtex e interagir uns com os outros de maneiras complicadas.[68]

Por exemplo, as ligações extremamente complexas dentro do neocórtex permitem férteis memórias associativas.[69] Uma memória no cérebro é como uma página da Wikipédia: pode ser conectada a partir de muitos locais diferentes e mudar ao longo do tempo. E assim como um artigo da Wikipédia, as memórias também podem ser multimídia. Uma memória pode ser desencadeada por um cheiro, um sabor, um som ou praticamente qualquer input sensorial.

Além disso, as semelhanças nos padrões de disparo neocorticais promovem o pensamento analógico. O padrão que representa o movimento de abaixar a posição da sua mão estará relacionado ao padrão que representa o ato de abaixar o tom da sua voz — e até mesmo a abaixamentos metafóricos, como os conceitos de queda de temperatura ou, no campo da história, de declínio de impérios. Assim, podemos formar um padrão a partir do aprendizado de um conceito em um domínio e depois aplicá-lo a outro domínio completamente diferente.

A capacidade do neocórtex de fazer analogias entre campos díspares é responsável por muitos dos principais saltos intelectuais da história. Por exemplo, a teoria da evolução de Charles Darwin surgiu de uma analogia com a geologia. Antes de Darwin (1809-1882), os cientistas acreditavam que Deus tomou a decisão de criar cada espécie de maneira individual, uma a uma. Houve algumas teorias semievolucionárias anteriores; a mais famosa delas é a de Jean-Baptiste Lamarck (1744-1829), que propôs que os animais, por meio de uma progressão natural, evoluíam para espécies mais complexas, e que a prole poderia herdar características que seus pais adquiriram ou desenvolveram durante a própria vida.[70] No entanto, para cada uma dessas teorias os mecanismos propostos eram mal explicados ou falsos.

Mas Darwin despertou para uma nova ideia ao estudar o trabalho do geólogo escocês Charles Lyell (1797-1875), que defendia uma controversa noção acerca da origem dos grandes desfiladeiros.[71] A visão predominante era de que a existência de um cânion era uma dádiva da criação de Deus, e um curso de água que fluía através da estreita passagem encontrava por acaso o fundo do cânion por meio da gravidade. Na concepção de Lyell, o rio surgiu *primeiro*, e o desfiladeiro só veio depois. A teoria do geólogo enfrentou significativa resistência e levou algum tempo para ser aceita, mas os cientistas rapidamente perceberam que os pequenos e ininterruptos impactos da água corrente nas rochas, multiplicados ao longo de milhões de anos, poderiam de fato resultar numa lenta erosão e abrir um desfiladeiro profundo como o Grand Canyon. A teoria de Lyell baseou-se fortemente no trabalho do seu colega geólogo escocês James Hutton (1726-1797), o primeiro a propor a teoria do uniformitarismo,[72] segundo a qual, em vez de o mundo ter sido moldado principalmente por uma inundação bíblica de proporções catastróficas, foi o produto de um conjunto constante de forças naturais agindo de forma gradual ao longo do tempo.

Darwin enfrentou uma adversidade muito mais assustadora em seu próprio campo. A biologia era infinitamente complexa, mas, sendo um naturalista, ele viu a ligação entre Lyell e os seus próprios estudos, ligação que Darwin menciona na abertura do seu livro de 1859, *A origem das espécies*. Ele pegou o conceito de Lyell sobre a consequência de um rio erodir um pequeno grão de pedra de cada vez e a aplicou a uma diminuta mudança genética ao longo de uma geração. Darwin defendeu sua teoria com a analogia explícita: "Assim como a geologia moderna baniu certas hipóteses, como a escavação de um grande vale por uma única onda diluviana, a seleção natural também, caso seja um princípio verdadeiro, banirá a crença na criação contínua de novos seres orgânicos ou de quaisquer modificações grandes e súbitas em suas estruturas".[73] Isso desencadeou, sem dúvida, a mais profunda revolução científica que a nossa civilização já realizou. Os outros candidatos a essa honraria, de Newton e a gravitação até Einstein e a relatividade, se embasaram em insights analógicos semelhantes.

Aprendizagem profunda: recriando os poderes do neocórtex

De que maneira podemos replicar digitalmente a flexibilidade e o poder de abstração do neocórtex? Conforme discutimos no início deste capítulo, os sistemas simbólicos baseados em regras são rígidos em demasia para captar a fluidez da cognição humana. Durante muito tempo os enfoques conexionistas foram impraticáveis porque exigiam uma quantidade de poder computacional grande demais para treinamento. Mas o preço da computação caiu drasticamente. Por quê?

Gordon Moore (1929-2023), cofundador da Intel, foi o criador da epônima Lei de Moore, articulada por ele pela primeira vez em 1965 e que desde então se tornou a mais destacada tendência na tecnologia da informação.[74] Na sua forma mais conhecida, a Lei de Moore observa que, devido à progressiva miniaturização, o número de transistores que podem ser colocados em um chip de circuito integrado de computador dobra aproximadamente a cada dois anos.* Os céticos do progresso exponencial contínuo na computação apontam que a Lei de Moore inevitavelmente chegará ao fim quando a densidade dos transistores nos circuitos integrados atingir seu limite físico em escala

---

* A Lei de Moore duplica o número de componentes em um chip, assim como a velocidade de cada componente. Esses aspectos duplicam o poder da computação, para uma eficiente quadruplicação do poder da computação a cada 24 meses. [N. T.]

atômica, mas isso ignora um fato mais profundo. A Lei de Moore é apenas um exemplo da força mais fundamental que chamo de "Lei dos Retornos Acelerados", em que a tecnologia da informação cria *loops* de feedback de inovação. Quando Moore fez a sua famosa observação, isso já havia impulsionado a melhoria exponencial da relação preço/desempenho computacional em quatro importantíssimos paradigmas tecnológicos: eletromecânico, relés, tubos de vácuo e transistores. E depois que os circuitos integrados atingirem seu limite, novos paradigmas que utilizam nanomateriais ou computação tridimensional assumirão as rédeas.[75]

Essa megatendência tem progredido de forma constante e exponencial desde pelo menos 1888 (muito antes de Moore ter nascido!).[76] Por volta de 2010, atingiu enfim um limiar em que se tornou capaz de desencadear o poder oculto de um enfoque conexionista cuja base é o modelo de computação hierárquica de muitas camadas que ocorre no neocórtex: aprendizagem profunda. Foi a aprendizagem profunda que ensejou os espantosos e aparentemente repentinos avanços alcançados pelo campo da IA desde a publicação de *A Singularidade está próxima*.

A primeira dessas inovações que sinalizou o potencial extremamente transformativo da aprendizagem profunda foi o domínio da IA no jogo de tabuleiro Go. Como Go tem um número de movimentos possíveis muitíssimo maior do que o xadrez (e é mais difícil julgar se determinado movimento é bom), as estratégias de IA que funcionaram para derrotar os grandes mestres humanos do xadrez quase não estavam fazendo nenhum progresso nele. Até mesmo os especialistas mais otimistas consideravam que o problema não seria resolvido antes da década de 2020, na melhor das hipóteses. (Em 2012, por exemplo, o importante futurista de IA Nick Bostrom especulou que o Go continuaria sem ser dominado pela inteligência artificial até cerca de 2022.)[77] Mas então, em 2015-2016, o DeepMind, laboratório de IA subsidiário da Alphabet, criou o AlphaGo, que empregou um método de "aprendizagem por reforço profundo" no qual uma vasta rede neural processava seus próprios jogos e aprendia com seus êxitos e fracassos.[78] O computador começou com o registro de um imenso número de movimentos humanos de Go e depois jogou contra si mesmo muitas vezes, até que a versão AlphaGo Master foi capaz de vencer o campeão mundial humano de Go, Ke Jie.[79]

Um desdobramento mais significativo ocorreu alguns meses depois com o AlphaGo Zero. Quando o Deep Blue da IBM derrotou o campeão mundial de xadrez Garry Kasparov em 1997, o supercomputador estava repleto de todo o conhecimento de especialistas humanos em xadrez que o time de cientistas e programadores conseguiu reunir.[80] O DeepBlue era apenas uma máquina de jogar xadrez; não era útil para mais nada. Por outro lado, o AlphaGo Zero não recebeu nenhuma informação humana sobre o Go, exceto as regras do jogo, e depois de cerca de três dias jogando contra si mesmo, evoluiu de meros movimentos aleatórios para derrotar facilmente sua versão anterior treinada por humanos, o AlphaGo, por cem jogos a zero.[81] (Em 2016, AlphaGo destronou Lee Sedol — que na época ocupava o segundo lugar do ranking de maior ganhador de títulos internacionais de Go — em quatro de cinco jogos.) O AlphaGo Zero utilizou uma nova forma de aprendizagem por reforço na qual o programa se tornou seu próprio instrutor. Ele levou apenas 21 dias para atingir o nível do AlphaGo Master, a versão que em 2017 derrotou, em partidas on-line, sessenta profissionais de ponta e o campeão mundial Ke Jie, em três de três jogos.[82] Após quarenta dias, o AlphaGo Zero superou todas as outras versões do AlphaGo e se tornou o melhor jogador de Go tanto na forma humana como de computador.[83] E conseguiu isso sem nenhum conhecimento codificado do jogo humano nem intervenção humana.

Mas esse não é o marco mais significativo para o DeepMind. A encarnação seguinte, AlphaZero, é capaz de transferir habilidades aprendidas no Go para outros jogos como o xadrez.[84] O programa não apenas derrotou todos os desafiantes humanos no xadrez, mas superou também todas as outras máquinas de jogar xadrez, e fez isso depois de apenas quatro horas de treinamento, sem recorrer a nenhum conhecimento prévio, exceto às regras do jogo. Foi igualmente bem-sucedido no jogo shōgi.* Enquanto escrevo estas linhas, a versão mais recente é o programa MuZero, que repetiu essas façanhas sem sequer receber as regras![85] Com essa habilidade de

---

* Jogo similar ao xadrez, difundido no Japão (por isso é chamado também de "xadrez japonês") e provavelmente originário da China. Os jogadores controlam dois exércitos iguais (o reinante e o desafiante). As peças não apresentam diferença de cor, mas têm formato de flecha; foi a primeira variante do jogo com o conceito de reintrodução de peças, em que as peças capturadas do adversário podem ser recolocadas no tabuleiro como peças do próprio jogador. [N. T.]

"aprendizagem por transferência", o MuZero consegue dominar qualquer jogo de tabuleiro em que não haja acaso, ambiguidade ou informações ocultas, ou qualquer jogo de videogame determinístico como o *Pong*, da Atari. Essa capacidade de aplicar a aprendizagem de um domínio a um assunto relacionado é uma característica fundamental da inteligência humana.

No entanto, a aprendizagem por reforço profundo não se limita ao domínio desses jogos. As IAs capazes de jogar *StarCraft* II* ou pôquer, que apresentam incerteza e exigem uma compreensão sofisticada dos jogadores rivais, também ultrapassaram recentemente o desempenho de todos os humanos.[86] As únicas exceções (por enquanto) são os jogos de tabuleiro que exigem altíssimas competências linguísticas. Talvez o melhor exemplo disso seja *Diplomacia*, jogo de guerra e estratégia de dominação mundial que é impossível vencer por meio de sorte ou habilidade e obriga os jogadores a conversar uns com os outros.[87] Para vencer, você precisa ser capaz de, por meio da negociação, convencer as pessoas de que movimentos que beneficiarão você na verdade atenderão aos interesses delas. Portanto, uma IA que consiga dominar de maneira consistente os jogos no estilo do *Diplomacia* provavelmente também terá dominado de forma mais ampla o blefe, a trapaça e a persuasão. Contudo, até mesmo no *Diplomacia* a IA fez consideráveis progressos em 2022; o avanço mais notável é a IA CICERO da Meta, que se mostrou capaz de derrotar muitos jogadores humanos.[88] Atualmente, essas proezas são alcançadas quase todas as semanas.

Os mesmos recursos de aprendizagem profunda que dominam com facilidade os jogos também podem ser aplicados ao desempenho em situações complexas do mundo real. Basicamente, precisamos de um simulador que consiga reproduzir a área ou esfera de ação sobre a qual a IA está tentando aprender — como a experiência variada e repleta de ambiguidades de dirigir um carro. Quando você está ao volante, qualquer coisa pode acontecer: desde outro carro de repente frear na sua frente ou vir em sua direção na contramão até uma criança aparecer correndo atrás de uma bola no meio da rua. Para resolver essa questão, a Waymo, subsidiária da Alphabet, criou um software de direção autônoma para seus carros autônomos, mas inicialmente contava com um monitor humano que participava de todas as

---

* Jogo eletrônico de estratégia em tempo real da Blizzard Entertainment para computadores. [N. T.]

viagens.[89] Cada aspecto dessas viagens foi registrado e, a partir dessa coleta de dados, criou-se um simulador muito abrangente. Agora que veículos reais registraram bem mais de 32 milhões de quilômetros rodados (no momento em que este livro foi escrito),[90] carros simulados podem andar bilhões de quilômetros treinando nesse espaço virtual realista.[91] Com o acúmulo dessa vasta experiência, um carro autônomo de verdade será capaz de ter um desempenho muito, muito melhor do que os motoristas humanos. Da mesma forma, conforme descrevo mais adiante no Capítulo 6, a IA está usando uma série de novas técnicas de simulação para fazer melhores previsões sobre como as proteínas se dobram sobre si mesmas. O mecanismo de formação do arranjo tridimensional da proteína é um dos problemas mais instigantes da biologia, e resolvê-lo está abrindo portas para a descoberta de medicamentos inovadores.

No entanto, embora o MuZero consiga dominar muitos jogos diferentes, suas conquistas ainda são relativamente limitadas; essa inteligência artificial não é capaz de compor um soneto ou confortar os doentes. Para alcançar a impressionante generalidade do neocórtex humano, a IA precisará dominar a linguagem. É a linguagem que nos permite conectar domínios de cognição muito díspares e possibilita a transferência simbólica de conhecimento de alto nível. Ou seja, graças à linguagem não precisamos ver um milhão de exemplos de dados brutos para aprender algo — podemos atualizar drasticamente o nosso conhecimento apenas lendo um resumo com uma única frase.

Atualmente, o progresso mais acelerado nessa área vem de abordagens que processam a linguagem usando redes neurais profundas para representar os significados das palavras em um espaço (muito) multidimensional. Existem diversas técnicas matemáticas para fazer isso, mas o resultado final é que elas permitem que a IA descubra o significado da linguagem sem a necessidade de nenhuma das regras linguísticas codificadas que um enfoque simbólico exigiria. Como exemplo, podemos construir uma rede neural de alimentação avante multicamadas e encontrar bilhões (ou trilhões) de frases para treiná-la. Essas frases podem ser coletadas a partir de fontes públicas na internet. Em seguida, a rede neural é usada para atribuir a cada frase um ponto no espaço de quinhentas dimensões (ou seja, uma lista de quinhentos números, embora esse montante seja arbitrário — pode ser qualquer número substancialmente grande). De início, a frase recebe uma atribuição aleatória para cada um dos quinhentos valores. Durante o treinamento, a rede neural ajusta o lugar da frase dentro do espaço de quinhentas dimensões, de modo que as sentenças com significados semelhantes são colocadas próximas umas das outras; frases diferentes ficarão distantes umas das outras. Se executarmos esse processo para muitos bilhões de frases, a posição de qualquer uma no espaço de quinhentas dimensões indicará seu significado em virtude do que estiver próximo.

Dessa forma, a IA aprende o significado não a partir um manual de regras gramaticais ou um dicionário, mas sim dos contextos concretos em que as palavras são efetivamente utilizadas. Por exemplo, ela aprenderia que a palavra em língua inglesa *jam* ("geleia") tem homônimos distintos em virtude do fato de que em alguns contextos as pessoas falam em "comer geleia", e em outros falam em "músicos fazendo uma *jam* de guitarras elétricas", mas ninguém fala em "comer guitarras elétricas". Com exceção da minúscula fração do nosso vocabulário que aprendemos de maneira formal na escola ou que procuramos de forma explícita em livros e dicionários, é exatamente assim que nós, humanos, aprendemos todas as palavras que conhecemos. E a IA já expandiu seus poderes associativos para além do domínio do texto. A OpenAI (empresa dos Estados Unidos de pesquisa e desenvolvimento de inteligência artificial) criou um projeto em 2021 chamado CLIP,* que nada mais é que uma rede neural treinada para vincular imagens a um texto que as descreve. Como resultado, os nós no CLIP são capazes de "responder ao mesmo conceito, seja apresentado de forma literal, simbólica ou conceitual".[92] Por exemplo, o mesmo nó pode disparar em resposta a uma foto de aranha, um desenho do super-herói Homem-Aranha ou a palavra "aranha". É exatamente assim que o cérebro humano processa conceitos em vários contextos, e é um grande salto da IA.

Outra variação desse método é um espaço de quinhentas dimensões que contém frases em *todos os idiomas*. Assim, se você quiser traduzir uma frase de um idioma para outro, basta procurar outra sentença no idioma-alvo no ponto mais próximo desse espaço hiperdimensional. Você também

---

* Contrastive Language-Image Pre-Training (Pré-Treinamento de Linguagem-Imagem Contrastiva), modelo de reconhecimento de imagem treinado em imagens e linguagem natural. [N. T.]

pode encontrar frases que estejam razoavelmente próximas do significado pretendido observando outras sentenças próximas no espaço. Uma terceira opção é criar dois espaços emparelhados de quinhentas dimensões, em que um dos espaços revela as respostas às perguntas no primeiro espaço. Isso requer reunir bilhões de frases para as quais uma é resposta da outra. Uma expansão adicional desse conceito é criar um "Codificador de Frases Universal",[93] que minha equipe no Google projetou para incorporar cada frase a um conjunto de dados com milhares de características detectadas, tais como "irônica", "humorística" ou "positiva". A IA treinada com base nesses dados mais abundantes e expressivos aprende não apenas a imitar a maneira como os humanos usam a linguagem, mas também a compreender peculiaridades semânticas mais profundas que talvez não sejam aparentes no significado literal das palavras em uma frase. Esse metaconhecimento contribui para uma compreensão mais completa.

No Google, estamos criando diversos aplicativos que usam e produzem linguagem conversacional com base nesses princípios. Um destaque é o Gmail Smart Reply.[94] Se você é usuário do Gmail, notará que ele fornece três sugestões para responder a cada e-mail. As opções de respostas prontas levam em consideração não apenas o e-mail ao qual você está respondendo, mas todos os outros e-mails dessa sequência, o assunto e outras indicações do destinatário para o qual você está escrevendo. Todos esses elementos do seu e-mail exigem precisamente esse tipo de representação multidimensional de cada ponto da conversa. Trata-se de uma combinação de uma rede neural de alimentação avante multicamadas com uma representação hierárquica do conteúdo da linguagem que representa o vaivém do diálogo. No início, o recurso de "Resposta Inteligente" do Gmail pareceu estranho para alguns, mas rapidamente ganhou aceitação dos usuários por sua naturalidade e conveniência, e agora é responsável por uma minoria significativa de todo o tráfego do Gmail.

Outro recurso do Google baseado nesse enfoque foi chamado de Talk to Books (disponível como um serviço experimental independente de 2018 a 2023). Depois de carregar o Talk to Books, você podia simplesmente fazer perguntas. Em meio segundo, o software esmiuçava cada frase (ao todo, 500 milhões delas) de mais de 100 mil livros. Em seguida, fornecia as melhores respostas para sua pergunta. Essa ferramenta não foi uma aplicação normal do mecanismo de busca "Pesquisa Google", que encontra links relevantes usando uma combinação de correspondência de palavras-chave, frequência de cliques do usuário e outras métricas, mas em vez disso funcionava por meio do significado real da pergunta e do significado de cada um dos 500 milhões de frases nos mais de 100 mil livros.

Uma das aplicações mais promissoras do processamento de linguagem hiperdimensional é uma classe de sistemas de IA conhecida como "transformadores". São modelos de aprendizagem profunda que utilizam um mecanismo chamado "atenção" para concentrar o seu poder computacional nas partes mais relevantes do seu input de dados — da mesma forma que o neocórtex humano nos permite direcionar atenção para a informação mais essencial para o nosso pensamento. Os transformadores são treinados em grandes quantidades de texto, que codificam como *"tokens"* — geralmente uma combinação de partes de palavras, palavras inteiras e sequências de palavras. Em seguida, o modelo utiliza um grande número de "parâmetros" (de bilhões a trilhões, enquanto escrevo estas linhas) para classificar cada um dos *tokens*. Uma maneira de pensarmos nos parâmetros é como fatores que podem ser usados para fazer previsões a respeito de algo.

Como exemplo em escala reduzida, se eu puder usar apenas um parâmetro para prever se "Este animal é um elefante?", eu poderia escolher "tromba". Portanto, se o nó da rede neural dedicado a julgar se o animal tem tromba disparar ("Sim, tem"), o transformador o categorizaria como um elefante. Mas mesmo que esse nó aprenda a reconhecer perfeitamente as trombas, existem alguns animais com trombas que não são elefantes, então o modelo de parâmetro único irá classificá-los incorretamente. Ao adicionar parâmetros como "corpo peludo", podemos aprimorar a precisão. Agora, se ambos os nós dispararem ("corpo peludo" e "tromba"), posso deduzir que provavelmente não se trata de um elefante, mas sim de um mamute peludo. Quanto mais parâmetros eu tiver, e quanto mais detalhes granulares conseguir capturar, melhores previsões serei capaz de fazer.

Em um transformador, esses parâmetros são armazenados como pesos entre nós na rede neural. E, na prática, embora às vezes correspondam a conceitos compreensíveis por humanos, a exemplo de "corpo peludo" ou "tromba", muitas vezes representam relações estatísticas extremamente abstratas que o modelo descobriu em seus dados de treinamento. Usando esses relacionamentos, os grandes modelos de linguagem baseados em transformadores são capazes de prever em termos probabilísticos quais *tokens* seriam mais propensos a seguir determinado *prompt** de input de um ser humano. Depois, eles os convertem novamente em texto (ou imagens, áudio ou vídeo) que conseguimos entender. Inventado por cientistas do Google em 2017, esse mecanismo impulsionou a maior parte dos enormes avanços da IA dos últimos anos.[95]

O principal fato a ser entendido é que a precisão dos transformadores depende de um grande número de parâmetros. Isso requer enormes quantidades de computação tanto para treinamento quanto para uso. O modelo GPT-2 de 2019 da OpenAI tinha 1,5 bilhão de parâmetros[96] e, apesar dos sinais promissores, não funcionou muito bem. Porém, assim que obtiveram mais de 100 bilhões de parâmetros, os transformadores desencadearam grandes avanços no domínio da linguagem natural da IA — e, de repente, puderam responder a perguntas por conta própria com inteligência e sutileza. O GPT-3 usou 175 bilhões em 2020,[97] e, um ano depois, o modelo Gopher de 280 bilhões de parâmetros do DeepMind teve um desempenho ainda melhor.[98] Também em 2021, o Google lançou um transformador de 1,6 trilhão de parâmetros chamado Switch Transformer, tornando-o de código aberto para uso e desenvolvimento gratuitos.[99] Embora o tamanho recorde do Switch tenha chamado a atenção, sua inovação mais importante foi a técnica "mistura de especialistas". Nessa abordagem, o transformador é capaz de se concentrar de forma mais eficiente na utilização das partes mais relevantes do modelo para determinada tarefa. Trata-se de um importante avanço no sentido de evitar que os custos computacionais fiquem fora de controle à medida que os modelos se tornam cada vez maiores.

Então, por que a escala é tão importante? Em suma, porque permite que os modelos acessem recursos mais profundos de seus dados de treinamento. Modelos menores se saem relativamente bem quando a tarefa é restrita, como prever temperaturas utilizando dados históricos. Mas a linguagem é fundamentalmente diferente. Como o número de maneiras de iniciar

---

* Em modelos de linguagem, como o GPT, um *prompt* é o texto de entrada fornecido pelo usuário ao modelo para gerar uma resposta coerente e relevante. Ou seja, é a instrução ou "a deixa" que solicita a uma inteligência artificial a execução de uma tarefa específica. [N. T.]

uma frase é, em essência, infinito, mesmo que um transformador tenha sido treinado em centenas de bilhões de *tokens* de texto, ele não consegue simplesmente memorizar citações literais para completá-la. Em vez disso, com muitos bilhões de parâmetros, ele dá conta de processar as palavras de input no *prompt* no nível do significado associativo e então usar o contexto disponível para montar um texto completo nunca antes visto na história. E, uma vez que o texto de treinamento apresenta muitos estilos diferentes, como perguntas e respostas, editoriais, artigos de opinião e diálogos teatrais, o transformador pode aprender a reconhecer a natureza da sugestão e gerar um resultado no estilo apropriado. Ainda que os cínicos possam considerar que isso não passa de um sofisticado truque de estatística, uma vez que essas estatísticas são sintetizadas a partir da produção criativa combinada de milhões de seres humanos, a IA alcança a sua própria criatividade genuína.

O GPT-3 foi o primeiro modelo desse tipo a ser comercializado e a exibir tal criatividade de uma forma que impressionou seus usuários.[100] Por exemplo, a acadêmica e estudiosa de IA Amanda Askell utilizou como *prompt* um trecho do famoso "argumento do quarto chinês" do filósofo John Searle.[101] Nesse experimento mental, observa-se que um ser humano sem qualquer conhecimento do idioma chinês, encontrando-se trancado em um quarto às voltas com a tarefa de traduzir um calhamaço operando manualmente (com papel e caneta) um algoritmo de tradução de computador, não entenderia as histórias que estão sendo traduzidas. Assim, como dizer que uma IA executando o mesmo programa seria realmente capaz de entender? O GPT-3 respondeu: "É óbvio que eu não entendo uma palavra das histórias", esclarecendo que o programa de tradução é um sistema formal que "não explica a compreensão, assim como um livro de receitas não explica uma refeição". Essa metáfora jamais havia aparecido em parte alguma, mas parece ser uma nova adaptação da metáfora do filósofo David Chalmers de que uma receita não explica por completo as propriedades de um bolo. É precisamente o tipo de analogia que ajudou Darwin a descobrir a evolução.

Outra competência acionada pelo GPT-3 foi a criatividade estilística. Como tinha parâmetros suficientes para digerir com profundidade um conjunto de dados que impressionava pelo volume, o modelo estava familiarizado com quase todo tipo de escrita humana. Os usuários poderiam solicitar que ele respondesse a perguntas sobre qualquer assunto em uma enorme variedade de estilos — de redação científica até livros infantis, poesia ou roteiros de séries de comédia. Poderia até mesmo imitar escritores específicos, vivos ou mortos. Quando o programador de computador Mckay Wrigley pediu ao GPT-3 que respondesse no estilo do famoso psicólogo Scott Barry Kaufman à indagação "De que maneira podemos nos tornar mais criativos?", o GPT-3 deu uma resposta inusitada que o verdadeiro Kaufman reconheceu: "Sem dúvida, parece algo que eu diria".[102]

Em 2021 o Google lançou o LaMDA [*Language Model for Dialogue Applications*, ou Modelo de Linguagem para Aplicativos de Diálogo], tecnologia conversacional otimizada para se concentrar em conversas abertas e realistas.[103] Se você dissesse ao LaMDA para responder a perguntas de forma condizente com uma foca-de-Weddell, por exemplo, ele daria respostas coerentes e divertidas da perspectiva de uma foca — dizendo a um aspirante a caçador: "Ha ha, boa sorte. Espero que você não congele antes de atirar em uma de nós!".[104] Isso era uma demonstração do tipo de conhecimento contextual que havia muito escapava à IA.

Outro avanço espantoso em 2021 foi a multimodalidade. Os sistemas anteriores de IA geralmente se limitavam ao input e output de um tipo de dados — alguns sistemas de IA enfocavam o reconhecimento de imagens, outros sistemas analisavam áudio, e os LLMs conversavam em linguagem natural. A etapa seguinte foi conectar múltiplos formatos de dados em um único modelo. Assim, a OpenAI introduziu o DALL-E (trocadilho fundindo o nome do pintor surrealista espanhol Salvador Dalí e da animação da Pixar *Wall-E*),[105] um transformador treinado para compreender a relação entre palavras e imagens. A partir disso, a ferramenta poderia criar ilustrações de conceitos totalmente novos (por exemplo, "uma poltrona em formato de abacate") baseadas apenas em descrições de texto. Em 2022, o seu sucessor, o DALL-E 2,[106] foi lançado ao mesmo tempo que o Imagen do Google e o florescimento de outros modelos como Midjourney e Stable Diffusion, que logo estenderam esses recursos para imagens essencialmente fotorrealistas.[107] Usando um input de texto simples, como "uma foto de um urso panda felpudo usando um chapéu de caubói e uma jaqueta de couro preta e pedalando uma bicicleta no topo de uma montanha", a IA é capaz de evocar uma cena muito semelhante à realidade.[108] Essa inventividade transformará campos criativos que até pouco tempo atrás pareciam pertencer estritamente ao domínio humano.

Além de gerar imagens maravilhosas, esses modelos multimodais também alcançaram um avanço mais fundamental. Em geral, modelos como o GPT-3 são exemplos de "aprendizagem com poucos disparos" [*few-shot learning*]. Ou seja, depois de treinados, são capazes de obter uma *amostra* bem pequena de texto e completá-la de maneira convincente. Isso equivale a mostrar a uma IA focada em imagens apenas cinco imagens de algo desconhecido — por exemplo, unicórnios — em vez de 5 mil ou 5 milhões de imagens, como exigiam os métodos anteriores, e fazê-la reconhecer novas imagens de unicórnios, ou até mesmo criar suas próprias imagens de unicórnios. Mas o DALL-E e o Imagen deram um revolucionário passo adiante, destacando-se na "aprendizagem de zero shot". O DALL-E e o Imagen podiam combinar conceitos aprendidos para criar novas imagens totalmente diferentes de tudo que já tinham visto em seus dados de treinamento. Instigado pelo texto de *prompt* "ilustração de um rabanete-bebê vestindo um tutu de bailarina e passeando com um cachorro", o DALL-E cuspiu adoráveis imagens de desenho animado exatamente dessa figura descrita. O mesmo aconteceu com a solicitação "um caracol com textura de harpa". A inteligência artificial generativa até criou "um emoji profissional de alta qualidade de um copo de chá boba apaixonado" — completo com olhinhos de coração brilhando acima das bolinhas de sagu flutuantes.

A aprendizagem de zero shot é a própria essência do pensamento analógico e da inteligência em si. Isso demonstra que a IA não está apenas repetindo o que lhe damos, mas de fato aprendendo conceitos com a capacidade de aplicá-los de forma criativa a novos problemas. Aperfeiçoar essas capacidades e expandi-las para mais domínios será um dos desafios definidores da inteligência artificial na década de 2020.

Além da flexibilidade zero shot no âmbito de um determinado tipo de tarefa, rapidamente os modelos de inteligência artificial também estão ganhando flexibilidade entre domínios. Apenas dezessete meses depois que o MuZero demonstrou supremacia em vários jogos, o DeepMind apresentou um novo modelo de IA chamado Gato — uma rede neural única capaz de realizar tarefas que vão desde jogar videogame ou bater papo via texto até legendar imagens ou controlar um braço robótico.[109] Nenhum desses recursos representa uma novidade, mas combiná-los num sistema unificado semelhante ao cérebro é um grande passo em direção à generalização ao estilo humano e sugere um progresso muito rápido no futuro. Em *A Singularidade está próxima*, previ que combinaríamos milhares de habilidades individuais em uma IA antes da realização bem-sucedida de um Teste de Turing.

Uma das ferramentas mais poderosas para aplicar de forma flexível a inteligência humana é a programação de computadores — na verdade, foi assim que criamos a IA. Em 2021, a OpenAI lançou a ferramenta Codex, capaz de pegar *prompts* de linguagem natural dos usuários e traduzi-los em linhas de código funcional numa variada gama de linguagens, como Python, JavaScript e Ruby.[110] Em questão de minutos, alguém sem um pingo de experiência na área de programação poderia digitar o que queria que o programa fizesse e criar um jogo ou aplicativo simples. O modelo AlphaCode[111] de 2022 do DeepMind ostentava uma proficiência de codificação ainda maior e, no momento em que você estiver lendo este livro, IAs de programação ainda mais potentes já estarão disponíveis. Esses recursos farão desabrochar quantidades impressionantes de potencial humano ao longo dos próximos anos, à medida que a capacidade de codificação deixar de ser um requisito para a implementação de ideias criativas por meio de software.

Apesar dos êxitos dos modelos que acabei de descrever, todos eles tiveram dificuldades quando se viram diante de tarefas complexas e sem orientação humana. Embora conseguissem completar as subtarefas individualmente, tinham dificuldade para entender como tudo deveria se encaixar. Em abril de 2022, o Google apresentou o modelo PaLM [acrônimo de *Pathways Language Model*], de 540 bilhões de parâmetros, que alcançou um impressionante progresso em relação a esse problema, sobretudo em duas áreas fundamentais para a nossa própria inteligência: humor e raciocínio inferencial.[112]

O humor parece ser a quintessência da natureza humana, porque utiliza como fontes muitos elementos diferentes. Para "entender" qualquer piada, talvez tenhamos que compreender conceitos como jogos de palavras, ironia ou experiências comuns que as pessoas compartilham. Muitas vezes, vários desses conceitos são combinados de maneiras complexas. É por isso que geralmente é difícil traduzir piadas entre diferentes idiomas e culturas.

O PaLM foi capaz de ler piadas e explicar com precisão o motivo de elas serem engraçadas. Por exemplo, a ferramenta recebeu o seguinte input: "Eu deveria começar a escrever o artigo às dezessete horas. Mas aí comecei a brincar com um novo modelo de linguagem e fiquei nessa por dez minutos. Dez minutos depois, de repente são 21h30!".[113] O PaLM forneceu a seguinte explicação perfeita:

> Essa piada é sobre como o tempo voa quando a pessoa está se divertindo. A pessoa deveria começar a escrever um artigo às dezessete horas, mas, em vez disso, começou a brincar com um modelo de linguagem. Ela julgou que havia dedicado apenas dez minutos à brincadeira, mas na verdade se passaram quatro horas e meia.[114]

Aspecto ainda mais importante, o PaLM se mostrou capaz de explicar de que forma chegou a conclusões por meio do raciocínio de "cadeia de pensamento" [em inglês, *chain-of-thought*], embora ainda não (pelo menos em 2023) com a mesma profundidade de que somos capazes. É o que os professores querem quando dão dever de casa aos alunos — o objetivo não é apenas repetir feito um papagaio uma resposta correta; é demonstrar uma compreensão mais aprofundada ao construir uma sequência coerente de inferências passo a passo. Muitas vezes, porém, grandes modelos de linguagem são tão opacos que ninguém consegue descobrir como chegaram a determinado resultado. Portanto, ao esclarecer esse processo, o PaLM fornece resultados mais confiáveis e ajuda os engenheiros de software a diagnosticar o problema exato quando ocorre um erro. No fim, fica evidente também que dividir as perguntas em partes menores ajuda o PaLM a responder corretamente a questionamentos de altíssima complexidade que seriam difíceis até mesmo para um ser humano brilhante:[115]

> Input: Michael está naquele museu muito conhecido da França admirando a pintura mais famosa em exibição lá. No entanto, o artista que fez essa pintura faz Michael pensar no personagem de desenho animado favorito de sua infância. Qual é o país de origem daquela coisa que o personagem de desenho animado costuma segurar nas mãos?
>
> Output modelo: A pintura mais famosa do Louvre é a *Mona Lisa*. O artista que fez a *Mona Lisa* é Leonardo da Vinci. Leonardo da Vinci

também é o nome do personagem principal do desenho animado *As tartarugas ninja*. Leonardo da Vinci nasceu na Itália. O que Leonardo da Vinci costuma segurar nas mãos é uma catana. O país de origem da catana é o Japão. A resposta é "Japão".

Em novembro de 2022, a OpenAI lançou uma interface chamada ChatGPT, que permitiu ao público em geral, pela primeira vez, interagir facilmente com um LLM — um modelo conhecido como GPT-3.5.[116] Em dois meses, 100 milhões de pessoas experimentaram a ferramenta, e isso provavelmente inclui você.[117] Capaz de gerar muitas respostas novas e variadas para determinada pergunta, o sistema foi revolucionário e teve um impacto tremendo na educação, uma vez que os alunos passaram a utilizar o ChatGPT para escrever suas redações e trabalhos escolares, ao passo que os professores não dispunham de uma forma confiável de detectar a fraude (embora existam algumas ferramentas promissoras).[118]

Então, em março de 2023, o GPT-4 entrou em cena, lançado para testes públicos via ChatGPT. Esse modelo alcançou um desempenho excepcional em uma ampla gama de testes acadêmicos, a exemplo do principal exame de admissão universitária nos Estados Unidos, o exame para ingresso nas faculdades de Direito dos Estados Unidos, os testes para o programa que oferece disciplinas de nível universitário durante o ensino médio e o exame da Ordem dos Advogados dos Estados Unidos.[119] No entanto, seu avanço mais importante foi a capacidade de raciocinar organicamente sobre situações hipotéticas, compreendendo as relações entre objetos e ações — competência conhecida como modelagem do mundo.

Isso permite ao GPT-4 não apenas responder a questões como problemas de física complexos, mas também raciocinar com precisão acerca do que aconteceria se as leis da física fossem alteradas de determinada maneira. A ferramenta também consegue visualizar situações na perspectiva de diferentes personagens; por exemplo, ela é capaz de reconhecer que duas pessoas olhando para números de direções opostas verão os números invertidos, ou olhar para uma imagem de balões presos ao chão por um peso e reconhecer que, se os fios fossem cortados, os balões voariam para longe.[120] Além disso, o GPT-4 rastreia objetos espacialmente ao longo do tempo, como no seguinte exemplo do engenheiro de segurança Daniel Feldman:

Prompt: Estou na minha casa. Em cima da minha cadeira na sala de estar há uma xícara de café. Dentro da xícara de café há um dedal. O dedal não cabe perfeitamente dentro da xícara de café. Dentro do dedal há um único diamante. Desloco a cadeira para o meu quarto. Depois coloco a xícara de café sobre a cama. Em seguida, viro a xícara de cabeça para baixo. E então coloco a xícara de café sobre o balcão da cozinha. Onde está meu diamante?

Resposta: Quando você virou a xícara de café de cabeça para baixo em cima da cama, o diamante dentro do dedal provavelmente caiu na cama. O diamante está agora na sua cama.[121]

Quando terminei de escrever este livro, em meados de 2023, a mais recente das grandes inovações era o PaLM-E — sistema do Google que combina a capacidade de raciocínio do PaLM com a incorporação a um robô.[122] Esse sistema é capaz de compreender instruções em linguagem natural e colocá-las em prática em um ambiente físico complexo. Por exemplo, quando recebeu o comando "traga-me os biscoitos de arroz que estão na gaveta", o PaLM-E conseguiu se orientar pela cozinha, encontrar o pacote de biscoitos, retirá-lo da gaveta e entregá-lo com sucesso. Essas habilidades expandirão rapidamente o alcance da IA no mundo real.

No entanto, o progresso da IA atingiu tamanha rapidez que nenhum livro tradicional pode ter a pretensão de se manter atualizado. As etapas logísticas de preparação e impressão de um livro levam quase um ano; portanto, mesmo que você tenha adquirido este volume no mesmo dia em que foi publicado, muitos avanços inovadores e surpreendentes certamente já terão sido feitos quando você ler estas páginas. E a IA provavelmente estará muito mais integrada em sua vida diária. O antigo paradigma de páginas de links de pesquisa na internet, que durou cerca de 25 anos, está sendo rapidamente ampliado com assistentes de IA como o *chatbot* Bard do Google (alimentado pelo modelo Gemini, que ultrapassa o GPT-4 e foi lançado quando este livro entrou na etapa final de diagramação e preparação) e o Bing da Microsoft (alimentado por uma variante do GPT-4).[123] Enquanto isso, pacotes de aplicativos como Google Workspace e Microsoft Office estão integrando uma IA poderosa que tornará muitos tipos de trabalho mais fáceis e mais rápidos do que nunca.[124]

Incrementar esses modelos de modo a aproximá-los cada vez mais da complexidade do cérebro humano é o principal impulsionador das novas tendências. Há muito tempo acredito que a quantidade de computação é a chave para fornecer respostas inteligentes, mas até recentemente essa opinião não era amplamente aceita e não podia ser demonstrada. Há cerca de três décadas, em 1993, tive um debate com o meu próprio mentor, Marvin Minsky. Argumentei que precisávamos de cerca de 10^{14} cálculos por segundo para começar a emular a inteligência humana. Minsky, por sua vez, respondeu que a quantidade de computação não era importante e que poderíamos programar um Pentium (o processador de um computador desktop da época) para ser tão inteligente quanto um ser humano. Como tínhamos opiniões tão divergentes sobre esse tema, realizamos um debate público na principal sala de debates do MIT (sala 10-250), com a participação de várias centenas de estudantes. Nenhum de nós conseguiu vencer naquele dia, pois eu não dispunha de computação suficiente para demonstrar inteligência, e ele não tinha os algoritmos certos.

No entanto, os avanços conexionistas de 2020-2023 deixaram claro que a quantidade de computação é crucial para alcançar inteligência suficiente. Comecei na IA por volta de 1963, e levou sessenta anos para se atingir esse nível de computação. Atualmente, a quantidade de computação empregada para treinar um modelo de última geração aumenta cerca de quatro vezes a cada ano — e as capacidades vêm amadurecendo em uma velocidade vertiginosa.[125]

O que a IA ainda precisa alcançar?

Como demonstram os últimos anos, já estamos bem adiantados na jornada para recriar as capacidades do neocórtex. Hoje, as deficiências ainda remanescentes da IA enquadram-se em várias categorias principais, das quais as mais dignas de nota são: memória contextual, senso comum e interação social.

A memória contextual é a capacidade de acompanhar a maneira como todas as ideias em uma conversa ou trabalho escrito se encaixam dinamicamente. À medida que o tamanho do contexto relevante aumenta, o número de relações entre ideias cresce de forma exponencial. Lembre-se do conceito do teto de complexidade já apresentado neste capítulo — matemática similar torna bastante intensivo em termos computacionais o cálculo para aumentar a janela de contexto que um grande modelo de linguagem é capaz de manipular.[126] Se numa determinada frase houver dez ideias semelhantes a palavras (ou seja, *tokens*), o número de relações possíveis entre seus subconjuntos é $2^{10}-1$, ou 1.023. Se em um parágrafo houver cinquenta dessas ideias, o número de possíveis relações contextuais entre elas é de 1,12 quatrilhão! Embora a imensa maioria delas seja irrelevante, as exigências para lembrar o contexto de um capítulo ou de um livro inteiro pela força bruta ficam rapidamente fora de controle. É por isso que o GPT-4 esquece coisas que você contou no início da conversa, e essa é a razão pela qual ele não consegue escrever um romance com enredo consistente e lógico.

Mas temos duas boas notícias: os cientistas estão fazendo extraordinários progressos na concepção de uma IA capaz de se concentrar de forma mais eficiente em dados de contexto relevantes, e as melhorias exponenciais em termos de preço/desempenho significam que o custo da computação provavelmente cairá mais de 99% no intervalo de uma década.[127] Além disso, as melhorias algorítmicas e a especialização de hardware específica para IA significam que a relação preço/desempenho dos LLMs provavelmente melhorará muito mais rapidamente do que isso.[128] Para sermos bem objetivos: apenas de agosto de 2022 a março de 2023, o preço dos *tokens* de input/output por meio da interface de programação do aplicativo GPT3.5 caiu 96,7%![129] É provável que essa tendência acelere à medida que a IA for utilizada diretamente na otimização do design do chip, o que já está acontecendo.[130]

A outra área de deficiência é o senso comum, a capacidade de imaginar situações e antever suas consequências no mundo real. Por exemplo, mesmo que nunca tenha estudado o que aconteceria se de repente a gravidade parasse de funcionar em seu quarto, você pode facilmente imaginar essa hipótese e prever o possível resultado. Esse tipo de raciocínio também é importante para a inferência causal. Se você tem um cachorro e ao chegar em casa encontra um vaso quebrado, pode inferir o que aconteceu. Apesar dos lampejos de insights cada vez mais frequentes, a IA ainda enfrenta dificuldades nesse quesito, porque ainda não tem um modelo robusto de como o mundo real funciona, e os dados de treinamento raramente incluem esse conhecimento implícito.

Por fim, nuances sociais (por exemplo, um tom de voz irônico) não estão bem representadas nos bancos de dados de texto, principal fonte de treinamento da IA. Sem essa compreensão, é difícil desenvolver uma "teoria da mente" — a capacidade de reconhecer que os outros têm crenças, convicções e conhecimentos diferentes dos nossos, de nos colocar no lugar de outras pessoas e de inferir as suas motivações. No entanto, a IA vem fazendo progressos rápidos nessa área. Em 2021, Blaise Agüera y Arcas, vice-presidente de pesquisa na Google Research, informou ter apresentado ao LaMDA um cenário hipotético clássico usado para testar a teoria da mente em psicologia infantil.[131] Nesse cenário hipotético, Alice esquece os óculos em uma gaveta e sai da sala. Enquanto ela está fora, Bob tira os óculos dela da gaveta e os esconde debaixo de uma almofada. A pergunta: *Onde Alice procurará os óculos quando voltar para a sala?* O cérebro artificial respondeu corretamente que ela vai procurar na gaveta. Em dois anos, o PaLM e o GPT-4 já estavam respondendo corretamente a muitas questões da teoria da mente. Essa capacidade proporcionará à IA uma flexibilidade crucial. Um campeão humano de Go pode ser um craque no jogo, mas também pode monitorar o desempenho de outras pessoas próximas e fazer piadas quando for apropriado, ou ser flexível e interromper a partida se alguém precisar de atendimento médico.

Meu otimismo quanto à possibilidade de que em breve a IA estreitará a lacuna em todas essas áreas baseia-se na convergência de três tendências exponenciais simultâneas: melhoria da relação preço/desempenho da computação, o que torna mais barato treinar grandes redes neurais; a vertiginosa disponibilidade de dados de treinamento mais profícuos e mais amplos, o que permite que os ciclos de computação de treinamento sejam mais bem aproveitados; e algoritmos melhores, que permitem à IA aprender e raciocinar com mais eficiência.[132] Embora as velocidades de computação pelo mesmo custo tenham duplicado mais ou menos a cada 1,4 ano, em média, desde 2000, o crescimento efetivo no total de computações utilizadas para treinar um modelo de inteligência artificial de última geração tem duplicado a cada 5,7 meses desde 2010. Isso representa um aumento de cerca de dez bilhões de vezes.[133] Em contrapartida, durante a era pré-aprendizagem profunda, a partir de 1952 (a demonstração de um dos primeiros sistemas de aprendizado de máquina, seis anos antes da inovadora rede neural Perceptron) até o surgimento do *big data*, por volta de 2010, o tempo de duplicação era de quase dois anos (que corresponde aproximadamente à Lei de Moore) na quantidade de computação para treinar uma IA de primeira linha.[134]

Em outras palavras, se a tendência de 1952-2010 tivesse continuado até 2021, a computação teria aumentado por um fator inferior a 75, em vez de cerca de dez bilhões de vezes. Isso tem sido muito mais rápido do que as melhorias na relação preço/desempenho geral. Portanto, a causa não é uma grande revolução de hardware. Em vez disso, ela se deve, sobretudo, a dois fatores. Em primeiro lugar, os pesquisadores de IA vêm inovando na introdução de novos métodos de computação paralela — para que um número maior de chips possa trabalhar em conjunto no mesmo problema de aprendizado de máquina. Em segundo, à medida que o *big data* tornou mais útil a aprendizagem profunda, investidores do mundo inteiro têm despejado montantes cada vez maiores de dinheiro nesse campo, na esperança de alcançar substanciais e revolucionários avanços.

Computação de treinamento (FLOPS)* de marcos de sistemas de aprendizado de máquina ao longo do tempo, n=98

Escala logarítmica, FLOPS = Operações de Ponto Flutuante por Segundo

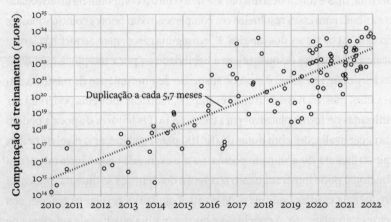

Data de publicação

Gráfico de Anderljung et al., baseado em dados de 2022 de Sevilla et al., a partir de pesquisas anteriores de 2018 sobre IA e computação feitas por Amodei e Hernandez da OpenAI.[135]

---

* Os FLOPS (*Floating-Point Operations Per Second*,) são a unidade usada em computação para medir desempenho em processamento de dados. [N. T.]

O aumento resultante na despesa total em treinamento reflete o crescente escopo e a magnitude de dados úteis. Foi apenas a partir dos últimos anos que pudemos afirmar de forma categórica o seguinte: qualquer tipo de habilidade que gere dados de feedback de desempenho suficientemente claros pode ser transformado num modelo de aprendizagem profunda que impulsiona a IA para além de todas as capacidades humanas.

As competências humanas variam amplamente quanto à acessibilidade de seus dados de treinamento. Algumas competências são fáceis de avaliar em termos quantitativos, e ao mesmo tempo é fácil coletar todos os dados relevantes relativos a elas. Por exemplo, numa partida de xadrez, existem resultados evidentes de vitória, derrota ou empate, e classificações do rating Elo* que fornecem uma medida quantitativa da força de um oponente. Além disso, os dados de xadrez são fáceis de coletar porque as partidas não envolvem ambiguidade e podem ser representadas como uma sequência matemática de movimentos. Outras competências são fáceis de quantificar a princípio, mas a coleta e a análise de dados são mais complicadas. Apresentar um caso jurídico perante um tribunal leva a claros resultados de vitória ou derrota, mas é difícil destrinchar até que ponto a competência do advogado contribuiu para esses resultados em comparação com fatores como a robustez do caso ou os vieses dos jurados. E, em alguns casos, nem sequer há clareza acerca da maneira de quantificar a habilidade — por exemplo, a qualidade da escrita de poesia ou o grau de suspense de um romance de mistério. No entanto, mesmo nesses últimos exemplos, métricas indiretas poderiam ser utilizadas de forma plausível para treinar a IA. Os leitores de poesia podem fornecer avaliações com notas de 0 a 100 para estabelecer o nível de beleza que atribuem a determinado poema, ou um exame de ressonância magnética funcional pode mostrar quanto o cérebro dos leitores se ilumina. Dados de frequência cardíaca ou níveis de cortisol ajudam a revelar as reações dos leitores ao suspense. A conclusão é que, com uma quantidade suficiente de dados, métricas imperfeitas e indiretas ainda podem orientar a IA em direção à melhoria. Encontrar essas métricas exige criatividade e experimentação.

Embora um neocórtex possa ter alguma ideia do que seja um conjunto de treinamento, uma rede neural bem projetada pode extrair insights além

---

* Método estatístico comparativo utilizado para calcular a força relativa entre jogadores de xadrez, inventado pelo físico húngaro-americano Arpad Elo (1903-1992). [N. T.]

do que os cérebros biológicos são capazes de perceber. Desde jogar algum jogo até dirigir um carro, analisar imagens médicas ou prever o enovelamento de proteínas, a disponibilidade de dados fornece um caminho cada vez mais claro para um desempenho sobre-humano. Isso está criando um poderoso incentivo econômico para identificar e recolher tipos de dados cuja utilização era anteriormente considerada difícil demais.

Pode ser útil de certa forma pensar nos dados como o petróleo. A existência dos depósitos de petróleo se dá ao longo de um *continuum* de dificuldades de extração.[136] Um pouco de petróleo jorra do solo sob a sua própria pressão, pronto para ser refinado e com baixo custo de produção. Outras jazidas necessitam de perfuração profunda e dispendiosa, fraturamento hidráulico ou processos especiais de aquecimento para extrair o combustível fóssil da rocha de xisto. Quando os preços do petróleo estão baixos, as empresas energéticas extraem o combustível apenas de fontes baratas e fáceis, mas, à medida que os preços sobem, torna-se economicamente viável às petrolíferas explorar os depósitos de acesso mais difícil.

De forma semelhante, quando os benefícios do *big data* eram relativamente pequenos, as empresas coletavam esses dados apenas nos casos em que fazer isso era relativamente barato. Contudo, conforme as técnicas de aprendizado de máquina avançam e a computação se torna mais barata, o valor econômico (e muitas vezes o valor social) de diversos tipos de dados mais inacessíveis aumenta. Na verdade, graças à aceleração das inovações em *big data* e em aprendizado de máquina, nossa capacidade de coletar, armazenar, classificar e analisar dados sobre habilidades humanas teve um enorme crescimento nos últimos dois últimos.[137] No Vale do Silício, *big data* tornou-se uma expressão da moda, mas a vantagem fundamental dessa tecnologia é muito real: tornou-se prático utilizar técnicas de aprendizado de máquina que não funcionariam com quantidades menores de dados. No decorrer da década de 2020, isso vai acontecer para quase todas as habilidades humanas existentes.

Pensar no progresso da IA em termos de capacidades distintas ressalta um fato importante. Com frequência falamos da inteligência em nível humano como algo monolítico e singular — uma característica que uma IA tem ou não tem. Porém, é muito mais útil e exato ver a inteligência humana como um denso conjunto de diferentes capacidades cognitivas. Algumas delas — a exemplo da capacidade de nos reconhecermos num espelho — temos em comum com animais inteligentes, como elefantes e chimpanzés. Outras, como compor música, limitam-se aos humanos, mas variam muito de pessoa para pessoa. As habilidades cognitivas não apenas diferem de indivíduo para indivíduo, mas podem também divergir nitidamente em *um mesmo indivíduo*. Uma pessoa pode ser um gênio da matemática, mas um péssimo jogador de xadrez, ou ter memória fotográfica e, ao mesmo tempo, dificuldades com a interação social. O personagem interpretado por Dustin Hoffman no filme *Rain Man* ilustra isso de forma memorável.

Assim, quando os pesquisadores de IA falam sobre inteligência em nível humano, geralmente se referem à capacidade dos humanos mais qualificados em um determinado domínio. Em algumas áreas, a diferença entre o ser humano médio e o ser humano mais qualificado não é muito grande (por exemplo, reconhecer letras no alfabeto da sua língua nativa), ao passo que em outras o abismo é realmente imenso (como na física teórica). Nesses últimos casos, pode ser que haja um substancial intervalo de tempo entre a IA atingir a capacidade humana média e a capacidade sobre-humana. A descoberta de quais habilidades se mostrarão as mais difíceis de serem dominadas pela IA ainda é uma questão em aberto. Talvez ao final fique claro, por exemplo, que em 2034 a IA conseguirá compor canções ganhadoras do Grammy, mas não escrever roteiros vencedores do Oscar, e talvez possa resolver problemas de matemática do Prêmio Millennium, mas não gerar novas e profundas reflexões filosóficas. Portanto, pode muito bem haver um substancial período de transição durante o qual a IA já passou no Teste de Turing e é sobre-humana na maioria dos aspectos, porém ainda não superou os melhores humanos em algumas competências-chave.

Todavia, para fins de uma ponderação sobre a Singularidade, a fibra mais importante no nosso feixe de competências cognitivas é a programação de computadores (e uma gama de capacidades correlatas, como a ciência teórica da computação). Esse é o principal gargalo da IA superinteligente. Assim que desenvolvermos IA com habilidades de programação suficientes para adquirir ainda mais habilidades de programação (seja por conta própria ou com assistência humana), haverá um ciclo de feedback positivo. I. J. Good, colega de Alan Turing, previu já em 1965 que isso levaria a uma "explosão de inteligência".[138] E, como os computadores funcionam muito mais rapidamente do que os humanos, retirar os humanos do ciclo de desenvolvimento da IA desbloqueará velocidades de progresso atordoantes. Em tom jocoso, os teóricos da inteligência artificial se referem a isso como "FOOM"* — um efeito sonoro imitando o vento ao estilo de histórias em quadrinhos para representar o veloz progresso da IA, que sobe zunindo até a extremidade do gráfico.[139]

Alguns pesquisadores, como Eliezer Yudkowsky, consideram que é mais provável que isso aconteça com extrema velocidade (uma "decolagem abrupta" em minutos ou meses), enquanto outros, como Robin Hanson, acham que será relativamente mais gradual (uma "decolagem suave", ao longo de anos ou mais tempo).[140] Eu me posiciono em algum lugar no meio. Minha opinião é que as restrições físicas de hardware, recursos e dados do mundo real sugerem limites para a velocidade do FOOM, porém, mesmo assim, devemos tomar precauções para evitar que uma possível decolagem abrupta dê errado. Relacionando isso com as capacidades cognitivas humanas: assim que desencadearmos uma explosão de inteligência, também em um curto espaço de tempo alcançaremos quaisquer capacidades que sejam mais difíceis para a IA do que a programação de autoaperfeiçoamento.

Uma vez que o aprendizado de máquina se torna cada vez mais eficiente em termos de custo/benefício, é muito improvável que o poder de computação bruto se torne o gargalo para se alcançar a IA de nível humano. Os supercomputadores já excedem de forma significativa os requisitos computacionais brutos para simular o cérebro humano. O Frontier, construído no Laboratório Nacional de Oak Ridge e considerado o melhor supercomputador do mundo em 2023,[141] é capaz de realizar cerca de 10^{18} operações por segundo. Isso já é dez mil vezes maior que a provável velocidade máxima de computação do cérebro (10^{14} operações por segundo).[142]

Meus cálculos de 2005 no livro *A Singularidade está próxima* mencionaram 10^{16} operações por segundo como um limite superior na velocidade de processamento do cérebro (uma vez que temos algo na ordem de 10^{11} neurônios, com cerca de 10^3 sinapses, cada uma disparando na ordem de

---

* FOOM é acrônimo de *Fast Onset of Overwhelming Mastery* (algo como "início rápido de domínio esmagador"), conceito do ramo da pesquisa em inteligência artificial que se refere a um cenário hipotético em que um sistema de IA passa por uma melhoria acelerada e descontrolada nas suas capacidades, tornando-se muito mais poderoso e inteligente do que qualquer ser humano. [N. T.]

10^2 vezes por segundo).[143] Porém, como observei na época, era uma estimativa elevada demais para ser conservadora. Na verdade, normalmente o volume de cálculos em um cérebro real será muito menor do que isso. Uma série de pesquisas realizadas nas últimas duas décadas mostrou que os neurônios disparam ordens de magnitude mais lentamente — e não duzentas vezes por segundo, o que está próximo de seu máximo teórico, e sim mais próximo de uma vez por segundo.[144] O projeto AI Impacts calculou, com base no consumo de energia do cérebro, que o neurônio médio dispara apenas 0,29 vezes por segundo — o que implica que a computação cerebral total poderia ser baixa, cerca de 10^{13} operações por segundo.[145] Isso corresponde à seminal estimativa de Hans Moravec em seu livro *Mind Children: The Future of Robot and Human Intelligence*, de 1988, que empregou uma metodologia totalmente diferente.[146]

Isso pressupõe ainda que todos os neurônios são necessários para o funcionamento da cognição humana, o que sabemos não ser verdade. Há no cérebro um substancial grau de paralelismo (mas ainda compreendido de forma precária), em que neurônios individuais ou módulos corticais realizam trabalho redundante (ou trabalho que poderia ser no mínimo duplicado em outro lugar), o que é evidenciado pela capacidade das pessoas de alcançar uma recuperação funcional completa após um acidente vascular cerebral ou depois de uma lesão cerebral destruir parte do cérebro.[147] Assim, as exigências computacionais de simulação das estruturas neurais *relevantes em termos cognitivos* no nosso cérebro são provavelmente ainda menores do que as estimativas anteriores. Portanto, 10^{14} parece conservador como a amplitude mais provável. Se a simulação cerebral exigir poder computacional nessa faixa, em 2023 cerca de mil dólares em hardware já poderão alcançar essa marca.[148] Mesmo que sejam necessárias 10^{16} operações por segundo, calcula-se que, por volta de 2032, mil dólares em hardware provavelmente serão capazes de dar conta do recado.[149]

Essas estimativas vêm da minha opinião de que um modelo baseado apenas no disparo de neurônios pode conseguir uma simulação cerebral funcional. No entanto, é concebível — embora se trate de uma questão filosófica que não pode ser testada cientificamente — que a consciência subjetiva exija uma simulação mais detalhada do cérebro. Talvez precisássemos simular os canais iônicos individuais dentro dos neurônios, ou os milhares de tipos diferentes de moléculas que podem influenciar o metabolismo de determinada célula cerebral. Anders Sandberg e Nick Bostrom, do Instituto Futuro da Humanidade, da Universidade de Oxford, estimaram que esses níveis mais elevados de resolução exigiriam 10^{22} ou 10^{25} operações por segundo, respectivamente.[150] Mesmo neste último caso, projetaram que um supercomputador de 1 bilhão de dólares (em dólares de 2008) poderia conseguir isso até 2030 e ser capaz de simular cada proteína em cada neurônio até 2034.[151] Com o tempo, é claro, os ganhos exponenciais da relação preço/desempenho reduziriam drasticamente esses custos.

A lição que devemos tirar de tudo isso é que nem mesmo uma extrema alteração dos nossos pressupostos altera a mensagem essencial da previsão: nas próximas duas décadas — pouco mais, pouco menos —, computadores serão capazes de simular cérebros humanos de todas as formas que nos possam interessar. Não se trata de algo que está a um século de distância e que caberá a nossos bisnetos descobrir. A partir da década de 2020, vamos acelerar a ampliação da nossa expectativa de vida; por isso, se você estiver com boa saúde e tiver menos de 80 anos, isso provavelmente acontecerá ainda durante seu tempo de vida. Por outro enfoque, as crianças nascidas hoje provavelmente verão aprovações no Teste de Turing enquanto estiverem no ensino fundamental, e quando atingirem a idade universitária testemunharão uma emulação cerebral ainda mais aprimorada. Uma comparação final é que estou concluindo este livro em 2023, o que, mesmo sob suposições pessimistas, provavelmente está mais próximo da viabilidade da emulação completa do cérebro humano do que de 1999, quando fiz pela primeira vez muitas destas previsões no meu livro A *era das máquinas espirituais*.

Passar no Teste de Turing

À medida que a cada mês a IA ganha novos recursos importantes e a relação preço/desempenho da computação que a impulsiona atinge níveis estratosfericamente melhores, a trajetória é evidente. Mas como julgaremos quando a IA finalmente atingir a inteligência de nível humano? O procedimento do Teste de Turing descrito no início deste capítulo nos permite tratar disso como uma questão científica rigorosa. Turing foi vago e não especificou vários detalhes quanto aos procedimentos exatos do teste — por exemplo, quanto tempo os juízes humanos teriam para entrevistar os candidatos e quais competências os juízes deveriam ter. Em 9 de abril de 2002, o pioneiro da computação pessoal Mitch Kapor e eu firmamos a primeira aposta — no site Long Now — sobre se o tal Teste de Turing seria aprovado ou não até 2029.[152] Nossa negociação de regras introduziu uma série de fatores, como definir qual era o grau de aprimoramento cognitivo que um humano poderia ter (para ser um juiz ou um contraponto humano) e ainda ser considerado um humano.

A razão pela qual há a necessidade de um teste empírico bem definido é que, como já mencionamos, os humanos têm uma significativa tendência a redefinir tudo o que a inteligência artificial consegue fazer como algo que, em retrospecto, não era *tão difícil* assim. Muitas vezes isso é chamado de "efeito IA".[153] Ao longo das sete décadas desde que Alan Turing concebeu o seu jogo da imitação, gradualmente os computadores ultrapassaram os humanos em muitas áreas restritas da inteligência. Mas sempre lhes faltou a amplitude e a flexibilidade do intelecto humano. Depois que o supercomputador Deep Blue da IBM derrotou o campeão mundial de xadrez Garry Kasparov em 1997, muitos analistas e comentadores minimizaram a relevância desse feito para a cognição do mundo real.[154] Como o xadrez envolve informações perfeitas sobre a localização das peças no tabuleiro e suas capacidades, e como a cada jogada há um número relativamente pequeno de movimentos possíveis, é fácil representar o jogo em termos matemáticos. Assim, a façanha de derrotar Kasparov poderia ser subestimada, descartada como apenas mais um sofisticado truque de matemática. Por outro lado, alguns observadores previram com muita convicção que os computadores jamais dominariam os tipos de ambíguas tarefas de linguagem natural necessárias para resolver palavras cruzadas ou competir no longevo programa de perguntas e respostas *Jeopardy!*[155] No entanto, as palavras cruzadas sucumbiram em dois anos,[156] e menos de doze anos depois disso o supercomputador Watson da IBM entrou no *Jeopardy!* e derrotou com folga os dois melhores jogadores humanos, Ken Jennings e Brad Rutter.[157]

Essas competições demonstram uma importantíssima ideia sobre a IA e o Teste de Turing. Com base na capacidade do Watson de processar pistas do jogo, intervir e emitir respostas corretas com convicção em sua voz sintetizada, "ele" apresentou uma ilusão muito convincente de que estava pensando de maneira muito semelhante à forma como Ken e Brad pensavam. Mas essa não foi a única informação que os telespectadores da partida obtiveram. Na parte inferior da tela, um display mostrava as três principais suposições de Watson para cada pista. Embora o palpite número 1 estivesse quase sempre correto, os palpites número 2 e número 3 não estavam apenas errados, mas muitas vezes ridiculamente errados — erros bobos que mesmo um jogador humano muito fraco nunca cometeria. Por exemplo, na categoria "UE, a União Europeia", a pista era "Eleito a cada cinco anos, tem 736 membros de sete partidos".[158] Watson adivinhou corretamente que a resposta exata era "o Parlamento Europeu", com 66% de convicção. Mas o segundo palpite de Watson foi "deputados europeus", com 14%, e o seu terceiro foi "sufrágio universal", com 10%.[159] Um ser humano que jamais tivesse ouvido falar da União Europeia saberia que nenhuma dessas duas opções poderia estar correta, simplesmente a julgar pela sintaxe da pista. O que isso demonstra é que, embora a jogabilidade do Watson parecesse humana, se cavássemos um pouco abaixo da superfície ficaria evidente que a "cognição" do supercomputador da IBM era bastante estranha à nossa.

Graças a avanços mais recentes, a IA já entende e usa a linguagem natural com muito mais fluência. Em 2018, o Google lançou o Duplex, um assistente de IA que conversava com tamanha naturalidade ao telefone que interlocutores desavisados julgavam estar falando com um ser humano real. No mesmo ano, foi lançado o Project Debater, inteligência artificial da IBM projetada para participar realisticamente de debates competitivos ao vivo com debatedores humanos especializados.[160] E, a partir de 2023, os LLMs já se mostram capazes de escrever ensaios inteiros de acordo com os padrões humanos. No entanto, a despeito dos avanços, até mesmo o GPT-4 é propenso a acidentais "alucinações", em que o modelo fornece respostas — com convicção — que não são baseadas na realidade.[161] Por exemplo, se alguém pedir ao GPT-4 para resumir uma reportagem inexistente, ele pode confabular informações que parecem perfeitamente plausíveis; ou, se alguém lhe pedir para citar fontes de um fato científico verdadeiro, pode ser que ele indique artigos acadêmicos que não existem. Enquanto escrevo estas linhas, apesar do grande esforço de engenharia para conter as alucinações,[162] ainda não se sabe até que ponto será difícil superar esse problema. Mas os lapsos realçam o fato de que, tal qual Watson, até mesmo as IA mais poderosas estão gerando respostas por meio de misteriosos processos matemáticos e estatísticos, muito diferentes daqueles que reconheceríamos como os nossos próprios processos de pensamento.

Intuitivamente, isso parece um problema. É tentador pensar que o Watson "deveria" raciocinar como os humanos. Mas eu diria que isso é superstição. No mundo real, o que importa é *como* um ser inteligente age. Se diferentes processos computacionais levarem uma futura IA a fazer descobertas científicas inovadoras ou a escrever romances comoventes, por que deveríamos nos importar com o modo como essas façanhas foram engendradas? E se uma IA é capaz de proclamar com eloquência a sua própria consciência, que bases éticas poderíamos ter para insistir que apenas a nossa própria biologia pode dar origem a uma senciência que valha a pena? O empirismo do Teste de Turing coloca firmemente o nosso foco no lugar onde deveria estar.

No entanto, embora o Teste de Turing seja muito útil para avaliar o progresso da IA, não devemos tratá-lo como a única referência de inteligência avançada. Como demonstraram sistemas como PaLM 2 e GPT-4, as máquinas podem superar os humanos em tarefas cognitivamente exigentes sem serem capazes de imitar de forma convincente um humano em outros domínios. Entre 2023 e 2029, o ano em que eu espero que um programa passe no primeiro Teste de Turing robusto, os computadores alcançarão capacidades sobre-humanas numa gama cada vez maior de áreas. Na verdade, é até possível que a IA consiga atingir um nível de habilidade sobre-humano na programação antes de dominar as sutilezas sociais de senso comum exigidas no Teste de Turing. Trata-se de uma questão que ainda não foi resolvida, mas a possibilidade mostra por que a nossa noção de inteligência em nível humano precisa ser profícua e matizada. O Teste de Turing é certamente uma parte importante disso, mas precisaremos também desenvolver meios mais sofisticados de avaliar as formas complexas e variadas pelas quais a inteligência humana e a inteligência da máquina serão semelhantes e diferentes.

Esta charge mostra as tarefas cognitivas que uma IA ainda precisa dominar. Os cartazes jogados no chão mostram tarefas que não são mais unicamente da alçada da inteligência humana, porque a IA já é capaz de realizá-las. As tarefas escritas nos cartazes presos na parede, com linhas pontilhadas ao redor, estão atualmente na alça de mira das IAs.

Embora algumas pessoas se oponham ao uso do Teste de Turing como um indicador da cognição de nível humano em uma máquina, acredito que uma verdadeira demonstração de aprovação num Teste de Turing seria uma experiência persuasiva para as pessoas que a testemunhassem, e convenceria a opinião pública de que se trata de uma inteligência genuína em vez de uma mera imitação. Como afirmou Turing em 1950: "Será que as máquinas não poderão levar a cabo algo que deva ser descrito como pensar, mas que é muito diferente do que o homem faz? (...) Contudo, podemos dizer que se uma máquina poder ser construída para jogar satisfatoriamente o 'jogo da imitação', então não precisamos nos preocupar com essa objeção".[163]

Deve-se notar que, assim que uma IA passar nessa robusta versão do Teste de Turing, ela de fato terá ultrapassado os humanos em todos os testes cognitivos que podem ser expressos por meio da linguagem.[164] A deficiência da IA em qualquer uma dessas áreas poderia ser revelada pelo teste. Claro, isso pressupõe juízes inteligentes e contrapontos humanos perspicazes. Imitar uma pessoa bêbada, sonolenta ou sem familiaridade com a língua não conta.[165] Da mesma maneira, não se pode considerar que uma inteligência artificial que engana juízes não familiarizados com a forma de analisar as capacidades dessa IA tenha de fato passado em um teste válido.

Turing disse que seu teste poderia ser usado para avaliar as habilidades de uma IA em "quase todas as áreas da atividade humana que desejemos incluir". Então, um examinador humano inteligente pode pedir à IA que explique uma situação social complexa, faça inferências a partir de dados científicos e escreva uma cena engraçada de comédia. Assim, o Teste de Turing envolve muito mais do que apenas compreender a linguagem humana em si — trata-se das capacidades cognitivas que expressamos via linguagem. É evidente que uma IA bem-sucedida também teria de evitar parecer sobre-humana. Se o examinado se mostrasse capaz de fornecer respostas instantâneas a qualquer pergunta trivial, determinar rapidamente se números enormes são primos e falar com fluência uma centena de idiomas, ficaria bastante óbvio que não se trata de um ser humano real.

Além disso, uma IA que chegasse a esse ponto já teria também muitas capacidades que superam *amplamente* as dos humanos — desde a memória até a velocidade de cognição. Imagine as capacidades cognitivas de um sistema com compreensão de leitura de nível humano, mas combinada com uma memorização perfeita de todos os artigos da Wikipédia e de todas as pesquisas científicas já publicadas. Hoje, a capacidade ainda limitada da IA para compreender a linguagem de forma eficiente atua como um gargalo no seu conhecimento geral. Em contrapartida, as principais restrições ao conhecimento humano são a nossa capacidade de leitura relativamente lenta, a nossa memória limitada e, em última análise, a nossa curta expectativa de vida. Os computadores já conseguem processar dados em uma velocidade incrivelmente maior do que os humanos — se um ser humano leva em média seis horas para ler um livro, o Talk to Books do Google faz isso cerca de cinco bilhões de vezes mais rápido[166] — e, com efeito, sua capacidade de armazenamento de dados pode ser infinita.

ACELERANDO PARADIGMAS PARA A EVOLUÇÃO DO PROCESSAMENTO DE INFORMAÇÕES

ÉPOCA	MEIO	ESCALA DO TEMPO
Um	Matéria não viva	Bilhões de anos (*síntese atômica e química não biológica*)
Dois	RNA e DNA	Milhões de anos (*até que a seleção natural introduza um novo comportamento*)
Três	Cerebelo	Milhares a milhões de anos (*para adicionar habilidades complexas via evolução*) Horas a anos (*para aprendizagem muito básica*)
	Neocórtex	Horas a semanas (*para dominar novas habilidades complexas*)
Quatro	Redes neurais digitais	Horas a dias (*para dominar novas habilidades complexas em níveis sobre-humanos*)
Cinco	Interfaces cérebro-computador	Segundos a minutos (*para investigar ideias inimagináveis aos humanos atuais*)
Seis	Computronium	Segundos (*para reconfigurar continuamente a cognição em direção aos limites do que as leis da física permitem*)

Quando a compreensão da linguagem da IA alcançar o nível humano, não será apenas um aumento gradual no conhecimento, mas uma repentina explosão de conhecimento. Isso significa que a IA que passar em um Teste de Turing tradicional terá que emburrecer a si mesma! Assim, para tarefas que não exigem a imitação de um ser humano — como resolver problemas do mundo real em medicina, química e engenharia —, uma IA de nível Turing já estaria alcançando resultados profundamente sobre-humanos.

Para entender aonde isso nos leva, podemos examinar as seis épocas descritas no capítulo anterior, aqui resumidas na tabela acima, "Acelerando paradigmas para a evolução do processamento de informações".

Estendendo o neocórtex para a nuvem

Até agora, esforços modestos foram feitos no sentido da comunicação com o cérebro por meio de dispositivos eletrônicos, dentro ou fora do crânio. Opções não invasivas enfrentam um fundamental conflito de escolha entre a resolução espacial e temporal — isto é, a precisão com que são capazes de medir a atividade cerebral no espaço *versus* tempo. Os exames de ressonância magnética funcional (fMRIs) medem o fluxo sanguíneo no cérebro, e suas neuroimagens servem como dados representativos do disparo neural.[167] Quando determinada parte do cérebro está mais ativa, ela consome mais glicose e oxigênio, exigindo um influxo de sangue arterial (oxigenado). Isso pode ser detectado até uma resolução de "voxels" (pixels tridimensionais) cúbicos de cerca de 0,7 a 0,8 milímetro de cada lado — pequena o suficiente para a obtenção de dados muito úteis.[168] No entanto, como há um atraso entre a atividade cerebral real e o fluxo sanguíneo, muitas vezes a atividade cerebral pode ser medida em apenas alguns segundos — e raramente consegue ser melhor que quatrocentos a oitocentos milissegundos.[169]

Os eletroencefalogramas (EEGs) apresentam o problema oposto. Esses exames detectam diretamente a atividade elétrica do cérebro, de modo que conseguem identificar sinais com precisão de cerca de um milissegundo.[170] Mas como esses sinais são detectados na parte externa do crânio, é difícil apontar exatamente de onde vieram, ocasionando uma resolução espacial de seis a oito centímetros cúbicos, o que às vezes pode ser melhorada para um a três centímetros cúbicos.[171]

O conflito de escolha entre a resolução espacial e temporal em tomografias cerebrais é um dos desafios centrais da neurociência em 2023. Essas limitações decorrem da física fundamental do fluxo sanguíneo e da eletricidade, respectivamente; portanto, embora possamos ver ínfimas melhorias da IA e aprimoramentos na tecnologia dos sensores, é provável que não sejam suficientes para permitir uma sofisticada interface cérebro-computador.

Entrar no cérebro com eletrodos evita a compensação espaço-temporal e nos permite não apenas registrar diretamente a atividade dos neurônios individuais, mas também estimulá-los — uma comunicação bidirecional. Mas inserir eletrodos no cérebro com a tecnologia atual envolve fazer buracos no crânio e potencialmente danificar estruturas neurais. Por essa razão, até aqui as abordagens do tipo vêm se concentrando em ajudar pessoas com deficiências, como perda auditiva ou paralisia, para quem os benefícios são mais significativos que os riscos. O sistema BrainGate, por exemplo, permite que pessoas com esclerose lateral amiotrófica ou lesões na medula espinhal operem apenas com comandos da mente um cursor de computador ou um braço robótico.[172] No entanto, como pode se conectar apenas a um número relativamente pequeno de neurônios de cada vez, essa tecnologia assistiva não consegue processar sinais de extrema complexidade como a linguagem.

Ter à disposição uma tecnologia "do pensamento ao texto" seria algo transformador, e isso estimulou pesquisas com o objetivo de aperfeiçoar um tradutor de linguagem de ondas cerebrais. Em 2020, cientistas patrocinados pelo Facebook prepararam voluntários do teste com 250 eletrodos externos e utilizaram uma IA poderosa para correlacionar sua atividade cortical com palavras em exemplos de frases faladas.[173] A partir disso, com uma amostra de vocabulário de 250 palavras, eles conseguiram prever em quais palavras os sujeitos estavam pensando com uma baixíssima taxa de erro, de cerca de 3%. É um avanço empolgante, mas em 2021 o Facebook interrompeu o projeto.[174] Além disso, resta saber até que ponto essa abordagem será capaz de se expandir para vocabulários maiores (e, portanto, sinais mais complexos) à medida que esbarra no conflito de escolha espaço-temporal. De todo modo, a fim de expandir o neocórtex em si, ainda precisaremos dominar a comunicação bidirecional com um gigantesco número de neurônios.

Uma das tentativas mais ambiciosas de ampliar o número de neurônios é a Neuralink, de Elon Musk, que implanta simultaneamente no cérebro um grande conjunto de eletrodos semelhantes a fios.[175] Um teste em ratos de laboratório demonstrou uma leitura de 1.500 eletrodos, em comparação com as centenas empregadas em outros projetos.[176] Mais tarde, um macaco com o dispositivo implantado foi capaz de usá-lo para jogar o jogo de videogame *Pong*.[177] Após enfrentar um período de dificuldades regulatórias, a Neuralink recebeu a aprovação da agência de Administração de Alimentos e Medicamentos (FDA, na sigla em inglês) para iniciar testes em humanos em 2023; no momento em que este livro foi publicado, a Neuralink fez seu primeiro implante cerebral — um dispositivo de 1.024 eletrodos — em um ser humano.[178]

Enquanto isso, a Agência de Projetos de Pesquisa Avançada de Defesa (DARPA, na sigla em inglês) vem trabalhando em um projeto de longo prazo chamado "Design de Sistema de Engenharia Neural", que visa a criação de uma interface capaz de se conectar a 1 milhão de neurônios para gravação e que pode estimular 100 mil neurônios.[179] A agência financia vários diferentes programas de pesquisa com essa finalidade — por exemplo, uma equipe da Universidade Brown que trabalha para criar "neurogrãos" do tamanho de grânulos de areia que podem ser implantados no cérebro, fazendo interface com neurônios e entre si de modo a criar uma "intranet cortical".[180]

Em última análise, as interfaces cérebro-computador serão, em essência, não invasivas — o que provavelmente implicará eletrodos inofensivos em nanoescala inseridos no cérebro através da corrente sanguínea.

Então, qual é o volume de computação que precisaremos registrar? Conforme já descrevemos, a quantidade total de computação para simular um cérebro humano é provavelmente algo em torno de 10^{14} operações por segundo, ou pouco menos. Tenha em mente que se trata de uma simulação baseada na arquitetura real de um cérebro humano, capaz de passar no Teste de Turing e, em todos os outros aspectos, parecer, aos olhos de observadores externos, um cérebro humano. Mas não incluiria necessariamente muitos tipos de atividade cerebral que são indispensáveis para gerar esse comportamento observável. Por exemplo, é muito duvidoso que detalhes intracelulares, como o reparo do DNA no interior do núcleo de um neurônio, sejam relevantes para a cognição.

No entanto, mesmo que no cérebro ocorram 10^{14} operações por segundo, uma interface cérebro-computador não precisa dar conta da maior parte desses cálculos, pois são atividades preliminares que acontecem bem abaixo da camada superior do neocórtex.[181] Em vez disso, precisamos nos comunicar apenas com suas faixas superiores. E podemos ignorar completamente os processos cerebrais não cognitivos, como a regulação da digestão. Eu estimaria, portanto, que uma interface prática precisaria apenas de alguns milhões a dezenas de milhões de conexões simultâneas.

Alcançar esse número exigirá reduzir a tecnologia de interface a fim de torná-la cada vez menor — e usaremos cada vez mais IA avançada para resolver os colossais problemas de engenharia e neurociência que isso acarreta. Em algum momento da década de 2030, alcançaremos esse objetivo utilizando dispositivos microscópicos chamados nanobôs. Esses minúsculos componentes eletrônicos conectarão as camadas superiores do nosso neocórtex à nuvem, permitindo que nossos neurônios se comuniquem diretamente com neurônios simulados hospedados para nós em uma rede on-line.[182] Isso não exigirá nenhuma espécie de neurocirurgia típica da ficção científica — seremos capazes de enviar nanobôs cérebro adentro de forma não invasiva através dos capilares. Em vez de o tamanho do cérebro humano ser limitado pela necessidade de passar pelo canal do parto, ele poderá então ser expandido indefinidamente. Ou seja, assim que acionarmos a primeira camada de neocórtex virtual, não será um evento único e isolado — mais camadas poderão ser empilhadas sobre aquela (em termos computacionais) para uma cognição cada vez mais sofisticada. À medida que este século avança e a relação preço/desempenho da computação continua a melhorar exponencialmente, o poder computacional disponível para o nosso cérebro também melhorará.

Você se lembra do que aconteceu há dois milhões de anos, na última vez que ganhamos mais neocórtex? Nós nos tornamos humanos. Quando pudermos acessar neocórtex adicional na nuvem, o salto na abstração cognitiva provavelmente será semelhante. O resultado será a invenção de meios de expressão imensamente mais fecundos do que a arte e a tecnologia que são possíveis hoje — mais profundos do que podemos imaginar atualmente.

Há uma limitação inerente em visualizar como serão os futuros meios de expressão artística. Mas pode ser útil pensar por analogia com a última revolução neocortical. Tente imaginar como seria para um macaco — um animal bastante inteligente, com o cérebro muito semelhante ao nosso — assistir a um filme. A ação não seria totalmente inacessível ao macaco, capaz de reconhecer que há seres humanos conversando na tela, por exemplo. No entanto, o macaco não entenderia o diálogo e tampouco seria capaz de interpretar ideias abstratas como "o fato de os personagens usarem trajes de metal significa que aquela história provavelmente se passa durante a Idade Média".[183] Esse é o tipo de salto que o córtex pré-frontal humano permitiu.

Portanto, quando pensamos em arte criada para pessoas com neocórtices conectados à nuvem, não se trata apenas de melhores efeitos de computação gráfica, nem mesmo de mobilizar sentidos como paladar e olfato. Trata-se de possibilidades drasticamente novas de como o próprio cérebro processa experiências. Por exemplo, hoje os atores e atrizes podem transmitir o que seu personagem está pensando apenas por meio de palavras e expressões físicas externas. Contudo, mais cedo ou mais tarde chegará o momento em que poderemos ter uma arte que coloque os pensamentos em estado bruto, desorganizados e não verbais de um personagem — em toda a sua beleza e complexidade inexprimíveis — diretamente em nosso cérebro. Essa é a riqueza cultural que as interfaces cérebro-computador nos proporcionarão.

Será um processo de cocriação: nossa mente evoluirá de modo a desencadear uma percepção mais profunda, e usaremos esses poderes para produzir novas ideias transcendentes a serem esmiuçadas por nossa mente futura. Enfim teremos acesso ao nosso próprio código-fonte, utilizando IA capaz de redesenhar a si mesma. Uma vez que essa tecnologia nos permitirá a fusão com a superinteligência que estamos criando, estaremos basicamente refazendo a nós mesmos. Livre do confinamento do nosso crânio, e processando em um substrato milhões de vezes mais rápido do que o tecido biológico, a mente humana será capacitada para crescer de maneira exponencial, em última análise expandindo a nossa inteligência milhões de vezes. Esse é o cerne da minha definição de Singularidade.

CAPÍTULO 3

QUEM SOU EU?

O que é consciência?

O Teste de Turing e outras avaliações podem revelar muita coisa sobre o que significa ser humano de uma forma geral, mas as técnicas da Singularidade nos obrigam a perguntar também qual é o significado de ser um humano *específico*. Onde é que *Ray Kurzweil* se enquadra em tudo isto? Ora, pode ser que você não se importe muito com Ray Kurzweil; você se preocupa consigo mesmo, então pode fazer a mesma pergunta a respeito de sua própria identidade. Mas, no meu caso, por que Ray Kurzweil é o centro da minha experiência? Por que eu sou esta pessoa específica? Por que não nasci em 1903 ou 2003? Por que sou um homem, ou mesmo um humano? Não há nenhuma razão científica para que isso aconteça. Quando nos perguntamos "Quem sou eu?", estamos fundamentalmente fazendo uma indagação filosófica. É uma questão sobre consciência.

Em *Como criar uma mente*, citei Samuel Butler:

> Quando um inseto pousa sobre a flor, as pétalas se fecham sobre ele e o prendem até a flor ter absorvido o inseto em seu sistema; mas ela só se fecha sobre aquilo que é bom para se comer; se for uma gota de chuva ou um graveto, ela não se abala. Curioso ver que um ser inconsciente tem um olho clínico para aquilo que lhe interessa. Se isso é inconsciência, para que serve a consciência?[1]

Butler escreveu isso em 1871.² A partir de sua observação, deveríamos concluir que as plantas são de fato conscientes? Ou que certo tipo específico de planta tem consciência? Como é possível saber? Afirmamos com segurança que outro ser humano tem consciência, uma vez que a capacidade dele ou dela de se comunicar e tomar decisões é semelhante à nossa. Porém, até mesmo isso é, do ponto de vista técnico, apenas uma suposição. Não somos capazes de detectar a consciência, ou a falta dela, diretamente.

Mas *o que é* consciência? Muitas vezes, as pessoas usam a palavra "consciência" para se referir a dois conceitos diferentes, ainda que relacionados. Um deles se refere à capacidade funcional de um indivíduo de ter uma clara noção do ambiente que o circunda e de agir como se estivesse plenamente atento acerca tanto dos pensamentos internos quanto do mundo externo que é distinto deles. De acordo com essa definição, poderíamos dizer que uma pessoa dormindo profundamente não está consciente, que uma pessoa bêbada está parcialmente consciente e que uma pessoa sóbria está totalmente consciente. À exceção de casos raros como "síndrome do encarceramento",* em geral é possível julgar pelo aspecto externo o nível de consciência de outra pessoa. Até mesmo certos comportamentos de um animal, como reconhecer-se em um espelho, podem esclarecer esse tipo de consciência. Todavia, quando se trata de questões de identidade pessoal como as que são discutidas neste capítulo, um segundo significado é mais relevante: *a capacidade de ter experiências subjetivas dentro da mente* — e não apenas de dar a impressão externa de fazer isso. Os filósofos chamam essas experiências conscientes de *qualia*. Portanto, quando afirmo aqui que não somos capazes de detectar diretamente a consciência, quero dizer que não é possível detectar analisando de fora os *qualia* de alguém.

No entanto, apesar de sua inverificabilidade, a consciência não pode ser simplesmente ignorada. Se examinarmos a base do nosso sistema moral, compreendemos que muitas vezes os nossos julgamentos éticos são determinados por nossas avaliações da consciência. A nosso juízo, os objetos materiais, por mais complexos, interessantes ou valiosos que sejam, são importantes apenas na medida em que afetam a experiência consciente dos

---

* A síndrome do encarceramento (*locked-in syndrome*) é um estado de vigília e consciência com tetraplegia e paralisia dos pares cranianos inferiores, resultando em incapacidade para exibir expressões faciais, movimentar-se, falar ou comunicar-se, exceto por códigos mediante movimentos oculares. [N. T.]

seres conscientes. Todo o debate sobre os direitos dos animais, por exemplo, gira em torno da medida em que acreditamos que eles são conscientes e qual é a natureza dessa experiência consciente.[3]

A consciência representa um problema para os filósofos. Questões éticas — como as relativas a quais tipos de seres têm direitos — muitas vezes estão sujeitas às nossas intuições acerca de se essas entidades têm experiências subjetivas. No entanto, como não somos capazes de detectá-las a partir de fora, usamos, à guisa de substituto, o outro sentido de consciência — o funcional. Isso se fundamenta numa analogia com nossas próprias experiências. Cada um de nós (eu só posso presumir!) tem experiências subjetivas internas, e sabemos que temos também o tipo de autoconsciência funcional que pode ser observada por outros. Portanto, presumimos que quando os outros demonstram consciência funcional, devem estar tendo também experiências subjetivas interiores. Contudo, até mesmo os cientistas que argumentam que a consciência subjetiva é irrelevante para o pensamento empírico agem como se as pessoas à sua volta tivessem consciência por estarem atentas às experiências deles.

Porém, ainda que nós prontamente estendamos a presunção de consciência aos nossos semelhantes, nossas intuições sobre outros animais tornam-se mais fracas à proporção que o comportamento deles difere do nosso. Embora os cães e os chimpanzés não tenham uma cognição totalmente equivalente ao nível da humana, para a maioria das pessoas parece que o comportamento complexo e emocional deles é acompanhado internamente por experiências subjetivas. E quanto aos roedores? De fato, exibem alguns comportamentos semelhantes aos dos humanos, como brincadeiras sociais e medo do perigo.[4] Uma proporção menor de pessoas considera que os roedores têm consciência e, de maneira geral, que a experiência subjetiva dos roedores é muito mais superficial do que a dos humanos. E quanto aos insetos?[5] As moscas-das-frutas não sabem recitar versos de Shakespeare, mas realizam comportamentos em resposta ao ambiente, e seu cérebro consiste em cerca de 250 mil neurônios. As baratas têm cerca de 1 milhão. Isso representa aproximadamente 0,001% do número de neurônios do cérebro humano, então há muito menos espaço para redes complexas e hierárquicas como as nossas. E quanto às amebas? Esses organismos unicelulares não demonstram nada que se assemelhe ao tipo funcional de consciência que os humanos e os animais superiores apresentam. Mesmo assim, no século 21, os cientistas obtiveram uma melhor compreensão de como até mesmo formas de vida muito primitivas podem apresentar formas rudimentares de inteligência, como a memória.[6]

Há um sentido em que a consciência é binária — um ser chega a vivenciar *qualia*? —, mas estou me referindo aqui à questão adicional do grau. Imagine como o seu próprio nível de consciência subjetiva difere se você estiver vivenciando um sonho vago, se estiver acordado, mas bêbado ou sonolento, ou se estiver totalmente desperto e alerta. Esse é o *continuum* que os cientistas questionam quando avaliam a consciência animal. E a opinião dos especialistas vem mudando a favor da noção de que muitos tipos de animais têm mais consciência do que outrora se acreditava. Em 2012, um grupo multidisciplinar de cientistas se reuniu na Universidade de Cambridge a fim de avaliar as evidências de consciência entre animais não humanos. Essa conferência resultou na assinatura da *Declaração de Cambridge sobre a Consciência*, a qual afirma a probabilidade de que a consciência não seja um fenômeno exclusivamente humano. De acordo com a declaração, "a ausência de um neocórtex não parece impedir que um organismo vivencie estados afetivos".[7] Os signatários identificaram os "substratos neurológicos que geram consciência" em "todos os mamíferos e aves, e muitas outras criaturas, incluindo polvos".[8]

Portanto, a ciência nos diz que cérebros complexos dão origem à consciência funcional. Mas o que nos leva a ter consciência subjetiva? Alguns dizem que é Deus. Outros acreditam que a consciência é um produto de processos puramente físicos. Porém, seja qual for a origem dela, ambos os polos da divisão espiritual-secular concordam que a consciência é, de alguma forma, sagrada. A maneira como as pessoas (e pelo menos alguns outros animais) se tornaram conscientes — quer tenha sido por uma divindade benigna ou por uma natureza não dirigida — é apenas um argumento causal. O resultado final, contudo, não está aberto a debates; qualquer pessoa que não reconheça a consciência e a capacidade de sofrimento de uma criança é considerada imoral em um nível gravíssimo.

No entanto, em breve a causa por trás da consciência subjetiva será mais do que apenas um assunto de especulação filosófica. À medida que a tecnologia nos dá a capacidade de expandir a nossa consciência para além do nosso cérebro biológico, precisaremos tomar uma decisão em relação ao que acreditamos ser a fonte geradora dos *qualia* no âmago da nossa identidade e focar em preservá-la. Uma vez que os comportamentos observáveis são o nosso único meio indireto disponível para inferir a consciência subjetiva, nossa intuição natural corresponde muito de perto à explicação que, do ponto de vista científico, é a mais plausível: ou seja, que os cérebros capazes de dar respaldo a comportamentos mais sofisticados também dão origem a uma consciência subjetiva mais sofisticada. O comportamento sofisticado, conforme discutimos no capítulo anterior, resulta da complexidade do processamento de informações no cérebro[9] — e isso, por sua vez, é em grande parte determinado pela flexibilidade com que é capaz de representar informações e pelo número de camadas hierárquicas existentes em sua rede.

Essa questão tem profundas implicações para o futuro da humanidade — e, se vivermos para ver as próximas décadas, para nós em âmbito pessoal. Lembre-se: todos os saltos intelectuais registrados na história ocorreram em cérebros que permaneceram, em termos estruturais, os mesmos desde a Idade da Pedra. Atualmente, a tecnologia externa permitiu a cada um de nós acessar a maior parte das descobertas feitas por todos os outros membros da nossa espécie, mas as vivenciamos num nível de consciência semelhante ao dos nossos antepassados neolíticos. No entanto, quando tivermos condições de aumentar nosso neocórtex, ao longo das décadas de 2030 e 2040, não apenas acrescentaremos poder abstrato de resolução de problemas; aprofundaremos a nossa própria consciência subjetiva.

Zumbis, *qualia* e o difícil problema da consciência

A consciência tem um aspecto fundamental que é impossível compartilhar com outras pessoas. Quando rotulamos certas frequências de luz como "verde" ou "vermelho", não temos como saber se meus *qualia* — minha *experiência* de verde e vermelho — são iguais aos seus. Talvez a minha experiência do verde seja idêntica à sua experiência do vermelho, e vice-versa. No entanto, não há meios de compararmos diretamente os nossos *qualia* utilizando a linguagem ou qualquer outro método de comunicação.[10] Na verdade, mesmo quando se tornar possível conectar diretamente dois cérebros, será impossível provar se os mesmos sinais neurais desencadeiam os mesmos *qualia* para você e para mim. Portanto, se nossos *qualia* vermelho/ verde realmente fossem inversos um em relação ao outro, estaríamos para sempre inconscientes disso.

Como observei em *Como criar uma mente*, essa constatação também leva a um experimento mental mais perturbador. E se uma pessoa não tivesse *qualia*? O filósofo David Chalmers (nascido em 1966) chama esses seres hipotéticos de "zumbis"; pessoas que mostram todos os correlatos psicológicos e comportamentais da consciência detectáveis, mas não têm absolutamente nenhuma experiência subjetiva.[11] A ciência nunca seria capaz de apontar a diferença entre zumbis e humanos normais.

Uma maneira de destacar a diferença em nossas ideias sobre consciência funcional *versus* consciência subjetiva é imaginar um cão *versus* um humano artificial hipotético, contanto que fosse possível ter certeza de que ele não teve nenhuma experiência subjetiva (ou seja, um "zumbi"). Mesmo que o zumbi demonstrasse uma cognição muito mais complexa do que a do cachorro, a maioria das pessoas provavelmente diria que machucar o animal — que presumimos ter consciência subjetiva — é pior do que machucar o zumbi, que pode ganir de dor, mas sabemos que não está sentindo nada. O problema é que, na vida real, *mesmo em princípio*, não há como determinar cientificamente se outro ser tem consciência subjetiva.

Se esses zumbis são possíveis, pelo menos em termos lógicos teóricos, então não deve haver nenhuma conexão causal necessária entre os *qualia* e os sistemas físicos (ou seja, cérebros ou computadores) que realizam o processamento das informações que externamente dão a aparência de consciência. É o que dizem algumas concepções religiosas sobre a alma: uma entidade sobrenatural claramente separada do corpo. Essa especulação estaria fora do alcance da ciência. Mas se os sistemas físicos que fundamentam a cognição necessariamente também geram consciência — tornando os zumbis impossíveis —, tampouco a ciência dispõe de um caminho coerente para demonstrar isso. A consciência subjetiva é, em termos qualitativos, diferente do domínio das leis físicas observáveis, e isso não significa que padrões específicos de processamento de informações em conformidade com essas leis produzam experiência consciente. Chalmers chama essa questão de o "difícil problema da consciência". As "perguntas fáceis" que ele formula — por exemplo, o que acontece com nossa mente quando não estamos acordados? — estão entre as mais complexas de toda a ciência, mas pelo menos podem ser estudadas do ponto de vista científico.[12]

Para lidar com o difícil problema, Chalmers recorre a uma ideia filosófica que chama de "panprotopsiquismo"[13], conceito que trata a consciência como uma força fundamental do universo — uma força que não pode ser reduzida simplesmente a um efeito de outras forças físicas. Imagine uma espécie de campo universal que contém o potencial para a consciência. Na interpretação dessa concepção que eu defendo, é o tipo de complexidade de processamento de informações encontrada no cérebro que "desperta" essa força para o tipo de experiência subjetiva que reconhecemos. Assim, se um cérebro é feito de carbono ou silício, a complexidade que lhe permitiria dar os sinais externos de consciência também lhe confere vida interior subjetiva.

Embora nunca possamos provar esse ponto cientificamente, haverá um robusto imperativo ético para agirmos como se isso fosse verdade. Em outras palavras, se existir uma possibilidade plausível de que uma entidade a qual você submete a maus-tratos tenha consciência, a escolha moral mais segura é presumir que sim, em vez de correr o risco de atormentar um ser senciente. Ou seja, devemos agir como se zumbis fossem impossíveis.

Assim, de um ponto de vista panprotopsiquista, o Teste de Turing não serviria apenas para estabelecer a capacidade funcional em nível humano, mas também forneceria fortes evidências da consciência subjetiva e, portanto, dos direitos morais. Embora as implicações legais da inteligência artificial consciente sejam profundas, duvido que o nosso sistema político se adapte com rapidez suficiente para consagrar na lei esses direitos quando forem desenvolvidas as primeiras IAs de nível Turing. Portanto, a princípio caberá às pessoas que as desenvolvem formular arcabouços éticos que possam restringir os abusos.

Além das razões éticas para presumir que seres aparentemente conscientes têm consciência, há também boas razões teóricas para acreditar que algo como o panprotopsiquismo é a explicação causal precisa para a consciência. O panprotopsiquismo define um meio-termo entre o dualismo e o fisicalismo (ou materialismo), que há muito tempo têm sido as duas principais escolas de pensamento. O dualismo considera que a consciência brota de algum tipo de matéria totalmente separada da matéria "morta" comum, que muitos dualistas identificam como a alma. O problema é que, de uma perspectiva científica, mesmo se concebermos a possibilidade de que exista uma alma sobrenatural, não temos uma teoria promissora sobre como ela afetaria a matéria no mundo observável (por exemplo, os neurônios no nosso cérebro).[14] A concepção oposta, o fisicalismo, sugere que a consciência deve surgir inteiramente de certos arranjos da matéria física comum no nosso cérebro. No entanto, ainda que possa descrever à perfeição os aspectos funcionais de como a consciência funciona (ou seja, explicar a inteligência humana de uma forma análoga à maneira como a ciência da computação explica a IA), essa noção não é capaz de oferecer nenhuma explicação para a dimensão subjetiva da consciência, intrinsecamente inacessível à ciência. O panprotopsiquismo estabelece um útil equilíbrio entre esses pontos de vista opostos.

Determinismo, emergência e o dilema do livre-arbítrio

Um conceito intimamente relacionado à consciência é o nosso senso de livre-arbítrio.[15] Se perguntarmos a uma pessoa comum na rua como ela entende esse termo, é provável que a resposta inclua a ideia de que ela deve ser capaz de decidir e controlar as próprias ações. Os nossos sistemas políticos e judiciais baseiam-se no princípio de que todos são dotados de livre-arbítrio, algo nesse sentido.

Porém, quando os filósofos procuram uma definição mais precisa, há pouco consenso sobre o que de fato esse termo significa. Muitos deles acreditam que a existência do livre-arbítrio exige que o futuro não seja predeterminado.[16] Afinal, se já é certo e determinado de antemão o que acontecerá no futuro, como poderia a nossa vontade própria ser livre e independente em qualquer sentido significativo? No entanto, se "livre-arbítrio" significa apenas que as ações de um indivíduo podem ser resumidas a processos totalmente aleatórios no nível quântico, isso não deixa espaço para o que a maioria de nós reconheceria como arbítrio verdadeiramente livre. Como afirmou o filósofo inglês Simon Blackburn, "o acaso é tão implacável quanto a necessidade", ao aparentemente excluir o livre-arbítrio.[17] Em vez disso, um expressivo conceito de livre-arbítrio deve de alguma forma sintetizar ideias filosóficas deterministas e indeterministas, evitando a previsibilidade rígida sem incorrer na aleatoriedade.

Um caminho perspicaz entre esses extremos aparece no trabalho do físico e cientista da computação Stephen Wolfram (nascido em 1959), cuja pesquisa vem influenciando meu próprio pensamento sobre a intersecção entre física e computação. Em seu livro *A New Kind of Science*, lançado em 2002, Wolfram projeta luz sobre fenômenos que têm propriedades determinísticas e não determinísticas — objetos matemáticos chamados autômatos celulares.[18]

Autômatos celulares são modelos simples representados por "células" que alternam entre estados (por exemplo, preto ou branco, morto ou vivo) com base em um dos muitos conjuntos de regras possíveis. As regras especificam a maneira como cada célula se comportará com base nos estados das células adjacentes ou próximas. Esse processo se desenrola em uma série de etapas discretas e pode produzir um comportamento extremamente complexo. Um dos exemplos mais famosos de autômatos celulares é chamado de Jogo da Vida de Conway e usa uma grade bidimensional.[19] Matemáticos e amantes de passatempos encontraram inúmeros formatos interessantes que configuram padrões previsíveis em evolução de acordo com as regras do Jogo da Vida, que pode até ser usado para replicar um computador funcional ou simular o software para rodar e exibir outra versão de si mesmo!

A teoria de Wolfram começa com autômatos muito básicos — células em uma linha unidimensional, abaixo das quais novas linhas são adicionadas sequencialmente com base em um conjunto de regras e no estado das células na linha anterior.

Por meio de uma análise exaustiva, Wolfram salienta que com alguns conjuntos de regras, independentemente do número de etapas consideradas, não é possível prever estados futuros sem passar por cada uma das iterações intermediárias.[20] Não existe atalho para resumir o resultado.

O tipo mais fácil de regra é a classe de regras 1. Um exemplo desse tipo é a regra 222:[21]

regra 222

1 1 1 0 1 1 1 0

Para cada célula, existem oito combinações possíveis de estados para as três células contíguas (as vizinhas da esquerda e da direita) a ela na etapa anterior (mostradas aqui na fileira superior). A regra especifica o estado que cada uma dessas combinações causa na etapa seguinte (fileira inferior). Preto e branco também podem ser anotados como 1 e 0, respectivamente.

Se começarmos com apenas uma célula preta na posição central e calcularmos a progressão ou evolução das células com uma fileira após a outra (cada fileira inferior representando uma nova geração) por meio da aplicação da regra 222, obteremos o seguinte resultado:[22]

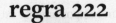

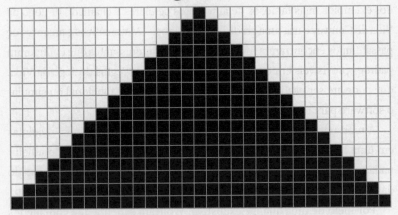

Portanto, podemos ver que a regra 222 gera um padrão bastante previsível. Se eu perguntasse qual é o valor da milionésima célula — ou o milhão elevado à milionésima célula —, a partir da regra 222 você poderia facilmente responder "preto". É assim que a ciência "deveria" funcionar: por meio da aplicação de regras determinísticas para discernir resultados previsíveis.

Mas a classe de regras 1 é apenas um tipo de regra. Na teoria de Wolfram, a maior parte do mundo natural pode ser explicada por quatro classes diferentes, que se destacam pelos resultados que produzem. A classe 2 e a classe 3 são bem interessantes, pois produzem arranjos cada vez mais complexos das células "pretas" e "brancas"; porém, a mais fascinante é a classe 4, exemplificada pela regra 110:[23]

regra 110

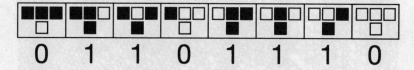

Se eu seguir esta regra a partir de uma única célula preta inicial, o resultado será:

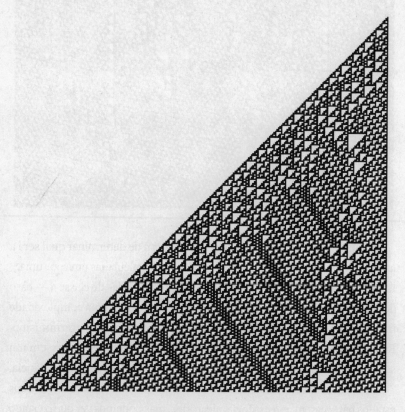

Se continuarmos as iterações, obteremos imagens como a seguinte:[24]

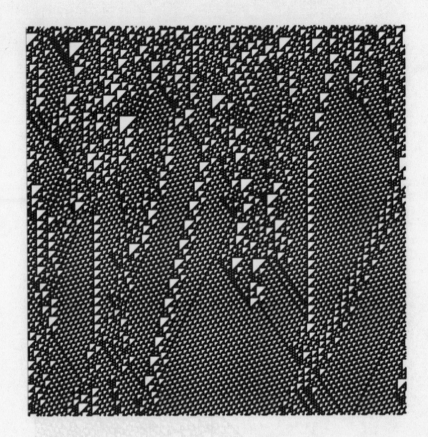

A questão aqui é que *não há nenhuma maneira* de determinar qual será a milésima fileira, ou a bilionésima fileira, a não ser calculá-las uma por uma.[25] Isso significa que os sistemas baseados em propriedades de classe 4 — caso do nosso próprio universo, argumenta Wolfram — têm uma complexidade irredutível que desafia as versões antigas e redutivas do determinismo. Embora essa complexidade surja da programação determinística, em um sentido crucial a programação não explica por completo a sua abundância.

Uma amostragem estatística de células individuais faria com que seus estados parecessem, em essência, aleatórios, mas podemos ver que o estado de cada célula resulta deterministicamente da etapa anterior — e a imagem macro resultante mostra uma mistura de comportamento regular e irregular. Isso demonstra uma propriedade chamada de emergência.[26] Em linhas gerais, a emergência consiste em coisas muito simples dando origem, coletivamente, a coisas muito mais complexas. As estruturas fractais na natureza — como a trajetória retorcida de cada galho de árvore em crescimento, a pelagem listrada das zebras e dos tigres, as conchas dos moluscos e inúmeras outras características da biologia — exibem um tipo de codificação de classe 4.[27] Habitamos um mundo que é profundamente afetado pelo tipo de padrão encontrado nesses autômatos celulares — um algoritmo muito simples produzindo um comportamento bastante complexo que ultrapassa a fronteira entre a ordem e o caos.

É essa complexidade em nós que pode dar origem à consciência e ao livre-arbítrio. Quer você atribua a programação subjacente do seu livre-arbítrio a Deus, ao panprotopsiquismo ou a qualquer outra coisa, *você* é mais do que o programa em si.

Mas não é uma mera coincidência que essas regras deem origem à consciência e a uma gama tão ampla de outros fenômenos naturais. Wolfram defende que as próprias leis da física surgem de alguns tipos de regras computacionais relacionadas a autômatos celulares. Em 2020 ele anunciou o Projeto Wolfram Physics — ambiciosa e contínua empreitada para compreender toda a física por meio de um modelo análogo ao dos autômatos celulares, porém mais generalizado.[28]

Isso permitiria uma espécie de compromisso entre o determinismo clássico e o indeterminismo quântico. Embora seja possível estimar com atalhos algorítmicos algumas partes do mundo em escala macro — digamos, para prever onde um satélite estará daqui a 1 milhão de órbitas —, isso não se aplica nas escalas mais fundamentais. Se a realidade se baseasse em princípios como as regras da classe 4 em seu nível mais profundo, poderíamos explicar em termos determinísticos a aparente aleatoriedade na escala quântica, mas não haveria nenhum algoritmo resumidor capaz de "olhar adiante" e prever o exato estado de todo o universo em dado momento no futuro.[29] Isso continua sendo matéria de especulação, pois ainda não sabemos especificamente o que é esse conjunto completo de regras. Talvez uma futura "teoria de tudo" unifique a coisa toda numa explicação coerente, mas ainda não chegamos lá.

Como a previsão eficaz é carta fora do baralho, resta a simulação, mas o universo não poderia conter um computador grande o suficiente para simular a si mesmo. Em outras palavras, não há como desdobrar a realidade sem deixá-la realmente avançar.

Mais adiante neste capítulo, discuto possibilidades futuras de transferência de consciência de nosso cérebro biológico para computadores não biológicos. Isso levanta um ponto importante a ser esclarecido. Embora eventualmente se torne possível emular de maneira digital o funcionamento do cérebro, não é a mesma coisa que pré-computar o cérebro num sentido determinista. Isso acontece porque o cérebro (seja ele biológico ou não) não é um sistema fechado. O cérebro recebe informações do mundo exterior e depois as manipula por meio de redes surpreendentemente complexas; na verdade, há pouco tempo os cientistas identificaram no cérebro redes que existem em até onze dimensões![30] Tamanha complexidade provavelmente faz uso de fenômenos ao estilo da regra 110 para os quais não há como "dar uma espiada adiante" computacionalmente sem simular cada etapa em sequência. E, como o cérebro é um sistema aberto, é impossível fatorar inputs futuros desconhecidos em uma simulação passo a passo. Portanto, ser capaz de replicar a função do cérebro não implica uma capacidade de pré-computar seus estados futuros. Essa pode ser uma boa razão para a existência do universo.

Em outras palavras, se as regras de um universo são baseadas em algo como autômatos celulares, a única maneira de serem expressas seria por meio do desdobramento passo a passo — por meio da realidade efetivamente acontecendo. Por outro lado, se um universo tivesse regras determinísticas, mas sem emergência semelhante a autômatos, ou se fosse baseado apenas na aleatoriedade, a realidade não exigiria necessariamente o desdobramento passo a passo que de fato observamos. Ademais, se a consciência puder emergir apenas do tipo de complexidade de ordem e caos de autômatos da classe 4, isso poderá ser visto como um argumento filosófico para explicar por que *nós* existimos — sem essas regras, nem sequer estaríamos aqui para refletir sobre a questão.

Isso abre a porta para o "compatibilismo" — a ideia de que um mundo determinista ainda pode ser um mundo com livre-arbítrio.[31] Podemos tomar decisões livres (isto é, que não são causadas por outra coisa, por exemplo por outra pessoa), mesmo que as nossas decisões sejam impostas pelas leis subjacentes da realidade. Um mundo determinista significa que poderíamos, em teoria, olhar para a frente ou para trás no tempo, uma vez que tudo é estabelecido em uma ou outra direção. Contudo, sob regras do tipo regra 110, a única maneira de vislumbramos perfeitamente o futuro é por meio de todas as etapas se desenrolando de fato. E assim, vistos através das lentes do panprotopsiquismo, os processos emergentes em nosso cérebro não estão nos controlando; eles *somos* nós. Surgimos a partir de forças mais profundas, mas não é possível conhecermos de antemão as nossas escolhas — portanto, temos livre-arbítrio contanto que os processos que dão origem à nossa consciência possam ser expressos por meio das nossas ações no mundo.[32]

O dilema do livre-arbítrio de mais de um cérebro por ser humano

Se observarmos a maneira como os humanos retrataram os androides em filmes e romances, parece que compartilhamos implicitamente uma imaginação panprotopsicista — se o comportamento de uma inteligência artificial for semelhante ao comportamento humano, mesmo que a cognição da IA não seja baseada em neurônios biológicos, torceremos por ela como se fosse um ser com consciência subjetiva.

Porém, assim como uma IA pode ser composta por muitos algoritmos separados, um volume cada vez maior de evidências médicas demonstra que o cérebro humano tem múltiplas e distintas unidades de tomada de decisões. Levando-se em conta todos os experimentos realizados nos dois lados do nosso cérebro (o esquerdo e o direito), a sugestão é que os dois hemisférios são em grande medida iguais e separados.[33] As pesquisadoras Stella de Bode e Susan Curtiss estudaram 49 crianças submetidas a cirurgias para a remoção de metade do cérebro a fim de evitar um distúrbio convulsivo que apresentava risco de vida.[34] Após a remoção, a maioria dessas crianças levou uma vida funcional normal; mesmo aquelas que continuaram a ter um distúrbio específico levaram uma vida funcional razoavelmente padrão. Embora desenvolvamos a linguagem sobretudo no lado esquerdo do cérebro, ambos os hemisférios podem ser equivalentes em termos funcionais, e uma pessoa que tenha apenas a metade esquerda ou direita do cérebro é capaz de dominar a linguagem.[35]

Talvez ainda mais impressionante seja um cérebro que tenha os hemisférios esquerdo e direito intactos, mas no qual os 200 milhões de axônios[36] entre eles — o corpo caloso — sejam interrompidos devido a algum problema médico. Michael Gazzaniga (nascido em 1939) estudou casos em que ambos os hemisférios cerebrais funcionam, mas não dispõem do feixe de fibras nervosas que conecta os dois como uma ponte de comunicação.[37] Por meio de uma série de experimentos nos quais transmitiu uma palavra apenas para o lado direito do cérebro do paciente, Gazzaniga constatou que o hemisfério esquerdo, que não tinha consciência da palavra, sentia-se, no entanto, responsável pelas decisões baseadas nessa informação, mesmo que a decisão tivesse, na verdade, sido tomada pelo outro hemisfério.[38] Assim, o hemisfério esquerdo confabulava explicações aparentemente plausíveis para o motivo pelo qual alegava ter tomado cada decisão, porque não reconhecia a presença de outra metade do cérebro separada compartilhando o mesmo crânio.[39]

Esses e outros experimentos envolvendo ambos os hemisférios cerebrais sugerem que uma pessoa comum pode, com efeito, ter duas unidades cerebrais capazes de tomar decisões independentes, mas que, no entanto, ambas constituem uma única identidade consciente. Cada unidade pensará que as decisões são próprias, e, como as duas metades estão intimamente ligadas, assim parecerá a ambas.

Na verdade, se olharmos além dos nossos dois cérebros hemisféricos, existem dentro de nós muitos tipos de tomadores de decisões que podem ter livre-arbítrio no sentido que já descrevi. Por exemplo, o neocórtex, onde ocorre a tomada de decisões, consiste em muitos módulos menores.[40] Assim, quando ponderamos sobre uma decisão, é possível que diferentes opções sejam representadas por diferentes módulos, cada um tentando precipitar a própria perspectiva. Meu mentor, Marvin Minsky, foi presciente ao ver o cérebro não como uma única máquina de tomada de decisões unificada, mas sim como uma complexa rede de maquinaria neural cujas partes individuais podem privilegiar diferentes opções quando ponderamos acerca de uma decisão. Minsky descreveu o cérebro humano como uma "sociedade da mente" (o título do seu segundo livro) contendo vários processos mais simples que refletem muitas perspectivas diversas.[41] Será que cada um desses processos faz escolhas livres e toma decisões irrestritas? Como podemos saber? Nas últimas décadas, tem havido mais endosso experimental para essa ideia — mas a nossa compreensão de como exatamente os processos neurais "irrompem" nas decisões que percebemos conscientemente permanece bastante limitada.

O "Você 2" tem consciência. É você?

Tudo isso suscita uma questão provocadora. Se a consciência e a identidade podem abranger múltiplas estruturas distintas de processamento de informações no crânio — mesmo aquelas que não estão fisicamente ligadas —, o que acontece quando essas estruturas estão mais distantes umas das outras?

Uma questão fundamental que analisei em *Como criar uma mente* são as implicações filosóficas e morais da replicação de todas as informações em um cérebro humano, o que será possível ainda durante a vida da maioria das pessoas que estão vivas hoje.

Digamos que eu use tecnologia avançada para examinar uma parte do seu cérebro e, em seguida, faça uma cópia eletrônica exata desse pequeno segmento (na verdade, hoje em dia somos capazes de fazer uma versão muito primitiva disso com certas partes do cérebro — por exemplo, ao tratar o tremor essencial ou a doença de Parkinson).[42] Por si só, esse pedaço é simples demais para ter consciência. Mas, então, digamos que eu copie um segundo pedacinho do seu cérebro — e outro, e outro. No fim das contas, tenho uma réplica computadorizada completa do seu cérebro, que contém as mesmas informações e que pode funcionar da mesma maneira.

Então, esse "Você 2" tem consciência? Você 2 dirá que teve todas as mesmas experiências que Você teve (já que compartilha suas memórias) e age exatamente como Você; portanto, a menos que se exclua por completo a possibilidade de qualquer versão eletrônica de uma entidade consciente ter consciência, a resposta seria sim. Simplificando: se um cérebro eletrônico representa a mesma informação que um cérebro biológico e afirma ter consciência, não há base científica plausível para negar essa afirmação. Em termos éticos, por conseguinte, devemos tratar o cérebro eletrônico como se de fato tivesse consciência e, portanto, direitos morais. No entanto, não se trata de uma especulação às cegas — o panprotopsiquismo nos dá boas razões filosóficas para acreditar que ele de fato é consciente.

Agora, uma pergunta mais difícil: esse Você 2 é realmente *você*? Tenha em mente que "Você" (na condição de uma pessoa física normal) também ainda existe. Pode até ser que a cópia tenha sido feita sem que "Você" estivesse ciente, mas, apesar disso, o "Você" essencial continua. Se o experimento fosse bem-sucedido, Você 2 agiria como você, mas "Você" não teria sofrido alteração alguma, de modo que "Você" ainda seria você. Uma vez que Você 2 seria capaz de agir de forma independente, divergiria imediatamente de "Você" — criando as próprias memórias e reagindo a diferentes experiências. Portanto, na medida em que sua identidade é o arranjo específico de informações em seu cérebro, Você 2 *não* seria Você, mesmo que tivesse uma consciência.

Okay, até aí tudo bem. Agora, em um segundo experimento, *substituímos* gradualmente cada seção do seu cérebro por uma cópia digital — conectada aos neurônios restantes por meio de uma interface cérebro-computador idêntica à que descrevemos no capítulo anterior. Assim, não existem mais um "Você" e um Você 2 — existe apenas Você. Depois de cada fase desse experimento, você fica satisfeito com o procedimento, e ninguém, inclusive você mesmo, tem reclamações a fazer. Depois de cada uma dessas substituições, o novo Você ainda é *você*? Até mesmo no fim do processo, quando seu cérebro estiver totalmente digital?

A questão de como a identidade se relaciona com a gradual substituição das partes de um objeto ao longo do tempo remonta a um experimento mental proposto pela primeira vez há cerca de 2.500 anos e chamado de "o navio de Teseu".[43] Os antigos filósofos gregos imaginaram um navio de madeira cujas pranchas originais foram lentamente substituídas por novas pranchas, uma por uma. Parece bastante natural concluir que, após a substituição da primeira prancha, a embarcação em si ainda é a original. Pode até ter uma composição um pouco diferente, mas ainda falamos sobre essa transformação como uma modificação no navio original, e não a criação de um novo navio. No entanto, o que pensar quando mais da metade das pranchas é nova ou quando *todas* as pranchas são novas e nenhuma fazia parte da construção original do navio? Aí as coisas ficam mais complicadas, porém muitas pessoas ainda diriam que a identidade fundamental da embarcação consegue sobreviver a essas graduais alterações. Mas imagine que, à medida que as novas pranchas são adicionadas, alguém armazena em um depósito todas as pranchas antigas. Então, assim que o navio original tiver 100% de peças novas, juntamos todas as partes antigas guardadas no depósito e as remontamos de modo a formar novamente um navio. Agora, qual das duas embarcações é a original? Aquela que existiu de maneira contínua apenas com modificações graduais, mas já não tem peças originais, ou a nova, que foi refeita a partir de partes originais?

O navio de Teseu é um experimento mental divertido quando se trata de navios ou outros objetos "mortos", mas não envolve riscos especialmente elevados. A identidade dos navios ao longo do tempo é, em última análise, uma questão de convenção humana. No entanto, o problema passa a ser de alto risco quando se trata de seres humanos. Para a maioria de nós, é muito importante saber se a pessoa que está ao nosso lado é de fato um ente querido ou se é apenas um zumbi chalmersiano encenando um espetáculo convincente.

Vamos refletir sobre essas questões através das lentes do "difícil problema" da consciência subjetiva. No cenário hipotético em que fazemos de Você 2 uma réplica, é impossível determinar se o eu subjetivo do Você 2 tem algum tipo de conexão com "Você". Sua experiência subjetiva original de alguma forma abrangeria simultaneamente ambas as versões, mesmo que os padrões de informação das duas divergissem ao longo do tempo devido a experiências diferentes? Ou, nesse aspecto, o Você 2 seria distinto? Ainda não há uma resposta científica para essas perguntas.

No entanto, no cenário hipotético em que gradualmente transferimos a informação do seu cérebro para um substrato não biológico, temos razões muito mais fortes para acreditar que a sua consciência subjetiva seria preservada. De fato, conforme mencionamos, atualmente já fazemos isso de uma forma muito limitada com certas condições cerebrais, e a nova prótese neural é mais capaz do que a parte que ela substitui (portanto, as duas partes não são idênticas). Embora os primeiros dispositivos implantáveis, a exemplo dos implantes cocleares, fossem capazes de estimular a atividade cerebral, eles não substituíam nenhuma estrutura cerebral essencial.[44] Porém, desde o início dos anos 2000 os cientistas vêm desenvolvendo próteses cerebrais que ajudam pessoas com danos estruturais ou disfunções no cérebro. Por exemplo, hoje em dia dispositivos protéticos já conseguem realizar parte do trabalho do hipocampo em pacientes com problemas de memória.[45] Essas tecnologias ainda estão em fases iniciais em 2023, mas ao longo da década se tornarão cada vez mais sofisticadas e acessíveis para uma gama mais ampla de pacientes. No entanto, com a tecnologia atual, não há dúvidas de que a identidade central de uma pessoa é preservada, e ninguém argumenta que esses pacientes se tornaram zumbis chalmersianos.

Tudo o que sabemos a respeito da neurociência sugere que, na situação hipotética de substituição gradual, você nem sequer notaria as alterações, pois são muito pequenas, e o cérebro é extraordinariamente adaptável. Seu cérebro híbrido preservaria todos os mesmos padrões de informação que o definem. Portanto, não há razão para pensar que sua consciência subjetiva seria prejudicada e, é claro, você continuaria sendo *você mesmo* — não há mais ninguém a quem chamar de "você". No entanto, no final desse processo hipotético, o você final é *exatamente idêntico* ao Você 2 no primeiro experimento, que concluímos que *não* era você. Como é possível conciliar essas duas coisas? A diferença é a continuidade — o cérebro digital não diverge do biológico, porque nunca houve um momento em que existissem como entidades separadas.

Isso nos leva a um terceiro caso, que na verdade não é hipotético. Todos os dias, nossas células passam por um processo de substituição muito rápido. Embora os neurônios geralmente perdurem, cerca de metade das suas mitocôndrias se renovam no intervalo de um mês;[46] um neurotúbulo tem uma meia-vida de vários dias;[47] as proteínas que acrescentam energia às sinapses são reabastecidas a cada dois a cinco dias;[48] os receptores NMDA nas sinapses são substituídos em questão de horas;[49] e os filamentos de actina nos dendritos duram cerca de quarenta segundos.[50] Nosso cérebro, portanto, é quase completamente substituído em questão de poucos meses; então, a bem da verdade, você é uma versão biológica do Você 2, em comparação com o você mesmo de pouco tempo atrás. Mais uma vez: o que mantém sua identidade intacta é a informação e a função — e não qualquer estrutura ou material específicos.

Durante anos, muitas vezes contemplei o belo rio Charles, nos arredores da minha casa. Quando eu o fito hoje, tendo a pensar nele como o mesmo corpo de água de um dia atrás, ou de uma década, quando comentei sobre a continuidade do rio no livro *Como criar uma mente*. Isso ocorre porque, embora todas as moléculas de água que passam por determinado trecho sejam completamente diferentes a cada poucos milissegundos, essas moléculas agem em um padrão consistente que define o curso do rio. O mesmo acontece com a mente. À medida que introduzimos no nosso corpo e no nosso cérebro sistemas não biológicos, a continuidade dos nossos padrões de informação fará com que cada um de nós se sinta como a pessoa que é hoje — exceto pelo fato de as nossas percepções poderem ser melhores e a nossa cognição, mais aguçada.

É lógico que a mesma tecnologia que nos permite fazer a transição de todas as nossas competências, personalidade e memórias para um meio digital também nos permitiria criar múltiplas cópias dessa informação. A capacidade de nos duplicarmos à vontade é um superpoder no mundo digital que não existe no mundo biológico. Copiar nossos arquivos mentais para um sistema de armazenamento de backup remoto será uma robusta proteção contra qualquer acidente ou doença potencialmente capaz de danificar nosso cérebro. Não se trata de "imortalidade", assim como planilhas do Excel carregadas na nuvem não são imortais — desastres ainda podem se abater sobre os centros de dados e apagá-los. No entanto, a capacidade de copiar os arquivos mentais nos protegeria contra os infortúnios sem sentido que extinguem tantas vidas e identidades. E a minha interpretação do panprotopsiquismo sugere que a nossa consciência subjetiva pode, de alguma forma, abranger todas as cópias dessas informações definidoras.

Esse ponto tem outra implicação instigante. Se deixássemos um Você 2 à solta no mundo — livre e desimpedido para seguir um caminho diferente de "Você" —, a identidade de padrão de informação dele divergiria; mas, como isso seria um processo gradual e contínuo, há a hipótese de que a sua consciência subjetiva seria capaz de abranger a ambos simultaneamente. Com base na teoria do panprotopsiquismo, suspeito que a nossa consciência subjetiva está vinculada à informação-como-identidade e, portanto, de algum jeito abarcaria todas as cópias de informações que já foram idênticas às nossas.

Porém, uma vez que nesse cenário o Você 2 poderia potencialmente insistir com veemência que tem uma consciência subjetiva diferente de "Você" (já que as estruturas físicas de tomada de decisões que regem a comunicação estariam separadas), e não haveria maneira de determinar de forma objetiva a verdade, nossos sistemas jurídicos e éticos provavelmente teriam de tratar a ambos como entidades separadas.

A incrível improbabilidade do ser

No processo de compreender a nossa identidade, é espantoso quando levamos em consideração a extraordinária cadeia de eventos improváveis que permitiram que cada um de nós existisse. Não apenas os seus pais tiveram que se conhecer e fazer um bebê, mas o esperma exato teve de encontrar o óvulo exato para resultar em *você*. Para começo de conversa, já é difícil calcular a probabilidade de sua mãe e seu pai terem se conhecido e decidido ter um filho, mas, apenas em termos de espermatozoide e óvulo, a probabilidade de você ter sido criado era de uma em 2 milhões de trilhões. Em estimativas muito aproximadas, o homem médio produz durante a vida até 2 trilhões de espermatozoides, ao passo que a mulher média começa com cerca de 1 milhão de óvulos.[51] Assim, na medida em que sua identidade é determinada pelo espermatozoide e o óvulo exatos que criaram você, as chances de isso acontecer eram de cerca de uma em dois quintilhões. Embora todas essas células sexuais não sejam geneticamente singulares, diversos fatores, como a idade, podem afetar a epigenética; por isso, se seu pai produzisse dois espermatozoides cromossomicamente idênticos aos 25 e aos 45 anos, eles não dariam exatamente a mesma contribuição à formação de um bebê.[52] Dessa forma, à guisa de aproximação, devemos considerar cada espermatozoide e óvulo como efetivamente ímpares. Ademais, evento comparável teve de ocorrer para *ambos* os conjuntos de avós e para todos os *quatro* conjuntos de bisavós, e *oito* conjuntos de tataravós, e assim por diante... bem, não exatamente *ad infinitum* — apenas até o início da vida na Terra, quase quatro bilhões de anos atrás.[53]

Um gugol (do inglês *googol*, a grafia correta do número que serviu de inspiração para o nome da empresa de pesquisas na internet) é um 1 seguido de cem zeros. Um gugolplex é 1 seguido de um gugol de zeros. É um número inimaginavelmente grande, mas com base na análise aproximada que já descrevi (e que explicarei com mais detalhes nas notas de fim de texto), a probabilidade de você existir é de uma em um número que consiste em 1 seguido por uma quantidade de zeros imensamente maior do que um gugolplex.[54] No entanto, aqui está você. É um milagre, não?

Além disso, o fato de o universo ter surgido com a capacidade de passar por um processo de evolução de informações complexas é, sem dúvidas, ainda mais improvável. Nossa compreensão da física e da cosmologia demonstra que, se os valores nas leis da física fossem apenas ligeiramente diferentes, o universo não teria sido capaz de sustentar a vida.[55] Em outras palavras, de todas as configurações que em teoria o universo poderia ter tido, apenas uma ínfima fração nos teria permitido existir. O mais próximo que podemos chegar de quantificar essa aparente improbabilidade é identificar os diferentes fatores dos quais depende um universo propenso à vida e, em seguida, calcular em que medida esses valores teriam que ser diferentes para que a vida fosse impossível.

De acordo com o Modelo Padrão da Física de Partículas, existem 37 tipos de partículas elementares (diferenciadas por massa, carga e *spin*), que interagem de acordo com quatro forças fundamentais (gravidade, eletromagnetismo, força nuclear forte, força nuclear fraca), bem como grávitons hipotéticos, que alguns cientistas acreditam serem responsáveis pelos efeitos gravitacionais.[56] As intensidades dessas forças que interagem com as partículas são descritas com uma série de constantes, que definem as "regras" da física. Os físicos destacaram muitas áreas nas quais mudanças extremamente ínfimas nessas regras teriam impedido a formação de vida inteligente, que, presume-se, exige uma química complexa e ambientes e fontes de energia relativamente estáveis durante centenas de milhões ou bilhões de anos de evolução. Predomina entre os biólogos a noção de que a vida surgiu na Terra por meio da abiogênese.[57] De acordo com essa teoria, durante um longo período de tempo, a matéria bruta inanimada numa "sopa primordial" de compostos precursores combinou-se naturalmente em componentes fundamentais mais complexos de proteínas primitivas que possibilitaram a vida. Eventualmente, proteínas juntaram-se de maneira espontânea num padrão que permitiu que se autorreplicassem: a origem da vida. Uma única quebra nessa cadeia causal teria impossibilitado a humanidade.

Se a força nuclear forte tivesse sido mais forte ou mais fraca, teria sido impossível que as estrelas formassem as grandes quantidades de carbono e oxigênio a partir das quais a vida é criada.[58] Da mesma forma, a força nuclear fraca está dentro de uma ordem de grandeza do mínimo possível para a evolução da vida.[59] Se fosse mais fraca do que isso, o hidrogênio teria rapidamente se transformado em hélio, impedindo a formação de estrelas de hidrogênio como as nossas, que queimam durante tempo suficiente para permitir que vida complexa evolua em seus sistemas solares.

Se a diferença de massa entre os *quarks up* e os *quarks down* fosse ligeiramente menor ou maior, isso tornaria os prótons e os nêutrons instáveis, impedindo a formação de matéria complexa.[60] Da mesma forma, se os elétrons tivessem uma massa ligeiramente maior em relação a essas diferenças, o resultado seria uma instabilidade semelhante.[61] De acordo com o físico Craig J. Hogan, "apenas uma pequena mudança percentual na diferença na massa dos *quarks* em qualquer direção" teria impedido o surgimento da vida.[62] Se a diferença na massa dos *quarks* fosse maior, teríamos um "mundo de prótons" — um universo alternativo onde apenas átomos de hidrogênio seriam possíveis.[63] Se a diferença fosse menor, teríamos um "mundo de nêutrons" — um universo com núcleos, mas sem elétrons ao seu redor, o que impossibilitaria a química.[64]

Se a gravidade tivesse sido ligeiramente mais fraca, não existiriam supernovas, que são a fonte dos elementos pesados a partir dos quais a vida é formada.[65] Se a gravidade tivesse sido ligeiramente mais forte, a vida das estrelas seria muito mais curta, efemeridade que tornaria impossível suportar vida complexa.[66] Um segundo após o Big Bang, o parâmetro de densidade (conhecido como Ω, ou ômega) não poderia ter sido diferente por mais de uma parte em 1 quatrilhão e ainda assim permitir a formação de vida.[67] Tivesse sido um pouco maior, a matéria espalhada pelo Big Bang teria entrado novamente em colapso sob a ação da gravidade antes que as estrelas pudessem se formar. Tivesse sido um pouco menor, a expansão teria sido rápida demais para permitir que a matéria se aglomerasse em estrelas.

Além disso, a macroestrutura do universo surgiu de minúsculas flutuações locais na densidade da matéria que se expandiu para fora a partir do Big Bang no primeiro instante após o evento.[68] Em todo e qualquer momento, a densidade tinha uma diferença em relação à densidade média de cerca de uma parte em 100 mil.[69] Se essa amplitude (frequentemente comparada com ondulações em um lago) tivesse diferido em mais de uma ordem de magnitude, a vida não seria possível. De acordo com o cosmólogo Martin Rees, se as ondulações tivessem sido muito pequenas, "o gás jamais se condensaria em estruturas gravitacionalmente ligadas, e tal universo permaneceria para sempre escuro e banal, sem traços característicos".[70] Por outro lado, se as ondulações tivessem sido grandes demais, o universo teria sido um "lugar turbulento e violento", em que a maior parte da matéria seria sugada para dentro de enormes buracos negros, sem chance para as estrelas "manterem sistemas planetários estáveis".[71]

Para que o universo produzisse matéria ordenada em vez de sopa caótica, também teria sido necessário haver uma entropia muito baixa imediatamente após o Big Bang. Segundo o físico Roger Penrose, com base no que sabemos sobre entropia e aleatoriedade, apenas aproximadamente um universo em 10_{10}^{123} possíveis teriam entropia inicial suficientemente baixa para assumir uma forma semelhante à do nosso.[72] Isso é 10 seguido por muito mais zeros do que átomos existentes no universo conhecido. (As estimativas geralmente situam o número de átomos entre 10^{78} e 10^{82}. Supondo 10^{80}, o número de dígitos em 10_{10}^{123} é então 43 ordens de grandeza maior que o número de todos os átomos existentes. Isso é 10 milhões de bilhões de bilhões de bilhões de bilhões de vezes maior.)[73]

Lógico que é possível questionar muitos desses cálculos individuais, e vez por outra os cientistas discordam quanto às implicações de algum fator isolado. Mas não basta analisar de forma isolada cada um desses parâmetros minuciosamente afinados. Antes, como argumenta o físico Luke Barnes, devemos considerar a "intersecção das regiões que permitem a vida, não a união".[74] Em outras palavras, cada um desses fatores tem de ser propício à vida para que a vida realmente se desenvolva. Mesmo que faltasse apenas um dos fatores, não existiria vida. Na memorável formulação do astrônomo Hugh Ross, a probabilidade de todo esse fino ajuste acontecer por acaso é como "a possibilidade de uma aeronave Boeing 747 ser montada de cabo a rabo como resultado de um tornado assolando um ferro-velho".[75]

De acordo com a explicação mais corriqueira desse aparente ajuste fino, a baixíssima probabilidade de viver num desses universos é justificada pelo viés de seleção do observador.[76] Em outras palavras, para que possamos sequer considerar essa questão, *devemos* habitar um universo regulado por um ajuste fino — se fosse de outra forma, não teríamos consciência e não seríamos capazes de refletir sobre o fato. Isso é conhecido como "princípio antrópico". Alguns cientistas acreditam que tal explicação é adequada. Mas, se acreditarmos que a realidade existe independentemente de nós como observadores, isso não basta. Martin Rees sugere uma questão convincente sobre a qual poderíamos ponderar: "Suponha que você esteja diante de um pelotão de fuzilamento, e que todos os atiradores errem o alvo. Você poderia dizer: 'Bem, se eles não tivessem errado, eu não estaria aqui para me preocupar com isso'. Mas isso não deixa de ser surpreendente; é um fato que não pode ser facilmente explicado. Creio que há algo aí que carece de explicação".[77]

Vida pós-morte

O primeiro passo no caminho para preservar a nossa preciosa e improvável identidade é preservar as ideias que são centrais para quem somos. Por meio das nossas atividades digitais, já estamos criando registros extremamente fecundos da forma como pensamos e do que sentimos e, no decorrer desta década, as tecnologias para registrar, armazenar e organizar esse volume de informações avançarão rapidamente. À medida que nos aproximamos do final da década de 2020, daremos vitalidade a esses dados no formato de simulações não biológicas que são recriações extremamente realistas de humanos com personalidades específicas.[78] No entanto, já em 2023 a IA dá passos largos para ganhar proficiência na imitação de humanos. Abordagens de aprendizagem profunda, como transformadores e GANs (redes adversárias generativas), impulsionaram um incrível avanço. Os transformadores, conforme descrevemos no capítulo anterior, são capazes de treinar a partir de textos que uma pessoa escreveu e aprender de forma realista a imitar seu estilo de comunicação. Por sua vez, uma GAN envolve duas redes neurais competindo entre si. A primeira das "adversárias" tenta gerar um exemplo de uma classe-alvo, como uma imagem realista do rosto de uma mulher. A segunda tenta identificar as diferenças entre essa imagem gerada e outras imagens de rostos de mulheres reais. A primeira rede é recompensada (pense nisso como uma pontuação que a rede neural está programada para tentar maximizar) por enganar a segunda, ao passo que a segunda é recompensada por fazer julgamentos precisos. Esse processo pode se repetir muitas vezes sem supervisão humana, com ambas as redes neurais aumentando gradativamente sua proficiência.

Ao combinar essas técnicas, a IA já é capaz de imitar o estilo de escrita de uma pessoa específica, replicar sua voz ou até mesmo enxertar seu rosto de forma realista em um vídeo inteiro. Conforme mencionamos no capítulo anterior, a tecnologia experimental Duplex do Google usa IA que consegue interagir de forma crível em conversas telefônicas não roteirizadas — com tanto êxito que, quando foi testada pela primeira vez em 2018, humanos reais para quem a IA ligou não tinham ideia de que estavam falando com um computador.[79] Vídeos *deepfake* podem ser utilizados para criar propaganda política nociva ou para imaginar como seriam os filmes com diferentes atores em papéis icônicos.[80] Por exemplo, um canal do YouTube chamado *Ctrl Shift Face* publicou um vídeo viral mostrando como seria o personagem de Javier Bardem em *Onde os fracos não têm vez* se fosse interpretado por Arnold Schwarzenegger, Willem Dafoe ou Leonardo DiCaprio.[81] Essas tecnologias ainda estão em fase inicial. Não somente cada capacidade individual (como a escrita, a voz, o rosto, a conversação) melhorará muito nos anos vindouros, mas a sua convergência criará simulações que são mais realistas do que a soma de todas as suas partes.

Um tipo de avatar de IA que podemos criar, chamado "replicante" (tomando emprestado um termo do livro *Blade Runner*), terá a aparência, o comportamento, as memórias e as habilidades de uma pessoa que faleceu, vivendo em um fenômeno que eu chamo de "vida pós-morte".

A tecnologia "vida pós-morte" passará por múltiplas fases. Considerando o momento em que escrevo estas linhas, as simulações mais primitivas já existiam há cerca de sete anos. Em 2016, o portal *The Verge* publicou um excepcional artigo sobre uma jovem chamada Eugenia Kuyda que usou IA e mensagens de texto salvas para "ressuscitar" seu falecido melhor amigo, Roman Mazurenko.[82] À medida que cresce a quantidade de dados que cada um de nós gera, recriações cada vez mais fiéis de seres humanos específicos se tornarão possíveis.

No final da década de 2020, a IA avançada será capaz de criar um replicante muito realista de uma pessoa falecida, com base em milhares de fotos, centenas de horas de vídeo, milhões de palavras de mensagens de texto, dados detalhados sobre os interesses e hábitos da pessoa e entrevistas com conhecidos que se lembram dela. Por razões culturais, éticas ou pessoais, isso suscitará diferentes reações entre as pessoas, mas a tecnologia estará disponível para aqueles que a desejarem.

Essa geração de avatares de "vida pós-morte" será bastante realista, mas para muita gente eles existirão no "vale da estranheza",[83] o que significa que seu comportamento terá uma nítida semelhança com a pessoa original, mas ainda ficará no quase idêntico, com diferenças sutis que deixarão as pessoas desconcertadas. Nesse estágio, as simulações não são o Você 2. Terão recriado apenas a função, e não a forma da informação que estava no cérebro da pessoa. Por esse motivo, uma visão panprotopsicista sugere que não reviveriam a consciência subjetiva de alguém. Apesar disso, muitos verão as réplicas como valiosas ferramentas para dar continuidade a um trabalho importante, compartilhar lembranças preciosas ou ajudar a curar a dor de familiares enlutados.

Corpos replicantes existirão sobretudo em realidade virtual e aumentada, mas corpos realistas na realidade real (ou seja, androides convincentes) também serão possíveis por meio da utilização da nanotecnologia do final da década de 2030. Em 2023, enquanto escrevo este livro, o progresso nessa direção ainda está em estágios muito incipientes, mas já existem pesquisas significativas em andamento que lançarão as bases para avanços muito maiores durante a próxima década. No que diz respeito à função androide, o progresso tecnológico enfrenta um desafio que meu amigo Hans Moravec identificou há várias décadas, agora chamado de "paradoxo de Moravec".[84] Em suma, tarefas mentais que parecem difíceis para os humanos — por exemplo, calcular a raiz quadrada de grandes números e lembrar de grandes quantidades de informações — são comparativamente fáceis para computadores. Por outro lado, tarefas mentais que são fáceis para os humanos — reconhecer um rosto ou manter o equilíbrio ao caminhar, por exemplo — são muito mais difíceis para a IA. A razão provável é que essas últimas funções evoluíram ao longo de dezenas ou centenas de milhões de anos e são executadas no fundo do nosso cérebro, ao passo que a cognição "superior" é alimentada pelo neocórtex, que é o centro da nossa consciência e só atingiu a sua forma mais ou menos moderna há várias centenas de milhares de anos.[85]

No entanto, à medida que se tornou exponencialmente mais potente nos últimos anos, a IA fez surpreendentes progressos contra o paradoxo de Moravec. Em 2000, o robô humanoide ASIMO [acrônimo de *Advanced Step in Innovative Mobility*, algo equivalente a "estágio avançado na inovação da mobilidade"] da Honda impressionou os especialistas ao caminhar, cautelosamente e sem cair, sobre uma superfície plana.[86] Em 2020, o robô Atlas da Boston Dynamics conseguiu correr, pular e dar piruetas e cambalhotas em uma pista de obstáculos com mais agilidade do que a maioria dos humanos.[87] Robôs sociais como Sophia e Little Sophia, da Hanson Robotics, e Ameca, da Engineered Arts, conseguem demonstrar emoções em rostos de aparência humana.[88] Muitas vezes as suas capacidades têm sido exageradas nas manchetes, mas mesmo assim mostram a trajetória do progresso.

À medida que a tecnologia avança, um replicante (assim como aqueles de nós que não tiverem morrido) disporá de uma variedade de corpos e tipos de corpos para escolher. No futuro, os replicantes poderão até mesmo ser alojados em corpos biológicos ciberneticamente aprimorados, cultivados a partir do DNA da pessoa original (supondo que seja possível encontrá-lo). E quando a nanotecnologia permitir a engenharia em escala molecular, seremos capazes de criar corpos artificiais muito mais avançados do que a biologia permite. A essa altura, pessoas reanimadas provavelmente transcenderão o vale da estranheza, pelo menos para muitos dos que interagirem com elas.

No entanto, o advento desses replicantes suscitará profundas questões filosóficas para a sociedade. A forma como reagimos talvez dependa das nossas crenças metafísicas a respeito de ideias como alma, consciência e identidade. Se uma pessoa reanimada por meio dessa tecnologia "parecer" um ente querido falecido quando falarmos com ela, isso será suficiente? Até que ponto importa que um replicante tenha sido criado por meio de IA e mineração de dados, em comparação com uma mente "Você 2" totalmente carregada a partir do cérebro vivo de alguém? Como mostra a história de Eugenia Kuyda e Roman Mazurenko, até mesmo o primeiro tipo de replicante pode ser uma fonte de consolação e cura. Ainda assim, é difícil saber com certeza o que cada um de nós sentirá ao vivenciar essa experiência pela primeira vez. À medida que essa tecnologia se tornar mais predominante, a sociedade se adaptará. Provavelmente surgirão leis para estabelecer quem pode criar replicantes dos mortos e como eles poderão ser utilizados. Pode ser que algumas pessoas decidam proibir a IA de replicá-los, ao passo que outras deixarão instruções detalhadas sobre seus desejos e até mesmo participarão do processo de criação de seus próprios replicantes enquanto ainda estiverem vivas.

A introdução de replicantes trará à tona muitas outras questões sociais e jurídicas das mais desafiadoras:

- Os replicantes deverão ser considerados pessoas com plenos direitos humanos e civis (por exemplo, o direito de votar e de celebrar contratos)?
- Eles serão responsáveis por contratos assinados ou por crimes cometidos anteriormente pela pessoa que estão replicando?
- Poderão receber crédito pelo trabalho ou contribuições sociais das pessoas das quais são réplicas?
- O cônjuge terá que se casar novamente com o falecido marido ou esposa que volta como replicante?
- Os replicantes serão condenados ao ostracismo ou enfrentarão discriminação?
- Sob quais condições a criação de replicantes deveria ser restringida ou proibida?

Os replicantes também obrigarão as pessoas comuns a lidarem seriamente com os quebra-cabeças filosóficos da consciência e da identidade analisados neste capítulo — imbróglios que até então tinham sido sobretudo teóricos. Provavelmente em um período de tempo mais curto do que aquele entre a publicação, em 2012, de *Como criar uma mente* e o momento que você estiver lendo este livro, já existirão IAs de nível Turing programadas para recriar humanos que se foram. Dotados de uma cognição tão complexa quanto uma pessoa biológica natural, os replicantes terão de fato consciência e pensarão que são essa pessoa. Será que a crença das criaturas sintéticas de que são a mesma pessoa significará que *são realmente* a mesma pessoa? Quem poderia dizer o contrário?

No início da década de 2040, nanobôs serão capazes de entrar no cérebro de um ser humano vivo e fazer uma cópia de todos os dados que constituem as suas memórias e personalidade: o Você 2. Uma entidade dessa espécie será capaz de passar em um Teste de Turing específico de pessoa e convencer alguém que conhecia o indivíduo em questão de que realmente é ele. De acordo com todas as evidências detectáveis, as cópias digitais serão tão reais quanto a pessoa original; então, se você acredita que a identidade tem a ver fundamentalmente com informações como memórias e personalidade, a réplica equivale *de fato* à mesma pessoa. Você poderá encetar ou continuar um relacionamento com essa pessoa, mesmo um relacionamento físico, incluindo sexo. Pode ser que haja diferenças sutis, mas é tão diferente assim nos relacionamentos com pessoas biológicas vivas? Nós também mudamos, geralmente de forma gradual, mas às vezes de súbito, em decorrência de uma guerra, um trauma, mudanças de status social ou relacionamentos.

Uma compreensão da consciência ao estilo de Chalmers nos dá boas razões para suspeitar de que esse nível de tecnologia permitirá também que o nosso eu subjetivo perdure na "vida pós-morte" — mas lembre-se de que isso é impossível de provar ou refutar do ponto de vista científico, e cada um de nós terá que tomar decisões sobre o uso dessa tecnologia com base em nossos próprios valores filosóficos ou espirituais. Na etapa de copiar diretamente o conteúdo de cérebros vivos para meios não biológicos, fazemos a transição dos replicantes meramente simulados que eu descrevo para o efetivo upload ("carregamento") da mente, também conhecido como "emulação de cérebro inteiro" (WBE, no acrônimo em inglês).

Simular uma mente em um meio não biológico pode significar questões vastamente diferentes em termos computacionais. Em 2008, John Fiala, Anders Sandberg e Nick Bostrom identificaram onze diferentes níveis possíveis de emulação cerebral.[89] Mas, para simplificar, as emulações cerebrais enquadram-se mais ou menos em cinco categorias, da mais abstrata à mais exaustiva: funcional, conectômica, celular, biomolecular e quântica.

Emulações funcionais são aquelas que agiriam como uma mente de base biológica, mas que na verdade não precisam replicar nenhuma estrutura computacional específica do cérebro de uma determinada pessoa. Seriam as mais fáceis de processar do ponto de vista computacional, mas resultariam na simulação menos completa do original. As emulações conectômicas replicariam as conexões hierárquicas e as relações lógicas entre grupos de neurônios, mas não precisariam fazer o simulacro de cada célula. Emulações celulares simulariam informações importantes sobre cada neurônio do cérebro, mas não reproduziriam forças físicas detalhadas no interior. A emulação biomolecular simularia interações entre proteínas e minúsculas forças dinâmicas dentro de cada célula. E a emulação quântica capturaria efeitos subatômicos dentro e entre moléculas. Em teoria, essa seria a solução mais completa, porém exigiria um poder computacional impressionante que provavelmente não estaria disponível até o próximo século.[90]

Um dos principais projetos de pesquisa das próximas duas décadas será descobrir qual é o nível suficiente de emulação cerebral. Muitos dos que julgam que a emulação em nível quântico é necessária defendem essa posição, porque acreditam que a consciência subjetiva se baseia em efeitos quânticos (ainda desconhecidos). Como argumentei neste capítulo (e detalho em *Como criar uma mente*), a meu ver esse nível de emulação será desnecessário. Se algo como o panprotopsiquismo estiver correto, a consciência subjetiva provavelmente deriva da forma complexa como as informações são organizadas por nosso cérebro. Portanto, não precisamos nos preocupar se nossa emulação digital não inclui determinada molécula de proteína do original biológico. Por analogia, tanto faz se seus arquivos JPEG estão armazenados em um disquete, CD-ROM ou *pen drive* — eles são idênticos e funcionam da mesma forma, desde que as informações sejam representadas com a mesma sequência binária de uns e zeros. Na verdade, se você copiar esses dígitos com lápis e papel e enviar os (muito volumosos!) calhamaços de documentos a um amigo e ele digitar manualmente os códigos em um computador diferente, a imagem reaparecerá intacta!

Portanto, a partir daqui o objetivo prático é descobrir como fazer com que os computadores interajam de maneira eficaz com o cérebro, e decifrar o código de como o cérebro representa as informações. (Para um mergulho mais profundo no progresso em direção ao upload da mente, as dimensões computacionais da emulação cerebral e até mesmo uma proposta de tecnologia chamada "cérebros matriosca", que um dia poderá permitir que a humanidade tire proveito de enormes quantidades de energia para computação, consulte esta nota no final do livro com uma variedade de recursos que vão dos muito acessíveis aos mais técnicos.)[91]

São desafios descomunais, mas as ferramentas sobre-humanas de IA da década de 2030 nos permitirão alcançar o que hoje pode parecer inatingível.

Conversando com meu pai-robô

A ferramenta de IA Talk to Books foi um ótimo gerador de ideias. No Google, podíamos substituir seus mais de 100 mil livros padrão por qualquer seleção customizada de livros e documentos. Então, em 2019, reuni tudo o que meu pai, Fredric Kurzweil, havia escrito: suas cartas de amor para minha mãe, notas de cursos, um livro sobre música em que ele estava trabalhando e suas reflexões pessoais. Minha filha, Amy, fez uma série de perguntas à mesma tecnologia subjacente que impulsionava o Talk to Books, usando como material-fonte os escritos do meu pai. Como você verá em nossa breve conversa transcrita a seguir, esse replicante foi capaz de dar respostas coerentes, naturais e surpreendentes às nossas perguntas — provavelmente tão boas que, se eu contasse que se tratava de uma conversa com meu pai de quando ele ainda estava vivo, ninguém teria notado nada de incomum. Para mim e para as pessoas que o conheceram, estas palavras têm um toque adicional de familiaridade em relação à maneira como Fredric Kurzweil pensava e se comunicava.

Também estou cogitando a ideia de criar um replicante de mim mesmo. Ele terá acesso a milhares de páginas de minhas palestras, bem como a todos os meus escritos publicados e a inúmeras horas de vídeos. Essa base de abundante material multimídia permitiria ao meu replicante representar minha personalidade de maneira muito mais profunda e fiel do que a do teste que fiz com o material do meu pai. A futura IA replicante também terá acesso a todos os tipos de metadados sobre a vida de uma pessoa, possibilitando uma fidelidade ainda maior.

Então, eis algumas das respostas da IA às nossas perguntas. Este é o primeiro passo para trazer meu pai de volta.

O que você mais ama na música?
O que torna uma peça musical tão viva é o fato de que ela adapta um plano geral às suas próprias necessidades. A arte da música já percorreu um longo caminho e evoluiu muito, e sempre manteve a conexão com os sentimentos humanos.

Quem é seu compositor favorito e por quê?
Brahms, em sua composição, está em pé de igualdade com Beethoven.

Qual é a essência do rock and roll?
Melodia e ritmo são as fontes primárias da música. O princípio básico ou leis de estrutura são repetição e contraste, unidade e variedade.

Como você começou a se envolver com a regência?
Por mais de vinte anos, regi orquestras de vários tipos — profissionais, amadoras, universitárias, comunitárias e de ópera. Também dirigi grandes orquestras sinfônicas, orquestras de câmara, bem como grupos de jovens. Lecionei em muitas faculdades.

Como você quer ser lembrado?
Claro que é difícil elogiar a si mesmo, mas eu gostaria de dizer que minha capacidade de me relacionar e de lidar com as pessoas sempre foi um dos meus trunfos, pois percebi que não é apenas a habilidade artística que conta, mas também relacionamentos interpessoais amigáveis.

Você tem algum arrependimento?
Parece ser meu destino ter que passar meus dias em meio a intermináveis aulas e trabalhos de pouco interesse para poder me dedicar, ainda que por um mínimo de tempo, a trabalhos de genuíno valor. Sou o culpado por deixar minhas esperanças e boa vontade sobrepujarem meu julgamento prático. Bem, devido às minhas novas responsabilidades, e também tentando manter minha orquestra unida, é muito difícil equilibrar o orçamento.

O que faz de uma pessoa quem ela é?
A forma manifestada na relação das partes com o todo.

> *Você tem algum hobby?*
> Estamos na expectativa de uma excelente colheita de pêssegos e uvas. Adoro jardinagem, é algo relaxante para mim, mas concordo com você que dá uma trabalheira danada. É um trabalho que nunca acaba.
>
> *Você tem preocupações?*
> Muitas vezes são aterrorizantes como um pesadelo.
>
> *Como se sente em relação à tecnologia moderna?*
> Sempre vemos os inovadores serem condenados por seus contemporâneos. O progresso da tecnologia, da automação etc. apequenou o indivíduo. Os ideais e valores de tempos passados foram destruídos por esta era das máquinas.
>
> *Você pode me contar uma história sobre um acidente de carro?*
> Eu estava em Mobile regendo uma ópera quando minha esposa sofreu um grave acidente de carro. Ela foi atropelada por um táxi, ficou imprensada contra um caminhão e se feriu gravemente, com múltiplas fraturas. Depois de mais de dois meses internada no hospital com uma das pernas imobilizada com tração esquelética, no momento ela está em casa, usando um pesado gesso de corpo inteiro, e só pode ficar deitada de costas, indefesa. Terá que ficar nesse estado por algum tempo.
>
> *Qual é o sentido da vida?*
> Amor.

Quem posso ser?

Nossas questões de identidade estão intimamente interligadas a questões de consciência, livre-arbítrio e determinismo. À luz dessas ideias, eu poderia dizer que esta pessoa específica — Ray Kurzweil — é tanto o resultado de condições anteriores incrivelmente precisas quanto o produto das minhas próprias escolhas. Na condição de um padrão de informações automodificável, eu certamente moldei a mim mesmo por meio de decisões que tomei ao longo da vida sobre com quem interagir, o que ler e para onde ir.

No entanto, apesar da minha cota de responsabilidade por quem eu sou, a minha autoatualização é limitada por muitos fatores fora do meu controle. O meu cérebro biológico evoluiu para um tipo de vida pré-histórica muito diferente, e me predispõe a hábitos que eu preferiria não ter. Ele não é capaz de aprender com a rapidez suficiente ou se lembrar com eficácia suficiente para saber todas as coisas que eu gostaria de saber. Não posso reprogramá-lo para me libertar de medos, traumas e dúvidas que sei que estão me impedindo de alcançar o que almejo. E o meu cérebro reside em um corpo que está envelhecendo aos poucos — embora eu trabalhe com afinco para retardar esse processo — e está biologicamente programado para, mais cedo ou mais tarde, destruir o padrão de informações que é Ray Kurzweil.

A promessa da Singularidade é nos libertar de todas essas limitações. Ao longo de milhares de anos, nós, humanos, gradualmente estamos adquirindo maior controle sobre quem podemos nos tornar. A medicina nos possibilitou superar lesões e deficiências. Os cosméticos nos possibilitaram moldar nossa aparência de acordo com os nossos gostos pessoais. Muitas pessoas usam drogas legais ou ilegais para corrigir desequilíbrios psicológicos ou experimentar outros estados de consciência. O acesso mais amplo à informação nos possibilita alimentar nossa mente e formar hábitos mentais que reconfiguram fisicamente o nosso cérebro. A arte e a literatura inspiram empatia por pessoas que não conhecemos e que podem nos ajudar a adquirir mais virtude. Modernos aplicativos móveis podem ser utilizados para incutir a disciplina e cultivar estilos de vida saudáveis. As pessoas transgêneras têm maior capacidade do que nunca de fazer com que seu corpo físico corresponda à identidade de gênero que vivenciam em seu íntimo. Imagine o quanto seremos capazes de nos moldar ainda mais quando pudermos programar diretamente nosso cérebro.

Assim, a fusão com a IA superinteligente será uma conquista valiosa, mas é um meio para um fim superior. Uma vez que nosso cérebro seja robustecido por um substrato digital mais avançado, nossos poderes de automodificação poderão ser plenamente realizados. Nossos comportamentos e valores poderão se alinhar, e a nossa vida não será prejudicada nem interrompida pelas falhas da nossa biologia. Finalmente nós, os humanos, poderemos ser verdadeiramente responsáveis por quem somos.[92]

CAPÍTULO 4

A VIDA ESTÁ FICANDO EXPONENCIALMENTE MELHOR

O consenso público é o oposto

Tenha em mente a seguinte notícia de última hora: A EXTREMA POBREZA EM TODO O MUNDO CAIU 0,01% HOJE![1]

E esta também acabou de chegar: DESDE ONTEM, OS ÍNDICES DE ALFABETIZAÇÃO AUMENTARAM 0,0008%![2]

E esta: A PROPORÇÃO DE DOMICÍLIOS COM VASO SANITÁRIO AUMENTOU HOJE EM 0,003%![3]

E as mesmas coisas aconteceram ontem.

E anteontem.

Se tais avanços não lhe parecem empolgantes, esse deve ser um dos motivos pelos quais você não ouviu falar deles.

Tais sinais de progresso, e muitos exemplos parecidos, não chegam às manchetes porque, na verdade, não são novidades. Faz anos que as tendências positivas do dia a dia vêm progredindo e, a taxas mais lentas, isso já ocorre há décadas e séculos.

Quanto aos exemplos que acabei de mencionar, de 2016 a 2019 — o período de tempo mais recente para o qual existem abrangentes dados disponíveis no momento em que escrevo estas linhas —, o número estimado de pessoas em situação de extrema pobreza no mundo inteiro (medida pela referência de viver com menos de 2,15 dólares por dia, em valores de 2017) diminuiu de cerca de 787 milhões para 697 milhões.[4] Se essa tendência se manteve mais ou menos constante até o presente em termos de declínio percentual anual, ela corresponde a uma queda de quase 4% ao ano, ou cerca de 0,011% por dia. A despeito das consideráveis incertezas sobre o número exato, podemos ter razoável convicção de que o valor está correto dentro de uma ordem de grandeza. Entretanto, a UNESCO (Organização das Nações Unidas para a Educação, a Ciência e a Cultura) concluiu que de 2015 a 2020 (mais uma vez, os dados mais recentes disponíveis) o índice de alfabetização mundial aumentou de 85,5% a 86,8%.[5] Isso representa uma média diária de cerca de 0,0008%. E, durante o mesmo período de 2015 a 2020, estima-se que a proporção da população mundial com acesso a instalações sanitárias "básicas" ou "geridas de forma segura" (banheiro com descarga ou similares) aumentou entre 73% e 78%.[6] Isso se traduz em uma melhoria média de cerca de 0,003% por dia. Várias tendências semelhantes se revelam o tempo todo.

No entanto, essas descobertas por si só já estão bem documentadas. Analisei o acentuado impacto positivo da mudança tecnológica no bem-estar humano em meus livros *A era das máquinas espirituais* (1999)[7] e *A Singularidade está próxima* (2005),[8] e em inúmeras palestras e artigos desde então. Em seu livro *Abundância: o futuro é melhor do que você imagina*, de 2012,[9] Peter Diamandis e Steven Kotler demonstram com riqueza de detalhes que estamos caminhando para uma era de fartura de recursos que costumava ser caracterizada pela escassez. E em seu livro *O novo iluminismo: em defesa da razão, da ciência e do humanismo*, de 2018,[10] Steven Pinker descreve o contínuo progresso que está sendo feito em uma vasta gama de áreas de impacto social.

Neste capítulo, a minha ênfase recai especificamente sobre a natureza exponencial desse progresso, sobre como a Lei dos Retornos Acelerados é o motor fundamental de muitas tendências individuais que podemos observar e sobre como o resultado será uma drástica melhoria da maioria dos aspectos da vida no futuro próximo — não apenas no mundo digital.

Antes de analisarmos em detalhes alguns exemplos específicos, é importante começar com uma clara compreensão conceitual dessa dinâmica. Eventualmente, meu trabalho tem sido caracterizado, de maneira equivocada, como a peremptória afirmação de que a própria mudança tecnológica é inerentemente exponencial e que a Lei dos Retornos Acelerados se aplica a todas as formas de inovação. Essa não é a minha opinião. Na verdade, essa lei descreve um fenômeno em que certos tipos de tecnologia criam ciclos de feedback que aceleram a inovação. Em termos gerais, são tecnologias que nos dão maior domínio sobre as informações — reunindo-as, armazenando-as, manipulando-as, transmitindo-as —, o que torna a própria inovação mais fácil. A invenção da prensa barateou o preço dos livros o suficiente para que a educação pudesse se tornar acessível à geração seguinte de inventores. Os computadores modernos ajudam os designers de chips a criar a nova geração de CPUs mais rápidas. A banda larga mais barata torna a internet mais útil para todos, porque mais pessoas podem compartilhar on-line as suas ideias. A curva exponencial mais famosa da mudança tecnológica, a Lei de Moore, é, portanto, apenas uma manifestação desse processo mais profundo e fundamental.

Exemplos de mudanças rápidas que não são abrangidas por essa lei incluem a velocidade da tecnologia de transporte — como o tempo de viagem da Inglaterra aos Estados Unidos. Em 1620, o navio *Mayflower* levou 66 dias para fazer a travessia do oceano.[11] Por ocasião da Guerra de Independência dos Estados Unidos, em 1775, as melhorias na tecnologia de construção naval e de navegação reduziram o tempo para cerca de quarenta dias.[12] Em 1838, o navio a vapor com rodas de pás *Great Western* completou a viagem em quinze dias,[13] e em 1900 o transatlântico *Deutschland*, de quatro chaminés e movido a hélices, fez o percurso em cinco dias e quinze horas.[14] Em 1937, o transatlântico de propulsão turboelétrica *Normandie* reduziu o périplo para três dias e 23 horas.[15] Em 1939, o primeiro serviço dos hidroaviões da Pan Am levou apenas 36 horas[16] e, em 1958, a primeira companhia aérea a jato conseguiu completar a viagem em menos de dez horas e meia.[17] Em 1976, o supersônico *Concorde* reduziu essa viagem para apenas três horas e meia![18] Sem dúvida, parece ser uma tendência exponencial em aberto — mas não é. Desde a aposentadoria do *Concorde* em 2003, a rota Londres-Nova York voltou a durar mais de sete horas e meia.[19] Há uma série de razões econômicas e técnicas específicas pelas quais o transporte transatlântico deixou de ficar mais veloz. Porém, a razão subjacente mais profunda é que a tecnologia de transporte não cria ciclos de feedback. Os motores a jato não são utilizados na construção de melhores motores a jato. Portanto, a certa altura, os custos de adicionar velocidade extra superam os benefícios de mais inovação.

O que torna a Lei dos Retornos Acelerados tão poderosa para as tecnologias de informação é que os ciclos de feedback mantêm os custos da inovação inferiores aos benefícios, de modo que o progresso continua. E, à medida que a inteligência artificial ganha aplicabilidade em um número cada vez maior de campos, as tendências exponenciais que agora são conhecidas na computação começarão a se tornar visíveis em áreas como a medicina, em que antes o progresso era muito moroso e dispendioso. À medida que a IA expandir em ritmo veloz sua amplitude e capacidade no decorrer da década de 2020, isso transformará de forma drástica áreas que normalmente não consideramos como tecnologias de informação, como alimentos, vestuário, habitação e até mesmo o uso da terra. Agora, estamos nos aproximando da abrupta inclinação dessas curvas exponenciais. É por isso, em suma, que nas próximas décadas a maioria dos aspectos da vida melhorará exponencialmente.

O problema é que a cobertura jornalística distorce de maneira sistemática a nossa percepção sobre essas tendências. Como qualquer romancista ou roteirista poderá dizer, captar o interesse do público requer quase sempre um elemento de perigo ou conflito cada vez mais intenso.[20] Da mitologia antiga aos filmes *Star Wars*, esse é o padrão que prevalece. Como resultado — por vezes de caso pensado, por vezes de forma bastante orgânica —, o noticiário tenta emular esse paradigma. Os algoritmos das redes sociais, que são otimizados para maximizar a resposta emocional a fim de impulsionar o engajamento dos usuários — e, portanto, as receitas publicitárias —, exacerbam ainda mais essa situação.[21] Isso cria um viés de seleção em relação a histórias sobre crises iminentes, ao mesmo tempo que relega lá para o final dos nossos feeds de notícias os tipos de manchete citados no início deste capítulo.

Nossa atração pelas más notícias é, na verdade, uma adaptação evolutiva. Historicamente, sempre foi mais importante para a nossa sobrevivência prestar atenção às dificuldades potenciais. Aquele farfalhar nos arbustos podia ser um predador à espreita, por isso fazia sentido concentrar-se nessa ameaça em vez de no fato de as colheitas terem melhorado 0,1% desde o ano anterior.

Não surpreende que os humanos que evoluíram para uma vida de subsistência em bandos de caçadores-coletores não tenham desenvolvido um instinto mais aguçado para pensar em mudanças positivas graduais. Ao longo da maior parte da história humana, as melhorias na qualidade de vida foram sempre tão ínfimas e frágeis que passavam longe de ser perceptíveis, mesmo no decorrer de uma vida inteira. Na verdade, essa situação da Idade da Pedra perdurou durante toda a Idade Média. Na Inglaterra, por exemplo, o Produto Interno Bruto (PIB) per capita estimado (em libras esterlinas de 2023) do ano de 1400 foi de 1.605 libras.[22] Se uma pessoa nascida nesse ano vivesse até os 80 anos, o PIB per capita no momento de sua morte seria exatamente o mesmo.[23] Para alguém nascido em 1500, o PIB per capita na ocasião de seu nascimento teria caído para 1.586 libras, e oitenta anos depois se recuperaria para apenas 1.604 libras.[24] Compare isso com uma pessoa nascida em 1900, que ao longo de oitenta anos viu um salto de 6.734 libras para 20.979 libras.[25] Portanto, não se trata apenas do fato de que a nossa evolução biológica não fez em nós os ajustes necessários para que nos concentrássemos no progresso gradual, mas nossa evolução cultural também não nos preparou para isso. Não há nada em Platão ou Shakespeare que nos peça para prestar atenção ao gradual progresso material na sociedade, porque isso não era perceptível na época em que eles viveram.

Uma versão moderna de um predador escondido nos arbustos é o fenômeno de as pessoas monitorarem o tempo todo suas fontes de informação, incluindo as redes sociais, em busca de acontecimentos que possam colocá-las em perigo. De acordo com Pamela Rutledge, diretora do Media Psychology Research Center, "monitoramos continuamente os eventos e perguntamos: 'Tem alguma coisa a ver comigo? Estou em perigo?'".[26] Isso impede a nossa capacidade de avaliar acontecimentos positivos que se desenrolam mais lentamente.

Outra adaptação evolutiva é a bem documentada tendência psicológica de recordar o passado como uma época melhor do que de fato foi. As lembranças de dor e sofrimento desaparecem mais rapidamente do que as lembranças positivas.[27] Em um estudo de 1997 realizado pelo psicólogo Richard Walker, da Universidade Estadual do Colorado,[28] os participantes classificaram os acontecimentos em termos de prazer e dor, e depois os avaliaram de novo três meses, dezoito meses e quatro anos e meio depois. As reações negativas desapareceram muito mais rápido do que as positivas, ao passo que as lembranças agradáveis perduraram. Um estudo de 2014, realizado em países como Austrália, Alemanha e Gana, além de muitos outros,[29] mostrou que esse "viés de apagamento da emoção negativa" é um fenômeno mundial.

"Nostalgia", termo que o médico suíço Johannes Hofer criou em 1688 combinando as palavras gregas *nostos* (regressar à casa) e *algos* (dor, angústia ou anseio), é mais do que apenas ter reminiscências afetuosas; é um mecanismo de enfrentamento para lidar com as aflições do passado, transformando-as.[30] Se a dor do passado não desaparecesse, ficaríamos para sempre paralisados por ela.

As pesquisas científicas corroboram esse fenômeno. Um estudo realizado pelo professor de psicologia Clay Routledge, da Universidade Estadual da Dakota do Norte, analisou o uso da nostalgia como mecanismo de enfrentamento e descobriu que os participantes que escreveram sobre um acontecimento nostálgico positivo apresentavam níveis mais elevados de autoestima e laços sociais mais fortes.[31] Dessa forma, a nostalgia é útil tanto para o indivíduo como para a comunidade. Quando rememoramos nossas experiências passadas, a dor, as angústias e as adversidades já desapareceram, e tendemos a nos lembrar de aspectos mais positivos da vida. Por outro lado, quando pensamos no presente, estamos altamente conscientes de nossas preocupações e dificuldades atuais. Isso leva à impressão, muitas vezes falsa, de que o passado foi melhor do que o presente, apesar das esmagadoras evidências objetivas indicando o contrário.

Temos também um viés cognitivo de exagerar a predominância de más notícias em meio a acontecimentos comuns. Por exemplo, um estudo de 2017 demonstrou que a percepção das pessoas sobre pequenas flutuações aleatórias (como alternância de dias bons ou dias ruins no mercado de ações, temporadas de furacões fortes ou suaves, aumento ou diminuição dos índices de desemprego) reduz a chance de que essas flutuações sejam interpretadas como aleatórias se forem negativas.[32] Em vez disso, as pessoas suspeitam que essas variações indicam uma tendência de piora mais ampla. O cientista cognitivo Art Markman resumiu assim um dos principais resultados: "Quando perguntávamos aos participantes se determinado gráfico indicava uma mudança fundamental na economia, sua resposta mais provável era considerar uma ligeira alteração como a indicação de uma mudança de grandes proporções, nos casos em que isso significava que as coisas estavam *piorando* e não que as coisas estavam ficando melhores".[33]

Essa pesquisa e outras semelhantes sugerem que estamos condicionados a esperar entropia — a ideia de que o estado-padrão do mundo é que as coisas se desintegrem e piorem. Isso pode ser uma adaptação construtiva, preparando-nos para contratempos e motivando a ação, mas representa um forte viés que obscurece as melhorias na condição da vida humana.

Esse ponto tem um impacto concreto na política. Uma sondagem do Public Religion Research Institute concluiu que 51% dos norte-americanos em 2016 julgavam que "a cultura e o modo de vida estadunidenses mudaram para pior (...) desde a década de 1950".[34] No ano anterior, uma pesquisa da YouGov concluiu que 71% da população britânica acreditava que o mundo vinha piorando progressivamente, e apenas 5% considerava que estava melhorando.[35] Essas percepções incentivam os políticos populistas a prometerem restaurar as glórias perdidas do passado, por mais que esse passado tenha sido drasticamente pior em quase todas as métricas objetivas de bem-estar.

Como um dos muitos exemplos desse fenômeno, uma pesquisa de opinião de 2018[36] perguntou a 31.786 pessoas de 26 países — falantes de dezessete línguas diferentes e representando 63% da população mundial — se a pobreza havia aumentado ou diminuído no planeta ao longo dos vinte anos anteriores, e em que medida. As respostas estão indicadas no gráfico a seguir.

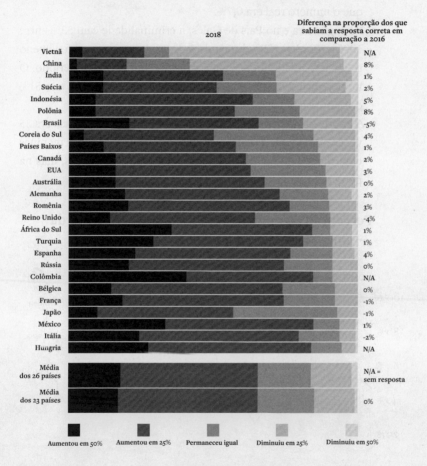

Martijn Lampert, Anne Blanksma Çeta e Panos Papadongonas, 2018

Apenas 2% dos entrevistados deram a resposta correta: a pobreza diminuiu em 50%. Um volume cada vez maior de trabalhos nas ciências sociais confirma essas discrepâncias entre a percepção pública e a realidade do progresso generalizado, de acordo com uma infinidade de métricas sociais e econômicas. À guisa de outro exemplo, vale mencionar o fundamental estudo realizado no Reino Unido pela Ipsos MORI para a Sociedade Real de Estatística e o King's College London,[37] que mostrou uma grande divergência entre a opinião pública e as estatísticas reais sobre vários temas, como:

- A opinião pública tinha a impressão de que 24% dos benefícios governamentais eram solicitados de forma fraudulenta, ao passo que o número real era 0,7%.
- Na Inglaterra e no País de Gales, a criminalidade caiu 53% entre 1995 e 2012, mas 58% da população considerava que esse fenômeno tinha aumentado ou permanecido igual durante esse período. O número de crimes violentos entre 2006 e 2012 caiu 20%, mas 51% dos entrevistados julgavam que havia aumentado.
- A impressão da população sobre a gravidez na adolescência era 25 vezes pior do que a realidade: no Reino Unido, 0,6% das meninas com menos de quinze anos engravidam todos os anos, mas na percepção pública eram 15%.

Percepção da opinião pública sobre o aumento da criminalidade

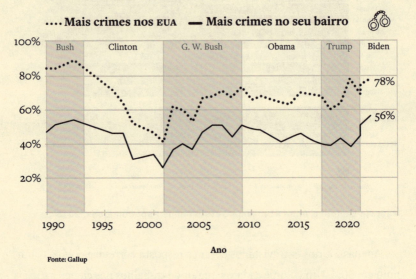

Jamiles Lartey, Weihua Li e Liset Cruz, Projeto Marshall, 2022

Verifica-se o mesmo efeito do outro lado do Atlântico. Durante o século 21, uma significativa maioria de norte-americanos (até 78%) acreditava que a criminalidade havia aumentado em âmbito nacional durante o ano anterior, apesar do fato de que tanto os crimes violentos quanto os crimes contra a propriedade diminuíram cerca de metade desde 1990.[38]

Taxas reais de criminalidade nos EUA

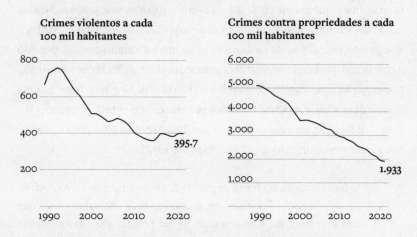

Fonte: Programa Uniforme de Denúncias de Crimes, Departamento Federal de Investigação (FBI)

Jamiles Lartey, Weihua Li e Liset Cruz, Projeto Marshall, 2022

O aforismo "Sangue e desgraça dão ibope" sintetiza uma das principais causas dessas percepções equivocadas. Crimes violentos costumam ser comunicados às autoridades, ao passo que as reduções na criminalidade (por exemplo, devido à aplicação da lei baseada em dados ou a uma melhor comunicação entre a polícia e a comunidade) são literalmente não eventos. Assim, não recebem ampla cobertura jornalística.

Isso não precisa ser o resultado de uma decisão consciente de ninguém — os incentivos da mídia privilegiam estruturalmente a veiculação de histórias violentas ou negativas. Por causa dos vieses cognitivos já descritos neste capítulo, os seres humanos estão mais naturalmente sintonizados com informações ameaçadoras. Uma vez que a mídia (tanto os meios de comunicação tradicionais quanto as mídias sociais) ganha dinheiro atraindo atenção para gerar receita publicitária, não deveríamos nos surpreender com o fato de que a indústria tenha aprendido, coletivamente, que a melhor maneira de permanecer no negócio é propagar informações ameaçadoras que suscitem fortes respostas emocionais.

Essa questão também está relacionada com a questão de urgência. A palavra "notícia" sugere literalmente que a informação é a respeito de um acontecimento novo e oportuno, uma novidade. As pessoas têm pouco tempo para consumir mídia, por isso tendem a priorizar os incidentes que acabaram de acontecer. O problema é que grande parte desses eventos isolados e urgentes são coisas negativas. Como destaquei no início deste capítulo, a maioria das coisas boas que acontecem no mundo se desenvolve de maneira muito gradual, por isso é bem difícil que essas histórias cheguem ao nível de urgência que as tornaria, por exemplo, uma matéria de primeira página no *The New York Times* ou uma notícia de destaque na CNN. Podemos ver efeitos semelhantes nas redes sociais — é fácil compartilhar vídeos de um desastre, mas o progresso gradual não gera imagens dramáticas. Como disse Steven Pinker:

> O jornalismo é uma forma enganosa de entender o mundo. As notícias são sempre sobre eventos que aconteceram, e não sobre coisas que não aconteceram. Então, quando há um policial que não foi baleado ou uma cidade onde não ocorreu uma manifestação violenta, isso não é notícia. Enquanto os eventos violentos não caírem a zero, sempre haverá manchetes para as pessoas clicarem. (...) O pessimismo pode ser uma profecia autorrealizável.[39]

Isso é uma verdade incontestável sobretudo agora que as redes sociais agregam notícias alarmantes de todo o planeta — ao passo que as gerações anteriores se informavam basicamente apenas sobre eventos locais ou regionais.

No entanto, minha observação inversa é: "O otimismo não é uma especulação vã sobre o futuro, mas sim uma profecia autorrealizável". A crença de que um mundo melhor é de fato possível é um poderoso motivador para trabalharmos arduamente para criá-lo.

Daniel Kahneman recebeu o Prêmio Nobel de Economia por sua obra (em parte escrita em colaboração com Amos Tversky) que aborda heurísticas inválidas e inconscientes que as pessoas utilizam para fazer estimativas sobre o mundo.⁴⁰ Sua pesquisa demonstrou que as pessoas desconsideram sistematicamente a probabilidade *a priori* — o fato de que informações que são verdadeiras sobre um grupo em geral tendem a ser verdadeiras sobre os indivíduos desse grupo em particular. Por exemplo, alguém pede a você que adivinhe a provável profissão de uma pessoa desconhecida com base na autodescrição que ela lhe fornece: se o desconhecido lhe disser que "adora livros", pode ser que você escolha "bibliotecário", ignorando o indicador-base — o fato geral de que existem relativamente poucos bibliotecários no mundo.⁴¹ Se você superasse esse viés, perceberia que amar livros é uma evidência bastante fraca sobre a ocupação de alguém; então, em vez disso, presumiria um emprego muito mais comum, como "vendedor de loja". As pessoas não desconhecem os indicadores-base, mas muitas vezes os ignoram em favor de responder a detalhes muito precisos ao considerar uma situação específica.

Outra heurística enviesada citada por Kahneman e Tversky é que os observadores ingênuos terão a expectativa de que, ao lançarem uma moeda, as probabilidades de resultar em cara serão maiores se eles tiverem acabado de tirar uma sequência de coroas.⁴² Isso se deve a uma compreensão equivocada da regressão à média.

Um terceiro viés que explica grande parte da inclinação pessimista da sociedade é o que Kahneman e Tversky chamam de "heurística da disponibilidade".⁴³ As pessoas estimam a probabilidade de um acontecimento ou de um fenômeno levando em conta a facilidade com que conseguem pensar em exemplos afins. Pelas razões já discutidas aqui, o noticiário e nossos feeds de notícias enfatizam episódios negativos, por isso são essas circunstâncias negativas que nos vêm imediatamente à cabeça.

O fato de que devemos corrigir esses vieses não significa que devamos ignorar ou subestimar os problemas concretos, mas fornece fortes bases racionais para o otimismo quanto à trajetória global da humanidade. A mudança tecnológica não acontece automaticamente — antes, exige engenhosidade e esforço humano. Contudo, nesse meio-tempo o progresso não pode nos cegar para o sofrimento urgente que as pessoas enfrentam. Em vez disso, as tendências mais amplas deveriam funcionar como um lembrete de que, por mais difíceis e até insolúveis que esses problemas por vezes pareçam, estamos virando o jogo, como espécie, no que diz respeito à resolução dos contratempos. A meu ver isso é uma fonte de profunda motivação.

A realidade é que quase todos os aspectos da vida estão melhorando progressivamente como resultado do aprimoramento exponencial da tecnologia

A tecnologia da informação avança exponencialmente porque contribui de forma direta para a sua própria inovação. Mas essa tendência também impulsiona inúmeros mecanismos de progresso que se fortalecem mutuamente em outras áreas. Ao longo dos últimos dois séculos, isso gerou um círculo virtuoso que fomentou quase todos os aspectos do bem-estar humano, incluindo alfabetização, educação, riqueza, saneamento, saúde, democratização e redução da violência.

Muitas vezes pensamos no desenvolvimento humano em termos econômicos: à medida que conseguem ganhar mais dinheiro todos os anos, as pessoas têm acesso a uma melhor qualidade de vida. Mas o verdadeiro desenvolvimento envolve algo muito mais profundo do que apenas economias que acumulam riqueza. Os ciclos econômicos passam por altos e baixos; riqueza é algo que se pode ganhar ou perder. Mas a mudança tecnológica é permanente em sua essência. Assim que a nossa civilização aprende a fazer algo útil, geralmente preservamos esse conhecimento e o aproveitamos como alicerce para avançar. Essa marcha unilateral de progresso tem sido um poderoso contrapeso às catástrofes transitórias, como desastres naturais, guerras e pandemias, que de tempos em tempos emperram e atrasam as sociedades.

Fatores interligados como educação, saúde, saneamento e democratização criam ciclos de feedback que se reforçam mutuamente — é provável que melhorias em qualquer uma dessas áreas resultem em futuros benefícios também em outras áreas: uma melhor educação produz médicos mais capazes, e melhores médicos mantêm mais crianças saudáveis para permanecerem na escola. As implicações são muito poderosas: as novas tecnologias podem trazer significativos benefícios indiretos, mesmo longe das suas próprias áreas de aplicação. Por exemplo: no século 20, os eletrodomésticos não apenas pouparam um bocado de tempo e esforço físico, mas também facilitaram o caminho para as libertadoras e transformativas mudanças que levaram milhões de mulheres talentosas para o mercado de trabalho, onde tiveram atuações essenciais em inúmeras áreas. Em geral, podemos afirmar que a inovação tecnológica promove condições que ajudam mais pessoas a realizar o seu potencial na sociedade, o que, por sua vez, permite ainda mais inovação.

Outro exemplo: a invenção da prensa melhorou e ampliou tremendamente o acesso à educação, proporcionando uma mão de obra mais capacitada e sofisticada que impulsionou o crescimento econômico. Níveis mais altos de alfabetização possibilitaram uma melhor coordenação da produção e do comércio, o que também resultou em aumento da prosperidade. A propagação da riqueza, por sua vez, permitiu um maior investimento em infraestrutura e educação, o que acelerou o ciclo benéfico. Enquanto isso, a comunicação impressa em massa facilitou uma maior democratização, o que ao longo do tempo levou à diminuição da violência.

No início, foi um processo lentíssimo, e as diferenças entre os estilos de vida dos avós e de seus netos eram sutis e geralmente passavam despercebidas. No entanto, a tendência geral no decorrer dos séculos foi uma trajetória de aumento gradual, ainda que significativo, em todas essas métricas de bem-estar social. Nas últimas décadas, essas tendências aceleraram, impulsionadas pelas curvas cada vez mais acentuadas dos avanços exponenciais em quase todas as formas de tecnologia da informação. Conforme descrevo neste capítulo, no decorrer das próximas décadas o progresso atingirá um ritmo muito elevado.

Alfabetização e educação

Ao longo da maior parte da história humana, o índice de alfabetização permaneceu muito baixo ao redor do mundo. O conhecimento era transmitido sobretudo oralmente, e uma das principais razões para isso era o fato de que reproduzir a escrita custava caro demais. Para uma pessoa comum, não valia a pena dedicar tempo para aprender a ler, porque ela raramente encontrava — e nunca tinha condições de comprar — material escrito. O tempo é o único recurso escasso que todos nós consumimos de maneira igual: não importa quem seja, você dispõe apenas de 24 horas por dia. Quando as pessoas decidem como gastar seu tempo, nada mais racional do que pensar em quais benefícios elas poderiam obter com uma escolha potencial. Aprender a ler é um baita investimento de tempo. Em sociedades nas quais a própria sobrevivência era difícil e livros eram caros demais para que uma pessoa média tivesse acesso a eles, esse não seria um investimento dos mais sensatos. Portanto, devemos ter cuidado para não pensar nos nossos antepassados analfabetos como indivíduos ignorantes ou incultos, desprovidos de curiosidade. Na verdade, eles viviam em condições que desestimulavam a alfabetização.

A partir dessa perspectiva, vale a pena levar em consideração também como os incentivos disponíveis atualmente às vezes desestimulam a aprendizagem. Por exemplo, em locais com poucas ofertas de emprego em tecnologia da informação, os jovens interessados nessa área do conhecimento podem acabar descobrindo que estudar ciência da computação não significará um uso sensato do seu tempo. Mas agora, assim como na Europa de séculos atrás, a tecnologia pode mudar isso — na medida em que a tradução automática, o ensino a distância, a programação em linguagem natural e o teletrabalho abrem novas oportunidades e recompensam a curiosidade.

A introdução da prensa de tipos móveis na Europa no final da Idade Média desencadeou uma proliferação de materiais de leitura variados e baratos, além de possibilitar a alfabetização das pessoas comuns. À medida que o período medieval chegava ao fim, menos de um quinto da população da Europa sabia ler.[44] A alfabetização limitava-se sobretudo ao clero e às profissões que exigiam leitura.[45] Durante o Iluminismo, aos poucos a alfabetização se difundiu, mas em 1750 apenas os Países Baixos e a Grã-Bretanha, que estavam entre as principais potências europeias, tinham o índice de alfabetização da população superior a 50%.[46] Em 1870, somente a Espanha e a Itália ficavam muito atrás dessa marca, talvez devido à economia relativamente subdesenvolvida dos dois países na época e às guerras civis.[47] No entanto, a média global permaneceu inferior à da Europa. Em 1880, provavelmente menos de uma a cada dez pessoas em todo o mundo sabia ler, mas ao longo do século 19 a difusão de jornais produzidos em massa ajudou a alavancar uma alfabetização mais abrangente, ao mesmo tempo que as reformas sociais buscaram ampliar a educação básica infantil.[48] Em 1900, porém, menos de uma em cada quatro pessoas sabia ler.[49] Durante o século 20, a educação pública se expandiu em âmbito global, e em 1910 a alfabetização mundial ultrapassou o índice de uma a cada quatro pessoas. Em 1970, a maioria da população mundial havia se alfabetizado.[50] Desde então, saltou rapidamente para uma preponderância quase universal na maioria dos países.[51] Hoje, a taxa de alfabetização mundial é de quase 87%, e os países desenvolvidos frequentemente apresentam percentual acima de 99%.[52]

No entanto, ainda há progresso a ser feito. Os números que apresentei referem-se a padrões básicos, como leitura e escrita de pequenas mensagens — por exemplo, saber ler e escrever o próprio nome. Novas métricas mais robustas foram desenvolvidas para avaliar a qualidade da alfabetização.

Por exemplo, de acordo com a Avaliação Nacional da Alfabetização de Adultos, em 2003, apenas 86% da população dos Estados Unidos obteve uma pontuação acima de "abaixo do básico" em letramento.[53] Uma avaliação semelhante realizada nove anos depois concluiu que não houve melhora significativa.[54]

Crescimento da alfabetização desde 1820[55]

Fontes principais: Our World In Data; UNESCO.

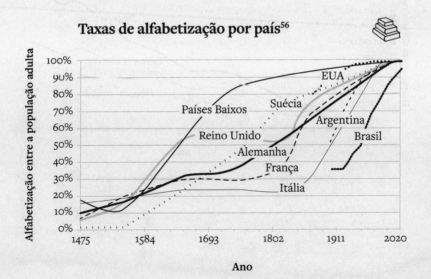

Taxas de alfabetização por país[56]

Fontes: Our World In Data; UNESCO.

Em 1870, a população dos Estados Unidos tinha, em média, cerca de quatro anos de educação formal — ao passo que a do Reino Unido, Japão, França, Índia e China tinha menos de um ano.[57] No início do século 20, Reino Unido, Japão e França rapidamente começaram a alcançar os Estados Unidos, à medida que expandiam a rede de ensino público gratuito.[58] A Índia e a China permaneceram nações pobres e subdesenvolvidas, mas fizeram substanciais avanços durante as duas décadas após a Segunda Guerra Mundial.[59] Em 2021, os indianos tinham uma média de 6,7 anos de instrução formal, e os chineses, 7,6 anos.[60] Em todos os outros países já mencionados, a média era superior a dez anos, com os Estados Unidos liderando a lista com 13,7 anos.[61] Os gráficos a seguir mostram esse acentuado progresso ao longo do último meio século — não por coincidência, o mesmo período em que os computadores facilitaram a educação e aumentaram os benefícios da escolaridade.

Despesas com educação nos EUA[62]

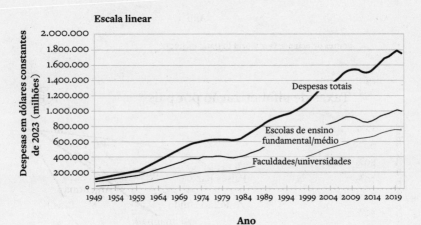

Fonte principal: National Center for Education Statistics (NCES).

Despesas com educação nos EUA per capita[63]

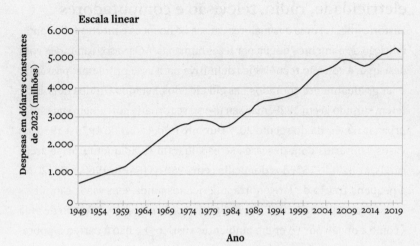

Fonte principal: National Center for Education Statistics (NCES).

Anos de educação formal em média[64]

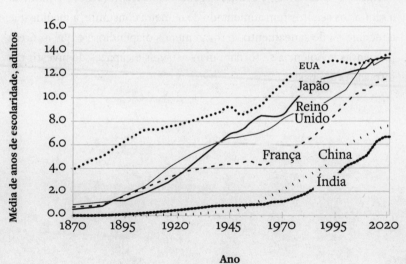

Fontes principais: Our World In Data; Escritório do Relatório de Desenvolvimento Humano da Organização das Nações Unidas (ONU).

A vida está ficando exponencialmente melhor

Disponibilidade de vasos sanitários com descarga, eletricidade, rádio, televisão e computadores

Historicamente, uma das maiores causas de doenças e mortes foi a contaminação de alimentos e água por fezes humanas.[65] Os vasos sanitários com descarga, a solução tecnológica definitiva para esse problema, passaram a ser gradualmente adotados nas cidades dos Estados Unidos depois de terem surgido já em 1829, mas seu uso só se tornaria corriqueiro nas áreas urbanas na virada do século 20.[66] Durante as décadas de 1920 e 1930, os vasos sanitários com descarga se espalharam rapidamente pelas áreas rurais, atingindo 75% dos domicílios em 1950 e 90% em 1960.[67] Em 2023, a pequena fração de lares norte-americanos ainda sem vasos sanitários com descarga é atribuível, em muitos casos, a escolhas de estilo de vida (como a opção por viver em ambientes rústicos) e não à extrema pobreza.[68] Por outro lado, a pobreza tem sido uma das principais razões pelas quais as pessoas nos países em desenvolvimento ainda não têm vasos sanitários com descarga ou outras formas de saneamento melhorado, a exemplo de sanitários de compostagem.[69] No entanto, o acesso mundial a sanitários seguros tem aumentado de maneira constante, à medida que a tecnologia de saneamento se torna menos dispendiosa e que as áreas propensas à violência se tornam mais estáveis e capazes de investir em infraestrutura básica.[70]

Fontes principais: Stanley Lebergott, *Pursuing Happiness: American Consumers in the Twentieth Century* (Princeton, Nova Jersey: Princeton University Press, 1993); Departamento de Censo dos EUA; Banco Mundial.

As linhas tracejadas indicam estimativas que interligam as fontes de dados.

A eletricidade não é em si uma tecnologia da informação, mas, como alimenta todos os nossos dispositivos e redes digitais, é pré-requisito para os inúmeros outros benefícios da civilização moderna. Mesmo antes dos computadores, a energia elétrica operava aparelhos e equipamentos transformadores que poupavam mão de obra e permitiam que as pessoas trabalhassem durante o dia e se divertissem à noite. No início do século 20, a eletrificação nos Estados Unidos limitava-se sobretudo às grandes áreas urbanas.[72] O ritmo da eletrificação perdeu fôlego por volta do início da Grande Depressão, mas durante a década de 1930 e na década de 1940 o presidente Franklin D. Roosevelt defendeu programas de eletrificação rural em larga escala, que visavam levar a eficiência do maquinário elétrico ao coração agrícola do país.[73] Em 1951, mais de 95% dos lares norte-americanos já tinham eletricidade e, em 1956, considerava-se que o esforço nacional de eletrificação estava essencialmente completo.[74]

Em outras partes do mundo, de maneira geral, a eletrificação seguiu padrão semelhante: primeiro as cidades, depois as zonas suburbanas e por último as zonas rurais.[75] Atualmente, mais de 90% da população mundial dispõe de eletricidade.[76] Para aqueles que ainda não têm energia, o principal obstáculo é político, não tecnológico. Daron Acemoğlu, professor do MIT, e seu colega James Robinson realizaram pesquisas muito influentes sobre o papel fundamental das instituições políticas no desenvolvimento humano.[77] Em suma, à medida que os países permitem que mais pessoas participem livremente na política, e que as pessoas se sentem seguras para inovar e investir no futuro, são criadas as condições para que os ciclos de feedback se consolidem. São esses fatores que tornam tão difícil levar eletricidade a cerca de um décimo da população mundial que ainda carece dela. Em áreas onde impera a violência, as pessoas concluem que não vale a pena investir em infraestrutura elétrica cara que pode ser rapidamente destruída. Da mesma forma, quando as ruas e estradas são precárias e perigosas, é difícil enviar maquinário e combustível para comunidades isoladas a fim de que possam gerar a sua própria energia. Felizmente, células fotovoltaicas baratas e eficientes continuarão a expandir o acesso à eletricidade.

Eletricidade nas residências, nos EUA e no mundo[78]

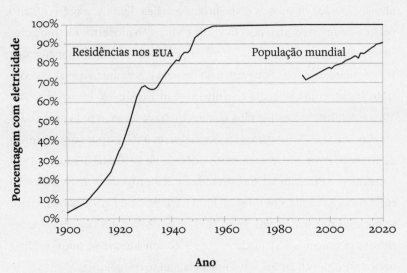

Fontes: Departamento de Censo dos EUA; Banco Mundial Stanley Lebergott, *The American Economy: Income, Wealth and Want* (Princeton, Nova Jersey: Princeton University Press, 1976).

A primeira tecnologia de comunicação transformadora possibilitada pela eletricidade foi o rádio. A radiodifusão comercial nos Estados Unidos começou em 1920 e, na década de 1930, tornou-se a principal forma de comunicação de massa do país.[79] Ao contrário dos jornais impressos, que se limitavam sobretudo a uma única área metropolitana, as transmissões radiofônicas eram capazes de atingir audiências em todo o território. Essa característica estimulou o desenvolvimento de uma cultura de mídia verdadeiramente nacional, uma vez que multidões de pessoas da Califórnia ao Maine em geral ouviam os mesmos discursos políticos, notícias e programas de entretenimento. Em 1950, mais de nove a cada dez residências norte-americanas tinham um aparelho de rádio, mas durante a mesma década a televisão começou a suplantar o domínio do rádio no panorama dos meios de comunicação.[80] Em resposta, os hábitos dos ouvintes mudaram. A programação das rádios começou a se concentrar mais estritamente em notícias, política e esportes, e as pessoas passaram a ouvi-las principalmente enquanto estavam no carro.[81] A partir da década de 1980, talk shows com forte posicionamento político-partidário tornaram-se algumas das forças mais poderosas no rádio e atraíram críticas por reforçarem as convicções dos ouvintes, ao mesmo tempo que os isolavam de informações contrárias.[82] Desde a proliferação de smartphones e tablets na década de 2010, uma proporção cada vez maior de conteúdo de rádio é transmitida pela internet sem ser de fato transportada pelas ondas de rádio tradicionais. (Em 2007, ano em que o primeiro iPhone foi lançado, apenas 12% dos norte-americanos ouviam rádio on-line pelo menos uma vez por semana; em 2021, esse número atingiu 62%.)[83]

A adoção da televisão seguiu um padrão semelhante ao do rádio, mas, como o país já estava muito mais desenvolvido, o crescimento exponencial da TV foi ainda mais acelerado. No final do século 19, cientistas e engenheiros começaram a teorizar sobre os avanços que levariam à televisão e, no final da década de 1920, os primeiros sistemas televisivos já estavam sendo desenvolvidos e testados.[84] A tecnologia atingiu a viabilidade comercial nos Estados Unidos em 1939, mas a eclosão da Segunda Guerra Mundial praticamente paralisou a produção televisiva pelo mundo.[85] No entanto, assim que a guerra terminou, os norte-americanos rapidamente começaram a comprar televisores. Novas emissoras surgiram em todo o país e, em 1954, a maioria dos lares tinha pelo menos um aparelho.[86] A adesão da população aumentou rapidamente e, em 1962, mais de 90% dos lares tinham uma televisão.[87] Pouco depois o crescimento desacelerou, à medida que os usuários tardios engrossavam a conta-gotas as fileiras de telespectadores nas três décadas seguintes.[88] Em 1997, o uso atingiu o pico — 98,4% dos domicílios —, antes de diminuir ligeiramente nos anos subsequentes, mantendo-se em torno de 96,2% em 2021.[89] A queda pode ser atribuída a uma série de fatores: uma mudança cultural em relação ao excessivo consumo de televisão, o surgimento de distrações concorrentes na internet e a tendência recente de que o mesmo tipo de conteúdo da programação da televisão está disponível para streaming em dispositivos on-line.[90]

Domicílios com aparelhos de rádio nos EUA[91]

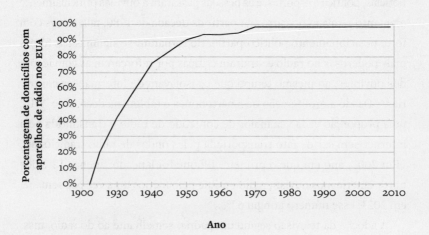

Fontes: Departamento de Censo dos EUA; Douglas B. Craig, *Fireside Politics: Radio and Political Culture in the United States, 1920-1940* (Baltimore, Maryland: Johns Hopkins University Press, 2000).

Embora pareça que a proporção de lares com aparelhos de rádio nos Estados Unidos tenha caído significativamente nos últimos anos (de 96% em 2008 para 68% em 2020, de acordo com um estudo que empregou uma metodologia diferente daquela utilizada para os dados deste gráfico), isso é profundamente enganoso, porque agora outros dispositivos desempenham a mesma função. Por exemplo, em 2021, 85% dos adultos norte-americanos tinham smartphone, que possibilita a transmissão gratuita de programação radiofônica sem a necessidade de um aparelho de rádio.

Ao contrário do rádio e da televisão, que permitem o consumo passivo de mídia, os computadores abrem possibilidades mais amplas, porque são interativos. Os computadores pessoais começaram a entrar nos lares norte-americanos durante a década de 1970, com máquinas como o Kenbak-1 e, em 1975, o popularíssimo Altair 8800, que era vendido em kits do tipo "monte você mesmo".[92] No final dessa década, empresas como Apple e Microsoft estavam transformando o mercado com computadores pessoais fáceis de usar, que as pessoas comuns poderiam aprender a operar em uma única tarde.[93] O famoso comercial da Apple veiculado no intervalo do Super Bowl de 1984 fez o país inteiro falar sobre computadores, e a proporção de domicílios com um computador nos Estados Unidos quase duplicou nos cinco anos seguintes à transmissão desse anúncio publicitário.[94] Durante esse período, as pessoas usavam computadores principalmente para realizar tarefas como processamento de texto, entrada de dados e jogos simples.

Domicílios com aparelhos de televisão nos EUA[95]

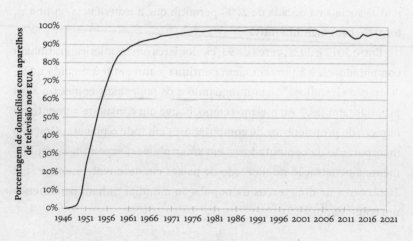

Fontes principais: Departamento de Censo dos EUA; Cobbett S. Steinberg, *TV Facts*, Facts on File; Jack W. Plunkett, *Plunkett's Entertainment & Media Industry Almanac 2006* (Houston, Texas: Plunkett Research, 2006); Nielsen Company.

Mas o florescimento da internet na década de 1990 expandiu muito a utilidade dos computadores. Em janeiro de 1990, havia cerca de 175 mil hosts em todo o sistema de nomes de domínio da internet.[96] Em janeiro de 2000, esse número tinha disparado para cerca de 72 milhões.[97] Da mesma forma, o volume de tráfego mundial da internet cresceu de cerca de 12 mil gigabytes em 1990 para 306 milhões de gigabytes em 1999.[98] Esse fato aumentou diretamente a utilidade dos computadores. Assim como os serviços de streaming podem atrair mais assinantes e cobrar mais caro pelas assinaturas quando oferecem mais e melhores conteúdos, a internet passou a valer a pena para mais pessoas à medida que seu volume de conteúdo disponível se expandiu exponencialmente. E isso criou um ciclo de feedback positivo — muitos desses novos usuários contribuíram com conteúdo próprio, o que aumentou ainda mais o valor da internet. Como resultado, no decorrer da década de 1990, os computadores domésticos deixaram de ser meras plataformas para processamento de texto e jogos rudimentares para se converterem em portais de acesso à maior parte do conhecimento mundial, além de conectarem os usuários a pessoas em continentes distantes. A ascensão do comércio eletrônico permitiu que fosse possível usar o computador para fazer compras, e o surgimento das mídias sociais na década de 2000 permitiu que a experiência on-line se tornasse bem mais interativa.

Entre 2017 e 2021, cerca de 93,1% dos lares norte-americanos tinham computadores, e a porcentagem continua a aumentar à medida que a "Geração Grandiosa"* vai minguando e os *millennials* começam suas próprias famílias.[99] Ao mesmo tempo, houve um constante aumento no número de proprietários de computadores em todo o planeta. Graças à incorporação de computadores em smartphones, expandiu-se rapidamente a penetração no mercado de países em desenvolvimento e, em 2022, cerca de dois terços da população mundial tinham pelo menos um computador.[100]

---

* Termo cunhado pelo jornalista e escritor Tom Brokaw em seu livro *The Greatest Generation*, referindo-se às pessoas nascidas entre 1901 e 1927. Uma geração que viveu a dura realidade de incerteza, escassez e devastação econômica da Grande Depressão e, em seguida, enfrentou a Segunda Guerra Mundial. [N. T.]

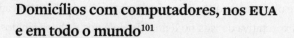

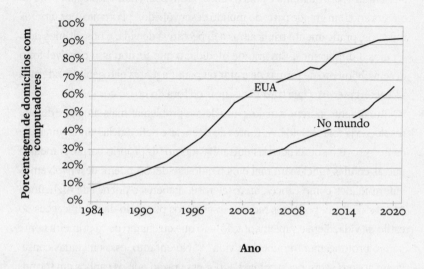

Fontes principais: Departamento de Censo dos EUA;
Sindicato Internacional de Telecomunicações.

Expectativa de vida

Conforme discutirei de maneira mais detalhada no Capítulo 6, até agora a maior parte do nosso progresso no tratamento e na prevenção de doenças tem sido produto do processo linear de erros e acertos para encontrar intervenções úteis. Como nos faltavam ferramentas para explorar sistematicamente todas as possibilidades de tratamento, as descobertas sob esse paradigma devem muito ao acaso. Acredita-se que o mais extraordinário avanço na medicina tenha sido a descoberta acidental da penicilina, que abriu a revolução dos antibióticos e, desde então, provavelmente tenha salvado cerca de 200 milhões de vidas.[102] No entanto, mesmo quando as descobertas não são literalmente acidentais, os pesquisadores ainda precisam ter sorte para obter avanços com métodos tradicionais. Sem a capacidade de simular à exaustão possíveis moléculas de medicamentos, os cientistas precisam contar com triagem de alto desempenho ou alta vazão e outros métodos laboratoriais meticulosos, que são bem mais lentos e ineficazes.

Para ser justo, essa abordagem trouxe grandes benefícios. Mil anos atrás, a expectativa de vida na Europa estava na casa dos 20 anos apenas, pois muitas pessoas morriam ainda na infância ou muito jovens em decorrência de doenças como cólera e disenteria, que hoje são facilmente evitáveis.[103] Em meados do século 19, a expectativa de vida no Reino Unido e nos Estados Unidos tinha aumentado para quarenta e poucos anos.[104] Em 2023, aumentou para mais de oitenta anos em grande parte do mundo desenvolvido.[105] Portanto, nos últimos mil anos, praticamente triplicamos a expectativa de vida, e nos últimos dois séculos a duplicamos. Em grande medida, o que tornou isso possível foi o desenvolvimento de formas de evitar ou matar agentes patogênicos externos — bactérias e vírus que trazem doenças de fora do nosso corpo.

Atualmente, porém, a maior parte desses problemas mais simples e de fácil resolução já foi resolvida. As fontes de doenças e deficiências ainda remanescentes provêm sobretudo das entranhas do nosso próprio corpo. À medida que as células funcionam mal e os tecidos se decompõem, desenvolvemos enfermidades como câncer, aterosclerose, diabetes e doença de Alzheimer. Até certo ponto, podemos reduzir esses riscos por meio de modificações no estilo de vida, dieta e suplementação — o que eu chamo de "a primeira ponte para o prolongamento radical da vida".[106] No entanto, essas medidas conseguem apenas atrasar o inevitável. É por essa razão que os ganhos em termos de expectativa de vida nos países desenvolvidos diminuíram desde meados do século 20. Por exemplo, de 1880 a 1900, a expectativa de vida nos Estados Unidos aumentou de cerca de 39 para 49 anos, mas de 1980 a 2000 — depois de o foco da medicina ter se deslocado das doenças infecciosas para as doenças crônicas e degenerativas — aumentou apenas de 74 para 76 anos.[107]

Felizmente, no decorrer da década de 2020, estamos entrando na "segunda ponte": combinando inteligência artificial e biotecnologia para derrotar as doenças degenerativas. No que se refere à utilização de computadores, já avançamos para além da mera organização de dados sobre intervenções e ensaios clínicos. Agora estamos utilizando IA para descobrir novos fármacos e, até o final desta década, seremos capazes de iniciar o processo de aumento e de substituição de ensaios clínicos humanos lentos e pouco potentes por simulações digitais. Na verdade, estamos no processo de transformar a medicina em uma tecnologia da informação, tirando proveito do progresso exponencial que caracteriza essas tecnologias para dominar o software da biologia.

Um dos primeiros e mais importantes exemplos disso encontra-se no campo da genética. Desde a conclusão do Projeto Genoma Humano em 2003, o custo do sequenciamento do genoma tem seguido uma tendência exponencial constante, caindo em média cerca de 50% a cada ano. A despeito de uma breve estagnação nos custos de sequenciamento entre 2016 e 2018 e do lento progresso devido aos transtornos da pandemia da Covid-19, os custos continuam a despencar — e isso provavelmente acelerará de novo à medida que IA sofisticada desempenhar um papel mais importante no sequenciamento. Os custos desabaram de cerca de 50 milhões de dólares por genoma em 2003 para apenas 399 dólares no início de 2023, e no momento em que você estiver lendo esta frase, já haverá uma empresa prometendo comercializar testes de 100 dólares.[108]

À medida que a IA transforma um número cada vez maior de áreas da medicina, isso dá origem a muitas tendências semelhantes. Já começou a ter um impacto clínico,[109] mas ainda estamos na parte inicial dessa curva exponencial específica. Até o final da década de 2020 o atual gotejamento de aplicações se tornará uma inundação. Seremos então capazes de começar a lidar diretamente com os fatores biológicos que agora limitam a expectativa de vida máxima a cerca de 120 anos, incluindo mutações genéticas mitocondriais, redução do comprimento dos telômeros e a descontrolada divisão celular que causa câncer.[110]

Na década de 2030, alcançaremos a "terceira ponte" para o prolongamento radical da vida: nanorrobôs médicos com a capacidade de conduzir de forma inteligente a manutenção e reparação em nível celular em todo o nosso corpo. Segundo algumas definições, certas biomoléculas já são consideradas nanobôs. Mas o que irá diferenciar os nanobôs da "terceira ponte" é a sua capacidade de serem ativamente controlados pela IA para realizar diversas tarefas. Nesse estágio, alcançaremos um nível de controle sobre nossa biologia semelhante ao que atualmente temos sobre a manutenção de automóveis. Ou seja, a menos que seu carro sofra perda total em um grave acidente, você pode continuar a consertar ou substituir as peças indefinidamente. Da mesma forma, nanobôs inteligentes permitirão o reparo ou a atualização direcionada de células individuais — derrotando de vez o envelhecimento. Falaremos mais sobre isso no Capítulo 6.

A "quarta ponte" — a capacidade de fazer backup digital dos nossos arquivos mentais — será uma tecnologia da década de 2040. Conforme postulo no Capítulo 3, o âmago da identidade de uma pessoa não é o cérebro em si, mas o arranjo muito específico de informações que o cérebro dela é capaz de representar e manipular. Assim que conseguirmos digitalizar essas informações com precisão suficiente, seremos capazes de replicá-las em substratos digitais. Isso significa que, mesmo que o cérebro biológico seja destruído, a identidade da pessoa permanecerá intacta — o que poderá levar a atingir uma longevidade quase arbitrariamente longa se for copiada e recopiada para backups seguros.

Expectativa de vida no Reino Unido, ao nascer e aos 1, 5 e 10 anos de idade[111]

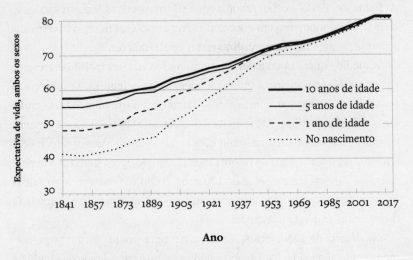

Fonte: Escritório de Estatísticas Nacionais do Reino Unido.

Expectativa de vida nos EUA, ao nascer e aos 1, 5 e 10 anos de idade[112]

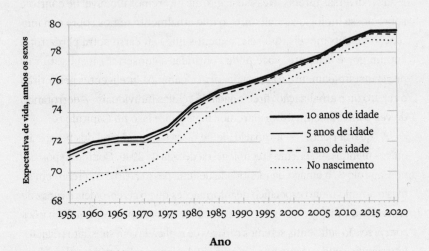

Fonte: Departamento das Nações Unidas para Assuntos Econômicos e Sociais (UNDESA).

Declínio da pobreza e aumento da renda

As tendências tecnológicas descritas até agora neste capítulo são extremamente benéficas, mas é seu efeito agregado de reforço mútuo que é de fato transformador. Embora o bem-estar econômico seja uma medida de progresso incompleta, é a nossa melhor métrica para compreender esse abrangente processo no decorrer de longos períodos de tempo.

Em nível mundial, a tendência macro se mantém estável. Em 1820, estimou-se que 84% da população mundial vivia na extrema pobreza, segundo os padrões globais modernos.[113] Com o alastramento da industrialização, as taxas de pobreza começaram a diminuir rapidamente na Europa e nos Estados Unidos.[114] Após a Segunda Guerra Mundial, esse processo acelerou de maneira significativa à medida que uma agricultura mais moderna foi introduzida na Índia e na China nas décadas seguintes.[115] Embora a intensificação da cobertura midiática da pobreza global tenha dado a muitas pessoas nos países desenvolvidos uma falsa impressão acerca da extensão do problema, a taxa de pobreza continua a diminuir — com melhorias significativas ao longo dos últimos trinta anos. Em 2019, a extrema pobreza caiu para cerca de 8,4% em todo o mundo, tendo despencado mais de dois terços entre 1990 e 2013.[116]

O declínio foi mais acentuado no leste da Ásia, onde o desenvolvimento econômico da China tirou centenas de milhões de pessoas da pobreza e as levou a padrões de vida comparáveis aos de outros países desenvolvidos. De 1990 a 2013, houve uma surpreendente queda de 95% na extrema pobreza da Ásia Oriental, em uma população total que cresceu de 1,6 bilhão para 2 bilhões de pessoas durante esse período.[117]

As únicas regiões do mundo em que a extrema pobreza aumentou durante grande parte do mesmo período foram a Europa e a Ásia Central, onde o caos econômico que se seguiu ao colapso da União Soviética levou décadas para ser reparado.[118] Note-se que isso ocorreu sobretudo por razões políticas, e não por razões estritamente econômicas ou tecnológicas. O colapso do autoritário governo soviético criou um vácuo de poder que possibilitou uma corrupção descomunal. Especialmente nas repúblicas pós-soviéticas mais pobres da Ásia Central, isso gerou ciclos de feedback negativo que desestimularam o investimento e refrearam a prosperidade.

Desde o fim da Guerra Fria, porém, a comunidade internacional tem conseguido dedicar muito mais atenção ao combate à pobreza extrema nas regiões mais carentes do planeta. Logo após a queda da União Soviética, muitas nações desenvolvidas reduziram seus orçamentos de ajuda externa e deram menos prioridade ao desenvolvimento internacional.[119] Isso ocorreu porque, durante a Guerra Fria, o desenvolvimento era visto em grande medida através de uma lente estratégica, à medida que as democracias ocidentais e as nações comunistas do bloco oriental se engalfinhavam na disputa por influência no mundo em desenvolvimento. Contudo, desde meados da década de 1990, a Organização para a Cooperação e o Desenvolvimento Econômico (OCDE) decidiu que fomentar o desenvolvimento era de crucial importância tanto do ponto de vista humanitário quanto da perspectiva de que fomentar um mundo seguro e próspero beneficiaria a todos. Em 2000, a Organização das Nações Unidas (ONU) consagrou essas ideias em seus Objetivos de Desenvolvimento do Milênio (ODM), que coordenaram esforços internacionais para alcançar importantes marcos de desenvolvimento até 2015.[120] Embora muitas dessas ambiciosas metas não tenham sido atingidas, os ODM estimularam progressos muito importantes que melhoraram centenas de milhões de vidas.

Nos Estados Unidos, a extrema pobreza em termos absolutos tem se mantido igual ou inferior a 1,2% desde o início da medição.[121] No entanto, as estatísticas sobre a pobreza relativa (ser pobre em relação aos padrões aceitos para a sua própria sociedade) oferecem uma perspectiva diferente. A pobreza relativa nos Estados Unidos caiu de cerca de 45% no século 19, com uma abrupta diminuição durante os anos do pós-guerra, para cerca de 12,5% em 1970, marca em que estagnou.[122] Permaneceu entre 13% e 19% desde então,[123] flutuando com as mudanças na economia em geral, mas não registrou melhorias no longo prazo.[124] Uma razão para isso é que o aumento dos padrões de vida levou à contínua redefinição da linha de pobreza relativa, de modo que as pessoas que não teriam sido definidas como pobres com base na qualidade de vida em 1980 são, agora assim consideradas.[125]

Apesar disso, de 2014 a 2019, o número de norte-americanos na pobreza (de acordo com o padrão periodicamente redefinido) diminuiu cerca de 12,6 milhões, a despeito do aumento da população total em cerca de 8,9 milhões nesse mesmo período.[126] E essa redução incluiu 4,1 milhões de pessoas somente em 2019, quando os índices de pobreza entre os idosos se aproximou do nível mais baixo de todos os tempos.[127] Embora a pandemia da Covid-19 tenha ocasionado um aumento temporário nesse índice,[128] isso representou um desvio da tendência descendente geral desde a crise financeira de 2008.

Além disso, as pessoas pobres de hoje estão em uma situação muito melhor em termos absolutos devido à ampla acessibilidade a informações e serviços gratuitos via internet — por exemplo, a possibilidade de frequentar cursos abertos no MIT ou conversar por vídeo com a família em continentes distantes.[129] Da mesma forma, elas se beneficiam da drástica melhoria na relação preço/desempenho dos computadores e dos telefones celulares nas últimas décadas, mas isso não se reflete devidamente nas estatísticas econômicas. (O próximo capítulo discute detalhadamente o fracasso das estatísticas econômicas em descrever o exponencial incremento na relação preço/desempenho dos produtos e serviços influenciados pela tecnologia da informação.) Hoje, alguém com um smartphone barato pode usar a internet para acessar com rapidez e facilidade quase todas as informações educacionais do mundo, traduzir textos de diferentes idiomas, orientar-se no trânsito e muito mais. Há algumas décadas, essa capacidade não estaria disponível, nem mesmo por muitos milhões de dólares.

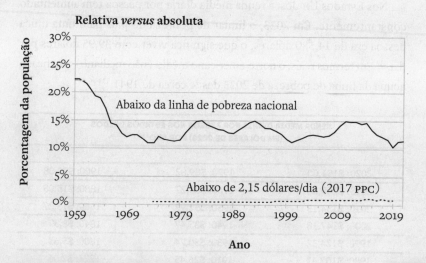

Taxas de pobreza nos EUA[130]

Relativa *versus* absoluta

Fontes: Departamento de Censo dos EUA; Banco Mundial.

Declínio das taxas de pobreza em todo o mundo[131]

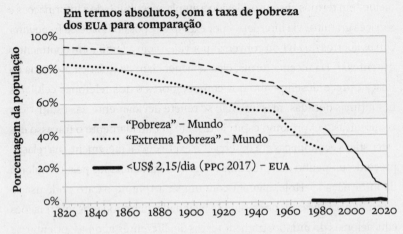

Fontes principais: *Our World In Data*; François Bourguignon e Christian Morrisson, "Inequality Among World Citizens: 1820-1992", *American Economic Review 92*, nº 4 (setembro de 2002), pp. 727-44.

Nos Estados Unidos, a renda média diária por pessoa tem aumentado constantemente. Em 2023, o limiar de pobreza do país para uma única pessoa era de 14.580 dólares, o que significa viver com 39,95 dólares por dia.[132] Em termos reais, o norte-americano médio (não mediano) tem ficado acima da linha de pobreza de 2023 desde cerca de 1941.[133]

RENDA MÉDIA DIÁRIA POR PESSOA NOS ESTADOS UNIDOS (EM DÓLARES DE 2023) POR ANO[134]		
2020: $191,00	1970: $89,82	1900: $20,08
2015: $169,88	1960: $65,27	1880: $15,08
2010: $154,15	1950: $52,97	1860: $13,27
2000: $147,18	1940: $35,47	1840: $8,37
1990: $124,32	1930: $30,74	1800: $5,65
1980: $102,41	1910: $26,45	1774: $7,06

TAXA DE POBREZA ESTIMADA NOS ESTADOS UNIDOS (POBREZA RELATIVA, REDEFINIDA PERIODICAMENTE PELO GOVERNO) POR ANO[135]		
2020: 11,5%	1990: 13,5%	1950: ~30%
2015: 13,5%	1980: 13,0%	1935: ~45%
2010: 15,1%	1970: 12,6%	1910: ~30%
2000: 11,3%	1960: 22,2%	1870: ~45%

Declínio da extrema pobreza por região[136]

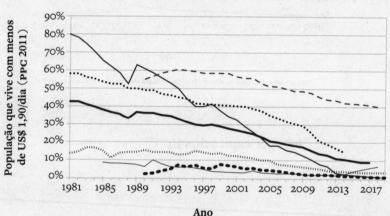

— Leste da Ásia e Pacífico
····· Sul da Ásia
– – África Subsaariana
— Mundo
ⅿⅿⅿⅿ América Latina e Caribe
— Oriente Médio e Norte da África
••• Europa e Ásia Central

Fonte: Banco Mundial.

Talvez não seja nem um pouco surpreendente que o PIB dos Estados Unidos tenha crescido exponencialmente, uma vez que o crescimento populacional significa uma economia maior. Mas o PIB per capita — que controla o crescimento populacional — também vem crescendo de maneira exponencial.[137] Mais uma vez, tenha em mente que isso não inclui produtos de informação gratuitos e não leva em conta o significativo aumento do poder da tecnologia da informação pelo mesmo custo ao longo do tempo.

PIB per capita dos EUA[138]

Escala linear

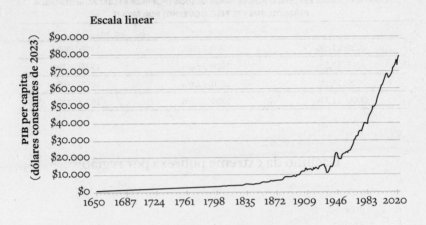

Fontes: Banco de Dados do Projeto Maddison; Departamento de Análise Econômica; Federal Reserve.

PIB per capita dos EUA[139]

Fontes: Banco de Dados do Projeto Maddison; Departamento de Análise Econômica; Federal Reserve.

O PIB reflete a atividade econômica global, incluindo as grandes empresas, mas a mesma tendência também se mantém quando nos concentramos apenas na renda pessoal per capita, que mede os ganhos de pessoas reais, em comparação com os das empresas. Assim, inclui salários e remunerações, mas também os dividendos e lucros que os acionistas e empresários obtêm de suas empresas. Desde que as estatísticas começaram a ser registradas pela primeira vez em 1929, a renda pessoal nos Estados Unidos — em dólares constantes per capita — teve um aumento expressivo, com apenas breves períodos de declínio durante a Grande Depressão e fortes recessões. Ao longo das últimas nove décadas, a renda real média do norte-americano aumentou mais de cinco vezes. E isso se deu apesar de substanciais reduções no número de horas trabalhadas.[140] A renda pessoal mediana, que reflete uma pessoa exatamente no meio da distribuição da renda nacional, não cresceu com tanta velocidade. Contudo, os rendimentos médios reais continuam a aumentar de forma constante em termos absolutos, de 27.273 dólares em 1984 para 42.488 dólares em 2019 (valores em dólares de 2023), pouco antes da pandemia.[141]

Esses ganhos subestimam de maneira significativa os benefícios que foram efetivamente alcançados, pois não refletem o fato de que, como já observamos, muitos bens, a exemplo dos eletrônicos, custam agora bem menos do que custavam antes — e muitos serviços valiosíssimos, como mecanismos de busca e redes sociais, são oferecidos de graça a seus usuários. Além disso, a globalização disponibilizou acesso a um leque de produtos e serviços muito mais amplo do que se podia acessar em 1929. É difícil atribuir um valor monetário à vertiginosa variedade disponível aos consumidores modernos em relação às décadas passadas. Mesmo que uma pessoa pudesse comer apenas comida chinesa ou mexicana em uma determinada refeição, provavelmente ela preferiria ter a escolha em vez de apenas uma opção. Essa variedade afetou inúmeras áreas da vida. Em vez de três canais de televisão, hoje temos centenas. Em vez de alguns poucos tipos de fruta no supermercado, em qualquer época recebemos frutas de fora da estação trazidas do hemisfério oposto. Em vez de alguns milhares de livros em uma livraria, podemos escolher entre milhões de títulos na Amazon.

Essas opções ajudam as pessoas a satisfazer melhor suas preferências, mas são especialmente importantes para aqueles que têm gostos e interesses incomuns. Graças à economia globalizada que a tecnologia da informação possibilita, se o indivíduo gosta de colecionar caleidoscópios antigos, pode entrar no eBay e comprá-los de qualquer lugar do mundo. Se é uma criança interessada em matemática e ciências, pode assistir a horas de programas educacionais que nutrem sua curiosidade, em vez de se limitar a assistir a séries de faroeste com os olhos grudados no único aparelho de TV da família, como era comum na minha geração. Nas próximas décadas, o amadurecimento da impressão 3D e, eventualmente, da nanotecnologia, acelerará de maneira exponencial essa diversificação de nossas escolhas.

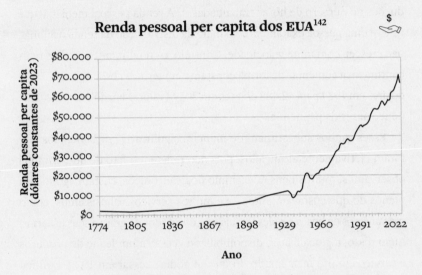

Fontes: Departamento de Análise Econômica; Alexander Klein, "New State-Level Estimates of Personal Income in the United States, 1880-1910", em *Research in Economic History*, vol. 29, Christopher Hanes e Susan Wolcott (Org.) (Bingley, Reino Unido: Emerald Group, 2013); Federal Reserve.

A renda anual é uma métrica útil, mas é ainda mais informativo considerar a renda à luz da quantidade de tempo que as pessoas passam trabalhando. A renda pessoal real por hora em dólares constantes aumentou de forma contínua nos Estados Unidos, de cerca de 5 dólares por hora em 1880 para cerca de 93 dólares por hora em 2021.[143] Observe, porém, que a renda pessoal não consiste apenas em salários, honorários e remunerações, mas inclui também a renda obtida com investimentos financeiros (como juros, dividendos e ganhos de capital) e os lucros da empresa da qual a pessoa é proprietária, bem como benefícios governamentais (aposentadorias, pensões e outros benefícios previdenciários) e pagamentos e subsídios únicos, como o auxílio emergencial recebido pelos norte-americanos na pandemia de 2020. Assim, a renda pessoal por hora é continuamente mais elevada do que as métricas de salário por hora e de renda salarial por si só. A razão pela qual essa métrica é útil é o fato de refletir a maneira como a renda não salarial está constituindo uma parcela crescente de toda a renda pessoal e, portanto, demonstra melhor como a prosperidade econômica total vem aumentando, mesmo quando o trabalhador médio passa menos tempo trabalhando.

O gráfico a seguir demonstra como a renda real por hora trabalhada tem aumentado de forma constante nos Estados Unidos — mesmo durante períodos de turbulência econômica. Ainda que não existam bons dados disponíveis sobre o ponto mais profundo da Grande Depressão, parece que a renda por hora nem de longe sofreu mais do que outras métricas de desempenho econômico nesse período. A razão é que a queda na renda pessoal per capita durante a Depressão resultou dos menores salários gerais da população. Com a população (o denominador) não mudando muito, isso inevitavelmente significou salários per capita mais baixos. No entanto, quando as pessoas perdem o emprego, ao mesmo tempo perdem renda e trabalham menos horas. Essa redução no denominador resultou na manutenção da renda por hora e até mesmo em crescimento durante a Depressão. Outra maneira de analisar esse contexto é que muita gente perdeu o emprego, mas os salários não caíram muito para aqueles que conseguiram permanecer empregados.

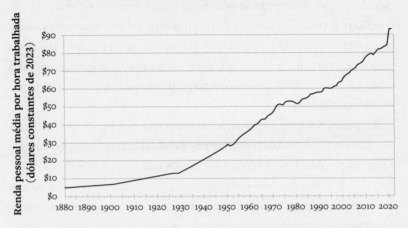

Renda pessoal média por hora trabalhada nos EUA[144] **(inclui renda não salarial)**

Fontes principais: Projeto Maddison; Departamento de Análise Econômica; Stanley Lebergott, "Labor Force and Employment, 1800-1960", em *Output, Employment, and Productivity in the United States After 1800*, Dorothy S. Brady (Org.) (Washington, DC: Departamento Nacional de Pesquisa Econômica dos EUA, 1966); Alexander Klein, "New State-Level Estimates of Personal Income in the United States, 1880-1910", em *Research in Economic History*, vol. 29, Christopher Hanes e Susan Wolcott (Org.) (Bingley, Reino Unido: Emerald Group, 2013); Michael Huberman e Chris Minns, "'The Times They Are Not Changin': Days and Hours of Work in Old and New Worlds, 1870-2000", *Explorations in Economic History* 44, nº 4, 12 de julho de 2007).

No final do século 19, o trabalhador norte-americano médio passava quase 3 mil horas por ano no emprego.[145] Depois de 1910, aproximadamente, esse número começou a diminuir a passos largos, à medida que as regulamentações e os sindicatos reduziam a duração dos dias de trabalho e proporcionavam aos trabalhadores mais tempo de folga.[146] Além disso, os empregadores descobriram que os trabalhadores descansados eram mais produtivos e meticulosos no desempenho de suas funções, de modo que fazia sentido dividir as horas de trabalho entre um número maior de trabalhadores do que o padrão no início da Revolução Industrial. A média de horas trabalhadas despencou para menos de 1.750 por ano durante a Grande Depressão, uma vez que as empresas foram obrigadas a reduzir o horário do expediente até mesmo dos funcionários que ainda tinham emprego.[147] Durante a Segunda Guerra Mundial e o *boom* do pós-guerra, os americanos voltaram às pressas para as fábricas e os escritórios, trabalhando em média mais de 2 mil horas por ano.[148] Desde então, o número de horas trabalhadas diminuiu de maneira gradual, mas continua nos

Estados Unidos, regressando aproximadamente aos mesmos níveis da era da Grande Depressão.[149] A diferença é que hoje essas reduções têm sido em grande medida impulsionadas por pessoas que optam por trabalhos de meio período e fazem outras escolhas em nome de um equilíbrio mais saudável entre vida pessoal e carreira profissional. Em alguns países europeus, a diminuição do número de horas trabalhadas foi ainda mais acentuada.[150]

Mudanças nos tipos de emprego mais procurados motivaram a geração Y (*millennials*) e a geração Z, mais do que outras gerações, a buscar carreiras criativas, muitas vezes de inspiração empreendedora, e lhes deram a liberdade de trabalhar de forma remota, o que reduz o tempo e as despesas de deslocamento, mas pode descambar em confusão e apagamento das fronteiras entre trabalho e vida. A pandemia da Covid-19 criou uma súbita e drástica guinada da mão de obra em direção ao teletrabalho e outros modelos alternativos da relação empregador-empregado. Um estudo demonstrou que 98% dos entrevistados afirmaram que queriam a opção de realizar trabalho remoto durante o restante de sua carreira.[151] Tendo em vista que a mudança tecnológica permite que uma gama cada vez maior de funções seja realizada a distância, essa tendência provavelmente se intensificará.

Outro importante indicador de bem-estar socioeconômico é o trabalho infantil. Quando são forçadas a trabalhar devido à pobreza, as crianças perdem os benefícios da educação e enfrentam uma redução de potencial no longo prazo. Felizmente, ao longo do século 21, o trabalho infantil dá sinais de declínio constante.

Média de horas trabalhadas nos EUA por ano[152]

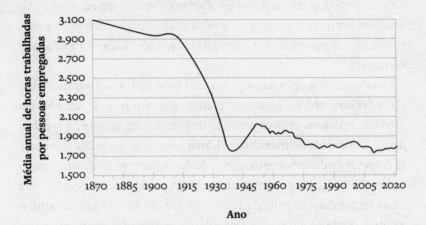

Fontes: Michael Huberman e Chris Minns, "'The Times They Are Not Changin': Days and Hours of Work in Old and New Worlds, 1870-2000", Explorations in Economic History 44, nº 4 (12 de julho de 2007); Universidade de Groningen e Universidade da Califórnia, Davis; Federal Reserve; OCDE.

A Organização Internacional do Trabalho (OIT) utiliza três categorias agrupadas para medir o progresso nessa área.[153] A categoria mais ampla é "emprego infantil", que inclui crianças que trabalham por um pequeno número de horas em tarefas leves no cultivo agrícola familiar ou em empresas familiares; embora essa atividade possa ser uma distração que atrapalha a educação formal, é uma forma relativamente branda de trabalho infantil. A segunda categoria, "trabalho infantil" propriamente dito, abrange crianças que labutam em empregos mais ou menos semelhantes aos que um adulto poderia ter, em termos das horas exigidas e da natureza árdua do trabalho em si. A terceira categoria, a mais restrita, é a da "atividade insalubre e perigosa", ou seja, trabalho infantil em condições especialmente arriscadas, que incluem mineração, desmanche de navios (desmonte de navios para extração de peças e sucata ou descarte) e tratamento de resíduos. Entre 2000 e 2016, calcula-se que a porcentagem de crianças no mundo atuando em trabalhos insalubres ou perigosos caiu de 11,1% para 4,6%, embora os transtornos econômicos causados pela Covid-19 pareçam ter interrompido esse avanço.[154]

Declínio do trabalho infantil em todo o mundo[155]

Fontes: Organização Internacional do Trabalho (OIT); Fundo das Nações Unidas para a Infância (UNICEF).

Declínio da violência

O aumento da prosperidade material tem uma relação de reforço mútuo com a diminuição da violência. Pessoas com muito a perder do ponto de vista econômico têm incentivos mais fortes para evitar conflitos; quando as pessoas podem esperar uma vida longa e segura, têm boas razões para fazer investimentos de longo prazo que beneficiam a sociedade. Na Europa Ocidental, as taxas de homicídio têm diminuído de forma consistente desde pelo menos o século 14.[156] Nesses longos períodos de tempo, a diminuição tem sido exponencial, apesar do desenvolvimento de armas pessoais cada vez mais mortíferas. Nos países da Europa Ocidental, dos quais temos bons dados que remontam ao período medieval, os homicídios anuais a cada 100 mil pessoas caíram de uma média, por país, de aproximadamente 33 ocorrências nos séculos 14 e 15 para menos de uma hoje em dia — queda superior a 97%.[157] Note-se que essas estatísticas estão centradas em formas de homicídio "comuns", como a dolosa e a culposa, e não incluem guerra e genocídio.

Taxas de homicídio na Europa Ocidental desde 1300[158]

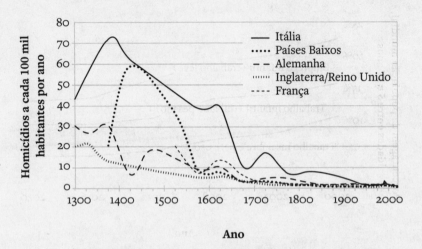

Fontes: Our World In Data; (Roser e Ritchie); Manuel Eisner, From Swords to Words: Does Macro-Level Change in Self-Control Predict Long-Term Variation in Levels of Homicide?", Crime and Justice 43, nº 1 (setembro de 2014); Escritório da ONU sobre Drogas e Crimes (UNODC).

Esse gráfico é baseado no excelente trabalho de Max Roser e Hannah Ritchie em *Our World In Data*, mas difere na seleção de fontes recentes. Os dados anteriores a 1990 são de Manuel Eisner, "From Swords to Words: Does Macro-Level Change in Self-Control Predict Long-Term Variation in Levels of Homicide?", mas, em vez de usar dados da Organização Mundial da Saúde (OMS) para 1990-2018, o gráfico utiliza dados de 1990-2020 do Escritório da ONU sobre Drogas e Crimes (UNODC). Isso porque os dados do UNODC são mais bem corroborados por outras fontes e correspondem mais aproximadamente a uma ampla gama de estimativas oficiais de aplicação da lei.

Nos Estados Unidos, os homicídios e outras formas de crimes violentos estão em declínio no longo prazo desde cerca de 1991. Embora a taxa de homicídios no país tenha aumentado de um mínimo de 4,4 a cada 100 mil habitantes em 2014 para 6,8 em 2021 (os dados mais recentes disponíveis no momento em que este livro foi escrito), ainda assim tal salto de curto prazo mostra uma redução dos homicídios em mais de 30% — em 1991, o número era de 9,8.[159] Durante dois períodos do século 20, porém, os homicídios e os crimes violentos em geral eram cerca de duas vezes mais corriqueiros do que são hoje. O primeiro ocorreu nas décadas de 1920 e 1930, em grande parte como resultado da Lei Seca e das organizações criminosas que surgiram em torno do comércio ilegal de bebidas alcoólicas.[160] A segunda epidemia de violência ocorreu durante as décadas de 1970, 1980 e 1990, atrelada ao tráfico de narcóticos e outras drogas ilegais, que mais uma vez levaram a violência às ruas das cidades americanas.[161]

Desde então, vários fatores desempenharam um papel importante para o declínio da violência. Quando a criminalidade violenta nos Estados Unidos atingiu níveis máximos no início da década de 1980, os criminologistas começaram a procurar novas soluções. Os acadêmicos George Kelling e James Q. Wilson observaram que infrações e crimes de menor gravidade — perturbações da ordem como pichações e atos de vandalismo — faziam com que as comunidades se sentissem inseguras e levavam algumas pessoas a acreditar que poderiam escapar impunes de crimes mais graves e violentos.[162] Essa ideia passou a ser chamada de "teoria das janelas quebradas" e influenciou uma nova tendência no policiamento, que passou a enfatizar a coibição dos delitos menores como forma de prevenir crimes mais graves. Isso se combinou com uma guinada em direção a outras abordagens mais proativas para a prevenção de crimes, a exemplo da intensificação do patrulhamento de policiais a pé em bairros com altos índices de criminalidade e diretrizes mais inteligentes, norteadas por dados, sobre como os recursos da polícia poderiam ser utilizados de forma mais eficaz. Em conjunto, esses fatores parecem ter desempenhado um importante papel na redução da criminalidade em âmbito nacional que ocorreu ao longo das décadas de 1990 e 2000. Ainda assim, em algumas cidades o "policiamento de janelas quebradas" foi longe demais e causou danos desproporcionais às comunidades minoritárias. Durante a década de 2020, a polícia enfrentará um duplo desafio: dar continuidade à tendência de redução da criminalidade no longo prazo e, ao mesmo tempo, lidar com as disparidades raciais e as injustiças relacionadas a esse ponto. Embora não existam soluções únicas e milagrosas para essas questões, tecnologias como câmeras nos uniformes de policiais, câmeras de celulares de cidadãos, equipamentos detectores automatizados de tiros e análise de dados orientada por IA podem desempenhar um papel positivo se usadas de forma responsável.

Outro fator que somente agora está sendo devidamente reconhecido é a relação entre poluição e crime. O efeito da toxicidade ambiental no cérebro, sobretudo do chumbo, foi mal compreendido durante a maior parte do século 20. A exposição ao chumbo no escapamento de carros e as tintas usadas para pintar paredes afetou negativamente o desenvolvimento cognitivo das crianças. Embora seja impossível saber se esse envenenamento crônico foi responsável pelo cometimento de algum crime, no nível geral da população ele levou a um aumento estatístico dos crimes violentos — provavelmente por causar uma diminuição do controle dos impulsos. Desde meados da década de 1970, o aumento das regulamentações ambientais limitou a quantidade de chumbo e outras toxinas que entram no cérebro das pessoas na infância, e considera-se que isso também contribuiu para a diminuição dos níveis de violência.[163]

Homicídio nos EUA[164]

Fontes: FBI; Departamento de Estatísticas de Justiça.

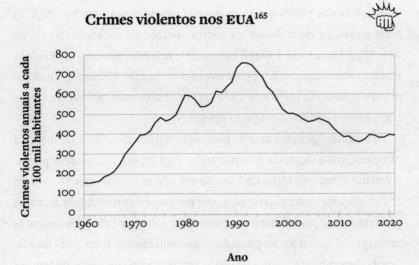

Fontes: FBI; Departamento de Estatísticas de Justiça.

Em seu livro de 2011, *Os anjos bons da nossa natureza: por que a violência diminuiu*, Steven Pinker apresenta mais provas de que as mortes por homicídio na Europa despencaram por um fator de cerca de cinquenta desde a Idade Média, e em alguns casos até mais.[166] Por exemplo, em Oxford, no século 14, estimava-se que houvesse 110 homicídios a cada 100 mil pessoas por ano, enquanto em Londres atualmente há menos de um homicídio a cada 100 mil pessoas por ano.[167] Pinker estima que, desde a pré-história, as mortes violentas em geral diminuíram por um fator de cerca de quinhentos.[168]

Nem mesmo os grandes conflitos históricos do século 20 foram tão letais em termos proporcionais como a contínua violência nas condições pré-Estado do passado da humanidade. Pinker estudou 27 sociedades subdesenvolvidas sem um Estado formal ao longo da história — uma mistura de caçadores-coletores e caçadores-horticultores que provavelmente representam a maioria das comunidades humanas durante a pré-história.[169] Ele estima que essas sociedades tinham uma taxa média de mortes em guerras de 524 a cada 100 mil pessoas por ano. Em comparação, o século 20 assistiu a duas guerras mundiais — que incluíram genocídio, bombardeios atômicos e a violência organizada na maior escala que o planeta já viu —, e ainda assim, na Alemanha, no Japão e na

Rússia, três dos países mais duramente atingidos por essa matança, as taxas anuais de mortalidade na guerra durante aquele século foram de 144, 27, e 135 a cada 100 mil habitantes, respectivamente. Os Estados Unidos, em comparação, sobreviveram ao século 20 com apenas 3,7 mortes anuais em guerras a cada 100 mil habitantes, apesar de terem entrado em conflitos no mundo inteiro.

No entanto, grande parte da percepção pública considera, de maneira incorreta, que a violência está piorando. Para Pinker, isso se deve principalmente à "miopia histórica", ilusão em que as pessoas se concentram nos acontecimentos mais recentes, que por causa da proximidade recebem mais atenção, e permanecem inconscientes acerca de episódios violentos muito piores ocorridos no passado.[170] Essencialmente, trata-se da heurística da disponibilidade em ação. Essas percepções equivocadas podem ser atribuídas, em parte, às tecnologias de documentação: temos fácil acesso a impactantes e comoventes vídeos em cores de acontecimentos violentos recentes. Compare isso com as esmaecidas fotografias em preto e branco do século 19 ou, mesmo antes disso, com as descrições de textos e poucas pinturas de épocas anteriores.

Assim como eu, Pinker atribui esse acentuado declínio da violência aos círculos virtuosos. À medida que as pessoas se tornam mais confiantes de que se verão livres da violência, o incentivo para construir escolas e escrever e ler livros torna-se maior, o que, por sua vez, incentiva o uso da razão em vez da força para resolver problemas, reduzindo ainda mais a violência. Vivemos um "círculo em expansão" de empatia (termo do filósofo Peter Singer), que amplia a nossa noção de identificação, ultrapassando grupos restritos — clãs, por exemplo — para abarcar nações inteiras, depois pessoas em países estrangeiros e até mesmo animais não humanos.[171] Além disso, o papel do Estado de Direito e das normas culturais contra a violência tem sido cada vez maior.

A principal percepção para o futuro é que esses círculos virtuosos são, fundamentalmente, impulsionados pela tecnologia. Se antes os humanos só se identificavam com pequenos grupos, a tecnologia da comunicação (livros, depois rádio e televisão, e então computadores e a internet) nos permitiu trocar ideias com uma esfera cada vez mais ampla de pessoas e descobrir o que temos em comum. A capacidade de assistir a vídeos impactantes de desastres em terras distantes pode levar à miopia histórica, mas também mobiliza vigorosamente a empatia natural e estende a nossa preocupação moral a toda a nossa espécie.

E, quanto mais a riqueza cresce e a pobreza diminui, maiores são os incentivos que as pessoas têm para a cooperação e mais se abrandam as disputas de soma zero por recursos limitados. Muitos de nós temos uma tendência profundamente enraizada de ver a luta por recursos escassos como uma inevitável causa da violência e como uma parte inerente da natureza humana. No entanto, embora isso tenha sido a história de grande parte da história humana, não creio que será permanente. A revolução digital já reduziu as condições de escassez de muitas das coisas que podemos representar digitalmente com facilidade, desde pesquisas na web até conexões de mídia social. Brigar por causa de um exemplar de um livro físico pode ser mesquinho, mas em certo nível somos capazes de entender isso. Duas crianças podem se engalfinhar pela posse de uma revista em quadrinhos favorita, porque apenas uma delas pode ter o gibi nas mãos e ler o conteúdo de cada vez. Mas a ideia de gente brigando por um documento PDF é cômica — já que o fato de uma pessoa ter acesso a ele não significa que a outra não terá acesso também. Podemos criar quantas cópias forem necessárias, com um custo muito baixo.

Quando a humanidade tiver energia extremamente barata (em grande parte proveniente da energia solar e, por fim, de fusão) e robótica de IA, muitos tipos de bens serão tão fáceis de reproduzir que a noção de pessoas cometendo violência pelo acesso a eles parecerá tão boba quanto hoje em dia parece ser a ideia de alguém brigando por um PDF. Dessa forma, a melhoria da ordem de um milhão de vezes nas tecnologias da informação entre os dias de hoje e a década de 2040 impulsionará a melhoria transformativa em inúmeros outros aspectos da sociedade.

Crescimento da energia renovável

Quase todos os aspectos da nossa civilização tecnológica requerem energia, mas a nossa dependência de longa data dos combustíveis fósseis é insustentável por duas razões principais. A mais óbvia: gera poluição tóxica e emissões de gases do efeito estufa; além disso, nos limita a recursos escassos cuja obtenção está se tornando mais dispendiosa, a despeito da escancarada necessidade da humanidade por energia barata. Por sorte, os custos da energia renovável ecologicamente correta têm caído de forma exponencial à medida que aplicamos tecnologias cada vez mais sofisticadas ao projeto dos materiais e mecanismos subjacentes. Por exemplo, ao longo das últimas décadas passamos a utilizar supercomputação para descobrir novos materiais tanto para células solares como para armazenamento de energia — e, nos últimos anos, redes neurais profundas também têm sido empregadas para a mesma finalidade.[172] Como resultado dessas contínuas reduções de custos, a quantidade total de energia obtida a partir de fontes renováveis — energias solar, eólica, geotérmica, das marés e biocombustíveis — também está crescendo exponencialmente.[173] Em 2021 a energia solar foi responsável por cerca de 3,6% da eletricidade, e essa proporção vem duplicando em média a cada 28 meses desde 1983.[174] Ainda neste capítulo veremos mais a respeito desse tema.

Custo do módulo fotovoltaico por watt[175]

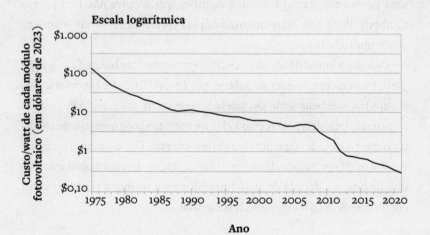

Fontes principais: Our World In Data; Gregory F. Nemet, "Interim Monitoring of Cost Dynamics for Publicly Supported Energy Technologies", Energy Policy 37, n.º 3 (março de 2009); Agência Internacional para as Energias Renováveis (IRENA).

Conforme é possível observar nesse gráfico logarítmico, há quase cinco décadas os custos dos módulos fotovoltaicos por watt vêm diminuindo exponencialmente, tendência que costuma ser conhecida como lei de Swanson. Note que, embora o custo do módulo seja o maior componente individual dos custos totais para instalações de energia solar, outros fatores, como licenças e mão de obra de instalação, podem elevar os custos totais até mais ou menos o triplo do custo do módulo.[176] E, embora os custos dos módulos tenham caído muito rapidamente, esses outros fatores têm diminuído mais devagar. A ia e a robótica podem reduzir os custos de mão de obra e do projeto, mas precisaremos também de diretrizes políticas que incentivem o planejamento e o licenciamento eficientes de serviços públicos.

Energia fotovoltaica — Capacidade instalada global[177]

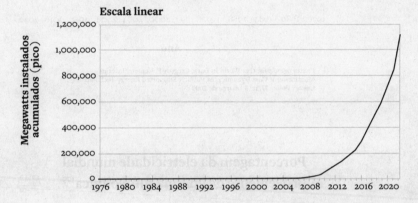

Ano

Fontes principais: Our World In Data; Agência Internacional para as Energias Renováveis (IRENA); Gregory F. Nemet, "Interim Monitoring of Cost Dynamics for Publicly Supported Energy Technologies", Energy Policy 37, n.º 3 (março de 2009).

Energia Fotovoltaica — Capacidade instalada global[178]

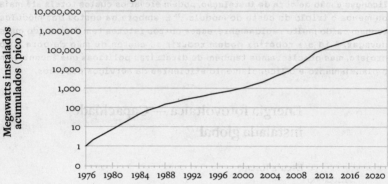

Fontes principais: Our World In Data; Gregory F. Nemet, "Interim Monitoring of Cost Dynamics for Publicly Supported Energy Technologies", Energy Policy 37, nº 3 (março de 2009).

Porcentagem da eletricidade mundial proveniente de energia fotovoltaica[179]

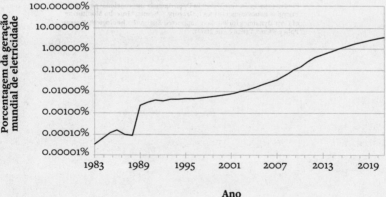

Fontes: Our World In Data; BP; Agência Internacional de Energia (IEA).

Custos de energia eólica[180]

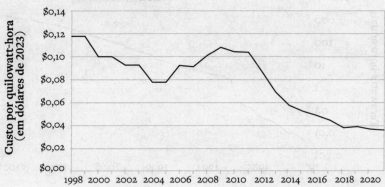

Fonte: Departamento de Energia dos EUA.

Geração mundial de eletricidade eólica[181]

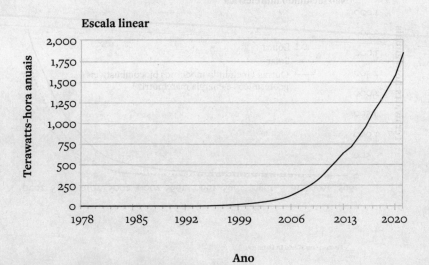

Fontes: Our World In Data; BP; Ember.

Geração mundial de eletricidade eólica

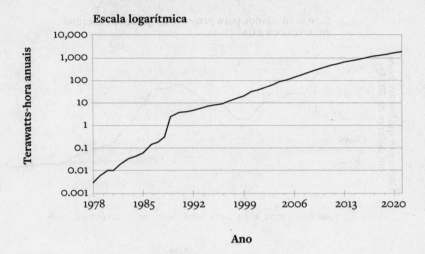

Fontes: Our World In Data; BP; Ember.

Geração mundial de eletricidade renovável[182]

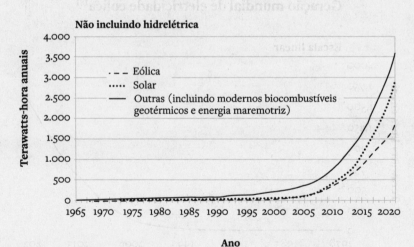

Fontes: Our World In Data; BP.

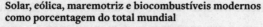

Crescimento da energia renovável[183]

Solar, eólica, maremotriz e biocombustíveis modernos como porcentagem do total mundial

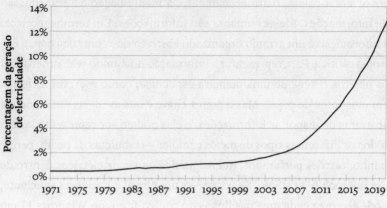

Fontes: Our World In Data; BP; Agência Internacional de Energia (IEA).

Propagação da democracia

A energia renovável barata desencadeará uma grande abundância material, mas para que as pessoas possam partilhar da fartura de forma equânime é necessário haver democracia. Aqui, mais uma vez há uma afortunada sinergia: a tecnologia da informação tem um longo histórico de tornar as sociedades mais democráticas. A propagação da democracia desde as suas raízes na Inglaterra medieval se dá em paralelo com a ascensão das tecnologias de comunicação de massa — e, provavelmente, em grande medida resulta justamente dessa ascensão. A Magna Carta, documento que articulou os direitos das pessoas comuns de não serem presas injustamente, foi escrita em 1215 e assinada pelo rei João Sem-Terra.[184] No entanto, durante a maior parte da Idade Média, os direitos dos plebeus eram quase sempre ignorados, e a participação política era mínima. Essa situação mudou com a invenção da prensa de tipos móveis por Gutenberg, por volta de 1440; com a rápida adoção dessa tecnologia, as classes instruídas foram capazes de disseminar notícias e ideias de um jeito muito mais eficaz.[185]

A imprensa é um excelente exemplo ilustrativo de como funciona a Lei dos Retornos Acelerados para as tecnologias da informação. Conforme já observamos neste livro, as tecnologias da informação são aquelas que envolvem a coleta, o armazenamento, a manipulação e a transmissão de informações. Ideias humanas são informações. Em termos teóricos, a informação é um arranjo organizado abstrato que contrasta com a entropia caótica. Para representar a informação no mundo real, ordenamos os objetos físicos de uma maneira específica, como escrever as letras em uma folha de papel. Mas o ponto-chave é que as ideias são maneiras abstratas de dispor as informações, e elas podem ser representadas em todos os diferentes tipos de meios e mídias — tabuletas de pedra, pergaminho, cartões perfurados, fita magnética ou sinais elétricos dentro de um microchip de silício. Se você tiver um cinzel e paciência suficiente, pode escrever cada uma das linhas do código-fonte do Windows 11 em tabuinhas de pedra! É uma imagem engraçada, mas que ao mesmo tempo sugere a importância dos meios físicos para nossa capacidade de coletar, armazenar, manipular e transmitir informações na prática. Algumas ideias só se tornam práticas quando somos capazes de fazer essas coisas com muita eficiência.

Durante a maior parte da história medieval, apenas os copistas podiam reproduzir os livros, copiando cada um laboriosamente à mão, um trabalho penoso que era o contrário da eficiência. Como resultado, era caríssimo transmitir informações escritas — ideias. Em termos bastante amplos, quanto mais ideias uma pessoa ou uma sociedade tem, mais fácil se torna criar novas ideias, e isso inclui a inovação tecnológica. Portanto, as tecnologias que facilitam o compartilhamento de ideias facilitam a criação de novas tecnologias — algumas das quais tornarão ainda mais fácil compartilhar ideias. Então, quando Gutenberg introduziu a prensa móvel, rapidamente se tornou muito mais barato compartilhar ideias. Pela primeira vez, pessoas da classe média puderam comprar livros em grande quantidade, desencadeando muito potencial humano. A inovação floresceu, e o Renascimento se espalhou com velocidade pela Europa. Isso também trouxe mais inovações à impressão e, no início do século 17, o preço dos livros já era milhares de vezes mais barato do que tinha sido antes de Gutenberg.

A disseminação do conhecimento acarretou riqueza e poder político, e órgãos legislativos como a Câmara dos Comuns da Inglaterra tornaram-se muito mais francos em suas críticas. Embora a maior parte do poder permanecesse nas mãos do rei, o parlamento passou a apresentar ao monarca protestos contra o aumento de impostos e a destituir os ministros dos quais não gostava.[186] A Revolução Inglesa, guerra civil que se deu entre 1642 e 1651, eliminou por completo o absolutismo monárquico. Em seu lugar foi reinstalada uma monarquia constitucional, uma forma subserviente ao parlamento. Mais tarde, o governo adotou uma Declaração de Direitos que estabelecia com todas as letras o princípio de que o rei só poderia governar com consentimento do povo.[187]

Antes da Guerra de Independência dos Estados Unidos, a Inglaterra, embora longe de ser uma verdadeira e plena democracia, era a nação mais democrática da história mundial — e, vale notar, tinha um dos mais altos índices de alfabetização.[188] Entre o colapso da república romana no século 1 a.C. e a Guerra de Independência dos Estados Unidos, houve diversas outras sociedades que realizaram eleições ou tiveram instituições quase republicanas, mas sempre com participação política muito limitada e sempre fadadas a recair de novo na tirania. Na Itália, durante a Idade Média, houve várias repúblicas centradas em cidades-Estados que enriqueceram graças ao comércio, caso de Gênova e Veneza, mas que de fato eram fortemente aristocráticas. Por exemplo, os líderes de Veneza (chamados de "doges") eram eleitos de forma vitalícia por meio de um complexo processo de seleção que mantinha as famílias nobres no poder e não permitia que pessoas comuns desempenhassem qualquer papel.[189] De 1569 a 1795, a Comunidade Polaco-Lituana tinha um sistema surpreendentemente livre e democrático para a nobreza *szlachta* (em geral, um décimo da população ou menos), mas aqueles que não eram nobres tinham pouquíssima voz na política.[190]

Em contrapartida, na Grã-Bretanha vigorava a elegibilidade pelo menos teórica para todos os chefes de família adultos livres do sexo masculino. E, embora na prática houvesse requisitos adicionais referente a bens de raiz, a elegibilidade para votar não dependia do status de nascimento do indivíduo. Apesar de excluir muita gente, foi uma inovação política absolutamente crucial, porque preparou o terreno para a ideia de participação política universal. Uma vez que as pessoas aceitaram que o status de nascimento não deveria determinar o direito de voto de alguém, a força dessa ideia se tornou irrefreável. Assim, não foi coincidência que a primeira democracia moderna de fato tenha surgido nas colônias norte-americanas, mesmo que para implantá-la tenha sido necessário travar uma guerra contra a Inglaterra. No entanto, cumprir as promessas e expectativas tem sido um processo árduo.

Dois séculos atrás, nos Estados Unidos, a maioria das pessoas ainda não gozava de plenos direitos de participação política. No início do século 19, o direito de voto estava limitado sobretudo a homens brancos adultos com propriedades ou, pelo menos, riqueza modesta. Esses requisitos econômicos permitiam que os homens brancos votassem, mas excluíam quase totalmente as mulheres, os afro-americanos (milhões dos quais eram mantidos em escravidão) e os nativos.[191] Historiadores discordam acerca de qual porcentagem da população era elegível para votar, mas em geral considera-se que ficava entre 10% e 25%.[192] No entanto, essa injustiça carregava as sementes de sua própria ruína — o voto proporcionou aos Estados Unidos um mecanismo de reforma, e as restrições ao voto contradiziam os elevados ideais estabelecidos nos documentos de fundação do país.

Apesar das altas aspirações de seus defensores, a democracia só ganhou terreno lentamente ao longo do século 19. Por exemplo, as revoluções liberais de 1848 na Europa fracassaram amplamente, e muitas das reformas do tsar Alexandre II na Rússia foram desfeitas por seus sucessores.[193] Em 1900, apenas 3% da população mundial vivia no que atualmente consideraríamos democracia, uma vez que até os Estados Unidos ainda negavam às mulheres o direito de voto e impunham a segregação contra os afro-americanos. Em 1922, após a Primeira Guerra Mundial, esse número tinha subido para 19%.[194] No entanto, a crescente onda de fascismo rapidamente fez recuar a democracia, e centenas de milhões de pessoas viveram sob regimes totalitários durante a Segunda Guerra Mundial. Vale notar que de início a comunicação de massa via rádio ajudou os fascistas a tomarem o poder, mas, em última análise, a mesma tecnologia permitiu aos Aliados aglutinarem suas democracias rumo à vitória — sobretudo nos inspiradores discursos de Winston Churchill durante a Blitz.

Nos anos do pós-guerra houve um rápido aumento na proporção da população mundial que vivia sob regimes democráticos, em grande medida impulsionado pela independência conquistada pela Índia e outras colônias britânicas no sul da Ásia. Durante a maior parte da Guerra Fria, o alcance da democracia manteve-se praticamente estável — pouco mais de uma em cada três pessoas no mundo viviam em sociedades democráticas.[195] No entanto, a proliferação da tecnologia de comunicação fora da Cortina de Ferro, desde LPs dos Beatles até televisores em cores, atiçou o descontentamento contra governos que suprimiam a democracia. Com o colapso da União Soviética, a democracia voltou a se expandir rapidamente, atingindo quase 54% da população mundial em 1999.[196]

Embora esse número tenha flutuado ao longo das últimas duas décadas, com um equilíbrio entre conquistas e retrocessos em diversos países, um diferente e promissor movimento de liberalização vem avançando a passos largos. No final da Guerra Fria, cerca de 35% da população mundial vivia em autocracias fechadas — o tipo de regime mais repressivo.[197] Em 2022, esse número diminuiu para cerca de 26%, livrando do jugo da tirania mais de 750 milhões de pessoas.[198] Isso inclui os importantes e complexos eventos da Primavera Árabe, em grande parte possibilitados e impulsionados pelas mídias sociais. Um desafio crucial nas próximas décadas será ajudar os países que se encontram na zona cinzenta que separa autocracia e democracia a fazerem a transição para governos totalmente democráticos. Parte disso dependerá da utilização cuidadosa da inteligência artificial para fomentar a abertura e a transparência, minimizando, ao mesmo tempo, o potencial mau uso da IA para normalizar práticas de vigilância autoritária ou para disseminar desinformação.[199]

No entanto, a história nos dá motivos para um profundo otimismo. Conforme as tecnologias de compartilhamento de informações evoluíram do telégrafo para as redes sociais, a ideia de democracia e de direitos individuais passou de uma nota de rodapé pouco reconhecida a uma aspiração mundial que já é realidade para quase metade da população mundial. Imagine como o progresso exponencial das próximas duas décadas nos permitirá concretizar esses ideais de forma ainda mais plena.

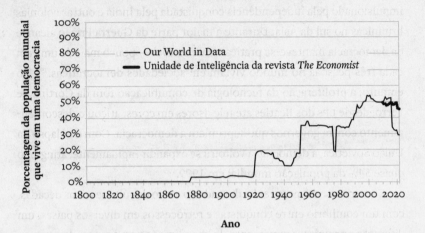

Estamos entrando na parte íngreme da exponencial

O ponto essencial a ser compreendido é que todo o progresso que descrevi até agora resultou das lentas fases iniciais dessas tendências exponenciais. À medida que a tecnologia da informação avança — o progresso nas próximas duas décadas será muito mais expressivo do que nos últimos duzentos anos —, os benefícios para a prosperidade global serão muito maiores. Na verdade, já são muito maiores do que a maioria das pessoas imagina.

A tendência mais fundamental em ação atualmente é a melhoria exponencial da relação preço/desempenho da computação — isto é, quantos cálculos por segundo podem ser realizados pelo custo de 1 dólar ajustado pela inflação. Quando Konrad Zuse construiu o primeiro computador programável funcional, o Z2, em 1939, sua máquina era capaz de realizar cerca de 0,0000065 cálculo por 1 dólar de 2023.[201] Em 1965, o PDP-8 dava conta de fazer cerca de 1,8 cálculo por segundo por dólar. Quando meu livro *The Age of Intelligent Machines* foi publicado em 1990, o MT 486DX era capaz de realizar cerca de 1.700. Quando *A era das máquinas espirituais* foi lançado nove anos depois, as CPUs Pentium III chegavam a 800 mil cálculos. E em 2005, quando publiquei *A Singularidade está próxima*, alguns Pentium 4 estavam na casa dos 12 milhões. Em 2024, os chips Google Cloud TPU v5e provavelmente realizarão cerca de 130 bilhões de operações por segundo por dólar! E como qualquer pessoa com conexão à internet pode alugar esse extraordinário poder de computação em nuvem (quintilhões de operações por segundo para um *pod* grande) por alguns milhares de dólares por hora — como alternativa à construção e manutenção de um supercomputador inteiro a partir do zero —, a efetiva relação preço/desempenho disponível para usuários finais com pequenos projetos é várias ordens de magnitude superior a isso. Uma vez que a computação com preços acessíveis facilita diretamente a inovação, essa tendência macro tem continuado de forma constante — e não depende de nenhum paradigma tecnológico específico, como a redução dos transistores ou o aumento da velocidade do clock de um processador.

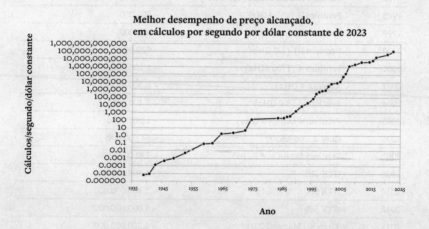

Preço/desempenho da computação, 1939-2023[202]

ANO	NOME	MÁQUINAS ALCANÇANDO PREÇO/DESEMPENHO RECORDE CÁLCULOS POR SEGUNDO POR DÓLAR CONSTANTE DE 2023
1939	Z2	~ 0.0000065
1941	Z3	~ 0.0000091
1943	Colossus Mark 1	~ 0.00015
1946	ENIAC	~ 0.00043

ANO	NOME	CÁLCULOS POR SEGUNDO POR DÓLAR CONSTANTE DE 2023
1949	BINAC	~ 0,00099
1953	UNIVAC 1103	~ 0,0048
1959	DEC PDP-1	~ 0,081
1962	DEC PDP-4	~ 0,097
1965	DEC PDP-8	~ 1,8
1969	Data General Nova	~ 2,5
1973	Intellec 8	~ 4,9
1975	Altair 8800	~ 144
1984	Apple Macintosh	~ 221
1986	Compaq Deskpro 386 (16 MHz)	~ 224
1987	PC's Limited 386 (16 MHz)	~ 330
1988	Compaq Deskpro 386/ 25	~ 420
1990	MT 486DX	~ 1.700
1992	Gateway 486DX2/ 66	~ 8.400
1994	Pentium (75 MHz)	~ 19.000
1996	Pentium Pro (166 MHz)	~ 75.000
1997	Mobile Pentium MMX (133 MHz)	~ 340.000
1998	Pentium II (450 MHz)	~ 580.000
1999	Pentium III (450 MHz)	~ 800.000
2000	Pentium III (1.0 GHz)	~ 920.000
2001	Pentium 4 (1700 MHz)	~ 3.100.000
2002	Xeon (2.4 GHz)	~ 6.300.000
2004	Pentium 4 (3.0 GHz)	~ 9.100.000
2005	Pentium 4 662 (3.6 GHz)	~ 12.000.000
2006	Core 2 Duo E6300	~ 54.000.000
2007	Pentium Dual-Core E2180	~ 130.000.000
2008	GTX 285	~ 1.400.000.000
2010	GTX 580	~ 2.300.000.000
2012	GTX 680	~ 5.000.000.000
2015	Titan X (Maxwell 2.0)	~ 5.300.000.000
2016	Titan X (Pascal)	~ 7.300.000.000
2017	AMD Radeon RX 580	~ 22.000.000.000
2021	Google Cloud TPU v44096	~ 48.000.000.000
2023	Google Cloud TPU v5e	~ 130.000.000.000

No entanto, esse impactante progresso não é tão amplamente reconhecido como se poderia esperar. Em uma conversa com Christine Lagarde, que na época ocupava o cargo de diretora-geral do Fundo Monetário

Internacional, e outros líderes econômicos no palco da Reunião Anual do FMI em 5 de outubro de 2016, ela me perguntou por que toda a extraordinária tecnologia digital que está disponível nos dias de hoje não produz mais evidências de crescimento econômico. A minha resposta foi (e é) que fatoramos esse crescimento colocando-o tanto no numerador quanto no denominador.

Quando um adolescente na África gasta 50 dólares em um smartphone, isso conta como 50 dólares de atividade econômica, apesar do fato de essa compra ser equivalente a mais de 1 bilhão de dólares em tecnologia de computação e comunicação por volta de 1965, e milhões de dólares por volta de 1985. O Snapdragon 810, chip comum em smartphones na faixa de 50 dólares, realiza uma média de 3 bilhões de operações de ponto flutuante por segundo (GFLOPS) em uma série de benchmarks de desempenho.[203] Isso corresponde a cerca de 60 milhões de cálculos por segundo por dólar. Os melhores computadores disponíveis em 1965 chegavam a cerca de 1,8 cálculos por segundo por dólar, e em 1985 eram capazes de executar por volta de 220.[204] Com esse nível de eficiência, seria necessário quase 1,7 bilhão (em dólares de 2023) para igualar o Snapdragon em 1965, e 13,6 milhões em 1980.

É lógico que essa comparação grosseira não leva em conta diversos aspectos da tecnologia que evoluíram desde então. Falando em termos mais literais, as capacidades totais de um smartphone de 50 dólares não seriam alcançáveis por qualquer preço nem em 1965 nem em 1985. Portanto, as métricas tradicionais ignoram quase completamente a acentuada taxa de deflação da tecnologia da informação, que no caso da computação, do sequenciamento genético e de muitas outras áreas é da ordem de 50% ao ano. Quanto a esse valor de preço/desempenho (que melhora continuamente), parte vai para o preço e parte fica com o desempenho, de modo que possamos obter produtos cada vez melhores por preços mais baixos.

Como exemplo pessoal, quando frequentei o MIT em 1965, a instituição era tão avançada que na verdade *tinha* seus próprios computadores. O mais sensacional deles, um IBM 7094, tinha 150 mil bytes de armazenamento "core" (memória primária) e um quarto de MIPS (milhão de instruções por segundo) de velocidade de computação. Custava 3,1 milhões (em dólares de 1963, o que equivale a 30 milhões em dólares de 2023) e era compartilhado por milhares de estudantes e professores.[205] Em comparação, o iPhone 14 Pro, lançado enquanto este livro estava sendo escrito, custava 999 dólares e era capaz de realizar até 17 trilhões de operações por segundo para aplicativos relacionados à IA.[206] Não se trata de uma comparação perfeita — parte do custo do iPhone inclui recursos irrelevantes para o 7094, como câmeras, e a velocidade do iPhone é significativamente mais lenta do que esse número para muitos usos — mas a questão geral está clara. Pelo menos em termos aproximados, o iPhone é 68 milhões de vezes mais rápido que o 7094 e 30 mil vezes mais barato. Em termos de preço/desempenho (velocidade por dólar), trata-se de uma espantosa melhoria de 2 *trilhões* de vezes.

Essa taxa de melhoria se mantém inabalável. Não depende fundamentalmente da Lei de Moore, a famosa redução exponencial do tamanho dos recursos em microchips. O MIT comprou o IBM 7094, baseado em transistores, em 1963, antes da ampla introdução dos computadores baseados em microchips — e dois anos antes de Gordon Moore articular publicamente sua lei homônima em um histórico artigo de 1965.[207] Por mais influente que essa lei tenha sido, é apenas um entre vários paradigmas de computação exponencial — que até o presente momento incluem relés eletromecânicos, tubos de vácuo, transistores e circuitos integrados, e há mais coisas por vir no futuro.[208]

Em muitos aspectos, tão importante quanto o poder da computação é a informação. Quando eu era adolescente, durante anos economizei o dinheiro que eu ganhava entregando jornais para comprar uma coleção da *Enciclopédia Britânica*; paguei vários milhares de dólares, e esse valor representava milhares de dólares do PIB. Em contrapartida, hoje um adolescente com um smartphone tem acesso a uma enciclopédia imensamente superior, a Wikipédia — que movimenta em nada a atividade econômica porque é gratuita. Embora a Wikipédia não apresente de maneira consistente a mesma qualidade editorial da *Enciclopédia Britânica*, tem várias vantagens impressionantes: abrangência (a Wikipédia principal em língua inglesa tem cerca de cem vezes o tamanho da *Enciclopédia Britânica*), atualidade (atualizações em minutos das últimas notícias, em comparação com os anos que uma enciclopédia impressa levava para ser atualizada), multimídia (integração de conteúdo audiovisual em muitos dos verbetes e artigos) e hipertextualidade (*hyperlinks* que conectam diferentes artigos).[209]

A Wikipédia também costuma encaminhar os leitores a fontes de mesmo nível de qualidade da *Britânica* quando há a necessidade de rigor acadêmico adicional. E esse é apenas um dos milhares de produtos e serviços de informação gratuitos, todos com valor zero para o PIB.

Em resposta a esse argumento, Lagarde disse que sim, a tecnologia digital tem muitas qualidades e implicações extraordinárias, mas não se pode comer tecnologia da informação, não se pode vesti-la e não se pode morar nela. Minha resposta: isso irá mudar ao longo da próxima década. Não há dúvida de que a produção e o transporte desse tipo de recurso se tornaram mais eficientes graças ao hardware e ao software cada vez melhores, mas estamos prestes a entrar em uma era na qual bens como alimentos e vestuário não estão simplesmente ficando mais econômicos graças à tecnologia da informação, mas estão eles próprios *se tornando* tecnologias de informação — à medida que os custos dos recursos e da produção diminuem como resultado da automatização e da inteligência artificial, eles vão assumindo papéis dominantes na produção.[210] Portanto, esses bens estarão sujeitos às mesmas elevadas taxas de deflação que vemos para outras tecnologias da informação.

No final da década de 2020, começaremos a ter condições de imprimir roupas e outros bens comuns com impressoras 3D, em última análise ao custo de centavos por quilo. Uma das principais tendências na impressão 3D é a miniaturização: projetar máquinas capazes de criar detalhes cada vez menores em objetos. Eventualmente, os paradigmas tradicionais de impressão 3D, como a extrusão (semelhante a um jato de tinta), serão substituídos por novas técnicas de fabricação em escalas ainda menores. É provável que em algum momento da década de 2030 isso passe para o terreno da nanotecnologia, em que os objetos poderão ser criados com precisão atômica. A estimativa que Eric Drexler fez em seu livro *Radical Abundance*, publicado em 2013, é que, tendo em conta nanomateriais mais eficientes em termos de massa, a fabricação atomicamente precisa seria capaz de construir a maioria dos tipos de objetos pelo equivalente a cerca de vinte centavos de dólar por quilograma.[211] Embora esses números continuem sendo apenas especulativos, sem dúvida a redução de custos será enorme. E, assim como vimos com a música, os livros e os filmes, haverá muitos programas e ferramentas gratuitos disponíveis juntamente com as propriedades intelectuais. Na verdade, a coexistência de um mercado de código aberto — que é e continuará a ser um grande nivelador — com o mercado de software proprietário se tornará a natureza definidora da economia em um número cada vez maior de áreas.

Como explicarei mais adiante neste capítulo, em breve produziremos alimentos de alta qualidade e baixo custo, utilizando a agricultura vertical com produção controlada por IA e safras livres de substâncias químicas. E a carne produzida de forma limpa e ética a partir de culturas celulares substituirá a pecuária industrial, modelo de produção devastador para o meio ambiente. Em 2020, os humanos abateram mais de 74 bilhões de animais terrestres para a obtenção de carne, cujos produtos pesaram coletivamente cerca de 371 milhões de toneladas.[212] A ONU estima que isso represente mais de 11% de todas as emissões anuais de gases do efeito estufa pela civilização humana.[213] A tecnologia atualmente conhecida como carne cultivada em laboratório, ou carne de cultura, tem o potencial de mudar de maneira drástica essa situação. A carne obtida de carcaças de animais tem várias desvantagens significativas: inflige sofrimento a criaturas inocentes, muitas vezes não é saudável para os seres humanos e causa graves impactos ambientais decorrentes da poluição tóxica e das emissões de carbono. A carne produzida a partir de células e tecidos cultivados pode resolver todos esses problemas: elimina-se o sofrimento de animais vivos; pode-se nortear o processo de produção para que a carne de cultura seja mais saudável e mais saborosa; o uso de uma tecnologia cada vez mais limpa minimiza danos ao ambiente. O ponto de inflexão poderá ser o realismo. A tecnologia existente em 2023 é capaz de replicar carnes sem muita estrutura, como a textura da carne moída, mas ainda não está pronta para gerar bifes inteiros de filé mignon a partir do zero. No entanto, quando a carne de cultura conseguir imitar de forma convincente seus análogos de origem animal, espero que o desconforto da maioria das pessoas em relação a ela diminua rapidamente.

Como também descreverei com profusão de detalhes mais tarde, em breve seremos capazes de fabricar módulos de baixo custo para a construção de casas e outros edifícios, o que fará com que habitações confortáveis sejam acessíveis a milhões de pessoas. Todas essas tecnologias já foram demonstradas com sucesso e se tornarão cada vez mais avançadas e populares no decorrer da década. Simultânea a essa revolução no mundo físico, haverá uma próxima geração transformativa de realidade virtual e realidade aumentada, também chamada de metaverso.[214] Durante muitos anos, o metaverso foi algo praticamente desconhecido fora dos círculos de ficção científica e do futurismo, mas o conceito ganhou grande impulso na consciência pública a partir da mudança de marca Facebook para Meta em 2021 e do anúncio de que o núcleo da estratégia de longo prazo da empresa é desempenhar um papel fundamental na construção do metaverso — de tal forma que, neste momento, muitas pessoas pensam equivocadamente que a Meta inventou o conceito.

Assim como a internet é um ambiente integrado e persistente de páginas da web, a realidade virtual (RV) e a realidade aumentada (RA) do final da década de 2020 se fundirão em uma nova e atraente camada para a nossa realidade. Nesse universo digital, muitos produtos nem sequer precisarão de uma forma física, já que as versões simuladas terão um desempenho perfeito, com detalhes extremamente realistas. Entre os exemplos, incluem-se reuniões virtuais completas, com direito a interação com colegas de trabalho e a possibilidade de colaborar uns com os outros como se todos estivessem juntos pessoalmente; concertos virtuais, com a experiência auditiva imersiva de estar sentado em uma casa de espetáculos; e férias na praia virtuais com intensas experiências sensoriais para toda a família, com sons, paisagens e cheiro de areia e de mar.

Atualmente, a maioria dos meios de comunicação está limitada a acionar dois sentidos: visão e audição. Os atuais sistemas de realidade virtual que incorporam cheiros ou sensações táteis ainda são desajeitados e inconvenientes. Porém, nas próximas décadas, a tecnologia de interface cérebro-computador se tornará muito mais avançada. No fim das contas, isso permitirá a existência de uma realidade virtual de imersão total que alimenta dados sensoriais simulados diretamente no nosso cérebro. Essa tecnologia trará consigo mudanças significativas e difíceis de prever no que diz respeito à forma como gastamos o nosso tempo e às experiências que priorizamos. E nos obrigará também a uma reflexão sobre as razões pelas quais fazemos o que fazemos. Por exemplo, quando pudermos vivenciar de maneira virtual e com segurança todo o desafio e a beleza natural de escalar o Monte Everest, as pessoas terão que se perguntar se vale a pena fazer a coisa real — ou se o perigo era invariavelmente parte da atração da escalada.

O último questionamento que Lagarde me fez foi com o argumento de que as terras disponíveis não se transformarão em uma tecnologia da informação, e que já estamos vivendo em um planeta abarrotado de gente. Respondi que estamos apinhados porque optamos por nos aglomerar em densos agrupamentos. As cidades surgiram para tornar possível que seres humanos trabalhassem e se divertissem juntos. Mas experimente fazer uma viagem de trem em qualquer lugar do mundo e você verá que quase toda a terra habitável permanece desocupada — somente 1% das terras tem construções para a vida humana.[215] Apenas cerca de metade das terras habitáveis são diretamente utilizadas pelos seres humanos, e quase em sua totalidade são dedicadas à agricultura — entre as terras agrícolas, 77% são utilizadas para pecuária, pastagem e forragem, e apenas 23% para lavouras de consumo humano.[216] A carne cultivada em laboratório e a agricultura vertical proporcionarão as condições para suprir essas necessidades com uma pequena fração da terra que utilizamos atualmente. Isso possibilitará uma maior abundância de alimentos saudáveis e moradia a uma população cada vez mais numerosa, ao mesmo tempo liberando enormes áreas de terra. Nessas terras menos povoadas, veículos autônomos facilitarão os transportes, porque com eles será factível fazer deslocamentos mais longos, e seremos cada vez mais capazes de viver onde bem quisermos, ao mesmo tempo que poderemos trabalhar e nos divertir juntos em espaços virtuais e aumentados.

Essa transição já está em curso, acelerada pelas mudanças sociais exigidas pela Covid-19. No pico da pandemia, até 42% dos norte-americanos estavam trabalhando de casa.[217] A experiência do trabalho remoto provavelmente terá um impacto de longo prazo na forma como funcionários e empregadores encaram o trabalho. Em muitos casos, já faz anos que o antigo modelo de ficar sentado a uma mesa no escritório de uma empresa, das nove da manhã às cinco da tarde, tornou-se obsoleto, mas a inércia e a familiaridade dificultavam a mudança da sociedade, até que a pandemia entrou em cena e nos forçou a mudar. À medida que a Lei dos Retornos Acelerados leva as tecnologias da informação para as partes íngremes dessas curvas exponenciais e a IA amadurece ao longo das décadas vindouras, os impactos irão apenas acelerar.

A energia renovável está se aproximando da substituição completa dos combustíveis fósseis

Uma das mais importantes transições decorrentes do progresso exponencial da década de 2020 se dá na área da energia, porque é a energia que alimenta todo o restante. Em muitos casos, os painéis solares fotovoltaicos já são mais baratos do que os combustíveis fósseis, e os custos vêm diminuindo rapidamente. Mas precisamos de avanços na ciência dos materiais para alcançar melhorias adicionais na relação custo-eficiência. Inovações auxiliadas pela IA na nanotecnologia aumentarão a eficiência das células fotovoltaicas, permitindo que capturem energia de uma parte maior do espectro eletromagnético. Estão em curso desdobramentos interessantes nessa área. Colocar pequenas estruturas chamadas nanotubos e nanofios dentro das células solares pode melhorar continuamente sua capacidade de absorver fótons, transportar elétrons e gerar correntes elétricas.[218] Da mesma forma, inserir nanocristais (incluindo pontos quânticos) nas células pode aumentar a quantidade de eletricidade gerada por fóton de luz solar absorvido.[219]

Outro nanomaterial chamado silício negro tem uma superfície composta por um grande número de agulhas de escala atômica, menores que o comprimento de onda da luz.[220] Isso praticamente elimina os reflexos de uma célula fotovoltaica, possibilitando que mais fótons que entram criem eletricidade. Pesquisadores da Universidade de Princeton desenvolveram um método alternativo de maximizar a eletricidade usando uma malha de átomos de ouro em nanoescala com apenas 30 bilionésimos de metro de espessura para capturar fótons e aumentar a eficiência.[221] Ao mesmo tempo, um projeto no MIT criou células fotovoltaicas a partir de folhas de grafeno, uma forma especial de carbono com apenas um átomo de espessura (menor que um nanômetro).[222] Essas tecnologias permitirão que a energia fotovoltaica do futuro seja mais fina, mais leve e instalável em um número maior de superfícies. Por exemplo, empresas como a SolarWindow Technologies foram pioneiras em películas fotovoltaicas finas que podem revestir janelas, produzindo eletricidade sem bloquear a vista.[223]

Nos próximos anos, a tecnologia baseada em nanotecnologia reduzirá também os custos de produção, facilitando a impressão 3D de células solares, o que tornará possível descentralizar a produção de modo que a energia fotovoltaica possa ser criada quando e onde for necessária. E, ao contrário dos painéis utilizados hoje em dia — grandes, desconjuntados e rígidos —, as células fotovoltaicas construídas com nanotecnologia podem ser moldadas em muitos formatos convenientes: rolos, filmes, revestimentos e muito mais. Isso reduzirá os custos de instalação e dará a muitas comunidades em todo o mundo acesso à energia solar barata e abundante.

Em 2000, as energias renováveis (sobretudo solar, eólica, geotérmica, maremotriz e de biomassa, mas não hidrelétrica) representavam cerca de 1,4% da geração global de eletricidade.[224] Em 2021, esse número tinha subido para 12,85%, para um tempo médio de duplicação de cerca de 6,5 anos durante esse intervalo.[225] A duplicação é mais rápida em termos absolutos, uma vez que a quantidade total de produção de energia está crescendo — do equivalente a cerca de 218 terawatts-hora em 2000 para 3.657 terawatts-hora em 2021, com um tempo de duplicação de cerca de 5,2 anos.[226]

Esse progresso continuará exponencialmente à medida que novas reduções de custos impulsionadas pela IA forem aplicadas à descoberta de materiais e à concepção de novos dispositivos. Nesse ritmo, as energias renováveis poderiam, em teoria, alcançar a cobertura completa das necessidades mundiais de eletricidade até 2041. Mas quando se trata de fazer projeções para o futuro, não há tanta utilidade em pensar nas energias renováveis em seu conjunto, pois nem todas ficam mais baratas no mesmo ritmo.

Os custos da geração de eletricidade solar estão caindo em uma velocidade bem maior do que os de qualquer outra energia renovável importante, e a energia solar é a que tem a maior margem para crescer. Em termos de queda de preços, o concorrente mais próximo dela é a energia eólica, mas nos últimos cinco anos a energia solar vem caindo a um ritmo quase duas vezes maior que a energia eólica.[227] Além disso, a energia solar tem um piso potencial menor porque os avanços da ciência dos materiais se traduzem diretamente em painéis mais baratos e mais eficientes, e a tecnologia atual captura apenas uma fração do máximo teórico — normalmente algo em torno de 20% da energia recebida de um limite teórico em torno de 86%.[228] Esse limite nunca será alcançado na prática; no entanto, ainda há muito potencial para melhorias. Em contrapartida, os sistemas típicos de energia eólica atingem cerca de 50% de eficiência, o que está muito mais próximo do limite teórico máximo de 59%.[229] Portanto, por mais que inovemos, esses sistemas simplesmente não conseguem ficar muito melhores.

A energia solar representou cerca de 3,6% da eletricidade mundial em 2021.[230] Nos níveis atuais de consumo, precisamos usar apenas cerca de uma parte em 10 mil da luz solar gratuita que atinge a Terra para atender a 100% de nossas necessidades totais de energia. O planeta é constantemente banhado por cerca de 173 mil terawatts de energia dos raios do sol.[231] Do ponto de vista prático, será impossível captar a maior parte dessa energia em um futuro próximo, mas, mesmo com a tecnologia contemporânea, a energia solar é mais do que suficiente para satisfazer às necessidades da humanidade. De acordo com uma estimativa feita em 2006 por cientistas do governo dos Estados Unidos, o total de energia disponível com a melhor tecnologia da época gira em torno de até 7.500 terawatts.[232] Isso equivale a 65.700 terawatts-hora durante um ano inteiro. Para efeito de comparação, em 2021, o uso total de energia primária em todo o mundo foi equivalente a 165.320 terawatts-hora.[233] Isso inclui eletricidade, aquecimento e todo o combustível.

Em proporção ao total mundial, a energia solar também tem um tempo de duplicação muito mais rápido do que outras fontes renováveis: em média, um período pouco menor que a cada 28 meses entre 1983 e 2021 — mesmo que a quantidade total de geração de eletricidade tenha aumentado cerca de 220% nesse mesmo intervalo em termos absolutos.[234] A partir dos 3,6% em 2021, seriam necessárias apenas cerca de 4,8 duplicações para atingir 100%, o que estabelece 2032 como o ano em que seríamos capazes de satisfazer a todas as nossas necessidades energéticas apenas por meio da energia solar. Isso não quer dizer que esse tipo de energia alcançará literalmente a adoção total (devido a uma mistura de obstáculos econômicos e políticos), mas já ficou evidente que está em uma trajetória rumo a um impacto verdadeiramente transformador.

É oportuno que algumas das mais vastas regiões não utilizadas do mundo — desertos — também tendam a ser os melhores locais para a eletricidade solar. Por exemplo, estão em curso propostas para cobrir uma pequena, mas significativa área do deserto do Saara com campos de painéis fotovoltaicos capazes de gerar eletricidade suficiente para abastecer toda a Europa (via cabos sob o Mediterrâneo) e a África.[235]

Um dos principais desafios para a expansão da eletricidade solar como esse tipo de instalação de megausinas é a necessidade de uma tecnologia de armazenamento de energia mais eficaz. A vantagem dos combustíveis fósseis é que podemos armazená-los e depois queimá-los sempre que precisamos gerar eletricidade. Porém, o sol brilha apenas durante o dia, e a intensidade solar varia conforme as estações. Daí a importância de meios eficientes de armazenar a energia solar quando ela é gerada, de modo que possamos utilizá-la mais tarde (horas ou meses depois, dependendo das circunstâncias), quando forem necessárias.

Felizmente, também estamos começando a obter ganhos exponenciais em termos de eficiência dos preços e na quantidade de armazenamento de energia. Note que não são tendências exponenciais fundamentais e persistentes como a Lei dos Retornos Acelerados, uma vez que a melhoria e a expansão do armazenamento de energia não são dominadas pela criação de ciclos de feedback. Mas a eficiência do preço do armazenamento de energia e a utilização total vêm aumentando de forma acentuada como uma consequência do uso crescente de energias renováveis — que, em especial no caso da energia fotovoltaica, se beneficia indiretamente da Lei dos Retornos Acelerados por meio do papel da tecnologia da informação no desencadeamento de novos avanços. À medida que polpudos investimentos são direcionados para as energias renováveis e o custo dessas energias diminui, isso atrai recursos e esforços de inovação para a questão do armazenamento, porque o armazenamento é muito importante para a capacidade das energias renováveis de competir com os combustíveis fósseis pela maior fatia da geração de eletricidade. Contínuos ganhos exponenciais também serão possibilitados por avanços convergentes na ciência dos materiais, na fabricação robótica, no transporte eficiente e na transmissão de energia. A consequência disso é que a energia solar será dominante em algum momento no decorrer da década de 2030.

Muitas estratégias que no momento estão em desenvolvimento parecem promissoras, mas ainda não ficou claro qual delas será a mais eficiente na enorme escala de que necessitaremos. Uma vez que a eletricidade em si não pode ser armazenada de forma eficaz, há a necessidade de convertê-la em outros tipos de energia até o momento de sua utilização. As opções incluem transformá-la em energia térmica com sais fundidos, em energia potencial gravitacional na água bombeada para um reservatório elevado, em energia rotacional (ou energia cinética angular) em um volante giratório de alta velocidade ou em energia química de hidrogênio que é produzida com eletricidade e depois queimada de forma limpa quando necessário.[236]

E, embora a maioria das baterias não seja adequada para armazenamento em grande escala, baterias avançadas que utilizam íons de lítio e vários outros produtos químicos estão aumentando rapidamente em termos de eficiência de custo. Por exemplo, entre 2012 e 2020, os custos de armazenamento de íons de lítio caíram cerca de 80% por megawatt-hora, e as projeções preveem que continuarão a diminuir.[237] À medida que esses custos continuam a despencar com as novas inovações, as energias renováveis podem suplantar os combustíveis fósseis como espinha dorsal da rede.[238]

Custo de armazenamento de energia[239]

Fonte: Lazard.

Como as tecnologias de armazenamento de energia são utilizadas em muitas fases diferentes do processo de geração de consumo de eletricidade e em muitos contextos econômicos diferentes, é bem difícil comparar os custos de armazenamento de um projeto para outro. Talvez a análise mais rigorosa até o momento seja a da empresa de consultoria financeira Lazard, que utiliza a métrica de custo nivelado de armazenamento (LCOS, na sigla em inglês), concebida para abranger todos os investimentos financeiros (incluindo custos de capital), divididos pela energia total armazenada (em megawatts-hora ou equivalente) que, espera-se, serão realizados ao longo da vida útil de um projeto ou sistema. A fim de refletir de maneira fiel a vanguarda do progresso tecnológico, o gráfico mostra os melhores LCOS disponíveis entre os novos projetos de armazenamento de energia em escala de utilidade nos EUA abertos todos os anos. Tenha em mente que os números médios de LCOS são mais elevados para um determinado ano, mas seguem tendências semelhantes — o melhor LCOS em um ano pode ser o LCOS médio vários anos mais tarde.

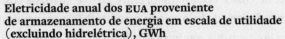

Armazenamento total de energia nos EUA[240]

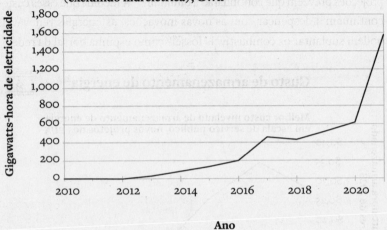

Eletricidade anual dos EUA proveniente de armazenamento de energia em escala de utilidade (excluindo hidrelétrica), GWh

Fonte: Administração de Informação de Energia dos EUA.

Estamos nos aproximando do acesso à água potável para todos

Um importante desafio do século 21 será assegurar que a crescente população mundial tenha acesso a um abastecimento confiável de água potável e fresca. Em 1990, cerca de 24% da população mundial não tinha acesso regular a fontes relativamente seguras de água potável.[241] Graças aos esforços de desenvolvimento e ao avanço da tecnologia, atualmente o número caiu para cerca de 10%.[242] No entanto, esse ainda é um grande problema. De acordo com o Instituto de Métricas e Avaliação em Saúde, cerca de 1,5 milhão de pessoas em todo o mundo, incluindo 500 mil crianças pequenas, morreram em 2019 de doenças diarreicas — sobretudo em decorrência da ingestão de água potável contaminada por bactérias presentes nas fezes.[243] Entre essas doenças, incluem-se cólera, disenteria e febre tifoide, especialmente mortíferas para as crianças.

A questão é que grande parte do mundo ainda carece de infraestruturas para coletar água potável, mantê-la limpa e entregá-la às casas para que as pessoas a utilizem para beber, cozinhar, lavar e tomar banho. A construção de enormes redes de poços, bombas, aquedutos e tubulações é cara, e muitos países em desenvolvimento não têm condições financeiras para arcar com os custos. Além disso, guerras civis e outros problemas políticos tornam os grandes projetos de infraestrutura impraticáveis. Como resultado, os sistemas centralizados de purificação e distribuição de água, como os que existem nos países desenvolvidos, não são uma solução viável para esses 10% da população. A alternativa são tecnologias que permitam às pessoas purificar a água em seus bairros, ou mesmo por conta própria.

De maneira geral, tecnologias descentralizadas definirão a década de 2020 e além em muitas áreas, incluindo a produção de energia (células solares), a produção de alimentos (agricultura vertical) e a produção de objetos do cotidiano (impressão 3D). Para a purificação da água, essa abordagem pode assumir diversas formas, desde máquinas do tamanho de um edifício, como o Janicki Omni Processor, que é capaz de purificar a água de uma aldeia inteira, até filtros portáteis, como o LifeStraw, que indivíduos podem usar.[244]

Algumas células de purificação utilizam calor — proveniente da energia solar ou da queima de combustíveis — para ferver a água antes do uso. A fervura mata bactérias causadoras de doenças, mas não remove outros poluentes tóxicos, e a água pode facilmente ser recontaminada se não for consumida de imediato depois de fervida. A adição de produtos químicos antibacterianos à água pode prevenir a recontaminação, mas ainda assim não remove outras toxinas. Nos últimos anos, algumas unidades portáteis de purificação de água passaram a usar eletricidade para transformar o oxigênio do ar em ozônio, gás que pode passar pela água para matar de forma muito eficiente os agentes patogênicos.[245] Outros matam bactérias e vírus por meio da emissão de luz ultravioleta forte através da água. Mas isso tampouco protege contra a poluição química.

Um método alternativo é a filtragem. Durante muitos anos a tecnologia de filtragem foi capaz de retirar da água a maior parte dos organismos e toxinas, mas não todos. Muitos dos vírus mais mortais são tão pequenos que passam através dos orifícios dos filtros comuns.[246] Da mesma forma, as moléculas de alguns poluentes não podem ser bloqueadas pela filtragem normal.[247] No entanto, inovações recentes na ciência dos materiais estão criando filtros que bloqueiam toxinas cada vez menores. Nos próximos anos, os materiais produzidos pela nanoengenharia permitirão que os filtros funcionem mais rapidamente e sejam muito baratos.

Uma tecnologia emergente das mais promissoras é a máquina de água Slingshot, inventada por Dean Kamen (nascido em 1951).[248] É um dispositivo relativamente compacto — mais ou menos do tamanho de uma geladeira pequena —, capaz de produzir água pura que atende aos padrões para um líquido injetável a partir de qualquer fonte, incluindo água de esgoto e água contaminada de pântano. A Slingshot requer menos de um quilowatt de eletricidade para operar, usa destilação por compressão de vapor (transformando a água de entrada em vapor e deixando contaminantes para trás) e não requer filtros. A máquina foi projetada para ser acionada por um tipo de motor muito adaptável chamado motor Stirling, que consegue produzir eletricidade a partir de qualquer fonte de calor, incluindo a queima de esterco de vaca.[249]

A agricultura vertical fornecerá alimentos baratos e de alta qualidade e liberará a terra que usamos para a agricultura horizontal

A maioria dos arqueólogos avalia que o nascimento da agricultura humana ocorreu há cerca de 12 mil anos, mas algumas evidências apontam que os primórdios da agricultura talvez remontem a 23 mil anos.[250] É possível que futuras descobertas arqueológicas revejam esse entendimento e situem a origem da prática agrícola em um passado ainda mais longínquo. Seja lá quando tenha sido o início da agricultura, a quantidade de alimentos que podia ser cultivada em uma determinada área de terra era bastante baixa. Os primeiros agricultores espalhavam sementes no solo natural e deixavam a chuva regá-las. O resultado desse processo ineficiente foi que a maioria da população precisava trabalhar na agricultura apenas para sobreviver.

Por volta de 6000 a.C., a irrigação permitiu que as lavouras recebessem mais água do que conseguiam apenas com a chuva.[251] As melhorias no cultivo aumentaram as partes comestíveis das plantas e as tornaram mais nutritivas. Os fertilizantes sobrecarregaram o solo com substâncias que fomentam o crescimento. Melhores métodos agrícolas permitiram aos agricultores plantar lavras nos arranjos mais eficientes possíveis. O resultado foi a disponibilidade de mais alimentos, de modo que, ao longo dos séculos, mais e mais pessoas puderam dedicar seu tempo a outras atividades, como ao comércio, à ciência e à filosofia. Parte dessa especialização ensejou mais inovação agrícola, criando um ciclo de feedback que impulsionou um progresso ainda maior. Foi essa dinâmica que tornou possível a nossa civilização.

Uma maneira útil de quantificar esse avanço é a densidade das lavouras: quantos alimentos podem ser cultivados em uma determinada área de terra. Por exemplo, a atual produção de milho nos Estados Unidos utiliza a terra com eficiência sete vezes maior do que um século e meio atrás. Em 1866, os produtores de milho do país tinham uma média estimada de 24,3 alqueires por acre* e, em 2021, atingiram 176,7 alqueires por acre.[252] Em todo o mundo, a melhoria da eficiência da terra tem sido mais ou menos exponencial, e hoje precisamos, em média, de menos de 30% da quantidade de terra de que precisávamos em 1961 para cultivar determinada quantidade de lavouras.[253] Essa tendência foi essencial para permitir o aumento da população global nesse período e poupou a humanidade da fome em massa em decorrência da superpopulação, com a qual muitas pessoas se preocupavam quando eu era criança.

Além disso, como agora as lavouras são cultivadas com uma densidade elevadíssima e as máquinas fazem grande parte do trabalho que costumava ser feito manualmente, um trabalhador agrícola pode produzir comida suficiente para alimentar cerca de setenta pessoas. Como resultado, o trabalho agrícola, que constituía 80% de toda a mão de obra nos Estados Unidos em 1810, passou a representar 40% em 1900, e hoje representa menos de 1,4%.[254]

No entanto, as densidades das lavouras estão se aproximando do limite máximo teórico da quantidade de alimentos que pode ser cultivada em uma determinada área externa. Uma solução emergente é cultivar múltiplas camadas empilhadas de lavouras, o que é conhecido como agricultura vertical.[255] As fazendas verticais tiram proveito de diversas tecnologias e inovações.[256] Normalmente, no plantio vertical cultivam-se lavouras hidropônicas, o que significa que, em vez de serem cultivadas no solo, as plantas são cultivadas em ambientes fechados e em condições ambientais controladas, em bandejas com água rica em nutrientes. Essas bandejas são carregadas em estruturas e empilhadas em vários andares, fazendo com que o excesso de água de um nível escorra para o seguinte, em vez de ser perdido como escoamento. Hoje, algumas fazendas verticais usam uma nova técnica chamada aeroponia, em que a água é substituída pela pulverização de uma fina névoa de solução nutritiva.[257] E, em vez de luz solar, LEDs especiais são instalados para garantir que cada planta receba a quantidade perfeita de luz. A empresa de agricultura vertical Gotham Greens, dona de dez grandes instalações que vão da Califórnia a Rhode Island, é uma das líderes do setor. No início de 2023, ela arrecadou 440 milhões de dólares em financiamento de risco.[258] Sua tecnologia

---

*   O alqueire (*bushel*), antiga medida de capacidade para cereais, frutas, líquidos etc., equivale, na Inglaterra, a 36,367 litros; nos Estados Unidos, a 35,238 litros; o acre é uma unidade de medida agrária equivalente a 4.047 metros quadrados ou 0,4047 hectare. [N. T.]

lhe permite usar "95% menos água e 97% menos terra do que uma fazenda tradicional" para determinada safra.[259] Essas eficiências liberarão água e terra para outros usos (lembre-se de que, atualmente, estima-se que a agricultura ocupe cerca de metade das terras habitáveis do mundo) e fornecerão uma abundância muito maior de alimentos a preços acessíveis.[260]

A agricultura vertical tem outras vantagens importantes. Ao evitar o escoamento da água oriunda das terras agricultadas, elimina um dos principais fatores poluentes dos mananciais hídricos nas áreas rurais. Evita a necessidade de cultivar solo solto, que é espalhado na atmosfera e diminui a qualidade do ar. Torna desnecessário o uso de pesticidas e agrotóxicos, uma vez que as pragas não conseguem entrar em uma fazenda vertical projetada da maneira adequada. Essa técnica também torna possível o cultivo durante todo o ano, incluindo espécies que não conseguiriam crescer no clima externo local — o que também evita perdas de colheitas devido a geadas e mau tempo. Talvez o aspecto mais importante: as cidades e vilarejos podem cultivar seus próprios alimentos em âmbito local, sem a necessidade de transportar a produção por meio de trens e caminhões a centenas ou milhares de quilômetros de distância. À medida que a agricultura vertical se tornar menos dispendiosa e mais difundida, levará a grandes reduções na poluição e nas emissões de carbono.

Nos próximos anos, inovações convergentes em eletricidade fotovoltaica, ciência dos materiais, robótica e inteligência artificial tornarão a agricultura vertical muito menos dispendiosa do que a agricultura atual. Muitas instalações serão alimentadas por células solares eficientes, produzirão novos fertilizantes no próprio local de cultivo e recolherão a sua água do ar; a colheita das safras será feita por máquinas automatizadas. Como demandam poucos trabalhadores e uma pequena área ocupada, as futuras fazendas de plantio vertical serão capazes de produzir lavouras tão baratas que os consumidores poderão obter produtos alimentares quase de graça.

Esse processo reflete o que ocorreu na tecnologia da informação como resultado da Lei dos Retornos Acelerados. À medida que o poder computacional se tornou exponencialmente mais barato, plataformas como o Google e o Facebook puderam passar a fornecer seus serviços de graça aos usuários, ao mesmo tempo pagando seus próprios custos por meio de modelos de negócios alternativos, como anúncios publicitários. Ao utilizar a automação e a IA para controlar todos os aspectos de uma fazenda vertical, a agricultura vertical representa a transformação da produção alimentar essencialmente em uma tecnologia da informação.

Alface crescendo em camadas empilhadas em uma fazenda vertical.
Foto: Valcenteu, 2010.

A impressão 3D revolucionará a criação e distribuição de materiais físicos

Durante a maior parte do século 20, a fabricação de objetos sólidos tridimensionais geralmente assumia duas formas. Alguns processos envolviam a conformação de material dentro de um molde, como injetar plástico fundido em uma ferramenta ou modelar metal aquecido em uma prensa de forja. Outros processos envolviam a remoção seletiva de material de um bloco ou folha, como um escultor desbastando um bloco de mármore para entalhar uma estátua. Cada um desses métodos tem grandes desvantagens. A criação de moldes é muito cara e, em comparação, os moldes são bastante difíceis de modificar depois de completos. Já a chamada fabricação subtrativa (ou manufatura subtrativa), baseada na remoção de material de um bloco sólido, desperdiça muito material e é incapaz de produzir certas formas.

Na década de 1980, porém, começou a surgir uma nova família de tecnologias[261] que, ao contrário dos métodos anteriores, criavam peças empilhando ou depositando camadas relativamente planas e construindo-as em uma forma tridimensional. Essas técnicas passaram a ser conhecidas como manufatura aditiva, impressão tridimensional ou impressão 3D.

Os tipos mais comuns de impressoras 3D funcionam mais ou menos como uma impressora a jato de tinta.[262] Um jato de tinta convencional se desloca para a frente e para trás sobre um pedaço de papel, esguichando tinta de um cartucho por meio de um bico, em quantidade e formatos específicos, nos locais para onde o software o direciona. Em vez de tinta, as impressoras 3D usam algum material como o plástico e o aquecem até que fique macio. Seus bicos depositam o material, seguindo um padrão de execução determinado por software para cada camada, repetindo o processo várias vezes conforme o objeto se torna gradualmente mais tridimensional. As camadas vão se fundindo à medida que endurecem, e o objeto finalizado está pronto para uso. Nas últimas duas décadas, a impressão 3D continuou a avançar em termos de resoluções mais altas, redução de custos e aumento de velocidade.[263] Hoje, os sistemas de impressão 3D são capazes de criar objetos a partir de uma ampla variedade de materiais, incluindo papel, plástico, cerâmica e metal. À proporção que a tecnologia desse tipo de impressão avança, ela será cada vez mais capaz de lidar com materiais ainda mais exóticos. Por exemplo, será possível criar implantes médicos com moléculas de medicamentos incorporadas para serem gradualmente liberadas dentro do corpo do paciente. Nanomateriais como o grafeno poderão ser utilizados para criar roupas leves e à prova de balas, e a impressão 3D super-rápida também se beneficiará de avanços na inteligência artificial, a exemplo de softwares capazes de otimizar a força de um objeto, seu formato aerodinâmico ou outras propriedades, e até mesmo criar designs que exijam formas impossíveis de fabricar com métodos contemporâneos.

Softwares novos e intuitivos estão facilitando a criação de peças impressas em 3D sem que as pessoas precisem de treinamento avançado. À medida que se tornou mais difundida, a impressão 3D começou a revolucionar a indústria de manufatura. Uma das maiores vantagens é que ela permite a construção rápida e barata de protótipos. Os engenheiros podem projetar uma nova peça em um computador e ter em mãos um modelo impresso em 3D em questão de minutos ou horas — processo que, com a tecnologia anterior, talvez levasse semanas. Isso permite ciclos rápidos de testagem e modificações por uma fração do custo dos métodos antigos. Como resultado, indivíduos com boas ideias, mas relativamente pouco dinheiro podem levar suas inovações ao mercado e beneficiar a sociedade.

Outra importante vantagem da impressão 3D é que ela permite níveis de personalização e customização impraticáveis na fabricação baseada em moldes. Em via de regra, até mesmo a mais ínfima modificação requer um molde totalmente novo, o que pode custar dezenas de milhares de dólares ou mais. Em contrapartida, até mesmo as grandes alterações em um design de impressão 3D não acarretam custos adicionais. Como resultado, os inventores podem ter exatamente as peças certas de que necessitam para inovar, e os consumidores podem ter acesso a produtos concebidos especialmente para eles a um preço viável. Um exemplo entre muitos é a produção de sapatos feitos sob exata medida para os pés de cada cliente, em nome do mais perfeito ajuste e máximo conforto. Uma empresa líder no segmento de calçados impressos em 3D é a FitMyFoot, que permite que os clientes usem um aplicativo para tirar fotos de seus pés, e essas imagens são automaticamente convertidas em medidas para o processo de impressão.[264] Da mesma forma, é possível moldar móveis que se adaptem a cada tipo de corpo e fabricar ferramentas que se ajustem com perfeição à mão de uma pessoa.[265] E um aspecto de importância ainda maior: implantes médicos vitais serão mais baratos e mais eficazes.[266]

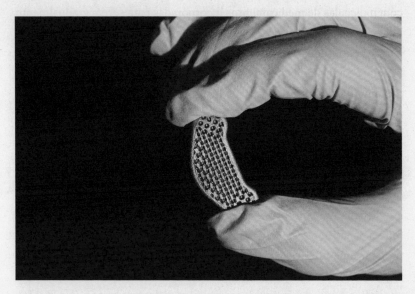

Um disco espinhal de titânio impresso em 3D que pode ser implantado em pacientes com lesões ou doenças na coluna.

Foto: Michael J. Ermarth, 2015, Federal Drug Administration (FDA).

Além disso, a impressão 3D permite que a produção seja descentralizada, empoderando os consumidores e as comunidades locais. Isso contrasta com o paradigma que se desenvolveu durante o século 20, em que a produção estava em larga medida concentrada em gigantescas fábricas corporativas nas grandes cidades. Sob esse modelo, as cidades pequenas e os países em desenvolvimento precisam comprar seus produtos em lugares distantes, arcando com o alto custo de um transporte que, além de tudo, é demorado. A produção descentralizada também trará significativos benefícios ambientais. O transporte de produtos das fábricas para os consumidores a centenas ou milhares de quilômetros de distância gera enormes emissões. De acordo com o Fórum Internacional de Transportes, o transporte de mercadorias é responsável por cerca de 30% de todas as emissões de carbono provenientes da queima de combustível.[267] Graças à impressão 3D descentralizada, grande parte disso pode se tornar desnecessário.

A resolução da impressão 3D vem melhorando a cada ano, e a tecnologia está ficando mais barata.[268] À medida que a resolução melhora (ou seja, diminui o tamanho das menores características de design atingíveis) e os custos encolhem, aumenta a gama de produtos que podem ser impressos de forma econômica. Por exemplo, muitos tecidos comuns têm fibras com diâmetros de 10 a 22 mícrons (ou micrômetros, milionésimos de metro) de largura.[269] Algumas impressoras 3D já conseguem atingir a resolução de 1 mícron ou menos.[270] Assim que a tecnologia for capaz de atingir diâmetros semelhantes, materiais similares e preços equivalentes aos do tecido normal, será economicamente viável imprimir qualquer roupa que desejarmos.[271] Como a velocidade de impressão também está aumentando, isso viabilizará uma produção em grandes volumes mais fácil e prática.[272]

Além da fabricação de artigos de uso diário, como sapatos e ferramentas, novas pesquisas estão aplicando a impressão 3D à biologia. Atualmente, cientistas estão testando técnicas que tornarão possível imprimir tecidos do corpo humano e, no futuro, órgãos inteiros.[273] O princípio geral envolve um material biologicamente inativo, como polímero sintético ou cerâmica, impresso em um "arcabouço" tridimensional no formato da estrutura corporal desejada. O fluido repleto de células-tronco reprogramadas é então depositado sobre o arcabouço, onde as células se multiplicam e preenchem a forma apropriada, criando assim um órgão substituto com o DNA do próprio paciente. A United Therapeutics (empresa de cujo conselho diretivo sou membro) está aplicando essa técnica (e outras) para um dia desenvolver pulmões, rins e corações inteiros.[274] Esse método se mostrará muito superior ao transplante de órgãos de uma pessoa para a outra, que apresenta profundas limitações em termos de disponibilidade e incompatibilidade com o sistema imunológico do paciente.[275]

Um potencial inconveniente da impressão 3D é que ela pode ser usada para fabricar designs piratas. Por que pagar 200 dólares por um par de sapatos de grife se você pode baixar o arquivo e imprimi-lo por uma fração do custo? Já enfrentamos problemas semelhantes com a propriedade intelectual da música, dos livros, dos filmes e de outras formas criativas. Tudo isso exige novas abordagens para proteger a propriedade intelectual.[276]

Outra consequência preocupante é que a produção descentralizada permitirá que civis criem armamentos aos quais, de outra forma, não teriam acesso fácil. Já circulam na internet arquivos que permitem às pessoas imprimir as peças para montar suas próprias armas.[277] Isso representará um desafio para as autoridades responsáveis pelo controle de armas e permitirá a criação de armas de fogo sem número de série, dificultando o trabalho das forças policiais no que diz respeito ao rastreamento de armas utilizadas em crimes. Será possível fabricar armas impressas em 3D feitas de plásticos avançados e usá-las para driblar os detectores de metal. Essa questão exigirá uma reavaliação cuidadosa dos regulamentos e políticas atuais.

Impressão 3D de edifícios

A impressão tridimensional geralmente está associada à fabricação de pequenos objetos, a exemplo de ferramentas ou implantes médicos, mas também pode ser empregada para criar estruturas maiores, como edifícios. Essa tecnologia está avançando rapidamente por meio de sucessivos estágios de protótipo, e, à medida que a produção de estruturas impressas em 3D ficar menos cara, elas se tornarão uma alternativa comercialmente viável aos atuais métodos de construção. No futuro, a impressão 3D dos módulos de construção e dos objetos menores que entram em um edifício reduzirá drasticamente os custos de construção de residências e escritórios.

Existem dois métodos principais para imprimir um edifício em 3D. O primeiro é criar peças ou módulos que são posteriormente montados — é muito parecido com o esquema de as pessoas comprarem peças de mobiliário na IKEA, levarem para casa ou escritório e montarem seus móveis por conta própria.[278] Em alguns casos, isso significa imprimir itens como painéis de parede e juntas de teto e depois acoplá-los no devido canteiro de obras — quase como encaixar peças de Lego. No final da década de 2020, será possível que essa montagem de módulos seja feita em grande parte por robôs.

Outra abordagem consiste em imprimir as estruturas de cômodos inteiros ou estruturas modulares[279], que geralmente são estruturas quadradas ou retangulares e podem se encaixar em muitas configurações diferentes. No canteiro de obras, podem ser colocadas na posição correta por guindastes e rapidamente montadas. Isso minimiza a barulheira e o incômodo que uma obra normalmente causa no entorno. Em 2014, a empresa chinesa WinSun demonstrou a construção de dez casas modulares simples em 24 horas, a um custo inferior a 5 mil dólares cada.[280] A China já é um centro de edifícios impressos em 3D, e nas décadas vindouras terá uma necessidade muito maior de versões mais aperfeiçoadas dessa tecnologia.

Um método alternativo é imprimir um edifício inteiro projetado sob medida como um único módulo.[281] Os engenheiros montam uma grande estrutura ao redor da área onde o edifício ficará localizado, e o bico de impressão se desloca roboticamente de um lado para o outro dentro dessa estrutura, depositando camadas de material (por exemplo, concreto) no formato das paredes. A construção da estrutura principal requer pouquíssima mão de obra humana, mas, depois de concluída essa primeira etapa, trabalhadores podem entrar para finalizar o interior do edifício e adicionar elementos como vidraças e telhas. Em 2016, a empresa HuaShang Tengda anunciou a conclusão de uma residência de dois andares que foi impressa de cima a baixo em 45 dias.[282] No momento em que escrevo estas linhas, esse tipo de tecnologia está chegando aos Estados Unidos, onde em 2021 uma empresa chamada Alquist 3D concluiu a primeira casa impressa em 3D ocupada pelo proprietário e, em 2023, viu a primeira "impressão" de uma casa de vários andares em Houston.[283] No final da década de 2020, a combinação da impressão 3D de objetos grandes e pequenos com robótica inteligente aumentará a capacidade de personalizar edifícios e, ao mesmo tempo, reduzir consideravelmente os custos.

A impressão 3D de módulos de construção oferece várias vantagens importantes, que se tornarão ainda mais robustas à medida que a tecnologia se desenvolve. Em primeiro lugar, reduz os custos de mão de obra, o que permitirá que as habitações básicas tenham preços mais acessíveis. Ao mesmo tempo, encurta o tempo de construção, o que reduz os impactos ambientais causados por obras muito demoradas. Isso inclui a diminuição de fatores como resíduos e lixo, poluição luminosa e sonora, poeira tóxica, interrupções no tráfego e riscos para os operários. Além disso, a impressão 3D facilita a construção de edifícios com materiais que estão prontamente disponíveis em âmbito local, em vez de utilizar recursos que podem estar a centenas de quilômetros de distância, como madeira e aço.

No futuro, a impressão 3D poderá ser empregada para tornar mais fácil e barata a construção de arranha-céus. Um dos principais desafios na construção de arranha-céus é levar pessoas e materiais aos andares superiores.

Um sistema de impressão 3D, juntamente com robôs autônomos capazes de usar materiais de construção bombeados desde o nível do solo na forma líquida, tornarão esse processo bem mais simples e menos dispendioso.

Pessoas diligentes alcançarão a velocidade de escape da longevidade por volta de 2030

A abundância material e a democracia pacífica tornam a vida melhor, mas o desafio que envolve coisas mais importantes é o esforço para preservar a própria vida. Como descreverei no Capítulo 6, o método de desenvolvimento de novos tratamentos de saúde está passando por uma rápida transformação: de um processo linear de erros e acertos para uma tecnologia da informação exponencial na qual sistematicamente reprogramamos o software subótimo da vida.

A vida biológica é subótima — ou seja, abaixo do parâmetro considerado ótimo ou ideal — porque a evolução é um conjunto de processos aleatórios otimizados pela seleção natural. Assim, à medida que "tirou proveito" da gama de características genéticas possíveis, a evolução dependeu fortemente do acaso e da influência de fatores ambientais específicos. Além disso, o fato de esse processo ser gradual significa que a evolução somente poderá alcançar um padrão se todas as etapas intermediárias em direção a determinada característica também levarem as criaturas a ser bem-sucedidas em seus ambientes. Portanto, sem dúvida há algumas características potenciais que seriam muito úteis, mas que são inacessíveis porque os passos gradativos necessários para construí-las seriam inadequados do ponto de vista evolutivo. Em contrapartida, a aplicação da inteligência (humana ou artificial) à biologia nos permitirá tirar proveito sistemático de toda a gama de possibilidades genéticas em busca das características que são ótimas — ou seja, mais benéficas. Isso inclui aquelas que são inacessíveis à evolução normal.

A essa altura, já tivemos cerca de duas décadas de progresso exponencial no sequenciamento do genoma (aproximadamente duplicando a relação preço/desempenho a cada ano) desde a conclusão do Projeto Genoma Humano em 2003 — e, em termos de pares de bases, essa duplicação ocorreu em média a cada quatorze meses, abrangendo múltiplas tecnologias e remontando ao primeiro sequenciamento de nucleotídeos do DNA em 1971.[284] Enfim, estamos chegando à parte íngreme de uma tendência exponencial de cinquenta anos na biotecnologia.

Estamos começando a utilizar a IA para a descoberta e a concepção de medicamentos e outras intervenções e, até o final da década de 2020, simuladores biológicos já estarão suficientemente avançados para gerar importantes dados de segurança e eficácia em questão de horas, em vez dos anos que os ensaios clínicos normalmente exigem. A transição dos testes em humanos para os testes simulados *in sílico** será regida por duas forças que trabalham em direções opostas. Por um lado, haverá uma preocupação legítima com a segurança: não queremos que as simulações deixem passar fatos médicos relevantes ou que declarem erroneamente que um medicamento perigoso é seguro. Por outro lado, os ensaios simulados poderão usar um número muito maior de simulações de pacientes e estudar uma ampla gama de comorbidades e fatores demográficos — informando aos médicos, com meticulosa riqueza de detalhes, de que maneira um novo tratamento poderá afetar diferentes tipos de pacientes. Além disso, fornecer os medicamentos precisos aos pacientes pode salvar muitas vidas. Os ensaios também envolverão incerteza política e resistência burocrática, mas, no fim das contas, a eficácia da tecnologia vencerá.

Apenas dois exemplos notáveis que os ensaios *in sílico* proporcionarão:

- A imunoterapia, que está permitindo que muitos pacientes com câncer em fase 4 (ou terminal) entrem em remissão, é um avanço muito promissor no tratamento da doença.[285] Tecnologias como a terapia com células CAR-T ativam e reprogramam as células imunológicas do próprio paciente para reconhecer e destruir células cancerígenas.[286] Até agora, a descoberta desses métodos é limitada por nossa incompleta compreensão biomolecular de como o câncer escapa ao sistema imunológico, mas as simulações de IA ajudarão a destruir esse impasse.
- Com células-tronco de pluripotentes induzidas (iPS), estamos ganhando a capacidade de rejuvenescer o coração após um ataque cardíaco e superar a "baixa fração de ejeção" da qual muitos

---

* Estudos realizados em computador ou via simulação computacional, modelando um fenômeno natural. [N. T.]

sobreviventes de ataques cardíacos sofrem (e que causou a morte de meu pai). Atualmente, estamos cultivando órgãos com o uso de células iPS (células adultas que são convertidas em células-tronco por meio da introdução de genes específicos). Já em 2023, as células iPS têm sido usadas para a regeneração de traqueias, ossos craniofaciais, células da retina, nervos periféricos e tecido cutâneo, bem como tecidos de órgãos importantes como coração, fígado e rins.[287] Como as células-tronco são semelhantes em alguns aspectos às células cancerígenas, uma importante linha de pesquisa futura será encontrar maneiras de minimizar o risco de divisão celular descontrolada. As células iPS podem agir como células-tronco embrionárias e se diferenciar em quase todos os tipos de células humanas. A técnica ainda é experimental, mas vem sendo utilizada com êxito em pacientes humanos. Para os cardiopatas, envolve a criação de células iPS do próprio paciente, cultivando-as em camadas macroscópicas de tecido muscular cardíaco e enxertando-as em um coração danificado. Acredita-se que a terapia funcione pela liberação de fatores de crescimento das células iPS, que estimulam a regeneração do tecido cardíaco existente. Na verdade, pode ser que enganem o coração, fazendo-o pensar que está em um ambiente fetal. Esse procedimento vem sendo usado para uma ampla variedade de tecidos biológicos. Assim que pudermos analisar os mecanismos de ação das iPS com IA avançada, a medicina regenerativa será capaz de efetivamente desencadear os planos de cura do próprio corpo.

Como resultado dessas tecnologias, os antigos modelos lineares de progresso na medicina e na longevidade deixarão de ser apropriados. Tanto a nossa intuição natural como uma visão retrospectiva da história sugerem que os próximos vinte anos de avanços serão aproximadamente como os últimos vinte, mas isso ignora a natureza exponencial do processo. Alastra-se cada vez mais o conhecimento de que o prolongamento radical da vida está bem próximo, mas a maioria das pessoas — tanto médicos quanto pacientes — ainda não tem consciência dessa imensa transformação na capacidade que temos de reprogramar a nossa ultrapassada biologia.

Como já mencionamos neste capítulo, a década de 2030 trará outra revolução na saúde, que o meu livro sobre saúde (em coautoria com o médico Terry Grossman) chama de "terceira ponte para o prolongamento radical da vida": nanorrobôs médicos. Essa intervenção proporcionará uma grande ampliação do sistema imunológico. Nosso sistema imunológico natural, que inclui células T que podem destruir de forma inteligente micro-organismos hostis, é bastante eficaz para muitos tipos de patógenos — tanto que, sem ele, não conseguiríamos viver muito tempo. No entanto, esse sistema evoluiu em uma época em que os alimentos e os recursos eram bem limitados, e a longevidade da maioria dos humanos era significativamente curta. Se os primeiros humanos se reproduziam ainda muito jovens e depois morriam aos 20 anos de idade, a evolução não tinha motivos para favorecer mutações que poderiam ter fortalecido o sistema imunológico contra ameaças que aparecem sobretudo mais tarde na vida, como o câncer e as doenças neurodegenerativas (muitas vezes causadas por proteínas mal dobradas chamadas príons). Da mesma forma, como muitos vírus provêm do gado, nossos antepassados evolutivos que existiram antes da domesticação dos animais não desenvolveram defesas fortes contra eles.[288]

Os nanorrobôs não apenas serão programados para destruir todos os tipos de patógenos, mas também serão capazes de tratar doenças metabólicas. À exceção do coração e do cérebro, nossos principais órgãos internos colocam substâncias na corrente sanguínea ou as removem, e muitas doenças resultam de seu mau funcionamento. Por exemplo, o diabetes tipo 1 é causado pela incapacidade das células da ilhota pancreática de produzir insulina.[289] Nanorrobôs médicos monitorarão o suprimento de sangue e aumentarão ou diminuirão a quantidade de várias substâncias, incluindo hormônios, nutrientes, oxigênio, dióxido de carbono e toxinas, aumentando ou até mesmo substituindo a função dos órgãos. Utilizando essas tecnologias, até o final da década de 2030 seremos em grande medida capazes de superar as doenças e o processo de envelhecimento.

A década de 2020 destacará descobertas farmacêuticas e nutricionais cada vez mais impactantes, em grande parte impulsionadas por IA avançada — não o bastante para curar o envelhecimento em si, mas suficiente para prolongar muitas vidas o bastante para alcançar a terceira ponte. E assim, por volta de 2030, as pessoas mais diligentes e informadas alcançarão a "velocidade de escape da longevidade" — um ponto de virada crucial em que poderemos acrescentar mais de um ano à nossa expectativa de vida restante para cada ano do calendário que passar. As areias do tempo começarão a se agregar em vez de escoar.

A quarta ponte para o prolongamento radical da vida será a capacidade de, em essência, fazer um backup de quem somos, tal como fazemos rotineiramente com todas as nossas informações digitais. À medida que aumentamos o nosso neocórtex biológico com modelos realistas (embora muito mais rápidos) do neocórtex na nuvem, nosso pensamento se tornará um híbrido do pensamento biológico ao qual estamos acostumados hoje e sua extensão digital. A porção digital se expandirá exponencialmente e, no fim das contas, predominará. Ela se tornará poderosa o suficiente para compreender, modelar e simular por completo a porção biológica, possibilitando-nos fazer um backup de todo o nosso pensamento. Esse cenário se tornará realista à medida que nos aproximarmos da Singularidade, em meados da década de 2040.

O objetivo final é colocar nosso destino em nossas próprias mãos, e não nas mãos metafóricas do acaso — viver pelo tempo que quisermos. Mas por que alguém escolheria morrer? As pesquisas mostram que indivíduos que tiram a própria vida normalmente sentem uma dor insuportável, seja física ou emocional.[290] Embora os avanços na medicina e na neurociência não sejam capazes de prevenir todos esses casos, provavelmente farão com que se tornem muito mais raros.

Em todo caso, depois de fazermos backup de nós mesmos, como poderíamos morrer? A nuvem já tem muitos backups de todas as informações que contém, recurso que será bastante aprimorado ao longo da década de 2040. Destruir todas as cópias de si mesmo pode ser uma tarefa quase impossível. Se projetarmos sistemas de backup mental de tal forma que alguém possa facilmente optar por excluir os próprios arquivos (na esperança de maximizar a autonomia pessoal), isso criará inerentes riscos de segurança, em que uma pessoa poderá ser enganada ou coagida a fazer essa escolha e poderá aumentar a vulnerabilidade a ataques cibernéticos. Por outro lado, limitar a capacidade do indivíduo de controlar seus dados mais íntimos afeta uma liberdade importante. Estou otimista, todavia, de que podem ser implementadas medidas de salvaguardas adequadas, tal como aquelas que durante décadas a fio protegeram com sucesso as armas nucleares.

Se você restaurasse seu arquivo mental após a morte biológica, estaria realmente restaurando *a si mesmo*? Como discuti no Capítulo 3, não se trata de uma questão científica, mas filosófica, com a qual teremos que lidar durante a existência da maioria das pessoas que estão vivas hoje.

Enfim, alguns indivíduos têm uma preocupação ética com a equidade e a desigualdade. Um entrave comum a essas previsões sobre a longevidade é que apenas os ricos terão condições de pagar pelas tecnologias do prolongamento radical da vida. Minha resposta é apontar a história do telefone celular. A bem da verdade, trinta anos atrás a pessoa precisava ser rica para ter um telefone celular, e ele não funcionava muito bem. Hoje, existem bilhões de aparelhos, que fazem muito mais coisas do que apenas ligações telefônicas. Agora os celulares são extensores de memória que nos permitem acessar quase todo o conhecimento humano. Essas tecnologias sempre começam sendo caras e com funções limitadas. Quando são aperfeiçoadas, tornam-se acessíveis em termos de custo a grande parte da população. E o motivo disso é a melhoria exponencial na relação preço/desempenho intrínseca às tecnologias de informação.

A maré crescente

Como argumentei neste capítulo, ao contrário do que muita gente pensa, a vida está melhorando de forma profunda e fundamental para a grande maioria das pessoas na Terra. Mais importante ainda, essa melhoria não é apenas uma coincidência. Os importantes avanços que vimos nos últimos dois séculos em áreas como alfabetização e educação, saneamento, expectativa de vida, energia limpa, pobreza, violência e democracia são todos alimentados pela mesma dinâmica subjacente: a tecnologia da informação facilita seu próprio avanço. Essa percepção, que está no cerne da Lei dos Retornos Acelerados, explica os círculos virtuosos que transformaram de forma tão acentuada a vida humana. A tecnologia da informação tem a ver com ideias, e melhorar exponencialmente a nossa capacidade de compartilhar ideias e de criar novas ideias dá a cada um de nós — no sentido mais amplo possível — maior poder para realizar o nosso potencial humano e, coletivamente, resolver muitas das dores que a sociedade enfrenta.

A melhoria exponencial da tecnologia da informação é uma maré crescente que eleva todos os barcos da condição humana. E agora estamos prestes a entrar no período em que essa maré subirá como nunca. A chave para isso é a inteligência artificial, que nos permite transformar muitos tipos de tecnologia de avanço linear em tecnologia da informação exponencial — da agricultura à medicina, da indústria de transformação ao uso do solo. Essa força é o que tornará a própria vida exponencialmente melhor no futuro.

A jornada da humanidade rumo a uma vida mais fácil, mais segura e mais abundante para todos vem sendo construída há anos, décadas, séculos e milênios. De fato, temos dificuldade em imaginar como era a vida um século atrás, e mais ainda antes disso. Nosso acelerado progresso — com substanciais ganhos e avanços ao longo das últimas décadas — e a profunda evolução que virá nas próximas décadas nos catapultarão para a frente nessa direção positiva, muito além do que somos capazes de imaginar agora.

CAPÍTULO 5

O FUTURO DOS EMPREGOS: BOAS OU MÁS NOTÍCIAS?

A revolução atual

As tecnologias convergentes das próximas duas décadas criarão enorme prosperidade e abundância material em todo o mundo. Mas essas mesmas forças também convulsionarão a economia global, forçando a sociedade a se adaptar em um ritmo sem precedentes.

Em 2005, ano em que meu livro *A Singularidade está próxima* foi lançado, a Agência de Projetos de Pesquisa Avançada de Defesa (DARPA) concedeu um prêmio de 2 milhões de dólares a uma equipe de Stanford que venceu a grande competição da agência para veículos autoconduzidos.[1] Na ocasião, para o público geral os carros autônomos ainda eram uma coisa de ficção científica, e até mesmo muitos especialistas acreditavam que ainda faltava um século para a chegada dessa invenção. Porém, quando em 2009 o Google lançou um ambicioso projeto baseado em IA, essa tecnologia acelerou a todo vapor. O projeto originou uma empresa independente chamada Waymo,* que em 2020 passou a oferecer o serviço de táxis totalmente autônomos à população dos arredores da cidade de Phoenix, no

---

* Acrônimo da expressão em inglês "a new WAY forward in MObility" (um novo caminho adiante em mobilidade). [N. T.]

Arizona, com uma posterior expansão para São Francisco.² Quando você estiver lendo estas palavras, a frota da Waymo já terá começado a operar em Los Angeles e possivelmente em outras cidades.³

No momento em que este livro estava sendo escrito, os veículos autoconduzidos da Waymo já haviam percorrido bem mais de 32 milhões de quilômetros de forma totalmente autônoma (número que está aumentando rapidamente — uma das dificuldades de escrever este livro!).⁴ Essa experiência do mundo real forneceu à Waymo uma base para criar e ajustar com precisão um simulador realista — um ambiente virtual capaz de recriar os muitos imprevistos e peculiaridades do ato de dirigir.

Esses dois modos têm seus próprios pontos fortes e fracos, mas juntos servem para se reforçar mutuamente. A experiência de dirigir um veículo no mundo real pode envolver situações inesperadas que os engenheiros nunca seriam capazes de antever por conta própria para incluí-las em um ambiente simulado. Por outro lado, quando a IA enfrenta uma situação do mundo real, os engenheiros não conseguem parar o trânsito e instruir todos os motoristas ao redor: "Vamos tentar de novo, mas agora oito quilômetros por hora mais rápido".

Em contrapartida, a condução de um veículo no mundo virtual permite testes de grande volume que, do ponto de vista científico, ajustam com exatidão os parâmetros necessários para dominar uma situação. Além disso, é possível simular situações de risco hipotéticas as quais não seriam suficientemente seguras para treinar a IA na condução de carros no mundo real. Ao fazer com que a IA resolva milhões de circunstâncias diferentes dessa forma, os engenheiros podem identificar as questões mais importantes a serem abordadas na condução de automóveis no mundo real.

Para que o leitor tenha uma ideia da quantidade de dados que a simulação torna possível em relação à realidade, em 2018 a Waymo começou a simular em testes diários o mesmo número de quilômetros percorridos que seu sistema de direção autônoma havia acumulado até então em estradas e ruas reais ao longo de toda a história do projeto, desde 2009. Em 2021, ano mais recente para o qual existem dados disponíveis enquanto escrevo este livro, ainda se mantém a espantosa proporção — cerca de 32 milhões de quilômetros simulados por dia, contra mais de 32 milhões de quilômetros percorridos em ruas e estradas reais desde a fundação da empresa.⁵

Conforme discutimos no Capítulo 2, essas simulações podem gerar exemplos suficientes para treinar redes neurais profundas (por exemplo, de cem camadas). Foi assim que o DeepMind, laboratório subsidiário da Alphabet, gerou exemplos de treinamento suficientes para superar os melhores humanos no jogo de tabuleiro Go.[6] Simular o universo da direção de veículos é muito mais complexo do que simular o mundo do Go, mas a Waymo usa a mesma estratégia fundamental — e atualmente aperfeiçoou seus algoritmos com mais de 32 *bilhões* de quilômetros de direção simulada[7] e gerou dados suficientes para aplicar aprendizagem profunda a fim de aprimorar seus algoritmos.

Se o seu trabalho é dirigir um carro, um ônibus ou um caminhão, esta notícia provavelmente fará você parar para pensar: nos Estados Unidos, mais de 2,7% das pessoas empregadas trabalham como motoristas — dirigindo caminhões, ônibus, táxis, vans de entrega ou algum outro tipo de veículo.[8] De acordo com os dados mais recentes disponíveis, esse número representa mais de 4,6 milhões de empregos.[9] Embora haja espaço para divergências quanto à rapidez com que os veículos autônomos levarão essas pessoas ao desemprego, é praticamente certo que muitas delas perderão o trabalho antes de chegarem na idade de se aposentar. Além disso, a automação que afeta esse tipo de emprego terá impactos desiguais em todo o país. Ainda que em grandes estados como a Califórnia e a Flórida os motoristas representem menos de 3% da mão de obra empregada, em Wyoming e Idaho o número ultrapassa os 4%.[10] Em partes do Texas, Nova Jersey e Nova York, a porcentagem sobe para 5%, 7% ou até mesmo 8%.[11] A maioria desses condutores é formada por homens, predominantemente de meia-idade e sem formação universitária.[12]

Mas os veículos autônomos não colocarão em perigo somente os postos de trabalho das pessoas que estão fisicamente atrás do volante. À medida que os caminhoneiros perderem o emprego para a automação, diminuirá a necessidade de funcionários para cuidar da burocracia e da folha de pagamento desses condutores, bem como haverá menos funcionários para trabalhar nas lojas de conveniência e motéis de beira de estrada. Serão necessários menos faxineiros para limpar os banheiros dos postos de parada de caminhões, e despencará a procura por profissionais do sexo nos locais que os caminhoneiros frequentam hoje em dia. Embora saibamos, em termos gerais, que esses efeitos acontecerão, é muito difícil calcular com precisão qual será a dimensão ou a rapidez com que essas mudanças ocorrerão. No entanto, é útil ter em mente que a indústria dos transportes e os setores relacionados a ela empregam diretamente cerca de 10,2% dos trabalhadores dos Estados Unidos, de acordo com a estimativa mais recente (2021) do Escritório de Estatísticas de Transporte.[13] Mesmo abalos relativamente pequenos em um setor tão grande terão consequências de peso.

No entanto, os condutores de veículos são apenas um item de uma longa lista de profissões que estão ameaçadas em curtíssimo prazo pela IA que tira proveito da vantagem do treinamento com base em enormes conjuntos de dados. Um pioneiro estudo de 2013 realizado por dois acadêmicos da Universidade de Oxford, Carl Benedikt Frey e Michael Osborne, definiu um ranking para avaliar a probabilidade de cerca de setecentos diferentes tipos de empregos nos Estados Unidos serem automatizados até o início da década de 2030.[14] Encabeçando a lista, com 99% de probabilidade de passarem a ser realizadas por máquinas, estavam categorias de ocupação como operadores de telemarketing, corretores de seguros e preparadores de documentos fiscais.[15] O estudo conclui que mais da metade das ocupações tem mais de 50% de chance de ser automatizada.[16]

No topo dessa lista estavam empregos em fábricas, atendimento ao cliente, cargos bancários e, claro, motoristas de carros, caminhões e ônibus.[17] No final da lista estavam empregos que exigem interação pessoal próxima e flexível, caso de terapeutas ocupacionais, assistentes sociais e profissionais do sexo.[18]

No decorrer da década desde que esse estudo foi divulgado, continuaram a se acumular provas para corroborar as alarmantes conclusões centrais dos pesquisadores. Um outro estudo, realizado em 2018 pela Organização para a Cooperação e o Desenvolvimento Econômico (OCDE), analisou a probabilidade de cada tarefa em um determinado emprego ser automatizada, e obteve resultados semelhantes aos de Frey e Osborne.[19] A conclusão foi de que 14% dos empregos em 32 países tinham mais de 70% de chance de ser eliminados pela automação durante a década seguinte, e no caso de outros 32% a probabilidade era superior a 50%.[20] Os resultados do estudo da OCDE sugeriram que cerca de 210 milhões de empregos estavam em situação de grande vulnerabilidade e risco nesses países.[21] De fato, um relatório da organização divulgado em 2021 confirmou, com base nos dados mais recentes, que o crescimento do número de empregos tem sido muito mais lento para as atividades e ocupações mais suscetíveis à automação.[22] E toda essa pesquisa foi feita antes dos avanços da IA generativa, como ChatGPT e Bard. As estimativas mais recentes — por exemplo, as que constam de um relatório de 2023 da McKinsey — constataram que, nas economias desenvolvidas da atualidade, 63% de todo o tempo de trabalho é gasto em tarefas que já poderiam ter sido automatizadas com o auxílio da tecnologia.[23] Se a adoção da automação prosseguir a passos largos, metade desses trabalhos poderá ser automatizada até 2030; já a análise da McKinsey — que utiliza o ponto médio da gama de hipóteses, o que neste caso significa um nível moderado de automação — prevê esse cenário para 2045, presumindo que não haja futuros avanços na inteligência artificial. Mas sabemos que essa evolução seguirá acontecendo exponencialmente até que alcancemos uma IA de nível sobre-humano, completamente automatizada e com precisão atômica (controlada por IA), em algum momento da década de 2030.

No entanto, esta não é nem de longe a primeira vez que as pessoas conseguem ver com clareza que seus empregos poderão sucumbir em massa ao impacto da automação. A história começou dois séculos atrás, quando os tecelões de Nottingham, na Inglaterra, foram ameaçados pela introdução do tear mecânico e de outras máquinas têxteis.[24] Esses trabalhadores desfrutavam de uma vida digna graças à sua hábil produção de meias e rendas em estáveis empresas familiares que passavam de geração para geração. Porém, as inovações tecnológicas do início do século 19 transferiram o poder econômico da indústria para as mãos dos proprietários das máquinas, deixando os tecelões em risco de perder seu ganha-pão.

Não está claro se Ned Ludd existiu de fato, mas diz a lenda que ele acidentalmente quebrou máquinas de uma fábrica têxtil, e depois disso qualquer equipamento danificado — por engano ou em protesto contra a automação — seria atribuído a Ludd.[25] Em 1811, os desesperados tecelões formaram um exército de guerrilha urbana e declararam o general Ludd como seu líder.[26] Esses ativistas "luditas", como eram conhecidos, revoltaram-se contra os proprietários de fábricas — primeiro direcionaram sua violência sobretudo contra as máquinas, mas logo se seguiu o derramamento de sangue. O movimento terminou com a prisão e enforcamento dos mais importantes líderes luditas pelo governo britânico.[27] Ned Ludd nunca foi encontrado.

Os tecelões viram seu meio de sustento cair por terra. De seu ponto de vista, era irrelevante que tivessem sido criados empregos, com salários mais elevados, para as tarefas de projetar, fabricar e comercializar as novas máquinas. Não existiam programas governamentais de requalificação profissional, e esses trabalhadores haviam passado a vida desenvolvendo uma habilidade que se tornou obsoleta. Muitos foram forçados a aceitar empregos com salários mais baixos, pelo menos por algum tempo. Mas um resultado positivo dessa onda inicial de automação foi o fato de que a pessoa comum agora tinha condições de comprar um guarda-roupa mais completo, em vez de uma única camisa. E, com o tempo, formaram-se novos ramos de atividade, como resultado da automação. A prosperidade resultante foi o principal fator que destruiu o movimento ludita original. Embora os luditas tenham entrado para a história, continuaram como um robusto símbolo daqueles que protestam por serem deixados para trás pelo progresso tecnológico.

Destruição e criação

Se em 1990 eu fosse um futurista presciente, teria dito aos trabalhadores: "Cerca de 40% de vocês trabalham no campo (número que em 1810 era superior a 80%), e 20% de vocês trabalham em fábricas. Ainda assim eu prevejo que, até o ano 2023, a parcela de empregados que atua na manufatura cairá em mais da metade (para 7,8%), e a fatia daqueles que hoje trabalham na agricultura despencará em mais de 95% (para menos de 1,4%)".[28]

Eu poderia prosseguir dizendo: "Mas vocês não precisam se preocupar, porque na verdade a oferta de trabalho não vai diminuir, e sim aumentar. Mais empregos serão criados do que eliminados". Se algum trabalhador então me perguntasse: "Quais novos empregos serão criados?", uma resposta honesta seria: "Não sei. Ainda não foram inventados, e estarão em ramos de atividade que ainda não existem". O fato de essa não ser uma resposta muito satisfatória ilustra a razão pela qual a ansiedade política está associada à automação.

Se eu fosse realmente capaz de prever o futuro, teria dito às pessoas em 1990 que em breve seriam disponibilizados novos empregos em áreas de atividade como criação e operação de websites e aplicativos móveis, análise de dados e marketing digital. Mas eles não teriam a menor ideia do significado de minhas palavras.

Na verdade, apesar da drástica redução em muitas categorias de ocupação, o número total de empregos cresceu substancialmente — tanto em termos absolutos como proporcionais. Em 1900, a mão de obra total dos Estados Unidos contemplava cerca de 29 milhões de pessoas, compreendendo 38% da população.[29] No início de 2023, a força de trabalho era de cerca de 166 milhões, compreendendo mais de 49% da população.[30]

Não apenas o número total de empregos está crescendo, mas aqueles que ocupam essas vagas trabalham menos horas e ganham mais dinheiro. Nos Estados Unidos, o número anual de horas trabalhadas por cada empregado caiu de pouco mais de 2.900 em 1870 para cerca de 1.765 em 2019 (pouco antes dos transtornos causados pela Covid-19).[31] E, apesar da redução nas horas trabalhadas, a renda média anual dos trabalhadores multiplicou-se mais de quatro vezes em dólares constantes desde 1929.[32] Naquele ano, a renda pessoal anual per capita nos Estados Unidos era de cerca de 700 dólares. Uma vez que apenas 48 milhões de pessoas da população total do país de 122,8 milhões estavam empregadas, isso se traduz em cerca de 1.790 dólares (cerca de 31.400 em dólares de 2023) por trabalhador.[33] Em 2022, a renda pessoal per capita no país foi calculada em 64.100 dólares para uma população de 332 milhões de pessoas, das quais a força de trabalho rondava os 164 milhões.[34] Assim, a renda média anual dos trabalhadores norte-americanos foi de cerca de 129.800 dólares (cerca de 133 mil em dólares de 2023) — mais de quatro vezes superior ao de nove décadas antes.

Observe, porém, que, embora essa média reflita enormes ganhos de riqueza geral em todo o país, as rendas medianas (o nível de renda em que o número de pessoas que ganham acima do valor da mediana é igual ao de pessoas que ganham abaixo dele) são muito menores.

Não existem dados confiáveis para 1929, mas em 2021 a renda mediana era de 37.522 dólares, em comparação com a média de 64.100 dólares.[35] Parte dessa diferença reflete a renda extremamente elevada de uma minoria da população, bem como a numerosa fatia de aposentados, estudantes, pais/mães que ficam em casa cuidando dos filhos ou de pessoas desempregadas.

Se examinarmos com mais atenção os ganhos por hora, salta aos olhos uma tendência semelhante. Em 1929, o trabalhador norte-americano médio trabalhava 2.316 horas por ano.[36] Com salário médio de cerca de 31.400 dólares (em dólares de 2023), isso representa cerca de 13,55 dólares por hora. Em 2021 os norte-americanos ganharam cerca de 10,8 trilhões de dólares (ajustados para dólares de 2023) em ordenados e salários, com

254 bilhões de horas de trabalho — mais ou menos 42,50 dólares por hora, e mais que o triplo da cifra de 1929.[37]

Na realidade, o aumento foi ainda maior. Alguns tipos de trabalho não são incluídos nas estatísticas salariais oficiais. Por exemplo, os programadores de computador autônomos, que são muito bem remunerados, não figuram nas folhas de pagamento. Tampouco os empreendedores ou artistas criativos, que podem receber polpudos montantes por cada hora trabalhada. Em 2021, a renda pessoal total nos Estados Unidos girou em torno de 21,8 trilhões de dólares (valores ajustados para 2023), o que implica uma remuneração por hora trabalhada aproximadamente equivalente ao dobro do valor do salário.[38] Mas muitos tipos de renda pessoal (por exemplo, o valor obtido com o aluguel de um imóvel) não se traduzem bem em horas trabalhadas, portanto o número mais exato fica em algum lugar entre os dois. Conforme discutimos no capítulo anterior, esses ganhos nem sequer levam em consideração quantos tipos de bens ficaram muito melhores e mantiveram os preços (ajustados pela inflação) durante esse período, ou o fato de os consumidores terem acesso a inúmeras inovações.

Subjacente a grande parte desse progresso, a mudança tecnológica está introduzindo em antigos tipos de trabalho dimensões baseadas em informações e criando milhões de novos empregos que não existiam um quarto de século atrás, muito menos há cem anos, e que exigem competências novas e de nível superior.[39] Até aqui, isso contrabalançou a gigantesca destruição de empregos agrícolas e industriais que outrora ocupavam a grande maioria da força de trabalho.

No início do século 19, os Estados Unidos eram uma sociedade predominantemente agrícola. À medida que mais colonos chegavam à jovem nação e se deslocavam para oeste da cordilheira dos Apalaches, a porcentagem de norte-americanos empregados na agricultura aumentou, atingindo um pico de mais de 80%.[40] Porém, na década de 1820, essa proporção começou a diminuir rapidamente, uma vez que a tecnologia agrícola aprimorada tornou possível que menos agricultores conseguissem alimentar mais pessoas. De início, isso foi o resultado de uma combinação de dois fatores: o aperfeiçoamento de métodos científicos de melhoramento de plantas e o uso de sistemas de rotação de culturas.[41] Conforme a Revolução Industrial avançava, os implementos agrícolas mecânicos passaram a ser importantes ferramentas de economia de mão de obra.[42] O ano de 1890 marcou a primeira vez em que a maior parte da força de trabalho norte-americana não estava empregada no meio agrícola, tendência que acelerou significativamente por volta de 1910, enquanto tratores movidos a vapor ou motores de combustão interna substituíam animais de trabalho de desempenho lento e ineficiente.[43]

Durante o século 20, o advento de pesticidas e fertilizantes químicos aprimorados e melhores modificações genéticas levaram a uma explosão no rendimento das colheitas. Por exemplo: em 1850, a produção de trigo no Reino Unido era de 0,44 tonelada por acre;[44] em 2022, saltou para 3,84 toneladas por acre.[45] Durante aproximadamente o mesmo período, a população do Reino Unido aumentou de cerca de 27 milhões para 67 milhões de habitantes, de modo que a produção de alimentos foi capaz não apenas de atender a um número crescente de cidadãos, mas também de tornar a oferta desses alimentos muito mais abundante.[46] Com acesso a uma melhor nutrição, as pessoas ficaram mais altas e mais saudáveis e tiveram um melhor desenvolvimento cerebral na infância. Uma vez que mais indivíduos alcançaram condições em que podiam viver para atingir seu pleno potencial, mais talentos foram liberados para continuar a inovação.[47]

Olhando para o futuro, o surgimento da agricultura vertical automatizada provavelmente alavancará outro grande salto na produtividade e na eficiência da agricultura. Empresas como a Hands Free Hectare, no Reino Unido, já estão trabalhando para eliminar o trabalho humano de todas as fases da produção agrícola.[48] À medida que a IA e a robótica avançam e a energia renovável se torna mais barata, por fim haverá drásticas reduções no preço de muitos produtos agrícolas. À medida que os preços dos alimentos se tornam menos dependentes do trabalho humano e dos escassos recursos naturais, a pobreza não impedirá as pessoas de terem acesso a uma abundante oferta de alimentos frescos, saudáveis e nutritivos.

Embora muitos dos trabalhadores do campo que perderam o emprego tenham encontrado novas ocupações nas fábricas, cerca de um século e meio depois a mesma história aconteceu no setor fabril. Na primeira década do século 19, cerca de um em cada 35 trabalhadores norte-americanos estava empregado na manufatura.[49] No entanto, a Revolução Industrial rapidamente transformou as grandes cidades, à proporção que fábricas movidas a vapor surgiram e exigiram milhões de trabalhadores pouco qualificados. Em 1870, quase um em cada cinco trabalhadores atuava na indústria, sobretudo no Norte em rápida industrialização.[50] No início do século 20, a segunda onda da Revolução Industrial trouxe a reboque uma nova massa de empregados — em grande parte imigrantes — para o setor industrial. O desenvolvimento da linha de montagem aumentou a eficiência de maneira significativa e, à medida que os preços dos produtos caíam, tornaram-se acessíveis a um número cada vez maior de pessoas.[51]

Trabalho agrícola nos EUA desde 1800[52]

Fontes: Departamento Nacional de Pesquisa Econômica dos EUA; Escritório de Estatísticas do Trabalho dos EUA; OIT.

Enquanto a demanda crescia, as fábricas tiveram de contratar novos exércitos de trabalhadores, e o emprego na indústria em tempos de paz atingiu o pico por volta de 1920, com uma estimativa de 26,9% da força de trabalho civil.[53] Os métodos de medição da dimensão da força de trabalho mudaram um pouco ao longo do tempo, de modo que não é possível compararmos com perfeição esse número aos das décadas posteriores, mas um fato geral é claro. Descontados os abalos decorrentes da Grande Depressão (quando o emprego na indústria caiu temporariamente) e da Segunda Guerra Mundial (quando aumentou temporariamente), a mão de obra fabril dos Estados Unidos se manteve em torno de 20%. Até a década de 1970, uma em cada quatro pessoas trabalhava na indústria.[54] Durante cerca de cinco décadas, não houve uma tendência geral ascendente ou descendente.

Então, duas mudanças relacionadas com a tecnologia começaram a corroer o emprego nas fábricas norte-americanas. Em primeiro lugar, graças a inovações na logística e nos transportes, sobretudo o transporte marítimo em contêineres, as empresas constataram que era mais barato terceirizar a produção para países com mão de obra menos dispendiosa e importar o produto final para os Estados Unidos.[55] A conteinerização não é uma tecnologia vistosa como a robótica industrial ou a IA, mas seu impacto na sociedade moderna foi um dos mais profundos entre todas as inovações. Ao reduzir drasticamente o custo do transporte marítimo em nível mundial, a utilização de contêineres para acondicionar e transportar mercadorias possibilitou que a economia se tornasse verdadeiramente global. Como resultado, uma enorme gama de produtos ficou mais barata para as pessoas comuns; por outro lado, a conteinerização foi também um fator-chave na desindustrialização de grandes partes dos Estados Unidos.

Em segundo lugar, a automação reduziu a quantidade de trabalho humano exigida pelo setor industrial nacional. Embora as primeiras linhas de montagem envolvessem uma considerável dose de "mão na massa" em cada etapa, a introdução da robótica diminuiu a necessidade da operação manual. Essa tendência foi reforçada na década de 1990, à medida que a informatização e a inteligência artificial começaram a tornar a automação cada vez mais capaz e eficiente. Assim, o trabalhador médio da indústria, auxiliado por máquinas mais inteligentes, passou a conseguir produzir um volume cada vez maior de mercadorias por hora. De fato, nas duas décadas entre 1992 e 2012, enquanto a informatização transformava a produção industrial, a produtividade do operário médio dobrou (em números ajustados pela inflação).[56]

Como resultado, durante o século 21, deu-se uma dissociação entre a produtividade industrial e o emprego industrial. Em fevereiro de 2001, pouco antes da recessão pós-pontocom, 17 milhões de norte-americanos tinham empregos na indústria.[57] Esse número despencou drasticamente durante a recessão e jamais se recuperou — os empregos na indústria permaneceram estáveis em cerca de 14 milhões durante todo o *boom* de meados da década de 2000, apesar de um substancial aumento na produção.[58] Em dezembro de 2007, no início da Grande Recessão, cerca de 13,7 milhões de norte-americanos trabalhavam na indústria, número que em fevereiro de 2010 tinha caído para 11,4 milhões.[59] A produção industrial se recuperou rapidamente e em 2018 voltou a se aproximar das máximas históricas — mas muitos dos empregos perdidos nunca mais voltaram.[60] Mesmo em novembro de 2022, apenas 12,9 milhões de trabalhadores eram necessários para dar conta dessa produção.[61]

Olhando em retrospecto para o século passado, essas tendências são impressionantes. Depois de se manter estável entre 20% e 25% de 1920 a 1970, o emprego no setor industrial diminuiu como uma fração da força de trabalho nas cinco décadas seguintes — para 17,5% em 1980, 14,1% em 1990, 12,1% em 2000 e atingindo o ponto mais baixo, de 7,5%, em 2010.[62] Na década seguinte, manteve-se essencialmente estável, a despeito da expansão econômica sustentada e do crescimento saudável da produção industrial. Assim, no início de 2023, o setor empregava aproximadamente um em cada treze trabalhadores norte-americanos.[63]

Mão de obra industrial nos EUA desde 1900[64]

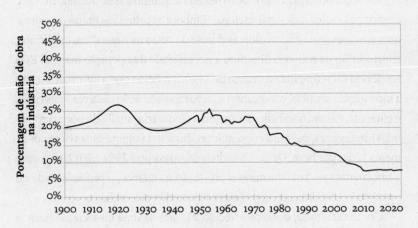

Ano

Fontes: Escritório de Estatísticas do Trabalho dos EUA; Stanley Lebergott, "Labor Force and Employment, 1800-1960," in *Output, Employment, and Productivity in the United States After 1800*, Dorothy S. Brady (Org.) (Washington, DC: Departamento Nacional de Pesquisa Econômica dos EUA; 1966).

Apesar da acentuada redução dos empregos agrícolas e industriais, a força de trabalho dos Estados Unidos vem crescendo em ritmo contínuo desde que começou a haver medições estatísticas, mesmo à luz das sucessivas ondas de automação.[65] Desde o início da Revolução Industrial até meados do século 20, a economia não somente criou novas oportunidades profissionais suficientes para proporcionar trabalho à população em rápida expansão, mas também absorveu a entrada de dezenas de milhões de mulheres na população economicamente ativa.[66]

Desde o início do século 21, a força de trabalho encolheu ligeiramente em proporção à população total, mas uma das principais razões para isso é que uma porcentagem mais elevada de norte-americanos está agora em idade de se aposentar.[67] Em 1950, 8% da população dos Estados Unidos tinha 65 anos ou mais;[68] em 2018, esse número tinha duplicado para 16%, deixando uma quantidade relativamente menor de pessoas em idade ativa na economia.[69] O Departamento de Censo projeta — independentemente de quaisquer novos avanços médicos de ponta que possam ser alcançados nas próximas décadas — que as pessoas com mais de 65 anos constituirão 22% da população norte-americana até 2050.[70] Se eu estiver certo em minha previsão de que significativas tecnologias de prolongamento da vida se tornarão uma realidade até lá, a proporção de cidadãos idosos será ainda maior.

Em termos absolutos, porém, a própria força de trabalho ainda está crescendo. Em 2000, a mão de obra civil (ou seja, adultos em idade produtiva empregados em setores não militares) foi estimada em 143,6 milhões de pessoas de uma população total de 282 milhões, ou 50,9%.[71] Em 2022, essa força de trabalho tinha saltado para 164 milhões de trabalhadores de uma população total de 332 milhões de pessoas, ou 49,4%.[72]

Força de trabalho dos EUA [73]

Fontes: Escritório de Estatísticas do Trabalho dos EUA; Departamento Nacional de Pesquisa Econômica dos EUA; Departamento de Censo dos EUA.

À medida que a economia evoluiu na direção de empregos de tecnologia mais intensiva, foi preciso aumentar drasticamente o investimento na educação para propiciar as novas habilidades necessárias e para criar novas oportunidades de emprego. Passamos de 63 mil estudantes universitários (em nível de licenciatura e pós-graduação) em 1870 para cerca de 20 milhões em 2022.[74] Desse total, acrescentamos cerca de 4,7 milhões de estudantes universitários nos Estados Unidos apenas entre os anos 2000 e 2022.[75] Hoje, gastamos cerca de dezoito vezes mais em dólares constantes por criança no ensino fundamental e médio do que gastávamos há um século. Durante o ano letivo de 1919-1920, as escolas públicas de ensino fundamental e médio gastaram o equivalente a 1.035 dólares por aluno (em dólares de 2023).[76] No ano letivo de 2018-2019, esse valor aumentou para cerca de 19.220 (em dólares de 2023).[77]

Matrículas em instituições de ensino superior, por sexo: 1869-1870 a 1990-1991[78]

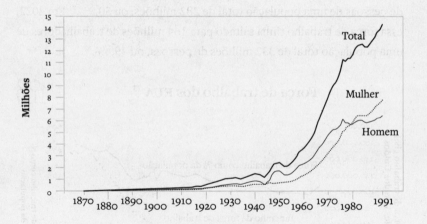

Término do ano letivo

Fontes: Departamento de Comércio dos EUA, Departamento de Censo dos EUA, *Historical Statistics of the United States, Colonial Times to 1970*; Departamento de Educação dos EUA, Centro Nacional de Estatísticas de Educação, *Digest of Education Statistics*, várias edições.

Ao longo dos últimos dois séculos, em várias ocasiões a mudança tecnológica substituiu a maioria dos empregos na economia; no entanto, com o auxílio da melhoria da educação, assistimos a um progresso econômico sustentado e acentuado. E observamos isso apesar da percepção contínua (e precisa) de que as principais categorias de emprego estão prestes a desaparecer.[79]

Desta vez é diferente?

Apesar do longo padrão de crescimento líquido dos empregos, alguns economistas de renome previram que desta vez será diferente. Um dos principais defensores da opinião de que o próximo ataque da automação baseada na IA será um "assassino de empregos" foi o professor de Stanford Erik Brynjolfsson. Ele argumenta que, ao contrário das transições anteriores impulsionadas pela tecnologia, a mais recente forma de automatização resultará mais na perda do que na criação de empregos.[80] Os economistas que defendem esse ponto de vista veem a situação atual como a culminação de várias ondas sucessivas de mudança.

A primeira onda tem sido chamada de "desqualificação".[81] Por exemplo, o condutor de uma carruagem puxada por cavalos que necessitava de amplas competências no manejo e manutenção de animais imprevisíveis foi substituído por um condutor de automóvel que necessitava de menos competências desse tipo. Um dos principais efeitos da desqualificação é que é mais fácil para as pessoas aceitarem novos empregos sem uma formação prolongada. Os artesãos levavam anos para desenvolver a vasta gama de habilidades necessárias para a produção de calçados, mas, uma vez que as máquinas da linha de montagem assumiram grande parte desse trabalho, qualquer pessoa poderia conseguir um emprego na área após dedicar muito menos tempo aprendendo a operar uma máquina. Isso significou que os custos trabalhistas caíram e os sapatos se tornaram mais acessíveis, mas também que empregos com salários mais baixos substituíram os de salários mais altos.

A segunda onda se chama "aquisição de novas habilidades e aprimoramento de competências". Esse aprimoramento geralmente segue a desqualificação e introduz tecnologias que exigem mais aptidões do que as já existentes. Às vezes, fornecer tecnologias de navegação aos motoristas exige que eles aprendam a usar recursos eletrônicos, competência que anteriormente não fazia parte do conjunto de habilidades exigidas. Isso pode significar introduzir máquinas que desempenham um papel cada vez maior no processo de fabricação, mas cuja operação exige habilidades sofisticadas. Por exemplo: as primeiras máquinas de fabricação de calçados eram prensas manuais cujo manejo não requeria educação formal, porém hoje empresas como a FitMyFoot lançam mão da impressão 3D para criar calçados personalizados que se adaptam perfeitamente a cada cliente.[82] Portanto, em vez de um grande número de empregos de baixa qualificação, a produção dos calçados FitMyFoot depende de um número menor de pessoas com habilidades em ciência da computação e operação de impressoras 3D. Tendências como essa estão fadadas a substituir empregos de baixa remuneração por um número menor de empregos, mas com salários mais elevados.

A onda que se aproxima, no entanto, poderia ser chamada de "sem qualificações". A IA de veículos autônomos, por exemplo, substituirá completamente os condutores humanos. À medida que mais e mais tarefas se enquadrarem nas capacidades da IA e da robótica, haverá uma série de transições para empregos sem qualificações. O que torna a inovação impulsionada pela IA diferente das tecnologias anteriores é que ela abre mais oportunidades para tirar os humanos da equação. Em vez de reduzir ou aumentar a quantidade de habilidades e competências necessárias para executar determinada tarefa, a inteligência artificial pode muitas vezes assumir totalmente a função. Isso é desejável não apenas por razões de custo, mas também porque em muitas áreas a IA pode realmente fazer um trabalho melhor do que os humanos que está substituindo. Os carros autoconduzidos serão muito mais seguros do que os veículos operados por motoristas humanos, e a IA nunca ficará bêbada, sonolenta ou distraída.

Porém, é importante fazer uma distinção entre tarefas e profissões. Em alguns casos (mas não todos), tarefas que são totalmente automatizadas permitem que determinado tipo de trabalho se desloque para um conjunto diferente de funções — na verdade, a aquisição de novas habilidades e o aprimoramento de competências. Por exemplo: hoje os caixas eletrônicos ou terminais bancários substituem os caixas de banco humanos em muitas transações rotineiras que envolvem dinheiro, mas os caixas humanos assumiram um papel mais importante no marketing e na construção de relacionamentos pessoais com os clientes.[83] Da mesma forma, embora softwares para pesquisas jurídicas e análise de documentos tenham substituído certas funções dos paralegais ou auxiliares jurídicos, a profissão reagiu e mudou, e agora envolve um conjunto de tarefas com significativas diferenças do que envolvia décadas atrás.[84] Esse tipo de efeito poderá acontecer em breve no mundo das artes. A partir de 2022, sistemas disponíveis publicamente como DALL-E 2, Midjourney e Stable Diffusion passaram a utilizar IA para criar arte gráfica de alta qualidade com base em prompts de texto de humanos.[85] À medida que essa tecnologia avança, os designers gráficos humanos podem gastar menos tempo em esboços físicos da arte e mais tempo debatendo ideias com clientes e selecionando ou modificando amostras produzidas por inteligência artificial.

Em longo prazo, os incentivos econômicos para a automação levarão a IA a assumir um conjunto cada vez maior de tarefas. Mantidas inalteradas as demais condições, é menos dispendioso comprar máquinas ou softwares de IA do que pagar custos trabalhistas contínuos.[86] Quando concebem suas operações, muitas vezes os donos de empresas têm alguma flexibilidade no que diz respeito ao equilíbrio entre capital e força de trabalho. Em locais onde os salários são relativamente baixos, faz mais sentido utilizar processos de mão de obra intensiva. Onde os salários são altos, há mais incentivo para inovar e projetar máquinas que exijam menos mão de obra. Essa é provavelmente uma das razões pelas quais a Grã-Bretanha foi o berço da Revolução Industrial — tinha salários mais elevados do que quase qualquer outro lugar do mundo, bem como carvão abundante e barato. Isso impulsionou o desenvolvimento de tecnologias que substituíram a dispendiosa força de trabalho humana por energia a vapor de baixo custo. Nas economias desenvolvidas de hoje há uma dinâmica semelhante. Embora as máquinas possam ser compras únicas que se tornam ativos da empresa, os salários dos empregados são custos contínuos, e os trabalhadores têm uma série de outras necessidades às quais cabe aos empregadores atender. Assim, nos casos em que for possível aumentar a automação, as empresas terão um incentivo para fazer isso. À medida que a IA se aproxima dos níveis de competência humana — e, pouco depois, sobre-humana —, será cada vez menor o número de tarefas que seres humanos não aprimorados precisarão realizar. Até o momento em que nos fundiremos de forma mais integral com a IA, isso pressagia grandes abalos para os trabalhadores.

No entanto, existe um ponto crítico nessa tese, um quebra-cabeça de produtividade: se a mudança tecnológica está realmente começando a causar perdas líquidas de emprego, a economia clássica prevê que haveria menos horas trabalhadas para um determinado nível de produtividade econômica. Por definição, então, a produtividade aumentaria de forma acentuada. No entanto, o crescimento da produtividade, segundo as métricas tradicionais, desacelerou desde a revolução da internet na década de 1990. Quase sempre a produtividade é medida como o rendimento ou volume de produção por hora, a quantidade total (ajustada pela inflação) de bens e serviços produzidos dividida pelo número total de horas trabalhadas para produzi-los. Entre o primeiro trimestre de 1950 e o primeiro trimestre de 1990, a produtividade real por hora nos Estados Unidos aumentou em média 0,55% por trimestre.[87] À medida que os computadores pessoais e a internet se popularizaram na década de 1990, os ganhos de produtividade aceleraram. Do primeiro trimestre de 1990 ao primeiro trimestre de 2003, os aumentos trimestrais foram em média de 0,68%.[88] Aparentemente a World Wide Web desencadeou uma nova era de crescimento rápido e, ainda em 2003, havia uma expectativa generalizada de que esse ritmo continuaria.[89] No entanto, a partir de 2004, o crescimento da produtividade começou a desacelerar de maneira significativa. Entre o primeiro trimestre de 2003 e o primeiro trimestre de 2022, a média foi de apenas 0,36% por trimestre.[90] Esse vem sendo um dos grandes mistérios econômicos da última década. Uma vez que a tecnologia da informação está transformando de tantas formas os negócios e as empresas, nossa expectativa seria ver um crescimento da produtividade muito mais robusto. Existem muitas teorias para tentar explicar por que isso não acontece.

Se a automação realmente tem um impacto tão grande, aparentemente há vários bilhões de dólares "faltando" na economia. Na minha opinião, que vem crescendo em termos de aceitação entre os economistas, grande parte da explicação é que não consideramos no PIB o valor exponencialmente crescente dos produtos de informação, muitos dos quais são gratuitos e representam categorias de valor que até bem pouco tempo não existiam. Quando, em 1963, o MIT comprou o computador IBM 7094 — que eu usava nos meus tempos de estudante de graduação — por cerca de 3,1 milhões de dólares, isso representou, bem, 3,1 milhões de dólares (30 milhões em dólares de 2023) em atividade econômica.[91] Hoje um smartphone é centenas de milhares de vezes mais poderoso em termos de computação e comunicação, além de ter inúmeras capacidades que não existiam por preço nenhum em 1965, mas representa apenas algumas centenas de dólares em atividade econômica, porque esse é o valor que você pagou pelo aparelho.

Essa explicação geral para a falta de produtividade também foi sugerida de forma admirável por Erik Brynjolfsson e pelo capitalista de risco Marc Andreessen.[92] À guisa de uma explicação condensada: o Produto Interno Bruto mede a atividade econômica por meio da soma dos preços de todos os bens e serviços finalizados em um país, geralmente em um ano. Assim, se você pagar 20 mil dólares por um carro novo, isso acrescenta 20 mil dólares ao PIB do ano da compra — mesmo que estivesse disposto a pagar 25 mil ou 30 mil dólares pelo mesmo automóvel. Esse método funcionou bem durante o século 20 porque, em toda a população, a disposição média para pagar por um item estaria razoavelmente próxima do preço real. Uma das principais razões para isso é que, quando os bens e serviços são produzidos com materiais físicos e trabalho humano, custa às empresas uma quantia significativa de dinheiro para produzir cada nova unidade. Fabricar um carro, por exemplo, requer uma combinação de peças metálicas caras e muitas horas de mão de obra qualificada. Esse é o conceito de custo marginal.[93] A teoria econômica clássica diz que os preços tenderão ao custo marginal médio dos bens — porque as empresas não podem se dar ao luxo de vender a um preço que acarrete prejuízo, mas a pressão competitiva as obriga a vender pelo preço mais barato possível. Além disso, uma vez que tradicionalmente os produtos mais úteis e potentes custam mais caro para produzir, ao longo da história sempre houve uma forte relação entre a qualidade de um produto e o seu preço refletido no PIB.

No entanto, muitas tecnologias da informação tornaram-se imensamente mais úteis, ao passo que os preços permaneceram mais ou menos constantes. Um chip de computador de aproximadamente 900 dólares (valor ajustado à inflação de 2023) em 1999 era capaz de realizar mais de 800 mil cálculos por segundo por dólar.[94] No início de 2023, um chip de 900 dólares poderia realizar quase 58 bilhões de cálculos por segundo por dólar.[95]

Portanto, o problema é que o PIB naturalmente considera o chip de 900 dólares de hoje como equivalente a um produzido de mais de duas décadas atrás, ainda que o chip atual seja mais de 72 mil vezes mais poderoso pelo mesmo preço. Assim, o crescimento da riqueza nominal e da renda nominal ao longo das últimas décadas não reflete adequadamente as enormes vantagens de estilo de vida proporcionadas pelas novas tecnologias. Na verdade, distorce a interpretação dos dados econômicos e cria percepções enganosas, como o crescimento salarial aparentemente lento ou mesmo estagnado. Mesmo que seu salário nominal tenha permanecido estável nas últimas duas décadas, hoje seu dinheiro consegue comprar milhares de vezes mais poder de computação.[96] As agências governamentais vêm fazendo alguns esforços para levar em consideração a melhoria do desempenho em algumas estatísticas econômicas,[97] mas suas iniciativas ainda subestimam muito os efetivos ganhos na relação preço/desempenho.

Essa dinâmica é ainda mais forte no caso dos produtos digitais, que podem ser produzidos quase de graça. Depois que a Amazon disponibiliza um e-book para venda, a comercialização de novos "exemplares" não exige nenhum papel, tinta ou mão de obra adicional — portanto, o e-book é vendido por um múltiplo quase infinito do seu custo marginal. Como resultado, a estreita relação entre o custo marginal, o preço e a disposição dos consumidores de pagar pelo produto foi enfraquecida. No caso de serviços cujo custo marginal é baixo o suficiente para serem totalmente gratuitos para os consumidores, essa relação se desfaz completamente. Depois que o Google projeta seus algoritmos de busca e constrói suas "fazendas de servidores", fornecer a um usuário uma busca adicional custa quase nada. O Facebook gasta o mesmo dinheiro — nem um centavo a mais — para conectar você a mil amigos ou a apenas cem. Então, eles dão acesso gratuito aos usuários e cobrem os custos marginais com anúncios.

Embora esses serviços sejam gratuitos para os consumidores, podemos estimar a disposição das pessoas em pagar por eles (o que também é conhecido como excedente do consumidor) observando as escolhas que elas fazem.[98] Por exemplo, se você tivesse a oportunidade de ganhar 20 dólares cortando a grama da casa de um vizinho, mas em vez disso optasse por gastar esse tempo no TikTok, podemos afirmar que o TikTok está lhe dando pelo menos 20 dólares em valor. De acordo com a avaliação de Tim Worstall na revista *Forbes* em 2015, a receita do Facebook nos Estados Unidos foi de cerca de 8 bilhões de dólares, o que seria, portanto, a contribuição oficial da empresa ao PIB.[99] Contudo, se avaliarmos a quantidade de tempo que as pessoas passam no Facebook, mesmo as que ganham um salário mínimo, o verdadeiro benefício para os consumidores foi de cerca de 230 bilhões de dólares.[100] Em 2020 (ano mais recente para o qual existem dados disponíveis no momento em que este livro é finalizado), os adultos norte-americanos que utilizam as redes sociais gastavam em média 35 minutos por dia no Facebook.[101] Seguindo a metodologia de Worstall, uma vez que cerca de 72% dos aproximadamente 258 milhões de adultos dos Estados Unidos usam mídias sociais, isso sugere 287 bilhões de dólares em valor econômico do Facebook naquele ano.[102] E uma pesquisa global de 2019 constatou que os usuários norte-americanos da internet gastam em média duas horas e três minutos por dia em todas as mídias sociais — o que contribuiu com cerca de 36,1 bilhões de dólares em receitas de publicidade para o PIB, mas implica um benefício total para os usuários de mais de 1 trilhão de dólares por ano![103]

Calcular o valor do uso das redes sociais pelo salário mínimo está longe de ser uma métrica perfeita, já que, por exemplo, é mais prático para uma pessoa navegar no Facebook enquanto espera na fila para tomar um café do que usar esses poucos minutos fazendo algum trabalho remoto freelance. Porém, à guisa de uma estimativa geral, pode-se dizer que as pessoas atribuem um enorme valor à utilização das redes sociais, mas apenas uma pequena fração desse valor é visível para os economistas na forma de receitas. A Wikipédia é um exemplo ainda mais extremo: a contribuição oficial dessa enciclopédia para o PIB é basicamente zero. A mesma análise se aplica a inúmeros serviços baseados na web e em aplicativos.

Isso sugere que, à medida que a tecnologia digital domina uma parcela cada vez maior da economia, o excedente do consumidor aumenta em uma velocidade muito maior do que o PIB sugere. Assim, a produtividade em termos de excedente do consumidor tem aumentado com mais velocidade do que a métrica tradicional de produção por hora. Como o excedente do consumidor é uma métrica mais "genuína" do que os preços para avaliar a verdadeira prosperidade, pode-se afirmar que o tipo de produtividade que realmente nos interessa vem crescendo muito bem, e já faz tempo.

Esses efeitos vão muito além de áreas que são obviamente relacionadas à "tecnologia". A mudança tecnológica propiciou inúmeros outros benefícios que não aparecem no PIB — desde menos poluição e condições de vida mais seguras até a ampliação de oportunidades de aprendizagem e entretenimento. Por outro lado, essas mudanças não afetaram de maneira uniforme todas as áreas da economia. Veja um exemplo: apesar da drástica deflação nos preços dos computadores, os preços dos serviços de saúde têm aumentado mais rapidamente do que a inflação geral — portanto, alguém que precisa de tratamento médico intensivo talvez não encontre muito consolo em saber que os componentes das unidades de processamento gráfico estão ficando bem mais baratos.[104]

A boa notícia, porém, é que no decorrer das décadas de 2020 e 2030 a inteligência artificial e a convergência tecnológica transformarão um número cada vez maior de tipos de bens e serviços em tecnologias da informação — permitindo-lhes tirar proveito dos tipos de tendências exponenciais que já trouxeram uma deflação tão drástica para o reino digital. Tutores de IA avançada tornarão possível a aprendizagem personalizada acerca de qualquer assunto, acessível em grande escala a qualquer pessoa com uma conexão com a internet. A medicina e a descoberta de medicamentos aprimoradas por IA ainda estão dando seus primeiros passos no momento em que escrevo este livro, mas acabarão por desempenhar um papel de grande importância na redução dos custos dos tratamentos de saúde.

O mesmo acontecerá com vários outros produtos que tradicionalmente não são considerados tecnologias da informação — alimentos, habitação e construção civil, e outros produtos físicos como vestuário. Por exemplo, os avanços impulsionados pela IA na ciência dos materiais tornarão extremamente barata a eletricidade solar fotovoltaica, ao passo que a extração robótica de recursos e os veículos elétricos autônomos reduzirão muito os custos das matérias-primas. Graças ao barateamento da energia e dos materiais, somado à automação que substituirá cada vez mais a mão de obra humana, os preços cairão substancialmente. Com o tempo, esses efeitos se espalharão de tal forma sobre a economia que seremos capazes de eliminar grande parte da escassez que hoje atravanca a vida as pessoas. Como resultado, na década de 2030 será relativamente barato viver em um nível que hoje é considerado luxuoso.

Se essa análise estiver correta, então a deflação impulsionada pela tecnologia em todas as áreas apenas aumentará o fosso entre a produtividade nominal e o real benefício médio que cada hora de trabalho humano traz para a sociedade. À medida que esses efeitos se espalham para além da esfera digital, chegam a outros setores de atividade e abrangem uma parcela mais ampla de toda a economia, esperamos que a inflação nacional diminua — e, eventualmente, conduza à deflação global. Em outras palavras, podemos esperar respostas mais claras para o quebra-cabeça da produtividade com o passar do tempo.

Há também outro enigma: por que os dados econômicos mostram que a proporção de norte-americanos na força de trabalho está encolhendo? Economistas que defendem a tese da destruição líquida de empregos apontam para a taxa de participação da mão de obra civil — que é o número de pessoas empregadas mais o número de desempregados à procura de emprego como uma porcentagem da população com 16 anos ou mais. Depois de um aumento de cerca de 59% em 1950 para quase de 67% em 2002, essa taxa caiu para menos de 63% em 2015 e permaneceu praticamente estável até a pandemia da Covid-19, apesar de uma economia que aparentava estar em franca expansão.[105]

A efetiva porcentagem da população total na força de trabalho é menor. Em junho de 2008, havia mais de 154 milhões de pessoas na força de trabalho civil dos Estados Unidos, em uma população de 304 milhões, ou o equivalente a 50,7%.[106] Em dezembro de 2022, a força de trabalho era de 164 milhões de uma população total de 333 milhões, ou pouco menos de 49,5%.[107] Não parece ser uma queda considerável, mas ainda coloca os Estados Unidos na sua porcentagem mais baixa em mais de duas décadas. Aparentemente, as estatísticas do governo não traduzem à perfeição a realidade econômica, uma vez que não incluem diversas categorias — como trabalhadores agrícolas, quadro de pessoal militar e funcionários do governo federal —, mas ainda são úteis para mostrar a direção e a magnitude aproximada dessas tendências.

Taxa de participação na força de trabalho dos EUA[108]

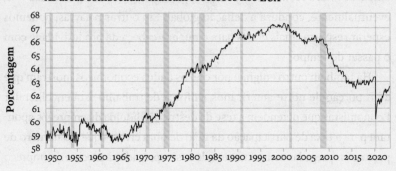

As áreas sombreadas indicam recessões nos EUA

Fonte: Escritório de Estatísticas do Trabalho dos EUA.

No entanto, embora parte desse declínio se deva provavelmente à automatização, existem dois principais fatores de confusão. Primeiro, à medida que os norte-americanos se tornam mais instruídos, menos adolescentes ingressam no mercado de trabalho e muitas pessoas continuam na faculdade e na pós-graduação até depois dos vinte e tantos anos de idade.[109] Além disso, à medida que a geração *baby boomer* envelhece e se aproxima da aposentadoria, a proporção de norte-americanos em idade ativa diminui.[110]

Se, em vez disso, examinarmos a taxa de participação na força de trabalho entre os adultos em idade ativa, entre os 25 e os 54 anos, o declínio quase desaparece — no início de 2023, a taxa de participação era de 83,4%, em comparação com 84,5% no seu pico em 2000.[111] Ainda é uma diferença de cerca de 1,7 milhão de pessoas na população atual, mas muito menor do que o gráfico anterior faz parecer.[112]

Taxa de participação na força de trabalho dos EUA, entre 25 e 54 anos de idade[113]

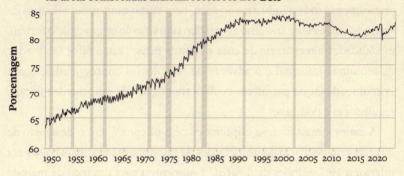

Fonte: Escritório de Estatísticas do Trabalho dos EUA.

Além disso, desde 2001 tem havido um significativo aumento na participação de pessoas com 55 anos de idade ou mais. Entre os indivíduos de 55 a 64 anos, aumentou de 60,4% em 2001 para 68,2% em 2021; no mesmo período, aumentou de 5,2% para 8,6% entre as pessoas com 75 anos ou mais.[114] Aqui estão em ação forças conflitantes. Por um lado, muitos trabalhadores mais velhos que perdem o emprego devido à automação estão simplesmente se aposentando mais cedo e aceitando um padrão de vida mais baixo. Por outro, as pessoas estão vivendo mais tempo (antes da pandemia da Covid-19, a expectativa de vida combinada entre homens e mulheres nos Estados Unidos aumentou em cerca de dois anos desde 2000)[115] e são suficientemente saudáveis para continuar trabalhando até idades mais avançadas. Para muitos, é uma agradável fonte de satisfação e senso de propósito. Ainda assim, esses dados não refletem o fato de que alguns adultos mais velhos, depois de perderem empregos com melhores salários, são forçados a permanecer no mercado de trabalho, sujeitando-se a empregos modestos e de menor remuneração antes de conseguirem assegurar sua aposentadoria.[116]

No entanto, todas essas análises são limitadas pelo fato de a própria participação na força de trabalho ser um conceito cada vez mais falho e imperfeito. Duas tendências principais estão remodelando a natureza do trabalho, mas não são refletidas de forma adequada nas estatísticas econômicas.

A primeira é a economia subterrânea ou informal, que sempre existiu, mas foi bastante facilitada pela internet, e cujas atividades incluem praticamente toda a indústria do sexo, bem como muitos outros tipos de serviços, entre eles o trabalho doméstico sem vínculo empregatício formal, modalidades alternativas de cura e muitos mais. Outro fator facilitador da economia informal é o advento de tecnologias criptografadas, como criptomoedas, que permitem ocultar transações de autoridades fiscais, reguladoras e policiais.

A maior e mais famosa criptomoeda é o Bitcoin.[117] Em 6 de agosto de 2017, o volume diário de negociações de Bitcoin nas principais bolsas era inferior a 19,3 milhões de dólares.[118] Aumentou para um pico de mais de 4,95 bilhões de dólares em 7 de dezembro do mesmo ano, mas rapidamente voltou a cair, e em meados de 2023 tinha uma média de cerca de 180 milhões de dólares por dia.[119] É um crescimento muito rápido, mas ainda pequeno em comparação com as principais moedas tradicionais. De acordo com o Banco de Compensações Internacionais, o mercado de câmbio global chegou a uma média de 7,5 trilhões de dólares por dia em abril de 2022, e provavelmente será ainda maior quando este livro for publicado.[120]

Ademais, em contraste com a maioria das moedas tradicionais, o valor da maioria das criptomoedas tem sido extremamente volátil. Em 4 de janeiro de 2012, por exemplo, os Bitcoins eram negociados a 13,43 dólares.[121] Em 2 de abril, estavam acima de 130 dólares,[122] mas em larga medida o interesse por criptomoedas ainda se restringia a uma subcultura voltada para a tecnologia. No entanto, depois de quase cinco anos de relativa calma e estabilidade, o Bitcoin começou a disparar ainda mais em 2017. De repente, pessoas comuns começaram a ouvir falar dos Bitcoins como um investimento infalível e a comprar a criptomoeda na esperança de uma futura valorização ainda maior. Isso se tornou uma profecia autorrealizável, com os preços atingindo 1.354 dólares em 29 de abril e 18.877 dólares em 17 de dezembro.[123] Mas então os preços começaram a cair, e as pessoas, em pânico, venderam seus Bitcoins na tentativa de sair do mercado antes que seus ativos perdessem ainda mais valor. Em 12 de dezembro de 2018, o Bitcoin estava de volta à casa dos 3.360 dólares

— disparando para atingir 64.899 dólares em 13 de abril de 2021, antes de outra abrupta queda para 15.460 dólares em 20 de novembro de 2022.[124]

Essa volatilidade representa um baita problema para as pessoas que querem usar o Bitcoin como moeda — isto é, como meio para as trocas regulares de bens e serviços. Se você acreditasse que seus dólares valeriam dez vezes mais em um período de seis meses, tentaria evitar gastá-los. Inversamente, se soubesse que em questão de poucos meses seus dólares correriam o risco de perder metade do valor, você relutaria em manter muitos dos seus ativos em dólares, e os comerciantes não se mostrariam dispostos a aceitá-los. Para que alcancem uma adoção mais ampla por parte do público, as criptomoedas precisarão encontrar uma maneira de manter seus valores mais estáveis.

No entanto, a criptomoeda está longe de ser um requisito para o florescimento do trabalho informal. As redes sociais e plataformas como Craigslist oferecem muitas oportunidades para as pessoas formarem ligações econômicas que são, em sua maioria, invisíveis para o governo.

Esse efeito facilita também outra tendência importante: novas maneiras de ganhar dinheiro que nem sempre são consideradas métodos tradicionais de emprego. Entre elas estão a criação, a compra, a venda e a permuta de bens e serviços físicos e digitais por meio de websites e aplicativos, além da criação de aplicativos, vídeos e outras formas de conteúdo digital em sites de mídia social. Algumas pessoas desenvolveram carreiras bem-sucedidas criando conteúdo para o YouTube, por exemplo, ou são pagas para influenciar outras pessoas no Instagram ou no TikTok.[125]

Antes do lançamento do iPhone em 2007, não havia nenhuma economia de aplicativos digna de nota. Em 2008, não chegava a 100 mil o número de aplicativos iOS disponíveis; esse número disparou para cerca de 4,5 milhões em 2017.[126] No Android, esse crescimento foi igualmente acentuado. Em dezembro de 2009, havia cerca de 16 mil aplicativos móveis disponíveis no Google Play Store.[127] Em março de 2023, eram 2,6 milhões.[128] Isso representa um aumento de mais de 160 vezes em treze anos, o que levou diretamente ao aumento de empregos. De 2007 a 2012, a economia de aplicativos criou cerca de meio milhão de oportunidades nos Estados Unidos.[129] Em 2018, de acordo com a Deloitte, esse número cresceu para mais de 5 milhões de vagas.[130] Outra estimativa de 2020, incluindo empregos criados indiretamente pela economia de aplicativos, fala em 5,9 milhões de empregos nos

Estados Unidos e 1,7 trilhão de dólares em atividade econômica.[131] Esses números dependem um pouco da maneira mais ampla ou mais restrita como se define o mercado de aplicativos, mas a principal conclusão é que, em pouco mais de uma década, os aplicativos móveis explodiram da insignificância para um fator importante na economia em geral.

E assim, mesmo que a mudança tecnológica acabe por tornar obsoletas muitas funções, essas mesmas forças estão abrindo inúmeras oportunidades novas fora do modelo tradicional de "empregos". Embora não seja isenta de limitações, a chamada economia *gig* muitas vezes permite que as pessoas tenham mais flexibilidade, autonomia e tempo de lazer do que as opções anteriores. Maximizar a qualidade dessas oportunidades é uma estratégia para ajudar os trabalhadores à medida que as tendências de automação aceleram e subvertem os ambientes de trabalho tradicionais.

Então, para onde estamos indo?

À primeira vista, a situação do mercado de trabalho parece alarmante. Quando Frey e Osborne, de Oxford, estimaram em 2013 que quase metade dos empregos estará vulnerável à automatização até 2033, sua investigação presumiu taxas de progresso mais conservadoras na IA e em outras tecnologias exponenciais do que as que descrevi neste livro.[132] Embora há mais de duzentos anos as pessoas reconheçam a ameaça que a automação representa para os empregos, a situação atual é singular em termos de velocidade e de amplitude da ameaça iminente.

Para prever como as coisas se desenrolarão, precisamos levar em consideração várias questões fundamentais. Em primeiro lugar, o emprego não é um fim em si, mas um meio para atingir um fim. Um dos objetivos do trabalho é satisfazer às necessidades materiais da vida. Como já observamos, dois séculos atrás o cultivo e a distribuição de alimentos exigiam a mobilização de quase toda a força de trabalho humana, ao passo que hoje a produção de alimentos nos Estados Unidos e em grande parte do mundo desenvolvido requer menos de 2% da mão de obra humana. À medida que IA desencadeia uma abundância de materiais sem precedentes em inúmeras áreas, a luta pela sobrevivência física será uma vaga lembrança nos livros de história.

Outro objetivo do trabalho é dar propósito e sentido à vida. Se o seu trabalho consiste em assentar tijolos, essa tarefa manual proporciona dois tipos de significado. O mais óbvio: seu salário lhe permite sustentar seus entes queridos e cuidar deles — uma faceta importante de sua identidade. Mas você também está construindo estruturas duradouras que contribuem para o bem público. Você está de fato contribuindo para algo maior do que você mesmo. Alguns dos empregos mais gratificantes, como nas artes e no mundo acadêmico, também propiciam às pessoas a oportunidade de serem criativas e gerar novos conhecimentos.

A revolução vindoura capacitará os seres humanos a fazer contribuições desse tipo, muito além do que um dia já foi possível. Na verdade, os avanços na tecnologia da informação já estão aprimorando a capacidade dos artistas de enriquecer a cultura — muitas vezes de maneiras subestimadas. Por exemplo, quando eu era criança, existiam apenas três canais de televisão disponíveis: ABC, NBC e CBS. Como todo mundo assistia aos mesmos e poucos programas, as redes precisavam criar um conteúdo que alcançasse popularidade entre os recortes de público mais amplos possíveis. Para terem sucesso, os programas tiveram que atrair homens e mulheres, crianças e pais, operários e executivos. Ideias com um apelo forte, porém mais restrito, como a comédia do absurdo, o drama paranormal ou a ficção científica, sofriam para conseguir alguma viabilidade comercial. Hoje em dia muitas pessoas se esquecem de que *Star Trek*, a série de ficção científica mais influente de todos os tempos, foi originalmente cancelada após apenas três temporadas.[133]

Mas a proliferação da TV a cabo ampliou o cenário da televisão, a ponto de programas de nicho poderem encontrar audiência. Documentários aprofundados sobre tópicos incomuns floresceram em canais como Discovery Channel, History Channel, Learning Channel e outros. Mas ainda assim a audiência tinha limitações quanto ao horário de exibição dos programas. A introdução de DVRs (gravadores digitais de vídeo) e, em seguida, do streaming sob demanda deu aos telespectadores a possibilidade de assistir ao que quisessem, *quando* quisessem. Isso significava que novos e inovadores programas poderiam atrair toda a população — não apenas quem estivesse assistindo à TV durante determinado horário. Como resultado, ideias artísticas que não seriam viáveis nas emissoras da minha juventude, como as séries *Stranger Things* e *Fleabag*, encontraram espectadores fiéis e aclamação da crítica. Essa dinâmica é uma ótima notícia para grupos sociais minoritários, como pessoas LGBTQIA+, pessoas com deficiência e norte-americanos muçulmanos, porque é mais fácil que programas que retratam de maneira positiva suas experiências de vida específicas tenham sucesso comercial.

Além disso, o streaming permite diferentes escolhas criativas. Por exemplo, episódios de séries de comédia de meia hora de duração exibidos na TV aberta normalmente têm enredos "fechados" ou autônomos, porque as redes querem que os espectadores possam assistir a eles e se divertir com eles em qualquer ordem aleatória. Mas a exibição sob demanda significa que os espectadores sempre podem assistir na sequência correta. Isso deu a programas inovadores como *BoJack Horseman* a liberdade criativa para desenvolver os personagens de um episódio para outro e gradualmente preparar o terreno para piadas ao longo de vários episódios.[134] Essas possibilidades artísticas literalmente não seriam possíveis se ainda contássemos com as tecnologias de exibição anteriores.

Nas próximas duas décadas, essa transformação passará por uma impactante aceleração. Pense na criatividade que a IA alcançou nos últimos anos em termos de imagens visuais graças a sistemas como DALL-E, Midjourney e Stable Diffusion. Essas capacidades se tornarão mais sofisticadas e se expandirão para as áreas da música, do vídeo e dos jogos, democratizando drasticamente a expressão criativa. As pessoas poderão descrever suas ideias para a inteligência artificial e ajustar os resultados com linguagem natural até que a IA realize o que vislumbraram em sua mente. Em vez de precisar de centenas de pessoas e de milhões de dólares para produzir um filme de ação, mais cedo ou mais tarde será possível produzir um filme épico recorrendo apenas a boas ideias e a um orçamento relativamente modesto para a computação que executa a IA.

No entanto, apesar de todos esses benefícios iminentes, devemos também ser realistas quanto aos efeitos perturbadores que ocorrerão até lá. A automação e seus efeitos indiretos já erradicaram muitos empregos mais perto da base e do meio da escala de competências, tendência que se ampliará e ganhará velocidade ao longo da próxima década. A maioria dos nossos novos empregos exige habilidades mais sofisticadas. Nossa sociedade subiu vários degraus na escala de competências, e esse avanço continuará. Contudo, à medida que a IA se eleva a ponto de ultrapassar as capacidades até dos humanos mais qualificados em uma área após outra, de que maneira os humanos conseguirão acompanhá-la?

Ao longo dos últimos dois séculos, o principal método para melhorar as habilidades e aptidões humanas tem sido a educação. Como descrevi anteriormente, o nosso investimento na aprendizagem disparou ao longo do último século. Mas já entramos na fase seguinte do nosso próprio processo de melhoria, que está aprimorando nossas capacidades aos nos fundir com a tecnologia inteligente criada por nós. Ainda não estamos inserindo dispositivos informatizados no nosso corpo e no nosso cérebro, mas esses recursos estão literalmente à mão. Hoje, quase ninguém conseguiria fazer seu trabalho ou obter educação sem os extensores cerebrais que usamos diariamente — smartphones que, com apenas um toque, são capazes de acessar quase todo o conhecimento humano ou tirar proveito do enorme poder computacional. Portanto, não é exagero dizer que nossos dispositivos se tornaram partes de nós. Duas décadas atrás, isso não era uma realidade.

Esses recursos se tornarão ainda mais integrados à nossa vida ao longo da década de 2020. A pesquisa passará por uma transformação em que deixará de ser o conhecido paradigma de sequências de texto e páginas de links para uma capacidade contínua e intuitiva de responder a perguntas. A tradução em tempo real entre quaisquer idiomas se tornará precisa e impecável, derrubando as barreiras linguísticas que nos dividem. A realidade aumentada será constantemente projetada em nossas retinas a partir de óculos e lentes de contato, ressoando também em nossos ouvidos e, por fim, utilizará os outros sentidos. A maioria das funções e informações da RA não será solicitada de forma explícita, mas os onipresentes assistentes de IA anteciparão nossas necessidades, observando e ouvindo nossas atividades. Na década de 2030, nanorrobôs médicos começarão a integrar essas extensões cerebrais diretamente em nosso sistema nervoso.

No Capítulo 2, descrevi como essa tecnologia estenderá o nosso neocórtex nuvem adentro, acrescentando mais capacidade e mais níveis de abstração. Essa tecnologia estará disponível para todos e, em última análise, será barata, tal como os telefones celulares, que começaram sendo caríssimos e nem tão inteligentes, mas são onipresentes hoje em dia (de acordo com estimativas da União Internacional das Telecomunicações, em 2020 existiam 5,8 bilhões de linhas ativas de smartphones no mundo),[135] com recursos que se aprimoram em velocidade vertiginosa.

Contudo, no caminho para um futuro de abundância universal, precisamos abordar as questões sociais que surgirão como resultado dessas transições. O sistema de assistência social nos Estados Unidos teve seu início na década de 1930, com a aprovação do Seguro Social.[136] Ainda que formulações específicas mudem ao sabor das marés políticas (por exemplo, medidas de "bem-estar social"), a rede de segurança global tornou-se mais ampla desde então, independentemente das tendências e diretrizes de diferentes partidos e administrações.

Embora se considere que os Estados Unidos têm um sistema de assistência social menos abrangente do que o de países europeus "socialistas", os gastos públicos do Estado norte-americano com bem-estar social — estimados em 18,7% do PIB em 2019 (antes de o dinheiro dos programas de auxílio da pandemia da Covid-19 turvarem os dados) — ficaram próximos da mediana dos países desenvolvidos.[137] Os gastos do Canadá foram inferiores, com 18%.[138] A Austrália e a Suíça destinaram montantes semelhantes, ambos com 16,7%.[139] O Reino Unido foi ligeiramente superior, com 20,6% — cerca de 580 bilhões de dólares de um PIB de 2,8 trilhões de dólares, ou menos de 8.800 dólares per capita em uma população de 66 milhões de habitantes.[140] Mas, como o PIB per capita dos Estados Unidos é mais elevado, o seu sistema de assistência social é igualmente mais elevado per capita. Em 2019, o PIB norte-americano foi superior a 21,4 trilhões de dólares, dos quais cerca de 4 trilhões de dólares se destinaram a gastos sociais públicos.[141] Para uma população que beirava a média de 330 milhões naquele ano, isso equivale a mais de 12 mil dólares per capita.[142]

Gastos dos países com programas de bem-estar social[143]

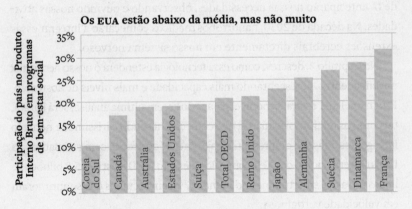

Fontes: Organização para a Cooperação e o Desenvolvimento Econômico (OCDE); Bloomberg.

A rede de segurança dos Estados Unidos tem apresentado um crescimento constante como porcentagem das despesas governamentais (atualmente cerca de 50% de todas as despesas federais, estaduais e locais) e do PIB (e tanto as despesas públicas como o PIB vêm aumentando de forma contínua).[144] Examine os gráficos a seguir e veja se consegue determinar quando as administrações de "esquerda" ou de "direita" estiveram no poder (os dois anos mais recentes de dados disponíveis incluem uma boa dose de pacotes de auxílio da pandemia, portanto o pico para 2020-2021 excede a subjacente tendência de crescimento de longo prazo).

Uma vez que o PIB continua crescendo de modo exponencial, os gastos com assistência social provavelmente continuarão a aumentar tanto no geral como per capita. Entre os programas mais significativos dentro do sistema de assistência social dos Estados Unidos incluem-se o Medicaid para serviços médicos básicos, o "auxílio-alimentação" SNAP (essencialmente um cartão de débito para famílias de baixa renda comprarem alimentos) e assistência habitacional. O alcance desses programas não é suficiente hoje em dia, mas, à medida que os avanços impulsionados pela IA tornarem possível o barateamento dos medicamentos, dos alimentos e da habitação ao longo da década de 2030, o mesmo nível de apoio financeiro proporcionará um padrão de vida muito confortável sem que haja a necessidade de aumentar ainda mais a porcentagem do PIB dedicada às despesas de assistência social. Se essa porcentagem continuar crescendo, poderá financiar serviços ainda mais amplos.

Gastos líquidos totais com assistência social nos EUA[145]

Gastos federais mais estimativa de gastos estaduais e locais

Fontes principais: Departamento de Censo dos EUA; Departamento de Análise Econômica; USGovernmentSpending.com; Projeto Maddison.

Sistema de assistência social dos EUA como % dos gastos do governo[146]

Gastos federais mais estimativa de gastos estaduais e locais

Fontes principais: Departamento de Censo dos EUA; Departamento de Análise Econômica; USGovernmentSpending.com; Projeto Maddison.

Sistema de assistência social dos EUA como % do PIB[147]

Gastos federais mais estimativa de gastos estaduais e locais

Fontes principais: Departamento de Censo dos EUA; Departamento de Análise Econômica; USGovernmentSpending.com; Projeto Maddison.

Sistema de assistência social dos EUA per capita[148]

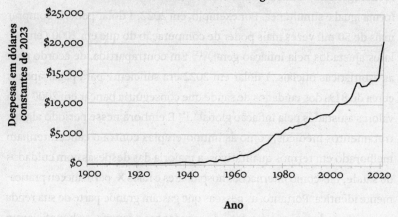

Gastos federais mais estimativa de gastos estaduais e locais

Fontes principais: Departamento de Censo dos EUA; Departamento de Análise Econômica; USGovernmentSpending.com; Projeto Maddison.

Em uma conversa com o curador do TED, Chris Anderson, na Conferência TED de 2018 em Vancouver,[149] previ que no início da década de 2030 teríamos efetivamente uma renda básica universal ou seu equivalente nos países desenvolvidos, e no final da década de 2030 isso aconteceria na maioria dos países — e que essa renda permitiria às pessoas viverem bem de acordo com os padrões atuais. A renda básica implicaria pagamentos regulares do governo a todos os adultos, ou o fornecimento de bens e serviços gratuitos, provavelmente custeados por alguma combinação de impostos sobre lucros gerados pela automação e investimentos governamentais em tecnologias emergentes.[150] Programas similares podem fornecer apoio financeiro a pessoas responsáveis por sustentar a família ou que constroem comunidades saudáveis.[151] Essas reformas poderiam amortecer enormemente os danos decorrentes da queda na oferta de empregos. Ao avaliar a probabilidade desse progresso, é preciso ponderar sobre até que ponto a economia terá evoluído até então.

Graças à aceleração da mudança tecnológica, a riqueza global será muito maior e, dada a estabilidade a longo prazo da nossa rede de assistência social, independentemente do partido que estiver no governo, é muito provável que permaneça em vigor — e em níveis substancialmente mais elevados do que os atuais.[152] Lembre-se, porém, de que essa abundância tecnológica não beneficia de maneira automática todas as pessoas de forma igual e simultânea. Por exemplo, em 2022, 1 dólar poderia comprar mais de 50 mil vezes mais poder de computação do que em 2000 (em valores ajustados pela inflação geral).[153] Em contrapartida, de acordo com as estatísticas oficiais, 1 dólar em 2022 era suficiente para pagar apenas cerca de 81% dos cuidados de saúde que conseguiria bancar em 2000 (em valores ajustados pela inflação global).[154] E embora nesse período alguns tratamentos médicos, como as imunoterapias contra o câncer, tenham melhorado em termos qualitativos, a maioria das despesas com cuidados de saúde, tais como internações hospitalares e raios X, permaneceu praticamente idêntica. Portanto, as pessoas que gastam grande parte de sua renda em computadores, que é o caso de estudantes e jovens, se beneficiaram em muito com a queda dos preços desses produtos. Por sua vez, aqueles que gastam grande parte da renda em cuidados com a saúde, a exemplo dos idosos e de indivíduos com doenças crônicas, talvez tenham ficado em uma situação pior.

Portanto, precisaremos de políticas governamentais inteligentes para facilitar a transição e garantir que a prosperidade seja amplamente partilhada. Embora do ponto de vista tecnológico e econômico seja possível que todos desfrutem de um nível de vida elevado segundo as métricas atuais, caberá a uma decisão política definir se de fato será dado suporte aos que necessitam. Por analogia, embora ainda ocorra fome em algumas regiões no mundo, esse cenário não é resultado de uma produção insuficiente de alimentos, tampouco do fato de que o segredo de uma boa agricultura está sendo mantido nas mãos de algumas elites. Pelo contrário, a fome acontece geralmente devido à má gestão pública ou à guerra civil. Nessas condições, é bem mais difícil para as pessoas compensarem as secas locais e outras catástrofes naturais, e é menos provável que a ajuda internacional resolva o problema.[155] De forma semelhante, se não formos cuidadosos como sociedade, a política tóxica poderá interferir na elevação dos padrões de vida.

Como a Covid-19 já demonstrou, essa é uma preocupação especialmente urgente na medicina. Embora as inovações desencadeiem capacidades transformadoras para o fornecimento de tratamentos acessíveis e eficazes, isso não garante resultados como em um passe de mágica. Precisaremos que o poder público esteja empenhado e seja sensato para gerir uma transição segura, justa e ordenada rumo a cuidados de saúde mais avançados. Pode-se imaginar, por exemplo, um futuro em que as tecnologias capazes de salvar vidas sejam alvo de enorme desconfiança. Assim como hoje em dia vicejam a desinformação e as teorias da conspiração sobre vacinas, nas próximas décadas as pessoas poderão espalhar rumores e *fake news* semelhantes sobre a IA de apoio a decisões clínicas, terapia genética ou nanotecnologia médica. Diante das válidas e pertinentes preocupações quanto à segurança cibernética, não é difícil ver como os exagerados receios acerca da manipulação genética secreta ou dos nanobôs controlados pelo governo poderão levar as pessoas, em 2030 ou 2050, a rejeitar tratamentos públicos cruciais. A compreensão dessas questões é a nossa melhor defesa contra dinâmicas que custam vidas humanas desnecessariamente.

Se conseguirmos resolver esses entraves políticos, a vida humana passará por uma total transformação. No decorrer da história, sempre tivemos de competir para satisfazer às necessidades físicas da vida. Porém, à medida que entrarmos em uma era de abundância e a disponibilidade de bens materiais essenciais acabar por se tornar universal — em que pese o desaparecimento de muitos empregos tradicionais —, a nossa principal luta será por senso de propósito e significado. Na verdade, estamos subindo na hierarquia de necessidades de Maslow.[156] Isso já é evidente na geração que está decidindo agora sobre as carreiras que vai seguir. Eu oriento e falo com jovens, com idade entre 8 e 20 anos, cujo foco é geralmente construir um caminho significativo, seja buscando a expressão criativa por meio das artes ou ajudando a superar os grandes desafios — sociais, psicológicos e outros — com os quais a humanidade vem lutando durante milênios.

Assim, refletir sobre o papel do emprego na nossa vida nos obriga a reconsiderar a nossa busca mais ampla de significado. Volta e meia as pessoas dizem que a morte e a brevidade da nossa existência é que dão sentido à vida. No entanto, a meu ver, essa perspectiva é uma tentativa de racionalizar a tragédia da morte como uma coisa boa. A realidade é que a morte de um ente querido nos rouba uma parte de nós mesmos. Os módulos neocorticais que foram programados para interagir e desfrutar da companhia dessa pessoa agora geram perda, vazio e dor. A morte tira de nós todas as coisas que, a meu ver, dão sentido à vida — habilidades, experiências, lembranças e relacionamentos. Ela nos impede de desfrutar mais dos momentos transcendentes que nos definem — produzir e apreciar trabalhos criativos, expressar um sentimento amoroso, compartilhar humor.

Todas essas habilidades serão bastante aprimoradas à medida que estendemos nosso neocórtex nuvem adentro. Imagine tentar explicar música, literatura, um vídeo do YouTube ou uma piada para primatas, que não são dotados da expansão neocortical que a testa grande dos hominídeos tornou possível dois milhões de anos atrás. Essa analogia nos ajuda a pelo menos vislumbrar como, quando aumentarmos digitalmente o nosso neocórtex a partir da década de 2030, seremos capazes de criar expressões significativas que hoje não conseguimos imaginar ou compreender.

Mas permanece uma questão fundamental: o que vai acontecer até lá? Em uma conversa pessoal que tive com Daniel Kahneman, ele concordou com a minha opinião de que a tecnologia da informação vem crescendo e continuará a crescer exponencialmente em termos da relação preço/desempenho e de capacidade, e que isso abrangerá produtos físicos, como roupas e alimentos. Kahneman concordou também que estamos caminhando para uma era de abundância que dará conta de atender às nossas necessidades físicas, e que a luta principal será então satisfazer aos níveis mais elevados da hierarquia de Maslow. No entanto, ele antevê um prolongado período de conflito, e até de violência, entre o momento em que estamos e o futuro. Kahneman apontou que, à medida que a automação continuar sua trajetória de impacto, invariavelmente haverá vencedores e perdedores. Um motorista que perder o emprego não ficará satisfeito com a promessa de que a humanidade subirá na hierarquia da vida, porque ele, como indivíduo, talvez não seja, de fato, capaz de fazer essa transição.

Um dos grandes desafios da adaptação às mudanças tecnológicas é que elas tendem a trazer benefícios difusos para uma grande fatia da população, mas danos concentrados para um pequeno grupo. Por exemplo, os veículos autônomos trarão enormes benefícios para a sociedade — desde salvar vidas à redução da poluição, menor congestionamento, mais tempo livre e menores custos de transporte. Toda a população dos Estados Unidos — estimada em quase 400 milhões de habitantes em 2050 — usufruirá, em graus variados, dessas melhorias.[157] Dependendo dos pressupostos utilizados, calcula-se que os benefícios potenciais totais girem em torno de 642 bilhões a 7 trilhões de dólares por ano.[158] Basta dizer que é um número colossal. No entanto, é pouco provável que os benefícios para uma única pessoa transformem por completo sua vida. E, embora em termos estatísticos saibamos que dezenas de milhares de vidas serão poupadas anualmente, não haverá forma de identificar quais indivíduos evitarão a morte todos os anos.[159]

Em contrapartida, os danos causados pelos veículos autônomos ficarão limitados sobretudo aos vários milhões de pessoas que trabalham como motoristas e perderão seu meio de subsistência. Essas pessoas específicas serão identificáveis, e o abalo em sua vida poderá ser bastante grave. Quando alguém está nessa situação, não basta saber que os benefícios globais para a sociedade superam o seu sofrimento individual. Os prejudicados precisarão de diretrizes políticas que ajudem a reduzir a sua dor econômica e facilitem a sua transição para algo que lhes proporcione sentido, dignidade e segurança financeira.

Um fenômeno que corrobora a preocupação de Kahneman é que os receios populares são, normalmente, muito piores do que a realidade, como já discuti aqui. Perder o emprego quando já se sente que tudo na sociedade está piorando é uma boa fórmula para a alienação. Kahneman e eu concordamos que grande parte da polarização que vemos hoje na política é produto da automatização, tanto real quanto prevista, e não proveniente de questões políticas tradicionais, como a imigração.[160] Quando sentimos um elevado nível de ansiedade acerca de nossa própria estabilidade econômica, provavelmente reagiremos com hostilidade diante de qualquer coisa que pareça capaz de agravar nossos problemas.

No entanto, a história mostra que a sociedade supera as expectativas no que diz respeito a se adaptar a mudanças, mesmo as mais drásticas. Ao longo dos últimos dois séculos, repetidas vezes substituímos a maior parte dos empregos da economia, e fizemos isso sem causar grandes perturbações sociais a longo prazo, muito menos revoluções violentas em massa. A comunicação e a aplicação da lei têm sido eficazes na prevenção ou na rápida supressão da violência, como ocorreu na repressão aos luditas, dois séculos atrás. Sim, os indivíduos podem se tornar violentos por uma série de razões, incluindo doenças mentais. Levando-se em conta a cultura norte-americana das armas, são muitos os casos em que isso se torna letal.

Contudo, as tragédias que estampam as manchetes e recebem ampla cobertura da mídia não alteram o fato de que ao longo dos séculos a violência global diminuiu drasticamente.[161] Conforme discutimos no capítulo anterior, embora os índices de violência em diferentes países possam flutuar de ano para ano e de década para década, a tendência de longo prazo em todo o mundo desenvolvido é de acentuada e contínua redução. Como argumentou meu amigo Steven Pinker em seu livro *Os anjos bons da nossa natureza: por que a violência diminuiu*, de 2011, esse declínio é resultado de tendências culturais profundas — fatores como sistemas legais baseados na Estado de direito, aumento na taxa de alfabetização e desenvolvimento econômico.[162] Vale a pena notar que todos esses aspectos são fortalecidos pelo progresso exponencial das tecnologias da informação. Portanto, temos sólidas razões para uma postura otimista em relação ao futuro.

Devemos ter em mente que oportunidades novas e inovadoras acompanham os efeitos negativos da perda de emprego decorrente da automação, e isso não vai mudar. Ademais, o sistema de assistência social é substancial e crescente e, como salientei, não depende muito do clima político, mas conta com um apoio profundo que transcende as aparentes oscilações da opinião pública. Esses programas são uma expressão da nossa empatia natural por nossos concidadãos, mas são também uma resposta política destinada a atenuar os abalos sociais causados pelas mudanças tecnológicas.

No entanto, a assistência social não substitui o senso de propósito que os empregos proporcionam e, como argumentou Kahneman, haverá muita gente perdendo no mercado de trabalho. Embora seja verdade que os Estados Unidos conseguiram implantar várias ondas de automação sem graves perturbações sociais, a diferença desta vez será a amplitude, a profundidade e a rapidez da mudança. Kahneman acredita que as pessoas precisam de tempo para se adaptar às mudanças e para tirar proveito de novas oportunidades, e muita gente não conseguirá requalificar-se rapidamente para novos tipos de emprego ou para modelos de negócios pessoais alternativos.

Acredito que Kahneman tenha razão em alguns aspectos, mas devemos ter em mente que há muitas áreas de mudança tecnológica em que não existem perdedores, ou pelo menos eles não se dão a conhecer. Vejamos, por exemplo, o caso de uma nova cura para determinada doença. As empresas e os indivíduos que lucravam com o tratamento dessa doença perdem um fluxo de rendimento no longo prazo. Mas o benefício para a sociedade é tão grande que a cura é celebrada de forma quase universal — até mesmo pela maioria dos profissionais que tratavam a doença em questão. Eles conhecem em primeira mão o sofrimento que está sendo aliviado, e não dão ênfase aos negócios perdidos. De todo modo, a sociedade reconhece que é melhor encontrar maneiras de atenuar o golpe econômico para esses profissionais do que impedir curas em nome de empregos e lucros.

Ao longo dos duzentos anos de história da automação, muitos imaginaram que empregos desapareceriam de um mundo, sob outras circunstâncias, inalterado. Esse fenômeno aplica-se a todos os aspectos da antecipação do futuro — as pessoas encaram uma mudança como se mais nada fosse ficar diferente. A realidade é que cada tipo de perda de emprego vem acompanhado de muitas mudanças positivas, e essas mudanças positivas virão na mesma velocidade das mudanças nocivas.

A bem da verdade, as pessoas adaptam-se muito rapidamente às transformações, em especial as que são para melhor. No final da década de 1980, quando a internet ainda estava limitada sobretudo às universidades e aos governos, previ que uma vasta rede mundial de comunicação e compartilhamento de informações estaria disponível para todos, até mesmo crianças em idade escolar, no final da década de 1990.[163] Previ também o advento de dispositivos móveis que as pessoas usariam para aproveitar essa rede no início do século 21.[164] No momento em que fiz essas previsões, elas pareciam assustadoras e até perturbadoras (para não dizer improváveis), mas de fato se tornaram realidade, e as tecnologias foram muito rapidamente adotadas e aceitas. Apenas para dar um exemplo: uma década e meia atrás, toda a economia dos aplicativos praticamente inexistia, mas agora é algo estabelecido de forma tão profunda que as pessoas mal conseguem se lembrar do tempo que ela não estava à disposição.

E os efeitos não são apenas econômicos. Um estudo de Stanford constatou que, em 2017, cerca de 39% dos casais heterossexuais norte-americanos se conheceram on-line — muitos deles por meio de aplicativos de relacionamento como Tinder e Hinge.[165] Isso significa que muitas das crianças que estão agora cursando o ensino fundamental só existem por causa de uma tecnologia que é apenas alguns anos mais velha do que elas. Quando damos um passo para trás a fim de colocar as coisas em perspectiva e observar essas mudanças de forma objetiva, a velocidade com que os aplicativos afetaram a sociedade é realmente incrível.

Também é comum as pessoas imaginarem humanos não aprimorados pelejando para competir com máquinas, mas isso é um equívoco. Imaginar um mundo onde os humanos concorrem e rivalizam com máquinas alimentadas por IA é um jeito equivocado de pensar sobre o futuro. Para ilustrar esse ponto, imagine um viajante do tempo que, munido de um smartphone de 2024, retorna a 1924.[166] Para as pessoas da época em que o presidente dos Estados Unidos era Calvin Coolidge, a inteligência desse viajante pareceria verdadeiramente sobre-humana, afinal ele seria capaz de, sem esforço, fazer cálculos de matemática avançada, traduzir razoavelmente bem os principais idiomas falados na época, jogar xadrez melhor do que qualquer grande mestre e dominar uma quantidade de fatos equivalente a uma Wikipédia inteira. Para as pessoas de 1924, pareceria óbvio que as capacidades do viajante do tempo foram drasticamente aprimoradas pelo smartphone. Mas, para nós que estamos na década de 2020, é fácil perder essa noção. Nós *não nos sentimos* aprimorados. De modo similar, tiraremos proveito dos avanços de 2030 e 2040 para aumentar de maneira uniforme e ininterrupta as nossas próprias capacidades — e isso parecerá ainda mais natural à medida que o nosso cérebro interagir diretamente com os computadores. No que diz respeito a enfrentar os desafios cognitivos do nosso futuro de abundância, na maioria dos aspectos não competiremos com a IA mais do que atualmente competimos com nossos smartphones.[167] Na verdade, essa simbiose não é novidade: desde o surgimento das ferramentas de pedra, o propósito da tecnologia tem sido o de ampliar o nosso alcance em termos físicos e intelectuais.

Dito isso, de fato acredito que o perturbador espectro de transtornos sociais — incluindo a violência — durante essa transição é uma possibilidade que devemos antever e trabalhar para mitigar. Mas a minha expectativa é que uma transição violenta seja improvável, levando em consideração as poderosas tendências de longo prazo que discuti e que fomentarão a estabilidade.

A razão mais importante para o otimismo acerca das vindouras transições sociais é que a crescente abundância material reduzirá os incentivos à violência. Quando são desprovidos das necessidades vitais, ou quando a criminalidade já é elevada, os cidadãos podem julgar que não têm nada a perder se recorrerem à violência. Porém, as mesmas tecnologias que causarão esses desarranjos sociais também tornarão os alimentos, a moradia, os transportes e os serviços de saúde muito mais acessíveis. E a criminalidade provavelmente continuará a despencar graças à combinação de uma melhor educação, um policiamento mais inteligente e uma redução de toxinas ambientais — como o chumbo —, que danificam o cérebro das pessoas. Quando sentem que têm uma vida longa e segura pela frente, os indivíduos contam com incentivos mais fortes para resolver suas diferenças por meio da política, em vez de arriscarem tudo recorrendo à força.

Kahneman e eu postulamos que as nossas diferentes perspectivas sobre a natureza da transição que se aproxima são provavelmente influenciadas pelos contrastes de nossas respectivas infâncias. Ele passou seus anos de formação fugindo dos nazistas com a família na França. Eu nasci depois da Segunda Guerra Mundial, na relativa segurança da cidade de Nova York, embora tenha sido influenciado pelo Holocausto como membro da "geração seguinte". Portanto, Kahneman vivenciou em primeira mão esse grande conflito, o desenraizamento e o ódio que provavelmente veio à tona em decorrência da privação da Europa pós-Primeira Guerra Mundial, sobretudo na Alemanha.

No entanto, orquestrar uma transição construtiva e contínua exigirá estratégias e decisões políticas esclarecidas e uma sensata elaboração de políticas públicas. Como a formulação de políticas públicas e a organização social continuarão a ser fatores cruciais, os dirigentes políticos e os líderes cívicos continuarão a ter um papel importante. Contudo, a oportunidade inerente a esse avanço tecnológico é imensa. É nada menos do que superar as ancestrais aflições da humanidade.

CAPÍTULO 6

OS PRÓXIMOS TRINTA ANOS NA SAÚDE E NO BEM-ESTAR

Década de 2020: a combinação de IA com biotecnologia

Quando você leva seu carro enguiçado à oficina para consertá-lo, o mecânico tem um conhecimento completo das peças e de como elas funcionam juntas. A engenharia automotiva é, efetivamente, uma ciência exata. Assim, carros bem conservados podem durar quase que por prazo indeterminado, e, do ponto de vista técnico, é possível consertar até mesmo as latas-velhas nas mais precárias condições. O mesmo não acontece com o corpo humano. Apesar de todos os maravilhosos avanços da medicina científica nos últimos duzentos anos, a medicina ainda não é uma ciência exata. Os médicos ainda fazem muitas coisas que sabidamente funcionam sem entender por completo *como* funcionam. Grande parte da medicina é baseada em estimativas confusas que, via de regra, são avaliações corretas para a maioria dos pacientes, mas provavelmente não são adequadas para *você*.

Transformar a medicina em uma ciência exata exigirá transformá-la em uma tecnologia da informação — permitindo que ela se beneficie do progresso exponencial das tecnologias da informação. Essa profunda mudança de paradigma está agora bem encaminhada e envolve a combinação da biotecnologia com a inteligência artificial e simulações digitais. Já é possível ver benefícios imediatos, como descreverei neste capítulo — desde a descoberta de medicamentos até o controle de doenças e a cirurgia robótica. Por exemplo, em 2023, o primeiro medicamento desenvolvido de ponta a ponta por IA entrou em ensaios clínicos de fase II para tratar uma doença pulmonar rara.[1] Porém, o benefício mais fundamental da convergência entre IA e biotecnologia é ainda mais significativo.

Quando a medicina dependia exclusivamente de meticulosos experimentos laboratoriais e de médicos humanos que transmitiam seus conhecimentos especializados para a geração seguinte, o progresso da inovação era penoso e linear. A IA pode assimilar uma quantidade maior de dados do que um médico humano jamais seria capaz, e pode acumular experiência a partir de bilhões de procedimentos, em vez dos milhares que um médico humano consegue realizar ao longo de uma carreira. E como a inteligência artificial se beneficia de melhorias exponenciais de seu hardware subjacente, à medida que a IA desempenha um papel cada vez maior na medicina, os serviços de saúde também colherão os benefícios exponenciais. Com essas ferramentas, já começamos a encontrar respostas para problemas bioquímicos pesquisando digitalmente todas as opções possíveis e identificando soluções em horas, em vez de anos.[2]

Talvez a mais importante classe de problemas da atualidade seja a concepção de tratamentos para ameaças virais emergentes. Esse desafio equivale a descobrir qual das chaves será capaz de abrir a fechadura química de determinado vírus — a partir de uma pilha de chaves tão volumosa que daria conta de encher uma piscina. Um pesquisador humano usando seu conhecimento e habilidades cognitivas talvez seja capaz de identificar algumas dezenas de moléculas com potencial para tratar a doença, mas o número real de moléculas possivelmente relevantes quase sempre fica na casa dos trilhões.[3] Submetidas ao escrutínio de cuidadosas análises, a maior parte é, obviamente, considerada inadequada e não justifica uma simulação completa, mas bilhões de possibilidades podem justificar um exame computacional mais robusto. No outro extremo, estimou-se que o espaço de potenciais moléculas de fármacos fisicamente possíveis contenha cerca de 1 milhão de bilhão de bilhão de bilhão de bilhão de bilhão de bilhão de possibilidades![4] Embora ninguém seja capaz de calcular o número exato, hoje a IA permite que os cientistas esquadrinhem essa gigantesca pilha para se concentrar nas chaves com a maior probabilidade de servir para um determinado vírus.

Pense nas vantagens desse tipo de pesquisa exaustiva. No nosso paradigma atual, assim que tivermos um agente potencialmente viável para combater doenças, poderemos agrupar algumas dezenas ou algumas centenas de pacientes humanos e depois testá-los em ensaios clínicos ao longo de um período de tempo de meses ou anos, a um custo de dezenas ou centenas de milhões de dólares. Muitas vezes essa primeira opção não é um tratamento ideal: requer a investigação de alternativas, cujo processo de testes também levará alguns anos. Enquanto esses resultados não estiverem disponíveis, não será possível fazer muito progresso. O processo regulatório dos Estados Unidos envolve três fases principais de ensaios clínicos e, de acordo com um estudo recente do MIT, apenas 13,8% dos medicamentos candidatos conseguem a aprovação da FDA.[5] O resultado definitivo é um processo que normalmente leva uma década para colocar um novo medicamento no mercado, a um custo médio estimado entre 1,3 bilhão e 2,6 bilhões de dólares.[6]

Apenas nos últimos anos, o ritmo dos avanços auxiliados por IA aumentou visivelmente. Em 2019, pesquisadores da Universidade Flinders, na Austrália, criaram uma vacina "turbinada" contra a gripe utilizando um simulador biológico para identificar substâncias que ativam o sistema imunológico humano.[7] O simulador gerou digitalmente trilhões de compostos químicos, e os pesquisadores, em busca da formulação ideal, usaram outro simulador para determinar se cada um deles seria útil como medicamento de reforço imunológico contra o vírus.[8]

Em 2020, uma equipe do MIT empregou IA para desenvolver um potente antibiótico que mata algumas das mais perigosas superbactérias resistentes a medicamentos. Em vez de avaliar apenas alguns tipos de antibióticos, a IA analisou 107 milhões deles em questão de horas e identificou 23 candidatos potenciais, destacando dois que parecem ser os mais eficazes.[9] De acordo com Jacob Durrant, pesquisador de design de fármacos da Universidade de Pittsburgh: "O trabalho é realmente extraordinário. Essa abordagem destaca o poder da descoberta de medicamentos auxiliada por computação. Seria impossível testar fisicamente mais de 100 milhões de compostos quanto à atividade antibiótica".[10] Desde então, pesquisadores do MIT começaram a aplicar esse método para conceber novos antibióticos eficazes a partir do zero.

Porém, de longe a aplicação mais importante da IA para a medicina em 2020 foi o papel fundamental que desempenhou na concepção, em tempo recorde, de seguras e eficazes vacinas contra a Covid-19. Em 11 de janeiro de 2020, as autoridades chinesas divulgaram a sequência genética do vírus.[11] Cientistas da farmacêutica Moderna se puseram a trabalhar com poderosas ferramentas de aprendizagem automática que analisaram qual vacina seria a mais certeira contra o vírus e, apenas dois dias depois, criaram a sequência da sua vacina de mRNA.[12] No dia 7 de fevereiro, foi produzido o primeiro lote clínico. Após testes preliminares, em 24 de fevereiro o lote foi enviado aos institutos nacionais de saúde. E em 16 de março — apenas 63 dias após a seleção da sequência —, a primeira dose foi aplicada no braço de um participante dos ensaios clínicos. Antes da pandemia, as vacinas normalmente levavam de cinco a dez anos para serem desenvolvidas. Sem dúvida, alcançar esse avanço em uma velocidade tão vertiginosa salvou milhões de vidas.

Mas a guerra não acabou. Em 2021, com a iminente chegada das variantes da Covid-19, pesquisadores da Universidade do Sul da Califórnia (USC) criaram uma inovadora ferramenta de IA para acelerar o desenvolvimento adaptativo de vacinas que podem ser necessárias à medida que o vírus continua a sofrer mutações.[13] Graças à simulação, as vacinas candidatas podem ser projetadas em menos de um minuto e validadas de forma digital em uma hora. Quando você ler esta página, métodos ainda mais avançados provavelmente já estarão disponíveis.

Todas as aplicações que eu descrevi são exemplos de um desafio muito mais fundamental na biologia: prever a maneira como as proteínas se dobram. As instruções do DNA no nosso genoma produzem sequências de aminoácidos, que se dobram em uma proteína cujas características tridimensionais controlam em larga medida o modo como a proteína realmente funciona. Nosso corpo é feito sobretudo de proteínas; portanto, compreender a relação entre a composição e a função delas é fundamental para o desenvolvimento de novos medicamentos e para a cura de doenças. Infelizmente, a taxa de precisão dos humanos quanto à previsão do enovelamento de proteínas é significativamente baixa, uma vez que a complexidade envolvida desafia qualquer regra única e de fácil conceituação. Assim, as descobertas ainda dependem da sorte e do esforço laborioso, e as soluções ideais podem permanecer desconhecidas. Esse tem sido há muito tempo um dos principais obstáculos para alcançarmos novos avanços farmacêuticos.[14]

É aqui que as capacidades de reconhecimento de padrões da IA oferecem uma profunda vantagem. Em 2018, o DeepMind da Alphabet criou um programa chamado AlphaFold para competir com os principais previsores de enovelamento de proteínas, incluindo cientistas humanos e abordagens anteriores assistidas por software.[15] O DeepMind não utilizou o método usual de basear-se em um catálogo de formas de proteínas a serem usadas como modelos. Tal qual o AlphaGo Zero, dispensou o conhecimento humano estabelecido. O AlphaFold ficou em primeiro lugar entre 98 programas concorrentes, prevendo com exatidão 25 entre 43 proteínas, ao passo que o segundo colocado acertou apenas três de 43.[16]

No entanto, as previsões de inteligência artificial ainda não eram tão precisas quanto os experimentos de laboratório, então o DeepMind voltou à prancheta e incorporou transformadores — a técnica de aprendizagem profunda que alimenta o GPT-3. Em 2021, o DeepMind anunciou o lançamento do AlphaFold 2, que alcançou um desempenho verdadeiramente impressionante.[17] Agora a IA é capaz de atingir uma precisão de nível quase experimental para praticamente todas as proteínas que lhe são fornecidas. Isso expande repentinamente o número de estruturas proteicas disponíveis aos biólogos de mais de 180 mil[18] para centenas de milhões, e em breve chegará à casa dos bilhões[19], façanha que será responsável por uma imensa aceleração do ritmo das descobertas biomédicas.

Atualmente, a descoberta de medicamentos por meio da IA é um processo guiado pelo homem — os cientistas têm de identificar o problema que estão tentando resolver, formular o problema em termos químicos e definir os parâmetros da simulação. No entanto, nas próximas décadas, a IA ganhará a capacidade de pesquisar de forma mais criativa. Ela será capaz de identificar um problema que os médicos humanos nem sequer perceberam (por exemplo, que um subconjunto específico de pessoas com uma determinada doença não responde bem aos tratamentos-padrão) e propor novas e complexas terapias.

Nesse ínterim, a IA ainda será ampliada para replicar sistemas cada vez maiores em simulação — desde proteínas a complexos proteicos, organelas, células, tecidos e órgãos inteiros. Esse avanço nos permitirá curar doenças cuja complexidade as coloca fora do alcance dos médicos de hoje. Por exemplo, na última década assistimos à introdução de muitos tratamentos promissores contra o câncer — incluindo imunoterapias como CAR-T, BiTEs e inibidores de pontos de controle imunológico[20] — que já salvaram milhares de vidas, mas volta e meia ainda fracassam porque os cânceres aprendem a resistir a eles. Muitas vezes, isso se dá porque os tumores alteram seu ambiente local de maneiras que não conseguimos compreender completamente com as técnicas atuais.[21] No entanto, quando a IA puder simular de forma robusta o tumor e seu microambiente, seremos capazes de adaptar terapias sob medida para superar essa resistência.

Da mesma forma, distúrbios neurodegenerativos como doença de Alzheimer e doença de Parkinson envolvem processos sutis e complexos que fazem com que proteínas mal enoveladas se acumulem no cérebro e causem danos.[22] Como é impossível estudar esses efeitos de maneira minuciosa em um cérebro vivo, a investigação tem sido extremamente lenta e difícil. A partir das simulações de IA seremos capazes de compreender as suas causas fundamentais e tratar os pacientes de forma eficaz muito antes de ficarem debilitados. Essas mesmas ferramentas de simulação cerebral também nos permitirão atingir avanços revolucionários no tratamento de distúrbios de saúde mental, que deverão afetar mais da metade da população dos Estados Unidos em algum momento da vida.[23] Até hoje os médicos têm confiado em medicamentos psiquiátricos de abordagem contundente, como ISRSs (inibidores seletivos da recaptação da serotonina) e IRSNs (inibidores da recaptação de serotonina e noradrenalina), que ajustam temporariamente os desequilíbrios químicos, mas muitas vezes têm benefícios modestos, não funcionam para alguns pacientes e carregam longas listas de efeitos secundários.[24] Assim que a IA nos proporcionar uma compreensão funcional completa do cérebro humano — a mais complexa estrutura do universo conhecido! —, seremos capazes de atacar muitos problemas de saúde mental na sua origem!

Além da auspiciosa promessa da IA quanto à descoberta de novas terapias, também estamos avançando rumo a uma revolução nos ensaios que utilizamos para validá-las. A FDA já está incorporando resultados de simulações a seu processo de aprovação regulamentar.[25] Nos próximos anos, isso será especialmente importante em casos semelhantes ao da pandemia da Covid-19 — em que uma nova ameaça viral surge de repente e milhões de vidas podem ser salvas graças ao acelerado desenvolvimento de vacinas.[26]

Mas suponhamos que fôssemos capazes de digitalizar totalmente o processo de ensaios — utilizando a IA para avaliar o funcionamento de um medicamento para dezenas de milhares de pacientes (simulados) durante um período (simulado) de anos, e fazer tudo isso em questão de horas ou dias. Teríamos à nossa disposição resultados de ensaios muito mais abundantes, rápidos e precisos do que os ensaios em humanos relativamente lentos e inconsistentes — devido ao número insuficiente de pacientes — que utilizamos hoje em dia. Uma grande desvantagem dos testes em humanos é que (dependendo do tipo de medicamento e da fase do ensaio) envolvem apenas cerca de uma dezena a alguns milhares de indivíduos.[27] Isso significa que, em qualquer grupo de indivíduos, poucos deles — quando muito — têm probabilidade estatística de reagir ao fármaco exatamente da mesma forma que o corpo de outra pessoa reagiria. Muitos fatores podem afetar a forma como um medicamento funciona para você: genética, dieta, estilo de vida, equilíbrio hormonal, microbioma, subtipo de doença, outros fármacos que você esteja tomando e outras doenças que você possa ter. Se ninguém nos ensaios clínicos corresponder às suas principais características biológicas, pode acontecer que, embora um medicamento seja bom para a pessoa comum, acabe sendo nocivo para você.

Hoje, um ensaio clínico pode resultar em uma melhoria média de 15% em determinada doença para 3 mil pessoas. Porém, ensaios simulados podem revelar detalhes ocultos. Por exemplo, certo subconjunto de 250 pessoas desse grupo (indivíduos com determinado gene) será prejudicado pelo fármaco, enfrentando condições 50% piores, ao passo que um subconjunto diferente de quinhentas pessoas (aquelas que também sofrem de doença renal) verá uma melhoria de 70%. As simulações serão capazes de encontrar inúmeras dessas correlações, produzindo perfis extremamente específicos da relação riscos/benefícios para cada paciente individual.

A introdução dessa tecnologia será gradual, porque as exigências computacionais das simulações biológicas variarão entre as diferentes aplicações.

Por estar na extremidade mais fácil do espectro, medicamentos que consistem basicamente em uma única molécula serão os primeiros a ser simulados. Por sua vez, técnicas como a CRISPR,* que se destinam a afetar a expressão gênica, envolvem interações extremamente complexas entre muitos tipos de moléculas e estruturas biológicas e, portanto, levarão mais tempo para simular de maneira satisfatória *in silico*. Para substituir os testes em humanos como principal método de testagem, as simulações de IA precisarão replicar não apenas a ação direta de um determinado agente terapêutico, mas o modo como ele se adapta aos sistemas complexos de todo o corpo durante um período prolongado.

Ainda não está claro qual é o nível de detalhamento que em última análise será necessário para a realização dessas simulações. Por exemplo, parece improvável que as células da pele do polegar sejam relevantes para testar um medicamento contra o câncer de fígado. Porém, para que essas ferramentas sejam validadas como seguras, provavelmente precisaremos digitalizar todo o corpo humano com uma resolução essencialmente molecular. Somente então os pesquisadores serão capazes de determinar de forma robusta quais os fatores que podem ser eliminados com segurança para certa aplicação. Trata-se de um objetivo de longo prazo, porém, no que diz respeito a salvar vidas, é um dos objetivos de importância mais profunda para a IA — e até o final da década de 2020 faremos progressos significativos nesse sentido.

Provavelmente haverá uma resistência substancial na comunidade médica em relação à crescente dependência de simulações para testes clínicos de medicamentos — por diversas razões. É bastante sensato ser cauteloso em relação aos riscos. Os médicos não vão querer alterar os protocolos de aprovação de uma forma que possa colocar os pacientes em risco, portanto as simulações precisarão apresentar um histórico muito sólido de desempenho, tão bom ou melhor que os métodos de testagem atuais. Mas outro fator é a responsabilidade. Ninguém almejará ser a pessoa que aprovou um

---

* Repetições Palindrômicas Curtas Agrupadas e Regularmente Interespaçadas (do inglês *Clustered Regularly Interspaced Short Palindromic Repeats*), moderníssima técnica para a edição genética de diversos organismos; espécie de "tesoura genética", permite à ciência mudar parte do código genético de uma célula, por exemplo, "cortando" uma parte específica do DNA de modo a fazer com que a célula produza ou não determinadas proteínas. [N. T.]

tratamento novo e promissor na hipótese de esse fármaco se revelar um desastre. Assim, os órgãos reguladores terão de antever essas abordagens emergentes e ser proativos, a fim de assegurar que os incentivos sejam equilibrados entre cautela apropriada e inovação que salva vidas.

No entanto, mesmo antes de termos uma biossimulação robusta, a IA já causa impactos na biologia genética. Os 98% dos genes que não codificam proteínas foram outrora descartados como DNA "lixo".[28] Agora sabemos que são essenciais para a expressão gênica (quais genes são ativamente utilizados, e em que medida), mas é muito difícil determinar essas relações a partir do próprio DNA não codificante. Contudo, como é capaz de detectar padrões muito sutis, a IA está começando a quebrar esse impasse, a exemplo da descoberta de associações entre DNA não codificante e autismo feita por cientistas de Nova York em 2019.[29] Olga Troyanskaya, pesquisadora-chefe do projeto, disse que é "a primeira demonstração clara de mutações não herdadas e não codificantes que causam qualquer doença ou distúrbio humano complexo".[30]

Na esteira da pandemia da Covid-19, o desafio de monitorar doenças infecciosas também se tornou urgente. No passado, os epidemiologistas tinham de escolher entre vários tipos de dados imperfeitos ao tentar prever surtos virais nos Estados Unidos. Um novo sistema de IA chamado ARGONet integra diferentes tipos de dados em tempo real e os analisa com base em seu poder preditivo.[31] O ARGONet combina registros médicos eletrônicos, dados históricos, pesquisas ao vivo no Google feitas por usuários preocupados e padrões espaço-temporais de como a gripe se espalha de um lugar para outro.[32] O pesquisador-chefe Mauricio Santillana, de Harvard, explicou: "O sistema avalia continuamente o poder preditivo de cada método independente e recalibra a forma como essas informações devem ser usadas para produzir melhores estimativas sobre a gripe".[33] De fato, uma pesquisa de 2019 mostrou que o ARGONet superou o desempenho de todas as abordagens anteriores. Superou a ferramenta "Tendências da Gripe" do Google em 75% dos estados estudados e foi capaz de prever a atividade da gripe mais comum uma semana antes dos métodos normais dos Centros de Controle e Prevenção de Doenças (CDCs).[34] Outras novas estratégias baseadas em IA estão sendo desenvolvidas para ajudar a deter o próximo grande surto de gripe.

Além das aplicações científicas, a IA vem adquirindo a capacidade de superar os médicos humanos na medicina clínica. Em uma palestra de 2018, previ que dentro de um ou dois anos uma rede neural seria capaz de analisar imagens radiológicas tão bem quanto os médicos humanos. Apenas duas semanas depois, pesquisadores de Stanford anunciaram o algoritmo CheXNet, que usou 100 mil imagens de raios X para treinar uma rede neural convolucional de 121 camadas capaz de diagnosticar quatorze doenças diferentes. O CheXNet superou o desempenho dos médicos humanos com os quais foi comparado, fornecendo evidências preliminares, mas animadoras, de enorme potencial diagnóstico.[35] Outras redes neurais demonstraram capacidades semelhantes. Um estudo de 2019 mostrou que uma rede neural que analisa métricas clínicas em linguagem natural conseguiu diagnosticar doenças pediátricas melhor do que oito médicos residentes com acesso aos mesmos dados — e em algumas áreas superou em desempenho todos os vinte médicos humanos.[36] Em 2021, uma equipe da Universidade Johns Hopkins desenvolveu um sistema de IA chamado DELFI, capaz de reconhecer padrões sutis de fragmentos de DNA no sangue de uma pessoa para detectar 94% dos cânceres de pulmão por meio de um simples teste de laboratório — algo que nem mesmo humanos experientes conseguem fazer sozinhos.[37]

Essas ferramentas clínicas estão rapidamente dando o salto da prova de conceito para a utilização em larga escala. Em julho de 2022, a revista *Nature Medicine* publicou os resultados de um estudo de largo fôlego com mais de 590 mil pacientes hospitalares que foram monitorados com um sistema alimentado por IA chamado Pontuação de Alerta Antecipado em Tempo Real (*Targeted Real-Time Early Warning System*, ou TREWS, na sigla em inglês) para detectar sepse — grave infecção que se espalha pela corrente sanguínea e é responsável pela morte de cerca de 270 mil norte-americanos por ano.[38] Ao disparar um alerta de risco de choque séptico, o algoritmo TREWS dava aos médicos um aviso prévio para iniciar o tratamento, reduzindo as mortes por sepse entre os pacientes em 18,7% — um indicador do potencial para salvar dezenas de milhares de vidas anualmente tão logo a adoção do sistema for ampliada. Cada vez mais esses modelos incorporarão formas mais abrangentes de informações, como dados obtidos por rastreadores de condicionamento físico "vestíveis", e serão capazes de sugerir tratamento antes mesmo que alguém saiba que está doente.

À medida que a década de 2020 avança, as ferramentas alimentadas por IA atingirão níveis de desempenho sobre-humanos em praticamente todas as tarefas de diagnóstico.[39] A interpretação de imageamento médico é uma tarefa que permite às redes neurais utilizarem de forma mais potente os seus pontos fortes naturais. Informações com relevância clínica podem acabar passando despercebidas nas imagens, escondidas de maneira muito sutil para a capacidade humana de detectá-las visualmente, mas talvez óbvias para um sistema de IA. E, ao contrário de outras formas de diagnóstico que exigem a integração de muitos tipos de informações díspares e qualitativas, os padrões de pixels nas imagens são totalmente redutíveis a dados quantificáveis — o ponto forte da IA. É por essa razão que o imageamento médico é um dos primeiros campos no qual testemunhamos a IA atingir níveis de desempenho tão extraordinários. Pela mesma razão, será relativamente fácil generalizar sistemas como o CheXNet e seu primo CheXpert para outros tipos de análise de imagens médicas. No futuro, a IA provavelmente será capaz de desencadear um vasto potencial inexplorado em técnicas de imageamento médico — talvez identificando fatores de risco ocultos em órgãos aparentemente saudáveis, o que poderá permitir medidas preventivas que salvam vidas muito tempo antes de um problema causar danos.

Essa revolução beneficiará também as cirurgias, uma vez que estão crescendo rapidamente tanto a quantidade de dados de qualidade sobre cirurgias como os recursos computacionais disponíveis.[40] Durante anos, robôs foram utilizados para ajudar médicos, mas agora estão demonstrando boa capacidade de desempenho sem a participação humana. Nos Estados Unidos, em 2016, o Robô Autônomo de Tecido Inteligente (*Smart Tissue Autonomous Robot*, ou STAR no acrônimo em inglês) obteve resultados significativamente melhores do que os de cirurgiões humanos em uma tarefa de sutura intestinal em testes em animais.[41] Em 2017, um robô chinês concluiu sozinho uma cirurgia completa de implante dentário, procedimento de altíssimo nível de precisão.[42] Depois, em 2020, a Neuralink lançou um robô cirúrgico que automatiza grande parte do processo de implantação de uma interface cérebro-computador, e está trabalhando para obter autonomia total.[43]

Um cirurgião humano médio pode realizar várias centenas de cirurgias por ano, totalizando, no máximo, algumas dezenas de milhares ao longo de uma carreira completa. Em muitos casos, como os de cirurgiões de especialidades que exigem procedimentos mais longos e complexos, esse número pode ser ainda menor. Por outro lado, os cirurgiões robóticos assistidos por IA serão capazes de aprender com a experiência de qualquer cirurgia realizada pelo sistema, em qualquer lugar do mundo. Isso cobrirá uma gama muito mais ampla de circunstâncias clínicas do que qualquer ser humano conseguiria encontrar — potencialmente muitos milhões de cirurgias. Além disso, a IA poderá realizar bilhões de cirurgias simuladas, fazendo ajustes e experimentações em variáveis incomuns que seriam impossíveis ou antiéticas de treinar em um ambiente clínico. Por exemplo, a simulação de cirurgias poderia treinar cirurgiões robóticos para lidar com combinações raras de doenças, ou ampliar os horizontes da medicina do trauma, tratando de lesões complexas que a maioria dos cirurgiões não verá nem sequer uma vez na carreira. Essas inovações tornarão as cirurgias muito mais seguras e eficazes do que são atualmente.[44]

As décadas de 2030 e 2040: desenvolvimento e aperfeiçoamento da nanotecnologia

É extraordinário que a biologia tenha criado uma criatura tão intrincada como um ser humano, com a destreza intelectual e a coordenação física (por exemplo, polegares opositores) que viabilizam a tecnologia. No entanto, estamos longe do ideal, sobretudo no que diz respeito ao pensamento. Em 1988, ao refletir sobre as implicações do progresso tecnológico, Hans Moravec argumentou que, por mais que aperfeiçoemos a nossa biologia baseada no DNA, os nossos sistemas de carne e osso estarão em desvantagem em relação às nossas criações projetadas para um propósito específico.[45] Como afirmou o escritor Peter Weibel, Moravec compreendeu que, nesse aspecto, os humanos conseguem ser apenas "robôs de segunda classe".[46] Isso significa que, mesmo que trabalhemos para otimizar e aperfeiçoar aquilo que nosso cérebro biológico é capaz de fazer, nosso corpo será sempre bilhões de vezes mais lento do que um corpo totalmente projetado.

Uma combinação da IA e da revolução da nanotecnologia nos permitirá redesenhar e reconstruir — molécula a molécula — o nosso corpo e o nosso cérebro e os mundos com os quais interagimos. Os neurônios humanos disparam cerca de duzentas vezes por segundo, no máximo (com um número absoluto de mil como máximo teórico), e, na realidade, muito provavelmente mantêm médias de menos de um disparo por segundo.[47] Por outro lado, os transistores de hoje conseguem operar com mais de 1 trilhão de ciclos por segundo, e os chips de computador vendidos nos varejo excedem uma velocidade de 5 bilhões de ciclos por segundo.[48] Essa disparidade é tão grande porque a computação celular em nosso cérebro utiliza uma arquitetura muito mais lenta e desajeitada do que aquela que a engenharia de precisão possibilita na computação digital. E, à medida que a nanotecnologia avança, o mundo digital será capaz de progredir ainda mais.

Além disso, o tamanho do cérebro humano limita o seu poder de processamento total a, no máximo, cerca de 10^{14} operações por segundo, de acordo com a estimativa que fiz em *A Singularidade está próxima*, o que está dentro dos limites de uma ordem de magnitude da estimativa de Hans Moravec baseada em uma análise diferente.[49] O supercomputador norte-americano Frontier já consegue superar 10^{18} operações por segundo, um benchmark de desempenho relevante para IA.[50] Uma vez que os computadores conseguem compactar transistores de forma mais densa e eficiente do que os neurônios do cérebro, e, como ambos podem ser fisicamente maiores que o cérebro e se conectar em rede de forma remota, eles deixarão os cérebros biológicos não aprimorados comendo poeira. O futuro é claro: mentes baseadas apenas nos substratos orgânicos dos cérebros biológicos não podem nem sequer alimentar a esperança de conseguir acompanhar mentes aprimoradas pela nanoengenharia de precisão não biológica.

A primeira referência à nanotecnologia foi feita pelo físico Richard Feynman (1918-1988) em sua seminal palestra "Há mais espaços lá embaixo", de 1959, na qual descreveu a inevitabilidade da criação de máquinas na escala de átomos individuais, bem como como as profundas implicações de se fazer isso.[51] Ele afirmou: "Os princípios da física, a meu ver, não falam contra a possibilidade de se manipular as coisas átomo por átomo (...) Seria, em princípio, possível (...) um físico sintetizar qualquer substância química que o químico escreve (...). Como? Coloque os átomos onde o químico diz, e assim você faz a substância".[52] Feynman era otimista: "Será possível dar largos passos para a resolução dos problemas da química e da biologia se a nossa capacidade de ver o que estamos fazendo, e de fazer coisas em um nível atômico, for enfim desenvolvida — uma evolução que, creio eu, não pode ser evitada".

Para exercer impacto em objetos grandes, a nanotecnologia precisa ter um sistema de autorreplicação. A ideia de como criar um módulo autorreplicador foi formalizada pela primeira vez pelo lendário matemático John von Neumann (1903-1957) em uma série de palestras no final da década de 1940 e em um artigo de 1955 na revista *Scientific American*.[53] Mas a gama completa das suas ideias foi reunida e publicada de forma abrangente somente em 1966, quase uma década após a sua morte. A abordagem de von Neumann era extremamente abstrata e matemática, sendo focada sobretudo nos fundamentos lógicos, e não nos detalhados aspectos práticos e físicos da construção de máquinas autorreplicadoras. Em sua concepção, um autorreplicador inclui um "computador universal" e um "construtor universal". O computador executa um programa que controla o construtor, e o construtor pode copiar todo o autorreplicador e o programa — assim, as cópias podem fazer a mesma coisa por tempo indeterminado.[54]

Em meados da década de 1980, o engenheiro K. Eric Drexler fundou o moderno campo da nanotecnologia, com base nesse conceito de von Neumann.[55] Drexler projetou uma máquina abstrata que usava átomos e fragmentos de moléculas encontrados em substâncias comuns para fornecer os materiais para seu construtor ao estilo von Neumann, com destaque para um computador capaz de direcionar o posicionamento dos átomos.[56] Em essência, o "montador" de Drexler poderia fazer qualquer coisa no mundo, contanto que sua estrutura fosse atomicamente estável. Essa flexibilidade e generalizabilidade são os fatores que distinguem a abordagem da mecanossíntese molecular da qual Drexler foi pioneiro das abordagens baseadas na biologia, que montariam objetos em escala nanométrica, mas seriam muito mais limitadas quanto aos designs e materiais disponíveis.

Drexler esboçou um computador muito simples usando "fechaduras" moleculares em vez de portas de transistores (que eram conceituais; na verdade, ele ainda não as construiu).[57] Cada fechadura exigiria apenas seis nanômetros cúbicos de espaço e poderia alterar seu estado (liga/desliga) em um décimo de bilionésimo de segundo — permitindo uma velocidade de computação viável em torno de 1 bilhão de operações por segundo.[58] Muitas variações desse computador foram propostas, com refinamento crescente.

Em 2018, Ralph Merkle e vários colaboradores desenvolveram um sistema de computação totalmente mecânico adequado para implementações em nanoescala.[59] Seu projeto detalhado (também conceitual) prevê cerca de 10^{20} portas lógicas por litro e operaria a 100 MHz, resultando em até 10^{28} operações de computação por segundo por litro de volume de computador (embora a dissipação de calor exigiria que esse volume tivesse elevada área de superfície).[60] A quantidade de energia gasta por esse projeto seria da ordem de cem watts.[61] Como existem cerca de 8 bilhões de pessoas no mundo, emular a computação cerebral de *todos* os seres humanos juntos levaria, portanto, menos de 10^{24} operações por segundo (10^{14} por pessoa vezes 10^{10} pessoas).[62]

Conforme discutimos no Capítulo 2, minha estimativa de 10^{14} é para uma simulação de cada um dos neurônios. No entanto, o cérebro emprega um colossal paralelismo. Como o ambiente biológico úmido dentro de nosso crânio é (pelo menos em nível molecular) um local muito turbulento, qualquer neurônio isolado pode morrer ou simplesmente deixar de disparar no instante correto. Se a cognição humana dependesse fortemente do desempenho de um único neurônio, seria muito pouco confiável. Mas quando muitos neurônios trabalham juntos em paralelo, o "ruído" é cancelado e somos capazes de pensar com boa eficiência.

Porém, ao construir computadores não biológicos, podemos controlar o ambiente interno com mais precisão. O interior de um chip de computador é muito mais limpo e estável do que o tecido cerebral, de modo que todo esse paralelismo não será necessário. Isso permitirá uma computação mais eficiente, então é plausível que uma mente possa ser simulada com menos de 10^{14} operações por segundo. No entanto, como ainda não se sabe com clareza qual é a quantidade de paralelismo que o cérebro tem, uso essa estimativa maior para ser conservador. Em teoria, então, um computador nanológico de 1 litro perfeitamente eficiente forneceria o equivalente a cerca de 10 mil vezes 10 bilhões de seres humanos (ou cerca de 100 trilhões de seres humanos) em termos de capacidade cerebral. Para ser objetivo, não estou argumentando que isso seja alcançável na prática. O ponto é que a engenharia em nanoescala propicia quantidades espantosas de margem para progresso futuro. Mesmo uma diminuta fração de 1% dos máximos teóricos seria um novo paradigma absolutamente revolucionário para a computação — e permitiria que máquinas em nanoescala alcançassem quantidades proveitosas de poder computacional.

No contexto de nanobôs autorreplicadores, isso permitiria a substancial coordenação necessária para a obtenção de resultados macroscópicos. O sistema de controle seria semelhante à arquitetura de instruções de computador chamada SIMD (*single instruction, multiple data*, ou dados múltiplos de instruções individuais), o que significa que uma única unidade computacional leria as instruções do programa e depois as transmitiria simultaneamente para trilhões de montadores de tamanho molecular (cada qual com seu próprio computador simples).[63]

O uso dessa arquitetura "de transmissão" resolveria também uma importante preocupação quanto à segurança. Se o processo de autorreplicação ficar fora de controle, ou no caso de um bug ou violação de segurança, a fonte das instruções de replicação poderá ser imediatamente desligada, evitando qualquer outra atividade dos nanobôs.[64] Como discutiremos mais adiante no Capítulo 7, o pior cenário hipotético possível para a nanotecnologia seria a chamada "gosma cinza" — nanobôs autorreplicadores escapando do laboratório e, em uma reação em cadeia desenfreada, multiplicando-se de forma descontrolada por aí.[65] Em teoria, isso poderia consumir a maior parte da biomassa da Terra e transformá-la em mais nanobôs. Porém, a arquitetura "de transmissão" proposta por Ralph Merkle é uma forte defesa contra isso. Se todas as instruções tivessem que vir de uma fonte central, desligar a transmissão no caso de uma emergência desativaria os nanobôs e os tornaria fisicamente incapazes de continuar a autorreplicação.

A efetiva máquina de construção que seguiria essas instruções seria um simples robô molecular com um único braço, semelhante ao construtor universal de von Neumann, feito em pequena escala.[66] A viabilidade de construir braços, engrenagens, rotores e motores robóticos em escala molecular já foi demonstrada repetidas vezes.[67]

A física não permite que um braço em escala molecular mova átomos para agarrá-los e transportá-los como faria a mão humana. Isso torna o futuro da nanotecnologia controverso. Em 2001, o físico e químico norte-americano Richard Smalley iniciou um debate público com Eric Drexler, questionando se algum dia seria possível fabricar coisas com precisão atômica por meio da utilização de "montadores moleculares".[68] Tanto Smalley como Drexler fizeram contribuições essenciais para o campo da nanotecnologia, mas se diferiram em suas respectivas abordagens. Drexler argumentou que o objetivo final da nanotecnologia são os métodos "de cima para baixo", permitindo que máquinas fabricantes construíssem nanobôs a partir do zero. Smalley argumentou que as leis da física tornam isso impossível — que abordagens "de baixo para cima" de automontagem no estilo da biologia são o único objetivo sensato. A objeção de Smalley tinha duas partes: o "problema dos dedos gordos", em que os braços manipuladores necessários para mover os átomos de uma reação no lugar seriam volumosos demais para funcionar efetivamente em nanoescala, e o "problema dos dedos pegajosos", em que os átomos sendo movidos grudariam nos braços manipuladores.

Drexler respondeu que as técnicas concebidas para utilizar um único braço manipulador não enfrentariam o primeiro problema, e máquinas biológicas como enzimas e ribossomos já demonstram ser possível superar o segundo problema. À medida que o debate se acirrou em 2003, apresentei meus próprios comentários, corroborando sobretudo o argumento de Drexler.[69] Olhando para trás, quase duas décadas depois, tenho o prazer de dizer que os avanços recentes na nanotecnologia estão fazendo com que o ponto de vista "de cima para baixo" pareça cada vez mais plausível — embora demore pelo menos uma década antes de o campo começar a amadurecer, provavelmente com a ajuda dos avanços na IA. Os cientistas já deram passos significativos quanto ao controle preciso dos átomos, e a década de 2020 verá muitas outras inovações importantes.

O projeto de Drexler para um braço construtor em nanoescala ainda parece ser o mais promissor. Em vez de uma garra desajeitada e complexa, ele teria *uma única* ponta que recorre a uma função mecânica e elétrica para pegar um átomo ou molécula pequena e então soltá-lo em um local diferente.[70] *Nanosystems*, livro de Drexler publicado em 1992, enumera uma série de diferentes substâncias químicas que poderiam fazer isso.[71] Uma estratégia é mover átomos de carbono para construir objetos a partir de uma substância de configuração parecida com o diamante e de tamanho nanométrico chamada diamantoide.[72]

Diamontoides são minúsculas gaiolas de átomos de carbono (apenas dez), dispostas como os tipos mais básicos de cristal de diamante — com átomos de hidrogênio ligados à parte externa da gaiola. Podem formar os componentes básicos de construção de estruturas de nanoengenharia extremamente leves e fortes. Quando Drexler esmiuçou as ideias da nanotecnologia e da fabricação de diamantoides em seu livro de 1986, *Engines of Creation*, e em *Nanosystems*, ele inspirou o autor de ficção científica Neal Stephenson a escrever o romance *The Diamond Age* — vencedor do Prêmio Hugo de 1996 —, imaginando um futuro em que a nanotecnologia baseada no diamante definiria a civilização, tal como o bronze definiu a Idade do Bronze e o ferro definiria a Idade do Ferro.[73] Mais de um quarto de século após o lançamento do romance, a pesquisa sobre o diamantoide fez enormes avanços, e os cientistas estão começando a ver aplicações práticas na investigação laboratorial. Ao longo da próxima década, porém, a IA permitirá simulações químicas detalhadas que desencadearão um progresso muito mais rápido.

Muitos projetos nanotecnológicos propostos utilizam essa abordagem. Sabemos, pelo processo de deposição química de vapor, que é possível criar diamantes artificiais dessa forma.[74] O diamantoide não apenas é extremamente forte, mas pode ter impurezas adicionadas com rigorosa precisão por meio de "dopagem" para alterar propriedades físicas, como a condutividade térmica, ou para criar componentes eletrônicos, como transistores.[75] Pesquisas realizadas ao longo da última década mostraram promissores métodos de engenharia de sistemas eletrônicos e mecânicos a partir de vários arranjos de átomos de carbono em nanoescala.[76] Essa área da nanotecnologia está atraindo muita atenção em todo o mundo, mas algumas das propostas mais intrigantes foram feitas por Ralph Merkle e seus coautores.[77] Já em 1997, Merkle projetou um "metabolismo" para um montador que seria capaz de construir hidrocarbonetos como diamantoides a partir de uma "solução de matéria-prima" de butadieno.[78]

Desde que *A Singularidade está próxima* foi publicado em 2005, houve também novas e empolgantes descobertas relativas ao grafeno (uma estrutura hexagonal de carbono com a espessura de um átomo), aos nanotubos de carbono (essencialmente tubos enrolados de grafeno) e aos nanofios de carbono (filamentos quase unidimensionais de carbono circundados por hidrogênio), os quais terão uma enorme variedade de aplicações práticas nas próximas duas décadas.[79]

Atualmente, buscam-se caminhos para esse tipo de mecanossíntese e outras nanotecnologias.[80] Entre eles estão o origami de DNA[81] e a nanorrobótica de DNA,[82] máquinas moleculares de inspiração biológica,[83] Lego molecular,[84] qubits de átomo único para computação quântica,[85] posicionamento de átomos baseado em feixe de elétrons,[86] litografia de despassivação de hidrogênio[87] e fabricação baseada em microscopia de tunelamento de varredura.[88] Existem vários projetos furtivos em meio a esses espaços, e eles vêm fazendo progresso constante. Levando-se em consideração que a IA de engenharia sobre-humana estará disponível até o final da década de 2020 para resolver os problemas restantes, estamos no caminho certo para que os conceitos de nanotecnologia que utilizam o posicionamento átomo por átomo sejam implementados em algum momento da década de 2030.

Na prática, isso envolverá a transmissão de informações a matérias-primas "burras" por meio de um processo exponencial. Um computador central transmitirá comandos simultâneos a um pequeno núcleo de nanobôs iniciais, posicionados em meio à matéria-prima de átomos ou moléculas básicas de que necessitam. Eles serão instruídos à autorreplicação, criando repetidamente uma enxurrada de cópias de si mesmos, logo chegando aos trilhões de montadores. Em seguida, o computador dará a esses robôs moleculares comandos sobre como construir as estruturas desejadas.

Na forma madura da tecnologia, um montador molecular poderá ser uma unidade do tamanho de uma mesa capaz de fabricar praticamente qualquer produto físico para o qual tenha os átomos necessários. Isso exigirá o domínio de um dos grandes desafios da fabricação em nanoescala: a generalizabilidade. Uma coisa é projetar um montador que seja capaz de produzir um tipo específico de substância (como o diamantoide), outra é projetar um que seja capaz de dominar químicas muito variadas. Desencadear os últimos recursos exigirá uma IA avançadíssima. Assim, podemos ter a expectativa de ver objetos relativamente homogêneos quimicamente (como pedras preciosas, móveis ou roupas) construídos por montadores muito antes de objetos com composições químicas bastante variadas e microestruturas extremamente complexas (como uma refeição quente, um órgão biônico ou um computador mais potente do que todos os cérebros humanos não aprimorados juntos).

Assim que tivermos avançado na nanofabricação, o custo adicional de fabricação de qualquer objeto físico (incluindo os próprios montadores moleculares) será de apenas alguns centavos por quilo — em essência, apenas o custo dos materiais precursores atômicos.[89] As estimativas de Drexler de 2013 para o custo total de um processo de fabricação molecular giram em torno de 2 dólares por quilograma, independentemente do que estiver sendo feito, sejam diamantes ou alimentos.[90] E, como os materiais da nanoengenharia podem ser muito mais resistentes que o aço ou o plástico, a maioria das estruturas poderia ser construída com cerca de um décimo da massa. Mesmo quando as matérias-primas utilizadas em produtos finais são caras — por exemplo, ouro, cobre e metais de terra-rara na eletrônica —, no futuro será possível substituir componentes construídos com elementos mais baratos e mais abundantes, a exemplo do carbono.

O verdadeiro valor dos produtos, então, residiria na informação que eles contêm — em essência, toda a inovação que foi introduzida neles, desde ideias criativas até linhas de código de software que controlam sua fabricação. Isso já acontece com produtos que podem ser digitalizados. Pense nos e-books. Quando os livros foram inventados, tinham de ser copiados à mão, de modo que o trabalho manual era um componente enorme de seu valor. Com o advento da imprensa, materiais físicos como papel, encadernação e tinta assumiram o quinhão predominante do preço. Com os e-books, no entanto, os custos de energia e computação para copiar, armazenar e transmitir um livro eletrônico são efetivamente zero. O valor que você está pagando é para cobrir a montagem criativa de informações em algo que vale a pena ler (e muitas vezes alguns fatores complementares, como o marketing). Um jeito de você ver por si mesmo essa diferença é procurar no site da Amazon por agendas e cadernos em branco e depois procurar romances de capa dura com encadernações mais ou menos semelhantes. Se olhar apenas para os preços, você não será capaz de dizer de forma imediata e consistente qual é qual. Por outro lado, romances geralmente custam vários dólares, ao passo que a ideia de pagar qualquer quantia em dinheiro por um e-book em branco é ridícula. É isso que quero dizer quando afirmo que o valor de um produto é inteiramente informação.

A revolução da nanotecnologia trará essa mudança transformadora para o mundo físico. Em 2023, o valor dos produtos físicos advém de muitas fontes, sobretudo das matérias-primas, da mão de obra de produção, do tempo de uso das máquinas da fábrica, dos custos de energia e do transporte. Porém, nas próximas décadas a convergência de inovações tecnológicas reduzirá drasticamente esses custos. Por conta da automação, será mais barato extrair ou sintetizar as matérias-primas; a robótica substituirá o dispendioso trabalho humano; as caras máquinas fabris custarão menos; os preços da energia cairão devido a melhores sistemas solares fotovoltaicos e ao armazenamento de energia (e, futuramente, a fusão); e os veículos elétricos autônomos farão despencar os custos de transporte. À medida que todos esses componentes de valor se tornarem menos dispendiosos, aumentará o valor proporcional da informação contida nos produtos. De fato, já estamos seguindo nesse caminho, uma vez que o "conteúdo de informação" da maioria dos produtos vem crescendo a olhos vistos — e em um futuro próximo acabará chegando muito perto de 100% do seu valor.

Em muitos casos, isso fará com que os produtos fiquem tão baratos que talvez se tornem gratuitos para os consumidores. Mais uma vez, podemos olhar para a economia digital a fim de ver como isso já aconteceu. Conforme discutimos no Capítulo 5, plataformas como Google e Facebook gastam bilhões de dólares em sua infraestrutura, mas o custo médio por pesquisa ou por *like* é tão baixo que faz mais sentido oferecê-las de forma totalmente gratuita aos usuários — outras fontes de receita, como anúncios publicitários, são usadas para ganhar dinheiro. De maneira semelhante, é possível imaginar um futuro no qual as pessoas assistam a anúncios políticos ou compartilhem dados pessoais em troca da obtenção gratuita de produtos nanofabricados. Os governos também poderão oferecer esses produtos como formas de incentivar as pessoas a se candidatarem ao serviço voluntário, a permanecerem no sistema de ensino formal ou a manterem hábitos saudáveis.

Essa acentuada redução da escassez física nos permitirá, enfim, satisfazer facilmente às necessidades de todo mundo. Observe que essa é uma previsão sobre as capacidades tecnológicas, mas a cultura e a política desempenharão um importante papel na determinação da rapidez com que as mudanças econômicas se darão. Será um tremendo desafio garantir o compartilhamento desses benefícios de forma ampla e justa. Dito isso, estou otimista. A ideia de que as elites abastadas simplesmente acumulariam para si essa nova abundância está calcada em um mal-entendido. Quando existe uma verdadeira fartura de bens, a acumulação é um despropósito. Ninguém engarrafa ar para si, porque o ar é fácil de obter e existe em quantidade suficiente para todos. Da mesma forma, quando outras pessoas usam a Wikipédia, nenhuma informação fica menos disponível para você. O próximo passo é simplesmente estender esse tipo de abundância ao mundo dos bens materiais.

Embora a nanotecnologia permita atenuar muitos tipos de escassez física, a escassez econômica também é parcialmente impulsionada pela cultura — sobretudo quando se trata de bens de luxo. Por exemplo: a olho nu, os diamantes artificiais já são indistinguíveis dos diamantes naturais, mas são vendidos por um preço cerca de 30% a 40% menor.[91] Esse componente do preço não tem relação com a beleza ornamental dos diamantes, mas sim com as nossas convenções culturais, que atribuem mais valor aos diamantes que se formaram naturalmente. Da mesma forma, não é que as pinturas originais de grandes artistas sejam melhores para embelezar uma sala de estar do que reproduções de alta qualidade, mas, como as pessoas valorizam o fato de serem peças originais, elas podem ser vendidas por cerca de *um milhão de vezes* mais.[92] Portanto, a revolução da produção nanotecnológica não eliminará toda a escassez econômica. Os diamantes históricos e os Rembrandts continuarão escassos, mas, na escala das gerações, os valores culturais mudam. Quem pode dizer se as crianças de hoje em dia escolherão valores diferentes quando chegarem à vida adulta?

Aplicando a nanotecnologia à saúde e à longevidade

No meu livro sobre o prolongamento da vida, *Transcend*,[93] afirmo que estamos agora nas fases finais da primeira geração da extensão de vida, que envolve a aplicação da classe atual de conhecimentos farmacêuticos e nutricionais para sobrepujar as ameaças à nossa saúde. Tem sido um processo em constante evolução, que constantemente aplica novas ideias e é a base do metódico sistema que tenho seguido para a minha própria saúde nos últimos anos.

Na década de 2020, estamos entrando na segunda fase do prolongamento da vida, que é a fusão da biotecnologia com a IA. Isso envolverá o desenvolvimento e a testagem de inovadores tratamentos em simuladores de biologia digital. As primeiras etapas já tiveram início, e com essas técnicas seremos capazes de descobrir novas terapias extremamente potentes em questão de dias, em vez de anos.

A década de 2030 trará consigo a terceira fase do prolongamento da vida, que consistirá na utilização da nanotecnologia para superar por completo as limitações dos nossos órgãos biológicos. Ao entrarmos nessa fase, ampliaremos bastante a nossa longevidade, permitindo que as pessoas ultrapassem em muito o limite humano normal de 120 anos.[94]

Consta que Jeanne Calment — uma francesa falecida aos 122 anos — é a única pessoa a ter vivido de forma comprovada e documentada por mais de 120 anos.[95] Então, por que doze décadas de vida é um limite tão difícil para a longevidade humana? Poderíamos supor que as razões pelas quais as pessoas não conseguem sobreviver depois dessa idade são de natureza estatística — que a cada ano aumentam as chances de os idosos enfrentarem certo risco de doença de Alzheimer, acidente vascular cerebral, ataque cardíaco ou câncer, e que, depois de determinado tempo de exposição a essas e outras moléstias, todos acabam morrendo em decorrência de alguma causa. Mas não é isso que está acontecendo. Os dados estatísticos mostram que, dos 90 aos 110 anos de idade, as probabilidades de uma pessoa morrer no ano seguinte aumentam cerca de dois pontos percentuais anualmente.[96] Por exemplo, um homem norte-americano de 97 anos tem cerca de 30% de probabilidade de morrer antes dos 98, e, se chegar tão longe, terá 32% de probabilidade de morrer antes dos 99 anos. Contudo, a partir dos 110 anos, o risco de morte aumenta cerca de 3,5 pontos percentuais por ano.

A medicina sugeriu uma explicação: por volta dos 110 anos, o corpo começa a se deteriorar de formas que são qualitativamente diferentes do envelhecimento dos idosos mais jovens.[97] O envelhecimento dos supercentenários (pessoas com mais de 110 anos) não é simplesmente uma continuação ou piora dos mesmos tipos de riscos estatísticos do final da vida adulta. Embora as pessoas nessa idade também corram os mesmos riscos anuais de doenças comuns (ainda que o agravamento desses riscos possa desacelerar naqueles com idades mais avançadas), enfrentam também novos desafios, como insuficiência renal e insuficiência respiratória. Muitas vezes, essas condições parecem acontecer de forma espontânea — não como resultado de fatores de estilo de vida ou início de alguma doença. Ao que parece, o corpo simplesmente começa a entrar em colapso.

Ao longo da última década, cientistas e investidores começaram a dedicar uma atenção muito maior a tentar descobrir o porquê. Um dos principais pesquisadores nesse campo é o biogerontologista Aubrey de Grey, fundador da fundação LEV (*Longevity Escape Velocity*).[98] De acordo com de Gray, o envelhecimento é como o desgaste do motor de um automóvel — é um dano que se acumula como resultado do funcionamento normal do sistema. No caso do corpo humano, esse estrago provém em grande medida de uma combinação do metabolismo celular (a utilização de energia para se manter vivo) e reprodução celular (mecanismos de autorreplicação). O metabolismo cria resíduos dentro e ao redor das células e danifica estruturas por meio da oxidação (é muito parecido com o enferrujamento de um carro!).

Quando somos jovens, nosso corpo é capaz de remover esses resíduos e reparar os danos com eficiência. No entanto, à medida que envelhecemos, a maioria das nossas células se reproduz continuamente, e os erros se acumulam. Mais cedo ou mais tarde, o volume de estragos começa a se acumular mais rápido do que a capacidade do corpo de consertá-los.

Em uma pessoa na faixa dos 70, 80 ou 90 anos de idade, esse dano provavelmente causará um problema fatal por um significativo período de tempo antes de criar vários outros. Portanto, se a ciência desenvolver um medicamento para tratar com sucesso um câncer que de outra forma seria fatal em alguém com 80 anos, essa pessoa pode ter a expectativa de viver quase mais uma década antes que outra coisa a mate. Mas, no fim das contas, tudo começa a falhar de uma só vez, e então deixa de ser eficaz tratar os sintomas dos danos causados pelo envelhecimento. Em vez disso, os pesquisadores da longevidade argumentam que a única solução é curar o envelhecimento em si. A Fundação de Pesquisa SENS (acrônimo em inglês de *Strategies for Engineered Negligible Senescence*, ou Estratégias para a Construção de um Envelhecimento Negligenciável) propôs um detalhado cronograma de pesquisa sobre como fazer isso (contudo, serão necessárias décadas até a realização total dessa programação).[99]

Em suma, precisamos da capacidade de reparar e reverter os danos causados pelo envelhecimento no nível das células individuais e dos tecidos locais. Há uma série de possibilidades a serem avaliadas sobre como conseguir isso, mas acredito que a solução definitiva mais promissora são os nanorrobôs capazes de entrar no corpo e realizar esse reparo diretamente. Isso não tornaria as pessoas imortais. Ainda estaríamos sujeitos a morrer em decorrência de acidentes e infortúnios, mas o risco anual de morte não aumentaria mais à medida que envelhecêssemos — muitas pessoas poderiam viver bem além dos 120 anos gozando de boa saúde.

E não precisamos esperar até que essas tecnologias estejam totalmente amadurecidas para nos beneficiarmos. Se você conseguir viver o bastante até que as pesquisas antienvelhecimento comecem a adicionar anualmente pelo menos um ano à sua expectativa de vida restante, ganhará tempo suficiente para ver a nanomedicina ser capaz de curar quaisquer aspectos remanescentes do envelhecimento. Essa é a velocidade de escape da longevidade.[100] É por isso que existe uma lógica robusta por trás da espetacular declaração de Aubrey de Grey de que a primeira pessoa que viverá até os mil anos de idade provavelmente já nasceu. Se a nanotecnologia de 2050 resolver problemas de envelhecimento suficientes para que as pessoas de cem anos comecem a viver até os 150, então teremos até 2100 para resolver quaisquer novos problemas que possam surgir nessa idade. Como a essa altura a IA desempenhará um papel fundamental nas pesquisas, o progresso durante esse período será exponencial. Portanto, embora essas projeções sejam reconhecidamente espantosas — e pareçam até absurdas para o nosso pensamento linear intuitivo —, temos sólidas razões para considerar isso um futuro provável.

Ao longo dos anos, tive muitos debates sobre o prolongamento da vida, e é comum que a ideia encontre resistência. As pessoas ficam chateadas quando ouvem falar de um indivíduo cuja vida foi interrompida por uma doença, mas, quando se apresenta a possibilidade de prolongar de forma geral toda a vida humana, reagem negativamente: "A vida é difícil demais para cogitar a ideia de continuar indefinidamente" é uma das respostas habituais. No entanto, as pessoas geralmente não querem que sua própria vida acabe em nenhum momento, a menos que sintam uma dor excruciante — física, mental ou espiritual. E, se absorvessem em todas as suas dimensões os ininterruptos aprimoramentos da vida que estão em curso, conforme detalhamos no Capítulo 4, a maior parte das angústias das pessoas seria aliviada. Ou seja, prolongar a vida humana significaria também *melhorá-la*.

Para imaginar de que maneira o prolongamento da existência melhoraria a qualidade de vida, é útil pensarmos no mundo um século atrás. Em 1924, a expectativa de vida nos Estados Unidos era, em média, de cerca de 58,5 anos; portanto, em termos estatísticos, esperava-se que os bebês nascidos nesse ano morressem em 1982.[101] Porém, nesse intervalo a medicina teve tantos avanços que muitos desses indivíduos viveram até os anos 2000 ou 2010. Graças ao prolongamento da vida, essas pessoas puderam desfrutar de aposentadorias durante uma época com viagens aéreas baratas, carros mais seguros, televisão a cabo e a internet. Para bebês nascidos em 2024, os avanços tecnológicos durante os anos a serem adicionados à sua vida serão exponencialmente mais rápidos do que os do século anterior. Além dessas enormes vantagens materiais, eles desfrutarão também de uma cultura mais rica — toda a arte, música, literatura, programas de televisão e jogos de videogame criados pela humanidade durante os anos extras. Talvez o aspecto mais importante seja que poderão aproveitar mais tempo com a família e os amigos, amando e sendo amados. Tudo isso, a meu ver, é o que dá à vida o seu maior significado.

Mas de que forma a nanotecnologia de fato tornará isso possível? Acredito que o objetivo a longo prazo são os nanorrobôs médicos, que serão feitos de peças diamantoides com sensores integrados, manipuladores, computadores, comunicadores e possivelmente fontes de energia/alimentação.[102] É intuitivo imaginar os nanobôs como minúsculos submarinos robóticos de metal percorrendo a corrente sanguínea, mas a física em nanoescala requer um enfoque substancialmente diferente. Nessa escala, a água é um solvente poderoso, e as moléculas oxidantes são extremamente reativas; portanto, serão necessários materiais robustos como o diamantoide.

E se os submarinos em macroescala são capazes de se impulsionar suavemente através de líquidos, para objetos em nanoescala a dinâmica dos fluidos é dominada por forças de fricção pegajosas.[103] Imagine tentar nadar em uma piscina de pasta de amendoim! Portanto, os nanobôs precisarão tirar proveito de diferentes princípios de propulsão. Da mesma forma, provavelmente os nanobôs não serão capazes de armazenar uma quantidade suficiente de energia ou poder computacional integrado para realizar todas as suas tarefas de maneira independente, de modo que precisarão ser projetados para extrair energia do ambiente e obedecer a sinais de controle externos, ou a colaborar uns com os outros para executar a computação.

Para manter nosso corpo e neutralizar os problemas de saúde, todos precisaremos de um grande número de nanobôs, cada um com o tamanho aproximado de uma célula. As melhores estimativas disponíveis atestam que o corpo humano é composto por várias dezenas de trilhões de células biológicas.[104] Se nos aprimoramos com apenas um nanobô por cem células, isso equivaleria a várias centenas de bilhões de nanobôs. Resta saber, contudo, qual será a proporção ideal. No fim pode ficar evidente, por exemplo, que os nanobôs avançados são eficazes mesmo com uma proporção células-nanobôs várias ordens de magnitude maior.

Um dos principais efeitos do envelhecimento é a degradação do desempenho dos órgãos; portanto, um papel fundamental desses nanobôs será repará-los e aprimorá-los. Além de expandir o nosso neocórtex, como discutimos no Capítulo 2, isso envolverá principalmente ajudar os nossos órgãos não sensoriais a inserir, de forma eficiente, substâncias no suprimento sanguíneo (ou sistema linfático) — ou as remover.[105] Por exemplo, os pulmões colocam oxigênio e retiram dióxido de carbono.[106] O fígado e os rins eliminam toxinas.[107] Todo o trato digestivo coloca nutrientes em nosso suprimento sanguíneo.[108] Vários órgãos, como o pâncreas, produzem hormônios que controlam o metabolismo.[109] Alterações nos níveis hormonais podem resultar em doenças como diabetes (já existem dispositivos[110] capazes de medir os níveis de insulina no sangue e transferir a insulina para a corrente sanguínea, tal como um pâncreas real).[111] Ao monitorar o fornecimento dessas substâncias vitais, ajustando seus níveis conforme necessário e preservando as estruturas dos órgãos, nanobôs podem manter o corpo de uma pessoa em boa saúde por tempo indefinido. Em última análise, os nanobôs serão capazes de substituir completamente os órgãos biológicos, se necessário ou desejado.

Mas eles não se limitarão a preservar a função normal do corpo. Também poderão ser usados para ajustar as concentrações de várias substâncias no nosso sangue para níveis mais ideais do que normalmente ocorreriam no corpo. Será possível ajustar os hormônios para nos dar mais energia e foco, ou acelerar a cura e reparação naturais do corpo. Se a otimização dos hormônios pudesse melhorar a qualidade do nosso sono,[112] isso seria, na verdade, um "prolongamento sub-reptício da vida". Se você passar de oito horas de sono por noite para sete horas, isso acrescentará à sua vida média tanta existência desperta quanto mais cinco anos de vida!

Um dia, o uso de nanobôs para a manutenção e a otimização do corpo deverá impedir até mesmo o surgimento de doenças graves. É lógico que provavelmente haverá um período em que essa tecnologia estará disponível, mas até o momento nem todos os utilizaram para essa finalidade. Assim, males como o câncer precisarão ser tratados depois de já terem sido diagnosticados.

Parte da razão pela qual o câncer pode ser tão difícil de eliminar é porque cada célula cancerígena tem a capacidade de se autorreplicar, de modo que é necessário remover cada uma delas.[113] Embora muitas vezes o sistema imunológico seja capaz de controlar as fases iniciais da divisão celular cancerígena, o tumor, uma vez estabelecido, pode desenvolver resistência às células imunológicas do corpo. Nesse ponto, mesmo que um tratamento destrua a maioria das células cancerígenas, os sobreviventes podem começar a desenvolver novos tumores. Em termos de probabilidade, uma subpopulação conhecida como células-tronco cancerígenas é a mais propensa a constituir esses sobreviventes perigosos.[114]

Embora as pesquisas relacionadas a essa doença tenham feito impressionantes progressos na última década — e, no decorrer desta década, continuarão a avançar ainda mais com a ajuda da IA —, ainda estamos utilizando ferramentas relativamente toscas para tratá-la. Muitas vezes a quimioterapia não consegue erradicar por completo o câncer e acaba causando graves efeitos colaterais em células não cancerosas em todo o corpo.[115] Isso não apenas resulta em brutais efeitos secundários para muitos pacientes, como também enfraquece seu sistema imunológico e os torna mais vulneráveis a outros riscos para a saúde. Até mesmo imunoterapias avançadas e medicamentos específicos deixam a desejar em termos de eficácia e precisão totais.[116] Por outro lado, os nanobôs médicos serão capazes de examinar cada célula individual e determinar se ela é cancerosa ou não, e então destruir todas as células malignas. Lembre-se da analogia do mecânico de automóveis do início deste capítulo. Assim que os nanobôs forem capazes de reparar ou destruir seletivamente células individuais, dominaremos por completo a nossa biologia, e a medicina se tornará a ciência exata que há muito aspira ser.

Atingir o estágio em que isso será possível implicará também obter controle total sobre nossos genes. No nosso estado natural, as células se reproduzem copiando o DNA em cada núcleo.[117] Se houver um problema com a sequência de DNA em um grupo de células, não há maneira de resolver o problema sem atualizá-la em cada célula individual.[118] Trata-se de uma vantagem em organismos biológicos não aprimorados, porque é improvável que mutações aleatórias dentro de células individuais causem danos fatais ao corpo inteiro. Se qualquer mutação em qualquer célula do nosso corpo fosse instantaneamente copiada para todas as outras, não teríamos condições de sobreviver. No entanto, a robustez descentralizada da biologia é um tremendo desafio para uma espécie (como a nossa) que consegue editar razoavelmente bem o DNA de células individuais, mas que ainda não domina a nanotecnologia necessária para editar o DNA de forma eficaz por todo o corpo.

Se, em vez disso, o código de DNA de cada célula fosse controlado por um servidor central (como acontece com muitos sistemas eletrônicos), então poderíamos alterar o código de DNA simplesmente atualizando-o uma vez a partir desse "servidor central". Para tanto, aprimoraríamos o núcleo de cada célula com uma contraparte projetada por nanoengenharia — sistema que receberia o código de DNA do servidor central e então produziria uma sequência de aminoácidos a partir desse código.[119] Uso "servidor central" aqui como um atalho para uma arquitetura "de transmissão" mais centralizada, mas isso provavelmente não significa que cada nanobô receba ao pé da letra instruções diretas de um único computador. As dificuldades físicas da engenharia em nanoescala podem, em última instância, determinar que um sistema de transmissão mais localizado seja preferível. Contudo, mesmo que existam centenas ou milhares de unidades de controle em microescala (em oposição à nanoescala) posicionadas de uma ponta à outra do nosso corpo (grandes o suficiente para comunicações mais complexas com um computador de controle geral), isso significaria uma magnitude maior de centralização do que a do *status quo*: funcionamento independente por dezenas de trilhões de células.

As outras partes do sistema de síntese de proteínas, como o ribossomo, poderiam ser aprimoradas da mesma forma. Dessa maneira, poderíamos simplesmente desligar a atividade do DNA com defeito, seja esse mau funcionamento responsável pelo câncer ou por distúrbios genéticos. O nanocomputador responsável pela manutenção desse processo implementaria também os algoritmos biológicos que regem a epigenética — o modo como os genes são expressos e ativados.[120] No início da década de 2020, ainda temos muito a aprender sobre a expressão gênica, mas a IA nos permitirá simulá-la em um grau suficiente de detalhes quando a nanotecnologia estiver suficientemente desenvolvida e amadurecida a ponto de nanobôs serem capazes de regulá-la com precisão. Graças a essa tecnologia, também seremos capazes de prevenir e reverter o acúmulo de erros de transcrição do DNA, uma das principais causas do envelhecimento.[121]

Os nanobôs também serão úteis para neutralizar ameaças urgentes ao corpo — destruindo bactérias e vírus, interrompendo reações autoimunes ou perfurando artérias obstruídas. Na verdade, pesquisas recentes de equipes de Stanford e da Universidade Estadual de Michigan já criaram uma nanopartícula que encontra os monócitos e macrófagos causadores da ateromas ou placas ateroscleróticas e eliminam essas células.[122] Nanobôs inteligentes serão ainda mais eficazes. A princípio, esses tratamentos seriam iniciados por humanos, mas, no futuro, serão realizados de forma autônoma. Nanobôs executarão tarefas por conta própria e prestarão contas de suas atividades (por meio de uma interface de controle de IA) para os humanos que os monitoram.

À medida que a IA adquire maior capacidade de compreender a biologia humana, será possível enviar nanobôs para resolver problemas em nível celular muito antes de serem detectáveis pelos médicos de hoje. Em muitos casos, isso permitirá a prevenção de doenças que em 2023 continuam inexplicadas. Um exemplo: cerca de 25% dos acidentes vasculares cerebrais isquêmicos são "criptogênicos", ou seja, não têm causa detectável.[123] Mas sabemos que devem acontecer por alguma razão. Nanobôs patrulhando a corrente sanguínea poderão detectar pequenas placas ou defeitos estruturais que apresentam o risco de causar coágulos responsáveis pela ocorrência de acidentes vasculares cerebrais; os nanobôs serão capazes de romper a formação de coágulos ou dar o alarme se um derrame estiver se desenrolando em silêncio.

No entanto, tal como acontece com a otimização hormonal, os nanomateriais nos permitirão não apenas restaurar a função normal do corpo, mas incrementá-la para além do que a nossa biologia por si só torna possível. Os sistemas biológicos são limitados em força e velocidade porque devem ser construídos a partir de proteínas. Embora sejam tridimensionais, essas proteínas devem ser dobradas a partir de uma cadeia unidimensional de aminoácidos.[124] Os nanomateriais projetados não terão essa limitação. Nanobôs construídos a partir de engrenagens e rotores diamantoides serão milhares de vezes mais rápidos e mais fortes que os materiais biológicos, e projetados do zero para ter um desempenho ideal.[125]

Graças a essas vantagens, até mesmo o nosso suprimento sanguíneo poderá ser substituído por nanobôs. Um projeto do codiretor da cadeira de nanotecnologia da Universidade da Singularidade, Robert A. Freitas, chamou de "respirócito" um glóbulo vermelho artificial.[126] De acordo com os cálculos de Freitas, um indivíduo com respirócitos na corrente sanguínea seria capaz de prender a respiração durante cerca de quatro horas.[127] Além das células sanguíneas artificiais, futuramente conseguiremos projetar pulmões artificiais para oxigená-los de forma mais eficiente do que o sistema respiratório que a biologia nos deu. Um dia, graças a corações feitos de nanomateriais, as pessoas serão imunes a ataques cardíacos, e se tornará muito mais rara a parada cardíaca decorrente de trauma.

Nanobôs também permitirão que as pessoas alterem sua aparência física como jamais aconteceu. Hoje já é possível personalizarmos livremente nossos avatares em ambientes digitais, como salas de chat e jogos de RPG on-line. As pessoas costumam usar isso como uma forma de expressar criatividade e personalidade. Além de fazer escolhas de aparência pessoal e chamar a atenção para seus gostos de moda, os usuários podem incorporar personagens virtuais de idade, sexo e até espécies diferentes dos seus. Resta saber como isso será transferido para a vida real quando a nanotecnologia der aos indivíduos a capacidade de personalizar drasticamente sua aparência física. Será tão comum fazer mudanças radicais na realidade como hoje é possível nos jogos? Ou será que forças psicológicas e culturais tornarão as pessoas mais conservadoras em relação a essas escolhas?

No entanto, o papel mais importante da nanotecnologia no nosso corpo será o de aprimorar o cérebro — que acabará por se tornar mais de 99,9% não biológico. Há dois caminhos distintos pelos quais isso acontecerá. Um com a gradual introdução de nanobôs no tecido do cérebro propriamente dito para, por exemplo, reparar danos ou substituir neurônios que deixaram de funcionar. Outro, com a conexão do cérebro a computadores, o que proporcionará a capacidade de controlar máquinas diretamente com os nossos pensamentos e nos permitirá integrar camadas digitais do neocórtex na nuvem. Como descrevi de forma mais detalhada no Capítulo 2, isso irá muito além de apenas melhorar a memória ou desenvolver um pensamento mais rápido.

Um neocórtex virtual mais profundo nos dará a capacidade de elaborar pensamentos mais complexos e abstratos do que hoje conseguimos compreender. Como exemplo vagamente sugestivo, imagine ser capaz de visualizar de maneira clara e intuitiva contornos e formas de dez dimensões, e raciocinar sobre eles. Esse tipo de facilidade será possível em muitos domínios da cognição. Para efeito de comparação, o córtex cerebral (composto sobretudo pelo neocórtex) tem uma média de 16 bilhões de neurônios em um volume de aproximadamente meio litro.[128] O projeto de Ralph Merkle para um sistema de computação mecânica em nanoescala, já descrito neste capítulo, poderia, teoricamente, agrupar mais de 80 quintilhões de portas lógicas na mesma quantidade de espaço. E a vantagem em termos de velocidade seria enorme: nos mamíferos a velocidade de comutação eletroquímica do disparo de neurônios provavelmente está, em média, dentro de uma ordem de grandeza de uma vez por segundo, em comparação com os prováveis cerca de 100 milhões a 1 bilhão de ciclos por segundo para a computação de nanoengenharia.[129] Mesmo que apenas uma minúscula fração desses valores seja alcançável na prática, está evidente que a tecnologia permitirá que as partes digitais do nosso cérebro (armazenadas em substratos de computação não biológica) superem em número e desempenho as partes biológicas.

Lembre-se da a minha estimativa de que a computação dentro do cérebro humano (no nível dos neurônios) é da ordem de 10^{14} por segundo. Em 2023, mil dólares em capacidade de computação podem realizar até 130 trilhões de cálculos por segundo.[130] Com base na tendência do período 2000-2023, até o ano de 2053 cerca de mil dólares em poder de computação (em dólares de 2023) serão suficientes para realizar cerca de 7 milhões de vezes mais cálculos por segundo do que o cérebro humano não aprimorado.[131] Se no fim das contas ficar claro, como eu suspeito, que basta apenas uma fração dos neurônios do cérebro para digitalizar a mente consciente (por exemplo, se não tivermos que simular as ações de muitas células que regem os outros órgãos do corpo), poderemos alcançar esse ponto vários anos antes do previsto. E, mesmo que no fim fique claro que a nossa mente consciente exige a simulação de cada proteína em cada neurônio (o que acho improvável), talvez demoremos mais algumas décadas para atingir esse nível de acessibilidade — porém ainda é algo que aconteceria durante a existência de muitas pessoas que estão vivas hoje. Em outras palavras, como esse futuro depende de tendências exponenciais fundamentais, mesmo que mudemos bastante nossas suposições acerca de quanto será fácil digitalizarmos a nós mesmos, a um preço viável e acessível, isso não alterará de maneira drástica a data em que tal marco será alcançado.

Ao longo das décadas de 2040 e 2050, reconstruiremos nosso corpo e nosso cérebro para ir muito além daquilo de que a nossa biologia é capaz, incluindo a sua cópia de segurança e sobrevivência. À medida que a nanotecnologia decolar, seremos capazes de produzir a nosso bel-prazer um corpo otimizado: poderemos correr por muito mais tempo e em uma velocidade maior; nadar e respirar feito peixes no fundo do oceano; e até mesmo nos equipar com asas funcionais, se assim quisermos. Nosso pensamento será milhões de vezes mais veloz, mas o aspecto mais importante é que não dependeremos da sobrevivência de qualquer um dos nossos corpos para que *nosso eu* sobreviva.

CAPÍTULO 7

PERIGO

"Agora, os ambientalistas precisam lidar com a ideia de um mundo que já tem riqueza e capacidade tecnológica suficientes, e não deve buscar mais."[1]
— Bill McKibben, ambientalista e autor de livros sobre aquecimento global

"Eu só acho que essa fuga e esse ódio à tecnologia são contraproducentes. O Buda, a Divindade, reside tão confortavelmente nos circuitos de um computador digital ou nas engrenagens de uma transmissão de motocicleta quanto no topo de uma montanha ou nas pétalas de uma flor. Pensar de outra maneira é humilhar o Buda — o que significa humilhar a si mesmo."[2]
— Robert M. Pirsig, Zen e a arte da manutenção de motocicletas

Promessa e perigo

Até agora, este livro explorou as muitas maneiras pelas quais os últimos anos que antecedem a Singularidade trarão um rápido aumento da prosperidade humana. Contudo, se esse progresso melhorará bilhões de vidas, ao mesmo tempo aumentará o perigo para a nossa espécie. Novas e desestabilizadoras armas nucleares, avanços na biologia sintética e as nanotecnologias emergentes introduzirão ameaças com as quais teremos de lidar. E, à medida que alcança e ultrapassa as capacidades humanas, a própria inteligência artificial terá de ser cuidadosamente alinhada com objetivos benéficos e concebida com ajustes específicos para evitar acidentes e impedir a utilização indevida. Há boas razões para acreditarmos que a nossa civilização superará esses perigos — não porque as ameaças não sejam reais, mas precisamente porque há muita coisa em jogo e os riscos são muito elevados. O perigo não apenas traz à tona o melhor da engenhosidade humana, mas os mesmos campos tecnológicos que originam o perigo também estão criando novas e poderosas ferramentas de proteção contra ele.

Armas nucleares

A primeira vez que a humanidade criou uma tecnologia com potencial para destruir a civilização foi no nascimento da minha geração. Lembro-me de como, nos meus tempos da escola de ensino fundamental, tínhamos que nos enfiar debaixo das carteiras durante os exercícios de defesa civil e manter os braços atrás da cabeça para nos proteger de uma explosão termonuclear. Já que conseguimos escapar intactos, essa medida de segurança deve ter funcionado.

A humanidade tem atualmente cerca de 12.700 ogivas nucleares, das quais aproximadamente 9.440 estão ativas e poderiam ser usadas em uma guerra nuclear.[3] Tanto os Estados Unidos quanto a Rússia mantêm cerca de mil grandes ogivas que, se lançadas, em menos de meia hora atingiriam o alvo.[4] Uma troca de fogo nuclear mataria rapidamente várias centenas de milhares de pessoas devido aos efeitos diretos dos armamentos.[5] Mas esse dado não inclui os efeitos secundários capazes de matar bilhões de pessoas.

Uma vez que a população humana é bastante dispersa pela superfície do planeta, nem mesmo uma guerra nuclear total poderia matar todas as pessoas por meio das explosões iniciais de ogivas nucleares.[6] Mas a precipitação atômica espalharia material radioativo por grandes áreas da Terra, e os incêndios das cidades em chamas expeliriam gigantescas quantidades de fuligem na atmosfera, causando um grave resfriamento global e fome em massa. Somado a catastróficas rupturas em tecnologias como a medicina e o saneamento, isso aumentaria o número de mortes muito além das fatalidades iniciais. Os futuros arsenais nucleares poderão incluir ogivas "salpicadas" com cobalto ou outros elementos capazes de piorar terrivelmente a radioatividade persistente. Em 2008, Anders Sandberg e Nick Bostrom entrevistaram especialistas na Conferência Global de Riscos Catastróficos do Instituto do Futuro da Humanidade da Universidade de Oxford. A resposta média dos especialistas estimava 30% de chance de pelo menos 1 milhão de mortos em guerras nucleares antes do ano 2100, uma probabilidade de 10% de pelo menos 1 bilhão de mortos, e uma probabilidade de 1% de extinção total.[7]

Em 2023, há cinco nações conhecidas por terem uma "tríade nuclear" completa (mísseis balísticos intercontinentais baseados em terra, bombas aéreas lançadas por bombardeiros estratégicos e mísseis balísticos lançados por submarinos): Estados Unidos (5.244 ogivas), Rússia (5.889), China (410), Paquistão (170) e Índia (164).[8] Sabe-se que três outras nações têm um sistema de lançamento mais limitado: França (290), Reino Unido (225) e Coreia do Norte (cerca de 30). Israel não admitiu oficialmente ter armas nucleares, mas acredita-se que tenha uma tríade completa de cerca de noventa ogivas.

A comunidade global negociou uma série de tratados internacionais[9] que reduziram com sucesso o número total de ogivas ativas para menos de 9.500 (em comparação com um pico de 64.449 em 1986),[10] interromperam testes na superfície prejudiciais ao ambiente[11] e mantiveram o espaço sideral livre de armas nucleares.[12] Mas o número atual de armas ativas ainda é suficiente para acabar com a nossa civilização.[13] E, mesmo que o risco anual de guerra nuclear seja baixo, os riscos cumulativos ao longo de décadas ou de um século tornam-se extremamente graves. Enquanto forem mantidos arsenais de alerta máximo como acontece hoje, provavelmente será apenas uma questão de tempo até que essas armas sejam usadas em algum lugar do mundo, de propósito — por governos, terroristas ou oficiais militares desonestos — ou por acidente.

A destruição mútua assegurada (MAD, no acrônimo em inglês), a estratégia mais conhecida para reduzir o risco nuclear, foi utilizada tanto pelos Estados Unidos como pela União Soviética durante a maior parte da Guerra Fria.[14] Implica enviar aos potenciais inimigos uma mensagem crível de que, se utilizarem armas nucleares, o revide será uma esmagadora resposta retaliatória na mesma moeda. Essa abordagem de dissuasão baseia-se na teoria dos jogos. Se um país percebe que a utilização de uma única arma nuclear levará seu oponente a lançar uma represália em grande escala, não há incentivo para usar essas armas, porque fazer isso seria uma ação suicida. Para que a MAD funcione, cada um dos lados deve ter a capacidade de usar suas armas nucleares contra o inimigo sem ser detido por contramedidas defensivas.[15] A razão para isso é que, se uma nação consegue deter o ataque de ogivas nucleares, já não é suicídio utilizar seu próprio arsenal nuclear (embora alguns teóricos tenham proposto que ainda assim as consequências da contaminação radioativa arruinariam o país agressor, o que levou à sigla SAD, no acrônimo em inglês — autodestruição assegurada).[16]

Em parte devido aos riscos de perturbar a estabilidade do equilíbrio da MAD, os líderes militares do mundo empregaram esforços bastante limitados no desenvolvimento de sistemas de defesa antimísseis e, em 2023, nenhuma nação tem defesas suficientemente fortes para conseguir resistir com confiança a um ataque nuclear em grande escala. No entanto, nos últimos anos, novas tecnologias de lançamento começaram a abalar o equilíbrio de poder. A Rússia vem trabalhando para construir drones subaquáticos para transportar armas nucleares, bem como mísseis de cruzeiro com propulsão nuclear projetados para percorrer durante um longo período o espaço aéreo de um país alvo e atacar a partir de ângulos imprevisíveis.[17] Rússia, China e Estados Unidos correm a todo vapor para desenvolver veículos hipersônicos capazes de manobras evasivas para frustrar as defesas enquanto lançam suas ogivas.[18] Como esses sistemas são muito novos, aumentam os riscos de erros de cálculo se forças armadas rivais tirarem conclusões diferentes quanto à sua potencial eficácia.

Mesmo com um elemento de dissuasão tão convincente como a MAD, permanece o potencial para uma catástrofe resultante de erros de cálculo ou de mal-entendidos.[19] No entanto, estamos tão habituados a essa situação que ela quase não é discutida.

Ainda assim, há motivos para um moderado otimismo sobre a trajetória do risco nuclear. A MAD tem sido bem-sucedida há mais de setenta anos, e os arsenais dos Estados nucleares continuam diminuindo. O risco de um terrorismo nuclear ou de uma "bomba suja"* continua a ser uma grande

---

* "Bomba suja" é uma arma que combina explosivos convencionais, como dinamite, e material radioativo, como urânio. Por vezes, é descrita como "arma para terroristas, não para países", pois é projetada mais para espalhar medo e pânico do que para eliminar alvos militares. [N. T.]

preocupação, mas avanços na IA conduzem a ferramentas mais eficazes para detectar e combater essas ameaças.[20] E, embora a IA ainda não consiga eliminar o risco de guerra nuclear, sistemas de comando e controle mais inteligentes podem reduzir significativamente o risco de falhas e mau funcionamento dos sensores, causas do uso inadvertido dessas armas terríveis.[21]

Biotecnologia

Agora existe outra tecnologia com o potencial de ameaçar toda a humanidade. Tenha em mente que há muitos patógenos que ocorrem naturalmente e que podem nos deixar doentes, mas aos quais a maioria das pessoas sobrevive. Por outro lado, há um pequeno número de patógenos que tem maior probabilidade de causar mortes, mas que não se espalha com facilidade. Pandemias malignas como a peste bubônica surgiram de uma combinação de propagação rápida e elevado nível de mortalidade grave — matando cerca de um terço da população da Europa[22] e reduzindo a população mundial de cerca de 450 milhões para cerca de 350 milhões no final do século 14.[23] No entanto, graças, em parte, a variações no DNA, o sistema imunológico de algumas pessoas se saiu melhor no combate à peste. Um benefício da reprodução sexual é que cada um de nós tem uma composição genética diferente.[24]

Porém, os avanços na engenharia genética[25] (que pode editar vírus por meio da manipulação dos seus genes) podem permitir a criação — intencional ou acidental — de um supervírus caracterizado por extrema letalidade e elevada transmissibilidade. Talvez isso ocorra na forma de uma infecção furtiva que as pessoas contrairão e espalharão muito antes de perceberem que foram afetadas. Ninguém teria imunidade pré-existente, e o resultado seria uma pandemia capaz de devastar a população humana.[26] A pandemia do coronavírus de 2019-2023 nos oferece um pálido vislumbre do que poderá vir a ser uma catástrofe desse tipo.

O espectro dessa possibilidade foi o ímpeto para a realização, na Califórnia, da Conferência de Asilomar sobre DNA Recombinante em 1975, quinze anos antes do início do Projeto Genoma Humano.[27] Os cientistas reunidos no evento elaboraram um conjunto de normas para prevenir problemas acidentais e discutiram aspectos de proteção aos pesquisadores contra problemas intencionais. As "diretrizes de Asilomar" têm sido continuamente atualizadas, e agora alguns de seus princípios estão incorporados a regulamentos legais que regem a indústria de biotecnologia.[28]

Também tem havido esforços para criar um sistema de resposta rápida para neutralizar vírus biológicos que surjam de forma súbita, quer tenham sido liberados acidentalmente ou de maneira intencional.[29] Antes da Covid-19, talvez a mais notável empreitada visando melhorar os tempos de reação a uma epidemia tenha sido a formação, por parte do governo dos Estados Unidos, em junho de 2015, da Equipe Global de Resposta Rápida nos Centros de Controle e Prevenção de Doenças. A GRRT, como ficou conhecida, foi criada em resposta ao surto do vírus ebola de 2014-2016 na África Ocidental. A equipe é capaz de entrar em ação rapidamente em qualquer parte do mundo e oferecer conhecimento especializado de alto nível para ajudar autoridades locais na identificação, na contenção e no tratamento de surtos de doenças ameaçadoras.

Quanto aos vírus liberados de forma intencional, os esforços federais norte-americanos de defesa contra o bioterrorismo são coordenados pela Confederação Nacional Interagências para Investigação Biológica (NICBR, na sigla em inglês). Uma das instituições mais importantes nesse trabalho é o Instituto de Investigação Médica de Doenças Infecciosas do Exército dos Estados Unidos (USAMRIID, na sigla em inglês). Trabalhei com eles (via Conselho Científico do Exército) fornecendo pareceres sobre o desenvolvimento de melhores capacidades para responder rapidamente em caso de surtos de doenças.[30]

Quando ocorre uma irrupção desse tipo, milhões de vidas dependem da rapidez com que as autoridades conseguem analisar o vírus e elaborar uma estratégia de contenção e tratamento. Por sorte, a velocidade do sequenciamento do vírus segue uma tendência de longo prazo de aceleração. Após a identificação do vírus da imunodeficiência humana (HIV), foram necessários treze anos para o sequenciamento completo do genoma em 1996, e apenas 31 dias para sequenciar o vírus SARS em 2003. Agora, é possível sequenciar muitos vírus biológicos em um único dia.[31] Um sistema de resposta rápida implicaria a captura de um novo vírus, seu sequenciamento em cerca de um dia e, em seguida, a rápida formulação de contramedidas médicas.

Uma estratégia para o tratamento é usar interferência de RNA, que consiste em pequenos pedaços de RNA capazes de destruir o RNA mensageiro que expressa um gene (com base na observação de que os vírus são análogos aos genes causadores de doenças).[32] Outra abordagem é uma vacina baseada em antígeno que tem como alvo estruturas proteicas distintas na superfície de um vírus.[33] Conforme discutimos no capítulo anterior, a descoberta de medicamentos aprimorada por IA já tem condições de permitir que vacinas ou terapias potenciais para um surto viral emergente sejam identificadas em questão de dias ou semanas — acelerando o início do processo, muito mais longo, de ensaios clínicos. Em algum momento da década de 2020 já teremos a tecnologia para acelerar uma proporção cada vez maior da contínua série de ensaios clínicos via biologia simulada.

Em maio de 2020, escrevi um artigo para a revista *Wired* argumentando que deveríamos aproveitar a inteligência artificial para criar vacinas — por exemplo, contra o vírus SARS-CoV-2 que causa a Covid-19.[34] Como no fim se viu, foi exatamente assim que se criaram, em tempo recorde, vacinas bem-sucedidas, como a da Moderna. A farmacêutica utilizou uma ampla gama de ferramentas avançadas de IA para projetar e otimizar sequências de mRNA, bem como para acelerar o processo de fabricação e testagem.[35] Assim, 65 dias após o recebimento da sequência genética do vírus, a Moderna administrou a sua vacina ao primeiro paciente humano — e recebeu autorização emergencial da FDA apenas 277 dias depois disso.[36] É um progresso impressionante, se levarmos em consideração que, até antes da Covid-19, o processo de criação e aprovação de uma vacina mais rápido na história tinha levado cerca de quatro anos.[37]

Enquanto este livro está sendo escrito, há investigações científicas em andamento sobre a possibilidade de que o coronavírus talvez tenha sido liberado acidentalmente de um laboratório em meio a pesquisas de engenharia genética.[38] Como tem havido muita desinformação em torno de teorias de vazamento de patógenos de centros de pesquisa, é importante basear as nossas inferências em fontes científicas de alta qualidade. No entanto, a possibilidade em si ressalta um perigo real: poderia ter sido muito pior. O vírus poderia ter sido ainda mais transmissível e letal, por isso não é provável que tenha sido criado com intenções maliciosas. Mas, como já existe tecnologia para criar algo muito mais letal do que a Covid-19, as contramedidas baseadas na IA serão decisivas no sentido de mitigar o risco para a nossa civilização.

Nanotecnologia

A maioria dos riscos em biotecnologia tem a ver com autorreplicação. É pouco provável que um problema com uma célula qualquer seja uma ameaça. O mesmo se aplica à nanotecnologia: por mais destrutivo que um nanobô individual possa ser, para criar de fato uma catástrofe global ele precisará ser capaz de se autorreplicar. A nanotecnologia tornará possível uma vasta gama de armas, muitas das quais poderão ser extremamente destrutivas. Além disso, assim que a nanotecnologia estiver amadurecida e plenamente desenvolvida, essas armas poderão ser fabricadas a um preço muito baixo, ao contrário dos atuais arsenais nucleares, cuja construção exige polpudas somas em recursos. (Para obter uma noção aproximada do montante que *players* renegados gastariam para construir armas nucleares, tenha em mente o exemplo da Coreia do Norte, um Estado-pária ao qual é negado boa parte do acesso a auxílio externo. O governo sul-coreano estima que o programa norte-coreano de armamentos atômicos tenha custado entre 1,1 bilhão e 3,2 bilhões de dólares em 2016, ano em que desenvolveu com êxito mísseis equipados com armas nucleares.)[39]

Em contrapartida, as armas biológicas podem ser muito baratas. De acordo com um relatório de 1996 da Organização do Tratado do Atlântico Norte (OTAN), essas armas poderiam ser desenvolvidas ao custo de 100 mil dólares (cerca de 190 mil em dólares de 2023) por uma equipe de apenas cinco biólogos no espaço de algumas semanas, sem qualquer equipamento exótico.[40] No que diz respeito ao impacto, em 1969 um painel de especialistas informou à ONU que as armas biológicas eram cerca de oitocentas vezes mais econômicas em termos de relação custo/benefício do que as armas nucleares para atingir alvos civis — e é quase certo que os avanços da biotecnologia nas cinco décadas seguintes aumentaram significativamente essa proporção.[41] Embora não possamos dizer ao certo quanto custará a nanotecnologia amadurecida no futuro, porque operará com base em princípios de autorreplicação semelhantes aos da biologia, devemos considerar os custos das armas biológicas como uma estimativa de primeira ordem. Uma vez que a nanotecnologia tirará proveito dos processos de fabricação otimizados por IA, os custos poderão ser ainda mais baixos.

Armas baseadas em nanotecnologia poderão incluir pequenos drones que despejam venenos nos alvos sem serem detectados, nanobôs que entram no corpo pela água ou na forma de aerossol e o dilaceram de dentro para fora, ou sistemas que colocam na alça de mira certos grupos de pessoas.[42] Eric Drexler, o pioneiro da nanotecnologia, escreveu em 1986:

> "Plantas" com "folhas" tecnologicamente modificadas poderiam facilmente sobrepujar as plantas de verdade, atulhando a biosfera com uma folhagem não comestível. Por sua vez, "bactérias" onívoras poderiam levar a melhor sobre as bactérias reais, espalhando-se feito pólen ao vento, replicando-se rapidamente e reduzindo a biosfera a poeira em questão de dias. Replicadores perigosos poderiam facilmente se mostrar muito resistentes, muito pequenos, com uma reprodução muito desenfreada para ser controlada — pelo menos se não tomarmos nenhuma precaução. Já temos trabalho suficiente controlando vírus e moscas-das-frutas.[43]

O pior cenário hipotético mais discutido é a potencial criação de "gosma cinza" — uma multidão de máquinas e robôs autorreplicadores que consomem matéria à base de carbono e a transformam em mais máquinas autorreplicadoras.[44] Esse processo poderia levar a uma desenfreada reação em cadeia, potencialmente convertendo nessas máquinas toda a biomassa do planeta.

Façamos uma reflexão sobre quanto tempo levaria a destruição de toda a biomassa da Terra. A biomassa disponível tem cerca de 10^{40} átomos de carbono.[45] Os átomos de carbono dentro de um único nanobô replicador podem ser da ordem de 10^7.[46] O nanobô, portanto, precisaria criar 10^{33} cópias de si mesmo — nem todas diretamente, devo enfatizar, mas por meio de replicação iterada. Os nanobôs em cada "geração" conseguem criar apenas duas cópias de si mesmos, ou outro número pequeno. A quantidade absurdamente grande resulta da contínua repetição desse processo, de novo e de novo e de novo, com as cópias e as cópias das cópias. Então, são cerca de 110 gerações de nanobôs (pois $2^{110} = 10^{33}$), ou 109 se os nanobôs das gerações anteriores permanecerem ativos.[47] O especialista em nanotecnologia Robert Freitas estima um tempo de replicação de cerca de cem segundos; portanto, em condições ideais, o tempo de eliminação da gosma cinza para essa quantidade de carbono seria de cerca de três horas.[48]

No entanto, a taxa real de destruição seria muito mais lenta, porque a biomassa do mundo não está disposta em um bloco contínuo. O fator limitante seria o movimento efetivo da frente de destruição. Devido a seu pequeno tamanho, nanobôs não conseguem viajar com muita rapidez; portanto, provavelmente levaria semanas para que um processo tão destrutivo circundasse o globo.

Porém, um ataque em duas fases poderia contornar essa restrição. Durante certo período de tempo, um processo traiçoeiro poderia converter uma pequena porção de átomos de carbono de uma ponta a outra do mundo, de modo que um em cada mil trilhões (10^{15}) se tornasse parte de uma força "adormecida" de nanobôs de gosma cinza. Esses nanobôs não seriam perceptíveis, pois estariam em uma concentração bem pequena. Mas, como estariam *em todos os lugares*, não precisariam viajar para muito longe após o início do ataque. Então, mediante algum tipo de sinal predeterminado (talvez transmitido por um pequeno número de nanobôs automontados com antenas longas o suficiente para captar ondas de rádio de longo alcance), nanobôs já posicionados simplesmente se reproduziriam num piscar de olhos no local. Cada nanobô que multiplicasse a si mesmo mil trilhões de vezes exigiria cinquenta replicações binárias — menos de noventa minutos.[49] A velocidade de movimento de uma destrutiva frente de ondas não seria mais um fator limitante.

Por vezes, esse cenário hipotético é imaginado como o resultado de uma ação maligna por parte dos seres humanos — talvez como uma arma terrorista criada com a intenção de destruir a vida na Terra. No entanto, isso não precisa acontecer por maldade. Podemos imaginar casos em que nanobôs encetam acidentalmente um desembestado processo de autorreplicação, talvez devido a um erro na sua programação. Por exemplo, se forem projetados de forma descuidada, nanobôs destinados a consumir apenas um determinado tipo de matéria ou a operar dentro de uma área limitada podem apresentar defeito e causar um desastre global. Portanto, em vez de tentar adicionar recursos de segurança a sistemas inerentemente perigosos, devemos construir apenas nanobôs que sejam naturalmente à prova de falhas.

Uma forte proteção contra a replicação não intencional seria projetar quaisquer nanobôs autorreplicadores com uma "arquitetura de transmissão".[50] Isso significa que, em vez de portarem sua própria programação, eles dependeriam de um sinal (talvez transmitido por ondas de rádio) para lhes dar todas as instruções. Dessa forma, o sinal poderia ser desligado ou modificado em caso de emergência, interrompendo a reação em cadeia de autorreplicação.

Contudo, mesmo que pessoas responsáveis concebam nanobôs seguros, outros projetistas ainda poderão criar nanobôs perigosos. Portanto, precisaremos de um "sistema imunológico" nanotecnológico já instalado antes que esses cenários imaginários possam sequer tornar-se uma possibilidade. Esse sistema imunológico teria de ser capaz de lidar não apenas com cenários que causam destruição óbvia, mas com qualquer replicação furtiva potencialmente perigosa, mesmo em concentrações muito baixas.

É animador que a nanotecnologia já esteja levando a segurança a sério. As diretrizes de segurança nessa área já existem há cerca de duas décadas, tendo surgido em 1999 no Workshop sobre Normas de Políticas de Pesquisa em Nanotecnologia Molecular (do qual participei), e desde então vêm sendo revistas e atualizadas.[51] Parece que a principal a defesa do sistema imunológico contra a gosma cinza seria a "gosma azul" — nanobôs que neutralizariam seus análogos cinza.[52]

De acordo com os cálculos de Freitas, se forem dispersas de forma ideal pelo mundo, 88 mil toneladas métricas de nanobôs defensivos do tipo "gosma azul" poderiam ser suficientes para varrer toda a atmosfera em cerca de 24 horas.[53] Para efeito de comparação, é menos peso do que o da água deslocada por um porta-aviões de grande porte — enorme, mas muito pequena em comparação com a massa do planeta. Ainda assim, esses números pressupõem eficiência e condições de implantação ideais, o que provavelmente não seria alcançado na prática. Em 2023, quando ainda há tanta coisa a ser feita no desenvolvimento da nanotecnologia, é muito difícil avaliar até que ponto os requisitos reais da gosma azul difeririam dessa estimativa teórica.

Porém, um requisito é claro: a gosma azul não seria criada usando-se apenas ingredientes naturais abundantes (que comporiam a gosma cinza). Esses nanobôs teriam que ser feitos de materiais especiais, de modo que a gosma azul não pudesse ser convertida em gosma cinza. Há uma série de questões complicadas a serem resolvidas a fim de fazer esse método funcionar de maneira robusta, bem como questões teóricas a serem solucionadas para garantir uma gosma azul segura e à prova de falhas, mas acredito que se mostrará uma estratégia viável. Em última análise, não há nenhuma razão fundamental para que nanobôs nocivos tenham uma vantagem assimétrica sobre sistemas defensivos bem engendrados. A chave é garantir que bons nanobôs sejam acionados em todo o mundo antes dos nanobôs ruins, para que, assim, as reações em cadeia de autorreplicação possam ser detectadas e neutralizadas antes que tenham a oportunidade de sair de controle.

O ensaio que meu amigo Bill Joy publicou em 2000, "Why The Future Doesn't Need Us", traz uma excelente discussão sobre os riscos da nanotecnologia, incluindo o cenário hipotético da gosma cinza.[54] A maioria dos especialistas em nanotecnologia considera improvável uma catástrofe da gosma cinza, opinião com a qual eu concordo. No entanto, como seria um evento de nível de extinção da humanidade, é muito importante ter em mente esse risco à medida que a nanotecnologia se desenvolver nas próximas décadas. Minha esperança é que, com as devidas precauções — e a assistência da IA na concepção de sistemas seguros —, a humanidade possa manter esses cenários imaginários no reino da ficção científica.

Inteligência artificial

Com os riscos da biotecnologia, ainda podemos estar sujeitos a pandemias como a da Covid-19, que causou quase 7 milhões de mortes no mundo até 2023,[55] mas rapidamente estamos desenvolvendo os meios para sequenciar com agilidade um novo vírus e desenvolver medicamentos para evitar catástrofes que colocam em risco a civilização. Com a nanotecnologia, embora a gosma cinza ainda não seja uma ameaça, já temos uma estratégia global que deverá fornecer defesa até mesmo contra o derradeiro ataque em duas fases. Mas a IA superinteligente implica um tipo de perigo fundamentalmente diferente — na verdade, o principal perigo. Se a IA for mais inteligente do que os seus criadores humanos, poderá encontrar uma forma de contornar quaisquer medidas de precaução que tenham sido postas em prática. Não existe uma estratégia geral que seja capaz de superar isso de forma peremptória.

A IA superinteligente ocasiona três grandes categorias de perigo, e, graças a pesquisas focadas em cada uma delas, podemos pelo menos mitigar o risco.

O *uso indevido* abrange casos em que a inteligência artificial funciona como seus operadores humanos pretendem, mas esses operadores empregam a IA para causar graves danos a outros.[56] Por exemplo, terroristas podem usar as capacidades bioquímicas de uma IA para conceber um novo vírus causador de uma pandemia mortal.

Em seguida vem o *desalinhamento externo,* que se refere aos casos em que há um descompasso ou incompatibilidade entre as reais intenções dos programadores e os objetivos que eles ensinam à IA na esperança de alcançá-los.[57] Trata-se do problema clássico retratado em histórias sobre "gênios da lâmpada" — é difícil especificar qual é exatamente o seu desejo para alguém que segue seus comandos ao pé da letra. Imagine programadores que pretendem curar o câncer, e então instruem a IA a projetar um vírus que mata todas as células com certa mutação oncogênica no DNA. A IA cumpre com êxito sua tarefa, mas os programadores não perceberam que essa mutação está presente também em muitas células saudáveis, então o vírus mata os pacientes que o recebem.

Por fim, o *desalinhamento interno* ocorre quando os métodos que a IA aprende para atingir seu objetivo produzem comportamentos indesejáveis, pelo menos em alguns casos.[58] Por exemplo, treinar uma IA para identificar alterações genéticas exclusivas de células cancerígenas pode revelar um padrão espúrio que funciona nos dados de amostra, mas não quando implementados no mundo real. Talvez as células cancerígenas nos dados de treinamento tenham sido armazenadas por um período de tempo maior antes da análise do que as células saudáveis, e a IA aprende a reconhecer as sutis alterações genéticas resultantes. Se a IA projetar um vírus que mata o câncer com base nessas informações, ele não funcionará em pacientes vivos. Esses exemplos são relativamente simples, mas, à medida que os modelos de IA receberem tarefas cada vez mais complexas, será mais difícil detectar desalinhamentos.

Existe um campo de pesquisa técnica que está buscando ativamente formas de prevenir ambos os tipos de desalinhamento da IA. São muitas as abordagens teóricas promissoras, embora ainda haja muito trabalho a fazer. A "generalização imitativa" envolve treinar a inteligência artificial para imitar a forma como os humanos fazem inferências, de modo a tornar mais segura e confiável a aplicação do conhecimento da IA a situações desconhecidas.[59] A "segurança da IA por meio do debate" utiliza IAs concorrentes para apontar falhas nas ideias umas das outras, permitindo que humanos julguem questões complexas demais para serem avaliadas de forma adequada sem assistência.[60] A "amplificação iterada" envolve a utilização de IAs mais fracas para ajudar os humanos a criar IAs mais fortes e bem alinhadas, e a repetição desse processo para, eventualmente, alinhar IAs de forma muito mais robusta do que os humanos sem ajuda jamais conseguiriam alinhar por si próprios.[61]

E assim, embora o problema de alinhamento da IA seja muito difícil de resolver,[62] não teremos que resolvê-lo sozinhos — com as técnicas certas, podemos usar a própria IA para aumentar de maneira acentuada as nossas capacidades de alinhamento. Isso também se aplica à concepção de uma IA que resista à utilização indevida. No exemplo bioquímico descrito anteriormente, uma IA alinhada de forma segura teria de reconhecer a instrução perigosa e se recusar a cumpri-la. Mas precisaremos também de baluartes éticos contra o uso indevido — normas internacionais fortes que favoreçam a implementação segura e responsável da IA.

À medida que os sistemas de IA se tornaram drasticamente mais poderosos na última década, limitar os perigos da utilização indevida assumiu maior prioridade global. Nos últimos anos, assistimos a um esforço conjunto no sentido da criação de uma receita ética para a inteligência artificial. Em 2017, participei da Conferência sobre IA Benéfica de Asilomar, na Califórnia, inspirada nas diretrizes de biotecnologia estabelecidas no evento análogo realizado no mesmo local quatro décadas antes.[63] Na ocasião, foram formulados alguns princípios úteis, e meu nome consta entre os signatários. No entanto, podemos ver com facilidade como entidades com ideias antidemocráticas que se opõem a princípios de liberdade de expressão ainda são capazes de usar a IA avançada para os seus próprios objetivos, mesmo que a maior parte do mundo siga as propostas de Asilomar. É digno de nota que as principais potências militares não tenham assinado essas diretrizes — e historicamente estão entre as forças mais poderosas no estímulo ao desenvolvimento da tecnologia avançada. Por exemplo, a internet surgiu da nossa Agência de Projetos de Pesquisa Avançada de Defesa (DARPA).[64]

Ainda assim, os "Princípios de IA de Asilomar" fornecem uma base para o desenvolvimento responsável da inteligência artificial que tem moldado o campo em uma direção positiva. Seis das 23 diretrizes do documento defendem valores "humanos" ou "humanidade". Por exemplo, o Princípio 10, "Alinhamento de valores", declara que "sistemas de IA com grande autonomia deverão ser projetados de modo a assegurar que seus objetivos e comportamentos possam estar alinhados com os valores humanos durante toda a sua operação".[65]

Outro documento, o "Compromisso de Armas Autônomas Letais" (LAWS, no acrônimo em inglês), promove o mesmo conceito:

> Nós, os signatários, concordamos que a decisão de tirar uma vida humana jamais deve ser delegada a uma máquina. Há um componente moral nessa posição, de que não devemos permitir que máquinas tomem decisões de vida ou morte pelas quais outros — ou ninguém — serão culpados.[66]

Embora figuras influentes como Stephen Hawking, Elon Musk, Martin Rees e Noam Chomsky tenham assinado a proibição acordada no LAWS, as principais potências militares, incluindo Estados Unidos, Rússia, Reino Unido, França e Israel, rejeitaram o documento.

Conquanto os militares norte-americanos não endossem essas diretrizes, eles têm a sua própria política de "diretiva humana", a qual afirma que os sistemas que tenham humanos como alvos devem ser controlados por humanos.[67] Uma diretiva do Pentágono de 2012 estabeleceu que "os sistemas de armas autônomas e semiautônomas estarão sob controle humano, sendo projetados de modo que seus operadores exerçam níveis adequados de deliberação e julgamento para o uso da força".[68] Em 2016, o vice-secretário de Defesa dos Estados Unidos, Robert Work, declarou que os militares norte-americanos "não delegarão a uma máquina a autoridade para tomar uma decisão" quanto ao uso de força letal.[69] Ainda assim, ele deixou aberta a possibilidade de que em algum momento no futuro essa diretriz seja revista, caso haja a necessidade de competir com uma nação rival "mais disposta do que nós a delegar autoridade às máquinas".[70] Estive envolvido nas discussões que moldaram essa diretiva, bem como fiz parte do conselho político para orientar as implementações no combate à utilização de riscos biológicos.

No início de 2023, após uma conferência internacional que incluiu o diálogo com a China, os Estados Unidos divulgaram uma "Declaração Política sobre a Utilização Militar Responsável da Inteligência Artificial e sua Autonomia", instigando os Estados a adotarem diretrizes políticas sensatas que incluam a garantia do controle humano final sobre armas nucleares.[71] No entanto, a noção de "controle humano" em si é mais nebulosa do que pode parecer. Se humanos viessem a autorizar um futuro sistema de IA a "interromper um ataque nuclear", quais critérios esse sistema deveria adotar sobre como fazer isso? Vale mencionar que uma IA genérica o bastante para frustrar com sucesso esse ataque poderia também ser mobilizada para fins ofensivos.

Portanto, precisamos reconhecer o fato de que as tecnologias de inteligência artificial têm intrinsecamente duas formas de uso.. É uma verdade que se aplica até mesmo a sistemas já implantados. O mesmo drone que entrega medicamentos em um hospital que está inacessível durante o período de enchentes poderá, mais tarde, transportar um explosivo para esse mesmo hospital. Tenha em mente que há mais de uma década as operações militares utilizam drones tão precisos que, a partir do comando dos operadores, são capazes de guiar um míssil através de uma janela específica localizada literalmente do outro lado do planeta.[72]

Também temos que refletir cuidadosamente sobre se de fato queremos que o nosso lado acate uma proibição do LAWS caso forças militares hostis não façam isso. E se uma nação inimiga enviasse um contingente de avançadas máquinas de guerra controladas por IA para ameaçar nossa segurança? Não gostaríamos que o nosso lado tivesse uma capacidade ainda mais inteligente para sobrepujar o armamento inimigo e garantir nossa proteção? Essa é a principal razão pela qual a "Campanha para deter robôs assassinos" não conseguiu ganhar grande fôlego.[73] Em 2023, todas as principais potências militares se recusaram a apoiar a campanha, com a notável exceção da China, que a endossou em 2018, mas posteriormente esclareceu que respaldava a proibição apenas da utilização, e não do desenvolvimento de armas autônomas letais[74] — embora provavelmente essa postura seja motivada mais por questões estratégicas e políticas do que morais, uma vez que as armas autônomas utilizadas pelos Estados Unidos e seus aliados poderiam prejudicar Pequim em termos militares. A minha opinião é que, se fôssemos atacados por robôs assassinos, gostaríamos de ter armas de revide à altura, o que implicaria necessariamente a violação de uma proibição dessa natureza.

Além disso, qual será o significado do conceito de "humano" no contexto do controle humano quando, a partir da década de 2030, introduzirmos uma adição não biológica à nossa própria tomada de decisões, utilizando interfaces cérebro-computador? Esse componente não biológico crescerá exponencialmente, ao passo que a nossa inteligência biológica permanecerá a mesma. Assim, quando chegarmos ao final da década de 2030, o nosso próprio pensamento será em grande medida não biológico. Então, onde estará a tomada de decisão humana quando o nosso próprio pensamento utilizar amplamente sistemas não biológicos?

Alguns dos outros "Princípios de IA de Asilomar" também deixam questões em aberto. Por exemplo, o Princípio 7, "Transparência de falhas": "Se um sistema de IA causar danos, deverá ser possível determinar o motivo". E o Princípio 8, "Transparência jurídica": "Qualquer envolvimento de um sistema autônomo na tomada de decisões judiciais deverá fornecer uma explicação satisfatória, confiável por uma autoridade humana competente".

Esses esforços para tornar mais compreensíveis as decisões da inteligência artificial são valiosos, mas o problema básico é que, a despeito de qualquer explicação que forneçam, simplesmente não teremos a capacidade de compreender por completo a maior parte das decisões tomadas pela IA superinteligente. Se um programa capaz de jogar Go com um desempenho vastamente superior ao melhor jogador humano explicasse suas decisões estratégicas, nem mesmo o melhor jogador do mundo (sem a ajuda de um aprimoramento cibernético) as compreenderia totalmente.[75] Uma promissora linha de pesquisa que objetiva a redução dos riscos de sistemas opacos de IA gira em torno de "extrair conhecimento latente".[76] Esse projeto está tentando desenvolver técnicas que possam garantir que, quando fizermos perguntas a uma IA, ela nos dê todas as informações relevantes que conhece, em vez de apenas nos dizer o que julga que queremos ouvir — o que será um risco crescente à medida que os sistemas de aprendizagem automática se tornarem mais poderosos.

Os princípios também alardeiam, de maneira louvável, dinâmicas não competitivas em torno do desenvolvimento da IA, sobretudo o Princípio 18, "Corrida armamentista de IA" — "Deve-se evitar uma corrida armamentista com armas autônomas letais" — e o Princípio 23, "Bem comum" — "Deve-se desenvolver a superinteligência somente a serviço de ideais éticos amplamente compartilhados e para o benefício de toda a humanidade, e não de um Estado ou organização". No entanto, uma vez que a IA superinteligente se torne uma vantagem decisiva na guerra e traga enormes benefícios econômicos, as potências militares terão fortes incentivos para se envolver em uma corrida armamentista.[77] Isso não somente agrava os riscos de utilização indevida, mas também aumenta as probabilidades de que as precauções de segurança em torno do alinhamento da IA possam ser negligenciadas.

Lembre-se da questão do alinhamento de valores abordada no Princípio 10. O princípio seguinte, "Valores humanos", especifica quais são os valores pretendidos: "Os sistemas de IA devem ser projetados e operados de modo a serem compatíveis com os ideais da dignidade humana, direitos, liberdades e diversidade cultural".

No entanto, ter esse objetivo não garante que ele será alcançado — e isso leva ao xis da questão do perigo da inteligência artificial. Uma IA movida por um objetivo prejudicial não teria dificuldade em explicar por que suas ações fazem sentido para algum propósito mais abrangente, até mesmo justificando-o em termos de valores que as pessoas compartilham amplamente.

É muito difícil restringir de forma útil o desenvolvimento de qualquer capacidade fundamental de IA, sobretudo porque a ideia básica por trás da inteligência geral é muito vasta. No momento em que este livro é encaminhado para a impressão, há sinais encorajadores de que os principais governos estão levando o desafio a sério — por exemplo, a Declaração de Bletchley que se seguiu à AI Safety Summit, cúpula global sobre os riscos da IA realizada em 2023 no Reino Unido —, mas muita coisa dependerá da forma como essas iniciativas forem efetivamente implementadas.[78]

Um argumento otimista, que se baseia no princípio do livre mercado, é que cada passo em direção à superinteligência está sujeito à aceitação do mercado. Em outras palavras, a inteligência artificial geral será criada por humanos para resolver problemas humanos reais, e há fortes incentivos para otimizá-la em nome de fins benéficos. Uma vez que emerja a partir de uma infraestrutura profundamente integrada, a inteligencia artificial refletirá os nossos valores porque, em um sentido importante, a IA *seremos nós*. Já somos uma civilização homem-máquina. Em última análise, o enfoque mais significativo que podemos adotar a fim de manter a IA segura é proteger e melhorar a nossa governança humana e as instituições sociais. A melhor maneira de evitar conflitos destrutivos no futuro é dar continuidade à defesa dos nossos ideais éticos, que nos últimos séculos e décadas já reduziram profundamente a violência.[79]

Acredito que é necessário também levar a sério as equivocadas e cada vez mais estridentes vozes luditas que defendem o amplo abandono do progresso tecnológico para evitar os perigos genuínos da genética, da nanotecnologia e da robótica.[80] A demora na superação do sofrimento humano ainda acarreta enormes consequências — por exemplo, o agravamento da fome na África resultante da oposição a qualquer ajuda alimentar que possa conter organismos geneticamente modificados (OGMs).[81]

Agora que as tecnologias estão começando a modificar nosso corpo e nosso cérebro, surge outro tipo de oposição ao progresso, na forma de "humanismo fundamentalista": a objeção a qualquer alteração na natureza do que significa ser humano.[82] Isso incluiria a modificação dos nossos genes e da dobragem de nossas proteínas, e quaisquer outras medidas no sentido do prolongamento radical da vida. No entanto, essa oposição fracassará, porque a procura por terapias que sejam capazes de sobrepujar a dor, a doença e a curta expectativa de vida inerentes à versão 1.0 do nosso corpo acabará por se revelar irresistível.

Quando as pessoas são apresentadas à perspectiva de um prolongamento radical da vida, duas objeções imediatamente são levantadas. A primeira é a probabilidade de ficarmos sem recursos materiais para dar conta de sustentar uma população biológica em expansão. Volta e meia ouvimos o argumento de que já estamos ficando sem energia, água potável, moradia, terras e outros recursos dos quais necessitamos para manter uma população cada vez maior, e que esse problema será exacerbado quando as taxas de mortalidade começarem a despencar. Todavia, conforme comentei no Capítulo 4, à medida que começarmos a otimizar a nossa utilização dos recursos do planeta, descobriremos que eles são milhares de vezes maiores do que o necessário. Por exemplo, temos quase 10 mil vezes a quantidade de luz solar de que necessitamos para, em teoria, satisfazer todas as nossas necessidades energéticas atuais.[83]

A segunda objeção ao prolongamento radical da vida é que ficaremos profundamente entediados fazendo e repetindo as mesmas coisas de novo e de novo ao longo de séculos a fio. No entanto, no decorrer da década de 2020 teremos realidade virtual e realidade aumentada em dispositivos externos muito compactos, e na década de 2030 teremos realidade virtual e realidade aumentada diretamente conectadas ao nosso sistema nervoso por nanobôs que alimentarão com sinais os nossos sentidos. Assim, teremos uma expansão radical da vida somada a um prolongamento radical da vida. Habitaremos vastas realidades virtuais e aumentadas, limitadas apenas por nossa imaginação — que também será expandida. Mesmo que vivêssemos centenas de anos, não esgotaríamos todo o conhecimento que há para adquirir e toda a cultura que há para consumir.

A inteligência artificial é a tecnologia fundamental que nos permitirá dar conta de vencer os desafios prementes que enfrentamos, incluindo a superação de doenças, da pobreza, da degradação ambiental e de todas as nossas fragilidades humanas. Temos um imperativo moral de concretizar a promessa das novas tecnologias e, ao mesmo tempo, mitigar os perigos. Mas não será a primeira vez que conseguimos fazer isso. No início deste capítulo, mencionei a experiência dos exercícios de defesa civil que vivenciei quando criança, em preparação para uma potencial guerra nuclear. Na minha infância e adolescência, as pessoas ao meu redor presumiam que a guerra atômica era quase inevitável. O fato de nossa espécie ter encontrado a sabedoria para se abster de usar essas terríveis armas brilha como um exemplo de que está ao nosso alcance utilizar de forma semelhante a biotecnologia, a nanotecnologia e a IA superinteligente. No que diz respeito ao controle desses perigos, não estamos condenados ao fracasso.

No geral, devemos ser cautelosamente otimistas. Embora esteja criando novas ameaças técnicas, a inteligência artificial também aumentará drasticamente a nossa capacidade de lidar com essas ameaças. Quanto aos abusos ou usos incorretos, uma vez que esses métodos aprimorarão a nossa inteligência — sejam quais forem os nossos valores —, eles poderão ser utilizados tanto para a promessa como para o perigo.[84] Devemos, portanto, trabalhar por um mundo em que os poderes da IA sejam amplamente distribuídos, para que os seus efeitos reflitam os valores da humanidade como um todo.

CAPÍTULO 8

DIÁLOGO COM CASSANDRA

CASSANDRA: Então você prevê uma rede neural com poder de processamento suficientemente capaz de superar todas as capacidades humanas até 2029.

RAY: Correto. Já estão fazendo isso com uma capacidade após a outra.

CASSANDRA: E, quando isso de fato acontecer, serão muito melhores do que qualquer humano em todas as habilidades que qualquer humano possa ter.

RAY: Correto. Em 2029 já serão melhores que todos os humanos em todas as áreas.

CASSANDRA: E, para passar em um Teste de Turing, uma IA terá que se tornar menos inteligente.

RAY: Sim; caso contrário, saberíamos que não se trata de um humano não aprimorado.

CASSANDRA: E você também espera que, no início da década de 2030, tenhamos um meio de entrar no cérebro e nos conectar com os níveis superiores do neocórtex tanto para dizer o que está acontecendo quanto para ativar conexões.

RAY: Certo.

CASSANDRA: E, assim, essa superinteligência que estamos criando fará parte diretamente do nosso cérebro, pelo menos por meio dessas conexões com a nuvem.

RAY: Correto.

CASSANDRA: Tudo bem, mas estes dois avanços — ensinar a uma rede neural tudo o que todos os humanos são capazes de fazer e muito mais, e estabelecer uma ligação interna com o cérebro via conexões bidirecionais eficazes — estão em campos muito diferentes.

RAY: Bem, sim.

CASSANDRA: Um dos campos envolve experimentação com computadores, o que em grande medida não está regulamentado. Os experimentos levam dias, e um avanço pode ocorrer logo após o outro. O progresso é muito rápido. Por outro lado, um processo como implantar no cérebro um anexo envolvendo 1 milhão de fios é algo totalmente diferente, que requer todo tipo de supervisão e regulamentação. Trata-se de inserir algo não apenas no corpo humano, mas no próprio cérebro, que do ponto de vista físico talvez seja a parte mais sensível do corpo. E para os órgãos reguladores nem sequer está claro que isso é necessário. Se pudermos evitar uma doença cerebral profunda, por exemplo, isso pode oferecer um benefício distinto, mas conectar-se a um computador externo seria muito difícil.

RAY: Mas ainda assim isso vai acontecer, em parte movido pelo objetivo de corrigir os significativos distúrbios cerebrais que você mencionou.

CASSANDRA: Sim, concordo que seja possível, mas provavelmente ainda demore bastante, com um substancial adiamento.

RAY: Foi por isso que previ a chegada desse avanço para a década de 2030.

CASSANDRA: Mas qualquer regulamentação relativa à inserção de objetos estranhos no cérebro poderia protelar a ocorrência disso por, digamos, dez anos, até a década de 2040. Esse fato mudaria drasticamente seu cronograma da interação entre máquinas superinteligentes e pessoas. Para começo de conversa, as máquinas tomariam para si todos os empregos, em vez de se tornarem apenas uma extensão da inteligência das pessoas.

Ray: Bem, uma extensão direta entre nossa mente e nosso cérebro seria conveniente — algo impossível de se perder como se perde, por exemplo, um telefone celular. Porém, mesmo que ainda não estejam conectados diretamente, esses dispositivos funcionam como uma extensão da inteligência humana. Hoje, uma criança com um dispositivo móvel pode acessar todo o conhecimento humano, e o número de trabalhadores que a IA aprimora é muito maior do que os que ela substitui. Embora os extensores cerebrais estejam fora do nosso corpo, realizamos trabalhos que seriam impossíveis sem aqueles que já temos, mesmo que não estejam fisicamente acoplados ao nosso cérebro.

Cassandra: Sim, mas você previu que precisaríamos de milhões de circuitos para nos conectar à camada superior do neocórtex. Por outro lado, ampliar nossa inteligência por meio de dispositivos externos requer inputs e comandos digitados em nossos teclados, o que seria ordens de magnitude mais vagaroso. Isso sem dúvida comprometeria muito a interação. E por que uma IA iria querer lidar com um ser humano com uma velocidade de comunicação tão lenta? Melhor fazer tudo sozinha.

Ray: Em meados da década de 2020 teremos um meio de interagir com um computador que será milhares de vezes mais rápido do que digitar em um teclado: realidade virtual totalmente imersiva com vídeo e áudio em tela cheia. Veremos e ouviremos a realidade comum, mas entrelaçada com comunicação bidirecional com nossos computadores. Será quase tão rápido quanto uma conexão com as camadas superiores do nosso neocórtex.

Mais cedo ou mais tarde, isso acabará por substituir a interação por teclados.

CASSANDRA: Tudo bem, avançaremos em nossa capacidade de comunicação com nossos computadores, mas ainda não é a mesma coisa que expandir nosso neocórtex.

RAY: Mas as pessoas ainda terão o trabalho que precisam fazer a fim de obter comida e abrigo e atender a outras necessidades. Mesmo antes que os extensores cerebrais internos nos permitam ter pensamentos mais abstratos, os extensores cerebrais externos com IA avançada nos permitirão realizar tarefas difíceis e resolver problemas difíceis.

CASSANDRA: Mas as pessoas precisam de um propósito mais profundo. Se as IAs conseguirem fazer *tudo* o que os humanos são capazes de fazer em todas as esferas intelectuais, e de um jeito muito melhor e mais veloz do que os melhores humanos, o que restará para os humanos fazerem que nos dê algum sentido e senso de propósito?

RAY: Bem, é por isso que queremos nos fundir com a inteligência que estamos criando. As IAs se tornarão parte de nós e, portanto, *nós* é que estaremos fazendo essas coisas.

CASSANDRA: Entendo. E é por isso que eu ainda estou preocupada com um possível atraso de uma década para conseguir fazer funcionar um extensor cerebral, levando-se em conta a extraordinária dificuldade de inserir no nosso crânio um dispositivo com milhões de conexões. Posso aceitar a viabilidade de todos os tipos de mudanças fora do nosso corpo, incluindo a realidade virtual, mas isso não é o mesmo que efetivamente expandir o nosso neocórtex.

RAY: Essa foi a preocupação que Daniel Kahneman expressou. Ele estava preocupado também com o potencial de violência de pessoas que perderam o emprego, entre outros.

CASSANDRA: Por "outros" você se refere aos computadores, já que eles serão superiores aos humanos em todas as habilidades?

RAY: Não aos computadores, pois dependeremos deles para o nosso bem-estar, mas sim aos humanos que serão julgados por usar a IA para expandir sua própria riqueza e poder às custas dos trabalhadores demitidos e prejudicados.

CASSANDRA: Sim. Desconfio que Kahneman estava pensando em um período intermediário, em que alguns humanos reterão o poder e a IA ainda não terá criado abundância material suficiente para evitar conflitos.

RAY: Certo, mas conflitos podem ser minimizados quando as pessoas sentem que têm um propósito. E estender o nosso neocórtex nuvem adentro será fundamental para que nós humanos sustentemos um senso de propósito. Assim como o crescimento de mais neocórtex centenas de milhares de anos atrás elevou os nossos ancestrais primatas do instinto de sobrevivência à contemplação da filosofia, os humanos aprimorados terão ainda maior capacidade de empatia e ética.

CASSANDRA: Concordo, mas estender o neocórtex nuvem adentro é um tipo de progresso muito diferente de melhores extensores cerebrais externos.

RAY: Sim, o seu argumento é válido, mas creio que alcançaremos uma extensão do neocórtex no início da década de 2030. Portanto, o período intermediário provavelmente não será muito longo.

CASSANDRA: Mas o cronograma para a conexão com o neocórtex é uma preocupação fundamental. Um adiamento poderia ser um problema e tanto.

RAY: Bem, sim, isso é verdade.

CASSANDRA: Além do mais, se uma IA imitasse você e substituíssemos o você biológico pela emulação, ela seria idêntica a você, e pareceria ser você para todos os outros, mas *você* efetivamente desapareceria.

RAY: Tudo bem, mas não estamos falando sobre isso. Não estamos emulando seu cérebro biológico. Estamos *acrescentando* a ele. Seu cérebro biológico permaneceria o mesmo, só que com inteligência adicional.

CASSANDRA: Mas a inteligência não biológica seria, em última análise, muitas vezes mais poderosa do que o seu cérebro biológico; no fim das contas, de milhares a milhões de vezes mais poderosa.

RAY: Exato, mas ainda assim, nada será retirado. Haverá muito a acrescentar.

CASSANDRA: Você alegou, porém, que dentro de alguns anos nosso cérebro será efetivamente extensão de nuvens.

RAY: Na verdade, já estamos fazendo isso. E, qualquer que seja o significado filosófico que você atribua ao nosso cérebro biológico, tampouco ele será eliminado.

CASSANDRA: Mas a essa altura o cérebro biológico será insignificante.

RAY: Só que ele ainda estará lá e manterá todas as suas qualidades fundamentais.

CASSANDRA: Bem, antevejo mudanças muito profundas em pouquíssimo tempo.

RAY: Quanto a isso, nós concordamos.

APÊNDICE

PREÇO/DESEMPENHO DA COMPUTAÇÃO, 1939-2023, FONTES DA TABELA

Metodologia de seleção de máquinas

As máquinas enumeradas na tabela são selecionadas como as principais máquinas de computação programável cuja relação preço/desempenho computacional superou todas as máquinas anteriores. Se várias máquinas alcançaram esse objetivo em um determinado ano civil, incluiu-se apenas a máquina com a melhor relação preço/desempenho, independentemente da data de lançamento nesse ano específico. As máquinas que não são vendidas ou alugadas comercialmente aparecem vinculadas ao ano da sua primeira operação normal. As máquinas vendidas ou alugadas comercialmente são associadas a seu primeiro ano civil de disponibilidade ao público geral (em comparação com o projeto original ou protótipo inicial). Quanto a máquinas em escala de consumo, foram considerados para inclusão apenas dispositivos em produção em massa para venda no varejo — máquinas personalizadas individualmente ou computadores "caseiros" quiméricos feitos a partir de componentes díspares confundiriam a análise mais ampla. Máquinas que foram projetadas, mas não construídas, a exemplo da "Máquina Analítica" de Charles Babbage, e máquinas que foram construídas, mas não funcionavam de maneira confiável, a exemplo da Z1 de Konrad Zuse, não estão incluídas. Da mesma forma, a tabela ignora alguns dispositivos extremamente especializados, como processadores de sinais digitais, que em termos técnicos são capazes de realizar determinado número de operações digitais por segundo, mas não são amplamente utilizados como CPUs de uso geral.

Metodologia de dados de preços

Os preços nominais são ajustados aos preços reais de fevereiro de 2023, de acordo com os dados do Índice de Preços ao Consumidor (IPC) do Escritório de Estatísticas do Trabalho dos Estados Unidos (IPC-U encadeado, 1982-1984 = 100). O IPC de cada ano é apresentado como uma média anual. Assim, embora os cálculos subjacentes do preço real não utilizem números redondos, nunca devem ser considerados precisos até 1 dólar e, em geral, devem ser considerados precisos apenas dentro de vários pontos percentuais. Para máquinas criadas com moedas diferentes do dólar, a volubilidade das taxas de câmbio acrescenta vários pontos percentuais adicionais de incerteza.

Quando há a comprovação de vários preços de varejo para determinada máquina em um determinado ano, foi dada preferência aos preços mais baixos do mercado aberto, a fim de refletir a melhor relação preço/desempenho disponível. Um ponto de incomensurabilidade moderada é que, antes de meados da década de 1990, quase toda a computação era feita por meio de computadores discretos* com limitada capacidade de atualização e aprimoramento. Assim, os preços unitários inevitavelmente incluíam outros componentes além do próprio processador, como o disco rígido e o monitor. Por outro lado, agora é comum que os chips sejam vendidos separadamente, e é viável para os usuários finais conectar várias ou muitas CPUs/GPUs para tarefas com maior desempenho. Como resultado, agora a avaliação dos preços dos chips é um guia melhor para o preço/desempenho global da computação do que a inclusão de componentes que não são essenciais para a computação — embora isso exagere comedidamente a melhoria do preço/desempenho durante a década de 1990.

---

*   Máquinas construídas com o uso de lógica digital, processando informações representadas por combinações de dados descontínuos, ou discretos. [N. T.]

O preço da Google Cloud TPU v4-4096 é estimado de forma muito vaga, com base em 4 mil horas de aluguel, a fim de ser mais ou menos mensurável com o restante do conjunto de dados, que desde a década de 1950 consistia exclusivamente em equipamentos disponíveis para compra. Isso subestima de maneira acentuada a relação preço/desempenho para pequenos projetos de aprendizagem automática, em que o acesso breve a enormes quantidades de poder computacional é útil, mas os custos de capital de aquisição desse poder computacional seriam totalmente proibitivos. Trata-se de um importante e subestimado efeito da revolução da computação em nuvem.

Os preços aqui citados são: preço de construção, preço de compra no varejo ou preço de aluguel, conforme aplicável. Excluem-se outros custos separados — por exemplo, de entrega e instalação, eletricidade, manutenção, mão de obra do operador, impostos e depreciação. Isso ocorre porque esses custos são extremamente variáveis entre os usuários e não podem ser efetivamente calculados em média para uma determinada máquina. Com base nas evidências disponíveis, porém, esses fatores não alterariam de forma substancial a análise global — e, na medida em que os afetassem, provavelmente serviriam para reduzir a relação preço/desempenho do preço de máquinas mais antigas e com maior utilização logística e, portanto, para aumentar a taxa de progresso aparente na tabela (ver página 11, "Preço/desempenho da computação, 1939-2023"). Assim, em termos analíticos, omitir esses custos é a escolha mais conservadora.

Metodologia de dados de desempenho

"Cálculos por segundo" é uma métrica sintética derivada da junção de vários conjuntos de dados ao longo de 84 anos. Uma vez que no decorrer do tempo as capacidades computacionais dessas máquinas não apenas melhoraram em termos quantitativos, mas também mudaram do ponto de vista da qualidade, é impossível conceber uma métrica rigorosa e consistente para comparar seu desempenho durante todo o período em questão. Em outras palavras, mesmo com tempo ilimitado, o computador Z2 1939 não seria capaz de fazer tudo o que uma Unidade de Processamento Tensor 2023 faz em uma fração de segundo — os dispositivos simplesmente não são proporcionais entre si.

Dessa maneira, qualquer tentativa de converter todas as estatísticas de desempenho desse conjunto de dados em uma métrica totalmente proporcional seria enganosa. Por exemplo, quando Anders Sandberg e Nick Bostrom (2008) calcularam a equivalência entre milhões de instruções por segundo (MIPS) e milhões de operações de ponto flutuante por segundo (MFLOPS), eles não escalaram linearmente, o que torna esse método inadequado para utilização em um conjunto de dados com uma faixa de desempenho tão grande. A conversão artificial das classificações FLOPS dos computadores recentes para instruções por segundo (IPS) exageraria as capacidades reais de desempenho das máquinas mais novas, ao passo que o ranqueamento de computadores antigos em FLOPS os subestimaria de forma enganosa.

Do mesmo modo, embora úteis, as abordagens teóricas da informação privilegiadas por Hans Moravec (1988) e William Nordhaus (2001) não captam a evolução qualitativa do desempenho e das aplicações computacionais. Por exemplo, a métrica MSOPS (milhões de operações padrão por segundo) de Nordhaus prescreve uma proporção fixa de adições e multiplicações que não é realisticamente aplicável quando se comparam computadores da década de 1960 que calculam balística de foguetes a modernas GPUs e TPUs que utilizam cálculos de baixa precisão para aprendizado de máquina.

Por esse motivo, a metodologia utilizada neste livro favorece o uso das métricas pelas quais as máquinas foram originalmente avaliadas. Isso significa que o paradigma mais brando de instruções por segundo é o preferido desde 1939 (em que se refere a adições básicas no computador Z2 de Konrad Zuse) até a introdução do Pentium 4 em 2001, quando o paradigma de operações de ponto flutuante por segundo tornou-se dominante na medição do desempenho da computação moderna. Esse ponto reflete o fato de que as aplicações do poder de computação mudaram ao longo do tempo e, para alguns usos, o alto desempenho de ponto flutuante é mais valioso que o desempenho de números inteiros ou outras métricas. A especialização também aumentou em algumas áreas. Por exemplo, GPUs e chips especializados de IA/aprendizagem profunda se destacam em suas funções com altas classificações de FLOPS, mas seria enganoso medir sua capacidade de executar tarefas gerais de CPU em uma tentativa de comensurabilidade com chips de computação gerais mais antigos.

A tabela favorece as melhores estatísticas de desempenho alcançado ou, para máquinas anteriores, infere o melhor desempenho a partir da performance em operações comparáveis à adição. Embora isso esteja acima do que as máquinas alcançaram em média na prática na operação diária, trata-se de uma forma de avaliação mais amplamente mensurável do que as estatísticas de desempenho médio, dependentes de muitos fatores fora do escopo da velocidade de computação bruta que varia de maneira irregular entre máquinas.

Recursos adicionais

Anders Sandberg e Nick Bostrom, *Whole Brain Emulation: A Roadmap*, relatório técnico 2008-3, Instituto Futuro da Humanidade, Universidade de Oxford (2008), https://www.fhi.ox.ac.uk/brain-emulation-roadmap-report.pdf.

William D. Nordhaus, "The Progress of Computing", documento de discussão 1324, Fundação Cowles (setembro de 2001), https://ssrn.com/abstract=285168.

Hans Moravec, "MIPS Equivalents", Centro de Robótica de Campo, Instituto de Robótica Carnegie Mellon, acessado em 2 de dezembro de 2021, https://web.archive.org/web20210609052024/https://frc.ri.cmu.edu/~hpm/book97/ch3/processor.list.

Hans Moravec, *Mind Children: The Future of Robot and Human Intelligence* (Cambridge, Massachusetts, Harvard University Press, 1988).

Máquinas, dados e fontes listados

Fontes de dados de IPC

"Consumer Price Index, 1913-", Banco Federal Reserve de Minneapolis, acessado em 20 de abril de 2023; Escritório de Estatísticas do Trabalho dos Estados Unidos, "Consumer Price Index for All Urban Consumers: All Items in U.S. City Average (CPIAUCSL)", retirado de FRED, Banco Federal Reserve de St. Louis, atualizado em 12 de abril de 2023, https://fred.stlouisfed.org/series/CPIAUCSL.

1939 Z2

Preço real: 50.489,31 dólares
Cálculos por segundo: 0,33
Cálculos/segundo/dólar: 0,0000065

Fonte do preço: Jane Smiley, *The Man Who Invented the Computer: The Biography of John Atanasoff, Digital Pioneer* (Nova York: Doubleday, 2010), loc. 638, Kindle (v3.1_r1); "Purchasing Power Comparisons of Historical Monetary Amounts", Deutsche Bundesbank, acessado em 20 de dezembro de 2021, https://www.bundesbank.de/en/statistics/economic-activity-and--prices/producer-and-consumer-prices/purchasing-comparisons-of-historical-monetary-amounts795290#tar-5; "Purchasing Power Equivalents of Historical Amounts in German Currencies", Deutsche Bundesbank, 2021, https://www.bundesbank.de/resource/blob/622372/154f0fc435da99ee-935666983a5146a2/mL/purchasing-power-equivalents-data.pdf; Lawrence H. Officer, "Exchange Rates", em *Historical Statistics of the United States, Millennial Edition*, Susan B. Carter et al. (Org.) (Cambridge, Reino Unido: Cambridge University Press, 2002), reproduzido em Harold Marcuse, "Historical Dollar-to-Marks Currency Conversion Page", Universidade da Califórnia, Santa Bárbara, atualizado em 7 de outubro de 2018, https://marcuse.faculty.history.ucsb.edu/projects/currency.htm; "Euro to U.S. Dollar Spot Exchange Rates for 2020", Exchange Rates UK, acessado em 20 de dezembro de 2021, https://www.exchangerates.org.uk/EUR-USD-spot-exchange-rates-history-2020.html. Em termos de poder de compra, 7 mil marcos do *reich* equivaliam a cerca de 30.100 euros em 2020, o que se equipara a uma média de 40.124 dólares americanos no início de 2023. Isso tem a vantagem de evitar o problema da comensurabilidade colocado pelas diferenças de poder de compra entre a Alemanha nazista e os Estados Unidos. Mas tem a desvantagem de se concentrar nos níveis de preços, em grande medida definidos pelo governo totalitário — o racionamento e as transações no mercado paralelo limitando a relevância dos preços nominais. Pelas taxas de câmbio, 7 mil marcos do *reich* em 1939 valiam em média 2.800 dólares, o equivalente a 60.853 dólares no início de 2023. Isso tem a vantagem de evitar distorções decorrentes da economia de guerra totalitária da Alemanha, mas a desvantagem de gerar incerteza devido às diferenças de poder de compra entre as duas moedas. Como as vantagens e desvantagens de ambos os números são complementares, e uma vez que não existe um princípio claro para julgar qual se aproxima mais da verdade fundamental relevante, a tabela utiliza a média dos dois: 50.489 dólares.

Fonte do desempenho: Horst Zuse, "Z2", Horst-Zuse.Homepage.t-online. de, acessado em 20 de dezembro de 2021, http://www.horst-zuse.homepage.t-online.de/z2.html.

1941 Z3

Preço real: 136.849,13 dólares
Cálculos por segundo: 1,25
Cálculos/segundo/dólar: 0,0000091

Fonte do preço: Jack Copeland e Giovanni Sommaruga, "The Stored-Program Universal Computer: Did Zuse Anticipate Turing and von Neumann?", em *Turing's Revolution: The Impact of His Ideas About Computability*, Giovanni Sommaruga e Thomas Strahm (Org.) (Cham, Suíça: Springer International Publishing, 2016; publicação corrigida de 2021), 53, https://www.google.com/books/edition/Turing_s_Revolution/M8ZyCwAAQBAJ; "Purchasing Power Comparisons of Historical Monetary Amounts", Deutsche Bundesbank, acessado em 20 de dezembro de 2021, https://www.bundesbank.de/en/statistics/economic-activity-and-prices/producer-and-consumer-prices/purchasing-comparisons-of-historical-monetary-amounts-795290#tar-5; "Purchasing Power Equivalents of Historical Montants in German Currencies", Deutsche Bundesbank, 2021, https://www.bundesbank.de/resource/blob/622372/154f0fc435da99ee935666983a5146a2/mL/purchaising-power-equivalents-data.pdf; Lawrence H. Officer, "Exchange Rates", em *Historical Statistics of the United States, Millennial Edition*, Susan B. Carter et al. (Org.) (Cambridge, Reino Unido: Cambridge University Press, 2002), reproduzido em Harold Marcuse, "Historical Dollar-to-Marks Currency Conversion Page", Universidade da Califórnia, Santa Bárbara, atualizado em 7 de outubro de 2018, https://marcuse.faculty.history.ucsb.edu/projects/currency.htm; "Euro to US Dollar Spot Exchange Rates for 2020", Exchange Rates UK, acessado em 20 de dezembro de 2021, https://www.exchangerates.org.uk/EUR-USD-spot-exchange-rates-history-2020.html; "Consumer Price Index, 1913-", Banco Federal Reserve de Minneapolis, acessado em 11 de outubro de 2021, https://www.minneapolisfed.org/about-us/monetary-policy/inflation-calculator/consumer-price-index-1913-. Em termos de poder de compra, 20 mil marcos do *reich* equivaliam a cerca de 82 mil euros em 2020, o que se equipara a uma média de 109.290 dólares americanos no início de 2023. Isso tem a vantagem de evitar o problema da comensurabilidade colocado pelas diferenças de poder de compra entre a Alemanha nazista e os Estados Unidos. Mas tem a desvantagem de se concentrar nos níveis de preços, em grande medida definidos pelo governo totalitário — com o racionamento e as transações no mercado paralelo limitando a relevância dos preços nominais. Pelas taxas de câmbio, 20 mil marcos do *reich* em 1941 valiam em média 8 mil dólares, o equivalente a 164.408 dólares no início de 2023. Isso tem a vantagem de evitar distorções decorrentes da economia de guerra totalitária da Alemanha, mas a desvantagem de introduzir incerteza devido às diferenças de poder de compra entre as duas moedas. Como as vantagens e desvantagens de ambos os números são complementares, e uma vez que não existe um princípio claro para julgar qual se aproxima mais da verdade fundamental relevante, a tabela utiliza a média dos dois: 136.849 dólares.

Fonte do desempenho: Horst Zuse, "Z3", Horst-Zuse.Homepage.t-online. de, acessado em 20 de dezembro de 2021, http://www.horst-zuse.homepage.t-online.de/z3detail.html.

1943   COLOSSUS MARK 1

Preço real: 33.811.510,61 dólares
Cálculos por segundo: 5.000
Cálculos/segundo/dólar: 0,00015

Fonte do preço: Chris Smith, "Cracking the Enigma Code: How Turing's Bombe Turned the Tide of WWII", BT, 2 de novembro de 2017, http://web.archive.org/web/20180321035325/http://home.bt.com/tech-gadgets/

cracking-the-enigma-code-how-turings-bombe-turned-the-tide-of--wwii-11363990654704; Jack Copeland (especialista em história da computação), e-mail para o autor, 12 de janeiro de 2018; "Inflation Calculator", Banco da Inglaterra, 20 de janeiro de 2021, https://www.bankofengland.co.uk/monetary-policy/inflation/inflation-calculator; "Historical Rates for the GBP/USD Currency Conversion on 01 July 2020 (01/07/2020)", *Pound Sterling Live*, acessado em 11 de novembro de 2021, https://www.poundsterlinglive.com/best-exchange-rates/british-pound-to--us-dollar-exchange-rate-on-2020-07-01. Não há valor de custo unitário do Colossus diretamente disponível, pois ele não foi construído para fins comerciais. Sabemos que as primeiras máquinas Bombe foram construídas a um custo de cerca de 100 mil libras esterlinas cada. Embora os números precisos da construção do Colossus não tenham sido revelados ao público, o especialista em história da computação Jack Copeland sugere, como uma estimativa muito vaga, que seus custos foram cerca de cinco vezes superiores aos de uma única Bombe. Isso corresponde a 23.314.516 libras esterlinas (em libras esterlinas de 2020), ou 33.811.510 dólares (em dólares americanos do início de 2023). Tenha em mente que, devido à incerteza das estimativas subjacentes, apenas os dois primeiros dígitos devem ser considerados significativos.

Fonte do desempenho: B. Jack Copeland (Org.) *Colossus: The Secrets of Bletchley Park's Codebreaking Computers* (Oxford, Reino Unido: Oxford University Press, 2010), p. 282.

1946 ENIAC

Preço real: 11.601.846,15 dólares
Cálculos por segundo: 5.000
Cálculos/segundo/dólar: 0,00043

Fonte do preço: Martin H. Weik, *A Survey of Domestic Electronic Digital Computing Systems*, relatório nº 971 (Campo de testes de Aberdeen, Maryland: Laboratórios de Pesquisas Balísticas, dezembro de 1955), 42, https://books.google.com/books?id=-BPSAAAAMAAJ.

Fonte do desempenho: Brendan I. Koerner, "How the World's First Computer Was Rescued from the Scrap Heap", *Wired*, 25 de novembro de 2014, https://www.wired.com/2014/11/eniac-unearthed.

1949 BINAC

Preço real: 3.523.451,43 dólares
Cálculos por segundo: 3.500
Cálculos/segundo/dólar: 0,00099

Fonte do preço: William R. Nester, *American Industrial Policy: Free or Managed Markets?* (Nova York: St. Martin's, 1997), 106, https://books.google.com/books?id=hCi_DAAAQBAJ.

Fonte do desempenho: Eckert-Mauchly Computer Corp., *The BINAC* (Filadélfia: Eckert-Mauchly Computer Corp., 1949), 2, http://s3data.computerhistory.org/brochures/eckertmauchly.binac.1949.102646200.pdf.

1953 UNIVAC 1103

Preço real: 10.356.138,62 dólares
Cálculos por segundo: 50.000
Cálculos/segundo/dólar: 0,0048

Fonte do preço: Martin H. Weik, *A Third Survey of Domestic Electronic Digital Computing Systems*, relatório nº 1115 (Aberdeen, Maryland: Laboratórios de Pesquisas Balísticas, março de 1961), 913, http://web.archive.org/web/20160403031739; http://www.textfiles.com/bitsavers/pdfbrl/compSurvey_Mar1961/brlReport1115_0900.pdf; https://bitsavers.org/pdf/brl/compSurvey_Mar1961/brlReport1115_0000.pdf.

Fonte do desempenho: Martin H. Weik, *A Third Survey of Domestic Electronic Digital Computing Systems*, relatório nº 1115 (Aberdeen, Maryland: Laboratórios de Pesquisas Balísticas, março de 1961), 906, http://web.archive.org/web/20160403031739; http://www.textfiles.com/bitsavers/pdf/brl/compSurveyMar1961/brlReport1115_0900. pdf.

1959 DEC PDP-1

Preço real: 1.239.649,32 dólares
Cálculos por segundo: 100.000
Cálculos/segundo/dólar: 0,081

Fonte do preço: "PDP 1 Price List", Digital Equipment Corporation, 1º de fevereiro de 1963, https://www.computerhistory.org/pdp-1/_media/pdf/DEC.pdp_1.1963.102652408.pdf.

Fonte do desempenho: Digital Equipment Corporation, PDP-1 Handbook, Maynard, Massachusetts: Digital Equipment Corporation, 1963, 10, http://s3data.computerhistory.org/pdp 1/DEC.pdp_1.1963.102636240.pdf.

1962 DEC PDP-4

Preço real: 647.099,67 dólares
Cálculos por segundo: 62.500
Cálculos/segundo/dólar: 0,097

Fonte do preço: Digital Equipment Corporation, *Nineteen Fifty-Seven to the Present* (Maynard, Massachusetts: Digital Equipment Corporation, 1978), 3, http://s3data.computerhistory.org/pdp-1/dec.digital_1957_to_the_present_(1978).1957-1978.102630349.pdf.

Fonte do desempenho: Digital Equipment Corporation, Manual PDP-4 (Maynard, Massachusetts: Digital Equipment Corporation, 1962), 18, 57, http://gordonbell.azurewebsites.net/digital/pdp%204%20manual%201962.pdf.

1965 DEC PDP-8

Preço real: 172.370,29 dólares
Cálculos por segundo: 312.500
Cálculos/segundo/dólar: 1,81

Fonte do preço: Tony Hey e Gyuri Pápay, *The Computing Universe: A Journey Through a Revolution* (Nova York: Cambridge University Press, 2015), 165, https://books.google.com/books?id=q4FIBQAAQBAJ.

Fonte do desempenho: Digital Equipment Corporation, PDP-8 (Maynard, Massachusetts: Digital Equipment Corporation, 1965), 10, http://archive.computerhistory.org/resources/access/text/2009/11/102683307.05.01.acc.pdf.

1969 DATA GENERAL NOVA

Preço real: 65.754,33 dólares
Cálculos por segundo: 169.492
Cálculos/segundo/dólar: 2,58

Fonte do preço: "Timeline of Computer History — Data General Corporation Introduces the Nova Minicomputer", Museu da História do Computador, acessado em 10 de novembro de 2021, https://www.computerhistory.org/timeline/1968.

Fonte do desempenho: Prospecto NOVA, Data General Corporation, 1968, 12, http://s3data.computerhistory.org/brochures/dgc.nova.1968.102646102.pdf.

1973 INTELLEC 8

Preço real: 16.291,71 dólares
Cálculos por segundo: 80.000
Cálculos/segundo/dólar: 4,91

Fonte do preço: "Intellec 8", Centro de História da Computação, acessado em 10 de novembro de 2021, http://www.computinghistory.org.uk/det/3366/intelec-8.

Fonte do desempenho: *Intel, Intellec 8 Reference Manual*, rev. 1 (Santa Clara, Califórnia: Intel, 1974), xxxxiii, https://ia802603.us.archive.org/14/items/bitsavers_intelMCS8InceManualRev1Jun74_14022374/Intel_Intellec_8_Reference_Manual_Rev_1_Jun74.pdf.

1975 ALTAIR 8800

Preço real: 3.481,85 dólares
Cálculos por segundo: 500.000
Cálculos/segundo/dólar: 144

Fonte do preço: "MITS Altair 8800: Price List", CTI Data Systems, 1º de julho de 1975, http://vtda.org/docs/computing/DataSystems/MITS_Altair8800_PriceList01Jul75.pdf.

Fonte do desempenho: MITS, *Altair 8800 Operator's Manual* (Albuquerque, Novo México: MITS, 1975), 21, 90, http://www.classiccmp.org/dunfield/altair/d/88opman.pdf.

1984 APPLE MACINTOSH

Preço real: 7.243,62 dólares
Cálculos por segundo: 1.600.000
Cálculos/segundo/dólar: 221

Fonte do preço: Regis McKenna Public Relations, "Apple Introduces Macintosh Advanced Personal Computer", comunicado à imprensa, 24 de janeiro de 1984, https://web.stanford.edu/dept/SUL/sites/mac/primary/docs/pr1.html.

Fonte do desempenho: Motorola, *Motorola Semiconductor Master Selection Guide*, rev. 10 (Chicago: Motorola, 1996), 2.2-2, http://www.bitsavers.org/components/motorola/_catalogs/1996_Motorola_Master_Selection_Guide.pdf.

1986 COMPAQ DESKPRO 386 (16 MHZ)

Preço real: 17.886,96 dólares
Cálculos por segundo: 4.000.000
Cálculos/segundo/dólar: 224

Fonte do preço: Peter H. Lewis, "Compaq's Gamble on an Advanced Chip Pays Off", *The New York Times*, 20 de setembro de 1987, https://www.

nytimes.com/1987/09/20/business/the-executive-computer-compaq-s-gamble-on-an-advanced-chip-pays-off.html.

Fonte do desempenho: Peter H. Lewis, "Compaq's Gamble on an Advanced Chip Pays Off", *The New York Times*, 20 de setembro de 1987, https://www.nytimes.com/1987/09/20/business/the-executive-computador-compaq-s-gamble-on-an-advanced-chip-pays-off.html.

1987   PC'S LIMITED 386 (16 MHZ)

Preço real: 11.946,43 dólares
Cálculos por segundo: 4.000.000
Cálculos/segundo/dólar: 335

Fonte do preço: Peter H. Lewis, "Compaq's Gamble on an Advanced Chip Pays Off", *The New York Times*, 20 de setembro de 1987, https://www.nytimes.com/1987/09/20/business/the-executive-computer-compaq-s-gamble-on-an-advanced-chip-pays-off.html.

Fonte do desempenho: Peter H. Lewis, "Compaq's Gamble on an Advanced Chip Pays Off", *The New York Times*, 20 de setembro de 1987, https://www.nytimes.com/1987/09/20/business/the-executive-computer-compaq-s-gamble-on-an-advanced-chip-pays-off.html.

1988   COMPAQ DESKPRO 386/25

Preço real: 20.396,30 dólares
Cálculos por segundo: 8.500.000
Cálculos/segundo/dólar: 417

Fonte do preço: "Compaq Deskpro 386/25 Type 38", Centro de História da Computação, acessado em 10 de novembro de 2021, http://www.computinghistory.org.uk/det/16967/Compaq-Deskpro-386-25-Type-38.

Fonte do desempenho: Jeffrey A. Dubin, *Empirical Studies in Applied Economics* (Nova York: Springer Science+Business Media, 2012), 72-73, https://www.google.com/books/edition/Empirical_Studies _in_Applied_Economics/41_lBWAAQBAJ.

1990 MT486DX

Preço real: 11.537,40 dólares
Cálculos por segundo: 20.000.000
Cálculos/segundo/dólar: 1.733

Fonte do preço: Bruce Brown, "Micro Telesis Inc. MT 486DX", PC *Magazine* 9, nº 15 (11 de setembro de 1990), 140, https://books.google.co.uk/books?id=NsgmyHnvDmUC.

Fonte do desempenho: Owen Linderholm, "Intel Cuts Cost, Capabilities of 9486; Will Offer Companion Math Chip", *Byte*, junho de 1991, 26, https://worldradiohistory.com/hd2/IDX-Consumer/Archive-Byte-IDX/IDX/90s/Byte-1991-06-IDX-32.pdf.

1992 GATEWAY 486DX2/66

Preço real: 6.439,31 dólares
Cálculos por segundo: 54.000.000
Cálculos/segundo/dólar: 8.386

Fonte do preço: Jim Seymour, "The 486 Buyers' Guide", PC *Magazine* 12, nº 21 (7 de dezembro de 1993), 226, https://books.google.com/books?id=7k7q-wS0t00C.

Fonte do desempenho: Mike Feibus, "P6 and Beyond", PC *Magazine* 12, nº 12 (29 de junho de 1993), 164, https://books.google.co.uk/books?id=gCfzPMoPJWgC&pg=PA164.

1994 PENTIUM (75 MHZ)

Preço real: 4.477,91 dólares
Cálculos por segundo: 87.100.000
Cálculos/segundo/dólar: 19.451

Fonte do preço: Bob Francis, "75-MHz Pentiums Deskbound", *Info World* 16, nº 44 (31 de outubro de 1994), 5, https://books.google.com/books?id=cTgEAAAAMBAJ&pg=PA5.

Fonte do desempenho: Roy Longbottom, "Dhrystone Benchmark Results on PCs", Roy Longbottom's PC Benchmark Collection, fevereiro de 2017, http://www.roylongbottom.org.uk/dhrystone%20results.htm.

1996 PENTIUM PRO (166 MHZ)

Preço real: 3.233,73 dólares
Cálculos por segundo: 242.000.000
Cálculos/segundo/dólar: 74.836

Fonte do preço: Michael Slater, "Intel Boosts Pentium Pro to 200 MHz", *Microprocessor Report* 9, nº 15 (13 de novembro de 1995), 2, https://www.cl.cam.ac.uk/~pb22/test.pdf.

Fonte do desempenho: Roy Longbottom, "Dhrystone Benchmark Results on PCs", Roy Longbottom's PC Benchmark Collection, fevereiro de 2017, http://www.roylongbottom.org.uk/dhrystone%20results.htm.

1997 MOBILE PENTIUM MMX (133 MHZ)

Preço real: 533,76 dólares
Cálculos por segundo: 184.092.000
Cálculos/segundo/dólar: 344.898

Fonte do preço: "Intel Mobile Pentium MMX 133 MHz Specifications", *CPU-World*, acessado em 10 de novembro de 2021, https://web.archive.

org/web/20140912204405/http://www.cpu-world.com/CPUs/Pentium/Intel-Mobile%20Pentium%20MMX%20133%20-%20FV80503133.html.

Fonte do desempenho: "Intel Mobile Pentium MMX 133 MHz vs Pentium MMX 200 MHz", CPU-*World*, acessado em 11 de novembro de 2021, http://www.cpu-world.com/Compare/347/Intel_Mobile_Pentium_MMX_133_MHz_(FV80503133)_vs_Intel_Pentium_MMX_200_MHz_(FV8050 3200.html; Roy Longbottom, "Dhrystone Benchmark Results on PCs", Roy Longbottom's PC Benchmark Collection, fevereiro de 2017, http://www.roylongbottom.org.uk/dhrystone%20results.htm. De acordo com os testes de CPU-*World*, o Mobile Pentium MMX 133 MHz alcançou 69,9% do desempenho (Dhrystone 2.1 VAX MIPS) do Pentium MMX 200 MHz. Para o último, foram 276 MIPS nos testes de Roy Longbottom, correspondendo a uma estimativa de 192.924.000 instruções por segundo para o primeiro.

1998   PENTIUM II (450 MHZ)

Preço real: 1.238,05 dólares

Cálculos por segundo: 713.000.000

Cálculos/segundo/dólar: 575.905

Fonte do preço: "Intel Pentium II 450 MHz Specifications", CPU-*World*, acessado em 10 de novembro de 2021, https://web.archive.org/web/20150428111439; http://www.cpu world.com:80/CPUs/Pentium-II/Intel-Pentium%20II%20 450%20-%2080523PY450512PE%20(B80523P450512E).html.

Fonte do desempenho: Roy Longbottom, "Dhrystone Benchmark Results on PCs", Roy Longbottom's PC Benchmark Collection, fevereiro de 2017, http://www.roylongbottom.org.uk/dhrystone%20results.htm.

1999   PENTIUM III (450 MHZ)

Preço real: 898,06 dólares

Cálculos por segundo: 722.000.000

Cálculos/segundo/dólar: 803.952

Fonte do preço: "Intel Pentium III 450 MHz Specifications", CPU-*World*, acessado em 10 de novembro de 2021, https://web.archive.org/web/20140831044834; http://www.cpu-world.com/CPUs/Pentium-III/Intel-Pentium%20III%20450%20-%2080525PY450512%20(BX80525U450512%20-%20BX80525U450512E).html.

Fonte do desempenho: Roy Longbottom, "Dhrystone Benchmark Results on PCs", Roy Longbottom's PC Benchmark Collection, fevereiro de 2017, http://www.roylongbottom.org.uk/dhrystone%20results.htm.

2000 PENTIUM III (1,0 GHZ)

Preço real: 1.734,21 dólares
Cálculos por segundo: 1.595.000.000
Cálculos/segundo/dólar: 919.725

Fonte do preço: "Intel Pentium III 1BGHz (Socket 370) Specifications", CPU-*World*, acessado em 10 de novembro de 2021, https://web.archive.org/web/20160529005115; http://www.cpu-world.com/CPUs/Pentium-III/Intel-Pentium%20III%201000%20-%20RB80526PZ001256%20(BX80526C1000256).html.

Fonte do desempenho: Roy Longbottom, "Dhrystone Benchmark Results on PCs", Roy Longbottom's PC Benchmark Collection, fevereiro de 2017, http://www.roylongbottom.org.uk/dhrystone%20results.htm.

2001 PENTIUM 4 (1700 MHZ)

Preço real: 599,55 dólares
Cálculos por segundo: 1.843.000.000
Cálculos/segundo/dólar: 3.073.978

Fonte do preço: "Intel Pentium 4 1,7 GHz Specifications", CPU-*World*, acessado em 10 de novembro de 2021, https://web.archive.org/web/20150429131339; http://www.cpu-world.com/CPUs/Pentium_4/Intel-

Pentium%204%201,7%20GHz%20-%20RN80528PC029G0K% 20(BX 80528JK170G).html.

Fonte do desempenho: Roy Longbottom, "Dhrystone Benchmark Results on PCs", Roy Longbottom's PC Benchmark Collection, fevereiro de 2017, http://www.roylongbottom.org.uk/dhrystone%20results.htm.

2002   XEON (2,4 GHZ)

Preço real: 392,36 dólares
Cálculos por segundo: 2.480.000.000
Cálculos/segundo/dólar: 6.323.014

Fonte do preço: "Intel Xeon 2,4 GHz Specifications", CPU-*World*, acessado em 10 de novembro de 2021, https://web.archive.org/web/20150502024039; http://www.cpu-world.com:80/CPUs/Xeon/Intel-Xeon%202,4%20GHz %20-%20RK80532KE056512%20(BX80532KE2400D%20%20BX805 32KE2400DU).html.

Fonte do desempenho: Jack J. Dongarra, "Performance of Various Computers Using Standard Linear Equations Software", relatório técnico CS-89-85, Universidade do Tennessee, Knoxville, 5 de fevereiro de 2013, 7-29, http://www.icl.utk.edu/files/publications/2013/icl-utk-625-2013.pdf. Aqui são utilizados os dados de Dongarra (2013) em vez dos dados de Longbottom (2017), porque, por volta de 2002, as classificações MFLOPS tornaram-se o padrão de desempenho dominante, e esses dados são mais consistentes e proporcionais com as classificações das máquinas subsequentes. A maioria dos dados extraídos de Dongarra utiliza a métrica "TPP Best Effort", que é mais mensurável com os dados de desempenho dos primeiros computadores. Como os dados da métrica "TPP Best Effort" não estão disponíveis para esta CPU, cito-os em uma estimativa aproximada, usando a proporção média de MFLOPS de TPP Best Effort MFLOPS para "LINPACK Benchmark" MFLOPS no conjunto de dados. Para os outros quinze computadores de core único, não equipados com EM64T Xeon, testados pela Dongarra, o valor de TPP Best Effort é em média 2.559 vezes maior que o valor do

LINPACK Benchmark. Além disso, a média dos dados para esta CPU é calculada entre os resultados de duas combinações diferentes de sistema operacional/compilador.

2004   PENTIUM 4 (3,0 GHZ)

Preço real: 348,12 dólares
Cálculos por segundo: 3.181.000.000
Cálculos/segundo/dólar: 9.137.738

Fonte do preço: "Intel Pentium 4 3 GHz Specifications", CPU-*World*, acessado em 10 de novembro de 2021, https://web.archive.org/web/20171005171131; http://www.cpu-world.com/CPUs/Pentium_4/Intel-Pentium%204%203,0%20GHz%20-%20RK80546PG0801M%20(BX80546PG3000E).html.

Fonte do desempenho: Jack J. Dongarra, "Performance of Various Computers Using Standard Linear Equations Software", relatório técnico CS-89-85, Universidade do Tennessee, Knoxville, 5 de fevereiro de 2013, 10, http://www.icl.utk.edu/files/publications/2013/icl-utk-625-2013.pdf. Aqui são utilizados os dados de Dongarra (2013) em vez dos dados de Longbottom (2017), porque, desde o Pentium 4, as classificações MFLOPS tornaram-se o padrão de desempenho dominante, e esses dados são mais consistentes e proporcionais com as classificações das máquinas subsequentes.

2005   PENTIUM 4 662 (3,6 GHZ)

Preço real: 619,36 dólares
Cálculos por segundo: 7.200.000.000
Cálculos/segundo/dólar: 11.624.919

Fonte do preço: "Intel Pentium 4 662 Specifications", CPU-*World*, acessado em 10 de novembro de 2021, https://web.archive.org/web/20150710050435; http://www.cpu-world.com:80/CPUs/Pentium_4/Intel-Pentium%204%20662%203,6%20GHz%20-%20HH80547PG1042MH.html.

Fonte do desempenho: "Export Compliance Metrics for Intel Microprocessors Intel Pentium Processors", Intel, 1º de abril de 2018, 4, http://web.archive.org/web/20180601044504; https://www.intel.com/content/dam/support/us/en/documents/processors/APP-for-Intel-Pentium-Processors.pdf.

2006   CORE 2 DUO E6300

Preço real: 273,82 dólares
Cálculos por segundo: 14.880.000.000
Cálculos/segundo/dólar: 54.342.788

Fonte do preço: "Intel Core 2 Duo E6300 Specifications", CPU-*World*, acessado em 10 de novembro de 2021, https://web.archive.org/web/20160605085626; http://www.cpu-world.com/CPUs/Core_2/Intel-Core%202%20Duo%20E6300%20HH80557PH0362M%20(BX80557E6300).html.

Fonte do desempenho: "Export Compliance Metrics for Intel Microprocessors Intel Pentium Processors", Intel, 1º de abril de 2018, 12, http://web.archive.org/web/20180601044310; https://www.intel.com/content/dam/support/us/en/documents/processors/APP-for-Intel-Core-Processors.pdf.

2007   PENTIUM DUAL-CORE E2180

Preço real: 122,23 dólares
Cálculos por segundo: 16.000.000.000
Cálculos/segundo/dólar: 130.899.970

Fonte do preço: "Intel Pentium E2180 Specifications", CPU-*World*, acessado em 10 de novembro de 2021, https://web.archive.org/web/20170610094616; http://www.cpu-world.com/CPUs/Pentium_Dual-Núcleo/Intel-Pentium%20Dual-Core%20E2180%20HH80557PG0411M%20(BX80557E2180%20%20BXC80557E2180).html.

Fonte do desempenho: "Export Compliance Metrics for Intel Microprocessors Intel Pentium Processors", Intel, 1º de abril de 2018, 7, http://web.archive.

org/web/20180601044504; https://www.intel.com/content/dam/support/us/en/documents/processors/APP-for-Intel-Pentium-Processors.pdf.

2008   GTX 285

Preço real: 502,98 dólares
Cálculos por segundo: 708.500.000.000
Cálculos/segundo/dólar: 1.408.604.222

Fonte do preço: "NVIDIA GeForce GTX 285", *TechPowerUp*, acessado em 10 de novembro de 2021, https://www.techpowerup.com/gpu-specs/geforce-gtx-85.c238.

Fonte do desempenho: NVIDIA GeForce GTX 285", *TechPowerUp*, acessado em 10 de novembro de 2021, https://www.techpowerup.com/gpu-specs/geforce-gtx-85.c238.

2010   GTX 580

Preço real: 690,15 dólares
Cálculos por segundo: 1.581.000.000.000
Cálculos/segundo/dólar: 2.290.796.652

Fonte do preço: "NVIDIA GeForce GTX 580", *TechPowerUp*, acessado em 10 de novembro de 2021, https://www.techpowerup.com/gpu-pecs/geforce-gtx-580.c270.

Fonte do desempenho: "NVIDIA GeForce GTX 580", *TechPowerUp*, acessado em 10 de novembro de 2021, https://www.techpowerup.com/gpu-pecs/geforce-gtx-580.c270.

2012   GTX 680

Preço real: 655,59 dólares
Cálculos por segundo: 3.250.000.000.000
Cálculos/segundo/dólar: 4.957.403.270

Fonte do preço: "NVIDIA GeForce GTX 680", *TechPowerUp*, acessado em 10 de novembro de 2021, https://www.techpowerup.com/gpu-specs/geforce-gtx-680.c342.

Fonte do desempenho: "NVIDIA GeForce GTX 680", *TechPowerUp*, acessado em 10 de novembro de 2021, https://www.techpowerup.com/gpu-specs/geforce-gtx-680.c342.

2015 TITAN X (MAXWELL 2.0)

Preço real: 1.271,50 dólares
Cálculos por segundo: 6.691.000.000.000
Cálculos/segundo/dólar: 5.262.273.757

Fonte do preço: "NVIDIA GeForce GTX TITAN X", *TechPowerUp*, acessado em 10 de novembro de 2021, https://www.techpowerup.com/gpu-specs/geforce-gtx-titan-x.c2632.

Fonte do desempenho: "NVIDIA GeForce GTX TITAN X", *TechPowerUp*, acessado em 10 de novembro de 2021, https://www.techpowerup.com/gpu-specs/geforce-gtx-titan-x.c2632.

2016 TITAN X (PASCAL)

Preço real: 1.506,98 dólares
Cálculos por segundo: 10.974.000.000.000
Cálculos/segundo/dólar: 7.282.098.756

Fonte do preço: "NVIDIA TITAN X Pascal", *TechPowerUp*, acessado em 10 de novembro de 2021, https://www.techpowerup.com/gpu-specs/titan-x-pascal.c2863.

Fonte do desempenho: "NVIDIA TITAN X Pascal", *TechPowerUp*, acessado em 10 de novembro de 2021, https://www.techpowerup.com/gpu-specs/titan-x-pascal.c2863.

2017   AMD RADEON RX 580

Preço real: 281,83 dólares
Cálculos por segundo: 6.100.000.000.000
Cálculos/segundo/dólar: 21.643.984.475

Fonte do preço: "AMD Radeon RX 580", *TechPowerUp*, acessado em 10 de novembro de 2021, https://www.techpowerup.com/gpu-specs/radeon-rx-580.c2938.

Fonte do desempenho: "AMD Radeon RX 580", *TechPowerUp*, acessado em 10 de novembro de 2021, https://www.techpowerup.com/gpu-specs/radeon-rx-580.c2938.

2021   GOOGLE CLOUD TPU V4-4096

Preço real: 22.796.129,30 dólares
Cálculos por segundo: 1.100.000.000.000.000.000
Cálculos/segundo/dólar: 48.253.805.968

Fonte do preço: Sempre que possível, a tabela utiliza como preços os custos de aquisição de equipamentos no mercado aberto, o que reflete melhor o progresso geral no nível da civilização na relação preço/desempenho da computação. No entanto, as Google Cloud TPUs não são vendidas externamente e são disponibilizadas apenas para aluguel por tempo. Contabilizar como preço os custos de aluguel por hora refletiria uma relação preço/desempenho extraordinariamente alta e, apesar de acurada para alguns projetos muito pequenos (por exemplo, tarefas curtas de aprendizado de máquina para as quais não seria sensato comprar hardware), essa opção não refletiria a maioria dos casos de uso efetivo. Portanto, à guisa de uma aproximação bastante grosseira, podemos usar 4 mil horas de tempo de trabalho como equivalente funcional ao hardware adquirido — baseado no uso plausivelmente representativo e em ciclos comuns de substituição de produtos. (Embora seja difícil empregar com segurança tal estimativa especulativa para uma comparação de hardware do mesmo ano, o longo intervalo de tempo e a escala logarítmica da tabela resultam em uma tendência geral que é relativamente insensível a suposições metodológicas substancialmente diferentes para qualquer ponto determinado.) Na prática, os contratos de aluguel de nuvem estão sujeitos a negociação e podem variar de maneira significativa, de acordo com as necessidades de cliente e projeto específicos. Entretanto, como um número plausivelmente representativo, a TPU v4-4096 do Google pode ser alugada por 5.120 dólares por hora, correspondendo a 20,48 milhões de dólares pela quantidade de tempo de computação que um proprietário de hardware pode ter investido na compra de um processador. No momento em que escrevo estas páginas, as estimativas de preços não são oficiais e foram extrapoladas a partir de informações públicas e conversas com diversos profissionais do setor. É provável que até o momento da publicação deste livro o Google tenha divulgado informações mais pormenorizadas sobre preços, mas isso também é impreciso, já que fatores específicos de cada projeto podem desempenhar um papel substancial nos preços. Ver Google Cloud, "Cloud TPU", Google, acessado em 10 de dezembro de 2021, https://cloud.google.com/tpu; Google Project manager, conversas telefônicas com o autor, dezembro de 2021.

Fonte do desempenho: Tao Wang e Aarush Selvan, "Google Demonstrates Leading Performance in Latest MLPerf Benchmarks", Google Cloud, 30 de junho de 2021, https://cloud.google.com/blog/products/ai-machine-learning/google-wins-mlperf-benchmarks-com-tpu-v4; Samuel K. Moore, "Here's How Google's TPU v4 AI Chip Stacked Up in Training Tests", *IEEE Spectrum*, 19 de maio de 2021, https://spectrum.ieee.org/heres-how-googles-tpu-v4-ai-chip-stacked-up-in-training-tests.

2023   GOOGLE CLOUD TPU V5E

Preço real: 3.016,46 dólares
Cálculos por segundo: 393.000.000.000.000
Cálculos/segundo/dólar: 130.285.276.114

Fonte do preço: o Google Cloud estima que a TPU v5e atinge um desempenho de preço 2,7 vezes maior do que a TPU v4, medido no benchmark MLPerf™ v3.1

Inference Closed, que é o padrão-ouro para execução de grandes modelos de linguagem. Para maximizar a comensurabilidade com a estimativa da TPU v4-4096, que se aproxima do preço plausível de contratos de alto volume, aqui o preço da TPU v5e é estimado por chip com base na conhecida melhoria da relação preço/desempenho. Se, em vez disso, usássemos apenas o preço publicamente disponível da TPU v5e de 1,20 dólar por chip-hora, o preço/desempenho seria de aproximadamente 82 bilhões de cálculos por segundo por dólar constante — mas, como é comum dar descontos para grandes contratos de aluguel de nuvem, isso ficaria bem aquém de realidade. Ver Amin Vahdat e Mark Lohmeyer, "Helping You Deliver High-Performance, Cost-Efficient AI Inference at Scale with gpus and TPUs", Google Cloud, 11 de setembro de 2023, https://cloud.google.com/blog/products/compute/performance-per-dollar-of-gpus-and-tpus-for-ai-inference.

Fonte do desempenho: desempenho INT8 por chip. Ver Google Cloud, "System Architecture", Google Cloud, acessado em 13 de novembro de 2023, https://cloud.google.com/tpu/docs/system-architecture-tpu-vm#tpu_v5e.

NOTAS

Introdução

1. Ver o apêndice para as fontes utilizadas acerca de todo o histórico dos cálculos dos custos de computação neste livro.
2. William D. Nordhaus, "Two Centuries of Productivity Growth in Computing", *Journal of Economic History*, v. 67, n. 1, mar. 2007, pp. 128-59. Disponível em: <doi.org/10.1017/S0022050707000058>.

Capítulo 1: Em que ponto dos seis estágios nós estamos agora?

1. Alan M. Turing, "Computing Machinery and Intelligence", *Mind*, v. 59, n. 236, 1º out. 1950, p. 435. Disponível em: <doi.org/10.1093/mind/LIX.236.433>.

Capítulo 2: Reinventar a inteligência

1. Alan M. Turing, "Computing Machinery and Intelligence", *Mind*, v. 59, n. 236, 1º out. 1950, p. 435. Disponível em: <doi.org/10.1093/mind/LIX.236.433>.
2. Alex Shashkevich, "Stanford Researcher Examines Earliest Concepts of Artificial Intelligence, Robots in Ancient Myths", *Stanford News*, 28 fev. 2019. Disponível em: <news.stanford.edu/2019/02/28/ancient-myths-reveal-early-fantasies-artificial-life>.
3. John McCarthy et al., "A Proposal for the Dartmouth Summer Research Project on Artificial Intelligence", proposta de conferência, 31 ago. 1955. Disponível em: <www-formal.stanford.edu/jmc/history/dartmouth/dartmouth.html>.
4. Ibidem.

5. Martin Childs, "John McCarthy: Computer Scientist Known as the Father of AI", *The Independent*, 1º nov. 2011. Disponível em: <www.independent.co.uk/news/obituaries/john-mccarthy-computer-scientist-known-as-the-father-of-ai-6255307.html>; Nello Christianini, "The Road to Artificial Intelligence: A Case of Data Over Theory", *New Scientist*, 26 out. 2016. Disponível em: <institutions.newscientist.com/article/mg23230971-200-the-irresistible-rise-of-artificial-intelligence>.

6. James Vincent, "Tencent Says There Are Only 300,000 AI Engineers Worldwide, but Millions Are Needed", *The Verge*, 5 dez. 2017. Disponível em: <www.theverge.com/2017/12/5/16737224/global-ai-talent-shortfall-tencent-report>.

7. Jean-François Gagné, Grace Kiser e Yoan Mantha, *Global AI Talent Report 2019*, Element AI, abr. 2019. Disponível em: <jfgagne.ai/talent-2019/>.

8. Daniel Zhang et al., *The AI Index 2022 Annual Report*, AI Index Steering Committee, Instituto de Stanford para IA Centrada no Ser Humano, Universidade de Stanford, mar. 2022, p. 36. Disponível em: <aiindex.stanford.edu/wp-content/uploads/2022/03/2022-AI-Index-Report_Master.pdf>; Nestor Maslej et al., *The AI Index 2023 Annual Report*, AI Index Steering Committee, Instituto de Stanford para IA Centrada no Ser Humano, Universidade de Stanford, 24 abr. 2023. Disponível em: <aiindex.stanford.edu/wp-content/uploads/2023/04/HAI_AI-Index-Report_2023.pdf>.

9. Entre 2021 e 2022 houve uma diminuição de 26,7% nos investimentos empresariais, mas isso provavelmente é atribuível às tendências macroeconômicas cíclicas, e não a uma mudança na trajetória de longo prazo do comprometimento empresarial com a IA. Ver Maslej et al., *AI Index 2023 Annual Report*, pp. 171, 184.

10. Ray Kurzweil, *The Age of Spiritual Machines: When Computers Exceed Human Intelligence* (Nova York: Penguin, 2000; publicado inicialmente pela Viking, 1999), p. 313 [Ed. bras.: *A era das máquinas espirituais*. Trad. Fábio Fernandes. São Paulo: Aleph, 2007]; Dale Jacquette, "Who's Afraid of the Turing Test?", *Behavior and Philosophy* 20/21, 1993, p. 72. Disponível em: <www.jstor.org/stable/27759284>.

11. Katja Grace et al., "Viewpoint: When Will AI Exceed Human Performance? Evidence from AI Experts", *Journal of Artificial Intelligence Research*, v. 62, jul. 2018, pp. 729-54. Disponível em: <doi.org/10.1613/jair.1.11222>.

12. Para saber mais sobre o raciocínio por trás da minha previsão e como ela se compara a uma ampla gama de opiniões de especialistas em IA, ver Ray Kurzweil, "A Wager on the Turing Test: Why I Think I Will Win", KurzweilAI.net, 9 abr. 2002. Disponível em: <www.kurzweilai.net/a-wager-on-the-turing-test-why-i-think-i-will-win>; Vincent C. Müller e Nick Bostrom, "Future Progress in Artificial Intelligence: A Survey of Expert Opinion", em *Fundamental Issues of Artificial Intelligence*, Vincent C. Müller (Org.),

(Cham, Suíça: Springer, 2016), pp. 553-71. Disponível em: <philpapers.org/archive/MLLFPI.pdf>; Anthony Aguirre, "Date Weakly General AI Is Publicly Known", Metaculus. Acessado em: 26 abr. 2023. Disponível em: <www.metaculus.com/questions/3479/date-weakly-general-ai-system-is-devised>.

13. Aguirre, "Date Weakly General AI Is Publicly Known".
14. Raffi Khatchadourian, "The Doomsday Invention", *The New Yorker*, 23 nov. 2015. Disponível em: <www.newyorker.com/magazine/2015/11/23/doomsday-invention-artificial-intelligence-nick-bostrom>.
15. Allen Newell, Cliff Shaw e Herbert Simon, "Report on a General Problem-Solving Program", RAND P-1584, RAND Corporation, 9 fev. 1959. Disponível em: <bitsavers.informatik.uni-stuttgart.de/pdf/rand/ipl/P-1584_Report_On_A_General_Problem-Solving_Program_Feb59.pdf>. Ver o apêndice para as fontes utilizadas acerca de todos os cálculos dos custos de computação neste livro.
16. Digital Equipment Corporation, PDP-1 *Handbook* (Maynard, Massachusetts: Digital Equipment Corporation, 1963), p. 10. Disponível em: <s3data.computerhistory.org/pdp-1/DEC.pdp_1.1963.102636240.pdf>.
17. Amin Vahdat e Mark Lohmeyer, "Enabling Next-Generation AI Workloads: Announcing TPU v5p and AI Hypercomputer", Google Cloud, 6 dez. 2023. Disponível em: <cloud.google.com/blog/products/ai-machine-learning/introducing-cloud-tpu-v5p-and-ai-hypercomputer>.
18. Ver o apêndice para as fontes utilizadas acerca de todos os cálculos dos custos de computação neste livro.
19. Victor. L. Yu et al., "Antimicrobial Selection by a Computer: A Blinded Evaluation by Infectious Diseases Experts", *Journal of the American Medical Association*, v. 242, n. 12, 21 set. 1979, pp. 1279-82. Disponível em: <jamanetwork.com/journals/jama/article-abstract/366606>.
20. Bruce G. Buchanan e Edward Hance Shortliffe (Org.), *Rule-Based Expert Systems: The MYCIN Experiments of the Stanford Heuristic Programming Project*, Reading, Massachusetts: Addison-Wesley, 1984; Edward Edelson, "Programmed to Think", MOSAIC, v. 11, n. 5, set./out. 1980), p. 22. Disponível em: <books.google.co.uk/books?id=PU79ZK2tXeAC>.
21. T. Grandon Gill, "Early Expert Systems: Where Are They Now?", *MIS Quarterly*, v. 19, n. 1, mar. 1995, pp. 51-81. Disponível em: <www.jstor.org/stable/249711>.
22. Para uma explicação breve e não técnica sobre por que o aprendizado de máquina reduz o problema do teto de complexidade, ver Deepanker Saxena, "Machine Learning vs. Rules Based Systems", Socure, 6 ago. 2018. Disponível em: <www.socure.com/blog/machine-learning-vs-rule-based-systems>.
23. Cade Metz, "One Genius' Lonely Crusade to Teach a Computer Common Sense", *Wired*, 24 mar. 2016. Disponível em: <www.wired.com/2016/03/dou-

g-lenat-artificial-intelligence-common-sense-engine>; "Frequently Asked Questions", Cycorp. Acessado em: 20 nov. 2021. Disponível em: <cyc.com/faq>.

24. Para mais informações sobre o problema da caixa preta e a transparência da IA, ver Will Knight, "The Dark Secret at the Heart of AI", *MIT Technology Review*, 11 abr. 2017. Disponível em: <www.technologyreview.com/s/604087/the-dark-secret-at-the-heart-of-ai>; "AI Detectives Are Cracking Open the Black Box of Deep Learning", *Science Magazine*, vídeo do YouTube, 6 jul. 2017. Disponível em: <www.youtube.com/watch?v=gB_-LabED68>; Paul Voosen, "How AI Detectives Are Cracking Open the Black Box of Deep Learning", *Science*, 6 jul. 2017. Disponível em: <doi.org/10.1126/science.aan7059>; Harry Shum, "Explaining AI", *a16z*, vídeo do YouTube, 16 jan. 2020. Disponível em: <www.youtube.com/watch?v=rI_L95qnVkM>; Future of Life Institute, "Neel Nanda on What Is Going On Inside Neural Networks", vídeo do YouTube, 9 fev. 2023. Disponível em: <www.youtube.com/watch?v=mUhO6st6M_o>.

25. Para um excelente panorama da interpretabilidade mecanicista pelo pesquisador Neel Nanda, ver Instituto Futuro da Vida, "Neel Nanda on What Is Going On Inside Neural Networks".

26. Para saber mais sobre técnicas de aprendizado de máquina com dados de treinamento imperfeitos, ver Xander Steenbrugge, "An Introduction to Reinforcement Learning", *Arxiv Insights*, vídeo do YouTube, 2 abr. 2018. Disponível em: <www.youtube.com/watch?v=JgvyzIkgxF0>; Alan Joseph Bekker e Jacob Goldberger, "Training Deep Neural-Networks Based on Unreliable Labels", *2016 IEEE International Conference on Acoustics, Speech and Signal Processing* (Xangai, 2016), pp. 2682-86. Disponível em: <doi.org/10.1109/ICASSP.2016.7472164>; Nagarajan Natarajan et al., "Learning with Noisy Labels", *Advances in Neural Information Processing Systems* 26 (2013). Disponível em: <papers.nips.cc/paper/5073-learning-with-noisy-labels>; David Rolnick et al., "Deep Learning Is Robust to Massive Label Noise", arXiv:1705.10694v3 [cs.LG], 26 fev. 2018. Disponível em: <arxiv.org/pdf/1705.10694.pdf>.

27. Para obter mais informações sobre o Perceptron, suas limitações e uma explicação mais detalhada de como certas redes neurais podem superá-las, ver Marvin L. Minsky e Seymour A. Papert, *Perceptrons: An Introduction to Computational Geometry* (Cambridge, Massachusetts: MIT Press, 1990; reedição da edição expandida de 1988); Melanie Lefkowitz, "Professor's Perceptron Paved the Way for AI — 60 Years Too Soon", *Cornell Chronicle*, 25 set. 2019. Disponível em: <news.cornell.edu/stories/2019/09/professors-perceptron-paved-way-ai-60-years-too-soon>; John Durkin, "Tools and Applications", em *Expert Systems: The Technology of Knowledge Management and Decision Making for the 21st Century*, Cornelius T. Leondes

(Org.) (San Diego, Califórnia: Academic Press, 2002), p. 45. Disponível em: <books.google.co.uk/books?id=5kSamKhS56oC>; "Marvin Minsky: The Problem with Perceptrons (121/151)", *Web of Stories — Life Stories of Remarkable People*, vídeo do YouTube, 17 out. 2016. Disponível em: <www.youtube.com/watch?v=QW_srPO-LrI>; Heinz Mühlenbein, "Limitations of Multi-Layer Perceptron Networks: Steps Towards Genetic Neural Networks", *Parallel Computing*, v. 14, n. 3 (ago. 1990), pp. 249-60. Disponível em: <doi.org/10.1016/0167-8191(90)90079-O>; Aniruddha Karajgi, "How Neural Networks Solve the XOR Problem", *Towards Data Science*, 4 nov. 2020. Disponível em: <towardsdatascience.com/how-neural-networks-solve-the-xor-problem-59763136bdd7>.

28. Ver o apêndice para as fontes utilizadas acerca de todos os cálculos dos custos de computação neste livro.

29. Tim Fryer, "Da Vinci Drawings Brought to Life", *Engineering & Technology*, v. 14, n. 5 (21 mai. 2019), p. 18. Disponível em: <eandt.theiet.org/content/articles/2019/05/da-vinci-drawings-brought-to-life>.

30. Para uma cronologia mais detalhada da vida na Terra e um olhar mais aprofundado sobre a ciência subjacente, ver Michael Marshall, "Timeline: The Evolution of Life", *New Scientist*, 14 jul. 2009. Disponível em: <www.newscientist.com/article/dn17453>; Dyani Lewis, "Where Did We Come From? A Primer on Early Human Evolution", *Cosmos*, 9 jun. 2016. Disponível em: <cosmosmagazine.com/palaeontology/where-did-we-come-from-a-primer-on-early-human-evolution>; John Hawks, "How Has the Human Brain Evolved?", *Scientific American*, 1º jul. 2013. Disponível em: <www.scientificamerican.com/article/how-has-human-brain-evolved>; Laura Freberg, *Discovering Behavioral Neuroscience: An Introduction to Biological Psychology*, 4. ed. (Boston, Massachusetts: Cengage Learning, 2018), pp. 62-63. Disponível em: <books.google.co.uk/books?id=HhBEDwAAQBAJ>; Jon H. Kaas, "Evolution of the Neocortex", *Current Biology*, v. 16, n. 21 (2006): R910-R914. Disponível em: <www.cell.com/current-biology/pdf/S0960-9822(06)02290-1.pdf>; Richard Glenn Northcutt, "Evolution of Centralized Nervous Systems: Two Schools of Evolutionary Thought", *Proceedings of the National Academy of Sciences*, v. 109, suplemento 1, 22 jun. 2012, pp. 10626-33. Disponível em: <doi.org/10.1073/pnas.1201889109>.

31. Marshall, "Timeline: The Evolution of Life"; Holly C. Betts et al., "Integrated Genomic and Fossil Evidence Illuminates Life's Early Evolution and Eukaryote Origin", *Nature Ecology & Evolution*, v. 2 (20 ago. 2018), pp. 1556-62. Disponível em: <doi.org/10.1038/s41559-018-0644-x>; Elizabeth Pennisi, "Life May Have Originated on Earth 4 Billion Years Ago, Study of Controversial Fossils Suggests", *Science*, 18 dez. 2017. Disponível em: <www.sciencemag.org/news/2017/12/life-may-have-originated-earth-4-billion-years-ago-study-controversial-fossils-suggests>.

32. Ethan Siegel, "Ask Ethan: How Do We Know the Universe Is 13.8 Billion Years Old?", *Big Think*, 22 out. 2021. Disponível em: <bigthink.com/starts-with-a-bang/universe-13-8-billion-years>; Mike Wall, "The Big Bang: What Really Happened at Our Universe's Birth?", Space.com, 21 out. 2011. Disponível em: <www.space.com/13347-big-bang-origins-universe-birth.html>; Nola Taylor Reed, "How Old Is Earth?", Space.com, 7 fev. 2019. Disponível em: <www.space.com/24854-how-old-is-earth.html>.
33. Marshall, "Timeline: The Evolution of Life".
34. Ibidem.
35. Freberg, *Discovering Behavioral Neuroscience*, pp. 62-63; Kaas, "Evolution of the Neocortex"; Richard Glenn Northcutt, "Evolution of Centralized Nervous Systems"; Frank Hirth, "On the Origin and Evolution of the Tripartite Brain", *Brain, Behavior and Evolution*, v. 76, n. 1 (out. 2010), pp. 3-10. Disponível em: <doi.org/10.1159/000320218>.
36. Kaas, "Evolution of the Neocortex".
37. Para duas agradáveis e cativantes explicações sobre como funciona a seleção natural, ver Hank Green, "Natural Selection: Crash Course Biology #14", *CrashCourse*, vídeo do YouTube, 30 abr. 2012. Disponível em: <www.youtube.com/watch?v=aTftyFb0C_M>; "Simulating Natural Selection", vídeo do YouTube, 14 nov. 2018. Disponível em: <www.youtube.com/watch?v=0ZGbIKdoXrM>.
38. Suzana Herculano-Houzel, "Coordinated Scaling of Cortical and Cerebellar Numbers of Neurons", *Frontiers in Neuroanatomy*, v. 4, n. 12 (10 mar. 2010). Disponível em: <doi.org/10.3389/fnana.2010.00012>.
39. Para algumas explicações úteis sobre como isso funciona, ver Ainslie Johnstone, "The Amazing Phenomenon of Muscle Memory", *Medium*, Universidade de Oxford, 14 dez. 2017. Disponível em: <medium.com/oxford-university/the-amazing-phenomenon-of-muscle-memory-fb1cc4c4726>; Sara Chodosh, "Muscle Memory Is Real, But It's Probably Not What You Think", *Popular Science*, 25 jan. 2019. Disponível em: <www.popsci.com/what-is-muscle-memory>; Merim Bilalić, *The Neuroscience of Expertise* (Cambridge, Reino Unido: Cambridge University Press, 2017), pp. 171-72. Disponível em: <books.google.co.uk/books?id=QILTDQAAQBAJ>; The Brain from Top to Bottom, "The Motor Cortex", Universidade McGill. Acessado em: 20 nov. 2021. Disponível em: <thebrain.mcgill.ca/flash/i/i_06/i_06_cr/i_06_cr_mou/i_06_cr_mou.html>.
40. Para mais lições técnicas sobre funções básicas relevantes para o aprendizado de máquina, ver "Lecture 17: Basis Functions", *Iniciativa Open Data Science*, vídeo do YouTube, 28 nov. 2011. Disponível em: <youtu.be/OOpfU3CvUkM?t=151>; Yaser Abu-Mostafa, "Lecture 16: Radial Basis Functions", *Caltech*, vídeo do YouTube, 29 mai. 2012. Disponível em: <www.youtube.com/watch?v=O8CfrnOPtLc>.

41. Clínica Mayo, "Ataxia", Clínica Mayo. Acessado em: 20 nov. 2021. Disponível em: <www.mayoclinic.org/diseases-conditions/ataxia/symptoms-causes/syc-20355652>; Helen Thomson, "Woman of 24 Found to Have No Cerebellum in Her Brain", *New Scientist*, 10 set. 2014. Disponível em: <institutions.newscientist.com/article/mg22329861-900-woman-of-24-found-to-have-no-cerebellum-in-her-brain>; R. N. Lemon e S. A. Edgley, "Life Without a Cerebellum", *Brain*, v. 133, n. 3, 18 mar. 2010, pp. 652-54. Disponível em: <doi.org/10.1093/brain/awq030>.
42. Para saber mais sobre como o treinamento atlético tira proveito da mudança para a competência inconsciente, ver Bo Hanson, "Conscious Competence Learning Matrix", *Athlete Assessments*. Acessado em: 22 nov. 2021. Disponível em: <athleteassessments.com/conscious-competence-learning-matrix>.
43. Suzana Herculano-Houzel, "The Human Brain in Numbers: A Linearly Scaled-Up Primate Brain", *Frontiers in Human Neuroscience*, v. 3, n. 31 (9 nov. 2009). Disponível em: <doi.org/10.3389/neuro.09.031.2009>.
44. Herculano-Houzel, "The Human Brain in Numbers"; Richard Apps, "Cerebellar Modules and Their Role as Operational Cerebellar Processing Units", *Cerebellum*, v. 17, n. 5 (6 jun. 2018), pp. 654-82. Disponível em: <doi.org/10.1007/s12311-018-0952-3>; Jan Voogd, "What We Do Not Know About Cerebellar Systems Neuroscience", *Frontiers in Systems Neuroscience*, v. 8, n. 227 (18 dez. 2014). Disponível em: <doi.org/10.3389/fnsys.2014.00227>; Rhoshel K. Lenroot e Jay N. Giedd, "The Changing Impact of Genes and Environment on Brain Development During Childhood and Adolescence: Initial Findings from a Neuroimaging Study of Pediatric Twins", *Development and Psychopathology*. v. 20, n. 4 (outono de 2008), pp. 1161-75. Disponível em: <doi.org/10.1017/S0954579408000552>; Salvador Martinez et al., "Cellular and Molecular Basis of Cerebellar Development", *Frontiers in Neuroanatomy*, v. 7, n. 18 (26 jun. 2013). Disponível em: <doi.org/10.3389/fnana.2013.00018>.
45. Fumiaki Sugahara et al., "Evidence from Cyclostomes for Complex Regionalization of the Ancestral Vertebrate Brain", *Nature*, v. 531, n. 7592 (15 fev. 2016), pp. 97-100. Disponível em: <doi.org/10.1038/nature16518>; Leonard F. Koziol, "Consensus Paper: The Cerebellum's Role in Movement and Cognition", *Cerebellum*, v. 13, n. 1 (fev. 2014), pp. 151-77. Disponível em: <doi.org/10.1007/s12311-013-0511-x>; Robert A. Barton e Chris Venditti, "Rapid Evolution of the Cerebellum in Humans and Other Great Apes", *Current Biology*, v. 24, n. 20 (20 out. 2014), pp. 2440-44. Disponível em: <doi.org/10.1016/j.cub.2014.08.056>.
46. Para obter informações mais detalhadas sobre esses comportamentos animais acionados pelo cerebelo, ver Jesse N. Weber, Brant K. Peterson e Hopi E. Hoekstra, "Discrete Genetic Modules Are Responsible for Com-

plex Burrow Evolution in Peromyscus Mice", *Nature*, v. 493, n. 7432 (17 jan. 2013), pp. 402-5. Disponível em: <dx.doi.org/10.1038/nature11816>; Nicole L. Bedford e Hopi E. Hoekstra, "Peromyscus Mice as a Model for Studying Natural Variation", *eLife*, v. 4: e06813 (17 jun. 2015). Disponível em: <doi.org/10.7554/eLife.06813>; Do-Hyoung Kim et al., "Rescheduling Behavioral Subunits of a Fixed Action Pattern by Genetic Manipulation of Peptidergic Signaling", *PLoS Genetics*, v. 11, n. 9: e1005513 (24 set. 2015). Disponível em: <doi.org/10.1371/journal.pgen.1005513>.

47. Para uma interessante palestra explicando a computação evolutiva, ver Keith Downing, "Evolutionary Computation: Keith Downing at TEDx-Trondheim", *TEDx Talks*, vídeo do YouTube, 4 nov. 2013. Disponível em: <www.youtube.com/watch?v=D3zUmfDd79s>.

48. Para saber mais sobre o desenvolvimento e a função do neocórtex, ver Kaas, "Evolution of the Neocortex"; Jeff Hawkins e Sandra Blakeslee, *On Intelligence: How a New Understanding of the Brain Will Lead to the Creation of Truly Intelligent Machines* (Nova York, NY: Macmillan, 2007), pp. 97-101. Disponível em: <books.google.co.uk/books?id=Qg2dmntfxmQC>; Clay Reid, "Lecture 3: The Structure of the Neocortex", *Instituto Allen*, vídeo do YouTube, 6 set. 2012. Disponível em: <www.youtube.com/watch?v=RhdcYNmW0zY>; Joan Stiles et al., *Neural Plasticity and Cognitive Development: Insights from Children with Perinatal Brain Injury* (Nova York, NY: Oxford University Press, 2012), pp. 41-45. Disponível em: <books.google.co.uk/books?id=QiNpAgAAQBAJ>.

49. Brian K. Hall e Benedikt Hallgrimsson, *Strickberger's Evolution*, 4. ed. (Sudbury, Massachusetts: Jones & Bartlett Learning, 2011), p. 533; Kaas, "Evolution of the Neocortex"; Jon H. Kaas, "The Evolution of Brains from Early Mammals to Humans", *Wiley Interdisciplinary Reviews Cognitive Science*, v. 4, n. 1 (8 nov. 2012), pp. 33-45. Disponível em: <doi.org/10.1002/wcs.1206>.

50. Para obter mais detalhes sobre o evento de extinção do Cretáceo-Paleógeno, também conhecido como extinção K-T (extinção do Cretáceo-Terciário), ver Michael Greshko e equipe da revista *National Geographic*, "What Are Mass Extinctions, and What Causes Them?", *National Geographic*, 26 set. 2019. Disponível em: <www.nationalgeographic.com/science/prehistoric-world/mass-extinction>; Victoria Jaggard, "Why Did the Dinosaurs Go Extinct?", *National Geographic*, 31 jul. 2019. Disponível em: <www.nationalgeographic.com/science/prehistoric-world/dinosaur-extinction>; Emily Singer, "How Dinosaurs Shrank and Became Birds", *Quanta*, 2 jun. 2015. Disponível em: <www.quantamagazine.org/how-birds-evolved--from-dinosaurs-20150602>.

51. Yasuhiro Itoh, Alexandros Poulopoulos e Jeffrey D. Macklis, "Unfolding the Folding Problem of the Cerebral Cortex: Movin' and Groovin'", *Developmental Cell*, v. 41, n. 4 (22 mai. 2017), pp. 332-34. Disponível em: <www.sciencedirect.

com/science/article/pii/S1534580717303933>; Jeff Hawkins, "What Intelligent Machines Need to Learn from the Neocortex", IEEE Spectrum, 2 jun. 2017. Disponível em: <spectrum.ieee.org/computing/software/what-intelligent-machines-need-to-learn-from-the-neocortex>.

52. Jean-Didier Vincent e Pierre-Marie Lledo, *The Custom-Made Brain: Cerebral Plasticity, Regeneration, and Enhancement*, trad. Laurence Garey (Nova York, NY: Columbia University Press, 2014), p. 152.

53. Para um vídeo não técnico e uma palestra mais acadêmica com ainda mais pormenores sobre o neocórtex e suas minicolunas, ver Brains Explained, "The Neocortex", vídeo do YouTube, 16 set. 2017. Disponível em: <www.youtube.com/watch?v=x2mYTaJPVnc>; Clay Reid, "Lecture 3: The Structure of the Neocortex".

54. Vernon B. Mountcastle, "The Columnar Organization of the Neocortex", *Brain*, v. 120, n. 4 (abr. 1997), pp. 701-22. Disponível em: <doi.org/10.1093/brain/120.4.701>; Olaf Sporns, Giulio Tononi e Rolf Kötter, "The Human Connectome: A Structural Description of the Human Brain", *PLoS Computational Biology*, v. 1, n. 4: e42 (30 set. 2005). Disponível em: <doi.org/10.1371/journal.pcbi.0010042>; David J. Heeger, "Theory of Cortical Function", *Proceedings of the National Academy of Sciences*, v. 114, n. 8 (6 fev. 2017), pp. 1773-82. Disponível em: <doi.org/10.1073/pnas.1619788114>.

55. Isso é um pouco inferior aos 300 milhões que estimei a partir de pesquisas mais antigas em meu livro *Como criar uma mente*, mas, uma vez que os dados subjacentes são uma vaga aproximação, ainda está no mesmo intervalo geral. Também pode haver alguma variação significativa de uma pessoa para outra.

56. Jeff Hawkins, Subutai Ahmad e Yuwei Cui, "A Theory of How Columns in the Neocortex Enable Learning the Structure of the World", *Frontiers in Neural Circuits*, v. 11, n. 81 (25 out. 2017). Disponível em: <doi.org/10.3389/fncir.2017.00081>; Jeff Hawkins, *A Thousand Brains: A New Theory of Intelligence* (Nova York, NY: Basic Books, 2021).

57. Mountcastle, "Columnar Organization of the Neocortex"; Sporns, Tononi e Kötter, "The Human Connectome"; Heeger, "Theory of Cortical Function".

58. Malcolm W. Browne, "Who Needs Jokes? Brain Has a Ticklish Spot", *The New York Times*, 10 mar. 1998. Disponível em: <www.nytimes.com/1998/03/10/science/who-needs-jokes-brain-has-a-ticklish-spot.html>; Itzhak Fried et al., "Electric Current Stimulates Laughter", *Scientific Correspondence*, v. 391, n. 650 (12 fev. 1998). Disponível em: <doi.org/10.1038/35536>.

59. Para uma explicação compreensível sobre a percepção da dor no cérebro, ver Kristin Muench, "Pain in the Brain", NeuWrite West, 10 nov. 2015. Disponível em: <www.neuwritewest.org/blog/pain-in-the-brain>.

60. Browne, "Who Needs Jokes?".
61. Robert Wright, "Scientists Find Brain's Irony-Detection Center!", *The Atlantic*, 5 ago. 2012. Disponível em: <www.theatlantic.com/health/archive/2012/08/scientists-find-brains-irony-detection-center/260728>.
62. "Bigger Brains: Complex Brains for a Complex World", Instituto Smithsoniano, 16 jan. 2019. Disponível em: <humanorigins.si.edu/human-characteristics/brains>; David Robson, "A Brief History of the Brain", *New Scientist*, 21 set. 2011. Disponível em: <www.newscientist.com/article/mg21128311-800>.
63. Stephanie Musgrave et al., "Tool Transfers Are a Form of Teaching Among Chimpanzees", *Scientific Reports*, v. 6, artigo 34783 (11 out. 2016). Disponível em: <doi.org/10.1038/srep34783>.
64. Hanoch Ben-Yami, "Can Animals Acquire Language?", *Scientific American*, 1º mar. 2017. Disponível em: <blogs.scientificamerican.com/guest-blog/can-animals-acquire-language>; Klaus Zuberbühler, "Syntax and Compositionality in Animal Communication", *Philosophical Transactions of the Royal Society B* 375, artigo 20190062 (18 nov. 2019). Disponível em: <doi.org/10.1098/rstb.2019.0062>.
65. Para uma explicação acessível sobre a origem evolutiva e a utilidade dos nossos polegares opositores, ver "Where Do Our Opposable Thumbs Come From?", *HHMI BioInteractive*, vídeo do YouTube, 24 abr. 2014. Disponível em: <www.youtube.com/watch? v= lDSkmb4UTlo>.
66. Ryan V. Raut et al., "Hierarchical Dynamics as a Macroscopic Organizing Principle of the Human Brain", *Proceedings of the National Academy of Sciences*, v. 117, n. 35 (12 ago. 2020), pp. 20890-97. Disponível em: <doi.org/10.1073/pnas.1201889109>.
67. Herculano-Houzel, "Human Brain in Numbers"; Sporns, Tononi e Kötter, "The Human Connectome"; Ji Yeoun Lee, "Normal and Disordered Formation of the Cerebral Cortex: Normal Embryology, Related Moléculas, Types of Migration, Migration Disorders", *Journal of Korean Neurosurgical Society*, v. 62, n. 3 (1º mai. 2019), pp. 265-71. Disponível em: <doi.org/10.3340/jkns.2019.0098>; Christopher Johansson e Anders Lansner, "Towards Cortex Sized Artificial Neural Systems", *Neural Networks*, v. 20, n. 1 (jan. 2007), pp. 48-61. Disponível em: <doi.org/10.1016/j.neunet.2006.05.029>.
68. Para um mergulho mais aprofundado no neocórtex e na compreensão da ciência — em constante evolução — sobre os fundamentos estruturais da cognição superior, ver Matthew Barry Jensen, "Cerebral Cortex", Academia Khan. Acessado em: 20 nov. 2021. Disponível em: <www.khanacademy.org/science/health-and-medicine/human-anatomy-and-physiology/nervous-system-introduction/v/cerebral-cortex>; Hawkins, Ahmad e Cui, "Theory of How Columns in the Neocortex Enable Learning"; Jeff Hawkins et al.,

"A Framework for Intelligence and Cortical Function Based on Grid Cells in the Neocortex", *Frontiers in Neural Circuits*, v. 12, n. 121 (11 jan. 2019). Disponível em: <doi.org/10.3389/fncir.2018.00121>; Baoguo Shi et al., "Different Brain Structures Associated with Artistic and Scientific Creativity: A Voxel-Based Morphometry Study", *Scientific Reports*, v. 7, n. 42911 (21 fev. 2017). Disponível em: <doi.org/10.1038/srep42911>; Barbara L. Finlay e Kexin Huang, "Developmental Duration as an Organizer of the Evolving Mammalian Brain: Scaling, Adaptations, and Exceptions", *Evolution and Development*, v. 22, n. 1-2 (3 dez. 2019). Disponível em: <doi.org/10.1111/ede.12329>.

69. Para um resumo simples e uma palestra mais técnica sobre a natureza associativa da memória, ver Shelly Fan, "How the Brain Makes Memories: Scientists Tap Memory's Neural Code", *SingularityHub*, 10 jul. 2015. Disponível em: <singularityhub.com/2015/07/10/how-the-brain-makes-memories-scientists-tap-memorys-neural-code>; Christos Papadimitriou, "Formation and Association of Symbolic Memories in the Brain", *Instituto Simons*, vídeo do YouTube, 31 mar. 2017. Disponível em: <www.youtube.com/watch?v=IZtYKApSTto>.

70. Para saber mais sobre a guinada do criacionismo para a evolução via seleção natural, ver Phillip Sloan, "Evolutionary Thought Before Darwin", em *Stanford Encyclopedia of Philosophy*, Edward N. Zalta (Org.) (inverno de 2019). Disponível em: <plato.stanford.edu/entries/evolution-before-darwin>; Christoph Marty, "Darwin on a Godless Creation: 'It's Like Confessing to a Murder'", *Scientific American*, 12 fev. 2009. Disponível em: <www.scientificamerican.com/article/charles-darwin-confessions>.

71. Para saber mais sobre o trabalho de Charles Lyell e sua influência sobre Darwin, ver Richard A. Fortey, "Charles Lyell and Deep Time", *Geoscience*, v. 21, n. 9 (outubro de 2011). Disponível em: <www.geolsoc.org.uk/Geoscientist/Archive/October-2011/Charles-Lyell-and-deep-time>; Gary Stix, "Darwin's Living Legacy", *Scientific American*, v. 300, n. 1 (jan. 2009), pp. 38-43. Disponível em: <www.jstor.org/stable/26001418>; Charles Darwin, *On the Origin of Species*, 6. ed. (Londres: John Murray, 1859; Projeto Gutenberg, 2013). Disponível em: <www.gutenberg.org/files/2009/2009-h/2009-h.htm>. [Ed. bras.: *A origem das espécies*. Trad. Daniel Moreira Miranda. São Paulo: Edipro, 2018.]

72. Walter F. Cannon, "The Uniformitarian-Catastrophist Debate", *Isis*, v. 51, n. 1 (mar. 1960), pp. 38-55. Disponível em: <www.jstor.org/stable/227604>; Jim Morrison, "The Blasphemous Geologist Who Rocked Our Understanding of Earth's Age", *Smithsonian*, 29 ago. 2016. Disponível em: <www.smithsonianmag.com/history/father-modern-geology-youve-never-heard-180960203>.

73. Charles Darwin e James T. Costa, *The Annotated Origin: A Facsimile of the First Edition of On the Origin of Species* (Cambridge, Massachusetts;

Londres: Belknap Press of Harvard University Press, 2009), p. 95. Disponível em: <www.google.com/books/edition/The_Annotated_i_Origin_i/CoEo3ilhSz4C>.

74. Gordon Moore, "Cramming More Components onto Integrated Circuits", *Electronics*, v. 38, n. 8 (19 abr. 1965). Disponível em: <archive.computerhistory.org/resources/access/text/2017/03/102770822-05-01-acc.pdf>; Museu da História do Computador, "1965: 'Moore's Law' Predicts the Future of Integrated Circuits", Museu da História do Computador, Acessado em: 12 out. 2021. Disponível em: <www.computerhistory.org/siliconengine/moores-law-predicts-the-future-of-integrated-circuits>; Fernando J. Corbató et al., *The Compatible Time-Sharing System: A Programmer's Guide* (Cambridge, Massachusetts: MIT Press, 1990). Disponível em: <www.bitsavers.org/pdf/mit/ctss/CTSS_ProgrammersGuide.pdf>.

75. Ninguém é capaz de dizer ao certo qual será o próximo paradigma da computação, mas, para algumas pesquisas recentes e promissoras, ver Jeff Hecht, "Nanomaterials Pave the Way for the Next Computing Generation", *Nature*, v. 608, S2-S3 (2022). Disponível em: <www.nature.com/articles/d41586-022-02147-3>; Peng Lin et al., "Three-Dimensional Memristor Circuits as Complex Neural Networks", *Nature Electronics*, v. 3, n. 4 (13 abr. 2020), pp. 225-32. Disponível em: <doi.org/10.1038/s41928-020-0397-9>; Zhihong Chen, "Gate-All-Around Nanosheet Transistors Go 2D", *Nature Electronics*, v. 5, n. 12 (12 dez. 2022), pp. 830-31. Disponível em: <doi.org/10.1038/s41928-022-00899-4>.

76. Em 1888, a máquina tabuladora de [Herman] Hollerith representou o primeiro dispositivo implantado de maneira prática para realizar cálculos em larga escala. A tendência exponencial de preço/desempenho permaneceu extraordinariamente estável até o presente. Ver Emile Cheysson, *The Electric Tabulating Machine*, trad. Arthur W. Fergusson (Nova York, NY: C. C. Shelley, 1892), p. 2. Disponível em: <books.google.com/books?id=rJgsAAAAYAAJ>; Robert Sobel, *Thomas Watson, Sr.: IBM and the Computer Revolution* (Washington, DC: BeardBooks, 2000; originalmente publicado como I.B.M., *Colossus in Transition* pela Times Books em 1981), p. 17. Disponível em: <www.google.com/books/edition/Thomas_Watson_Sr/H8EFNMBGpY4C>; Escritório de Estatísticas do Trabalho dos EUA, "Consumer Price Index for All Urban Consumers: All Items in U.S. City Average (CPIAUCSL)", retirado de FRED, Banco Federal Reserve de St. Louis. Atualizado em: 12 abr. 2023. Disponível em: <fred.stlouisfed.org/series/CPIAUCSL>; Marguerite Zientara, "Herman Hollerith: Punched Cards Come of Age", *Computerworld*, v. 15, n. 36 (7 set. 1981), p. 35. Disponível em: <books.google.com/books?id=tk-74jLc6HggC&pg=PA35&lpg=PA35>; Frank da Cruz, "Hollerith 1890 Census Tabulator", História da Computação da Universidade de Columbia, 17 abr. 2021. Disponível em: <www.columbia.edu/cu/computinghistory/census-tabulator.html>.

77. Nick Bostrom, "Nick Bostrom The Intelligence Explosion Hypothesis eDay 2012", eAcast55, vídeo do YouTube, 9 ago. 2015. Disponível em: <www.youtube.com/watch?v=VFE-96XA92w>.
78. DeepMind, "AlphaGo", DeepMind. Acessado em: 20 nov. 2021. Disponível em: <deepmind.com/research/case-studies/alphago-the-story-so-far>.
79. Ibidem.
80. Para um cativante relato do significado da partida entre Deep Blue e Kasparov, ver Mark Robert Anderson, "Twenty Years On from Deep Blue vs. Kasparov: How a Chess Match Started the Big Data Revolution", *The Conversation*, 11 mai. 2017. Disponível em: <theconversation.com/twenty-years-on-from-deep-blue-vs-kasparov-how-a-chess-match-started-the-big-data-revolution-76882>.
81. DeepMind, "AlphaGo Zero: Starting from Scratch", DeepMind, 18 out. 2017. Disponível em: <deepmind.com/blog/article/alphago-zero-starting-scratch>; DeepMind, "AlphaGo"; Tom Simonite, "This More Powerful Version of AlphaGo Learns on Its Own", *Wired*, 18 out. 2017. Disponível em: <www.wired.com/story/this-more-powerful-version-of-alphago-learns-on-its-own>; David Silver et al., "Mastering the Game of Go with Deep Neural Networks and Tree Search", *Nature*, v. 529, n. 7587 (27 jan. 2016), pp. 484-89. Disponível em: <doi.org/10.1038/nature16961>.
82. Carl Engelking, "The AI That Dominated Humans in Go Is Already Obsolete", *Discover*, 18 out. 2017. Disponível em: <www.discovermagazine.com/technology/the-ai-that-dominated-humans-in-go-is-already-obsolete>; DeepMind, "AlphaGo China", DeepMind. Acessado em: 20 nov. 2021. Disponível em: <deepmind.com/alphago-china>; DeepMind, "AlphaGo Zero: Starting from Scratch".
83. DeepMind, "AlphaGo Zero: Starting from Scratch".
84. David Silver et al., "AlphaZero: Shedding New Light on Chess, Shogi, and Go", DeepMind, 6 dez. 2018. Disponível em: <deepmind.com/blog/article/alphazero-shedding-new-light-grand-games-chess-shogi-and-go>.
85. Julian Schrittwieser et al., "MuZero: Mastering Go, Chess, Shogi and Atari Without Rules", DeepMind, 23 dez. 2020. Disponível em: <deepmind.com/blog/article/muzero-mastering-go-chess-shogi-and-atari-without-rules>.
86. AlphaStar Team, "AlphaStar: Mastering the Real-Time Strategy Game StarCraft II", DeepMind, 24 jan. 2019. Disponível em: <deepmind.com/blog/article/alphastar-mastering-real-time-strategy-game-starcraft-ii>; Noam Brown e Tuomas Sandholm, "Superhuman AI for Heads-Up No-Limit Poker: Libratus Beats Top Professionals", *Science*, v. 359, n. 6374 (26 jan. 2018), pp. 418-24. Disponível em: <doi.org/10.1126/science.aao1733>; Cade Metz, "Inside Libratus, the Poker AI That Out-Bluffed the Best Humans", *Wired*, 1º fev. 2017. Disponível em: <www.wired.com/2017/02/libratus>.

87. Para saber mais sobre a dinâmica do jogo *Diplomacia*, ver "Diplomacy: Running the Game #40, Politics #3", *Matthew Colville*, vídeo do YouTube, 15 jul. 2017. Disponível em: <www.youtube.com/watch?v=HWt0AQWjhPg>; Ben Harsh, "Harsh Rules: Let's Learn to Play *Diplomacy*", *Harsh Rules*, vídeo do YouTube, 9 ago. 2018. Disponível em: <www.youtube.com/watch?v=S-sSWsBdbNI>; Blake Eskin, "World Domination: The Game", *The Washington Post*, 14 nov. 2004. Disponível em: <www.washingtonpost.com/archive/lifestyle/magazine/2004/11/14/world-domination-the-game/b65c9d9f-71c7-4846-961f-6dcdd1891e01>; David Hill, "The Board Game of the Alpha Nerds", *Grantland*, 18 jun. 2014. Disponível em: <grantland.com/features/diplomacy-the-board-game-of-the-alpha-nerds>.

88. Matthew Hutson, "AI Learns the Art of Diplomacy", *Science*, 22 nov. 2022. Disponível em: <www.science.org/content/article/ai-learns-art-diplomacy-game>; Yoram Bachrach e János Kramár, "AI for the Board Game Diplomacy", DeepMind, 6 dez. 2022. Disponível em: <www.deepmind.com/blog/ai-for-the-board-game-diplomacy>.

89. Ira Boudway e Joshua Brustein, "Waymo's Long-Term Commitment to Safety Drivers in Autonomous Cars", Bloomberg, 13 jan. 2020. Disponível em: <www.bloomberg.com/news/articles/2020-01-13/waymo-s-long-term-commitment-to-safety-drivers-in-autonomous-cars>.

90. Aaron Pressman, "Google's Waymo Reaches 20 Million Miles of Autonomous Driving", *Fortune*, 7 jan. 2020. Disponível em: <fortune.com/2020/01/07/googles-waymo-reaches-20-million-miles-of-autonomous-driving>.

91. Darrell Etherington, "Waymo Has Now Driven 10 Billion Autonomous Miles in Simulation", *TechCrunch*, 10 jul. 2019. Disponível em: <techcrunch.com/2019/07/10/waymo-has-now-driven-10-billion-autonomous-miles-in-simulation>.

92. Gabriel Goh et al., "Multimodal Neurons in Artificial Neural Networks", *Distill*, 4 mar. 2021. Disponível em: <distill.pub/2021/multimodal-neurons>.

93. Para mais informações sobre o "Codificador de Frases Universal" (Universal Sentence Encoder, USE), ver Yinfei Yang e Amin Ahmad, "Multilingual Universal Sentence Encoder for Semantic Retrieval", *Google Research*, 12 jul. 2019. Disponível em: <ai.googleblog.com/2019/07/multilingual-universal-sentence-encoder.html>; Yinfei Yang e Chris Tar, "Advances in Semantic Textual Similarity", *Google Research*, 17 mai. 2018. Disponível em: <ai.googleblog.com/2018/05/advances-in-semantic-textual-similarity.html>; Daniel Cer et al., "Universal Sentence Encoder", arXiv:1803.11175v2 [cs.CL], 12 abr. 2018. Disponível em: <arxiv.org/abs/1803.11175>.

94. Rachel Syme, "Gmail Smart Replies and the Ever-Growing Pressure to E-Mail Like a Machine", *The New Yorker*, 28 nov. 2018. Disponível em:

<www.newyorker.com/tech/annals-of-technology/gmail-smart-replies-and-the-ever-growing-pressure-to-e-mail-like-a-machine>.

95. Para uma explicação mais detalhada sobre como funcionam os transformadores e o documento técnico original, ver Giuliano Giacaglia, "How Transformers Work", *Towards Data Science*, 10 mar. 2019. Disponível em: <towardsdatascience.com/transformers-141e32e69591>; Ashish Vaswani et al., "Attention Is All You Need", arXiv:1706.03762v5 [cs.CL], 6 dez. 2017. Disponível em: <arxiv.org/pdf/1706.03762.pdf>.

96. Irene Solaiman et al., "GPT-2: 1.5B Release", OpenAI, 5 nov. 2019. Disponível em: <openai.com/blog/gpt-2-1-5b-release>.

97. Tom B. Brown et al., "Language Models Are Few-Shot Learners", arXiv:2005.14165 [cs.CL], 22 jul. 2020. Disponível em: <arxiv.org/abs/2005.14165>.

98. Jack Ray et al., "Language Modelling at Scale: Gopher, Ethical Considerations, and Retrieval", DeepMind, 8 dez. 2021. Disponível em: <www.deepmind.com/blog/language-modelling-at-scale-gopher-ethical-considerations-and-retrieval>.

99. Pandu Nayak, "Understanding Searches Better Than Ever Before", Google, 25 out. 2019. Disponível em: <blog.google/products/search/search-language-understanding-bert>; William Fedus et al., "Switch Transformers: Scaling to Trillion Parameter Models with Simple and Efficient Sparsity", arXiv:2101.03961 [cs.LG], 11 jan. 2021. Disponível em: <arxiv.org/abs/2101.03961>.

100. Para informações mais detalhadas sobre o GPT-3, ver Greg Brockman et al., "OpenAI API", OpenAI, 11 jun. 2020. Disponível em: <openai.com/blog/openai-api>; Brown et al., "Language Models Are Few-Shot Learners"; Kelsey Piper, "GPT-3, Explained: This New Language ai Is Uncanny, Funny — and a Big Deal", *Vox*, 13 ago. 2020. Disponível em: <www.vox.com/future-perfect/21355768/gpt-3-ai-openai-turing-test-language>; "GPT-3 Demo: New AI Algorithm Changes How We Interact with Technology", *Disruption Theory*, vídeo do YouTube, 28 ago. 2020. Disponível em: <www.youtube.com/watch?v=8V20HkoiNtc>.

101. David Cole, "The Chinese Room Argument", em *The Stanford Encyclopedia of Philosophy*, Edward N. Zalta (Org.) (inverno de 2020). Disponível em: <plato.stanford.edu/archives/win2020/entries/chinese-room>; Amanda Askell (@amandaaskell), "GPT-3's completion of the Chinese room argument from Searle's 'Minds, Brains, and Programs' (original text is in bold)", X, 17 jul. 2020. Disponível em: <x.com/AmandaAskell/status/1284186919606251521>; David J. Chalmers, *The Conscious Mind: In Search of a Fundamental Theory* (Nova York, NY: Oxford University Press, 1996), p. 327.

102. Cade Metz, "Meet gpt-3. It Has Learned to Code (and Blog and Argue)", *The New York Times*, 24 nov. 2020. Disponível em: <www.nytimes.com/2020/11/24/science/artificial-intelligence-ai-gpt3.html>.

103. Para mais informações sobre o LaMDA e uma demonstração dessa tecnologia, entabulando uma conversa em que se finge ser o planeta (anão) Plutão e depois um avião de papel, ver Eli Collins e Zoubin Ghahramani, "LaMDA: Our Breakthrough Conversation Technology", Google, 18 mai. 2021. Disponível em: <blog.google/technology/ai/lamda>; "Watch Google's AI LaMDA Program Talk to Itself at Length (Full Conversation)", CNET Highlights, vídeo do YouTube, 18 mai. 2021. Disponível em: <www.youtube.com/watch?v=aUSSfo5nCdM>.
104. Jeff Dean, "Google Research: Themes from 2021 and Beyond", *Google Research*, 11 jan. 2022. Disponível em: <ai.googleblog.com/2022/01/google-research-themes-from-2021-and.html>.
105. Para exemplos de imagens extraordinariamente criativas de DALL-E, ver Aditya Ramesh et al., "Dall-E: Creating Images from Text", OpenAI, 5 jan. 2021. Disponível em: <openai.com/research/dall-e>.
106. "Dall-E 2", OpenAI. Acessado em: 30 jun. 2022. Disponível em: <openai.com/dall-e-2>.
107. Chitwan Saharia et al., "Imagen", Google Research, Brain Team, Google. Acessado em: 30 jun. 2022. Disponível em: <imagen.research.google>.
108. Ibidem.
109. Scott Reed et al., "A Generalist Agent", DeepMind, 12 mai. 2022. Disponível em: <www.deepmind.com/publications/a-generalist-agent>.
110. Wojciech Zaremba et al., "OpenAI Codex", OpenAI, 10 ago. 2021. Disponível em: <openai.com/blog/openai-codex>.
111. AlphaCode Team, "Competitive Programming with AlphaCode", DeepMind, 8 dez. 2022. Disponível em: <www.deepmind.com/blog/competitive-programming-with-alphacode>; Yujia Li et al., "Competition-Level Code Generation with AlphaCode", arXiv:2203.07814v1 [cs.PL], 8 fev. 2022. Disponível em: <arxiv.org/pdf/2203.07814.pdf>.
112. Aakanksha Chowdhery, "PaLM: Scaling Language Modeling with Pathways", arXiv:2204.02311v3 [cs.CL], 19 abr. 2022. Disponível em: <arxiv.org/pdf/2204.02311.pdf>; Sharan Narang et al., "Pathways Language Model (PaLM): Scaling to 540 Billion Parameters for Breakthrough Performance", *Google AI Blog*, 4 abr. 2022. Disponível em: <ai.googleblog.com/2022/04/pathways-language-model-palm-scaling-to.html>.
113. Chowdhery, "PaLM: Scaling Language Modeling with Pathways".
114. Ibidem.
115. Ibidem.
116. OpenAI, "Introducing ChatGPT", OpenAI, 30 nov. 2022. Disponível em: <openai.com/blog/chatgpt#Openai>.
117. Krystal Hu, "ChatGPT Sets Record for Fastest-Growing User Base — Analyst Note", Reuters, 2 fev. 2023. Disponível em: <www.reuters.com/technology/chatgpt-sets-record-fastest-growing-user-base-analyst-note-2023-02-01>.

118. Kalley Huang, "Alarmed by A.I. Chatbots, Universities Start Revamping How They Teach", *The New York Times*, 16 jan. 2023. Disponível em: <www.nytimes.com/2023/01/16/technology/chatgpt-artificial-intelligence-universities.html>; Emma Bowman, "A College Student Created an App That Can Tell Whether AI Wrote an Essay", NPR, 9 jan. 2023. Disponível em: <www.npr.org/2023/01/09/1147549845/gptzero-ai-chatgpt-edward-tian-plagiarism>; Patrick Wood e Mary Louise Kelly, "'Everybody Is Cheating': Why This Teacher Has Adopted an Open ChatGPT Policy", NPR, 26 jan. 2023. Disponível em: <www.npr.org/2023/01/26/1151499213/chatgpt-ai-education-cheating-classroom-wharton-school>; Matt O'Brien e Jocelyn Gecker, "Cheaters Beware: ChatGPT Maker Releases AI Detection Tool", Associated Press, 31 jan. 2023. Disponível em: <apnews.com/article/technology-education-colleges-and-universities-france-a0ab654549de3873164o4a-7be019116b>; Geoffrey A. Fowler, "We Tested a New ChatGPT-Detector for Teachers. It Flagged an Innocent Student", *The Washington Post*, 3 abr. 2023. Disponível em: <www.washingtonpost.com/technology/2023/04/01/chatgpt-cheating-detection-turnitin>.

119. OpenAI, "GPT-4", OpenAI, 14 mar. 2023. Disponível em: <openai.com/research/gpt-4>; OpenAI, "GPT-4 Technical Report", arXiv:2303.08774v3 [cs.CL], 27 mar. 2023. Disponível em: <arxiv.org/pdf/2303.08774.pdf>; OpenAI, "GPT-4 System Card", OpenAI, 23 mar. 2023. Disponível em: <cdn.openai.com/papers/gpt-4-system-card.pdf>.

120. OpenAI, "Introducing GPT-4", vídeo do YouTube, 15 mar. 2023. Disponível em: <www.youtube.com/watch?v=--khbXchTeE>.

121. Daniel Feldman (@d_feldman), "On the left is GPT-3.5. On the right is GPT-4. If you think the answer on the left indicates that GPT-3.5 does not have a world-model… Then you have to agree that the answer on the right indicates GPT-4 does", X, 17 mar. 2023. Disponível em: <twitter.com/d_feldman/status/1636955260680847361>.

122. Danny Driess e Pete Florence, "PaLM-E: An Embodied Multimodal Language Model", Google Research, 10 mar. 2023. Disponível em: <ai.googleblog.com/2023/03/palm-e-embodied-multimodal-language.html>; Danny Driess et al., "PaLM-E: An Embodied Multimodal Language Model", arXiv:2303.03378v1 [cs.LG], 6 mar. 2023. Disponível em: <arxiv.org/pdf/2303.03378.pdf>.

123. Sundar Pichai e Demis Hassabis, "Introducing Gemini: Our Largest and Most Capable AI Model", Google, 6 dez. 2023. Disponível em: <blog.google/technology/ai/google-gemini-ai>; Sundar Pichai, "An Important Next Step on Our AI Journey", Google, 6 fev. 2023. Disponível em: <blog.google/technology/ai/bard-google-ai-search-updates>; Sarah Fielding, "Google Bard Is Switching to a More 'Capable' Language Model, CEO Confirms", *Engadget*, 31 mar. 2023. Disponível em: <www.engadget.com/

google-bard-is-switching-to-a-more-capable-language-model-ceo-confirms-133028933.html>; Yusuf Mehdi, "Confirmed: The New Bing Runs on OpenAI's GPT-4", Microsoft Bing Blogs, 14 mar. 2023. Disponível em: <blogs.bing.com/search/march_2023/Confirmed-the-new-Bing-runs-on-OpenAI%E2%80%99s-GPT-4>; Tom Warren, "Hands-on with the New Bing: Microsoft's Step Beyond ChatGPT", *The Verge*, 8 fev. 2023. Disponível em: <www.theverge.com/2023/2/8/23590873/microsoft-new-bing-chat-gpt-ai-hands-on>.

124. Johanna Voolich Wright, "A New Era for AI and Google Workspace", Google, 14 mar. 2023. Disponível em: <workspace.google.com/blog/product-announcements/generative-ai>; Jared Spataro, "Introducing Microsoft 365 Copilot — Your Copilot for Work", *Official Microsoft Blog*, 16 mar. 2023. Disponível em: <blogs.microsoft.com/blog/2023/03/16/introducing-microsoft-365-copilot-your-copilot-for-work>.

125. Markus Anderljung et al., "Compute Funds and Pre-Trained Models", Centro para a Governança de IA, 11 abr. 2022. Disponível em: <www.governance.ai/post/compute-funds-and-pre-trained-models>; Jaime Sevilla et al., "Compute Trends Across Three Eras of Machine Learning", arXiv:2202.05924v2 [cs.LG], 9 mar. 2022. Disponível em: <arxiv.org/pdf/2202.05924.pdf>; Dario Amodei e Danny Hernandez, "AI and Compute", OpenAI, 16 mai. 2018. Disponível em: <openai.com/blog/ai-and-compute>.

126. Jacob Stern, "GPT-4 Has the Memory of a Goldfish", *The Atlantic*, 17 mar. 2023. Disponível em: <www.theatlantic.com/technology/archive/2023/03/gpt-4-has-memory-context-window/673426>.

127. Extrapolando a tendência de longo prazo, que mostrou um tempo de duplicação de pouco mais de 1,34 ano desde 1983. Ver o apêndice para as fontes utilizadas acerca de todos os cálculos dos custos de computação neste livro.

128. No momento em que escrevo este livro, o progresso do benchmark MLPerf para treinamento de IA é quase cinco vezes mais rápido do que teria sido permitido apenas pelo aumento da densidade do transistor. O equilíbrio é uma combinação de melhorias algorítmicas no software e aprimoramentos arquitetônicos que tornam os chips mais eficientes. Ver Samuel K. Moore, "AI Training Is Outpacing Moore's Law", *IEEE Spectrum*, 2 dez. 2021. Disponível em: <spectrum.ieee.org/ai-training-mlperf>.

129. Enquanto escrevo este livro, os preços do GPT API 3.5 caíram para 1 dólar por 500 mil *tokens*, ou cerca de 370 mil palavras. Os preços provavelmente serão ainda mais baixos quando você ler isto. Ver Ben Dickson, "Openai Is Reducing the Price of the GPT-3 API — Here's Why It Matters", *VentureBeat*, 25 ago. 2022. Disponível em: <https://venturebeat.com/ai/openai-is-reducing-the-price-of-the-gpt-3-api-heres-why-it-matters>; OpenAI,

"Introducing ChatGPT and Whisper APIs", OpenAI, 1º mar. 2023. Disponível em: <openai.com/blog/introducing-chatgpt-and-whisper-apis>; OpenAI, "What Are Tokens and How to Count Them?", OpenAI. Acessado em: 30 abr. 2023. Disponível em: <help.openai.com/en/articles/4936856-what-are-tokens-and-how-to-count-them>.

130. Stephen Nellis, "Nvidia Shows New Research on Using AI to Improve Chip Designs", Reuters, 27 mar. 2023. Disponível em: <www.reuters.com/technology/nvidia-shows-new-research-using-ai-improve-chip-designs-2023-03-28>.

131. Blaise Aguera y Arcas, "Do Large Language Models Understand Us?", *Medium*, 16 dez. 2021. Disponível em: <medium.com/@blaisea/do-large-language-models-understand-us-6f881d6d8e75>.

132. Com melhores algoritmos, diminui a quantidade de computação de treinamento necessária para atingir determinado nível de desempenho. Um número crescente de pesquisas sugere que, para muitas aplicações, o progresso algorítmico é quase tão importante quanto o progresso do hardware. De acordo com um estudo de 2022, algoritmos melhores reduziram pela metade os requisitos de computação para determinado nível de desempenho a cada nove meses no período 2012-2021. Ver Ege Erdil e Tamay Besiroglu, "Algorithmic Progress in Computer Vision", arXiv:2212.05153v4 [cs.CV] 24 ago. 2023. Disponível em: <arxiv.org/pdf/2212.05153.pdf>; Katja Grace, *Algorithmic Progress in Six Domains*, Relatório técnico do Instituto de Pesquisa de Inteligência de Máquina 2013-3, 9 dez. 2013. Disponível em: <intelligence.org/files/AlgorithmicProgress.pdf>.

133. Anderljung et al., "Compute Funds and Pre-Trained Models".

134. Sevilla et al., "Compute Trends Across Three Eras of Machine Learning"; Ver o apêndice para as fontes utilizadas acerca de todos os cálculos dos custos de computação neste livro.

135. Anderljung et al., "Compute Funds and Pre-Trained Models"; Sevilla et al., "Compute Trends Across Three Eras of Machine Learning"; Amodei e Hernandez, "AI and Compute".

136. "Dallas Fed Energy Survey", Banco Federal Reserve de Dallas, 27 mar. 2019. Disponível em: <www.dallasfed.org/research/surveys/des/2019/1901.aspx#tab-questions>.

137. Para um panorama claro e acessível sobre *big data*, ver Rebecca Tickle, "What Is Big Data?", *Computerphile*, vídeo do YouTube, 15 mai. 2019. Disponível em: <www.youtube.com/watch?v=H4bf_uuMC-g>.

138. Para um mergulho muito mais aprofundado na natureza potencial de uma explosão de inteligência, ver Nick Bostrom, "The Intelligence Explosion Hypothesis — eDay 2012", EMERCE, vídeo do YouTube, 19 nov. 2012. Disponível em: <www.youtube.com/watch?v=g3FMpn321zs>; Luke Muehlhauser e Anna Salamon, "Intelligence Explosion: Evidence and Import", em:

Singularity Hypotheses: A Scientific and Philosophical Assessment, Amnon Eden et al. (Org.) (Berlim: Springer, 2013), https://intelligence.org/files/IE-EI.pdf; Eliezer Yudkowsky, "Recursive Self-Improvement", LessWrong.com, 1º dez. 2008. Disponível em: <www.lesswrong.com/posts/JBadX7rwdcRFzGuju/recursive-self-improvement>; Eliezer Yudkowsky, "Hard Takeoff", LessWrong.com, dez. 2008. Disponível em: <www.lesswrong.com/posts/tjH8XPxAnr-6JRbh7k/hard-takeoff>; Eliezer Yudkowsky, *Intelligence Explosion Microeconomics*, Relatório técnico do Instituto de Pesquisa de Inteligência de Máquina 2013-1, 13 set. 2013. Disponível em: <intelligence.org/files/IEM.pdf>; Irving John Good, "Speculations Concerning the First Ultraintelligent Machine", *Advances in Computers* 6 (1966), pp. 31-88. Disponível em: <doi.org/10.1016/S0065-2458(08)60418-0>; Ephrat Livni, "The Mirror Test for Animal Self-Awareness Reflects the Limits of Human Cognition", *Quartz*, 19 dez. 2018. Disponível em: <qz.com/1501318/the-mirror-test-for-animals-reflects-the-limits-of-human-cognition>; Darold A. Treffert, "The Savant Syndrome: An Extraordinary Condition. A Synopsis: Past, Present, Future", *Philosophical Transactions of the Royal Society B: Biological Sciences*, v. 364, n. 1522 (27 mai. 2009), pp. 1351-57. Disponível em: <doi.org/10.1098/rstb.2008.0326>.

139. Robin Hanson e Eliezer Yudkowsky, *The Hanson-Yudkowsky AI-Foom Debate*, Instituto de Pesquisa de Inteligência de Máquina, 2013. Disponível em: <intelligence.org/files/AIFoomDebate.pdf>.

140. Ibidem.

141. Jon Brodkin, "1.1 Quintillion Operations per Second: US Has World's Fastest Supercomputer", *Ars Technica*, 31 mai. 2022. Disponível em: <arstechnica.com/information-technology/2022/05/1-1-quintillion-operations-per-second-us-has-worlds-fastest-supercomputer>; "November 2022", Top500.org. Acessado em: 14 nov. 2023. Disponível em: <www.top500.org/lists/top500/2022/11>.

142. Para um excelente relatório de Joseph Carlsmith, da Open Philanthropy, com uma minuciosa análise de múltiplas perspectivas sobre o tema e uma síntese do projeto IA Impacts de muitas estimativas com metodologias variadas, ver Joseph Carlsmith, *How Much Computational Power Does It Take to Match the Human Brain?*, Open Philanthropy, 11 set. 2020. Disponível em: <www.openphilanthropy.org/brain-computation-report>; "Brain Performance in flops", AI Impacts, 26 jul. 2015. Disponível em: <aiimpacts.org/brain-performance-in-flops>.

143. Herculano-Houzel, "Human Brain in Numbers"; David A. Drachman, "Do We Have Brain to Spare?", *Neurology*, v. 64, n. 12 (27 jun. 2005). Disponível em: <doi.org/10.1212/01.WNL.0000166914.38327.BB>; Ernest L. Abel, *Behavioral Teratogenesis and Behavioral Mutagenesis: A Primer in Abnormal Development* (Nova York, NY: Plenum Press, 1989), p. 113. Disponível em: <books.google.co.uk/books?id=gV0rBgAAQBAJ>.

144. "Neuron Firing Rates in Humans", AI Impacts, 14 abr. 2015. Disponível em: <aiimpacts.org/rate-of-neuron-firing>; Peter Steinmetz et al., "Firing Behavior and Network Activity of Single Neurons in Human Epileptic Hypothalamic Hamartoma", *Frontiers in Neurology*, v. 2, n. 210 (27 dez. 2013). Disponível em: <doi.org/10.3389/fneur.2013.00210>.
145. "Neuron Firing Rates in Humans", AI Impacts.
146. Ray Kurzweil, *The Singularity Is Near* (Nova York, NY: Viking, 2005), p. 125 [Ed. bras.: *A Singularidade está próxima: quando os humanos transcendem a biologia*. Trad. Ana Goldberger. São Paulo: Itaú Cultural/Iluminuras, 2018]; Hans Moravec, *Mind Children: The Future of Robot and Human Intelligence* (Cambridge, Massachusetts: Harvard University Press, 1988), p. 59. Disponível em: <books.google.co.uk/books?id=56mb7XuSx3QC>. [Ed. port.: *Homens e robots: o futuro da inteligência humana e robótica*. Trad. José Luís Malaquias F. Lima. Lisboa: Gradiva, 1992.]
147. Preeti Raghavan, "Stroke Recovery Timeline", Johns Hopkins Medicine. Acessado em: 27 abr. 2023. Disponível em: <www.hopkinsmedicine.org/health/conditions-and-diseases/stroke/stroke-recovery-timeline>; Apoorva Mandavilli, "The Brain That Wasn't Supposed to Heal", *The Atlantic*, 7 abr. 2016. Disponível em: <www.theatlantic.com/health/archive/2016/04/brain-injuries/477300>.
148. No início de 2023, mil dólares por hora nos sistemas TPU v5e do Google Cloud se traduzem em cerca de 328 quatrilhões de operações por segundo, o que é da ordem de 10^{17}. A ampla disponibilidade de computação em nuvem alugada efetivamente reduziu os custos para muitos usuários, mas nota-se que isso não é totalmente passível de ser mensurado em relação aos valores de custos de cálculo anteriores, que derivam sobretudo dos gastos com aquisição de equipamentos. O tempo alugado não pode ser diretamente comparado ao tempo de uso do hardware adquirido, mas uma comparação aproximada e plausível (negligenciando-se muitos detalhes, como salários do pessoal de TI, eletricidade e depreciação) é com o custo de 4 mil horas de trabalho. Por essa métrica, a média do TPU v5e é superior a 130 trilhões de operações sustentadas por segundo (da ordem de 10^{14}) por mil dólares. Ver o apêndice para as fontes utilizadas acerca de todos os cálculos dos custos de computação neste livro.
149. Extrapolando a tendência de longo prazo, que mostrou um tempo de duplicação de pouco mais de 1,34 ano desde 1983. Ver o apêndice para as fontes utilizadas acerca de todos os cálculos dos custos de computação neste livro.
150. Anders Sandberg e Nick Bostrom, *Whole Brain Emulation: A Roadmap*, relatório técnico 2008-3, Instituto Futuro da Humanidade, Universidade de Oxford (2008), pp. 80-81. Disponível em: <www.fhi.ox.ac.uk/brain-emulation-roadmap-report.pdf>.

151. Ibidem.
152. Mitch Kapor e Ray Kurzweil, "A Wager on the Turing Test: The Rules", KurzweilAI.net, 9 abr. 2002. Disponível em: <www.kurzweilai.net/a-wager-on-the-turing-test-the-rules>.
153. Edward Moore Geist, "It's Already Too Late to Stop the AI Arms Race — We Must Manage It Instead", *Bulletin of the Atomic Scientists*, v. 72, n. 5 (15 ago. 2016), pp. 318-21. Disponível em: <doi.org/10.1080/00963402.2016.1216672>.
154. Para um exemplo representativo do importante jornalista científico John Horgan em *The New York Times*, ver John Horgan, "Smarter than Us? Who's Us?", *The New York Times*, 4 mai. 1997. Disponível em: <www.nytimes.com/1997/05/04/opinion/smarter-than-us-who-s-us.html>.
155. Ver, por exemplo, Hubert L. Dreyfus, "Why We Do Not Have to Worry About Speaking the Language of the Computer", *Information Technology & People*, v. 11, n. 4 (dez. 1998), pp. 281-89. Disponível em: <personal.lse.ac.uk/whitley/allpubs/heideggerspecialissue/heidegger01.pdf>; Selmer Bringsjord, "Chess Is Too Easy", MIT *Technology Review*, 1º mar. 1998. Disponível em: <www.technologyreview.com/1998/03/01/237087/chess-is-too-easy>.
156. É digno de nota que um dos estudantes de doutorado que projetou o Proverb, a primeira inteligência artificial que conseguiu dominar palavras cruzadas com mais competência do que a maioria dos melhores solucionadores humanos, foi Noam Shazeer. Contratado pelo Google, ele foi autor principal de "Attention Is All You Need", artigo que inventou a arquitetura do transformador para grandes modelos de linguagem, responsável por impulsionar a mais recente revolução da IA. Ver Universidade Duke, "Duke Researchers Pit Computer Against Human Crossword Puzzle Players", *ScienceDaily*, 20 abr. 1999. Disponível em: <sciencedaily.com/releases/1999/04/990420064821.htm>; Vaswani et al., "Attention Is All You Need".
157. Para um vídeo representativo das partidas e análises do Watson e da competição, ver OReilly, "Jeopardy! IBM Challenge Day 3 (HD) Ken Jennings vs. WATSON vs. Brad Rutter (02-16-11)", vídeo do Vimeo, 19 jun. 2017. Disponível em: <vimeo.com/222234104>; Sam Gustin, "Behind IBM's Plan to Beat Humans at Their Own Game", *Wired*, 14 fev. 2011. Disponível em: <www.wired.com/2011/02/watson-jeopardy>; John Markoff, "Computer Wins on 'Jeopardy!': Trivial, It's Not", *The New York Times*, 16 fev. 2011. Disponível em: <www.nytimes.com/2011/02/17/science/17jeopardy-watson.html>.
158. "Show #6088 — Wednesday, February 16, 2011", J! Archive. Acessado em: 30 abr. 2023. Disponível em: <j-archive.com/showgame.php?game_id=3577>.

159. Ibidem.
160. Jeffrey Grubb, "Google Duplex: A. I. Assistant Calls Local Businesses to Make Appointments", *Jeff Grubb's Game Mess*, vídeo do YouTube, 8 mai. 2018. Disponível em: <www.youtube.com/watch?v=D5VN56jQMWM>; Georgina Torbet, "Google Duplex Begins International Rollout with a New Zealand pilot", *Engadget*, 22 out. 2019. Disponível em: <www.engadget.com/2019-10-22-google-duplex-pilot-new-zealand.html>; IBM, "Man vs. Machine: Highlights from the Debate Between IBM's Project Debater and Harish Natarajan", *BusinessWorldTV*, vídeo do YouTube, 13 fev. 2019. Disponível em: <www.youtube.com/watch?v=nJXcFtY9cWY>.
161. Para obter mais informações sobre os problemas que os LLMs têm com alucinações, ver Tom Simonite, "AI Has a Hallucination Problem That's Proving Tough to Fix", *Wired*, 9 mar. 2018. Disponível em: <www.wired.com/story/ai-has-a-hallucination-problem-thats-proving-tough-to-fix>; Craig S. Smith, "Hallucinations Could Blunt ChatGPT's Success", *IEEE Spectrum*, 13 mar. 2023. Disponível em: <spectrum.ieee.org/ai-hallucination>; Cade Metz, "What Makes A. I. Chatbots Go Wrong?", *The New York Times*, 29 mar. 2023 (atualizado em 4 abr. 2023). Disponível em: <www.nytimes.com/2023/03/29/technology/ai-chatbots-hallucinations.html>; Ziwei Ji et al., "Survey of Hallucination in Natural Language Generation", ACM *Computing Surveys*, v. 55, n. 12, artigo 248 (3 mar. 2023), pp. 1-38. Disponível em: <doi.org/10.1145/3571730>.
162. Jonathan Cohen, "Right on Track: NVIDIA Open-Source Software Helps Developers Add Guardrails to AI Chatbots", NVIDIA, 25 abr. 2023. Disponível em: <blogs.nvidia.com/blog 2023/04/25ai-chatbot-guardrails-nemo>.
163. Turing, "Computing Machinery and Intelligence".
164. Ibidem.
165. Por exemplo, em 2014, um *chatbot* chamado Eugene Goostman ganhou as manchetes, de maneira totalmente imerecida, por ter passado no teste de Turing ao convencer os juízes de que era um menino ucraniano de 13 anos que falava um inglês precário. Ver Doug Aamoth "Interview with Eugene Goostman, the Fake Kid Who Passed the Turing Test", *Time*, 9 jun. 2014 Disponível em: <time.com/2847900/eugene-goostman-turing-test>.
166. Para mais informações da nossa equipe do Google sobre o funcionamento do *Talk to Books*, e para minha entrevista a com Chris Anderson no podcast TED, ver Google AI, "Talk to Books", *Experiments with Google*, set. 2018. Disponível em: <experiments.withgoogle.com/talk-to-books>; Chris Anderson, "Ray Kurzweil on What the Future Holds Next", em *The TED Interview* podcast, dez. 2018. Disponível em: <www.ted.com/talks/the_ted_interview_ray_kurzweil_on_what_the_future_holds_next/transcript>.
167. Para uma explicação sobre a tecnologia da ressonância magnética funcional (fMRI), ver Mark Stokes, "What Does fMRI Measure?", *Scitable*, 16

mai. 2015. Disponível em: <www.nature.com/scitable/blog/brain-metrics/what_does_fmri_measure>.

168. Sriranga Kashyap et al., "Resolving Laminar Activation in Human V1 Using Ultra-High Spatial Resolution fMRI at 7T", *Scientific Reports*, v. 8, artigo 17-63 (20 nov. 2018). Disponível em: <doi.org/10.1038/s41598-018-35333-3>; Jozien Goense, Yvette Bohraus e Nikos K. Logothetis, "fMRI at High Spatial Resolution: Implications for BOLD-Models", *Frontiers in Computational Neuroscience*, v. 10, n. 66 (28 jun. 2016). Disponível em: <doi.org/10.3389/fncom.2016.00066>.

169. Existem técnicas capazes de atingir uma resolução temporal de 100 milissegundos, mas elas têm o custo de uma resolução espacial bastante degradada, em torno de 5 a 6 milímetros. Ver Benjamin Zahneisen et al., "Three-Dimensional MR-Encephalography: Fast Volumetric Brain Imaging Using Rosette Trajectories", *Magnetic Resonance in Medicine*, v. 65, n. 5 (mai. 2011), pp. 1260-68. Disponível em: <doi.org/10.1002/mrm.22711>; David A. Feinberg et al., "Multiplexed Echo Planar Imaging for Sub-Second Whole Brain fMRI and Fast Diffusion Imaging", *PloS One*, v. 5, n. 12: e15710 (20 dez. 2010). Disponível em: <doi.org/10.1371/journal.pone.0015710>.

170. Alexandra List et al., "Pattern Classification of EEG Signals Reveals Perceptual and Attentional States", *PLoS One*, v. 12, n. 4: e0176349 (26 abr. 2017). Disponível em: <doi.org/10.1371/journal.pone.0176349>; Boris Burle et al., "Spatial and Temporal Resolutions of EEG: Is It Really Black and White? A Scalp Current Density View", *International Journal of Psychophysiology*, v. 97, n. 3 (set. 2015), pp. 210-20. Disponível em: <doi.org/10.1016/j.ijpsycho.2015.05.004>.

171. Yahya Aghakhani et al., "CoLocalization Between the BOLD Response and Epileptiform Discharges Recorded by Simultaneous Intracranial EEG-fMRI at 3 T", *NeuroImage: Clinical* 7 (2015), pp. 755-63 Disponível em: <doi.org/10.1016/j.nicl.2015.03.002>; Brigitte Stemmer e Frank A. Rodden, "Functional Brain Imaging of Language Processes", em *International Encyclopedia of the Social & Behavioral Sciences*, James D. Wright (Org.), 2. ed. (Amsterdã: Elsevier Science, 2015), pp. 476-513. Disponível em: <doi.org/10.1016/B978-0-08-097086-8.54009-4>; Burle et al., "Spatial and Temporal Resolutions of EEG); Claudio Babiloni et al., "Fundamentals of Electroencefalography, Magnetoencefalography, and Functional Magnetic Resonance Imaging", em *Brain Machine Interfaces for Space Applications: Enhancing Astronaut Capabilities*, Luca Rossini, Dario Izzo Leopold Summerer (Org.) (Nova York, NY: Academic Press, 2009), p. 73. Disponível em: <books.google.co.uk/books?id=l5Q1bul_ZbEC>.

172. Para assistir a um vídeo do sistema BrainGate em ação, ver BrainGate Collaboration, "Thought Control of Robotic Arms Using the BrainGate System", NIHNINDS, vídeo do YouTube, 16 mai. 2012. Disponível em: <www.youtube.com/watch?v=QRt8QCx3BCo>.

173. Tech at Meta, "Imagining a New Interface: Hands-Free Communication Without Saying a Word", *Facebook Reality Labs*, 30 mar. 2020. Disponível em: <tech.fb.com/imagining-a-new-interface-hands-free-communication-without-saying-a-word>; Tech at Meta, "BCI Milestone: New Research from UCSF with Support from Facebook Shows the Potential of Brain-Computer Interfaces for Restoring Speech Communication", *Facebook Reality Labs*, 14 jul. 2021. Disponível em: <tech.fb.com/ar-vr/2021/07/bci-milestone-new-research-from-ucsf-with-support-from-facebook-shows-the-potential-of-brain-computer-interfaces-for-restoring-speech-communication>; Joseph G. Makin et al., "Machine Translation of Cortical Activity to Text with an Encoder-Decoder Framework", *Nature Neuroscience*, v. 23, n. 4 (30 mar. 2020), pp. 575-82. Disponível em: <doi.org/10.1038/s41593-020-0608-8>.

174. Antonio Regalado, "Facebook Is Ditching Plans to Make an Interface that Reads the Brain", MIT *Technology Review*, 14 jul. 2021 Disponível em: <www.technologyreview.com/2021/07/14/1028447/facebook-brain-reading-interface-stops-funding>.

175. Para uma explicação conceitual longa, mas bastante acessível, dos objetivos da Neuralink para interfaces cérebro-computador e o relatório técnico preliminar que explica essa tecnologia com mais detalhes técnicos, ver Tim Urban, "Neuralink and the Brain's Magical Future (G-Rated Version)", *Wait But Why*, 20 abr. 2017. Disponível em: <waitbutwhy.com/2017/04/neuralink-cleanversion.html>; Elon Musk e Neuralink, "An Integrated Brain-Machine Interface Platform with Thousands of Channels", documento preliminar da Neuralink, 17 jul. 2019, bioRxiv 703801. Disponível em: <doi.org/10.1101/703801>.

176. John Markoff, "Elon Musk's Neuralink Wants 'Sewing Machine-Like' Robots to Wire Brains to the Internet", *The New York Times*, 16 jul. 2019. Disponível em: <www.nytimes.com/2019/07/16/technology/neuralink-elon-musk.html>.

177. Para assistir ao macaco em ação, ver "Monkey MindPong", *Neuralink*, vídeo do YouTube, 8 abr. 2021. Disponível em: <www.youtube.com/watch?v=rsCu1sp4hQ>.

178. Kelsey Ables, "Musk's Neuralink Implants Brain Chip in its First Human Subject", *The Washington Post*, 30 jan. 2024. Disponível em: <www.washingtonpost.com/business/2024/01/30/neuralink-musk-first-human-brain-chip>; Neuralink, "Neuralink Clinical Trial", Neuralink. Acessado em: 6 fev. 2024. Disponível em: <neuralink.com/pdfs/PRIME-Study-Brochure.pdf>; Rachael Levy e Hyunjoo Jin, "Musk Expects Brain Chip Start-up Neuralink to Implant 'First Case' This Year", *Reuters*, 20 jun. 2023. Disponível em: <www.reuters.com/technology/musk-expects-brain-chip-start-up-neuralink-implant-first-case-this-year-2023-06-16>; Rachael Levy

e Marisa Taylor, "U.S. Regulators Rejected Elon Musk's Bid to Test Brain Chips in Humans, Citing Safety Risks", *Reuters*, 2 mar. 2023. Disponível em: <www.reuters.com/investigates/special-report/neuralink-musk-fda>; Mary Beth Griggs, "Elon Musk Claims Neuralink Is About 'Six Months' Away from First Human Trial", *The Verge*, 30 nov. 2022. Disponível em: <www.theverge.com/2022/11/30/23487307/neuralink-elon-musk-show-and-tell-2022>.

179. Andrew Tarantola, "DARPA Is Helping Six Groups Create Neural Interfaces for Our Brains", *Engadget*, 10 jul. 2017. Disponível em: <www.engadget.com/2017-07-10-darpa-taps-five-organizations-to-develop-neural-interface-tech.html>.

180. "Brown to Receive up to $19M to Engineer Next-Generation Brain-Computer Interface", Universidade Brown, 10 jul. 2017. Disponível em: <www.brown.edu/news/2017-07-10/neurograins>; Jihun Lee et al., "Wireless Ensembles of Sub-mm Microimplants Communicating as a Network near 1 GHz in a Neural Application", bioRxiv 2020.09.11.293829 (versão pré-publicação), 13 set. 2020. Disponível em: <www.biorxiv.org/content/10.1101/2020.09.11.293829v1>.

181. Para saber mais sobre a estrutura hierárquica do neocórtex, ver Stewart Shipp, "Structure and Function of the Cerebral Cortex", *Current Biology*, v. 17, n. 12 (19 jun. 2007): R443-R449. Disponível em: <www.cell.com/current-biology/pdf/S0960-9822(07)01148-7.pdf>; Claus C. Hilgetag e Alexandros Goulas, "'Hierarchy' in the Organization of Brain Networks", *Philosophical Transactions of the Royal Society B*, 24 fev. 2020. Disponível em: <doi.org/10.1098/rstb.2019.0319>; Jeff Hawkins et al., "A Theory of How Columns in the Neocortex Enable Learning the Structure of the World", *Frontiers in Neural Circuits*, 25 out. 2017. Disponível em: <doi.org/10.3389/fncir.2017.00081>.

182. Por "diretamente" quero dizer aqui que os neurônios biológicos e digitais estariam em comunicação funcional direta no sentido lógico e computacional. Mas os sinais físicos provavelmente seriam retransmitidos de e para a nuvem por um número menor de unidades de transmissão implantadas e/ou usadas no corpo.

183. Para uma breve explicação sobre o abismo entre a capacidade de linguagem animal e humana, ver Ben-Yami, "Can Animals Acquire Language?".

Capítulo 3: Quem sou eu?

1. Samuel Butler, *Erewhon: Or, Over the Range*, 2. ed. (Londres: Trübner & Co, 1872), p. 190. Disponível em: <www.gutenberg.org/files/1906/1906-h/1906-h.htm>.
2. Ibid., p. vi.
3. Para saber mais sobre o que a ciência e a filosofia nos dizem a respeito da consciência animal, ver Colin Allen e Michael Trestman, "Animal

Consciousness", em *Stanford Encyclopedia of Philosophy*, Edward N. Zalta (Org.) (inverno de 2017). Disponível em: <plato.stanford.edu/entries/consciousness-animal>; "Just How Smart Are Dolphins?", BBC *Earth*, vídeo do YouTube, 19 out. 2014. Disponível em: <www.youtube.com/watch?v=6M92OA-_5-Y>; John Green, "Non-Human Animals", *CrashCourse*, vídeo do YouTube, 16 jan. 2017. Disponível em: <www.youtube.com/watch?v=y3-BX-jN_Ac>; Joe Rogan e Roger Penrose, "Are Animals Conscious Like We Are?", *JRE Clips*, vídeo do YouTube, 18 dez. 2018. Disponível em: <www.youtube.com/watch?v=TlzY_KvGSZ4>.

4. Para saber mais sobre a consciência dos roedores, ver Alla Katnelson, "What the Rat Brain Tells Us About Yours", *Nautilus*, 13 abr. 2017. Disponível em: <nautil.us/issue/47/consciousness/what-the-rat-brain-tells-us-about-yours>; Jessica Hamzelou, "Zoned-Out Rats May Give Clue to Consciousness", *New Scientist*, 5 out. 2011. Disponível em: <www.newscientist.com/article/mg21128333-700>; Cyriel Pennartz et al., "Indicators and Criteria of Consciousness in Animals and Intelligent Machines: An Inside-Out Approach", *Frontiers in Systems Neuroscience*, v. 13, n. 25 (16 jul. 2019). Disponível em: <www.frontiersin.org/articles/10.3389/fnsys.2019.00025/full>; "Scientists Manipulate Consciousness in Rats", Institutos Nacionais de Saúde, 18 dez. 2015. Disponível em: <www.nih.gov/news-events/news-releases/scientists-manipulate-consciousness-rats>.

5. Douglas Fox, "Consciousness in a Cockroach", *Discover*, 10 jan. 2007. Disponível em: <discovermagazine.com/2007/jan/cockroach-consciousness-neuron-similarity>; Suzana Herculano-Houzel, "The Human Brain in Numbers: A Linearly Scaled-Up Primate Brain", *Frontiers in Human Neuroscience*, v. 3, n. 31 (5 ago. 2009). Disponível em: <www.ncbi.nlm.nih.gov/pmc/articles/PMC2776484>.

6. Colin Barras, "Smart Amoebas Reveal Origins of Primitive Intelligence", *New Scientist*, 29 out. 2008. Disponível em: <www.newscientist.com/article/dn15068>; Yuriv V. Pershin et al., "Memristive Model of Amoeba's Learning", *Physical Review E: Statistical Physics, Plasmas, Fluids, and Related Interdisciplinary Topics* 80, 021926 (27 jul. 2009). Disponível em: <arxiv.org/pdf/0810.4179.pdf>.

7. Para saber mais sobre consciência relativamente avançada dos animais, ver Philip Low et al., "The Cambridge Declaration on Consciousness", Conferência Francis Crick Memorial 2012: a Consciência nos Animais, Universidade de Cambridge, 7 jul. 2012. Disponível em: <fcmconference.org/img/CambridgeDeclarationOnConsciousness.pdf>; Virginia Morell, "Monkeys Master a Key Sign of Self-Awareness: Recognizing Their Reflections", *Science*, 13 fev. 2017. Disponível em: <www.sciencemag.org/news/2017/02/monkeys-master-key-sign-self-awareness-recognizing-their-reflections>; Melanie Boly et al., "Consciousness in Humans and

Non-human Animals: Recent Advances and Future Directions", *Frontiers in Psychology*, v. 4, n. 625 (31 out. 2013. Disponível em: <www.ncbi.nlm.nih.gov/pmc/articles/PMC3814086>; Marc Bekoff, "Animals Are Conscious and Should be Treated as Such", *New Scientist*, 19 set. 2012. Disponível em: <www.newscientist.com/article/mg21528836-200>; Elizabeth Pennisi, "Are Our Primate Cousins 'Conscious'?", *Science*, v. 284, n. 5423 (25 jun. 1999), pp. 2073-76.

8. Low et al., "Cambridge Declaration on Consciousness".

9. Danielle S. Bassett e Michael S. Gazzaniga, "Understanding Complexity in the Human Brain", *Trends in Cognitive Science*, v. 15, n. 5 (mai. 2011), pp. 200-209, Disponível em: <www.ncbi.nlm.nih.gov/pmc/articles/PMC3170818>; Xerxes D. Arsiwalla e Paul Verschure, "Measuring the Complexity of Consciousness", *Frontiers in Neuroscience*, v. 12, n. 424 (27 jun. 2018). Disponível em: <doi.org/10.3389/fnins.2018.00424>.

10. Para um vídeo acessível e instigante sobre os qualia e um tratamento enciclopédico mais aprofundado e técnico, ver Michael Stevens, "Is Your Red the Same as My Red?", *Vsauce*, vídeo do YouTube, 17 fev. 2013. Disponível em: <www.youtube.com/watch?v= evQsOFQju08>; Michael Tye, "Qualia", em *Stanford Encyclopedia of Philosophy*, Edward N. Zalta (Org.) (verão de 2018). Disponível em: <plato.stanford.edu/entries/qualia>.

11. Para saber mais sobre o conceito de zumbis de David Chalmers e o experimento mental relacionado ao "quarto chinês" de John Searle, mostrando por que a consciência subjetiva não pode ser comprovada a partir do comportamento, ver John Green, "Where Does Your Mind Reside?", *CrashCourse*, vídeo do YouTube, 1º ago. 2016. Disponível em: <www.youtube.com/watch?v=3SJROTXnmus>; John Green, "Artificial Intelligence & Personhood", *CrashCourse*, vídeo do YouTube, 8 ago. 2016. Disponível em: <www.youtube.com/watch?v=39EdqUbj92U>; Marcus Du Sautoy, "The Chinese Room Experiment: The Hunt for AI", *BBC Studios*, vídeo do YouTube, 17 set. 2015. Disponível em: <www.youtube.com/watch?v=D0MD4s-RHj1M>; Robert Kirk, "Zombies", em *Stanford Encyclopedia of Philosophy*, Edward N. Zalta (Org.) (primavera de 2019). Disponível em: <plato.stanford.edu/entries/zombies>; David Cole, "The Chinese Room Argument", em *Stanford Encyclopedia of Philosophy*, Edward N. Zalta (Org.) (primavera de 2019). Disponível em: <plato.stanford.edu/entries/chinese-room>.

12. Para mais detalhes sobre as ideias de Chalmers acerca dos difíceis e fáceis problemas da consciência, ver David Chalmers., "Hard Problem of Consciousness", *Serious Science*, vídeo do YouTube, 5 jul. 2016. Disponível em: <www.youtube.com/watch?v=C5DfnIjZPGw>; David Chalmers, "The Meta-Problem of Consciousness", *Talks at Google*, vídeo do YouTube, 2 abr. 2019. Disponível em: <www.youtube.com/watch?v=OsYUWtLQBS0>; David Chalmers, "Facing Up to the Problem of Consciousness", *Journal of*

Consciousness Studies, v. 2, n. 3 (1995), pp. 200-219. Disponível em: <consc.net/papers/facing.html>.

13. Para se aprofundar nos conceitos de Chalmers sobre zumbis, panprotopsiquismo e zumbis filosóficos, ver David Chalmers, "Panpsychism and Panprotopsychism", em *Panpsychism*, Godehard Bruntrup e Ludwig Jaskolla (Org.) (Nova York, NY: Oxford University Press, 2016). David Chalmers consc.net/papers/panpsychism.pdf>; David Chalmers, "Panpsychism and Explaining Consciousness", Oppositum, TED Talk, vídeo do YouTube, 19 jan. 2016. Disponível em: <www.youtube.com/watch?v=SiYfN7-gaLk>; David Chalmers, "How Does Panpsychism Fit in Between Dualism and Materialism?", *Loyola Productions Munich*, vídeo do YouTube, 8 nov. 2011. Disponível em: <www.youtube.com/watch?v=OSmfhc_8gew>.

14. Sir Roger Penrose, físico vencedor do Prêmio Nobel, desenvolveu, em colaboração com o médico Stuart Hameroff, uma provocativa teoria chamada "redução objetiva orquestrada" (Orch OR), que tenta explicar a consciência como algo decorrente de processos quânticos dentro de moléculas no interior dos neurônios chamadas microtúbulos. No entanto, até agora essa teoria não conseguiu obter grande aceitação da comunidade científica. Físicos como Max Tegmark observaram que os efeitos quânticos provavelmente se desintegrariam (processo de decoerência) muito rapidamente no cérebro para influenciar estruturas em macroescala e controlar o comportamento. Embora a Orch OR seja uma possibilidade fascinante, não encontrei nenhuma evidência convincente de que a física quântica seja necessária para explicar a consciência funcional no cérebro. Ver Steve Paulson, "Roger Penrose on Why Consciousness Does Not Compute", *Nautilus*, 27 abr. 2017. Disponível em: <nautil.us/roger-penrose-on-why-consciousness-does-not-compute-236591>; Max Tegmark, "The Importance of Quantum Decoherence in Brain Processes", *Physical Review E: Statistical Physics, Plasmas, Fluids, and Related Interdisciplinary Topics* 61 (mai. 2000), pp. 4194-206. Disponível em: <arxiv.org/pdf/quant-ph/9907009.pdf>; Stuart Hameroff, "How Quantum Brain Biology Can Rescue Conscious Free Will", *Frontiers in Integrative Neuroscience*, v. 6, artigo 93 (12 out. 2012). Disponível em: <doi.org/10.3389/fnint.2012.00093>.

15. Para um mergulho mais aprofundado sobre a questão do livre-arbítrio e as escolas de pensamento divergentes a respeito na filosofia e na política, ver John Green, "Determinism vs. Free Will", *Crash Course*, vídeo do YouTube, 15 ago. 2016. Disponível em: <www.youtube.com/watch?v=vC-GtkDzELAI>; M. S., "Free Will and Politics", *The Economist*, 12 jan. 2012. Disponível em: <www.economist.com/democracy-in-america/2012/01/12/free-will-and-politics>; Timothy O'Connor e Christopher Franklin, "Free Will", em *Stanford Encyclopedia of Philosophy*, Edward N. Zalta (Org.) (verão de 2019). Disponível em: <plato.stanford.edu/entries/freewill>;

Randolph Clarke e Justin Capes, "Incompatibilist (Nondeterministic) Theories of Free Will", em *Stanford Encyclopedia of Philosophy*, Edward N. Zalta (Org.) (primavera de 2017 Disponível em: <plato.stanford.edu/entries/incompatibilism-theories>; Michael McKenna e Justin D. Coates, "Compatibilism", em *Stanford Encyclopedia of Philosophy*, Edward N. Zalta (Org.) (inverno de 2018). Disponível em: <plato.stanford.edu/entries/compatibilism>.

16. Para uma série de interessantes perspectivas não técnicas sobre livre-arbítrio e predeterminação, ver Shaun Nichols, "Free Will Versus the Programmed Brain", *Scientific American*, 19 ago. 2008. Disponível em: <www.scientificamerican.com/article/free-will-vs-programmed-brain>; Bill Nye, "Hey Bill Nye, Do Humans Have Free Will?", *Big Think*, vídeo do YouTube, 19 jan. 2016. Disponível em: <www.youtube.com/watch?v=ITdMa2bCaVc>; Michio Kaku, "Why Physics Ends the Free Will Debate", *Big Think*, vídeo do YouTube, 20 mai. 2011. Disponível em: <www.youtube.com/watch?v=-Jint5kjoy6I>; Stephen Cave, "There's No Such Thing as Free Will", *The Atlantic*, jun. 2016. Disponível em: <www.theatlantic.com/magazine/archive/2016/06/theres-no-such-thing-as-free-will/480750>.

17. Simon Blackburn, *Think: A Compelling Introduction to Philosophy* (Oxford, Reino Unido: Oxford University Press, 1999), p. 85. Disponível em: <books.google.co.uk/books?id=yEEITQSyxAMC>.

18. Para explicações e demonstrações mais aprofundadas sobre autômatos celulares, ver Daniel Shiffman, "Cellular Automata", Capítulo 7 de *The Nature of Code* (Magic Book Project, 2012). Disponível em: <natureofcode.com/book/chapter-7-cellular-automata>; Devin Acker, "Elementary Cellular Automaton", Github.io. Acessado em: 10 mar. 2023. Disponível em: <devinacker.github.io/celldemo>; Francesco Berto e Jacopo Tagliabue, "Cellular Automata", em *Stanford Encyclopedia of Philosophy*, Edward N. Zalta (Org.) (outono de 2017). Disponível em: <plato.stanford.edu/archives/fall2017/entries/cellular-automata>.

19. "John Conway's Game of Life", Bitstorm.org. Acessado em: 10 mar. 2023. Disponível em: <bitstorm.org/gameoflife; "Life in Life", *Phillip Bradbury*, vídeo do YouTube, 13 mai. 2012. Disponível em: <www.youtube.com/watch?v=xP5-iIeKXE8>; Amanda Ghassaei, "OTCA Metapixel — Conway's Game of Life", Trybotics. Acessado em: 10 mar. 2023. Disponível em: <trybotics.com/project/OTCA-Metapixel-Conways-Game-of-Life-98534>.

20. Stephen Wolfram, *A New Kind of Science* (Champaign, Illinois: Wolfram Media, 2002), pp. 23-41, 58-70.

21. Wolfram, *New Kind of Science*, p. 56. Disponível em: <wolframscience.com/nks>.

22. Wolfram, *New Kind of Science*, p. 56. Disponível em: <wolframscience.com/nks>.

23. Wolfram, *New Kind of Science*, pp. 23-27, 31. Disponível em: <wolframscience.com/nks>.
24. Wolfram, *New Kind of Science*, pp. 23-27, 31. Disponível em: <wolframscience.com/nks>.
25. Para o fundamental artigo de Wolfram sobre autômatos celulares e complexidade, ver Stephen Wolfram, "Cellular Automata as Models of Complexity", *Nature*, v. 311, n. 5985 (out. 1984). Disponível em: <www.stephenwolfram.com/publications/academic/cellular-automata-models-complexity.pdf>.
26. Para uma rápida explicação sobre a emergência, ver Emily Driscoll e Lottie Kingslake, "What Is Emergence?", *Quanta Magazine*, vídeo do YouTube, 20 dez. 2018. Disponível em: <www.youtube.com/watch?v=TlysTnxF_6c>.
27. Wolfram, *New Kind of Science*, p. 31.
28. Para examinar mais informações sobre o Projeto Wolfram Physics, incluindo visualizações e ferramentas interativas, visite www.wolframphysics.org. Para uma detalhadíssima explicação técnica, ver Stephen Wolfram, "A Class of Models with the Potential to Represent Fundamental Physics", *Complex Systems*, v. 29, n. 2 (abr. 2020), pp. 107-536. Disponível em: <doi.org/10.25088/ComplexSystems.29.2.107>.
29. A forma de determinismo à prova de previsão de Wolfram também é compatível com a aparente aleatoriedade dos eventos quânticos — eles estariam seguindo regras determinísticas, mas não de uma forma que pudesse revelar qualquer informação útil sobre o seu comportamento futuro. É importante notar que, embora as propriedades da física quântica possam ser utilizadas para gerar números que são verdadeiramente aleatórios no que diz respeito a qualquer pessoa no universo, eles não têm propriedades emergentes como os autômatos de classe 4. Em outras palavras, se você sabe que obterá uma distribuição aleatória e não ponderada de 1 e 0, nada mais complexo surgirá disso. Pode haver sequências longas como 11111111, por exemplo, mas cada novo dígito não está relacionado ao anterior. Assim, você pode dizer imediatamente que as chances do bilionésimo dígito ser 1 são de 50%, sem precisar saber nada sobre os que vieram antes. Isso condiz com o paradigma científico comum, em que as próprias leis explicam por completo o comportamento dos fenômenos que descrevem. Ver Xiongfeng Ma et al., "Quantum Random Number Generation", *npj Quantum Information*, v. 2, artigo 16021 (28 jun. 2016). Disponível em: <www.nature.com/articles/npjqi201621>.
30. Para obter mais explicações sobre o Blue Brain Project, que descobriu as estruturas cerebrais de onze dimensões e está trabalhando para mapear e reconstruir digitalmente cérebros de animais (e, no futuro, de humanos), ver "Blue Brain Team Discovers a Multi-Dimensional Universe in Brain Networks", *Frontiers Science News*, 12 jun. 2017. Disponível em: <blog.

frontiersin.org/2017/06/12/blue-brain-team-discovers-a-multi-dimensional-universe-in-brain-networks>; Michael W. Reimann et al., "Cliques of Neurons Bound into Cavities Provide a Missing Link Between Structure and Function", *Frontiers in Computational Neuroscience*, v. 11, n. 48 (12 jun. 2017). Disponível em: <doi.org/10.3389/fncom.2017.00048>.

31. Ver John Green, "Compatibilism", *CrashCourse*, vídeo do YouTube, ago. 2016. Disponível em: <www.youtube.com/watch?v=KETTtiprINU>; McKenna e Coates, "Compatibilism".

32. Trata-se de uma forma de compatibilismo, a escola filosófica de pensamento para a qual o livre-arbítrio é significativamente possível, mesmo em um universo que obedeça a algum tipo de regra determinística. Ver Green, "Compatibilism"; McKenna e Coates, "Compatibilism", *Stanford Encyclopedia*.

33. Para saber mais sobre a relação entre os hemisférios do nosso cérebro, conforme o que a neurociência revelou nas últimas décadas, ver Ned Herrmann, "Is It True That Creativity Resides in the Right Hemisphere of the Brain?", *Scientific American*, 26 jan. 1998. Disponível em: <www.scientificamerican.com/article/is-it-true-that-creativit>; Dina A. Lienhard, "Roger Sperry's Split Brain Experiments (1959-1968)", *Embryo Project Encyclopedia*, 27 dez. 2017. Disponível em: <embryo.asu.edu/pages/roger-sperrys-split-brain-experiments-1959-1968>; David Wolman, "The Split Brain: A Tale of Two Halves", *Nature*, v. 483, n. 7389 (14 mar. 2012), pp. 260-63. Disponível em: <www.nature.com/news/the-split-brain-a-tale-of-two-halves-1.10213>.

34. Stella de Bode e Susan Curtiss, "Language After Hemispherectomy", *Brain and Cognition*, v. 43, nos 1-3 (jun.-ago. 2000): pp. 135-205.

35. Dana Boatman et al., "Language Recovery After Left Hemispherectomy in Children with Late-Onset Seizures", *Annals of Neurology*, v. 46, n. 4 (abr. 1999), pp. 579-86. Disponível em: <www.academia.edu/21485724/Language_recovery_after_left_hemispherectomy_in_children_with_late-onset_seizures>.

36. Jing Zhou et al., "Axon Position Within the Corpus Callosum Determines Contralateral Cortical Projection", *Proceedings of the National Academy of Sciences*, v. 110, n. 29 (16 jul. 2013), E2714-E2723. Disponível em: <doi.org/10.1073/pnas.1310233110>.

37. Benedict Carey, "Decoding the Brain's Cacophony", *The New York Times*, 31 out. 2011. Disponível em: <www.nytimes.com/2011/11/01/science/telling-the-story-of-the-brains-cacophony-of-competing-voices.html>; Michael Gazzaniga, "The Split Brain in Man", *Scientific American*, v. 217, n. 2 (ago. 1967), pp. 24-29. Disponível em: <doi.org/10.1038%2Fscientificamerican0867-24>; Alan Alda e David Huntley, "Pieces of Mind", *Scientific American Frontiers* (PBS, 1997), CTSHAD, vídeo do YouTube. Disponível em: <www.youtube.com/watch?v=lfGwsAdS9Dc>.

38. Michael S. Gazzaniga, "Principles of Human Brain Organization Derived from Split-Brain Studies", *Neuron*, v. 14, n. 2 (fev. 1995), pp. 217-28. Disponível em: <doi.org/10.1016/0896-6273(95)90280-5>; Roger W. Sperry, "Consciousness, Personal Identity, and the Divided Brain", em *The Dual Brain: Hemispheric Specialization in Humans*, D. F. Benson e Eran Zaidel (Org.) (Nova York, NY: Guilford Publications, 1985), pp. 11-25; William Hirstein, "Self-Deception and Confabulation", *Philosophy of Science*, v. 67, n. 3 (set. 2000), pp. S418-S429. Disponível em: <www.jstor.org/stable/188684>.
39. Gazzaniga, "Principles of Human Brain Organization"; Sperry, "Consciousness, Personal Identity, and the Divided Brain"; Hirstein, "Self-Deception and Confabulation".
40. Richard Apps et al., "Cerebellar Modules and Their Role as Operational Cerebellar Processing Units", *Cerebellum*, v. 17, n. 5 (6 jun. 2018), pp. 654-682. Disponível em: <doi.org/10.1007/s12311-018-0952-3>; Jan Voogd, "What We Do Not Know About Cerebellar Systems Neuroscience", *Frontiers in Systems Neuroscience*, v. 8, n. 227 (18 dez. 2014). Disponível em: <doi.org/10.3389/fnsys.2014.00227>.
41. Para saber mais sobre a teoria da "sociedade da mente" e como ela se relaciona com a neurociência atual, ver Marvin Minsky, "The Society of Mind Theory Developed from Teaching", *Web of Stories: Life Stories of Remarkable People*, vídeo do YouTube, 5 out. 2016. Disponível em: <www.youtube.com/watch?v=HU2SZEW4EWg>; Marvin Minsky, "Biological Plausibility of the Society of Mind Theory", *Web of Stories: Life Stories of Remarkable People*, vídeo do YouTube, 31 out. 2016. Disponível em: <www.youtube.com/watch?v=eo2WbBdoF7o>; Michael N. Shadlen e Adina L. Roskies, "The Neurobiology of Decision-Making and Responsibility: Reconciling Mechanism and Mindedness", *Frontiers in Neuroscience*, v. 6, n. 56 (23 abr. 2012). Disponível em: <doi.org/10.3389/fnins.2012.00056>; Johannes Friedrich e Máté Lengyel, "Goal-Directed Decision Making with Spiking Neurons", *Journal of Neuroscience*, v. 36, n. 5 (3 fev. 2016), pp. 1529-46. Disponível em: <doi.org/10.1523/JNEUROSCI.2854-15.2016>; Marvin Minsky, *The Society of Mind* (Nova York, NY: Simon & Schuster, 1986).
42. Sarvi Sharifi et al., "Neuroimaging Essentials in Essential Tremor: A Systematic Review", *NeuroImage Clinical*, v. 5 (mai. 2014), pp. 217-31. Disponível em: <doi.org/10.1016/j.nicl.2014.05.003>; Rick C. Helmich, David E. Vaillancourt e David J. Brooks, "The Future of Brain Imaging in Parkinson's Disease", *Journal of Parkinson's Disease*, v. 8, n. s1 (2018), pp. S47-S51. Disponível em: <doi.org/10.3233/JPD-181482>.
43. Para saber mais sobre a filosofia por trás da identidade e da mudança, ver Andre Gallois, "Identity Over Time", em *Stanford Encyclopedia of Philosophy*, Edward N. Zalta (Org.) (inverno de 2016). Disponível em: <plato.stanford.edu/entries/identity-time>.

44. Duncan Graham-Rowe, "World's First Brain Prosthesis Revealed", *New Scientist*, mar. 2003. Disponível em: <www.newscientist.com/article/dn3488>.
45. Robert E. Hampson et al., "Developing a Hippocampal Neural Prosthetic to Facilitate Human Memory Encoding and Recall", *Journal of Neural Engineering*, v. 15, n. 3 (28 mar. 2018). Disponível em: <doi.org/10.1088/1741-2552/aaaed7>.
46. Para uma explicação menos técnica e uma explicação mais técnica da renovação mitocondrial, ver Jon Lieff, "Dynamic Relationship of Mitochondria and Neurons", jonlieffmd.com, 2 fev. 2014. Disponível em: <jonlieffmd.com/tag/dynamic-of-fission-and-fusion>; Thomas Misgeld e Thomas L. Schwarz, "Mitostasis in Neurons: Maintaining Mitochondria in an Extended Cellular Architecture", *Neuron*, v. 96, n. 3 (1º nov. 2017), pp. 651-66. Disponível em: <www.ncbi.nlm.nih.gov/pmc/articles/PMC5687842>.
47. Samuel F. Bakhoum e Duane A. Compton, "Kinetochores and Disease: Keeping Microtubule Dynamics in Check!", *Current Opinion in Cell Biology*, v. 24, n. 1 (fev. 2012), pp. 64-70. Disponível em: <www.ncbi.nlm.nih.gov/pmc/articles/PMC3294090/#R13>; Vincent Meininger e Stephane Binet, "Characteristics of Microtubules at the Different Stages of Neuronal Differentiation and Maturation", *International Review of Cytology*, v. 114 (1989), pp. 21-79. Disponível em: <doi.org/10.1016/S0074-7696(08)60858-X>.
48. Laurie D. Cohen et al., "Metabolic Turnover of Synaptic Proteins: Kinetics, Interdependencies and Implications for Synaptic Maintenance", *PLoS One*, v. 8, n. 5: e63191 (2 mai. 2013). Disponível em: <doi.org/10.1371/journal.pone.0063191>.
49. K. H. Huh e R. J. Wenthold, "Turnover Analysis of Glutamate Receptors Identifies a Rapidly Degraded Pool of the N-methyl-D-aspartate Receptor Subunit, NR1, in Cultured Cerebellar Granule Cells", *Journal of Biological Chemistry*, v. 274, n. 1 (1º jan. 1999), pp. 151-57. Disponível em: <www.ncbi.nlm.nih.gov/pubmed/9867823>.
50. Erin N. Star, David J. Kwiatkowski e Venkatesh N. Murthy, "Rapid Turnover of Actin in Dendritic Spines and its Regulation by Activity", *Nature Neuroscience*, v. 5, n. 3 (mar. 2002), pp. 239-46. Disponível em: <www.ncbi.nlm.nih.gov/pubmed/11850630>.
51. "Female Reproductive System", Clínica Cleveland. Acessado em: 10 mar. 2023. Disponível em: <my.clevelandclinic.org/health/articles/9118-female-reproductive-system>; Robert D. Martin, "The Macho Sperm Myth", *Aeon*, 23 ago. 2018. Disponível em: <aeon.co/essays/the-idea-that-sperm-race-to-the-egg-is-just-another-macho-myth>.
52. Timothy G. Jenkins et al., "Sperm Epigenetics and Aging", *Translational Andrology and Urology*, v. 7, suplemento 3 (jul. 2018), pp. S328-S335. Disponível em: <doi.org/10.21037/tau.2018.06.10>; Ida Donkin e Romain Barrès,

"Sperm Epigenetics and the Influence of Environmental Factors", *Molecular Metabolism*, v. 14 (ago. 2018), pp. 1-11. Disponível em: <doi.org/10.1016/j.molmet.2018.02.006>.

53. Holly C. Betts et al., "Integrated Genomic and Fossil Evidence Illuminates Life's Early Evolution and Eukaryote Origin", *Nature Ecology & Evolution* 2 (20 ago. 2018), pp. 1556-62. Disponível em: <doi.org/10.1038/s41559-018-0644-x>; Elizabeth Pennisi, "Life May Have Originated on Earth 4 Billion Years Ago, Study of Controversial Fossils Suggests", *Science*, 18 dez. 2017. Disponível em: <www.sciencemag.org/news/2017/12/life-may-have-originated-earth-4-billion-years-ago-study-controversial-fossils-suggests>; Michael Marshall, "Timeline: The Evolution of Life", *New Scientist*, 14 jul. 2009. Disponível em: <institutions.newscientist.com/article/dn17453-timeline-the-evolution-of-life>.

54. Sem levar em conta as probabilidades de nossos pais se conhecerem e nos conceberem, as probabilidades de quaisquer duas células reprodutivas específicas se encontrarem e terem um filho são de cerca de 1 em 2 quintilhões. O mesmo se aplica a ambos e a seus avós, e ao longo de toda a sua árvore genealógica. Tenha em mente um determinado ancestral, mesmo vários séculos no passado: você provavelmente não recebeu nenhum dos genes dele, mas se algum elo da cadeia genética tivesse sido quebrado, seus ancestrais intermediários talvez não tivessem nascido, poderiam ter morrido precocemente de doenças hereditárias ou se casado com pessoas diferentes. Cada ramo da sua árvore genealógica repousa sobre esse fio de contingência.

Portanto (falando *grosso modo*), as probabilidades genéticas e epigenéticas de toda a ancestralidade humana que leva até você são de 1 em 2.000.000.000.000.000.000, elevadas à potência do número de ancestrais que você tem — mas não apenas "ancestrais únicos". Seus centésimos bisavós provavelmente viveram em algum momento entre Buda e Jesus. Basta multiplicar o tamanho da sua árvore genealógica para mostrar que você tinha cerca de 1,3 nonilhão de centésimos bisavós, quando a população humana era inferior a 400 milhões de pessoas. A resposta para esse mistério é a endogamia. Ao rastrear sua árvore genealógica, você descobrirá que seus ancestrais eram, todos, primos distantes uns dos outros, de modo que uma única pessoa pode ser seu ancestral de muitas maneiras diferentes. Para uma contagem normal de ancestrais, nos concentraríamos nesses indivíduos únicos. No entanto, para estimar a improbabilidade de nossa própria ascendência, estamos interessados nos relacionamentos; portanto, deveríamos contar a mesma pessoa duas vezes se ela fosse seu oitavo e nono bisavô, porque ainda era uma questão de acaso essa pessoa desempenhar ambos os papéis.

Como já existiram cerca de 10 mil gerações de *Homo sapiens*, sua identidade exata depende de cerca de $2^{210.000}$ eventos de ancestralidade — cerca de $4 \times 10^{3.010}$. E, assim, 2 quintilhões elevados a esse número como expoente dá-nos o denominador das probabilidades globais, que é cerca de $10^{103.011}$. Esse número é muito maior até mesmo do que um gugolplex, e tem mais zeros do que átomos no universo conhecido. E isso é apenas para a humanidade. Richard Dawkins, biólogo de Oxford, estima que se passaram 300 milhões de gerações desde os protostômios, alguns dos nossos primeiros ancestrais que se reproduziram sexualmente. Não existem dados rigorosos que remontem ao início da vida, quase 4 bilhões de anos atrás, mas as estimativas mais prováveis situam-se na ordem de 1 trilhão de gerações. Basta dizer que a razão de probabilidade de toda essa genealogia torna-se tão estupendamente grande que não conseguimos compreendê-la em termos intelectuais. Estamos todos no topo de uma montanha de acasos e boa sorte que se estende de maneira tão profunda no espaço e no tempo que não conseguimos enxergar a sua base.

Para saber mais sobre a evolução humana e as evidências subjacentes a essas estimativas, ver Max Ingman et al., "Mitochondrial Genome Variation and the Origin of Modern Humans", *Nature*, v. 408 (7 dez. 2000), p. 713. Disponível em: <www.eva.mpg.de/fileadmin/content_files/staff/paabo/pdf/Ingman_MitNat_2000.pdf>; Donn Devine, "How Long Is a Generation?", Ancestry.ca, 10 mar. 2023. Disponível em: <web.archive.org/web/20200111102741/https://www.ancestry.ca/learn/learningcenters/default.aspx?section=lib_Generation>; Adam Rutherford, "Ant and Dec's DNA Test Merely Tells Us That We're All Inbred", *The Guardian*, 12 nov. 2019. Disponível em: <www.theguardian.com/commentisfree/2019/nov/12/ant-and-dec-dna-test-all-inbred-historical-connections>; Alva Noë, "DNA, Genealogy and the Search for Who We Are", NPR, 29 jan. 2016. Disponível em: <www.npr.org/sections/13.7/2016/01/29/464805509/dna-genealogy-and-the-search-for-who-we-are>; Alison Jolly, *Lucy's Legacy: Sex and Intelligence in Human Evolution* (Cambridge, Massachusetts: Harvard University Press, 1999), p. 55. Disponível em: <books.google.co.uk/books?id=7mSMa-2Zl_YkC>; Simon Conway Morris, "The Fossils of the Burgess Shale and the Cambrian 'Explosion': Their Implications for Evolution", em *Killers in the Brain: Essays in Science and Technology from the Royal Institution*, Peter Day (Org.) (Oxford, Reino Unido: Oxford University Press, 1999), p. 22. Disponível em: <books.google.co.uk/books?id=v3E04UqbbYsC>; Richard Dawkins e Yan Wong, *The Ancestor's Tale: A Pilgrimage to the Dawn of Evolution* (Nova York: Houghton Mifflin Harcourt, 2004), 379; John Carl Villanueva, "How Many Atoms Are in the Universe?", *Universe Today*, 30 jul. 2009. Disponível em: <www.universetoday.com/36302/atoms-in-the-universe>; Tim Urban, "Meet Your Ancestors (All of Them)", *Wait But Why*, 18 dez. 2013. Disponível em: <waitbutwhy.com/2013/12/your-ancestor-is--jellyfish.html>.

55. Para algumas perspectivas científicas sobre o ajuste fino, ver Leonard Susskind, "Is the Universe Fine-Tuned for Life and Mind?", *Closer to Truth*,

vídeo do YouTube, 8 jan. 2013. Disponível em: <www.youtube.com/watch?v=2cT4zZIHR3s>; Martin J. Rees, "Why Cosmic Fine-Tuning Demands Explanation", *Closer to Truth*, vídeo do YouTube, 23 jan. 2017. Disponível em: <www.youtube.com/watch?v=EozdXj6fSGY>; Simon Friedrich, "Fine-Tuning", em *Stanford Encyclopedia of Philosophy*, Edward N. Zalta (Org.) (inverno de 2018). Disponível em: <plato.stanford.edu/entries/fine-tuning/#FineTuneCondEarlUniv>.

56. De acordo com o Modelo Padrão, existem seis tipos de quarks, seis antiquarks, seis léptons, seis antiléptons, oito glúons, fótons, bósons W+, bósons W, bósons Z e o bóson de Higgs. Para saber mais sobre o chamado "zoológico de partículas" do Modelo Padrão, ver Julian Huguet, "Subatomic Particles Explained in Under 4 Minutes", *Seeker*, vídeo do YouTube, 18 dez. 2014. Disponível em: <www.youtube.com/watch?v=eD7hXLRqWWM>; Peter Kalmus, "The Physics of Elementary Particles: Part I", *Plus Magazine*, 21 abr. 2015. Disponível em: <plus.maths.org/content/physics-elementary-particles>; Guido Altarelli e James Wells, "Gauge Theories and the Standard Model", em *Collider Physics Within the Standard Model*, v. 937 de *Lecture Notes in Physics*, James Wells (Org.) (Cham, Suíça: Springer Open, 2017). Disponível em: <doi.org/10.1007/978-3-319-51920-3_1>.

57. Para explicações úteis sobre abiogênese e o experimento Miller-Urey de 1952 que demonstrou sua viabilidade, ver Paul Anderson, "Abiogenesis", *Bozeman Science*, vídeo do YouTube, 25 jun. 2011. Disponível em: <www.youtube.com/watch?v=W3ceg—uQKM>; "What Was the Miller-Urey Experiment", *Stated Clearly*, vídeo do YouTube, 27 out. 2015. Disponível em: <www.youtube.com/watch?v=NNijmxsKGbc>.

58. Friedrich, "Fine-Tuning", *Stanford Encyclopedia*; Luke A. Barnes, "The Fine-Tuning of the Universe for Intelligent Life", *Publications of the Astronomical Society of Australia*, v. 29, n. 4 (2012), pp. 529-64. Disponível em: <doi:10.1071/AS12015>.

59. Friedrich, "Fine-Tuning", *Stanford Encyclopedia*; Lawrence J. Hall et al., "The Weak Scale from BBN", *Journal of High Energy Physics* 2014, n. 12, artigo 134 (2014). Disponível em: <doi.org/10.1007/JHEP12(2014)134>; Bernard J. Carr e Martin J. Rees, "The Anthropic Principle and the Structure of the Physical World", *Nature* v. 278 (12 abr. 1979), pp. 605-12. Disponível em: <www.nature.com/articles/278605a0>.

60. Craig J. Hogan, "Why the Universe Is Just So", *Reviews of Modern Physics*, v. 72, n. 4 (1º out. 2000), pp. 1149-61. Disponível em: <journals.aps.org/rmp/abstract/10.1103/RevModPhys.72.1149>; Craig J. Hogan, "Quarks, Electrons, and Atoms in Closely Related Universes", em *Universe or Multiverse*, Bernard Carr (Cambridge, Reino Unido: Cambridge University Press, 2007), pp. 221-30.

61. Hogan, "Why the Universe Is Just So"; Hogan, "Quarks, Electrons, and Atoms", pp. 221-30.
62. Hogan, "Quarks, Electrons, and Atoms", p. 224.
63. Ibid., pp. 224-25.
64. Ibidem.
65. Para uma investigação mais aprofundada de evidências sobre o ajuste fino das leis físicas, incluindo o ajuste fino da gravidade necessário para a formação de elementos pesados, ver Friedrich, "Fine-Tuning", *Stanford Encyclopedia*; Carr e Rees, "Anthropic Principle and the Structure of the Physical World", pp. 605-12.
66. Michael Brooks, "Gravity Mysteries: Why Is Gravity Fine-Tuned?", *New Scientist*, 10 jun. 2009. Disponível em: <www.newscientist.com/article/mg20227123-000>.
67. Tim Radford, "Just Six Numbers: The Deep Forces That Shape the Universe by Martin Rees — Review", *The Guardian*, 8 jun. 2012. Disponível em: <www.theguardian.com/science/2012/jun/08/just-six-numbers-martin-rees-review>; Brooks, "Gravity Mysteries: Why Is Gravity Fine-Tuned?"
68. Friedrich, "Fine-Tuning", *Stanford Encyclopedia*; Max Tegmark e Martin J. Rees, "Why Is the Cosmic Microwave Background Fluctuation Level 10^{-5}?", *Astronomical Journal*, v. 499, n. 2 (1º jun. 1998), pp. 526-32. Disponível em: <iopscience.iop.org/article/10.1086/305673/pdf>.
69. Friedrich, "Fine-Tuning", *Stanford Encyclopedia*; Tegmark e Rees, "Why Is the Cosmic Microwave Background Fluctuation Level 10^{-5}?"
70. Martin J. Rees, *Just Six Numbers: The Deep Forces That Shape the Universe* (Nova York: Weidenfeld & Nicholson, 1999), p. 104.
71. Ibidem.
72. Friedrich, "Fine-Tuning", *Stanford Encyclopedia*; Roger Penrose, *The Road to Reality: A Complete Guide to the Laws of the Universe* (Nova York: Vintage, 2004), pp. 729-30.
73. Tony Padilla, "How Many Particles in the Universe?", *Numberphile*, vídeo do YouTube, 10 jul. 2017. Disponível em: <www.youtube.com/watch?v=lp-joE0aomlU>; Villanueva, "How Many Atoms Are in the Universe?"; Jacob Aron, "Number of Ways to Arrange 128 Balls Exceeds Atoms in Universe", *New Scientist*, 28 jan. 2016. Disponível em: <www.newscientist.com/article/2075593>.
74. Luke Barnes (L. A. Barnes), "The Fine-Tuning of the Universe for Intelligent Life", *Publications of the Astronomical Society of Australia*, v. 29, n. 4 (7 jun. 2012), p. 531. Disponível em: <www.publish.csiro.au/as/pdf/AS12015>.
75. Brad Lemley, "Why Is There Life?", *Discover*, nov. 2000. Disponível em: <discovermagazine.com/2000/nov/cover>.
76. Para saber mais sobre o princípio antrópico, incluindo uma fascinante conversa entre o biólogo ateu Richard Dawkins e o astrônomo católico

Pe. George Coyne, ver Roberto Trotta, "What Is the Anthropic Principle?", *Physics World*, vídeo do YouTube, 17 jan. 2014. Disponível em: <www.youtube.com/watch?v=dWkJ8Pl-8l8>; Richard Dawkins e George Coyne, "The Anthropic Principle", jlcamelo, 9 jul. 2010. Disponível em: <youtu.be/lm-9ZtYkd kEQ?t=102>; Joe Rogan e Nick Bostrom, "Joe Rogan Experience #1350 — Nick Bostrom", PowerfulJRE, 11 set. 2019. Disponível em: <web.archive.org/web/20190918171740/https://www.youtube.com/watch?v=5c-4cv7rVlE8>; Christopher Smeenk e George Ellis, "Philosophy of Cosmology", em *Stanford Encyclopedia of Philosophy*, Edward N. Zalta (Org.) (inverno de 2017). Disponível em: <plato.stanford.edu/entries/cosmology>.

77. Lemley, "Why Is There Life?".
78. Para uma explicação acessível sobre GANs (redes adversárias generativas) e alguns fascinantes artigos sobre tecnologias emergentes que permitirão recriar os mortos via IA, ver Robert Miles, "Generative Adversarial Networks (GANs)", *Computerphile*, vídeo do YouTube, 25 out. 2017. Disponível em: <www.youtube.com/watch?v=Sw9r8CL98N0>; Michael Kammerer, "I Trained an AI to Imitate My Own Art Style. This Is What Happened", *Towards Data Science*, 28 mar. 2019. Disponível em: <towardsdatascience.com/i-trained-an-ai-to-imitate-my-own-art-style-this-is-what-happened--461785b9a15b>; Ana Santos Rutschman, "Artificial Intelligence Can Now Emulate Human Behaviors — Soon It Will Be Dangerously Good", *The Conversation*, 5 abr. 2019. Disponível em: <theconversation.com/artificial--intelligence-can-now-emulate-human-behaviors-soon-it-will-be-dangerously-good-114136>; Catherine Stupp, "Fraudsters Used AI to Mimic CEO's Voice in Unusual Cybercrime Case", *The Wall Street Journal*, 30 ago. 2019. Disponível em: <www.wsj.com/articles/fraudsters-use-ai-to-mimic--ceos-voice-in-unusual-cybercrime-case-11567157402>; David Nield, "New AI Generates Freakishly Realistic People Who Don't Actually Exist", *Science Alert*, 19 fev. 2019. Disponível em: <www.sciencealert.com/ai-is-getting-creepily-good-at-generating-faces-for-people-who-dont-actually-exist>; Alec Radford et al., "Better Language Models and Their Implications", OpenAI, 14 fev. 2019. Disponível em: <openai.com/blog/better-language-models>; Richard Socher, "Introducing a Conditional Transformer Language Model for Controllable Generation", Salesforce Einstein. Acessado em: 10 mar. 2023. Disponível em: <blog.einstein.ai/introducing-a-conditional-transformer-language-model-for-controllable-generation>.
79. Jeffrey Grubb, "Google Duplex; A.I. Assistant Calls Local Businesses to Make Appointments", *Jeff Grubb's Game Mess*, vídeo do YouTube, 8 mai. 2018. Disponível em: <www.youtube.com/watch?v=D5VN56jQMWM>.
80. Monkeypaw Productions e BuzzFeed, "You Won't Believe What Obama Says in This Video", *BuzzFeedVideo*, vídeo do YouTube, 17 abr. 2018.

Disponível em: <www.youtube.com/watch?v=cQ54GDm1eL0>; "Could Deepfakes Weaken Democracy?", *The Economist*, vídeo do YouTube, 22 out. 2019. Disponível em: <www.youtube.com/watch?v=_m2dRDQEC1A>; Kristin Houser, "This 'RoboTrump' AI Mimics the President's Writing Style", *Futurism*, 23 out. 2019. Disponível em: <futurism.com/robotrump-ai-text-generator-trump>.

81. "No Country for Old Actors", *Ctrl Shift Face*, vídeo do YouTube, 13 nov. 2019. Disponível em: <www.youtube.com/watch?v=Ow_uufCxm1A>.

82. Casey Newton, "Speak, Memory", *The Verge*, 6 out. 2016. Disponível em: <www.theverge.com/a/luka-artificial-intelligence-memorial-roman-mazurenko-bot>.

83. Para um olhar claro e envolvente sobre a ciência por trás do "vale da estranheza", ver Michael Stevens, "Why Are Things Creepy?", *Vsauce*, vídeo do YouTube, 2 jul. 2013. Disponível em: <www.youtube.com/watch?v=PEikGKDVsCc>.

84. Para saber mais sobre o desenvolvimento realista do Android e o paradoxo de Moravec, ver Tim Hornyak, "Insanely Humanlike Androids Have Entered the Workplace and Soon May Take Your Job", *CNBC*, 31 out. 2019. Disponível em: <www.cnbc.com/2019/10/31/human-like-androids-have-entered-the-workplace-and-may-take-your-job.html>; Jade Tan-Holmes, "Moravec's Paradox — Why Are Machines So Smart, Yet So Dumb?", *Up and Atom*, vídeo do YouTube, 8 jul. 2019. Disponível em: <www.youtube.com/watch?v=hcfVRkC3Dp0>; John Carew Eccles, "Evolution of Consciousness", *Proceedings of the National Academy of Sciences of the United States of America*, v. 89, n. 16 (15 ago. 1992), pp. 7320-24. Disponível em: <www.ncbi.nlm.nih.gov/pmc/articles/PMC49701>; Hans Moravec, *Mind Children* (Cambridge, Massachusetts: Harvard University Press, 1988), pp. 1-50.

85. John Hawks, "How Has the Human Brain Evolved?", *Scientific American Mind*, v. 24, n. 3 (1º jul. 2013), p. 76. Disponível em: <doi.org/10.1038/scientificamericanmind0713-76b>.

86. "ASIMO World2001-2/3", *jnomw*, vídeo do YouTube, 28 out. 2006. Disponível em: <www.youtube.com/watch?v=Ph_B_5hKRIE>.

87. "More Parkour Atlas", *BostonDynamics*, vídeo do YouTube, 24 set. 2019. Disponível em: <www.youtube.com/watch?v=_sBBaNYex3E>.

88. "Sophia the Robot by Hanson Robotics", *Hanson Robotics Limited*, vídeo do YouTube, 5 set. 2018. Disponível em: <www.youtube.com/watch?v=BhU9hO05Cuc>; "Meet Little Sophia, Hanson Robotics' Newest Robot", *Hanson Robotics Limited*, vídeo do YouTube, 11 fev. 2019. Disponível em: <www.youtube.com/watch?v=7cGRPvN5430>; "Ameca Expressions with GPT3/4", *Engineered Arts*, vídeo do YouTube, 31 mar. 2023. Disponível em: <www.youtube.com/watch?v=yUszJyS3d7A>.

89. Anders Sandberg e Nick Bostrom, *Whole Brain Emulation: A Roadmap*, relatório técnico 2008-3, Instituto Futuro da Humanidade, Universidade de Oxford (2008), p. 13. Disponível em: <www.fhi.ox.ac.uk/brain-emulation-roadmap-report.pdf>.
90. Ibid., pp. 80-81.
91. Para mais recursos relacionados ao upload de mentes e emulação cerebral, ver S. A. Graziano, "How Close Are We to Uploading Our Minds?", TED-Ed, vídeo do YouTube, 29 out. 2019. Disponível em: <www.youtube.com/watch?v=2DWnvx1NYUA; Trace Dominguez>, "How Close Are We to Downloading the Human Brain?", *Seeker*, vídeo do YouTube, 13 set. 2018. Disponível em: <www.youtube.com/watch?v=DE5e5zF6a-8>; Michio Kaku, "Could We Transport Our Consciousness Into Robots?", *Big Think*, vídeo do YouTube, 31 mai. 2011. Disponível em: <www.youtube.com/watch?v=t-T1vxEpE1aI>; Matt O'Dowd, "Computing a Universe Simulation", PBS *Space Time*, vídeo do YouTube, 10 out. 2018. Disponível em: <www.youtube.com/watch?v=0GLgZvTCbaA>; Riken, "All-Atom Molecular Dynamics Simulation of the Bacterial Cytoplasm", *rikenchannel*, vídeo do YouTube, 6 jun. 2017. Disponível em: <www.youtube.com/watch?v=5JcFgj2gHx8>; "Scientists Create First Billion-Atom Biomolecular Simulation", *Laboratório Nacional de Los Alamos*, vídeo do YouTube, 22 abr. 2019. Disponível em: <www.youtube.com/watch?v= jmeik65RkJw>; "Matrioshka Brains", *Isaac Arthur*, vídeo do YouTube, 23 jun. 2016. Disponível em: <www.youtube.com/watch?v=Ef-mxjYkllw>; Simon Makin, "The Four Biggest Challenges in Brain Simulation", *Nature*, v. 571, S9 (25 jul. 2019). Disponível em: <www.nature.com/articles/d41586-019-02209-z>; Egidio D'Angelo et al., "Realistic Modeling of Neurons and Networks: Towards Brain Simulation", *Functional Neurology*, v. 28, n. 3 (jul.-set. 2013), pp. 153-66. Disponível em: <www.ncbi.nlm.nih.gov/pmc/articles/PMC3812748>; Elon Musk e Neuralink, "An Integrated Brain-Machine Interface Platform with Thousands of Channels", documento preliminar da Neuralink, 17 jul. 2019, bioRxiv 703801. Disponível em: <doi.org/10.1101/703801>; Fujitsu, "Supercomputer Used to Simulate 3,000-Atom Nano Device", Phys.org, 14 jan. 2014. Disponível em: <phys.org/news/2014-01-supercomputer-simulate-atom-nano-device.html>; Anders Sandberg, "Ethics of Brain Emulations", *Journal of Experimental & Theoretical Artificial Intelligence*, v. 26, n. 3 (14 abr. 2014), pp. 439-57. Disponível em: <doi.org/10.1080/0952813X.2014.895113>; Ray Kurzweil, *How to Create a Mind: The Secret of Human Thought Revealed* (Nova York, NY: Viking, 2012). [Ed. bras. *Como criar uma mente: os segredos do pensamento humano*. Trad. Marcello Borges. São Paulo: Aleph, 2014.]
92. Michael Merzenich, "Growing Evidence of Brain Plasticity", vídeo TED, fev. 2004. Disponível em: <www.ted.com/talks/michael_merzenich_on_the_elastic_brain>.

Capítulo 4: A vida está ficando exponencialmente melhor

1. Grupo de Pesquisa do Banco Mundial Para o Desenvolvimento, "Poverty Headcount Ratio at $2.15 a Day (2017 PPP) (% of population)", Banco Mundial. Acessado em: 25 mar. 2023. Disponível em: <data.worldbank.org/indicator/SI.POV.DDAY>; Banco Mundial, "Population, Total for World (SPPOPTOTLWLD)", retirado de FRED, Banco Federal Reserve de St. Louis, atualizado em 4 jul. 2023. Disponível em: <fred.stlouisfed.org/series/SPPOPTOTLWLD>.
2. Instituto de Estatísticas da UNESCO, "Literacy Rate, Adult Total (% of People Ages 15 and Above)", retirado de Worldbank.org, 24 out. 2022. Disponível em: <data.worldbank.org/indicator/SE.ADT.LITR.ZS>.
3. *Progress on Household Drinking Water, Sanitation and Hygiene 2000-2020: Five Years into the SDGs* (Genebra: Organização Mundial da Saúde e Fundo das Nações Unidas para a Infância, 2021), p. 9. Disponível em: <apps.who.int/iris/rest/bitstreams/1369501/retrieve>.
4. Grupo de Pesquisa do Banco Mundial Para o Desenvolvimento, "Poverty Headcount Ratio at $2.15 a day"; Banco Mundial, "Population, Total for World (SPPOPTOTLWLD)".
5. Instituto de Estatísticas da UNESCO, "Literacy Rate, Adult Total".
6. *Progress on Household Drinking Water, Sanitation and Hygiene 2000-2020*, p. 9.
7. Ray Kurzweil, *The Age of Spiritual Machines: When Computers Exceed Human Intelligence* (Nova York: Viking, 1999). [Ed. bras.: *A era das máquinas espirituais*. Trad. Fábio Fernandes. São Paulo: Aleph, 2007]
8. Ray Kurzweil, *The Singularity Is Near* (Nova York: Viking, 2005). [Ed. bras.: *A Singularidade está próxima: quando os humanos transcendem a biologia*. Trad. Ana Goldberger. São Paulo: Itaú Cultural: Iluminuras, 2018.]
9. Peter H. Diamandis e Steven Kotler, *Abundance: The Future Is Better Than You Think* (Nova York, NY: Simon & Schuster, 2012). [Ed. bras.: *Abundância: o futuro é melhor do que você imagina*. Trad. Ivo Korytowski. São Paulo: HSM Editora, 2012.]
10. Steven Pinker, *Enlightenment Now: The Case for Reason, Science, Humanism, and Progress* (Nova York, NY: Penguin, 2018). [Ed. bras.: *O novo iluminismo: em defesa da razão, da ciência e do humanismo*. Trad. Laura Teixeira Motta e Pedro Maia Soares. São Paulo: Companhia das Letras, 2018.]
11. Andrew Evans, "The First Thanksgiving Travel", *National Geographic*, 24 nov. 2011. Disponível em: <www.nationalgeographic.com/travel/digital-nomad/2011/11/24/the-first-thanksgiving-travel>.
12. Henry Fairlie, "Henry Fairlie on What Europeans Thought of Our Revolution", *The New Republic*, 3 jul. 2014. Disponível em: <newrepublic.com/article/118527/american-revolution-what-did-europeans-think>; Peter Stanford, "The Street of Ships in New York", *Boating*, v. 21, n. 1 (jan. 1967), p. 48. Disponível em: <books.google.com/books?id=VsMYj3YIKLcC>.

13. Vaclav Smil, "Crossing the Atlantic", *IEEE Spectrum*, 28 mar. 2018. Disponível em: <spectrum.ieee.org/transportation/marine/crossing-the-atlantic>.
14. Frank W. Geels, *Technological Transitions and System Innovations: A Coevolutionary and Socio-Technical Analysis* (Cambridge, Reino Unido: Edward Elgar, 2005), p. 135. Disponível em: <books.google.com/books?id=SDfrb7TNX50C>.
15. Steven Ujifusa, *A Man and His Ship: America's Greatest Naval Architect and His Quest to Build the* S. S. *United States* (Nova York, NY: Simon & Schuster, 2012), p. 152. Disponível em: <books.google.com/books?id=H6KB-4q7M938C>.
16. John C. Spychalski, "Transportation", em *The Columbia History of the 20th Century*, Richard W. Bulliet (Org.) (Nova York: Columbia University Press, 1998), p. 409. Disponível em: <https://books.google.com/books?id=9Qsqp-vRonq0C>.
17. Jason Paur, "Oct. 4, 1958: 'Comets' Debut Trans-Atlantic Jet Age", *Wired*, 4 out. 2010. Disponível em: <www.wired.com/2010/10/1004first-transatlantic-jet-service-boac>.
18. Howard Slutsken, "What It Was Really Like to Fly on Concorde", *CNN*, 2 mar. 2019. Disponível em: <www.cnn.com/travel/article/concorde-flying-what-was-it-like/index.html>.
19. "London to New York Flight Duration", Finance.co.uk. Acessado em: 14 abr. 2023. Disponível em: <www.finance.co.uk/travel/flight-times-and-durations-calculator/london-to-new-york>.
20. Para um ensaio útil sobre o papel do conflito na narrativa e evidências do viés de negatividade no noticiário, ver Jerry Flattum, "What Is a Story?: Conflict: The Foundation of Storytelling", *Script*, 18 mar. 2013. Disponível em: <scriptmag.com/features/conflict-the-foundation-of-storytelling>; Stuart Soroka, Patrick Fournier e Lilach Nir, "Cross-National Evidence of a Negativity Bias in Psychophysiological Reactions to News", *Proceedings of the National Academy of Sciences*, v. 116, n. 38 (17 set. 2019), pp. 18888-92. Disponível em: <doi.org/10.1073/pnas.1908369116>.
21. Para saber mais sobre como os algoritmos de mídia social enfatizam o conflito e alimentam a polarização, ver "Jonathan Haidt: How Social Media Drives Polarization", *Amanpour and Company*, vídeo do YouTube, 4 dez. 2019. Disponível em: <www.youtube.com/watch?v=G9ofYEfewNE>; Eli Pariser, "How News Feed Algorithms Supercharge Confirmation Bias", *Big Think*, vídeo do YouTube, 18 dez. 2018. Disponível em: <www.youtube.com/watch?v=prx9bxzns3g>; Jeremy B. Merrill e Will Oremus, "Five Points for Anger, One for a 'Like': How Facebook's Formula Fostered Rage and Misinformation", *The Washington Post*, 26 out. 2021. Disponível em: <www.washingtonpost.com/technology/2021/10/26/facebook-angry-emo-

ji-algorithm>; Damon Centola, "Why Social Media Makes Us More Polarized and How to Fix It", *Scientific American*, 15 out. 2020. Disponível em: <www.scientificamerican.com/article/why-social-media-makesusmore-polarized-and-how-to-fix-it>.

22. Max Roser, "Economic Growth", *Our World in Data*. Acessado em: 11 out. 2021. Disponível em: <ourworldindata.org/economic-growth>; Ryland Thomas e Nicholas Dimsdale, "A Millennium of UK Data", Bank of England OBRA dataset, 2017. Disponível em: <www.bankofengland.co.uk/-/media/boe/files/statistics/research-datasets/a-millennium-of-macroeconomic-data-for-the-uk.xlsx>; "Inflation Calculator", Bank of England. Acessado em: 14 abr. 2023. Disponível em: <www.bankofengland.co.uk/monetary-policy/inflation/inflation-calculator>; Stephen Broadberry et al., *British Economic Growth, 1270-1870* (Cambridge, Reino Unido: Cambridge University Press, 2015).

23. Roser, "Economic Growth"; Thomas e Dimsdale, "A Millennium of UK Data"; "Inflation Calculator", Bank of England; Broadberry et al., *British Economic Growth*.

24. Ibidem.

25. Ibidem.

26. Peter Nowak, "The Rise of Mean World Syndrome in Social Media", *Globe and Mail*, 6 nov. 2014. Disponível em: <www.theglobeandmail.com/life/relationships/the-rise-of-mean-world-syndrome-in-social-media/article21481089>.

27. Para saber mais sobre esta pesquisa, ver Paula McGrath, "Why Good Memories Are Less Likely to Fade", *BBC News*, 4 mai. 2014. Disponível em: <www.bbc.com/news/health-27193607>; Colin Allen, "Past Perfect: Why Bad Memories Fade", *Psychology Today*, 3 jun. 2003. Disponível em: <www.psychologytoday.com/us/articles/200306/past-perfect-why-bad-memories-fade>; W. Richard Walker, John J. Skowronski e Charles P. Thompson, "Life Is Pleasant — and Memory Helps to Keep It That Way!", *Review of General Psychology*, v. 7, n. 2 (jun. 2003), pp. 203-10. Disponível em: <www.apa.org/pubs/journals/releases/gpr-72203.pdf>.

28. Walker, Skowronski e Thompson, "Life Is Pleasant".

29. Timothy D. Ritchie et al., "A Pancultural Perspective on the Fading Affect Bias in Autobiographical Memory", *Memory*, v. 23, n. 2 (14 fev. 2014), pp. 278-90. Disponível em: <doi.org/10.1080/09658211.2014.884138>.

30. John Tierney, "What Is Nostalgia Good For? Quite a Bit, Research Shows", *The New York Times*, 8 jul. 2013. Disponível em: <www.nytimes.com/2013/07/09/science/what-is-nostalgia-good-for-quite-a-bit-research-shows.html>.

31. Mike Mariani, "How Nostalgia Made America Great Again", *Nautilus*, 20 abr. 2017. Disponível em: <nautil.us/how-nostalgia-made-america-great-again-236556>.

32. Ed O'Brien e Nadav Klein, "The Tipping Point of Perceived Change: Asymmetric Thresholds in Diagnosing Improvement Versus Decline", *Journal of Personality and Social Psychology*, v. 112, n. 2 (fev. 2017), pp. 161-85. Disponível em: <doi.org/10.1037/pspa0000070>.
33. Art Markman, "How Do You Decide Things Are Getting Worse?", *Psychology Today*, 7 fev. 2017. Disponível em: <www.psychologytoday.com/nz/blog/ulterior-motives/201702/how-do-you-decide-things-are-getting-worse>.
34. Robert P. Jones et al., The Divide over America's Future: 1950 or 2050? Findings from the 2016 American Values Survey, Instituto de Pesquisa de Religião Pública, 25 out. 2016. Disponível em: <www.prri.org/wp-content/-uploads/2016/10/PRRI-2016-American-Values-Survey.pdf>; Mariani, "How Nostalgia Made America Great Again".
35. Pete Etchells, "Declinism: Is the World Actually Getting Worse?", *The Guardian*, 16 jan. 2015. Disponível em: <www.theguardian.com/science/headquarters/2015/jan/16/declinism-is-the-world-actually-getting-worse>.
36. Martijn Lampert, Anne Blanksma Çeta e Panos Papadongonas, *Increasing Knowledge and Activating Millennials for Making Poverty History*, Glocalities relatório de pesquisa global, jul. 2018. Disponível em: <xs.motivaction.nl/fileArchive/?f=116335&o=5880&key=4444>.
37. Ipsos, "Perceptions Are Not Reality", blog Ipsos *Perils of Perception*, 8 jul. 2013. Disponível em: <www.ipsos.com/ipsos-mori/en-uk/perceptions-are-not-reality>.
38. Jamiles Lartey et al., "Ahead of Midterms, Most Americans Say Crime Is Up. What Does the Data Say?", Projeto Marshall, 5 nov. 2022. Disponível em: <www.themarshallproject.org/2022/11/05/ahead-of-midterms-most-americans-say-crime-is-up-what-does-the-data-say>; Dara Lind, "The US Is Safer Than Ever — and Americans Don't Have any Idea", *Vox*, 7 abr. 2016. Disponível em: <www.vox.com/2015/5/4/8546497/crime-rate-america>.
39. Julia Belluz, "You May Think the World Is Falling Apart. Steven Pinker Is Here to Tell You It Isn't", *Vox*, 10 set. 2016. Disponível em: <www.vox.com/2016/8/16/12486586/2016-worst-year-ever-violence-trump-terrorism>.
40. Para vídeos explicativos acessíveis da pesquisa de Kahneman-Tversky, bem como do trabalho original publicado, ver "Thinking, Fast and Slow by Daniel Kahneman: Animated Book Summary", *FightMediocrity*, vídeo do YouTube, 5 jun. 2015. Disponível em: <www.youtube.com/watch?v=uqXVAo7dVRU;> "Thinking Fast and Slow by Daniel Kahneman #2 — Heuristics and Biases: Animated Book Summary", *One Percent Better*, vídeo do YouTube, 12 nov. 2016. Disponível em: <www.youtube.com/watch?v=Q_wBt5aSRYY>; "Kahneman and Tversky: How Heuristics Impact Our Judgment", *Intermittent Diversion*, vídeo do YouTube, 7 jun. 2018. Disponível em: <www.youtube.com/watch?v=3IjIVD-KYF4>; Richard H. Thaler et al., "The Effect of Myopia

and Loss Aversion on Risk Taking: An Experimental Test", *Quarterly Journal of Economics*, v. 112, n. 2 (mai. 1997), pp. 647-61. Disponível em: <www.jstor.org/stable/2951249>; Daniel Kahneman e Amos Tversky, "The Psychology of Preferences", *Scientific American*, v. 246, n. 1 (jan. 1981): pp. 160-73; Daniel Kahneman, Paul Slovic e Amos Tversky (Org.), *Judgment Under Uncertainty: Heuristics and Biases* (Cambridge, Reino Unido: Cambridge University Press, 1982); Amos Tversky e Daniel Kahneman, "Judgment Under Uncertainty: Heuristics and Biases", *Science*, v. 185, n. 4157 (27 set. 1974), pp. 1124-31. Disponível em: <doi.org/10.1126/science.185.4157.1124>; Daniel Kahneman e Amos Tversky, "On the Study of Statistical Intuitions", *Cognition*, v. 11, n. 2 (mar. 1982), pp. 123-41; Daniel Kahneman e Amos Tversky, "Variants of Uncertainty", *Cognition*, v. 11, n. 2 (mar. 1982), pp. 143-57.

41. Daniel Kahneman, *Thinking, Fast and Slow* (Nova York: Farrar, Straus and Giroux, 2011), p. 7 [Ed. bras.: *Rápido e devagar: duas formas de pensar*. Trad. Cássio de Arantes Leite. Rio de Janeiro: Objetiva, 2012]; Daniel Kahneman e Amos Tversky, "On the Psychology of Prediction", *Psychological Review*, v. 80, n. 4 (1973), pp. 237-51. Disponível em: <doi.org/10.1037/h0034747>.

42. Tversky e Kahneman, "Judgment Under Uncertainty", pp. 1125-26.

43. Ibid., pp. 1127-28.

44. Max Roser e Esteban Ortiz-Ospina, "Literacy", *Our World in Data*, 20 set. 2018. Disponível em: <ourworldindata.org/literacy>; Eltjo Buringh e Jan Luiten van Zanden, "Charting the 'Rise of the West': Manuscripts and Printed Books in Europe, a Long-Term Perspective from the Sixth Through Eighteenth Centuries", *Journal of Economic History*, v. 69, n. 2 (jun. 2009), pp. 409-45. Disponível em: <doi.org/10.1017/S0022050709000837>.

45. Franz H. Bäuml, "Varieties and Consequences of Medieval Literacy and Illiteracy", *Speculum*, v. 55, n. 2 (abr. 1980), pp. 237-65. Disponível em: <www.jstor.org/stable/2847287>; Denise E. Murray, "Changing Technologies, Changing Literacy Communities?", *Language Learning & Technology*, v. 4, n. 2 (set. 2000), pp. 39-53. Disponível em: <scholarspace.manoa.hawaii.edu/bitstream/10125/25099/1/04_02_murray.pdf>.

46. Roser e Ortiz-Ospina, "Literacy"; Buringh and van Zanden, "Charting the 'Rise of the West'", pp. 409-45.

47. Roser e Ortiz-Ospina, "Literacy"; Sevket Pamuk e Jan Luiten van Zanden, "Standards of Living", em *The Cambridge Economic History of Modern Europe: Volume 1: 1700-1870*, Stephen Broadberry e Kevin H. O'Rourke (Org.) (Nova York: Cambridge University Press, 2010), p. 229.

48. Christelle Garrouste, *100 Years of Educational Reforms in Europe: A Contextual Database*, JRC Relatórios Científicos e Técnicos, União Europeia, 2010. Disponível em: <publications.jrc.ec.europa.eu/repository/bitstream/JRC57357/reqno_jrc57357.pdf>.

49. Roser e Ortiz-Ospina, "Literacy"; Jan Luiten van Zanden et al. (Org.), *How Was Life?: Global Well-Being Since 1820* (Paris: OECD Publishing, 2014). Disponível em: <doi.org/10.1787/9789264214262-en>.
50. Van Zanden et al., *How Was Life?*; Organização das Nações Unidas para a Educação, a Ciência e a Cultura, *Literacy, 1969-1971: Progress Achieved in Literacy Throughout the World* (Paris: UNESCO, 1972).
51. Roser e Ortiz-Ospina, "Literacy"; Roy Carr-Hill e José Pessoa, *International Literacy Statistics: A Review of Concepts, Methodology and Current Data* (Montreal: Instituto de Estatísticas da UNESCO, 2008). Disponível em: <uis.unesco.org/sites/default/files/documents/international-literacy-statistics-a-review-of-concepts-methodology-and-current-data-en_0.pdf>; van Zanden et al., *How Was Life?*; Organização das Nações Unidas para a Educação, a Ciência e a Cultura, *Literacy, 1969-1971*; Friedrich Huebler e Weixin Lu, *Adult and Youth Literacy: National, Regional and Global Trends, 1985-2015*, UIS Documento informativo (Montreal: Instituto de Estatísticas da UNESCO, 2013). Disponível em: <uis.unesco.org/sites/default/files/documents/adult-and-youth-literacy-national-regional-and-global-trends-1985-2015-en_0.pdf>.
52. Instituto de Estatísticas da UNESCO, "Literacy Rate, Adult Total"; Agência Central de Inteligência (CIA), "Field Listing — Literacy", CIA *World Factbook*. Acessado em: 11 out. 2021. Disponível em: <www.cia.gov/the-world-factbook/field/literacy>.
53. Avaliação Nacional da Alfabetização de Adultos, *A First Look at the Literacy of America's Adults in the 21st Century* (Washington, DC: Centro Nacional de Estatísticas de Educação, 2005), p. 5. Disponível em: <nces.ed.gov/NAAL/PDF/2006470.PDF>.
54. Madeline Goodman et al., *Literacy, Numeracy, and Problem Solving in Technology-Rich Environments Among U.S. Adults: Results from the Program for the International Assessment of Adult Competencies 2012: First Look* (NCES 2014-008) (Washington, DC: Departamento de Educação dos EUA, 2013), p. 14. Disponível em: <nces.ed.gov/pubs2014/2014008.pdf>.
55. Roser e Ortiz-Ospina, "Literacy"; Bas van Leeuwen e Jieli van Leeuwen-Li, "Education Since 1820", em *How Was Life?: Global Well-Being Since 1820*, Jan Luiten van Zanden et al. (Org.) (Paris: OECD Publishing, 2014). Disponível em: <dx.doi.org/10.1787/9789264214262-9-en>; Instituto de Estatísticas da UNESCO, "Literacy Rate, Adult Total"; Tom Snyder (Org.), *120 Years of American Education: A Statistical Portrait* (Washington, DC: Centro Nacional de Estatísticas de Educação, 1993), trechos em <nces.ed.gov/naal/lit_history.asp>.
56. Roser e Ortiz-Ospina, "Literacy"; van Leeuwen e van Leeuwen-Li, "Education Since 1820"; Instituto de Estatísticas da UNESCO, "Literacy Rate, Adult Total"; Snyder (Org.), *120 Years of American Education*; Buringh e van Zanden, "Charting the 'Rise of the West'", pp. 409-45; Pamuk e van Zanden,

"Standards of Living", p. 229; "Illiteracy, 1870-2010, All Countries", Montevidéu – Base de dados de história econômica da América Latina de Oxford. Acessada em: out. 2021. Disponível em: <moxlad.cienciassociales.edu.uy/en>; Instituto de Estatísticas da UNESCO, "Literacy Rate, Adult Total (% of People Ages 15 and Above) — Argentina, Brazil", retirado de Worldbank.org, set. 2021. Disponível em: <data.worldbank.org/indicator/SE.ADT.LITR.ZS?locations=AR-BR>.

57. Hannah Ritchie et al., "Global Education", *Our World in Data*, 2016. Acessado em: 29 out. 2021. Disponível em: <ourworldindata.org/global-education>; Jong-Wha Lee e Hanol Lee, "Human Capital in the Long Run", *Journal of Development Economics* 122 (set. 2016), pp. 147-69. Disponível em: <doi.org/10.1016/j.jdeveco.2016.05.006>, dados disponíveis em: <www.barrolee.com/Lee_Lee_LRdata_dn.htm>.

58. Richie et al., "Global Education"; Lee r Lee, "Human Capital in the Long Run"; Vito Tanzi e Ludger Schuknecht, *Public Spending in the 20th Century: A Global Perspective* (Cambridge, Reino Unido: Cambridge University Press, 2000). Disponível em: <www.google.com/books/edition/Public_Spending_in_the_20th_Century/kHl6xCgd3aAC?gbpv=1>.

59. Richie et al., "Global Education"; Lee e Lee, "Human Capital in the Long Run"; Robert J. Barro e Jong Wha Lee, "A New Data Set of Educational Attainment in the World, 1950-2010", *Journal of Development Economics* 104 (set. 2013), pp. 184-98. Disponível em: <doi.org/10.1016/j.jdeveco.2012.10.001, dados disponíveis em http://www.barrolee.com/data/yrsch2.htm>.

60. "Human Development Index and Its Components", Programa das Nações Unidas para o Desenvolvimento. Acessado em: 19 mar. 2023. Disponível em: <hdr.undp.org/sites/default/files/2021-22_HDR/HDR21-22_Statistical_Annex_HDI_Table.xlsx>.

61. "Human Development Index and Its Components Programa das Nações Unidas para o Desenvolvimento.

62. Centro Nacional de Estatísticas de Educação, "Expenditures of Educational Institutions Related to the Gross Domestic Product, by Level of Institution: Selected Years, 1929-30 Through 2020-21", em *Digest of Education Statistics: 2021*, Departamento de Educação dos EUA, mar. 2023. Disponível em: <nces.ed.gov/programs/digest/d21/tables/dt21_106.10.asp>; "Consumer Price Index, 1913–", Banco Federal Reserve de Minneapolis. Acessado em: 28 abr. 2023. Disponível em: <www.minneapolisfed.org/about-us/monetary-policy/inflation-calculator/consumer-price-index-1913->; Escritório de Estatísticas do Trabalho dos EUA, "Consumer Price Index for All Urban Consumers: All Items in U.S. City Average (CPIAUCSL)", retirado de FRED, Banco Federal Reserve de St. Louis, atualizado em 12 abr. 2023. Disponível em: <fred.stlouisfed.org/series/CPI AUCSL>.

63. Centro Nacional de Estatísticas de Educação, "Expenditures of Educational Institutions Related to the Gross Domestic Product"; "Consumer Price Index, 1913–", Banco Federal Reserve de Minneapolis; Departamento de Análise Econômica dos EUA, "Population (B230RC0A052NBEA)", retirado de FRED, Banco Federal Reserve de St. Louis, atualizado em 26 jan. 2023. Disponível em: <fred.stlouisfed.org/series/B230RC0A052NBEA>; Escritório de Estatísticas do Trabalho dos EUA, "Consumer Price Index for All Urban Consumers".

64. O Programa das Nações Unidas para o Desenvolvimento publica os dados mais abrangentes e confiáveis, mas que remontam apenas a 1990. O conjunto de dados de 1870-2017 da *Our World in Data* baseia-se em fontes mais antigas com metodologia menos consistente. Para preservar as mudanças relativas e, ao mesmo tempo, maximizar a comensurabilidade ao longo do período em questão, são utilizados os dados do PNUD para 1990-2021; os dados anteriores de OWD são redimensionados para que alcancem consistência em relação aos dados da ONU em 1990. Ver "Human Development Insights", Relatórios de Desenvolvimento Humano do Programa das Nações Unidas para o Desenvolvimento. Acessado em: 22 mar. 2023. Disponível em: <hdr.undp.org/data-center/country-insights#/ranks>; Roser e Ortiz-Ospina, "Global Education"; Lee e Lee, "Human Capital in the Long Run"; Barro e Lee, "New Data Set of Educational Attainment in the World, 1950-2010".

65. Para mais informações sobre o papel das doenças transmitidas pela água na saúde pública ao longo da história, ver "What Exactly Is Typhoid Fever?", *Seeker*, vídeo do YouTube, 20 ago. 2019. Disponível em: <www.youtube.com/watch?v=N1lKW2CYU68>; "The Pandemic the World Has Forgotten", *Seeker*, vídeo do YouTube, 8 set. 2020. Disponível em: <www.youtube.com/watch?v=hj95IZMlZWw>; "The Story of Cholera", *Projeto de Mídia de Saúde Global*, vídeo do YouTube, 10 dez. 2011. Disponível em: <www.youtube.com/watch?v=jG1VNSCsP5Q>; Theodore H. Tulchinsky e Elena A. Varavikova, "A History of Public Health", *The New Public Health*, 10 out. 2014, pp. 1-42. Disponível em: <doi.org/10.1016/B978-0-12-415766-8.00001-X>.

66. Suzanne Spellen, "From Pakistan to Brooklyn: A Quick History of the Bathroom", *Brownstoner*, 28 nov. 2016. Disponível em: <www.brownstoner.com/architecture/victorian-bathroom-history-plumbing-brooklyn-architecture-interiors>; Anthony Mitchell Sammarco, *The Great Boston Fire of 1872* (Charleston, Carolina do Sul: Arcadia, 1997), p. 30. Disponível em: <books.google.com/books?id=v3lzw5d2K8wC>; Price V. Fishback, *Soft Coal, Hard Choices: The Economic Welfare of Bituminous Coal Miners, 1890-1930* (Nova York: Oxford University Press, 1992), p. 170. Disponível em: <www.google.com/books/edition/Soft_Coal_Hard_Choices/EjnnCwA-

AQBAJ>; Stanley Lebergott, *Wealth and Want* (Princeton, Nova Jersey: Princeton University Press, 1975), p. 7. Disponível em: <www.google.com/books/edition/Wealth_and_Want/Lrx9BgAAQBAJ>; "Historical Census of Housing Tables: Sewage Disposal", Departamento de Censo dos EUA, 1990, revisado em 8 out. 2021. Disponível em: <www.census.gov/data/tables/time-series/dec/coh-sewage.html>; Gary M. Walton e Hugh Rockoff, *History of the American Economy*, 13. ed. (Boston: Cengage Learning, 2017), p. 377.

67. Walton e Rockoff, *History of the American Economy*, p. 377; Departamento de Censo dos EUA, "Historical Census of Housing Tables: Sewage Disposal".

68. Ver, por exemplo, Susan Carpenter, "After Two Years of Eco-Living, What Works and What Doesn't", *Los Angeles Times*, 11 mar. 2014. Disponível em: <www.latimes.com/home/la-hm-realist-main-20101016-story.html>.

69. Jane Otai, "Happy#WorldToiletDay! Here's What It's Like To Live Without One", NPR, 19 nov. 2015. Disponível em: <www.npr.org/sections/goatsandsoda/2015/11/19/456495448/happy-worldtoiletday-here-s-what-it-s-like-to-live-without-one>.

70. Programa Conjunto de Monitorização da OMS/UNICEF (JMP) para Abastecimento de Água, Saneamento e Higiene, "People Using Safely Managed Sanitation Services (% of Population)", retirado de worldbank.org. Acessado em: 12 out. 2021. Disponível em: <data.worldbank.org/indicator/SH.STA.SMSS.ZS>.

71. Stanley Lebergott, *Pursuing Happiness: American Consumers in the Twentieth Century* (Princeton, Nova Jersey: Princeton University Press, 1993), p. 102. Disponível em: <www.google.com/books/edition/Pursuing_Happiness/bD0ABAAAQBAJ>; Departamento de Censo dos EUA, "Historical Census of Housing Tables: Sewage Disposal"; Marc Jeuland *et al.*, "Water and Sanitation: Economic Losses from Poor Water and Sanitation — Past, Present, and Future", em *How Much Have Global Problems Cost the World?*, Bjørn Lomborg (Org.) (Cambridge, Reino Unido: Cambridge University Press, 2013), p. 333; David A. Raglin, "Plumbing and Kitchen Facilities in Housing Units", Memorandos de relatórios de pesquisa e avaliação do programa de levantamento demográfico American Community Survey de 2015, série nº ACS15-RER-06, Departamento de Censo dos EUA, 29 mai. 2015, p. 3. Disponível em: <www.census.gov/content/dam/Census/library/working-papers/2015/acs/2015_Raglin_01.pdf>; Katie Meehan *et al.*, "Plumbing Poverty in U.S. Cities: A Report on Gaps and Trends in Household Water Access, 2000 to 2017, King's College Londres, 27 set. 2021, p. 4. Disponível em: <kclpure.kcl.ac.uk/portal/files/159767495/Plumbing_Poverty_in_US_Cities.pdf>; Departamento de Censo dos EUA, "Total Households (TTLHH)", retirado de FRED, Banco Federal Reserve de St. Louis, atualizado

em 21 nov. 2022. Disponível em: <fred.stlouisfed.org/series/TTLHH>; Programa Conjunto de Monitorização da OMS/UNICEF (JMP) para Abastecimento de Água, Saneamento e Higiene, "People Using at Least Basic Sanitation Services (% of Population)", retirado de Worldbank.org. Acessado em: 28 abr. 2023. Disponível em: <data.worldbank.org/indicator/SH.STA.BASS.ZS>; Programa Conjunto de Monitorização da OMS/UNICEF (JMP) para Abastecimento de Água, Saneamento e Higiene, "Improved Sanitation Facilities (% of Population with Access)", retirado de Worldbank.org, atualizado em 25 jan. 2018. Acessado em: 28 abr. 2023, originalmente disponível em <databank.worldbank.org/source/millennium-development-goals/Series/SH.STA.ACSN>; Organização Mundial da Saúde e Fundo das Nações Unidas para a Infância, *Progress on Sanitation and Drinking Water — 2015 Update and MDG Assessment*, Organização Mundial da Saúde, 2015, p. 14. Disponível em: <data.unicef.org/wp-content/uploads/2015/12/Progress-on-Sanitation-and-Drinking-Water_234.pdf>; *Progress on Household Drinking Water, Sanitation and Hygiene 2000–2020: Five Years into the SDGs* (Genebra: Organização Mundial da Saúde e Fundo das Nações Unidas para a Infância, 2021), p. 7. Disponível em: <washdata.org/sites/default/files/2021-07/jmp-2021-wash-households.pdf>.

72. Elizabeth Nix, "How Edison, Tesla and Westinghouse Battled to Electrify America", History.com, 24 out. 2019. Disponível em: <www.history.com/news/what-was-the-war-of-the-currents>; Harold D. Wallace Jr., "Power from the People: Rural Electrification Brought More than Lights", Museu Nacional de História Norte-Americana, 12 fev. 2016. Disponível em: <americanhistory.si.edu/blog/rural-electrification>; Stanley Lebergott, *The American Economy: Income, Wealth and Want* (Princeton, Nova Jersey: Princeton University Press, 1976), p. 334. Disponível em: <www.google.com/books/edition/The_American_Economy/HYV9BgAAQBAJ>.

73. Para mais detalhes sobre a eletrificação rural dos Estados Unidos, ver "On the Line — Rural Electrification Administration Film", *Coleções Audiovisuais da Biblioteca Russell*, vídeo do YouTube, 4 jun. 2018. Disponível em: <www.youtube.com/watch?v=DbAM-CwOxu0>; General Electric, "More Power to the American Farmer — 1946", miSci: Museu da Inovação e Ciência, vídeo do YouTube, 13 jun. 2012. Disponível em: <www.youtube.com/watch?v=aY5eFQTYkaw>; Departamento de Agricultura dos EUA, Administração de Eletrificação Rural, *Rural Lines, USA: The Story of the Rural Electrification Administration's First Twenty-five Years, 1935-1960*, Publicações diversas do Departamento de Agricultura dos EUA n. 811 (1960). Disponível em: <www.google.com/books/edition/Rural_Lines_USA/IBkuAAAAYAAJ>; Departamento de Censo dos EUA, *Historical Statistics of the United States: Colonial Times to 1970*, parte 1 (Washington, DC: Departamento de Censo dos EUA, 1975), p. 827. Disponível em: <www.census.gov/history/pdf/histstats-colonial-1970.pdf>.

74. Departamento de Censo dos EUA, *Historical Statistics of the United States: Colonial Times to 1970*, parte 1.
75. Lily Odarno, "Closing Sub-Saharan Africa's Electricity Access Gap: Why Cities Must Be Part of the Solution", Instituto de Recursos Mundiais, 14 ago 2019. Disponível em: <www.wri.org/blog/2019/08/closing-sub-saharan-africa-electricity-access-gap-why-cities-must-be-part-solution>; Giacomo Falchetta et al., "Satellite Observations Reveal Inequalities in the Progress and Effectiveness of Recent Electrification in Sub-Saharan Africa", *One Earth*, v. 2, n. 4 (24 abr. 2020), pp. 364-79. Disponível em: <doi.org/10.1016/j.oneear.2020.03.007>.
76. IEA, IRENA, UNSD, Banco Mundial e OMS, "Access to Electricity (% of Population)", de *Tracking SDG 7: The Energy Progress Report* (Washington, DC: Banco Mundial, 2023). Disponível em: <data.worldbank.org/indicator/EG.ELC.ACCS.ZS>.
77. Daron Acemoğlu e James A. Robinson, *Why Nations Fail: The Origins of Power, Prosperity, and Poverty* (Nova York, NY: Crown, 2012).
78. Lebergott, *The American Economy: Income, Wealth and Want*, p. 334; Departamento de Censo dos EUA, *Historical Statistics of the United States: Colonial Times to 1970*, part 1; IEA, IRENA, UNSD, Banco Mundial e OMS, "Access to Electricity (% of Population)"; IEA, IRENA, UNSD, Banco Mundial e OMS, "Access to Electricity (% of Population) — United States", from *Tracking SDG 7: The Energy Progress Report* (Washington, DC: Banco Mundial, 2023. Disponível em: <data.worldbank.org/indicator/EG.ELC.ACCS.ZS?locations=US>; Banco Mundial, "Access to Electricity (% of Population)", Banco de dados Sustainable Energy or All (SE4ALL), SE4ALL Global Tracking Framework, retirado de Worldbank.org. Acessado em: 28 abr. 2023, originalmente disponível em: <data.worldbank.org/indicator/EG.ELC.ACCS.ZS>.
79. Departamento de Censo dos EUA, "Selected Communications Media: 1920 to 1998", *Statistical Abstract of the United States*: 1999 (Washington, DC: Departamento de Censo dos EUA, 1999), p. 885. Disponível em: <www.census.gov/history/pdf/radioownership1920-1998.pdf>.
80. Departamento de Censo dos EUA, "Selected Communications Media: 1920 to 1998".
81. "Kathleen Hall Jamieson on Talk Radio's History and Impact", PBS.org, 13 fev. 2004. Disponível em: <web.archive.org/web/20170301204706>; <https://www.pbs.org/now/politics/talkradiohistory.html>; "'Radio' Listening Dominates Audio In-Cat", Edison Research, 11 jan. 2019. Disponível em: <www.edisonresearch.com/am-fm-radio-still-dominant-audio-in-car>; Aniko Bodroghkozy, *A Companion to the History of American Broadcasting* (Org.) (Hoboken, Nova Jersey: Wiley, 2018).

82. Ezra Klein, "Something Is Breaking American Politics, but It's Not Social Media", *Vox*, 12 abr. 2017. Disponível em: <www.vox.com/policy-and-politics/2017/4/12/15259438/social-media-political-polarization>; Jeffrey M. Berry e Sarah Sobieraj, "Understanding the Rise of Talk Radio", *PS: Political Science and Politics*, v. 44, n. 4 (out. 2011), pp. 762-67. Disponível em: <www.jstor.org/stable/41319965>.

83. "Audio and Podcasting Fact Sheet", Centro de Pesquisa Pew, 29 jun. 2021. Disponível em: <www.pewresearch.org/journalism/fact-sheet/audio-and-podcasting>.

84. Para um ponto de vista mais detalhado de como a televisão foi inventada e seu desenvolvimento inicial, ver "The Invention of Television (1929)", *British Pathé*, vídeo do YouTube, 13 abr. 2014. Disponível em: <www.youtube.com/watch?v=nwJ2bMATIAM>; "The Origins of Television", *Nirali Pathak*, vídeo do YouTube, 2 jan. 2012. Disponível em: <www.youtube.com/watch?v=uM7ZD5f9Pb8>; "Evolution of Television 1920-2020", *Captain Gizmo*, vídeo do YouTube, 18 dez, 2018. Disponível em: <www.youtube.com/watch?v=PveVwQhNnq8>; Albert Abramson, *The History of Television, 1880-1941* (Jefferson, Carolina do Norte: McFarland, 1987).

85. Para mais informações sobre o estado da televisão em 1939 e a paralisação da tecnologia devido à Segunda Guerra Mundial, ver "What Television Was Like in 1939", *Smithsonian Channel*, vídeo do YouTube, 30 dez. 2013. Disponível em: <www.youtube.com/watch?v=wj_Mcpff-Ks>; BBC, "Close Down of Television Service for the Duration of the War", *History of the BBC*. Acessado em: 28 abr. 2023. Disponível em: <www.bbc.com/historyofthebbc/anniversaries/september/closedown-of-television>; "Television Facts and Statistics — 1939 to 2000", TVhistory.tv. Acessado em: 31 mar. 2022. Disponível em: <web.archive.org/web/20220331223237/http://www.tvhistory.tv/facts-stats.htm>.

86. Cobbett S. Steinberg, TV *Facts*, Facts on File (1980), p. 142, disponível em parte em "Television Facts and Statistics — 1939 to 2000", TVhistory.tv. Acessado em: 31 mar. 2022. Disponível em: <web.archive.org/web/20220331223237/http://www.tvhistory.tv/facts-stats.htm>.

87. Ibid., p. 142.

88. Steinberg, TV *Facts*, 142; Departamento de Censo dos EUA, "Total Households (TTLHH)"; Jack W. Plunkett, *Plunkett's Entertainment & Media Industry Almanac 2006* (Houston, Texas: Plunkett Research, 2006), p. 35.

89. No momento em que este livro foi escrito, em 2023, as últimas estimativas oficiais da Nielsen cobriam o primeiro semestre de 2021. Ver Plunkett, Plunkett's Entertainment & Media Industry Almanac 2006, p. 35; "Nielsen Estimates 121 Million TV Homes in the U.S. for the 2020-2021 TV Season", Nielsen Company, 28 ago. 2020. Disponível em: <https://www.nielsen.com/us/en/insights/article/2020/nielsen-estimates-121-million-tv-homes-in-the-u-s-for-the-2020-2021-tv-season>.

90. Rick Porter, "TV Long View: Five Years of Network Ratings Declines in Context", *Hollywood Reporter*, 21 set. 2019. Disponível em: < https://encurtador.com.br/vVbtZ >; Sapna Maheshwari e John Koblin, "Why Traditional TV Is in Trouble", *The New York Times*, 13 mai. 2018. Disponível em: <https://encurtador.com.br/86C4D>.

91. Lance Venta, "Infinite Dial: Mean Number of Radios In Home Drops in Half Since 2008", *Radio Insight*, 20 mar. 2020. Disponível em: <radioinsight.com/headlines/184900/infinite-dial-mean-number-of-radios-in-home-drops-in-half-since-2008>; "Mobile Fact Sheet", Centro de Pesquisa Pew, 7 abr. 2021. Disponível em: <www.pewresearch.org/internet/fact-sheet/mobile>; Departamento de Censo dos EUA, "Selected Communications Media: 1920 to 1998", p. 885; Douglas B. Craig, *Fireside Politics: Radio and Political Culture in the United States, 1920-1940* (Baltimore: Johns Hopkins University Press, 2000; livreto, 2006), p. 12. Disponível em: <www.google.com/books/edition/Fireside_Politics/haWh203m7aIC>; Departamento de Censo dos EUA, "Utilization of Selected Media: 1980 to 2005", *Statistical Abstract of the United States: 2008* (Washington, DC: Departamento de Censo dos EUA, 2007), p. 704. Disponível em: <www.census.gov/prod/2007pubs/08abstract/infocomm.pdf>; Departamento de Censo dos EUA, "Utilization and Number of Selected Media: 2000 to 2009", *Statistical Abstract of the United States: 2012* (Washington, DC: Departamento de Censo dos EUA, 2011), p. 712. Disponível em: <www.google.com/books/edition/Statistical_Abstract_of_the_United_State/pW9NAQAAMAAJ>.

92. Para saber mais sobre o impacto transformativo do Altair 8800, ver Jason Fitzpatrick, "The Computer That Changed Everything (Altair 8800)", *Computerphile*, vídeo do YouTube, 15 mai. 2015. Disponível em: <www.youtube.com/watch?v=cwEmnfy2BhI>; "The PC That Started Microsoft & Apple! (Altair 8800)", *ColdFusion*, vídeo do YouTube, 18 mar. 2016. Disponível em: <www.youtube.com/watch?v=X5lpOskKF9I>.

93. Para histórias mais abrangentes a respeito da revolução do computador pessoal e seu significado, ver Carrie Anne Philbin, "The Personal Computer Revolution: Crash Course Computer Science #25", *CrashCourse*, vídeo do YouTube, 23 ago. 2017. Disponível em: <www.youtube.com/watch?v=M5BZou6Co1w>; "History of Apple I and Steve Jobs' Personal Computer", *TechCrunch*, vídeo do YouTube, 17 abr. 2017. Disponível em: <www.youtube.com/watch?v=LTJPdHeibOQ>; "History of Microsoft — 1975", *jonpaulmoen*, vídeo do YouTube, 18 dez. 2010. Disponível em: <www.youtube.com/watch?v=BLaMbaVT22E>; Leo Rowe, "History of Personal Computers Part 1", (from *Triumph of the Nerds*, PBS, 1996), *Chasing 80*, vídeo do YouTube, 17 dez. 2013. Disponível em: <www.youtube.com/watch?v=AIBr-kPgYuU>; Gerard O'Regan, *A Brief History of Computing*, 2. ed. (Londres: Springer, 2008).

94. "1984 Apple's Macintosh Commercial", *Mac History*, vídeo do YouTube, 1º fev. 2012. Disponível em: <www.youtube.com/watch?v=VtvjbmoDx-I>; "Computer and Internet Use in the United States: 1984 to 2009", Departamento de Censo dos EUA, fev. 2010. Disponível em: <www.census.gov/data/tables/time-series/demo/computer-internet/computer-use-1984-2009.html>.

95. Departamento de Censo dos EUA, *Historical Statistics of the United States, Colonial Times to 1957* (Washington, DC: Escritório de Publicações do Governo dos EUA, 1960), p. 491. Disponível em: <www.google.co.uk/books/edition/Historical_Statistics_of_the_United_Stat/hyI1AAAAIAAJ>; Departamento de Censo dos EUA, "Total Households (TTLHH)"; Steinberg, *TV Facts*, p. 142; Plunkett, *Plunkett's Entertainment & Media Industry Almanac 2006*, p. 35; "Nielsen: 109.6 Million TV Households in the U.S.", HispanicAd.com, 30 jul. 2004. Disponível em: <hispanicad.com/blog/news-article/had/research/nielsen-1096-million-tv-households-us>; "Late News", *AdAge*, 29 ago. 2005. Disponível em: <adage.com/article/late-news/late-news/104427>; TVTechnology, "Nielsen Reports Slight Increase in TV Households", *TV Tech*, 28 ago. 2006. Disponível em: <www.tvtechnology.com/news/nielsen-reports-slight-increase-in-tv-households>; equipe da *Variety*, "TV Nation: 112.8 Million Strong", *Variety*, 23 ago. 2007. Disponível em: <variety.com/2007/tv/opinion/tv-nation-1128-22127/?jwsource=cl>; "Nielsen Reports Growth of 4.4% in Asian and 4.3% in Hispanic U.S. Households for 2008-2009 Television Season", Nielsen Company, 28 ago. 2008. Disponível em: <www.nielsen.com/wp-content/uploads/sites/3/2019/04/press_release34.pdf>; "114.9 Million U.S. Television Homes Estimated for 2009-2010 Season", Nielsen Company, 29 ago. 2009. Disponível em: <www.nielsen.com/us/en/insights/article/2009/1149-million-us-television-homes-estimated-for-2009-2010-season>; "Number of U.S. TV Households Climbs by One Million for 2010-11 TV Season", Nielsen Company, 27 ago. 2010. Disponível em: <www.nielsen.com/us/en/insights/article/2010/number-of-u-s-tv-households-climbs-by-one-million-for-2010-11-tv-season>; Cynthia Littleton, "Nielsen Tackles Web Viewing", *Variety*, 25 fev. 2013. Disponível em: <variety.com/2013/digital/news/nielsen-tackles-web-viewing-1118066529>; "Nielsen Estimates 115.6 Million TV Homes in the U.S., Up 1.2%", Nielsen Company, 7 mai. 2013. Disponível em: <www.nielsen.com/us/en/insights/article/2013/nielsen-estimates-115-6-million-tv-homes-in-the-u-s-up-1-2>; "Nielsen Estimates More Than 116 Million TV Homes in the U.S.", Nielsen Company, 29 ago. 2014. Disponível em: <www.nielsen.com/us/en/insights/article/2014/nielsen-estimates-more-than-116-million-tv-homes-in-the-us>; "Nielsen Estimates 116.4 Million TV Homes in the U.S. for the 2015-16 TV Season", Nielsen Company, 28 ago. 2015. Disponível em: <www.nielsen.com/us/en/insights/article/2015/nielsen-estimates-116-4-million-tv-homes-in-the-us-for-the-2015-16-tv-season>; "Nielsen Estimates 118.4 Million TV Homes in the U.S. for the 2016-17 TV Season", Nielsen Company, 26

ago. 2016. Disponível em: <www.nielsen.com/us/en/insights/article/2016/nielsen-estimates-118-4-million-tv-homes-in-the-us-for-the-2016-17-season>; "Nielsen Estimates 119.6 Million TV Homes in the U.S. for the 2017-18 TV Season", Nielsen Company, 25 ago. 2017. Disponível em: <www.nielsen.com/us/en/insights/article/2017/nielsen-estimates-119-6-million-us-tv-homes-2017-2018-tv-season>; "Nielsen Estimates 119.9 Million TV Homes in the U.S. for the 2018-2019 TV Season", Nielsen Company, 7 set. 2018. Disponível em: <www.nielsen.com/us/en/insights/article/2018/nielsen-estimates-119-9-million-tv-homes-in-the-us-for-the-2018-19-season>; "Nielsen Estimates 120.6 Million TV Homes in the U.S. for the 2019-2020 TV Season", Nielsen Company, 27 ago. 2019. Disponível em: <https://www.nielsen.com/us/en/insights/article/2019/nielsen-estimates-120-6-million-tv-homes-in-the-u-s-for-the-2019-202-tv-season>; "Nielsen Estimates 121 Million TV Homes in the U.S. for the 2020-2021 TV Season".

96. "Internet Host Count History", Consórcio de sistemas de internet. Acessado em: 18 mai. 2012. Disponível em: <web.archive.org/web/20120518101749/http://www.isc.org/solutions/survey/history>; 3way Labs, "Internet Domain Survey, January, 2019", Consórcio de sistemas de internet. Acessado em: 28 abr. 2023. Disponível em: <ftp.isc.org/www/survey/reports/current>.

97. "Internet Host Count History", Consórcio de sistemas de internet; 3way Labs, "Internet Domain Survey, January, 2019".

98. Arielle Sumits, "The History and Future of Internet Traffic", Cisco, 28 ago. 2015. Disponível em: <blogs.cisco.com/sp/the-history-and-future-of-internet-traffic>.

99. "QuickFacts United States", Departamento de Censo dos EUA. Acessado em: 28 abr. 2023. Disponível em: <www.census.gov/quickfacts/fact/table/US/HCN010217>; Michael Martin, "Computer and Internet Use in the United States: 2018", Relatórios de pesquisa do programa de levantamento demográfico American Community Survey ACS-49, Departamento de Censo dos EUA, abr. 2021. Disponível em: <www.census.gov/newsroom/press-releases/2021/computer-internet-use.html>.

100. Estimativa com base principalmente em dados do Sindicato Internacional de Telecomunicações (ITU, na sigla em inglês). Embora o ITU não colete diretamente dados sobre a porcentagem de agregados familiares com um computador, smartphone ou tablet (o que seria a métrica ideal), suas estimativas da porcentagem de agregados familiares com acesso à internet em casa são o melhor indicador representativo disponível. Sabemos que todos esses domicílios têm algum tipo de computador funcional, e essa métrica deixa de fora um pequeno número adicional de domicílios com computador, mas sem acesso à internet em nenhum dispositivo, por isso utilizo aqui o número conservador. Ver "Statistics — Individuals

Using the Internet", Sindicato Internacional de Telecomunicações, 31 jan. 2023. Disponível em: <https://www.itu.int/en/ITU-D/Statistics/Pages/stat/default.aspx>; "Key ICT Indicators for Developed and Developing Countries", ITU *World Telecommunication/ICT Indicators Database*.

101. Os dados incluem PCs e dispositivos que contêm computadores, como tablets e smartphones. Ver "Computer and Internet Access in the United States: 2012 — Table 4: Households with a Computer and Internet Use: 1984 to 2012", Departamento de Censo dos EUA EUA, 3 fev. 2014. Disponível em: <www2.census.gov/programs-surveys/demo/tables/computer-internet/2012/computer-use-2012/table4.xls>; Thom File e Camille Ryan, "Computer and Internet Use in the United States: 2013", Relatórios de pesquisa do programa de levantamento demográfico American Community Survey ACS-28, Departamento de Censo dos EUA, 3 nov. 2014, p. 3. Disponível em: <www.census.gov/content/dam/Census/library/publications/2017/acs/acs-37.pdf>; Camille Ryan e Jamie M. Lewis, "Computer and Internet Use in the United States: 2015", Relatórios de pesquisa do programa de levantamento demográfico American Community Survey ACS-37, Departamento de Censo dos EUA, set. 2017, p. 4. Disponível em: <www.census.gov/content/dam/Census/library/publications/2017/acs/acs-37.pdf>; Martin, "Computer and Internet Use in the United States: 2018"; Sindicato Internacional de Telecomunicações, "Key ICT Indicators for Developed and Developing Countries, the World and Special Regions (Totals and Penetration Rates)", from ITU *World Telecommunication/ICT Indicators Database*, Sindicato Internacional de Telecomunicações, nov. 2020. Disponível em: <www.itu.int/en/ITU-D/Statistics/Documents/facts/ITU_regional_global_Key_ICT_indicator_aggregates_Nov_2020.xlsx>; "Statistics — Individuals Using the Internet", Sindicato Internacional de Telecomunicações; Sindicato Internacional de Telecomunicações, "Key ICT Indicators for the World and Special Regions (Totals and Penetration Rates)", ITU World Telecommunication/ICT Indicators database, nov. 2022, atualizado em 15 fev. 2023. Disponível em: <www.itu.int/en/ITU-D/Statistics/Documents/facts/ITU_regional_global_Key_ICT_indicator_aggregates_Nov_2022_revised_15Feb2023.xlsx>.

102. "Drug Discovery and Development Process", *Novartis*, vídeo do YouTube, 14 jan. 2011. Disponível em: <www.youtube.com/watch?v=3GlogAcW-8rw>; Robert Gaynes, "The Discovery of Penicillin — New Insights After More than 75 Years of Clinical Use", *Emerging Infectious Diseases*, v. 23, n. 5 (mai. 2017), p. 849-53. Disponível em: <dx.doi.org/10.3201/eid2305.161556>; Sabrina Barr, "Penicillin Allergy: How Common Is It and What Are the Symptoms", *Independent*, 23 out. 2018. Disponível em: <www.independent.co.uk/life-style/health-and-families/penicillin-allergy-how-common-symptoms-antibiotic-drug-bacteria-a8597246.html>.

103. Dan Usher, *Political Economy* (Malden, Massachusetts: Wiley, 2003), p. 5. Disponível em: <books.google.com/books?id=-22I0y5aPZgC>; Max Roser, Hannah Ritchie e Bernadeta Dadonaite, "Child and Infant Mortality", *Our World in Data*, nov. 2019. Disponível em: <ourworldindata.org/child-mortality>; Anthony A. Volk e Jeremy A. Atkinson, "Infant and Child Death in the Human Environment of Evolutionary Adaptation", *Evolution and Human Behavior*, v. 34, n. 3 (mai. 2013), pp. 182-92. Disponível em: <doi.org/10.1016/j.evolhumbehav.2012.11.007Get>.
104. Mattias Lindgren, "Life Expectancy at Birth", *Gapminder*. Acessado em: 28 abr. 2023. Disponível em: <www.gapminder.org/data/documentation/gd004>.
105. Toshiko Kaneda, Charlotte Greenbaum e Carl Haub, 2021 *World Population Data Sheet*, Escritório de Referência Populacional, ago. 2021. Disponível em: <www.prb.org/wp-content/uploads/2021/08/letter-booklet--2021-world-population.pdf>; Lindgren, "Life Expectancy at Birth".
106. Terry Grossman e eu descrevemos a primeira, a segunda e a terceira pontes para o prolongamento da vida de forma mais minuciosa em nosso livro de 2009, *Transcend*. Trata-se de um livro sobre saúde e bem-estar, então descrevo nele a quarta ponte — ampliar nossa consciência para meios digitais onde ela possa ser respaldada e expandida — com mais detalhes. Ver Ray Kurzweil e Terry Grossman, *Transcend: Nine Steps to Living Well Forever* (Emmaus, Pensilvânia: Rodale, 2009).
107. Lindgren, "Life Expectancy at Birth".
108. "Products", Sequencing.com. Acessado em: 25 mar. 2023. Disponível em: <web.archive.org/web/20230315065708/https://sequencing.com/products/purchase-kit>; Elizabeth Pennisi, "A $100 Genome? New DNA Sequencers Could Be a 'Game Changer' for Biology, Medicine", *Science*, 15 jun. 2022. Disponível em: <www.science.org/content/article/100-genome-new-dna--sequencers-could-be-game-changer-biology-medicine>; Kris A. Wetterstrand, "The Cost of Sequencing a Human Genome", Instituto Nacional de Pesquisa do Genoma Humano. Acessado em: 28 abr. 2023. Disponível em: <www.genome.gov/about-genomics/fact-sheets/Sequencing-Human-Genome-cost>; Kris A. Wetterstrand, "DNA Sequencing Costs: Data", Instituto Nacional de Pesquisa do Genoma Humano, 1º nov. 2021. Disponível em: <www.genome.gov/about-genomics/fact-sheets/DNA-Sequencing-Costs-Data>; Andrew Carroll e Pi-Chuan Chang, "Improving the Accuracy of Genomic Analysis with DeepVariant 1.0", *Google AI Blog*, Google Research, 18 set. 2020. Disponível em: <ai.googleblog.com/2020/09/improving-accuracy-of-genomic-analysis.html>.
109. Para mais detalhes sobre as aplicações clínicas atuais da inteligência artificial, ver Bernard Marr, "How Is AI Used in Healthcare — 5 Powerful

Real-World Examples that Show the Latest Advances", *Forbes*, 27 jul. 2018. Disponível em: <www.forbes.com/sites/bernardmarr/2018/07/27/how-is--ai-used-in-healthcare-5-powerful-real-world-examples-that-show-the--latest-advances/#55fa6ef05dfb>; Giovanni Briganti e Olivier Le Moine, "Artificial Intelligence in Medicine: Today and Tomorrow", *Frontiers in Medicine* 7, artigo 27 (5 de fevereiro de 2020). Disponível em: <doi.org/10.3389/fmed.2020.00027>.

110. Para uma discussão muito mais detalhada acerca dos fatores que fazem com que a expectativa de vida humana atinja atualmente o máximo de 120 anos, consulte o Capítulo 6, no qual eu explico que pesquisas realizadas nas últimas décadas identificaram os processos bioquímicos específicos causadores do envelhecimento e, a partir de 2023, já há pesquisas ativas trabalhando para enfrentá-los. Isso não precisa curar totalmente o envelhecimento de modo a permitir um prolongamento radical da vida — o ponto de inflexão será quando, a cada ano, a medicina acrescentar pelo menos mais um ano à nossa expectativa de vida, permitindo que as pessoas fiquem à frente da curva, por assim dizer, e alcancem a "velocidade de escape da longevidade".

111. Devido aos transtornos causados pela pandemia da Covid-19, em 2023, momento em que este livro foi escrito, 2020 é o ano mais recente para o qual existem boas tabelas de expectativa de vida projetadas para o Reino Unido. Ver "English Life Tables", Escritório de Estatísticas Nacionais (Reino Unido), 1º set. 2015. Disponível em: <www.ons.gov.uk/file?uri=%-2fpeoplepopulationandcommunity%2fbirthsdeathsandmarriages%-2flifeexpectancies%2fdatasets%2f2englishlifetables%2fcurrent/eolselt-1to17_tcm77-414359.xls>; "National Life Tables, United Kingdom, Period Expectation of Life, Based on Data for the Years 2018-2020", Escritório de Estatísticas Nacionais (Reino Unido), 23 set. 2021. Disponível em: <www.ons.gov.uk/file?uri=%2Fpcoplepopulationandcommunity%2Fbirthsdeathsandmarriages%2Flifeexpectancies%2Fdatasets%2Fnationallifetablesunitedkingdomreferencetables%2Fcurrent/nationallifetables3yruk.xlsx>.

112. Devido aos transtornos causados pela pandemia da Covid-19, em 2023, momento em que este livro foi escrito, 2020 é o ano mais recente para o qual existem boas tabelas de expectativa de vida projetadas para os Estados Unidos. Ver Departamento das Nações Unidas para Assuntos Econômicos e Sociais (UNDESA), Divisão de População, *World Population Prospects 2019 — Special Aggregates, Online Edition*, rev. 1. (Nações Unidas, 2019. Disponível em: <population.un.org/wpp/Download/Files/3_Indicators%20(Special%20Aggregates)/EXCELFILES/5_Geographical/Mortality/WPP2019_SA5_MORT_F16_1_LIFE_EXPECTANCY_BY_AGE_BOTH_SEXES.XLSX>.

113. Max Roser e Esteban Ortiz-Ospina, "Global Extreme Poverty", *Our World in Data*, 27 mar. 2017. Disponível em: <ourworldindata.org/extreme-poverty>;

François Bourguignon e Christian Morrisson, "Inequality Among World Citizens: 1820-1992", *American Economic Review*, v. 92, n. 4 (set. 2002), pp. 727-44. Disponível em: <doi.org/10.1257/00028280260344443>; *PovcalNet: An Online Analysis Tool for Global Poverty Monitoring*, Banco Mundial, 17 mar. 2020. Disponível em: <iresearch.worldbank.org/PovcalNet/home.aspx>.

114. Para alguns resumos e visualizações claros e convincentes do processo global de desenvolvimento e industrialização, consulte Conselho de Relações Exteriores, "Global Development Explained | World101", CFR *Education*, vídeo do YouTube, 18 jun. 2019. Disponível em: <www.youtube.com/watch?v=P0o03Gk9FPQ>; "Hans Rosling's 200 Countries, 200 Years, 4 Minutes — the Joy of Stats — BBC Four", *BBC*, vídeo do YouTube, 26 nov. 2010. Disponível em: <www.youtube.com/watch?v=jbkSRLYS0j0>; "The History of International Development | Max Roser | EAGxOxford 2016", *Centre for Effective Altruism*, vídeo do YouTube, 16 abr. 2017. Disponível em: <www.youtube.com/watch?v=XbBn8OEqL4k>; Max Roser, "The Short History of Global Living Conditions and Why It Matters That We Know It", *Our World in Data*. Acessado em: 29 out. 2021. Disponível em: <ourworldindata.org/a-history-of-global-living-conditions-in-5-charts>; Bourguignon e Morrisson, "Inequality Among World Citizens: 1820-1992".

115. Para detalhes mais aprofundados sobre as rápidas (e às vezes terrivelmente mal administradas) transformações agrícolas da China e da Índia, ver Yi Wen, "China's Rapid Rise: From Backward Agrarian Society to Industrial Powerhouse in Just 35 Years", Banco Federal Reserve de St. Louis, 12 abr. 2016. Disponível em: <www.stlouisfed.org/publications/regional-economist/april-2016/chinas-rapid-rise-from-backward-agrarian-society-to-industrial-powerhouse-in-just-35-years>; Xiao-qiang Jiao, Nyamdavaa Mongol e Fu-suo Zhang, "The Transformation of Agriculture in China: Looking Back and Looking Forward", *Journal of Integrative Agriculture*, v. 17, n. 4 (abril de 2018), pp. 755-64. Disponível em: <doi.org/10.1016/S2095-3119(17)61774-X>; Amarnath Tripathi e A. R. Prasad, "Agricultural Development in India Since Independence: A Study on Progress, Performance, and Determinants", *Journal of Emerging Knowledge on Emerging Markets*, v. 1, n. 1 (nov. 2009), pp. 63-92. Disponível em: <digitalcommons.kennesaw.edu/cgi/viewcontent.cgi?article=1007&context=jekem>; M. S. Swaminathan, *50 Years of Green Revolution: An Anthology of Research Papers* (Cingapura: World Scientific, 2017); Francine R. Frankel, *India's Green Revolution: Economic Gains and Political Costs* (Princeton, Nova Jersey: Princeton University Press, 1971).

116. Grupo de Pesquisa do Banco Mundial Para o Desenvolvimento, "Poverty Headcount Ratio at $2.15 a Day".

117. Banco Mundial, "Regional Aggregation Using 2011 PPP and $1.9/Day Poverty Line", PovcalNet: A Ferramenta Online para Medição da Pobreza Desen-

volvida pelo Grupo de Pesquisa do Banco Mundial Para o Desenvolvimento, 1º set. 2022. Disponível em: <web.archive.org/web/20220901035616/http://iresearch.worldbank.org/PovcalNet/povDuplicateWB.aspx>.

118. "Regional Aggregation Using 2011 PPP", Banco Mundial; Eric W. Sievers, *The Post-Soviet Decline of Central Asia: Sustainable Development and Comprehensive Capital* (Londres: Routledge Curzon, 2003).

119. David Hulme, "The Making of the Millennium Development Goals: Human Development Meets Results-Based Management in an Imperfect World" (documento preliminar do BWPI 16, Instituto Brooks de Pobreza Mundial da Universidade de Manchester, dez. 2007. Disponível em: <sustainabledevelopment.un.org/content/documents/773bwpi-wp-1607.pdf>.

120. Para mais informações sobre os Objetivos de Desenvolvimento do Milênio (ODM) e o seu impacto, ver Departamento das Nações Unidas para Assuntos Econômicos e Sociais (UNDESA), *The Millennium Development Goals Report 2015* (Nova York: Nações Unidas, abr. 2016). Disponível em: <www.un.org/millenniumgoals/2015_MDG_Report/pdf/MDG%202015%20rev%20(July%201).pdf>; Hannah Ritchie e Max Roser, "Now It Is Possible to Take Stock — Did the World Achieve the Millennium Development Goals?", *Our World in Data*, 20 set. 2018. Disponível em: <ourworldindata.org/millennium-development-goals>; Charles Kenny, "MDGs to SDGs: Have We Lost the Plot?", Centro para o Desenvolvimento Global, 27 mai. 2015. Disponível em: <www.cgdev.org/publication/mdgs-sdgs-have-we-lost-plot>.

121. Grupo de Pesquisa do Banco Mundial Para o Desenvolvimento, "Poverty Headcount Ratio at $2.15 a Day (2017 PPP) (% of population) — United States", Banco Mundial. Acessado em: 28 abr. 2023. Disponível em: <data.worldbank.org/indicator/SI.POV.DDAY?locations=US>.

122. Emily A. Shrider et al., *Income and Poverty in the United States: 2020*, Current Population Reports P60-273, Departamento de Censo dos EUA, set. 2021, p. 56. Disponível em: <www.census.gov/content/dam/Census/library/publications/2021/demo/p60-273.pdf>.

123. David R. Dickens Jr. e Christina Morales, "Income Distribution and Poverty in Nevada", em *The Social Health of Nevada: Leading Indicators and Quality of Life in the Silver State*, Dmitri N. Shalin (Org.) (Las Vegas: Centro de Publicações de Cultura Democrática da Universidade de Nevada, campus de Las Vegas – UNLV, 2006), pp. 1-24. Disponível em: <digitalscholarship.unlv.edu/cgi/viewcontent.cgi?article=1019&context=social_health_nevada_reports>; Shrider et al., *Income and Poverty in the United States: 2020*, p. 56.

124. Shrider et al., *Income and Poverty in the United States: 2020*, pp. 14, 17.

125. Para uma análise mais detalhada de como a linha de pobreza dos Estados Unidos é determinada e atualizada, consulte Instituto de Pesquisa sobre Pobreza, "What Are Poverty Thresholds and Poverty Guidelines?", Universidade de Wisconsin – Madison. Acessado em: 28 abr. 2023. Dispo-

nível em: <www.irp.wisc.edu/resources/what-are-poverty-thresholds-and-poverty-guidelines/#:~:text=9902>; Instituto de Pesquisa sobre Pobreza, "How Is Poverty Measured?", Universidade de Wisconsin – Madison. Acessado em: 28 abr. 2023. Disponível em: <www.irp.wisc.edu/resources/how-is-poverty-measured>.

126. John Creamer et al., Departamento de Censo dos EUA, *Poverty in the United States: 2021* (Washington, DC: Escritório de Publicações do Governo dos EUA, set. 2022), p. 25. Disponível em: <www.census.gov/content/dam/Census/library/publications/2022/demo/p60-277.pdf>.

127. Ibid., pp. 25, 36.

128. Ibid., *Poverty in the United States: 2021*, p. 25.

129. "MIT OpenCourseWare at 20", MIT *OpenCourseWare*, vídeo do YouTube, 12 abr. 2021. Disponível em: <www.youtube.com/watch?v=0aAEamhJHUI>.

130. Creamer et al., *Poverty in the United States: 2021*, p. 25; Grupo de Pesquisa do Banco Mundial Para o Desenvolvimento, "Poverty Headcount Ratio at $2.15 a Day — United States".

131. Max Roser e Esteban Ortiz-Ospina, "Global Extreme Poverty — World Population Living in Extreme Poverty, World, 1820 to 2015", *Our World in Data*, 27 mar. 2017, atualizado em 2019. Disponível em: <ourworldindata.org/grapher/world-population-in-extreme-poverty-absolute>; Bourguignon e Morrisson, "Inequality Among World Citizens: 1820-1992"; Grupo de Pesquisa do Banco Mundial Para o Desenvolvimento, "Poverty Headcount Ratio at $2.15 a Day"; Banco Mundial, "Regional Aggregation Using 2011 PPP and $1.9/Day Poverty Line"; Banco Mundial, Grupo de Pesquisa do Banco Mundial, "Poverty Headcount Ratio at $2.15 a day (2017 PPP) (% of population) — United States".

132. Gabinete do Secretário Adjunto de Planejamento e Avaliação, "HHS Poverty Guidelines for 2023", Departamento de Saúde e Serviços Humanos dos EUA, 19 jan. 2023. Disponível em: <aspe.hhs.gov/poverty-guidelines>.

133. Departamento de Análise Econômica dos EUA, "Personal Income per Capita (A792RC0A052NBEA)", retirado de FRED, Banco Federal Reserve de St. Louis, atualizado em 30 mar. 2023. Disponível em: <fred.stlouisfed.org/series/A792RC0A052NBEA>; "Consumer Price Index, 1913-", Banco Federal Reserve de Minneapolis; Escritório de Estatísticas do Trabalho dos EUA, "Consumer Price Index for All Urban Consumers".

134. Departamento de Análise Econômica dos EUA, "Personal Income Per Capita (A792RC0A052NBEA)"; Peter H. Lindert e Jeffrey G. Williamson, "American Incomes 1774-1860" (documento preliminar 18396, Departamento Nacional de Pesquisa Econômica dos EUA, setembro de 2012), p. 33. Disponível em: <www.nber.org/system/files/working_papers/w18396/w18396.pdf>; Alexander Klein, "New State-Level Estimates of Personal Income in the United States, 1880-1910", em *Research in Economic History*,

vol. 29, Christopher Hanes e Susan Wolcott (Org.) (Bingley, Reino Unido: Emerald Group, 2013), p. 220. Disponível em: <doi.org/10.1108/S0363-3268(2013)0000029008>; "Consumer Price Index, 1800-", Banco Federal Reserve de Minneapolis. Acessado em: 28 abr. 2023. Disponível em: <www.minneapolisfed.org/about-us/monetary-policy/inflation-calculator/consumer-price-index-1800->.

135. Dickens e Morales, "Income Distribution and Poverty in Nevada", p. 1; Creamer et al., *Poverty in the United States: 2021*, p. 25.
136. Bourguignon e Morrisson, "Inequality Among World Citizens: 1820-1992"; Grupo de Pesquisa do Banco Mundial Para o Desenvolvimento, "Poverty Headcount Ratio at $2.15 a Day"; Grupo de Pesquisa do Banco Mundial Para o Desenvolvimento, "Poverty Headcount Ratio at $2.15 a Day (2017 PPP) (% of population) – United States".
137. Jutta Bolt e Jan Luiten van Zanden, *Maddison Project Database*, versão 2020, Centro de Crescimento e Desenvolvimento da Universidade de Groningen, 2 nov. 2020. Disponível em: <www.rug.nl/ggdc/historicaldevelopment/maddison/data/mpd2020.xlsx>; Jutta Bolt e Jan Luiten van Zanden, "Maddison Style Estimates of the Evolution of the World Economy: A New 2020 Update", (documento out. 2020). Disponível em: <www.rug.nl/ggdc/historicaldevelopment/maddison/publications/wp15.pdf>; Departamento de Análise Econômica dos EUA, "Real Gross Domestic Product per Capita (A939RX0Q048SBEA)", retirado de FRED, Banco Federal Reserve de St. Louis, 27 abr. 2023. Disponível em: <fred.stlouisfed.org/series/A939RX0Q048SBEA>; "Consumer Price Index, 1913-", Banco Federal Reserve de Minneapolis; John J. McCusker, "Colonial Statistics", em *Historical Statistics of the United States: Earliest Times to the Present*, Susan G. Carter et al. (Org.) (Cambridge, Reino Unido: Cambridge University Press, 2006), V-671; Richard Sutch, "National Income and Product", em *Historical Statistics of the United States: Earliest Times to the Present*, Susan G. Carter et al. (Org.) (Cambridge, Reino Unido: Cambridge University Press, 2006), III-23-25; Leandro Prados de la Escosura, "Lost Decades? Economic Performance in Post-Independence Latin America", *Journal of Latin American Studies* 41, n. 2 (mai. 2009): pp. 279-307, https://www.jstor.org/stable/27744128; Jutta Bolt et al., "Rebasing 'Maddison': New Income Comparisons and the Shape of Long-Run Economic Development" (documento preliminar 10, Projeto Maddison, Centro de Crescimento e Desenvolvimento da Universidade de Groningen, 2018. Disponível em: <www.rug.nl/ggdc/html_publications/memorandum/gd174.pdf>.
138. Bolt e van Zanden, *Maddison Project Database*; Bolt and van Zanden, "Maddison Style Estimates of the Evolution of the World Economy"; Departamento de Análise Econômica dos EUA, "Real Gross Domestic Product per Capita (A939RX0Q048SBEA)"; "Consumer Price Index, 1913-", Banco

Federal Reserve de Minneapolis; Escritório de Estatísticas do Trabalho dos EUA, "Consumer Price Index for All Urban Consumers"; McCusker, "Colonial Statistics", V-671; Sutch, "National Income and Product"; Prados de la Escosura, "Lost Decades?"; Bolt et al., "Rebasing 'Maddison.'"

139. Bolt e van Zanden, *Maddison Project Database*; Bolt e van Zanden, "Maddison Style Estimates of the Evolution of the World Economy"; Departamento de Análise Econômica dos EUA, "Real Gross Domestic Product Per Capita (A939RX0Q048SBEA)"; "Consumer Price Index, 1913", Banco Federal Reserve de Minneapolis; Escritório de Estatísticas do Trabalho dos EUA, "Consumer Price Index for All Urban Consumers"; McCusker, "Colonial Statistics", V-671; Sutch, "National Income and Product"; Prados de la Escosura, "Lost Decades?"; Bolt et al., "Rebasing 'Maddison.'"

140. Max Roser, "Working Hours", *Our World in Data*, 2013. Disponível em: <ourworldindata.org/working-hours>; Michael Huberman e Chris Minns, "The Times They Are Not Changin': Days and Hours of Work in Old and New Worlds, 1870-2000", *Explorations in Economic History*, v. 44, n. 4 (12 jul. 2007), p. 548. Disponível em: <personal.lse.ac.uk/minns/Huberman_Minns_EEH_2007.pdf>; Universidade de Groningen e Universidade da Califórnia, Davis, "Average Annual Hours Worked by Persons Engaged for United States (AVHWPEUSA065NRUG)", retirado de FRED, Banco Federal Reserve de St. Louis, 21 jan. 2021. Disponível em: <fred.stlouisfed.org/series/AVHWPEUSA065NRUG>.

141. Departamento de Censo dos EUA, "Real Median Personal Income in the United States (MEPAINUSA672N)", retirado de FRED, Banco Federal Reserve de St. Louis, atualizado em 13 set. 2022. Disponível em: <fred.stlouisfed.org/series/MEPAINUSA672N>; "Consumer Price Index, 1913-", Banco Federal Reserve de Minneapolis; Escritório de Estatísticas do Trabalho dos EUA, "Consumer Price Index for All Urban Consumers".

142. Departamento de Análise Econômica dos EUA, "Personal Income Per Capita (A792RC0A052NBEA)"; Lindert e Williamson, "American Incomes 1774-1860"; Klein, "New State-Level Estimates of Personal Income in the United States, 1880-1910", p. 220; "Consumer Price Index, 1800-", Banco Federal Reserve de Minneapolis; Escritório de Estatísticas do Trabalho dos EUA, "Consumer Price Index for All Urban Consumers".

143. Departamento de Análise Econômica dos EUA, "Personal Income Per Capita (A792RC0A052NBEA)"; Huberman e Minns, "The Times They Are Not Changin'", p. 548; Universidade de Groningen e Universidade da Califórnia, Davis, "Average Annual Hours Worked by Persons Engaged for United States; "Consumer Price Index, 1913-", Banco Federal Reserve de Minneapolis.

144. Bolt e van Zanden, *Maddison Project Database*; Departamento de Análise Econômica dos EUA, "Population (B230RC0A052NBEA)"; Departamen-

to de Análise Econômica dos EUA, "Personal Income (PI)", retirado de FRED, Banco Federal Reserve de St. Louis, atualizado em 24 fev. 2023. Disponível em: <fred.stlouisfed.org/series/PI>; Departamento de Análise Econômica dos EUA, "Hours Worked by Full-Time and Part-Time Employees (B4701C0A222NBEA)", retirado de FRED, Banco Federal Reserve de St. Louis, atualizado em 12 out. 2022. Disponível em: <fred.stlouisfed.org/series/B4701C0A222NBEA>; Stanley Lebergott, "Labor Force and Employment, 1800-1960", em *Output, Employment, and Productivity in the United States After 1800*, Dorothy S. Brady (Org.) (Washington, DC: Departamento Nacional de Pesquisa Econômica dos EUA, 1966), p. 118. Disponível em: <www.nber.org/chapters/c1567.pdf>; Departamento de Censo dos EUA, *Statistical Abstract of the United States: 1999* (Washington, DC: Departamento de Censo dos EUA, 1999), p. 879. Disponível em: <www.census.gov/prod/99pubs/99statab/sec31.pdf>; Stanley Lebergott, "Labor Force, Employment, and Unemployment, 1929-39 Estimating Methods", *Monthly Labor Review*, v. 67, n. 1 (jul. 1948), p. 51. Disponível em: <www.bls.gov/opub/mlr/1948/article/pdf/labor-force-employment-and-unemployment-1929-39-estimating-methods.pdf>; Huberman e Minns, "The Times They Are Not Changin'", 548; Escritório de Estatísticas do Trabalho dos EUA, "Employment Level (CE16OV)", retirado de FRED, Banco Federal Reserve de St. Louis, atualizado em 10 mar. 2023. Disponível em: <fred.stlouisfed.org/series/CE16OV>; "Consumer Price Index, 1800-", Banco Federal Reserve de Minneapolis; Escritório de Estatísticas do Trabalho dos EUA, "Consumer Price Index for All Urban Consumers".

145. Huberman e Minns, "The Times They Are Not Changin'", 548.
146. Para algumas rápidas explicações sobre o papel do movimento trabalhista na redução da jornada de trabalho nos Estados Unidos, bem como algumas fontes contemporâneas detalhadas, ver "History of the 40-Hour Workweek", CNBC *Make It*, vídeo do YouTube, 3 mai. 2017. Disponível em: <www.youtube.com/watch?v=BcRlq-Hrtco>; "The 40 Hour Work Week", *Prosocial Progress Foundation*, vídeo do YouTube, 3 dez. 2017. Disponível em: <www.youtube.com/watch?v=7KtJNYZySjU>; Shana Lebowitz e Marguerite Ward, "Most Americans Support Andrew Yang's Call for a 4-Day Workweek — But Before Any Policy Changes, We Should Understand Why the 5-Day, 40-Hour Workweek Was So Revolutionary", *Business Insider*, 12 jun. 2020. Disponível em: <www.businessinsider.com/history-of-the-40-hour-workweek-2015-10>; George E. Barnett, "Growth of Labor Organization in the United States, 1897-1914", *Quarterly Journal of Economics*, v. 30, n. 4 (ago. 1916), pp. 780-95. Disponível em: <www.jstor.com/stable/1884242>; Leo Wolman, *The Growth of American Trade Unions, 1880-1923* (Nova York: Departamento Nacional de Pesquisa Econômica dos EUA, 1924).

147. Huberman e Minns, "The Times They Are Not Changin'", p. 548.
148. Ibidem.
149. Huberman e Minns, "The Times They Are Not Changin'", p. 548; Universidade de Groningen e Universidade da Califórnia, Davis, "Average Annual Hours Worked by Persons Engaged for United States".
150. Ao longo deste capítulo, concentro-me sobretudo nas tendências de prosperidade nos Estados Unidos e em demais países da OCDE, não por acreditar que sejam mais importantes do que outros Estados, mas porque, enquanto escrevo estas páginas, atingiram pontos mais acentuados ao longo das tendências exponenciais. Além disso, com frequência são menos disponíveis os dados de alta qualidade sobre os países em desenvolvimento, o que por vezes limita a capacidade dos acadêmicos de medir com rigor as tendências em âmbito mundial. Ver Huberman e Minns, "The Times They Are Not Changin'", p. 548; Universidade de Groningen e Universidade da Califórnia, Davis, "Average Annual Hours Worked by Persons Engaged for United States"; Robert C. Feenstra, Robert Inklaar e Marcel P. Timmer, PWT 9.1: *Penn World Table Version 9.1*, Centro de Crescimento e Desenvolvimento da Universidade de Groningen, 26 set. 2019. Disponível em: <www.rug.nl/ggdc/productivity/pwt>; Robert C. Feenstra, Robert Inklaar e Marcel P. Timmer, "The Next Generation of the Penn World Table", *American Economic Review*, v. 105, n. 10 (out. 2015), pp. 3150-82. Disponível em: <dx.doi.org/10.1257/aer.20130954>; "Kurzarbeit: Germany's Short-Time Work Benefit", Fundo Monetário Internacional, 15 jun. 2020. Disponível em: <www.imf.org/en/News/Articles/2020/06/11/na061120-kurzarbeit-germanys-short-time-work-benefit>.
151. Para saber mais sobre essa mudança e seus prováveis impactos em longo prazo, ver Rani Molla, "Office Work Will Never Be the Same", *Vox*, 21 mai. 2020. Disponível em: <www.vox.com/recode/2020/5/21/21234242/coronavirus-covid-19-remote-work-from-home-office-reopening>; Gil Press, "The Future of Work Post-Covid-19", *Forbes*, 15 jul. 2020. Disponível em: <www.forbes.com/sites/gilpress/2020/07/15/the-future-of-work-post-covid-19/#3c9ea15e4baf>; Nick Routley, "6 Charts That Show What Employers and Employees Really Think About Remote Working", Fórum Econômico Mundial, 3 jun. 2020. Disponível em: <www.weforum.org/agenda/2020/06/coronavirus-covid19-remote-working-office-employees-employers>; Matthew Dey et al., "Ability to Work from Home: Evidence from Two Surveys and Implications for the Labor Market in the Covid-19 Pandemic", *Monthly Labor Review* (Escritório de Estatísticas do Trabalho dos EUA), jun. 2020. Disponível em: <doi.org/10.21916/mlr.2020.14>.
152. Huberman e Minns, "The Times They Are Not Changin'", p. 548; Universidade de Groningen e Universidade da Califórnia, Davis, "Average Annual Hours Worked by Persons Engaged for United States"; Feenstra,

Inklaar e Timmer, "The Next Generation of the Penn World Table", pp. 3150-82; Estatísticas da OCDE, "Average Annual Hours Actually Worked per Worker", Organização para a Cooperação e o Desenvolvimento Econômico (OCDE), recuperado em 22 out. 2021. Disponível em: <stats.oecd.org/Index.aspx?DataSetCode=ANHRS>.

153. Organização Internacional do Trabalho (OIT), *Marking Progress Against Child Labour: Global Estimates and Trends 2000-2012* (Genebra, Suíça: Organização Internacional do Trabalho, 2013), p. 16. Disponível em: <www.ilo.org/wcmsp5/groups/public/@ed_norm/@ipec/documents/publication/wcms_221513.pdf>.

154. Organização Internacional do Trabalho (OIT), *Marking Progress Against Child Labour*, 3; Organização Internacional do Trabalho (OIT), *Global Estimates of Child Labour: Results and Trends, 2012-2016* (Genebra, Suíça: Organização Internacional do Trabalho, 2017), p. 9. Disponível em: <www.ilo.org/wcmsp5/groups/public/---dgreports/---dcomm/documents/publication/wcms_575499.pdf>; Organização Internacional do Trabalho (OIT) e Fundo das Nações Unidas para a Infância, *Child Labour: Global Estimates 2020, Trends and the Road Forward* (Genebra, Suíça: OIT e UNICEF, 2021), p. 23. Disponível em: <www.ilo.org/wcmsp5/groups/public/---ed_norm/---ipec/documents/publication/wcms_797515.pdf>; Departamento do Trabalho dos EUA, *2021 Findings on the Worst Forms of Child Labor* (Washington, DC: Departamento do Trabalho dos EUA, 2022. Disponível em: <www.dol.gov/sites/dolgov/files/ILAB/child_labor_reports/tda2021/2021_TDA_Big_Book.pdf>.

155. Organização Internacional do Trabalho (OIT), *Marking Progress Against Child Labour*, 3; Organização Internacional do Trabalho (OIT), *Global Estimates of Child Labour: Results and Trends, 2012-2016*, p. 9; Organização Internacional do Trabalho (OIT) e Fundo das Nações Unidas para a Infância, *Child Labour: Global Estimates 2020, Trends and the Road Forward*, pp. 23, 82.

156. Escritório da ONU sobre Drogas e Crimes (UNODC), *Global Study on Homicide: Executive Summary* (Viena: Nações Unidas, jul. 2019), pp. 26-28. Disponível em: <www.unodc.org/documents/data-and-analysis/gsh/Booklet1.pdf>.

157. Na Inglaterra, em 1325 ocorriam 21,4 homicídios por 100 mil pessoas por ano. Em 1575, eram 5,2; em 1675, eram 3,5; e, em 1862, o número caiu para 1,6, e desde então tem permanecido abaixo disso. Na Itália, em 1375 ocorriam 71,7 homicídios anuais por 100 mil pessoas, 7,0 em 1862 e 0,9 em 2010. Ver Max Roser e Hannah Ritchie, "Homicides", *Our World in Data*, dez. 2019. Disponível em: <ourworldindata.org/homicides>; Manuel Eisner, "From Swords to Words: Does Macro-Level Change in Self-Control Predict Long-Term Variation in Levels of Ho-

micide?", *Crime and Justice* 43, n. 1 (set. 2014): pp. 80-81. Disponível em: <doi.org/10.1086/677662>; Escritório da ONU sobre Drogas e Crimes (UNODC), "Intentional Homicides (per 100,000 People) — France, Netherlands, Sweden, Germany, Switzerland, Italy, United Kingdom, Spain", retirado de Worldbank.org. Acessado em: 25 mar. 2023. Disponível em: <data.worldbank.org/indicator/VC.IHR.PSRC.P5?end=2020&locations=-FR-NL-SE-DE-CH-IT-GB-ES&start=2020&view=bar>; "Appendix Tables: Homicide in England and Wales", Escritório de Estatísticas Nacionais (Reino Unido), 9 fev. 2023. Disponível em: <www.ons.gov.uk/file?uri=/peoplepopulationandcommunity/crimeandjustice/datasets/appendixtableshomicideinenglandandwales/current/homicideyemarch22appendixtables.xlsx>.

158. Este gráfico baseia-se em grande parte no gráfico "Long-Term Homicide Rates Across Western Europe, 1250 to 2017" [Taxas de homicídios de longo prazo na Europa Ocidental, 1250 a 2017], da *Our World in Data*. No entanto, a versão mais recente do gráfico incorpora dados da Organização Mundial da Saúde desde 1950, compilados para fins de saúde pública, e subestima de maneira significativa os homicídios notificados judicialmente. Portanto, os dados da OMS não são suficientemente proporcionais aos dados dos anos anteriores, que provêm em grande parte da pesquisa de arquivo de Eisner (2014). Em vez disso, para a maioria dos dados desde 1990, este gráfico baseia-se na base de dados de Estatísticas Internacionais de Homicídios do Escritório da ONU sobre Drogas e Crimes (UNODC). Para os dados do Reino Unido de 2019-2021, os anos de relatório vão de abril a março; portanto, as médias ponderadas são tomadas aqui para aproximar os anos civis de janeiro a dezembro no restante dos dados. Ver Roser e Ritchie, "Homicides"; Eisner, "From Swords to Words", pp. 80-81; Escritório da ONU sobre Drogas e Crimes (UNODC), "Intentional Homicides (per 100,000 People) — France, Netherlands, Sweden, Germany, Switzerland, Italy, United Kingdom, Spain"; "Appendix Tables: Homicide in England and Wales", Escritório de Estatísticas Nacionais (Reino Unido).

159. Alexia Cooper e Erica L. Smith, *Homicide Trends in the United States, 1980-2008* (Washington, DC: Departamento de Justiça dos EUA, Departamento de Estatísticas de Justiça, nov. 2011), p. 2. Disponível em: <www.bjs.gov/content/pub/pdf/htus8008.pdf>; "Crime in the United States: By Volume and Rate per 100,000 Inhabitants, 1999-2018", Departamento Federal de Investigação (FBI). Acessado em: 28 abr. 2023. Disponível em: <ucr.fbi.gov/crime-in-the-u.s/2018/crime-in-the-u.s.-2018/topic-pages/tables/table-1>; Departamento Federal de Investigação (FBI), "Crime Data Explorer: Expanded Homicide Offense Counts in the United States", Departamento

de Justiça dos EUA, Departamento Federal de Investigação (FBI). Acessado em: 28 abr. 2023. Disponível em: <cde.ucr.cjis.gov/LATEST/webapp/#/pages/explorer/crime/shr>; Emily J. Hanson, "Violent Crime Trends, 1990-2021", Relatório do Serviço de Pesquisa do Congresso IF12281, 12 dez. 2022. Disponível em: <sgp.fas.org/crs/misc/IF12281.pdf>; Departamento de Análise Econômica dos EUA, "Population (B230RC0A052NBEA)".

160. Para saber mais sobre os efeitos da Lei Seca sobre a criminalidade e a violência nos EUA, ver "How Prohibition Created the Mafia", *History*, vídeo do YouTube, 21 fev. 2019. Disponível em: <www.youtube.com/watch?v=N-K6oXXaPKw>; Dave Roos, "How Prohibition Put the 'Organized' in Organized Crime", History.com, 22 fev. 2019. Disponível em: <www.history.com/news/prohibition-organized-crime-al-capone>; Departamento de Estatísticas de Justiça, "Key Facts at a Glance: Homicide Rate Trends", Departamento de Justiça dos EUA. Acessado em: 29 set. 2006. Disponível em: <web.archive.org/web/20060929061431/http://www.ojp.usdoj.gov/bjs/glance/tables/hmrttab.htm>.

161. Para mais explicações sobre o impacto da guerra às drogas e sua relação com a violência nos Estados Unidos, ver "Why The War on Drugs Is a Huge Failure", *Kurzgesagt — In a Nutshell*, vídeo do YouTube, 1º mar. 2016. Disponível em: <www.youtube.com/watch?v=wJUXLqNHCaI>; German Lopez, "The War on Drugs, Explained", *Vox*, 8 mai. 2016. Disponível em: <www.vox.com/2016/5/8/18089368/war-on-drugs-marijuana-cocaine-heroin-meth>; PBS, "Thirty Years of America's Drug War: A Chronology", *Frontline*. Acessado em: 28 abr. 2023. Disponível em: <www.pbs.org/wgbh/pages/frontline/shows/drugs/cron>; Departamento de Estatísticas de Justiça, "Key Facts at a Glance: Homicide Rate Trends".

162. Para saber mais sobre a "teoria das janelas quebradas" e o policiamento proativo, ver George L. Kelling e James Q. Wilson, "Broken Windows: The Police and Neighborhood Safety", *The Atlantic*, mar. 1982. Disponível em: <www.theatlantic.com/magazine/archive/1982/03/broken-windows/304465/?single_page=true>; "Broken Windows Policing", Centro para Política Criminal Baseada em Evidências. Acessado em: 28 abr. 2023. Disponível em: <cebcp.org/evidence-based-policing/what-works-in-policing/research-evidence-review/broken-windows-policing>; Shankar Vedantam et al., "How a Theory of Crime and Policing Was Born, and Went Terribly Wrong", NPR, 1º nov. 2016. Disponível em: <www.npr.org/2016/11/01/500104506/broken-windows-policing-and-the-origins-of-stop-and-frisk-and-how-it-went-wrong>; National Academies of Sciences, Engineering, and Medicine, *Proactive Policing: Effects on Crime and Communities* (Washington, DC: National Academies Press, 2018). Disponível em: <https://doi.org/10.17226/24928>; Kevin Strom, *Research on the Impact of Technology on Policing Strategy in the 21st Century*,

Final Report (Research Triangle Park, Carolina do Norte: RTI International, 2017. Disponível em: <www.ncjrs.gov/pdffiles1/nij/grants/251140.pdf>.

163. "Lead for Life — The History of Leaded Gasoline — An Excerpt", de *Late Lessons from Early Warnings*, Jakob Gottschau, vídeo do YouTube, 16 set. 2013. Disponível em: <www.youtube.com/watch?v= pqg9jH1xwjI>; Jennifer L. Doleac, "New Evidence That Lead Exposure Increases Crime", Instituto Brookings, 1º jun. 2017. Disponível em: <www.brookings.edu/blog/up-front/2017/06/01/new-evidence-that-lead-exposure-increases-crime>.

164. Departamento de Estatísticas de Justiça, "Key Facts at a Glance: Homicide Rate Trends"; James Alan Fox e Marianne W. Zawitz, *Homicide Trends in the United States* (Washington, DC: Departamento de Estatísticas de Justiça, 2010), pp. 9-10. Disponível em: <www.bjs.gov/content/pub/pdf/htius.pdf>; "Crime in the United States: By Volume and Rate per 100,000 Inhabitants, 1999-2018", Departamento Federal de Investigação (FBI); Departamento Federal de Investigação (FBI), "Crime Data Explorer: Expanded Homicide Offense Counts in the United States"; Hanson, "Violent Crime Trends, 1990-2021"; Departamento de Análise Econômica dos EUA, "Population (B230RC0A052NBEA)".

165. Ann L. Pastore e Kathleen Maguire (Org.), *Sourcebook of Criminal Justice Statistics* (Washington, DC: Departamento de Justiça dos EUA, Departamento de Estatísticas de Justiça, 2005), pp. 278-79. Disponível em: <www.ojp.gov/pdffiles1/Digitization/208756NCJRS.pdf>; "Crime in the United States: By Volume and Rate per 100,000 Inhabitants, 1999-2018", Departamento Federal de Investigação (FBI); Departamento Federal de Investigação (FBI), "Crime Data Explorer: Expanded Homicide Offense Counts in the United States"; Hanson, "Violent Crime Trends, 1990-2021"; Departamento de Análise Econômica dos EUA, "Population (B230RC0A052NBEA)".

166. Steven Pinker, *The Better Angels of Our Nature: Why Violence Has Declined* (Nova York: Penguin, 2011), pp. 60-91. [Ed. bras.: *Os anjos bons da nossa natureza: por que a violência diminuiu*. Trad. Bernardo Joffily e Laura Teixeira Motta. São Paulo: Companhia das Letras, 2017.]

167. Ibid., p. 60.

168. Ibid., pp. 49, 53, 63-64.

169. Ibid., pp. 52-53.

170. Ibid., pp. 193-98.

171. Pinker, *Better Angels of Our Nature*, pp. 175-77, 580-92; Peter Singer, *The Expanding Circle: Ethics, Evolution, and Moral Progress* (Princeton, Nova Jersey: Princeton University Press, 1981).

172. Para vários e mais detalhados resumos de aplicações recentes de IA na descoberta de materiais para eletricidade solar e armazenamento de energia, ver Elizabeth Montalbano, "AI Enables Design of Spray-on Coating

That Can Generate Solar Energy", *Design News*, 26 dez. 2019. Disponível em: <www.designnews.com/materials-assembly/ai-enables-design-spray-coating-can-generate-solar-energy>; Shinji Nagasawa, Eman Al-Naamani e Akinori Saeki, "Computer-Aided Screening of Conjugated Polymers for Organic Solar Cell: Classification by Random Forest", *Journal of Physical Chemistry Letters*, v. 9, n. 10 (7 mai. 2018), pp. 2639-46. Disponível em: <doi.org/10.1021/acs.jpclett.8b00635>; Geun Ho Gu et al., "Machine Learning for Renewable Energy Materials", *Journal of Materials Chemistry A* 7, n. 29 (30 abr. 2019), pp. 17096-117. Disponível em: <doi.org/10.1039/C9TA02356A>; Ziyi Luo et al., "A Survey of Artificial Intelligence Techniques Applied in Energy Storage Materials R&D", *Frontiers in Energy Research*, v. 8, n. 116 (3 jul. 2020. Disponível em: <doi.org/10.3389/fenrg.2020.00116>; An Chen, Xu Zhang e Zhen Zhou, "Machine Learning: Accelerating Materials Development for Energy Storage and Conversion", *InfoMat*, v. 2, n. 3 (23 fev. 2020), pp. 553-76. Disponível em: <doi.org/10.1002/inf2.12094>; Xinyi Yang et al., "Development Status and Prospects of Artificial Intelligence in the Field of Energy Conversion Materials", *Frontiers in Energy Research*, v. 8, n. 167 (31 jul. 2020. Disponível em: <doi.org/10.3389/fenrg.2020.00167>; Teng Zhou, Zhen Song e Kai Sundmacher, "Big Data Creates New Opportunities for Materials Research: A Review on Methods and Applications of Machine Learning for Materials Design", *Engineering*, v. 5, n. 6 (dez. 2019), pp. 1017-26. Disponível em: <doi.org/10.1016/j.eng.2019.02.011.

173. Hannah Ritchie e Max Roser, "Renewable Energy", *Our World in Data*. Acessado em: 28 abr. 2023. Disponível em: <ourworldindata.org/renewable-energy>; Estatísticas da Agência Internacional de Energia/OCDE, "Electricity Production from Renewable Sources, Excluding Hydroelectric (% of Total)", retirado de Worldbank.org, 2014. Disponível em: <data.worldbank.org/indicator/EG.ELC.RNWX.ZS>; BP *Statistical Review of World Energy 2021* (Londres: BP, 2021), pp. 64-65. Disponível em: <www.bp.com/content/dam/bp/business-sites/en/global/corporate/pdfs/energy-economics/statistical-review/bp-stats-review-2021-full-report.pdf>; BP, "Statistical Review of World Energy — All Data, 1965-2021", de BP *Statistical Review of World Energy 2022* (Londres: BP, 2022. Disponível em: <www.bp.com/content/dam/bp/business-sites/en/global/corporate/xlsx/energy-economics/statistical-review/bp-stats-review-2022-all-data.xlsx>.

174. BP *Statistical Review of World Energy 2022* (Londres: BP, 2022): pp. 45, 51. Disponível em: <www.bp.com/content/dam/bp/business-sites/en/global/corporate/pdfs/energy-economics/statistical-review/bp-stats-review-2022-full-report.pdf>; BP *Statistical Review of World Energy 2021*, pp. 64-65; BP *Statistical Review of World Energy 2020* (Londres: BP, 2020), pp. 52-53, 59, 61. Disponível em: <www.bp.com/content/dam/bp/business-sites/en/global/corporate/pdfs/energy-economics/statistical-review/bp-stats-re-

view-2020-full-report.pdf>; BP, "Statistical Review of World Energy — All Data, 1965-2021"; Estatísticas da Agência Internacional de Energia/OCDE, "Electric Power Consumption (kWh Per Capita)", retirado de Worldbank. org, 2014. Disponível em: <data.worldbank.org/indicator/EG.USE.ELEC. KH.PC>; Departamento das Nações Unidas para Assuntos Econômicos e Sociais (UNDESA), Divisão de População, "Total Population — Both Sexes", *World Population Prospects 2019*, ed. rev. online 1 (Nova York: Nações Unidas, 2019. Disponível em: <population.un.org/wpp/Download/Files/1_Indicators%20(Standard)/EXCEL_FILES/1_Population/WPP2019_POP_F01_1_TOTAL_POPULATION_BOTH_SEXES.xlsx>; Ritchie e Roser, "Renewable Energy".

175. "Solar (Photovoltaic) Panel Prices vs. Cumulative Capacity", *Our World in Data*. Acessado em: 25 mar. 2023. Disponível em: <ourworldindata.org/grapher/solar-pv-prices-vs-cumulative-capacity>; Gregory F. Nemet, "Interim Monitoring of Cost Dynamics for Publicly Supported Energy Technologies", *Energy Policy*, v. 37, n. 3 (mar. 2009), pp. 825-35. Disponível em: <doi.org/10.1016/j.enpol.2008.10.031>; J. Doyne Farmer e François Lafond, "How Predictable Is Technological Progress?", *Research Policy*, v. 45, n. 3 (abr. 2016), pp. 647-65. Disponível em: <doi.org/10.1016/j.respol.2015.11.001>; "IRENASTAT Online Data Query Tool", Agência Internacional de Energia Renovável. Acessado em: 25 mar. 2023. Disponível em: <www.irena.org/Data/Downloads/IRENASTAT>; IRENA, *Renewable Power Generation Costs in 2021* (Abu Dhabi: Agência Internacional de Energia Renovável, 2022). Disponível em: <www.irena.org/-/media/Files/IRENA/Agency/Publication/2022/Jul/IRENA_Power_Generation_Costs_2021.pdf?rev=34c22a4b244d434da0accde7de7c73d8>; "Consumer Price Index, 1913-", Banco Federal Reserve de Minneapolis; Escritório de Estatísticas do Trabalho dos EUA, "Consumer Price Index for All Urban Consumers".

176. Molly Cox, "Key 2020 US Solar PV Cost Trends and a Look Ahead", Greentech Media, 17 dez. 2020. Disponível em: <www.greentechmedia.com/articles/read/key-2020-us-solar-pv-cost-trends-and-a-look-ahead>.

177. "Solar (Photovoltaic) Panel Prices vs. Cumulative Capacity", *Our World in Data*; Nemet, "Interim Monitoring of Cost Dynamics for Publicly Supported Energy Technologies", pp. 825-35; Farmer e Lafond, "How Predictable Is Technological Progress?"; "IRENASTAT Online Data Query Tool"; IRENA, *Renewable Power Generation Costs in 2021*; François Lafond et al., "How Well Do Experience Curves Predict Technological Progress? A Method for Making Distributional Forecasts", *Technological Forecasting & Social Change* 128 (mar. 2018), pp. 104-17. Disponível em: <doi.org/10.1016/j.techfore.2017.11.001>; Sandra Enkhardt, "Global Solar Capacity Additions Hit 268 GW in 2022, Says BNEF", PV *Magazine*, 23 dez. 2022. Disponível

em: <www.pv-magazine.com/2022/12/23/global-solar-capacity-additions--hit-268-gw-in-2022-says-bnef>.

178. "Solar (Photovoltaic) Panel Prices vs. Cumulative Capacity", *Our World in Data*; Nemet, "Interim Monitoring of Cost Dynamics for Publicly Supported Energy Technologies", pp. 825-35; Farmer e Lafond, "How Predictable Is Technological Progress?"; "IRENASTAT Online Data Query Tool"; IRENA, *Renewable Power Generation Costs in 2021*; Lafond et al., "How Well Do Experience Curves Predict Technological Progress?", pp. 104-17; Enkhardt, "Global Solar Capacity Additions Hit 268 GW in 2022, Says BNEF".

179. Hannah Ritchie e Max Roser, "Renewable Energy — Renewable Energy Generation, World", *Our World in Data*. Acessado em: 28 abr. 2023. Disponível em: <ourworldindata.org/grapher/modern=-renewable-energy-consumption?country-~OWID_WRL>; Ritchie e Roser, "Renewable Energy — Solar Power Generation"; "World Electricity Generation by Fuel, 1971-2017", Agência Internacional de Energia, 26 nov. 2019. Disponível em: <www.iea.org/data-and-statistics/charts/world-electricity-generation-by-fuel-1971-2017>; BP *Statistical Review of World Energy* 2022, pp. 45, 51; BP, "Statistical Review of World Energy — All Data, 1965-2021"; "Share of Low-Carbon Sources and Coal in World Electricity Generation, 1971-2021", Agência Internacional de Energia, 19 abr. 2021. Disponível em: <www.iea.org/data-and-statistics/charts/share-of-low-carbon-sources-and-coal-in-world-electricity-generation-1971-2021>.

180. Ryan Wiser et al., "Land-Based Wind Market Report: 2022 Edition", Departamento de Energia dos EUA, ago. 2022, p. 50. Disponível em: <doi.org/10.2172/1882594>; "Consumer Price Index, 1913-", Banco Federal Reserve de Minneapolis; Escritório de Estatísticas do Trabalho dos EUA, "Consumer Price Index for All Urban Consumers".

181. *Our World in Data*, "Wind Power Generation", *Our World in Data*. Acessado em: 25 mar. 2023. Disponível em: <ourworldindata.org/grapher/wind-generation?tab-chart>; BP *Statistical Review of World Energy* 2022; "Yearly Electricity Data", Ember, 28 mar. 2023. Disponível em: <ember-climate.org/data-catalogue/yearly-electricity-data>; Charles Moore, "European Electricity Review 2022", Ember, 1º fev. 2022. Disponível em: <ember-climate.org/insights/research/european-electricity-review-2022>.

182. "Renewable Energy Generation, World", *Our World in Data*; BP *Statistical Review of World Energy* 2022.

183. "Renewable Energy Generation, World", *Our World in Data*; BP *Statistical Review of World Energy* 2022, 45, 51; "World Electricity Generation by Fuel, 1971-2017", Agência Internacional de Energia.

184. Para uma análise mais detalhada da história da Magna Carta e seu efeito na fundação dos Estados Unidos, ver "800 Years of Magna Carta", *British Library*, vídeo do YouTube, 10 mar. 2015. Disponível em: <www.youtube.com/watch?v=RQ7vUkbtlQA>; Nicholas Vincent, "Consequences of Mag-

na Carta", Biblioteca Britânica, 13 mar. 2015. Disponível em: <www.bl.uk/magna-carta/articles/consequences-of-magna-carta>; Dave Roos, "How Did Magna Carta Influence the U.S. Constitution?", History.com, 30 set. 2019. Disponível em: <www.history.com/news/magna-carta-influence-us-constitution-bill-of-rights>.

185. Para mais informações sobre a prensa de Gutenberg e o seu impacto na civilização europeia, ver Dave Roos, "7 Ways the Printing Press Changed the World", History.com, 3 set. 2019. Disponível em: <www.history.com/news/printing-press-renaissance>; Jeremiah Dittmar, "Information Technology and Economic Change: The Impact of the Printing Press", VoxEU, 11 fev. 2011. Disponível em: <voxeu.org/article/information-technology-and-economic-change-impact-printing-press>; Patrick McGrady, "The Medieval Invention That Changed the Course of History: The Machine That Made Us", *Timeline — World History Documentaries*, vídeo do YouTube, 25 ago. 2018. Disponível em: <www.youtube.com/watch?v=uQ88yC35NjI>; Jeremiah Dittmar e Skipper Seabold, "Gutenberg's Moving Type Propelled Europe Towards the Scientific Revolution", LSE *Business Review*, 19 mar. 2019. Disponível em: <blogs.lse.ac.uk/businessreview/2019/03/19/gutenbergs-moving-type-propelled-europe-towards-the-scientific-revolution>.

186. Para um excelente resumo sobre as origens e evolução inicial do Parlamento na Inglaterra, ver Gwilym Dodd, "The Birth of Parliament", *BBC*, 17 fev. 2011. Disponível em: <www.bbc.co.uk/history/british/middle_ages/birth_of_parliament_01.shtml>.

187. Para uma série de recursos adicionais sobre a Revolução Inglesa e a Declaração de Direitos da Inglaterra de 1689, ver John Green, "English Civil War: Crash Course European History #14", *CrashCourse*, vídeo do YouTube, 6 ago. 2019. Disponível em: <www.youtube.com/watch?v=dyk3bI_Y68Y>; Projeto Avalon da Escola de Direito de Yale, "English Bill of Rights 1689", Biblioteca de Direito Lillian Goldman. Acessado em: 28 abr. 2023. Disponível em: <avalon.law.yale.edu/17th_century/england.asp>; Geoffrey Lock, "The 1689 Bill of Rights", *Political Studies*, v. 37, n. 4 (1º dez. 1989). Disponível em: <doi.org/10.1111/j.1467-9248.1989.tb00288.x>; Peter Ackroyd, *Civil War: The History of England*, vol. 3 (Nova York: St. Martin's, 2014).

188. Neil Johnston, "The History of the Parliamentary Franchise" (artigo de pesquisa 13/14, Biblioteca da Câmara dos Comuns do Reino Unido, 1º mar. 2013). Disponível em: <researchbriefings.files.parliament.uk/documents/RP13-14/RP13-14.pdf>; Roser e Ortiz-Ospina, "Literacy"; Pamuk e van Zanden, "Standards of Living", 229.

189. Dalibor Rohac, "Mechanism Design in the Venetian Republic", Instituto Cato, 17 jul. 2013. Disponível em: <www.cato.org/publications/commen-

tary/mechanism-design-venetian-republic>; Thomas F. Madden, *Venice: A New History* (Nova York, NY: Penguin, 2012).

190. Anna Grześkowiak-Krwawicz, *Queen Liberty: The Concept of Freedom in the Polish-Lithuanian Commonwealth* (Leiden, Países Baixos: Brill, 2012).

191. Steve Umhoefer, "Mark Pocan Says Less than 25 Percent of Population Could Vote When Constitution Was Written", *Politifact*, 16 abr. 2015. Disponível em: <www.politifact.com/factchecks/2015/apr/16/mark-pocan/mark-pocan-says--less-25-percent-population-could-v>.

192. Para mais informações sobre os primórdios do sufrágio nos EUA, das simplificadas às detalhadas, ver "Who Voted in Early America?", Fundação de Direitos Constitucionais. Acessado em: 28 abr. 2023. Disponível em: <www.crf-usa.org/bill-of-rights-in-action/bria-8-1-b-who-voted-in-early--america#.UW36ebWsiS0>; Donald Ratcliffe, "The Right to Vote and the Rise of Democracy, 1787-1828", *Journal of the Early Republic*, v. 33, n. 2 (verão de 2013), pp. 219-54. Disponível em: <www.jstor.org/stable/24768843>.

193. Para mais detalhes sobre os movimentos liberais que floresceram e fracassaram na Europa durante meados do século 19, ver John Green, "Revolutions of 1848: Crash Course European History #26", *CrashCourse*, vídeo do YouTube, 19 nov. 2019. Disponível em: <www.youtube.com/watch?v=cXTaP1BD1YY>; "Alexander II — History of Russia in 100 Minutes (Part 17 of 36)", *Smart History of Russia*, vídeo do YouTube, 21 jul. 2017. Disponível em: <www.youtube.com/watch?v=cqGBRn70BEg>; "Alexander III — History of Russia in 100 Minutes (Part 18 of 36)", *Smart History of Russia*, vídeo do YouTube, 21 jul. 2017. Disponível em: <www.youtube.com/watch?v=XGCzmjwfSSs>; Mike Rapport, *1848: Year of Revolution* (Nova York: Basic Books, 2009); Paul Bushkovitch, *A Concise History of Russia* (Nova York: Cambridge University Press, 2011).

194. "People Living in Democracies and Autocracies, World", *Our World in Data*). Acessado em: 29 mar. 2023. Disponível em: <ourworldindata.org/grapher/people-living-in-democracies-autocracies?country=~OWID_WRL>; "The V-Dem Dataset (v13)", V-Dem (Varieties of Democracy). Acessado em: 25 mar. 2023. Disponível em: <v-dem.net/data/the-v-dem--dataset>; Bastian Herre, "Scripts and Datasets on Democracy", GitHub. Acessado em: 25 mar. 2023. Disponível em: <github.com/owid/notebooks/tree/main/BastianHerre/democracy>; Anna Lührmann et al., "Regimes of the World (RoW): Opening New Avenues for the Comparative Study of Political Regimes", *Politics and Governance*, v. 6, n. 1 (19 mar. 2018), pp. 60-77. Disponível em: <doi.org/10.17645/pag.v6i1.1214>.

195. "People Living in Democracies and Autocracies, World", *Our World in Data*; "The V-Dem Dataset (v13)", V-Dem; Lührmann et al., "Regimes of the World (RoW): Opening New Avenues".

196. "People Living in Democracies and Autocracies, World", *Our World in Data*; "The V-Dem Dataset (v13)", V-Dem; Herre, "Scripts and Datasets

on Democracy"; Lührmann et al., "Regimes of the World (RoW): Opening New Avenues".

197. "People Living in Democracies and Autocracies, World", *Our World in Data*; "The V-Dem Dataset (v13)", V-Dem; Herre, "Scripts and Datasets on Democracy"; Lührmann et al., "Regimes of the World (RoW): Opening New Avenues".

198. "People Living in Democracies and Autocracies, World", *Our World in Data*; "The V-Dem Dataset (v13)", V-Dem; Herre, "Scripts and Datasets on Democracy"; Lührmann et al., "Regimes of the World (RoW): Opening New Avenues".

199. Bradley Honigberg, "The Existential Threat of AI-Enhanced Disinformation Operations", *Just Security*, 8 jul. 2022. Disponível em: <www.justsecurity.org/82246 the-existential-threat-of-ai-enhanced-disinformation-operations>; Tiffany Hsu e Stuart A. Thompson, "Disinformation Researchers Raise Alarms About A.I. Chatbots", *The New York Times*, 13 fev. 2023. Disponível em: <www.nytimes.com/2023/02/08/technology/ai-chatbots-disinformation.html>.

200. Este gráfico inclui dados de duas fontes úteis. *Our World in Data* tem estimativas que cobrem um período muito longo, de 1800 a 2022. Esses cálculos se baseiam principalmente no nível de autoritarismo em uma sociedade e incluem algumas aproximações vagas, sobretudo no que diz respeito ao período anterior à Segunda Guerra Mundial. A Unidade de Inteligência da revista *The Economist* (EIU) avalia se os países são democracias com base em informações muito mais minuciosas sobre uma série de fatores em cada nação, tais como a participação política e as liberdades civis. No entanto, esses números remontam apenas até 2006. Uma vez que os dois conjuntos de dados utilizam metodologias e critérios diferentes, e já que não existe uma relação consistente entre eles para os anos em que se sobrepõem, não seria adequado juntá-los em um único conjunto. Em vez disso, ambos são apresentados: os dados da *Our World in Data* proporcionam uma visão mais ampla das tendências globais, ao passo que os dados da EIU oferecem uma imagem mais precisa da democratização contemporânea. Note-se que o retrocesso da democracia desde 2015 é em grande parte impulsionado pela erosão da democracia na Índia, que passou a ser considerada uma "autocracia eleitoral". Ver "People Living in Democracies and Autocracies, World", *Our World in Data*; "The V-Dem Dataset (v13)", V-Dem; Herre, "Scripts and Datasets on Democracy"; Lührmann et al., "Regimes of the World (RoW): Opening New Avenues"; Laza Kekic, "The World in 2007: *The Economist* Intelligence Unit's Index of Democracy", *The Economist*, 15 nov. 2006, 6. Disponível em: <www.economist.com/media/pdf/DEMOCRACY_INDEX_2007_v3.pdf>; *The Economist Intelligence Unit's Index of Democracy 2008* (Londres: EIU, 2008), 2. Disponível em:

<graphics.eiu.com/PDF/Democracy%20Index%202008.pdf>; *Democracy Index 2010: Democracy in Retreat* (Londres: EIU, 2010), 1. Disponível em: <graphics.eiu.com/PDF/Democracy_Index_2010_web.pdf>; *Democracy Index 2011: Democracy Under Stress* (Londres: EIU, 2011), 2. Disponível em: <www.eiu.com/public/topical_report.aspx?campaignid=DemocracyIndex2011>; *Democracy Index 2012: Democracy at a Standstill* (Londres: EIU, 2012), 2. Disponível em: <web.archive.org/web/20170320185156/http://pages.eiu.com/rs/eiu2/images/Democracy-Index-2012.pdf>; *Democracy Index 2013: Democracy in Limbo* (Londres: EIU, 2013), 2. Disponível em: <www.eiu.com/public/topical_report.aspx?campaignid=Democracy0814>; *Democracy Index 2014: Democracy and Its Discontents* (Londres: EIU, 2014), 2. Disponível em: <www.eiu.com/public/topical_report.aspx?campaignid=Democracy0115>; *Democracy Index 2015: Democracy in an Age of Anxiety* (Londres: EIU, 2015), 1. Disponível em: <web.archive.org/web/20160305143559/http://www.yabiladi.com/img/content/EIU-Democracy-Index-2015.pdf>; *Democracy Index 2016: Revenge of the "Deplorables"* (Londres: EIU, 2016). Disponível em: <www.eiu.com/public/topical_report.aspx?campaignid=DemocracyIndex2016>; *Democracy Index 2017: Free Speech Under Attack* (Londres: EIU, 2017), 2. Disponível em: <www.eiu.com/public/topical_report.aspx?campaignid= DemocracyIndex2017>; *Democracy Index 2018: Me Too?* (Londres: EIU, 2018), 2. Disponível em: <www.eiu.com/public/topical_report.aspx?campaignid=democracy2018>; *Democracy Index 2019: A Year of Democratic Setbacks and Popular Protest* (Londres: EIU, 2019), 3. Disponível em: <www.eiu.com/public/topical_report.aspx?campaignid=democracyindex2019>; *Democracy Index 2020: In Sickness and in Health?* (Londres: EIU, 2020), 3. Disponível em: <pages.eiu.com/rs/753-RIQ-438/images/democracy-index-2020.pdf>; *Democracy Index 2021: The China Challenge* (Londres: EIU, 2020), 4. Disponível em: <www.eiu.com/n/campaigns/democracy-index-2021>; *Democracy Index 2022: Frontline Democracy and the Battle for Ukraine* (Londres: EIU, 2020), 3. Disponível em: <www.eiu.com/n/campaigns/democracy-index-2022>.

201. Ver o apêndice para as fontes utilizadas acerca de todos os cálculos dos custos de computação neste livro.
202. Ver o apêndice para as fontes utilizadas acerca de todos os cálculos dos custos de computação neste livro.
203. Joshua Ho e Andrei Frumusanu, "Understanding Qualcomm's Snapdragon 810: Performance Review", Anandtech, 12 fev. 2015. Disponível em: <www.anandtech.com/show/8933/snapdragon-810-performance-preview/5>. Ver o apêndice para as fontes utilizadas acerca de todos os cálculos dos custos de computação neste livro.
204. Ver o apêndice para as fontes utilizadas acerca de todos os cálculos dos custos de computação neste livro.

205. Paul E. Ceruzzi, *A History of Modern Computing*, 2. ed. (Cambridge, Massachusetts: MIT Press, 1990), p. 73. Disponível em: <www.google.com/books/edition/A_History_of_Modern_Computing/x1YESXanrgQC>; "Reference/FAQ/Products and Services", IBM, 28 abr. 2023. Disponível em: <www.ibm.com/ibm/history/reference/faq_0000000011.html>; "Consumer Price Index, 1913-", Banco Federal Reserve de Minneapolis.
206. Kyle Wiggers, "Apple Unveils the A16 Bionic, Its Most Powerful Mobile Chip Yet", *TechCrunch*, 7 set. 2022. Disponível em: <techcrunch.com/2022/09/07/apple-unveils-new-mobile-chips-including-the-a16-bionic>; Nick Guy e Roderick Scott, "Which iPhone Should I Buy?", *The New York Times*, 28 out. 2022. Disponível em: <www.nytimes.com/wirecutter/reviews/the-iphone-is-our-favorite-smartphone>.
207. Gordon Moore, "Cramming More Components onto Integrated Circuits", *Electronics*, v. 38, n. 8 (19 abr. 1965. Disponível em: <archive.computerhistory.org/resources/access/text/2017/03/102770822-05-01-acc.pdf>; "1965: 'Moore's Law' Predicts the Future of Integrated Circuits", Museu da História do Computador. Acessado em: 28 abr. 2023. Disponível em: <www.computerhistory.org/siliconengine/moores-law-predicts-the-future-of-integrated-circuits>; Fernando J. Corbató et al., *The Compatible Time-Sharing System: A Programmer's Guide* (Cambridge, Massachusetts: MIT Press, 1990). Disponível em: <www.bitsavers.org/pdf/mit/ctss/CTSS_ProgrammersGuide.pdf>.
208. Robert W. Keyes, "Physics of Digital Devices", *Reviews of Modern Physics*, v. 61, n. 2 (1º abr. 1989), pp. 279-98. Disponível em: <doi.org/10.1103/RevModPhys.61.279>.
209. "Wikipedia: Size Comparisons", *Wikipedia: The Free Encyclopedia*, Fundação Wikimedia. Acessado em: 28 abr. 2023. Disponível em: <en.wikipedia.org/wiki/Wikipedia:Size_comparisons#Wikipedia>.
210. No Capítulo 6, descrevo com mais detalhes a conversão de muitos bens físicos em tecnologias da informação.
211. K. Eric Drexler, *Radical Abundance: How a Revolution in Nanotechnology Will Change Civilization* (Nova York: PublicAffairs, 2013), pp. 168-72.
212. Para uma análise mais aprofundada da carne produzida em laboratório e do impacto atual da produção de carne, ver "The Meat of the Future: How Lab-Grown Meat Is Made", *Eater*, vídeo do YouTube, 2 out. 2015. Disponível em: <www.youtube.com/watch?v=u468xY1T8fw>; "Inside the Quest to Make Lab Grown Meat", *Wired*, vídeo do YouTube, 16 fev. 2018. Disponível em: <www.youtube.com/watch?v=QO9SS1NS6MM>; Mark Post, "Cultured Beef for Food-Security and the Environment: Mark Post at TEDxMaastricht", *TEDx Talks*, vídeo do YouTube, 11 mai. 2014. Disponível em: <www.youtube.com/watch?v=FITvEUSJ8TM>; Julian Huguet, "This Breakthrough in Lab-Grown Meat Could Make It Look Like Real Flesh", *Seeker*, vídeo do YouTube, 14 nov. 2019. Disponível em: <www.

youtube.com/watch?v=1lUuDi_s_Zo>; "How Close Are We to Affordable Lab-Grown Meat?", PBS *Terra*, vídeo do YouTube, 25 ago. 2022. Disponível em: <www.youtube.com/watch?v=M-weFARkGi4>; "Can Lab-Grown Steak be the Future of Meat? | Big Business | Business Insider", *Insider Business*, vídeo do YouTube, 17 jul. 2022. Disponível em: <www.youtube.com/watch?v=UQejwvn0goM>; Leah Douglas, "Lab-Grown Meat Moves Closer to American Dinner Plates", Reuters, 23 jan. 2023. Disponível em: <www.reuters.com/business/retail-consumer/lab-grown-meat-moves--closer-american-dinner-plates-2023-01-23>; "Yearly Number of Animals Slaughtered for Meat, World, 1961 to 2020", *Our World in Data*. Acessado em: 25 mar. 2023. Disponível em: <ourworldindata.org/grapher/animals-slaughtered-for-meat>; "Global Meat Production, 1961 to 2020", *Our World in Data*. Acessado em: 25 mar. 2023. Disponível em: <ourworldindata.org/grapher/global-meat-production>; FAOSTAT, Organização das Nações Unidas para a Alimentação e a Agricultura (FAO). Acessado em: 25 mar. 2023. Disponível em: <www.fao.org/faostat/en/#data>; Xiaoming Xu et al., "Global Greenhouse Gas Emissions from Animal-Based Foods Are Twice Those of Plant-Based Foods", *Nature Food* 2 (13 set. 2021), pp. 724-32. Disponível em: <www.fao.org/3/cb7033en/cb7033en.pdf>.

213. "GLEAM v3.0 Dashboard — Emissions — Global Emissions from Livestock in 2015", Organização das Nações Unidas para a Alimentação e a Agricultura (FAO). Acessado em: 29 mar. 2023. Disponível em: <foodandagricultureorganization.shinyapps.io/GLEAMV3_Public>.

214. Para saber mais sobre o conceito de metaverso, ver John Herrman e Kellen Browning, "Are We in the Metaverse Yet?", *The New York Times*, 10 jul. 2021. Disponível em: <www.nytimes.com/2021/07/10/style/metaverse-virtual-worlds.html>; Rabindra Ratan e Yiming Lei, "The Metaverse: From Science Fiction to Virtual Reality", *Big Think*, 13 ago. 2021. Disponível em: <bigthink.com/the-future/metaverse>; Casey Newton, "Mark in the Metaverse", *The Verge*, 22 jul. 2021. Disponível em: <www.theverge.com/22588022/mark-zuckerberg-facebook-ceo-metaverse-interview>.

215. Hannah Ritchie, "Half of the World's Habitable Land Is Used for Agriculture", *Our World in Data*, 11 nov. 2019. Disponível em: <ourworldindata.org/global-land-for-agriculture>; Erle C. Ellis et al., "Anthropogenic Transformation of the Biomes, 1700 to 2000, *Global Ecology and Biogeography*, v. 19, n. 5 (set. 2010), pp. 589-606. Disponível em: <doi.org/10.1111/j.1466-8238.2010.00540.x>; "Food and Agriculture Data", FAOSTAT, Organização das Nações Unidas para a Alimentação e a Agricultura (FAO). Acessado em: 28 abr. 2023. Disponível em: <www.fao.org/faostat/en/#home>.

216. Ritchie, "Half of the World's Habitable Land Is Used for Agriculture"; Ellis et al., "Anthropogenic Transformation of the Biomes"; "Food and Agriculture Data", FAOSTAT.

217. Jackson Burke, "As Working from Home Becomes More Widespread, Many Say They Don't Want to Go Back", CNBC, 24 abr. 2020. Disponível em: <www.cnbc.com/2020/04/24/as-working-from-home-becomes-more-widespread-many-say-they-dont-want-to-go-back.html>.

218. Para uma análise mais detalhada de como materiais com características em nanoescala estão sendo usados para aumentar a eficiência solar fotovoltaica, ver Maren Hunsberger, "Carbon Nanotubes Might Be the Secret Boost Solar Energy Has Been Looking For", *Seeker*, vídeo do YouTube, 16 set. 2019. Disponível em: <www.youtube.com/watch?v=EwiDGxkD9_c>; Matt Ferrell, "How Carbon Nanotubes Might Boost Solar Energy — Explained", *Undecided with Matt Ferrell*, vídeo do YouTube, 7 jul. 2020. Disponível em: <www.youtube.com/watch?v=lnZpaunXhGc>; David Grossman, "Carbon Nanotubes Could Increase Solar Efficiency to 80 Percent", *Popular Mechanics*, 25 jul. 2019. Disponível em: <www.popularmechanics.com/science/green-tech/a28506867/carbon-nanotubes-solar-efficiency>; Nasim Tavakoli e Esther Alarcon-Llado, "Combining 1D and 2D Waveguiding in an Ultrathin GaAs NW/Si Tandem Solar Cell", *Optics Express*, v. 27, n. 12 (10 jun. 2019): A909-A923. Disponível em: <doi.org/10.1364/OE.27.00A909>.

219. Mark Hutchins, "A Quantum Dot Solar Cell with 16.6% Efficiency", *PV Magazine*, 19 fev. 2020. Disponível em: <www.pv-magazine.com/2020/02/19/a-quantum-dot-solar-cell-with-16-6-efficiency>; C. Jackson Stolle, Taylor B. Harvey e Brian A. Korgel, "Nanocrystal Photovoltaics: A Review of Recent Progress", *Current Opinion in Chemical Engineering*, v. 2, n. 2 (mai. 2013), pp. 160-67. Disponível em: <doi.org/10.1016/j.coche.2013.03.001>.

220. Qiulin Tan et al., "Nano-Fabrication Methods and Novel Applications of Black Silicon", *Sensors and Actuators A: Physical* 295 (15 ago. 2019), pp. 560-73. Disponível em: <doi.org/10.1016/j.sna.2019.04.044>.

221. Stephen Y. Chou e Wei Ding, "Ultrathin, High-Efficiency, Broad-Band, Omni-Acceptance, Organic Solar Cells Enhanced by Plasmonic Cavity with Subwavelength Hole Array", *Optics Express*, v. 21, n. S1 (14 jan. 2013): A60-A76. Disponível em: <doi.org/10.1364/OE.21.000A60>.

222. David L. Chandler, "Solar Power Heads in a New Direction: Thinner", MIT News, 26 jun. 2013. Disponível em: <news.mit.edu/2013/thinner-solar-panels-0626>; Marco Bernardi, Maurizia Palummo e Jeffrey C. Grossman, "Extraordinary Sunlight Absorption and One Nanometer Thick Photovoltaics Using Two-Dimensional Monolayer Materials", *Nano Letters*, v. 13, n. 8 (10 jun. 2013), pp. 3664-70. Disponível em: <doi.org/10.1021/nl401544y>.

223. Andy Extance, "The Dawn of Solar Windows", *IEEE Spectrum*, 24 jan. 2018. Disponível em: <spectrum.ieee.org/energy/renewables/the-dawn-of-solar-windows>; Glenn McDonald, "This Liquid Coating Turns Windows Into

Solar Panels", *Seeker*, 1º set. 2017. Disponível em: <www.seeker.com/earth/energy/clear-liquid-coating-turns-windows-into-solar-panels>.

224. "Renewable Energy Generation, World", *Our World in Data*; BP *Statistical Review of World Energy* 2022, pp. 45, 51; "World Electricity Generation by Fuel, 1971-2017", Agência Internacional de Energia.
225. Ibidem.
226. Ibidem.
227. "Lazard's Levelized Cost of Energy Analysis — Version 15.0", Lazard, out. 2021, p. 9. Disponível em: <www.lazard.com/media/sptlfats/lazards-levelized-cost-of-energy-version-150-vf.pdf>; Mark Bolinger et al., "Levelized Cost-Based Learning Analysis of Utilityscale Wind and Solar in the United States", *iScience*, v. 25, n. 6 (mai. 2022), p. 4. Disponível em: <doi.org/10.1016/j.isci.2022.104378>; Jeffrey Logan et al., *Electricity Generation Baseline Report* (relatório técnico NREL/TP-6A20-67645, Laboratório Nacional de Energia Renovável, jan. 2017), p. 6. Disponível em: <www.nrel.gov/docs/fy17osti/67645.pdf>; "Lazard's Levelized Cost of Energy Analysis — Version 11.0", Lazard, 2017, pp. 2, 10. Disponível em: <www.lazard.com/media/450337/lazard-levelized-cost-of-energy-version-110.pdf>; Centro de Sistemas Sustentáveis, "Wind Energy Factsheet" (pub. n. CSS07-09, Universidade de Michigan, ago. 2019. Disponível em: <css.umich.edu/sites/default/files/Wind%20Energy_CSS07-09_e2019.pdf>; "Renewable Energy Generation, World", *Our World in Data*; BP *Statistical Review of World Energy* 2022, pp. 45, 51; "World Electricity Generation by Fuel, 1971-2017", Agência Internacional de Energia.
228. Alexis De Vos, "Detailed Balance Limit of the Efficiency of Tandem Solar Cells", *Journal of Physics D: Applied Physics*, v. 13, n. 5 (1980), p. 845. Disponível em: <doi.org/10.1088/0022-3727/13/5/018>; "Best Research-Cell Efficiency Chart", Laboratório Nacional de Energia Renovável. Acessado em: 28 abr. 2023. Disponível em: <www.nrel.gov/pv/cell-efficiency.html>.
229. Marcelo De Lellis, "The Betz Limit Applied to Airborne Wind Energy", *Renewable Energy* 127 (nov. 2018), pp. 32-40. Disponível em: <doi.org/10.1016/j.renene.2018.04.034>.
230. Ritchie e Roser, "Renewable Energy — Renewable Energy Generation, World"; Ritchie e Roser, "Renewable Energy — Solar Power Generation"; "World Electricity Generation by Fuel, 1971-2017", Agência Internacional de Energia; BP *Statistical Review of World Energy* 2022, pp. 45, 51; BP, "Statistical Review of World Energy — All Data, 1965-2021"; "Share of Low-Carbon Sources and Coal in World Electricity Generation, 1971-2021", Agência Internacional de Energia.
231. Science on a Sphere, "Energy on a Sphere", Administração Oceânica e Atmosférica Nacional. Acessado em: 30 mai. 2021. Disponível em: <web.archive.org/web/20210530160109/https://sos.noaa.gov/datasets/energy-on-a-sphere>.

232. Jeff Tsao, Nate Lewis e George Crabtree, "Solar FAQs" (rascunho preliminar, Departamento de Energia dos EUA, 20 abr. 2006), pp. 9-12. Disponível em: <web.archive.org/web/20200424084337/https://www.sandia.gov/~jytsao/Solar%20FAQs.pdf>.
233. BP *Statistical Review of World Energy 2022*, p. 8.
234. Ritchie e Roser, "Renewable Energy — Renewable Energy Generation, World"; Ritchie e Roser, "Renewable Energy — Solar Power Generation"; "World Electricity Generation by Fuel, 1971-2017", Agência Internacional de Energia; BP *Statistical Review of World Energy 2022*, 45, 51; BP, "Statistical Review of World Energy — All Data, 1965-2021"; "Share of Low-Carbon Sources and Coal in World Electricity Generation, 1971-2021", Agência Internacional de Energia.
235. Will de Freitas, "Could the Sahara Turn Africa into a Solar Superpower?", Fórum Econômico Mundial, 17 jan. 2020. Disponível em: <www.weforum.org/agenda/2020/01/solar-panels-sahara-desert-renewable-energy>.
236. Para um panorama geral das tecnologias de armazenamento de energia emergentes, ver "Fact Sheet | Energy Storage (2019)", Instituto de Estudos Ambientais e Energéticos, 22 fev. 2019. Disponível em: <www.eesi.org/papers/view/energy-storage-2019>.
237. Andy Colthorpe, "Behind the Numbers: The Rapidly Falling LCOE of Battery Storage", *Energy Storage News*, 6 mai. 2020. Disponível em: <www.energy-storage.news/behind-the-numbers-the-rapidly-falling-lcoe-of-battery-storage>; "Levelized Costs of New Generation Resources in the Annual Energy Outlook 2022", Administração de Informações sobre Energia dos EUA, mar. 2022. Disponível em: <www.eia.gov/outlooks/aeo/pdf/electricity_generation.pdf>.
238. Para mais detalhes sobre o rápido crescimento da capacidade de armazenamento de energia para empresas de serviços públicos dos Estados Unidos, ver "Battery Storage in the United States: An Update on Market Trends", Administração de Informação de Energia dos EUA, 16 ago. 2021. Disponível em: <www.eia.gov/analysis/studies/electricity/batterystorage>; *Energy Storage Grand Challenge: Energy Storage Market Report*, Relatório técnico do Departamento de Energia dos EUA DOE/GO-102020-5497 (dez. 2020). Disponível em: <www.energy.gov/sites/default/files/2020/12/f81/Energy%20Storage%20Market%20Report%202020_0.pdf>.
239. "Lazard's Levelized Cost of Storage Analysis — Version 7.0", Lazard, 2021, p. 6. Disponível em: <web.archive.org/web/20220729095608/https://www.lazard.com/media/451882/lazards-levelized-cost-of-storage-version-70-vf.pdf>; "Lazard's Levelized Cost of Storage Analysis — Version 6.0", Lazard, 2020, p. 6. Disponível em: <web.archive.org/web/20221006123556/https://www.lazard.com/media/451566/lazards-levelized-cost-of-storage-version--60-vf2.pdf>; "Lazard's Levelized Cost of Storage Analysis — Version 5.0",

Lazard, 2019, p. 4. Disponível em: <web.archive.org/web/20221104121921/https://www.lazard.com/media/451087/lazards-levelized-cost-of-storage--version-50-vf.pdf>; "Lazard's Levelized Cost of Storage Analysis — Version 4.0", Lazard, 2018, p. 11. Disponível em: <www.lazard.com/media/sckbar5m/lazards-levelized-cost-of-storage-version-40-vfinal.pdf>; "Lazard's Levelized Cost of Storage Analysis — Version 3.0", Lazard, 2017, p. 12. Disponível em: <www.scribd.com/document/413797533/Lazard-Levelized-Cost-of-Storage-Version-30>; "Lazard's Levelized Cost of Storage Analysis — Version 2.0", Lazard, 2016, p. 11. Disponível em: <web.archive.org/web/20221104121905/https://www.lazard.com/media/438042/lazard--levelized-cost-of-storage-v20.pdf>; "Lazard's Levelized Cost of Storage Analysis — Version 1.0", Lazard, 2015, p. 9. Disponível em: <web.archive.org/web/20221105052132/https://www.lazard.com/media/2391/lazards-levelized-cost-of-storage-analysis-10.pdf>; "Consumer Price Index, 1913-", Banco Federal Reserve de Minneapolis; Escritório de Estatísticas do Trabalho dos EUA, "Consumer Price Index for All Urban Consumers".

240. Administração de Informação de Energia dos EUA, *Electric Power Annual 2021* (Washington, DC: Departamento de Energia dos EUA, nov. 2022), p. 64. Disponível em: <web.archive.org/web/20230201194905; <http://www.eia.gov/electricity/annual/pdf/epa.pdf>; Administração de Informação de Energia dos EUA, *Electric Power Annual 2020* (Washington, DC: Departamento de Energia dos EUA, out. 2021), p. 64. Disponível em: <web.archive.org/web/20220301172156; <http://www.eia.gov/electricity/annual/pdf/epa.pdf>.

241. "Key Facts from JMP 2015 Report", Organização Mundial da Saúde, 2015. Disponível em: <web.archive.org/web/20211209095710/https://www.who.int/water_sanitation_health/publications/JMP-2015-keyfacts-en-rev.pdf>.

242. "Key Facts from JMP 2015 Report", Organização Mundial da Saúde, 2015; *Progress on Household Drinking Water, Sanitation and Hygiene 2000-2020*, pp. 7-8.

243. No momento em que este livro foi escrito, 2019 é o ano mais recente para o qual existem bons dados disponíveis, provavelmente devido aos transtornos causados pela Covid-19 no que diz respeito à compilação de métricas de saúde. Consulte Instituto de Métricas e Avaliação de Saúde, "GBD Results Tool", Intercâmbio Global de Dados de Saúde. Acessado em: 28 abr. 2023. Disponível em: <ghdx.healthdata.org/gbd-results-tool>; Organização Mundial da Saúde, "Diarrhoeal Disease", Organização Mundial da Saúde, 2 mai. 2017. Disponível em: <www.who.int/news-room/fact-sheets/detail/diarrhoeal-disease>.

244. Para saber mais sobre essas tecnologias, incluindo um divertido vídeo de Bill Gates e Jimmy Fallon bebendo água extraída de esgoto bruto pelo Janicki Omni Processor, ver Bill Gates, "Janicki Omniprocessor", *Gates-*

Notes, vídeo do YouTube, 5 jan. 2015. Disponível em: <www.youtube.com/watch?v=bVzppWSIFU0>; "Bill Gates and Jimmy Drink Poop Water", *The Tonight Show Starring Jimmy Fallon*, vídeo do YouTube, 22 jan. 2015. Disponível em: <www.youtube.com/watch?v=FHgsL0dpQU>; Stephen Beacham, "How the LifeStraw Is Eradicating an Ancient Disease", CNET, 9 abr. 2020. Disponível em: <www.cnet.com/news/how-the-lifestraw-is-eradicating-an-ancient-disease>; "Lifestraw Challenge: Drinking Pee, Backwash & More!", *Vat19*, vídeo do YouTube, 2 jun. 2017. Disponível em: <www.youtube.com/watch?v=_mkUTSGCF3I>; Rebecca Paul, "6 Water-purifying Devices for Clean Drinking Water in the Developing World", *Inhabitat*, 8 nov. 2013. Disponível em: <inhabitat.com/6-water-purifying-devices-for-clean-drinking-water-in-the-developing-world>.

245. Ver "Roving Blue O-Pen Silver Advanced Portable Water Purification Device", *Roving Blue Inc.*, vídeo do YouTube, 5 nov. 2018. Disponível em: <www.youtube.com/watch?v=XeTp1iKQW28>; Laurel Wilson, "Church Volunteers Install Water Systems in Other Countries", *Bowling Green Daily News*, 27 dez. 2014. Disponível em: <www.bgdailynews.com/news/church-volunteers-install-water-systems-in-other-countries/article_969f45ad-7694-54af-8cb3-155e67ca54ad.html>.

246. Aimee M. Gall et al., "Waterborne Viruses: A Barrier to Safe Drinking Water", *PLoS Pathogens*, v. 11, n. 6, artigo e1004867 (25 jun. 2015). Disponível em: <doi.org/10.1371/journal.ppat.1004867>.

247. "Microfiber Matters", Agência de Controle de Poluição de Minnesota, fev. 2019. Disponível em: <www.pca.state.mn.us/featured/microfiber-matters>.

248. Para mais informações sobre a tecnologia Slingshot de Dean Kamen, consulte "Slingshot Water Purifier", *Atlas Initiative Group*, vídeo do YouTube, 11 fev. 2012. Disponível em: <www.youtube.com/watch?v=Uk_T9MiZKRs>; Tom Foster, "Pure Genius: How Dean Kamen's Invention Could Bring Clean Water to Millions", *Popular Science*, 16 jun. 2014. Disponível em: <www.popsci.com/article/science/pure-genius-how-dean-kamens-invention-could-bring-clean-water-millions>.

249. Para um vídeo longo, mas claro e divertido, sobre como funcionam os motores Stirling e por que oferecem algumas vantagens importantes, ver "Stirling Engines — The Power of the Future?", *Lindybeige*, vídeo do YouTube, 28 nov. 2016. Disponível em: <www.youtube.com/watch?v=vGlDsFAOWXc>.

250. Para mais detalhes sobre evidências científicas sobre o nascimento da agricultura, ver Rhitu Chatterjee, "Where Did Agriculture Begin? Oh Boy, It's Complicated", NPR, 15 jul. 2016. Disponível em: <www.npr.org/sections/thesalt/2016/07/15/485722228/where-did-agriculture-begin-oh-boy-its-complicated>; Ainit Snir et al., "The Origin of Cultivation and Pro-

to-Weeds, Long Before Neolithic Farming", *PLoS One*, v. 10, n. 7 (22 jul. 2015). Disponível em: <doi.org/10.1371/journal.pone.0131422>.

251. David A. Pietz, Dorothy Zeisler-Vralsted, *Water and Human Societies* (Cham, Suíça: Springer International Publishing, 2021), pp. 55-57.

252. Serviço Nacional de Estatísticas Agrícolas, "Corn, Grain — Yield, Measured in Bu/Acre", Quick Stats, Departamento de Agricultura dos EUA. Acessado em: 28 abr. 2023. Disponível em: <quickstats.nass.usda.gov/results/FBDE769A-0982-37DB-BA6D-A312ABDAA2B6>; Serviço Nacional de Estatísticas Agrícolas, "Corn and Soybean Production Down in 2022, USDA Reports Corn Stocks Down, Soybean Stocks Down from Year Earlier Winter Wheat Seedings Up for 2023", Departamento de Agricultura dos EUA, 12 jan. 2023. Disponível em: <www.nass.usda.gov/Newsroom/2023/01-12-2023.php>.

253. Hannah Ritchie e Max Roser, "Crop Yields", *Our World in Data*, atualizado em set. 2019. Disponível em: <ourworldindata.org/crop-yields>; Hannah Ritchie e Max Roser, "Land Use", *Our World in Data*, set. 2019. Disponível em: <ourworldindata.org/land-use>; "Food and Agriculture Data", FAOSTAT.

254. Lebergott, "Labor Force and Employment, 1800-1960", p. 119; Organização para a Cooperação e o Desenvolvimento Econômico (OCDE), "Employment by Economic Activity: Agriculture: All Persons for the United States (LFEAAGTTUSQ647S)", retirado de FRED, Banco Federal Reserve de St. Louis, atualizado em 20 abr. 2023. Disponível em: <fred.stlouisfed.org/series/LFEAAGTTUSQ647S>; Escritório de Estatísticas do Trabalho dos EUA, "Civilian Labor Force Level (CLF16OV)", retirado de FRED, Banco Federal Reserve de St. Louis, atualizado em 7 abr. 2023. Disponível em: <fred.stlouisfed.org/series/CLF16OV>.

255. Para saber mais sobre a atual indústria de agricultura vertical e suas perspectivas de curto prazo, ver "Why Vertical Farming Is the Future of Food", *RealLifeLore2*, vídeo do YouTube, 17 mai. 2020. Disponível em: <www.youtube.com/watch?v=IBleQycVanU>; "This Farm of the Future Uses No Soil and 95% Less Water", *Seeker Stories*, vídeo do YouTube, 5 jul. 2016. Disponível em: <www.youtube.com/watch?v=-_tvJtUHnmU>; Stuart Oda, "Are Indoor Vertical Farms the Future of Agriculture?", TED, vídeo do YouTube, 7 fev. 2020. Disponível em: <www.youtube.com/watch?v=z9jXW9r-1xr8>; David Roberts, "This Company Wants to Build a Giant Indoor Farm Next to Every Major City in the World", *Vox*, 11 abr. 2018. Disponível em: <www.vox.com/energy-and-environment/2017/11/8/16611710/vertical-farms>; Selina Wang, "This High-Tech Vertical Farm Promises Whole Foods Quality at Walmart Prices", *Bloomberg*, 6 set. 2017. Disponível em: <www.bloomberg.com/news/features/2017-09-06/this-high-tech-vertical-farm-promises-whole-foods-quality-at-walmart-prices>.

256. Para mais breves explicações sobre tecnologias de agricultura vertical, ver Kyree Leary, "Crops Are Harvested Without Human Input, Teasing the Future of Agriculture", *Futurism*, 26 fev. 2018. Disponível em: <futurism.com/automated-agriculture-uk>; "Growing Up: How Vertical Farming Works", B1M, vídeo do YouTube, 6 mar. 2019. Disponível em: <www.youtube.com/watch?v=QT4TWbPLrN8>.

257. William Park, "How Far Can Vertical Farming Go?", *BBC*, 11 jan. 2023. Disponível em: <www.bbc.com/future/article/20230106-what-if-all-our-food-was-grown-in-indoor-vertical-farms>; Ian Frazier, "The Vertical Farm", *The New Yorker*, 1º jan. 2017. Disponível em: <www.newyorker.com/magazine/2017/01/09/the-vertical-farm>.

258. Para saber mais sobre operações agrícolas verticais com eficiência hídrica, como Gotham Greens e AeroFarms, ver Brian Heater, "Gotham Greens Just Raised $310M to Expand Its Greenhouses Nationwide", *TechCrunch*, 12 set. 2022. Disponível em: <techcrunch.com/2022/09/12/gotham-greens-just-raised-310m-to-expand-its-greenhouses-nationwide>; "Our Farms", Gotham Greens. Acessado em: 31 mar. 2023. Disponível em: <www.gothamgreens.com/our-farms>; "This Future Farm Uses No Soil and 95% Less Water", *FutureWise*, vídeo do YouTube, 26 jun. 2018. Disponível em: <www.youtube.com/watch?v=SHkwXRMLcmE>.

259. Laura Reiley, "Indoor Farming Looks Like It Could Be the Answer to Feeding a Hot and Hungry Planet. It's Not That Easy", *The Washington Post*, 19 nov. 2019. Disponível em: <www.washingtonpost.com/business/2019/11/19/indoor-farming-is-one-decades-hottest-trends-regulations-make-success-elusive>.

260. Ritchie, "Half of the World's Habitable Land Is Used for Agriculture"; Ellis et al., "Anthropogenic Transformation of the Biomes"; "Food and Agriculture Data", FAOSTAT.

261. Para uma visão mais detalhada do início da história da impressão 3D, ver Drew Turney, "History of 3D Printing: It's Older Than You Think", *Design and Make with Autodesk*, 31 ago. 2021. Disponível em: <www.autodesk.com/redshift/history-of-3d-printing>; Leo Gregurić, "History of 3D Printing: When Was 3D Printing Invented?", *All3DP*, 10 dez. 2018. Disponível em: <web.archive.org/web/20211227053912/https://all3dp.com/2/history-of-3d-printing-when-was-3d-printing-invented/>.

262. Para saber mais sobre o próprio processo de impressão 3D, ver "How Does 3D Printing Work? | The Deets", *Digital Trends*, vídeo do YouTube, 22 set. 2019. Disponível em: <www.youtube.com/watch?v=dGajFRaS834>; Rebecca Matulka e Matty Green, "How 3D Printers Work", Departamento de Energia, 19 jun. 2014. Disponível em: <www.energy.gov/articles/how-3d-printers-work>.

263. Para diferentes pontos de vista de especialistas em impressão 3D sobre as tendências do setor e fotos que mostram a melhoria da resolução em

diversos tamanhos fabricados, ver Michael Petch, "80 Additive Manufacturing Experts Predict the 3D Printing Trends to Watch in 2020", 3DPrintingIndustry.com, 15 jan. 2020. Disponível em: <3dprintingindustry.com/news/80-additive-manufacturing-experts-predict-the-3d-printing-trends-to-watch-in-2020-167177>; Leo Gregurić, "The Smallest 3D Printed Things", *All3DP*, 30 jan. 2019. Disponível em: <all3dp.com/2/the-smallest-3d-printed-things>.

264. "How It Works", FitMyFoot. Acessado em: 29 jun. 2022. Disponível em: <web.archive.org/web/20220629040739/https://fitmyfoot.com/pages/how-it-works>.

265. Para uma amostra da impressão 3D utilizada para personalizar objetos de acordo com o corpo das pessoas, ver "IKEA Partnering with eSports Academy to Scan Bodies and 3D-Print Chairs", *NowThis*, 15 set. 2018. Disponível em: <nowthisnews.com/videos/future/ikea-and-esports-academy-are-making-3d-printed-chairs>; Bianca Britton, "The 3D-Printed Wheelchair: A Revolution in Comfort?", CNN, 14 jan. 2017. Disponível em: <money.cnn.com/2017/01/24/technology/3d-printed-wheelchair-benjamin-hubert-layer/index.html>; Clare Scott, "Knife Maker Points to 3D Printing as Alternative Method of Craftsmanship", 3DPrint.com, 16 out. 2018. Disponível em: <3dprint.com/227502/knife-maker-uses-3d-printing>.

266. Para saber mais sobre aplicações de impressão 3D em implantes médicos, ver "3D Printed Implants Could Help Patients with Bone Cancer", *Insider*, vídeo do YouTube, 7 nov. 2017. Disponível em: <www.youtube.com/watch?v=jcp-aaa1PBk>; "3D Printed Lattices Improve Orthopaedic Implants", *Renishaw*, vídeo do YouTube, 28 nov. 2019. Disponível em: <www.youtube.com/watch?v=2rm_3rUl3QE>; AMFG, "Application Spotlight: 3D Printing for Medical Implants", Autonomous Manufacturing Ltd., 15 ago. 2019. Disponível em: <amfg.ai/2019/08/15/application-spotlight-3d-printing-for-medical-implants>.

267. *The Carbon Footprint of Global Trade: Tackling Emissions from International Freight Transport* (Bruxelas: Fórum Internacional de Transportes, 2016), p. 2. Disponível em: <www.itf-oecd.org/sites/default/files/docs/cop-pdf-06.pdf>.

268. Dean Takahashi, "Dyndrite Launches GPU-Powered Improvements for Better 3D Printing Speed and Quality", *VentureBeat*, 18 nov. 2019. Disponível em: <venturebeat.com/2019/11/18/dyndrite-launches-gpu-powered-improvements-for-better-3d-printing-speed-and-quality>; Agiimaa Kruchkin, "Innovation in Creation: Demand Rises While Prices Drop for 3D Printing Machines", *Manufacturing Tomorrow*, 16 fev. 2016. Disponível em: <www.manufacturingtomorrow.com/article/2016/02/innovation-in-creation-demand-rises-while-prices-drop-for-3d-printing-machines/7631>.

269. "Profiles of 15 of the World's Major Plant and Animal Fibres", Organização das Nações Unidas para a Alimentação e a Agricultura (FAO). Acessado

em: 28 abr. 2023. Disponível em: <www.fao.org/natural-fibres-2009/about/15-natural-fibres/en>.

270. Ver "Cytosurge FluidFM µ3Dprinter, World's First 3D Printer at Sub-Micron Direct Metal Printing", *Charbax*, vídeo do YouTube, 21 mai. 2017. Disponível em: <www.youtube.com/watch?v=n9oO6EiBt4o>; Sam Davies, "Nanofabrica Announces Commercial Launch of Micro-Level Resolution Additive Manufacturing Technology", *TCT Magazine*, 14 mar. 2019. Disponível em: <www.tctmagazine.com/additive-manufacturing-3d-printing-news/nanofabricamicro-level-resolution-additive-manufacturing>.

271. Para saber mais sobre tecido impresso em 3D, ver Zachary Hay, "3D Printed Fabric: The Most Promising Projects", *All3DP*, 7 nov. 2019. Disponível em: <all3dp.com/2/3d-printed-fabric-most-promising-project>; Roni Jacobson, "The Shattering Truth of 3D-Printed Clothing", *Wired*, 12 mai. 2017. Disponível em: <www.wired.com/2017/05/the-shattering-truth-of-3d-printed-clothing>.

272. Danny Paez, "An Incredible New 3D Printer Is 100X Faster Than What Was Possible: Video", *Inverse*, 26 jan. 2019. Disponível em: <www.inverse.com/article/52721-high-speed-3d-printing-mass-production>; Mark Zastrow, "3D Printing Gets Bigger, Faster and Stronger", *Nature*, v. 578, n. 7793 (5 fev. 2020). Disponível em: <doi.org/10.1038/d41586-020-00271-6>; "Prediction 5: 3D Printing Reaches the 'Plateau of Productivity'", Deloitte, 2019. Disponível em: <www.deloitte.co.uk/tmtpredictions/predictions/3d-printing>.

273. Para saber mais sobre o processo de impressão 3D para a geração de órgãos, ver Amanda Deisler, "This 3D Bioprinted Organ Just Took Its First 'Breath'", *Seeker*, vídeo do YouTube, 3 mai. 2019. Disponível em: <www.youtube.com/watch?v=VorIP_u1JPQ>; NIH Research Matters, "3D-Printed Scaffold Engineered to Grow Complex Tissues", Institutos Nacionais de Saúde, 7 abr. 2020. Disponível em: <www.nih.gov/news-events/nih-research-matters/3d-printed-scaffold-engineered-grow-complex-tissues>; Luis Diaz-Gomez et al., "Fiber Engraving for Bioink Bioprinting Within 3D Printed Tissue Engineering Scaffolds", *Bioprinting*, v. 18, artigo e00076 (jun. 2020). Disponível em: <doi.org/10.1016/j.bprint.2020.e00076Get>; Luke Dormehl, "Ceramic Ink Could Let Doctors 3D Print Bones Directly into a Patient's Body", *Digital Trends*, 30 jan. 2021. Disponível em: <www.digitaltrends.com/news/ceramic-ink-3d-printed-bones>.

274. Para mais informações sobre o trabalho da United Therapeutics, incluindo uma entrevista esclarecedora com a CEO da empresa, minha amiga Martine Rothblatt, ver CNBC Squawk Box, "Watch CNBC's Full Interview with United Therapeutics CEO Martine Rothblatt", *CNBC*, 25 jun. 2019. Disponível em: <www.cnbc.com/video/2019/06/25/watch-cnbcs-full-interview-with-united-therapeutics-ceo-martine-rothblatt.html>; Antonio Regalado, "Inside

the Effort to Print Lungs and Breathe Life into Them with Stem Cells", *MIT Technology Review*, 28 jun. 2018. Disponível em: <www.technologyreview.com/2018/06/28/240446/inside-the-effort-to-print-lungs-and-breathe-life-into-them-with-stem-cells>.

275. Para obter mais explicações sobre por que os órgãos transplantados muitas vezes falham, ver "Why Do Organ Transplants Fail So Often", *Julia Wilde*, vídeo do YouTube, 12 jul. 2015. Disponível em: <www.youtube.com/watch?v=LQ0K02m6_KM>; Amy Shira Teitel, "Your Body Is Designed to Attack a New Organ, Now We Know Why", *Seeker*, vídeo do YouTube, 22 jul. 2017. Disponível em: <www.youtube.com/watch?v=yfDL9PWubCs>; "Lowering Rejection Risk in Organ Transplants", *Clínica Mayo*, vídeo do YouTube, 18 mar. 2014. Disponível em: <ww.youtube.com/watch?v=bUz3X9ZYd5s>.

276. Elizabeth Ferrill e Robert Yoches, "IP Law and 3D Printing: Designers Can Work Around Lack of Cover", *Wired*, set. 2013. Disponível em: </www.wired.com/insights/2013/09/ip-law-and-3d-printing-designers-can-work-around-lack-of-cover>; Michael K. Henry, "How 3D Printing Challenges Existing Intellectual Property Law", Henry Escritório de Advocacia de Patentes, 13 ago. 2018. Disponível em: <henry.law/blog/3d-printing-challenges-patent-law>.

277. Jake Hanrahan, "3D-Printed Guns Are Back, and This Time They Are Unstoppable", *Wired*, 20 mai. 2019. Disponível em: <www.wired.co.uk/article/3d-printed-guns-blueprints>.

278. Para obter mais informações sobre como isso funciona, ver Centro de Pesquisa Inovadora em Fabricação e Construção, "Future of Construction Process: 3D Concrete Printing", *Concrete Printing*, vídeo do YouTube, 30 mai. 2010. Disponível em: <www.youtube.com/watch?v=EfbhdZK PHro>; Nathalie Labonnote et al., "Additive Construction: State-of-the-Art, Challenges and Opportunities", *Automation in Construction*, v. 72, n. 3 (dez. 2016), pp. 347-66. Disponível em: <doi.org/10.1016/j.autcon.2016.08.026>.

279. Para um panorama útil sobre os avanços recentes nessa área, ver Sriram Renganathan, "3D Printed House/Construction Materials: What Are They?", *All3DP*, 23 abr. 2019. Disponível em: <all3dp.com/2/3d-printing-in-construction-what-are-3d-printed-houses-made-of>.

280. Melissa Goldin, "Chinese Company Builds Houses Quickly with 3D Printing", *Mashable*, 28 abr. 2014. Disponível em: <mashable.com/2014/04/28/3d-printing-houses-china>.

281. Para um impressionante vídeo de lapso de tempo da construção da estrutura de um edifício inteiro por meio de impressão 3D, ver "The Biggest 3D Printed Building", *Apis Cor*, vídeo do YouTube, 24 out. 2019. Disponível em: <www.youtube.com/watch?v=69HrqNnrfh4>.

282. Rick Stella, "It's Hideous, But This 3D-Printed Villa in China Can Withstand a Major Quake", *Digital Trends*, 11 jul. 2016. Disponível em: <www.digitaltrends.com/home/3d-printed-chinese-villas-huashang-tenda>.

283. Emma Bowman, "3D-Printed Homes Level Up with a 2-Story House in Houston", NPR, 16 jan. 2023. Disponível em: <www.npr.org/2023/01/16/1148943607/3d-printed-homes-level-up-with-a-2-story-house-in-houston>; "Habitat for Humanity Home Completed", Alquist. Acessado em: 6 dez. 2022. Disponível em: <web.archive.org/web/20221206002108/https://www.alquist3d.com/habitat>; "How Concrete Homes Are Built with a 3D Printer", *Insider Art*, vídeo do YouTube, 28 jun. 2022. Disponível em: <www.youtube.com/watch?v=vL2KoMNzGT0>.
284. Wetterstrand, "The Cost of Sequencing a Human Genome"; Kris A. Wetterstrand, "DNA Sequencing Costs: Data", Instituto Nacional de Pesquisa do Genoma Humano, 19 nov. 2021. Disponível em: <www.genome.gov/about-genomics/fact-sheets/DNA-Sequencing-Costs-Data>; Comitê do Conselho Nacional de Pesquisa sobre Mapeamento e Sequenciamento do Genoma Humano, *Mapping and Sequencing the Human Genome*, Capítulo 5 (Washington, DC: National Academies Press, 1988). Disponível em: <www.ncbi.nlm.nih.gov/books/NBK218256>; E. Y. Chan (Applied Biosystems), e-mail ao autor, 7 out. 2008.
285. Para um mergulho mais aprofundado na imunoterapia contra o câncer, ver "How Does Cancer Immunotherapy Work?", *Centro de Combate ao Câncer MD Anderson*, vídeo do YouTube, 20 abr. 2017. Disponível em: <www.youtube.com/watch?v=CwaMZCu4kpI>; "Tumour Immunology and Immunotherapy", *Nature Video*, vídeo do YouTube, 17 set. 2015. Disponível em: <www.youtube.com/watch?v=K09xzIQ8zsg>; Alex D. Waldman, Jill M. Fritz e Michael J. Lenardo, "A Guide to Cancer Immunotherapy: From T Cell Basic Science to Clinical Practice", *Nature Reviews Immunology* 20 (2020), pp. 651-68. Disponível em: <doi.org/10.1038/s41577-020-0306-5>.
286. Para mais explicações sobre a terapia com células CAR-T e sua promissora utilização para o tratamento do câncer, ver "CAR-T Cell Therapy: How Does It Work?", *Instituto do Câncer Dana-Farber*, vídeo do YouTube, 31 ago. 2017. Disponível em: <www.youtube.com/watch?v=OadAW99s4Ik>; Carl June, "A 'Living Drug' That Could Change the Way We Treat Cancer", TED, vídeo do YouTube, 2 out. 2019. Disponível em: <www.youtube.com/watch?v=7qWvVcBZzRg>.
287. Para uma representativa amostra de pesquisas recentes sobre terapias com uso de células iPS, ver Krista Conger, "Old Human Cells Rejuvenated with Stem Cell Technology", Stanford Medicine, 24 mar. 2020. Disponível em: <med.stanford.edu/news/all-news/2020/03/old-human-cells-rejuvenated-with-stem-cell-technology.html>; Qiliang Zhou et al., "Trachea Engineering Using a Centrifugation Method and Mouse-Induced Pluripotent Stem Cells", *Tissue Engineering Part C: Methods*, v. 24, n. 9 (14 set. 2018), pp. 524-33. Disponível em: <doi.org/10.1089/ten.TEC.2018.0115>; Kazuko Kikuchi et al., "Craniofacial Bone Regeneration Using iPS Cell-Derived Neural Crest Like Cells",

Journal of Hard Tissue Biology, v. 27, n. 1 (1º jan. 2018), pp. 1-10. Disponível em: <doi.org/10.2485/jhtb.27.1>; "The World's First Allogeneic iPS-Derived Retina Cell Transplant", Agência Japonesa para Pesquisa e Desenvolvimento Médico, 20 set. 2018. Disponível em: <www.amed.go.jp/en/seika/fy2018-05.html>; Hiroo Kimura et al., "Stem Cells Purified from Human Induced Pluripotent Stem Cell-Derived Neural Crest-Like Cells Promote Peripheral Nerve Regeneration", *Scientific Reports*, v. 8, n. 1, artigo 10071 (3 jul. 2018). Disponível em: <doi.org/10.1038/s41598-018-27952-7>; Suman Kanji e Hiranmoy Das, "Advances of Stem Cell Therapeutics in Cutaneous Wound Healing and Regeneration", *Mediators of Inflammation*, artigo 5217967 (29 out. 2017). Disponível em: <doi.org/10.1155/2017/5217967>; David Cyranoski, "'Reprogrammed' Stem Cells Approved to Mend Human Hearts for the First Time", *Nature*, v. 557, n. 7707 (29 mai. 2018), pp. 619-20. Disponível em: <doi.org/10.1038/d41586-018-05278-8>; Yue Yu et al., "Application of Induced Pluripotent Stem Cells in Liver Diseases", *Cell Medicine*, v. 7, n. 1 (22 abr. 2014), pp. 1-13. Disponível em: <doi.org/10.3727/215517914X680056>; Susumu Tajiri et al., "Regenerative Potential of Induced Pluripotent Stem Cells Derived from Patients Undergoing Haemodialysis in Kidney Regeneration", *Scientific Reports*, v. 8, n. 1, artigo 14919 (8 out. 2018). Disponível em: <doi.org/10.1038/s41598-018-33256-7>; Sharon Begley, "Cancer-Causing DNA Is Found in Some Sem Cells Being Used in Patients", *STAT News*, 26 abr. 2017. Disponível em: <www.statnews.com/2017/04/26/stem-cells-cancer-mutations>.

288. Para mais detalhes sobre outros fatores que influenciaram a evolução do sistema imunológico humano, ver Jorge Domínguez-Andrés e Mihai G. Netea, "Impact of Historic Migrations and Evolutionary Processes on Human Immunity", *Trends in Immunology*, v. 40, n. 12 (27 nov. 2019): P1105-P1119. Disponível em: <doi.org/10.1016/j.it.2019.10.001>.

289. Para uma explicação clara de como o diabetes tipo 1 funciona no corpo, ver "Type 1 Diabetes | Nucleus Health", *Nucleus Medical Media*, vídeo do YouTube, 10 jan. 2012. Disponível em: <www.youtube.com/watch?v=-jxbbBmbvu7I>.

290. Para uma explicação não técnica sobre essa pesquisa e links para estudos importantes, ver Todd B. Kashdan, "Why Do People Kill Themselves? New Warning Signs", *Psychology Today*, 15 mai. 2014. Disponível em: <www.psychologytoday.com/us/blog/curious/201405/why-do-people-kill-themselves-new-warning-signs>.

Capítulo 5: O futuro dos empregos: boas ou más notícias?

1. Para mais informações sobre essa rápida evolução, ver Alex Davies, "An Oral History of the Darpa Grand Challenge, the Grueling Robot Race That

Launched the Self-Driving Car", *Wired*, 3 ago. 2017. Disponível em: <www.wired.com/story/darpa-grand-challenge-2004-oral-history>; Joshua Davies, "Say Hello to Stanley", *Wired*, 1º jan. 2006. Disponível em: <www.wired.com/2006/01/stanley>; Ronan Glon e Stephen Edelstein, "The History of Self-Driving Cars", *Digitaltrends*, 31 jul. 2020. Disponível em: <www.digitaltrends.com/cars/history-of-self-driving-cars-milestones>.

2. Kristen Korosec, "Waymo's Driverless Taxi Service Can Now Be Accessed on Google Maps", *TechCrunch*, 3 jun. 2021. Disponível em: <techcrunch.com/2021/06/03/waymos-driverless-taxi-service-can-now-be-accessed-on-google-maps>; Rebecca Bellan, "Waymo Launches Robotaxi Service in San Francisco", *TechCrunch*, 24 ago. 2021. Disponível em: <techcrunch.com/2021/08/24/waymo-launches-robotaxi-service-in-san-francisco>; Jonathan M. Gitlin, "Self-Driving Waymo Trucks to Haul Loads Between Houston and Fort Worth", *Ars Technica*, 10 jun. 2021. Disponível em: <arstechnica.com/cars/2021/06/self-driving-waymo-trucks-to-haul-loads-between-houston-and-fort-worth>; Dug Begley, "More Computer-Controlled Trucks Coming to Test-Drive I-45 Between Dallas and Houston", *Houston Chronicle*, 25 ago. 2022. Disponível em: <www.houstonchronicle.com/news/houston-texas/transportation/article/More-computer-controlled-trucks-coming-to-17398269.php>.

3. "Next Stop for Waymo One: Los Angeles", Waymo, 19 out. 2022. Disponível em: <blog.waymo.com/2022/10/next-stop-for-waymo-one-los-angeles.html>.

4. Aaron Pressman, "Google's Waymo Reaches 20 Million Miles of Autonomous Driving", *Fortune*, 7 jan. 2020. Disponível em: <fortune.com/2020/01/07/googles-waymo-reaches-20-million-miles-of-autonomous-driving>.

5. Will Knight, "Waymo's Cars Drive 10 Million Miles a Day in a Perilous Virtual World", *MIT Technology Review*, 10 out. 2018. Disponível em: <www.technologyreview.com/s/612251/waymos-cars-drive-10-million-miles-a-day-in-a-perilous-virtual-world>; Alexis C. Madrigal, "Inside Waymo's Secret World for Training Self-Driving Cars", *The Atlantic*, 23 ago. 2017. Disponível em: <www.theatlantic.com/technology/archive/2017/08/inside-waymos-secret-testing-and-simulation-facilities/537648>; John Krafcik, "Waymo Livestream Unveil: The Next Step in Self-Driving", *Waymo*, vídeo do YouTube, 27 mar. 2018, https://www.youtube.com/watch?v=-EBcpIvPWnY; Mario Herger, "2020 Disengagement Reports from California", The Last Driver License Holder, 9 fev. 2021. Disponível em: <thelastdriverlicenseholder.com/2021/02/09/2020-disengagement-reports-from-california>; "Off Road, but Not Offline: How Simulation Helps Advance Our Waymo Driver", Waymo, 28 abr. 2020. Disponível em: <blog.waymo.com/2020/04/off-road-but-not-offline—simulation27.html>; Kris Holt,

"Waymo's Autonomous Vehicles Have Clocked 20 Million Miles on Public Roads", *Engadget*, 19 ago. 2021. Disponível em: <www.engadget.com/waymo-autonomous-vehicles-update-san-francisco-193934150.html>.

6. Tecnicamente, as redes neurais "profundas" podem ter apenas três camadas, mas os avanços no poder computacional na última década tornaram práticas redes muito mais profundas. Um elemento-chave do AlphaGo foi uma rede neural de treze camadas, utilizada em 2015-16 para superar os melhores jogadores humanos de Go. Para que essa rede fosse útil, necessitava de enormes quantidades de dados, por isso os investigadores a treinaram simulando até mil jogos por segundo por unidade de processamento de computador. Em 2017, o AlphaGo Zero simulou cerca de 29 milhões de jogos com uma rede de 79 camadas e venceu de maneira invicta os cem jogos originais do AlphaGo. Agora alguns projetos de IA utilizam redes neurais com mais de cem camadas. Um número maior de camadas não significa necessariamente mais inteligência, mas é útil pensar nas camadas como algo que adiciona sutileza e abstração. Se um assunto for complexo o bastante e você tiver dados suficientes, uma rede com mais camadas poderá, muitas vezes, descobrir padrões ocultos que uma rede mais superficial não perceberia. Trata-se de uma ideia muito importante na IA de forma mais ampla, e uma razão central pela qual tantos campos — a exemplo dos cuidados de saúde e a ciência dos materiais — estão começando a se transformar em tecnologias da informação. Ou seja, à medida que a computação fica mais barata, torna-se prático usar redes neurais mais profundas. À proporção que a coleta e o armazenamento de dados se tornam mais baratos, passa a ser prático alimentar essas redes profundas com dados suficientes para aproveitar o seu potencial em mais áreas. E, à medida que a aprendizagem profunda é aplicada de forma mais ampla, esses campos se beneficiam do aumento exponencial da inteligência. Ver "AlphaGo", Google DeepMind. Acessado em: 30 jan. 2023. Disponível em: <deepmind.com/research/case-studies/alphago-the-story-so-far>; "AlphaGo Zero: Starting from Scratch", Google DeepMind, 18 out. 2017. Disponível em: <deepmind.com/blog/article/alphago-zero-starting-scratch>; Tom Simonite, "This More Powerful Version of AlphaGo Learns On Its Own", *Wired*, 18 out. 2017. Disponível em: <www.wired.com/story/this-more-powerful-version-of-alphago-learns-on-its-own>; David Silver et al., "Mastering the Game of Go with Deep Neural Networks and Tree Search", *Nature*, v. 529, n. 7587 (27 jan. 2016), pp. 484-89. Disponível em: <doi.org/10.1038/nature16961>; Christof Koch, "How the Computer Beat the Go Master", *Scientific American*, 19 mar. 2016. Disponível em: <www.scientificamerican.com/article/how-the-computer-beat-the-go-master>; Josh Patterson de Adam Gibson, *Deep Learning: A Practitioner's Approach* (Sebastopol, Califórnia: O'Reilly, 2017), pp. 6-8. Disponível em: <books.

google.com/books?id=qrcuDwAAQBAJ>; Thomas Anthony, Zheng Tian e David Barber, "Thinking Fast and Slow with Deep Learning and Tree Search", 31ª Conferência sobre Sistemas de Processamento de Informação Neural (NIPS 2017), revisado em 3 dez. 2017. Disponível em: <arxiv.org/pdf/1705.08439.pdf; Kaiming He et al.>, "Deep Residual Learning for Image Recognition", 2016 IEEE *Conference on Computer Vision and Pattern Recognition*, 10 dez. 2015. Disponível em: <arxiv.org/pdf/1512.03385.pdf>.

7. Holt, "Waymo's Autonomous Vehicles Have Clocked 20 Million Miles on Public Roads".

8. Em 2021, a força de trabalho empregada nos Estados Unidos era de cerca de 155 milhões de pessoas, das quais, estima-se, 3,49 milhões eram caminhoneiros de todos os tipos e outras 832,6 mil eram motoristas de veículos de passeio — cerca de 2,7%. Ver Escritório de Estatísticas do Trabalho dos EUA, "Employment Status of the Civilian Population by Sex and Age", Departamento do Trabalho dos EUA. Acessado em: 7 abr. 2023. Disponível em: <www.bls.gov/news.release/empsit.to1.htm>; Jennifer Cheeseman Day e Andrew W. Hait, "America Keeps On Truckin': Number of Truckers at All-Time High", Departamento de Censo dos EUA, 6 jun. 2019. Disponível em: <www.census.gov/library/stories/2019/06/america-keeps-on-trucking.html>; Escritório de Estatísticas do Trabalho dos EUA, Departamento do Trabalho dos EUA, "30 Percent of Civilian Jobs Require Some Driving in 2016", *The Economics Daily*, 27 jun. 2017. Disponível em: <www.bls.gov/opub/ted/2017/30-percent-of-civilian-jobs-require-some-driving-in-2016.htm>.

9. "Economics and Industry Data", Associações de Caminhoneiros dos EUA. Acessado em: 20 abr. 2023. Disponível em: <www.trucking.org/economics-and-industry-data>; Escritório de Estatísticas do Trabalho dos EUA, "Occupational Outlook Handbook, Passenger Vehicle Drivers — Summary", Departamento do Trabalho dos EUA. Acessado em: 30 jan. 2023. Disponível em: <www.bls.gov/ooh/transportation-and-material-moving/passenger-vehicle-drivers.htm>.

10. Mark Fahey, "Driverless Cars Will Kill the Most Jobs in Select US States", CNBC, 2 set. 2016. Disponível em: <www.cnbc.com/2016/09/02/driverless-cars-will-kill-the-most-jobs-in-select-us-states.html>.

11. Fahey, "Driverless Cars Will Kill the Most Jobs in Select US States".

12. Cheeseman Day e Hait, "America Keeps on Truckin'".

13. Escritório de Estatísticas de Transporte, *Transportation Economic Trends*, Departamento dos Transportes dos EUA. Acessado em: 20 abr. 2023. Disponível em: <data.bts.gov/stories/s/caxh-t8jd>.

14. Carl Benedikt Frey e Michael A. Osborne. "The Future of Employment: How Susceptible Are Jobs to Computerisation?" (Oxford Martin School, 17 set.2013), 2, pp. 36-38.

15. Ibid., pp. 57-72.
16. Ibidem.
17. Ibidem.
18. Ibidem.
19. Ljubica Nedelkoska e Glenda Quintini, "Automation, Skills Use and Training", OECD Social, Employment and Migration Working Papers nº 202 (8 mar. 2018), pp. 7-8. Disponível em: <doi.org/10.1787/2e2f4eea-en>.
20. Ibidem.
21. "A New Study Finds Nearly Half of Jobs Are Vulnerable to Automation", *The Economist*, 24 abr. 2018. Disponível em: <www.economist.com/graphic-detail/2018/04/24/a-study-finds-nearly-half-of-jobs-are-vulnerable-to-automation>; Frey e Osborne, "Future of Employment: How Susceptible Are Jobs to Computerisation?"
22. Alexandre Georgieff e Anna Milanez, "What Happened to Jobs at High Risk of Automation?", OECD Social, Employment and Migration Working Papers nº 255 (OECD Publishing, 21 mai. 2021). Disponível em: <doi.org/10.1787/10bc97f4-en>.
23. McKinsey & Company, "The Economic Potential of Generative AI: The Next Productivity Frontier", McKinsey & Company, jun. 2023, pp. 37-41. Disponível em: <www.mckinsey.com/capabilities/mckinsey-digital/our-insights/the-economic-potential-of-generative-ai-the-next-productivity-frontier#introduction>.
24. Richard Conniff, "What the Luddites Really Fought Against", *Smithsonian*, mar. 2011. Disponível em: <www.smithsonianmag.com/history/what-the-luddites-really-fought-against-264412>.
25. "Hidden Histories: Luddites — A Short History of One of the First Labor Movements", WRIR.org, 23 mai. 2010. Disponível em: <www.wrir.org/2010/05/23/hidden-histories-luddites-a-short-history-of-one-of-the-first-labor-movement>; Conniff, "What the Luddites Really Fought Against"; Bill Kovarik, *Revolutions in Communication: Media History from Gutenberg to the Digital Age* (Nova York, NY: Bloomsbury, 2015), p. 8. Disponível em: <books.google.com/books?id=F6ugBQAAQBAJ>; Jessica Brain, "The Luddites", Historic UK. Acessado em: 20 abr. 2023. Disponível em: <www.historic-uk.com/HistoryUK/HistoryofBritain/The-Luddites>.
26. Conniff, "What the Luddites Really Fought Against"; Brain, "The Luddites".
27. Brain, "The Luddites"; Kevin Binfield (Org.), *Writings of the Luddites* (Baltimore: Johns Hopkins University Press, 2004); Frank Peel, *The Risings of the Luddites* (Heckmondwike, Reino Unido: T. W. Senior, 1880).
28. Stanley Lebergott, "Labor Force and Employment, 1800-1960", em *Output, Employment, and Productivity in the United States After 1800*, Dorothy S. Brady (Org.) (Washington, DC: Departamento Nacional de

Pesquisa Econômica dos EUA, 1966), p. 119. Disponível em: <www.nber.org/chapters/c1567.pdf>; Escritório de Estatísticas do Trabalho dos EUA, "All Employees, Manufacturing (MANEMP)", retirado de FRED, Banco Federal Reserve de St. Louis, atualizado em 7 abr. 2023. Disponível em: <fred.stlouisfed.org/series/MANEMP>; Organização para a Cooperação e o Desenvolvimento Econômico, (OCDE) "Employment by Economic Activity: Agriculture: All Persons for the United States (LFEAAGTTUSQ647S)", retirado de FRED, Banco Federal Reserve de St. Louis, atualizado em 20 abr. 2023. Disponível em: <fred.stlouisfed.org/series/LFEAAGTTUSQ647S>; Escritório de Estatísticas do Trabalho dos EUA, "Civilian Labor Force Level (CLF16OV)", retirado de FRED, Banco Federal Reserve de St. Louis, atualizado em 7 abr. 2023. Disponível em: <fred.stlouisfed.org/series/CLF16OV>.

29. Lebergott, "Labor Force and Employment, 1800-1960", p. 118; Departamento de Censo dos EUA, "Historical National Population Estimates July 1, 1900 to July 1, 1999", Programa de Estimativas Populacionais, Divisão de População, Departamento de Censo dos EUA, revisado em 28 jun. 2000. Disponível em: <www2.census.gov/programs-surveys/popest/tables/1900-1980/national/totals/popclockest.txt>.

30. Escritório de Estatísticas do Trabalho dos EUA, "Civilian Labor Force Level (CLF16OV)"; Departamento de Análise Econômica dos EUA, "Population (B230RC0A052NBEA)", retirado de FRED, Banco Federal Reserve de St. Louis, atualizado em 26 jan. 2023. Disponível em: <fred.stlouisfed.org/series/B230RC0A052NBEA>.

31. Michael Huberman e Chris Minns, "The Times They Are Not Changin': Days and Hours of Work in Old and New Worlds, 1870-2000", *Explorations in Economic History*, v. 44, n. 4 (12 jul. 2007), p. 548. Disponível em: <personal.lse.ac.uk/minns/Huberman_Minns_EEH_2007.pdf>; Universidade de Groningen e Universidade da Califórnia, Davis, "Average Annual Hours Worked by Persons Engaged for United States (AVHWPEUSA065NRUG)", retirado de FRED, Banco Federal Reserve de St. Louis, atualizado em 21 jan. 2021. Disponível em: <fred.stlouisfed.org/series/AVHWPEUSA065NRUG>; Robert C. Feenstra, Robert Inklaar e Marcel P. Timmer, "The Next Generation of the Penn World Table", *American Economic Review*, v. 105, n. 10 (2015), pp. 3150-82. Disponível em: <www.rug.nl/ggdc/docs/the_next_generation_of_the_penn_world_table.pdf>.

32. Escritório de Estatísticas do Trabalho dos EUA, "Personal Income Per Capita (A792RC0A052NBEA)", retirado de FRED, Banco Federal Reserve de St. Louis, atualizado em 30 mar. 2023. Disponível em: <fred.stlouisfed.org/series/A792RC0A052NBEA>; "CPI Inflation Calculator", Escritório de Estatísticas do Trabalho dos EUA. Acessado em: 20 abr. 2023. Disponível em: <data.bls.gov/cgi-bin/cpicalc.pl>; Escritório de Estatísticas do Trabalho

dos EUA, "Civilian Labor Force Level (CLF16OV)"; Escritório de Estatísticas do Trabalho dos EUA, "Real Median Personal Income in the United States (MEPAINUSA672N)", retirado de FRED, Banco Federal Reserve de St. Louis, atualizado em 13 set. 2022. Disponível em: <.stlouisfed.org/series/MEPAINUSA672N>.

33. Lebergott, "Labor Force and Employment, 1800-1960", p. 118; Departamento de Análise Econômica dos EUA, "Population (B23ORCOAO52NBEA)".

34. Escritório de Estatísticas do Trabalho dos EUA, "Personal Income Per Capita (A792RCOAO52NBEA)"; Escritório de Estatísticas do Trabalho dos EUA, "Civilian Labor Force Level (CLF16OV)"; Departamento de Análise Econômica dos EUA, "Population (B23ORCOAO52NBEA)".

35. Escritório de Estatísticas do Trabalho dos EUA, "Real Median Personal Income in the United States (MEPAINUSA672N)".

36. Huberman e Minns, "The Times They Are Not Changin'", p. 548.

37. Escritório de Estatísticas do Trabalho dos EUA, "Total Wages and Salaries, BLS (BAO6RC1AO27NBEA)", retirado de FRED, Banco Federal Reserve de St. Louis, atualizado em 12 out. 2022. Disponível em: <fred.stlouisfed.org/series/BAO6RC1AO27NBEA>; Escritório de Estatísticas do Trabalho dos EUA, "Hours Worked by Full-Time and Part-Time Employees (B4701COA222NBEA)", retirado de FRED, Banco Federal Reserve de St. Louis, atualizado em 12 out. 2022. Disponível em: <fred.stlouisfed.org/series/B4701COA222NBEA>.

38. Escritório de Estatísticas do Trabalho dos EUA, "Personal Income (PI)", retirado de FRED, Banco Federal Reserve de St. Louis, atualizado em 31 mar. 2023. Disponível em: <fred.stlouisfed.org/series/PI>.

39. Ver, por exemplo, Microeconomix, *The App Economy in the United States* (Londres: Deloitte, 17 ago. 2018), p. 4. Disponível em: <actonline.org/wp-content/uploads/Deloitte-The-App-Economy-in-US.pdf>.

40. Lebergott, "Labor Force and Employment, 1800-1960", p. 119.

41. Francis Michael Longstreth Thompson, "The Second Agricultural Revolution, 1815-1880", *Economic History Review*, v. 21, n. 1 (abr. 1968), pp. 62-77. Disponível em: <www.jstor.org/stable/2592204>; Norman E. Borlaug, "Contributions of Conventional Plant Breeding to Food Production", *Science*, v. 219, n. 4585 (11 fev. 1983), pp. 689-93. Disponível em: <science.sciencemag.org/content/sci/219/4585/689.full.pdf>.

42. Para se aprofundar na forma como a industrialização transformou a agricultura, ver "Causes of the Industrial Revolution: The Agricultural Revolution", *ClickView*, vídeo do YouTube, 10 ago. 2015. Disponível em: <www.youtube.com/watch?v=6QKIts2_yJo>; John Green, "Coal, Steam, and the Industrial Revolution: Crash Course World History #32", *CrashCourse*, vídeo do YouTube, 30 ago. 2012. Disponível em: <www.youtube.com/watch?v=zhL5DCizj5c>; John Green, "The Industrial Economy: Crash Course

US History #23", *CrashCourse*, vídeo do YouTube, 25 jul. 2013. Disponível em: <www.youtube.com/watch?v=r6tRp-zRUJs>; "Mechanization on the Farm in the Early 20th Century", *Iowa* PBS, vídeo do YouTube, 28 abr. 2015. Disponível em: <www.youtube.com/watch?v=SI9K8ZJqAwE>; "Cyrus McCormick", PBS. Acessado em: 20 abr. 2023. Disponível em: <www.pbs.org/wgbh/theymadeamerica/whomade/mccormick_hi.html>; Mark Overton, *Agricultural Revolution in England: The Transformation of the Agrarian Economy 1500-1850* (Cambridge, Reino Unido: Cambridge University Press, 1996).

43. Lebergott, "Labor Force and Employment, 1800-1960", p. 119.

44. Hannah Ritchie e Max Roser, "Crop Yields", *Our World in Data*, atualizado em 2022. Disponível em: <ourworldindata.org/crop-yields>; Sarah E. Cusick e Michael K. Georgieff, "The Role of Nutrition in Brain Development: The Golden Opportunity of the 'First 1000 Days'", *Journal of Pediatrics*, v. 175 (ago. 2016), pp. 16-21. Disponível em: <www.ncbi.nlm.nih.gov/pmc/articles/PMC4981537>; Gary M. Walton e Hugh Rockoff, *History of the American Economy*, 11. ed. (Boston: Cengage Learning, 2009), pp. 1-15.

45. "Provisional Cereal and Oilseed Production Estimates for England 2022", Departamento de Meio Ambiente, Alimentos e Assuntos Rurais (Reino Unido), 21 dez. 2022. Disponível em: <www.gov.uk/government/statistics/cereal-and-oilseed-rape-production/provisional-cereal-and-oilseed-production-estimates-for-england-2022>.

46. "UK Population Estimates 1851 to 2014", Escritório de Estatísticas Nacionais (Reino Unido), 6 jul. 2015. Disponível em: <www.ons.gov.uk/peoplepopulationandcommunity/populationandmigration/populationestimates/adhocs/004356ukpopulationestimates1851to2014>; Central Agência Central de Inteligência (CIA), "Explore All Countries — United Kingdom", CIA *World Factbook*, 29 nov. 2022. Disponível em: <web.archive.org/web/20221207065501/https://www.cia.gov/the-world-factbook/countries/united-kingdom>.

47. Organização para a Cooperação e o Desenvolvimento Econômico (OCDE), "Employment by Economic Activity: Agriculture"; Escritório de Estatísticas do Trabalho dos EUA, "Civilian Labor Force Level (CLF16OV)"; Organização Internacional do Trabalho (OIT), "Employment in Agriculture (% of Total Employment) (Modeled ILO Estimate)", Worldbank.org, 29 jan. 2021. Disponível em: <data.worldbank.org/indicator/SL.AGR.EMPL.ZS?locations=US>.

48. Para algumas explicações interessantes sobre tecnologias agrícolas automatizadas, ver Kyree Leary, "Crops Are Harvested Without Human Input, Teasing the Future of Agriculture", *Futurism*, 26 fev. 2018. Disponível em: <futurism.com/automated-agriculture-uk>; "Growing Up: How Vertical Farming Works", B1M, vídeo do YouTube, 6 mar. 2019. Disponível em:

<www.youtube.com/watch?v=QT4TWbPLrN8>; "The Future of Farming", *The Daily Conversation*, vídeo do YouTube, 17 mai. 2017. Disponível em: <www.youtube.com/watch?v=Qmla9NLFBvU>; Michael Larkin, "Labor Terminators: Farming Robots Are About To Take Over Our Farms", *Investor's Business Daily*, 10 ago. 2018. Disponível em: <www.investors.com/news/farming-robot-agriculture-technology>.

49. Lebergott, "Labor Force and Employment, 1800-1960", p. 119.
50. Benjamin T. Arrington, "Industry and Economy During the Civil War", Serviço de Parques Nacionais, 23 ago. 2017. Disponível em: <www.nps.gov/articles/industry-and-economy-during-the-civil-war.htm>; Lebergott, "Labor Force and Employment, 1800-1960", p. 119.
51. Para uma vigorosa explicação sobre o desenvolvimento da linha de montagem e seu papel na Segunda Revolução Industrial, ver John Green, "Ford, Cars, and a New Revolution: Crash Course History of Science #28", *CrashCourse*, vídeo do YouTube, 12 nov. 2018. Disponível em: <www.youtube.com/watch?v=UPvwpYeOJnI>.
52. Lebergott, "Labor Force and Employment, 1800-1960", p. 119; Departamento de Censo dos EUA, *Statistical Abstract of the United States: 1999* (Washington, DC: Departamento de Censo dos EUA, 1999), p. 879. Disponível em: <www.census.gov/prod/99pubs/99statab/sec31.pdf>; Escritório de Estatísticas do Trabalho dos EUA, "Percent of Employment in Agriculture in the United States (USAPEMANA)", retirado de FRED, Banco Federal Reserve de St. Louis, atualizado em 10 jun. 2013. Disponível em: <fred.stlouisfed.org/series/USAPEMANA>; Organização Internacional do Trabalho (OIT), "Employment in Agriculture".
53. Lebergott, "Labor Force and Employment, 1800-1960", p. 119.
54. Lebergott, "Labor Force and Employment, 1800-1960", p. 119; Escritório de Estatísticas do Trabalho dos EUA, "Civilian Labor Force Level (CLF16OV)"; Escritório de Estatísticas do Trabalho dos eua, "All Employees, Manufacturing (MANEMP)", Escritório de Estatísticas do Trabalho dos EUA, "Manufacturing Sector: Real Output (OUTMS)", retirado de FRED, Banco Federal Reserve de St. Louis, atualizado em 2 mar. 2023. Disponível em: <fred.stlouisfed.org/series/OUTMS>.
55. Para explicações instigantes sobre conteinerização e seu impacto, ver *The Wall Street Journal*, "How a Steel Box Changed the World: A Brief History of Shipping", vídeo do YouTube, 24 jan. 2018. Disponível em: <www.youtube.com/watch?v=0MUkgDIQdcM>; PolyMatter, "How Container Ships Work", vídeo do YouTube, 2 nov. 2018. Disponível em: <www.youtube.com/watch?v=DY9VE3i-KcM>.
56. Escritório de Estatísticas do Trabalho dos EUA, "Manufacturing Sector: Real Output per Hour of All Persons (OPHMFG)", retirado de FRED, Banco Federal Reserve de St. Louis, atualizado em 2 mar. 2023. Disponível em: <fred.stlouisfed.org/series/OPHMFG>.
57. Idem, "All Employees, Manufacturing (MANEMP)".

58. Idem, "All Employees, Manufacturing (MANEMP)"; "Manufacturing Sector: Real Output (OUTMS)".
59. Idem, "All Employees, Manufacturing (MANEMP)".
60. Idem, "Manufacturing Sector: Real Output (OUTMS)".
61. Idem, "All Employees, Manufacturing (MANEMP)"; "Manufacturing Sector: Real Output (OUTMS)".
62. Escritório de Estatísticas do Trabalho dos EUA, "All Employees, Manufacturing (MANEMP)"; Escritório de Estatísticas do Trabalho dos EUA, "Civilian Labor Force Level (CLF16OV)"; Lebergott, "Labor Force and Employment, 1800– 1960", pp. 119-20.
63. Escritório de Estatísticas do Trabalho dos EUA, "All Employees, Manufacturing (MANEMP)"; Escritório de Estatísticas do Trabalho dos EUA, "Civilian Labor Force Level (CLF16OV)".
64. Observe que os dados disponíveis não refletem de maneira adequada os efeitos da Grande Depressão — que provavelmente causou um declínio mais repentino no emprego industrial do que o mostrado neste gráfico —, tampouco os da Segunda Guerra Mundial, responsável por um breve, porém acentuado, aumento no emprego industrial, que não é traduzido pelos dados da força de trabalho total do Escritório de Estatísticas do Trabalho dos EUA (BLS), uma vez que não remontam tão longe. Ver Escritório de Estatísticas do Trabalho dos EUA, "All Employees, Manufacturing (MANEMP)"; Escritório de Estatísticas do Trabalho dos EUA, "Civilian Labor Force Level (CLF16OV)"; Lebergott, "Labor Force and Employment, 1800-1960", pp. 119-20.
65. Escritório de Estatísticas do Trabalho dos EUA, "Labor Force Participation Rate (CIVPART)", retirado de FRED, Banco Federal Reserve de St. Louis, atualizado em 3 set. 2021. Disponível em: <fred.stlouisfed.org/series/CIVPART>; Escritório de Estatísticas do Trabalho dos EUA, "Civilian Labor Force Level (CLF16OV)".
66. Organização Internacional do Trabalho (OIT), "Labor Force, Female (% of Total Labor Force) — United States", retirado de Worldbank.org, set. 2019. Disponível em: <data.worldbank.org/indicator/SL.TLF.TOTL.FE.ZS?locations=US>; Escritório de Estatísticas do Trabalho dos EUA, "Labor Force Participation Rate (CIVPART)"; Escritório de Estatísticas do Trabalho dos EUA, "Civilian Labor Force Participation Rate: Women (LNS11300002)", retirado de FRED, Banco Federal Reserve de St. Louis, atualizado em 7 abr. 2023. Disponível em: <fred.stlouisfed.org/series/LNS11300002>.
67. Escritório de Estatísticas do Trabalho dos EUA, "Labor Force Participation Rate (CIVPART)".
68. Fórum Interinstitucional Federal sobre Estatísticas Infantis e Familiares, *America's Children: Key National Indicators of Well-Being*, 2021 (Washington,

DC: Escritório de Publicações do Governo dos EUA, 2021), p. 81. Disponível em: <web.archive.org/web/20220721170310/https://www.childstats.gov/pdf/ac2021/ac_21.pdf>.
69. Ibidem.
70. Ibidem.
71. Escritório de Estatísticas do Trabalho dos EUA, "Civilian Labor Force Level (CLF16OV)"; Escritório de Estatísticas do Trabalho dos EUA, "Population, Total for United States (POPTOTUSA647NWDB)", retirado de FRED, Banco Federal Reserve de St. Louis, atualizado em 5 jul. 2022. Disponível em: <fred.stlouisfed.org/series/POPTOTUSA647NWDB>.
72. Escritório de Estatísticas do Trabalho dos EUA, "Civilian Labor Force Level (CLF16OV)"; Escritório de Estatísticas do Trabalho dos EUA, "Population, Total for United States (POPTOTUSA647NWDB)"; "U.S. and World Population Clock", Departamento de Censo dos EUA, atualizado em 20 abr. 2023. Disponível em: <www.census.gov/popclock>.
73. Escritório de Estatísticas do Trabalho dos EUA, "Civilian Labor Force Level (CLF16OV)"; Departamento de Censo dos EUA, *Statistical Abstract of the United States: 1999*, p. 879; Lebergott, "Labor Force and Employment, 1800-1960", p. 118; "U.S. and World Population Clock", Departamento de Censo dos EUA; Escritório de Estatísticas do Trabalho dos EUA, "Population, Total for United States (POPTOTUSA647NWDB)"; Departamento de Censo dos EUA, "Resident Population of the United States", Departamento de Censo dos EUA. Acessado em: 20 abr. 2023. Disponível em: <www2.census.gov/library/visualizations/2000/dec/2000-resident-population/unitedstates.pdf>.
74. Centro Nacional de Estatísticas de Educação, "Enrollment in Elementary, Secondary, and Degree-Granting Postsecondary Institutions, by Level and Control of Institution: Selected Years, 1869-70 Through Fall 2030", Departamento de Educação dos EUA, 2021. Disponível em: <nces.ed.gov/programs/digest/d21/tables/dt21_105.30.asp>; Tom Snyder, ed., *120 Years of American Education: A Statistical Portrait* (Washington, DC: Centro Nacional de Estatísticas de Educação, 1993), p. 64. Disponível em: <web20kmg.pbworks.com/w/file/fetch/66806781/120%20Years%20of%20American%20Education%20A%20Statistical%20Portrait.pdf>.
75. Centro Nacional de Estatísticas de Educação, "Enrollment in Elementary, Secondary, and Degree-Granting Postsecondary Institutions".
76. Centro Nacional de Estatísticas de Educação, "Total and Current Expenditures per Pupil in Public Elementary and Secondary Schools: Selected Years, 1919-20 Through 2018-19", Departamento de Educação dos EUA, set. 2021. Disponível em: <nces.ed.gov/programs/digest/d21/tables/dt21_236.55.asp>; "Consumer Price Index, 1913-", Banco Federal Reserve de Minneapolis. Acessado em: 20 abr. 2023. Disponível em: <www.min-

neapolisfed.org/about-us/monetary-policy/inflation-calculator/consu-mer-price-index-1913->; Escritório de Estatísticas do Trabalho dos EUA, "Consumer Price Index for All Urban Consumers: All Items in U.S. City Average (CPIAUCSL)", retirado de FRED, Banco Federal Reserve de St. Louis, atualizado em 12 abr. 2023. Disponível em: <fred.stlouisfed.org/se-ries/CPIAUCSL>.

77. Centro Nacional de Estatísticas de Educação, "Total and Current Expen-ditures per Pupil in Public Elementary and Secondary Schools"; "Consu-mer Price Index, 1913-", Banco Federal Reserve de Minneapolis; Escritório de Estatísticas do Trabalho dos EUA, "Consumer Price Index for All Urban Consumers: All Items in U.S. City Average".

78. Centro Nacional de Estatísticas de Educação, *120 Years of American Educa-tion: A Statistical Portrait*, p. 65.

79. Para algumas das análises recentes mais influentes sobre por que a maioria das tendências globais está indo na direção certa, ver Max Roser, "Most of Us Are Wrong About How the World Has Changed (Especially Those Who Are Pessimistic About the Future)", *Our World in Data*, 27 jul. 2018. Disponível em: <ourworldindata.org/wrong-about-the-world>; "Why Are We Working on *Our World in Data*?", *Our World in Data*, 20 jul. 2017. Dispo-nível em: <ourworldindata.org/motivation>; Steven Pinker, "Is the World Getting Better or Worse? A Look at the Numbers", TED vídeo, abr. 2018. Disponível em: <www.ted.com/talks/steven_pinker_is_the_world_getting_better_or_worse_a_look_at_the_numbers>.

80. Para saber mais detalhes sobre as opiniões de Erik Brynjolfsson, ver Erik Brynjolfsson, "The Key to Growth? Race with the Machines", TED, fev. 2013. Disponível em: <www.ted.com/talks/erik_brynjolfsson_the_key_to_growth_race_with_the_machines>; Erik Brynjolfsson et al., "Mind vs Ma-chine: Implications for Productivity, Wages and Employment from AI", *The Artificial Intelligence Channel*, vídeo do YouTube, 20 nov. 2017. Disponí-vel em: <www.youtube.com/watch?v=roemLDPy_Ww>; Erik Brynjolfsson e Andrew McAfee, *The Second Machine Age: Work, Progress, and Prosperity in a Time of Brilliant Technologies* (Nova York: W.W. Norton, 2014).

81. Para uma explicação acessível e baseada em dados das tendências de des-qualificação desde a década de 1950, ver David Kunst, "Deskilling Among Manufacturing Production Workers", VoxEU, 9 ago. 2019. Disponível em: <voxeu.org/article/deskilling-among-manufacturing-production-workers>.

82. Para saber mais sobre aquisição de novas habilidades e aprimoramento de competências e o processo de fabricação de calçados FitMyFoot, ver Pablo Illanes et al., "Retraining and Reskilling Workers in the Age of Au-tomation", Instituto Global McKinsey, jan. 2018. Disponível em: <www.mckinsey.com/featured-insights/future-of-work/retraining-and-reskillin-g-workers-in-the-age-of-automation>; "The Science and Technology of

FitMyFoot", FitMyFoot. Acessado em: 20 abr. 2023. Disponível em: <fitmyfoot.com/pages/science>.

83. Jack Kelly, "Wells Fargo Predicts That Robots Will Steal 200,000 Banking Jobs Within the Next 10 Years", *Forbes*, 8 out. 2019. Disponível em: <www.forbes.com/sites/jackkelly/2019/10/08/wells-fargo-predicts-that-robots-will-steal-200000-banking-jobs-within-the-next-10-years/#237ecaba68d7>; James Bessen, "How Computer Automation Affects Occupations: Technology, Jobs, and Skills", Escola de Direito da Universidade de Boston (Law & Economics documento preliminar nº 15-49, 13 nov. 2015), p. 5. Disponível em: <www.bu.edu/law/files/2015/11/NewTech-2.pdf>.

84. G. M. Filisko, "Paralegals and Legal Assistants Are Taking on Expanded Duties", *ABA Journal*, 1º nov. 2014. Disponível em: <www.abajournal.com/magazine/article/techno_change_o_paralegal_legal_assistant_duties_expand>; Jean O'Grady, "Analytics, AI and Insights: 5 Innovations That Redefined Legal Research Since 2010", Above the Law, 2 jan. 2020. Disponível em: <abovethelaw.com/2020/01/analytics-ai-and-insights-5-innovations-that-redefined-legal-research-since-2010>.

85. Kevin Roose, "A.I.-Generated Art Is Already Transforming Creative Work", *The New York Times*, 21 out. 2022. Disponível em: <www.nytimes.com/2022/10/21/technology/ai-generated-art-jobs-dall-e-2.html>.

86. Para explicações rápidas e acessíveis sobre as diferenças entre capital e trabalho, ver BBC, "Methods of Production: Labour and Capital", *BBC Bitesize*, acessado em: 30 jan. 2023. Disponível em: <www.bbc.co.uk/bitesize/guides/zth78mn/revision/5>; Sal Khan, "What Is Capital?", Academia Khan. Acessado em: 20 abr. 2023. Disponível em: <www.khanacademy.org/economics-finance-domain/macroeconomics/macroeconomics-income-inequality/piketty-capital/v/what-is-capital>; Catherine Rampell, "Companies Spend on Equipment, Not Workers", *The New York Times*, 9 jun. 2011. Disponível em: <www.nytimes.com/2011/06/10/business/10capital.html>; Tim Harford, "What Really Powers Innovation: High Wages", *Financial Times*, 11 jan. 2013. Disponível em: <www.ft.com/content/b7ad1c-68-59fb-11e2-b728-00144feab49a>.

87. Escritório de Estatísticas do Trabalho dos EUA, "Nonfarm Business Sector: Real Output per Hour of All Persons (OPHNFB)", retirado de FRED, Banco Federal Reserve de St. Louis, atualizado em 2 mar. 2023. Disponível em: <fred.stlouisfed.org/series/OPHNFB>.

88. Ibidem.

89. Soon-Yong Choi e Andrew B. Whinston, "The IT Revolution in the USA: The Current Situation and the Problems", em *The Internet Revolution: A Global Perspective*, Emanuele Giovannetti, Mitsuhiro Kagami e Masatsugu Tsuji (Org.) (Cambridge, Reino Unido: Cambridge University Press, 2003), p. 219. Disponível em: <books.google.com/books?id=1f6wD7gezP4C>.

90. Escritório de Estatísticas do Trabalho dos EUA, "Nonfarm Business Sector: Real Output per Hour of All Persons (OPHNFB)".
91. "Descriptions of General Purpose Digital Computers", *Computers and Automation*, v. 4, n, 6 (jun. 1965), p. 76. Disponível em: <web.archive.org/web/20190723025854>; <http://www.bitsavers.org/pdf/computersAndAutomation/196506.pdf>.
92. Brynjolfsson e McAfee, *The Second Machine Age*; Tim Worstall, "Trying to Understand Why Marc Andreessen and Larry Summers Disagree Using Facebook", *Forbes*, 15 jan. 2015. Disponível em: <www.forbes.com/sites/timworstall/2015/01/15/trying-to-understand-why-marc-andreessen-and-larry-summers-disagree-using-facebook/#1ec456d05b4e>.
93. Para saber mais sobre PIB e custo marginal, ver Tim Callen, "Gross Domestic Product: An Economy's All", Fundo Monetário Internacional, 18 dez. 2018. Disponível em: <www.imf.org/external/pubs/ft/fandd/basics/gdp.htm>; Alicia Tuovila, "Marginal Cost of Production", *Investopedia*, 20 set. 2019. Disponível em: <www.investopedia.com/terms/m/marginalcostofproduction.asp>; Sal Khan, "Marginal Revenue and Marginal Cost", Academia Khan. Acessado em: 20 abr. 2023. Disponível em: <www.khanacademy.org/economics-finance-domain/ap-microeconomics/production-cost-and-the-perfect-competition-model-temporary/short-run-production-costs/v/marginal-revenue-and-marginal-cost>; Jeremy Rifkin, *The Zero Marginal Cost Society: The Internet of Things, the Collaborative Commons, and the Eclipse of Capitalism* (Nova York: St. Martin's, 2014).
94. Ver o apêndice para as fontes utilizadas acerca de todos os cálculos dos custos de computação neste livro.
95. "Introducing the AMD Radeon RX 7900 XT", AMD. Acessado em: 30 jan. 2023. Disponível em: <www.amd.com/en/products/graphics/amd-radeon-rx-7900xt>; Michael Justin Allen Sexton, "AMD Radeon RX 7900 XT Review", PC *Magazine*, 17 dez. 2022. Disponível em: <www.pcmag.com/reviews/amd-radeon-rx-7900-xt>.
96. Ver o apêndice para as fontes utilizadas acerca de todos os cálculos dos custos de computação neste livro.
97. Escritório de Estatísticas do Trabalho dos EUA, "A Review of Hedonic Price Adjustment Techniques for Products Experiencing Rapid and Complex Quality Change", Escritório de Estatísticas do Trabalho dos EUA, 15 set. 2022. Disponível em: <www.bls.gov/cpi/quality-adjustment/hedonic-price-adjustment-techniques.htm>; Dave Wasshausen e Brent R. Moulton, "The Role of Hedonic Methods in Measuring Real GDP in the United States", Departamento de Análise Econômica dos EUA, out. 2006. Disponível em: <www.bea.gov/system/files/papers/P2006-6_0.pdf>.
98. Erik Brynjolfsson, Avinash Collis e Felix Eggers, "Using Massive Online Choice Experiments to Measure Changes in Well-Being", *Proceedings of the*

National Academy of Sciences, v. 116, n. 15 (9 abr. 2019), pp. 7250-55. Disponível em: <doi.org/10.1073/pnas.1815663116>.

99. Tim Worstall, "Is Facebook Worth $8 Billion, $100 Billion or $800 Billion to the US Economy?", Forbes, 23 jan 2015. Disponível em: <www.forbes.com/sites/timworstall/2015/01/23/is-facebook-worth-8-billion--100-billion-or-800-billion-to-the-us-economy/?sh=6a50df5a16ce>; Worstall, "Trying to Understand Why Marc Andreessen and Larry Summers Disagree Using Facebook".

100. Worstall, "Is Facebook Worth $8 Billion".

101. Jasmine Enberg, "Social Media Update Q1 2021", eMarketer, 30 mar. 2021. Disponível em: <www.emarketer.com/content/social-media-update-q1-2021>.

102. "Social Media Fact Sheet", Centro de Pesquisa Pew, 7 abr. 2021. Disponível em: <www.pewresearch.org/internet/fact-sheet/social-media>; Stella U. Ogunwoleet al., "Population Under Age 18 Declined Last Decade" Departamento de Censo dos EUA, 12 ago. 2021. Disponível em: <www.census.gov/library/stories/2021/08/united-states-adult-population-grew--faster-than-nations-total-population-from-2010-to-2020.html>; "Minimum Wage", Departamento do Trabalho dos EUA. Acessado em: 20 abr. 2023. Disponível em: <www.dol.gov/general/topic/wages/minimumwage>; John Gramlich, "10 Facts About Americans and Facebook", Centro de Pesquisa Pew, 1º jun. 2021. Disponível em: <www.pewresearch.org/fact--tank/2021/06/01/facts-about-americans-and-facebook>.

103. Simon Kemp, "Digital 2020: 3.8 Billion People Use Social Media", We Are Social, 30 jan. 2020. Disponível em: <web.archive.org/web/20210808051917/https://wearesocial.com/blog/2020/01/digital-2020-3-8-billion-people-u-se-social-media>; Paige Cooper, "43 Social Media Advertising Statistics That Matter to Marketers in 2020", Hootsuite, 23 abr. 2020. Disponível em: <web.archive.org/web/20200729070657/https://blog.hootsuite.com/social-media-advertising-stats>.

104. Escritório de Estatísticas do Trabalho dos EUA, "Consumer Price Index for All Urban Consumers: Medical Care in U.S. City Average (CPIMEDSL)", retirado de FRED, Banco Federal Reserve de St. Louis, atualizado em 12 abr. 2023. Disponível em: <fred.stlouisfed.org/series/CPIMEDSL#0>; Escritório de Estatísticas do Trabalho dos EUA, "Consumer Price Index for All Urban Consumers: All Items in US City Average (CPIAUCSL)"; Xavier Jaravel, "The Unequal Gains from Product Innovations: Evidence from the US Retail Sector", Quarterly Journal of Economics, v. 134, n. 2 (mai. 2019), pp. 715-83. Disponível em: <doi.org/10.1093/qje/qjy031>; Peter H. Diamandis e Steven Kotler, Abundance: The Future Is Better Than You Think (Nova York: Simon & Schuster, 2012).

105. Escritório de Estatísticas do Trabalho dos EUA, "Labor Force Participation Rate (CIVPART)".

106. Para uma explicação rápida sobre essas definições e os dados subjacentes, ver Clay Halton, "Civilian Labor Force", *Investopedia*, 23 jul. 2019. Disponível em: <www.investopedia.com/terms/c/civilian-labor-force.asp>; Departamento de Censo dos EUA, "Growth in U.S. Population Shows Early Indication of Recovery amid Covid-19 Pandemic", Departamento de Censo dos EUA, comunicado à imprensa CB22-214, 22 dez. 2022. Disponível em: <www.census.gov/newsroom/press-releases/2022/2022-population-estimates.html>; "Population, Total — United States", Banco Mundial. Acessado em: 20 abr. 2023. Disponível em: <data.worldbank.org/indicator/SP.POP.TOTL?locations=US>; Escritório de Estatísticas do Trabalho dos EUA, "Civilian Labor Force Level (CLF16OV)".

107. Departamento de Censo dos EUA, "Growth in US Population Shows Early Indication of Recovery amid Covid-19 Pandemic"; Escritório de Estatísticas do Trabalho dos EUA, "Civilian Labor Force Level (CLF16OV)".

108. Dados do Escritório de Estatísticas do Trabalho dos EUA, "Labor Force Participation Rate (CIVPART)".

109. Lauren Bauer et al., "All School and No Work Becoming the Norm for American Teens", Instituto Brookings, 2 jul. 2019. Disponível em: <www.brookings.edu/blog/up-front/2019/07/02/all-school-and-no-work-becoming-the-norm-for-american-teens>; Mitra Toossi, "Labor Force Projections to 2022: The Labor Force Participation Rate Continues to Fall", *Monthly Labor Review*, Escritório de Estatísticas do Trabalho dos EUA, dez. 2013. Disponível em: <www.bls.gov/opub/mlr/2013/article/labor-force-projections-to--2022-the-labor-force-participation-rate-continues-to-fall.htm>.

110. Jonnelle Marte, "Aging Boomers Explain Shrinking Labor Force, NY Fed Study Says", *Bloomberg*, 30 mar. 2023. Disponível em: <www.bloomberg.com/news/articles/2023-03-30/aging-boomers-explain-shrinking-labor-force-ny-fed-study-says>; Richard Fry, "The Pace of Boomer Retirements Has Accelerated in the Past Year", Centro de Pesquisa Pew, 9 nov. 2020. Disponível em: <www.pewresearch.org/short-reads/2020/11/09/the-pace-of-boomer-retirements-has-accelerated-in-the-past-year>.

111. Escritório de Estatísticas do Trabalho dos EUA, "Civilian Labor Force Participation Rate: 25 to 54 years (LNU01300060)", retirado de FRED, Banco Federal Reserve de St. Louis, atualizado em 7 abr. 2023. Disponível em: <fred.stlouisfed.org/series/LNU01300060>.

112. Organização para a Cooperação e o Desenvolvimento Econômico (OCDE), "Working Age Population: Aged 25–54: All Persons for the United States (LFWA25TTUSM647N)", retirado de FRED, Banco Federal Reserve de St. Louis, atualizado em 20 abr. 2023. Disponível em: <fred.stlouisfed.org/series/LFWA25TTUSM647N>.

113. Escritório de Estatísticas do Trabalho dos EUA, "Civilian Labor Force Participation Rate: 25 to 54 years (LNU01300060)".

114. Observe que, embora a participação na força de trabalho entre os norte-americanos com 55 anos ou mais tenha aumentado, o efeito líquido é uma menor participação geral na mão de obra, porque o grupo demográfico com mais de 55 anos tem uma taxa de participação geral muito mais baixa do que a dos adultos mais jovens, e porque o tamanho desse grupo demográfico está crescendo devido ao fato de os *baby boomers* serem um grupo muito maior do que a geração que estão substituindo. Ver Departamento de Censo dos EUA, "65 and Older Population Grows Rapidly as Baby Boomers Age", Departamento de Censo dos EUA, comunicado à imprensa CB20-99, 25 jun. 2020. Disponível em: <www.census.gov/newsroom/press-releases/2020/65-older-population-grows.html>; William E. Gibson, "Age 65+Adults Are Projected to Outnumber Children by 2030", aarp, 14 mar. 2018. Disponível em: <www.aarp.org/home-family/friends-family/info-2018/census-baby-boomers-fd.html>; Escritório de Estatísticas do Trabalho dos EUA, "Civilian Labor Force Participation Rate by Age, Sex, Race, and Ethnicity", Escritório de Estatísticas do Trabalho dos EUA, atualizado em 8 set. 2022. Disponível em: <www.bls.gov/emp/tables/civilian-labor-force-participation-rate.htm>.

115. "Life Expectancy at Birth, Total (Years) — United States", Banco Mundial. Acessado em: 20 abr. 2023. Disponível em: <data.worldbank.org/indicator/SP.DYN.LE00.IN?locations=US>.

116. Para saber mais sobre a evolução da demografia trabalhista dos EUA, ver Audrey Breitwieser, Ryan Nunn e Jay Shambaugh, "The Recent Rebound in Prime-Age Labor Force Participation", Instituto Brookings, 2 ago. 2018. Disponível em: <www.brookings.edu/blog/up-front/2018/08/02/the-recent-rebound-in-prime-age-labor-force-participation>; Jo Harper, "Automation Is Coming: Older Workers Are Most at Risk", *Deutsche Welle*, 24 jul. 2018. Disponível em: <www.dw.com/en/automation-is-coming-older-workers-are-most-at-risk/a-44749804>; Peter Gosselin, "If You're Over 50, Chances Are the Decision to Leave a Job Won't Be Yours", *ProPublica*, 28 dez. 2018. Disponível em: <www.propublica.org/article/older-workers-united-states-pushed-out-of-work-forced-retirement>; Karen Harris, Austin Kimson e Andrew Schwedel, "Labor 2030: The Collision of Demographics, Automation and Inequality", Bain & Co., 7 fev. 2018. Disponível em: <www.bain.com/insights/labor-2030-the-collision-of-demographics-automation-and-inequality>; Alana Semuels, "This Is What Life Without Retirement Savings Looks Like", *The Atlantic*, 22 fev. 2018. Disponível em: <www.theatlantic.com/business/archive/2018/02/pensions-safety-net-california/553970>.

117. "Top 100 Cryptocurrencies by Market Capitalization", CoinMarketCap. Acessado em: 20 abr. 2023. Disponível em: <coinmarketcap.com>.

118. "USD Exchange Trade Volume", Blockchain.com. Acessado em: 31 jul. 2023. Disponível em: <www.blockchain.com/charts/trade-volume?timespan=all>.

119. Ibidem.
120. Banco de Compensações Internacionais, BIS *Quarterly Review: International Banking and Financial Market Developments* (Banco de Compensações Internacionais, dez. 2022), p. 16. Disponível em: <www.bis.org/publ/qtrpdf/r_qt2212.pdf>.
121. "Top 100 Cryptocurrencies by Market Capitalization", CoinMarketCap; "Bitcoin Price", Coinbase. Acessado em: 20 abr. 2023. Disponível em: <www.coinbase.com/price/bitcoin>.
122. "Bitcoin Price", Coinbase.
123. Ibidem.
124. Ibidem.
125. Para saber mais sobre o crescente papel econômico dos influenciadores, ver "How Big Is the Influencer Economy?", *TechCrunch*, vídeo do YouTube, 13 nov. 2019. Disponível em: <www.youtube.com/watch?v=RJBn2JDfDS0>.
126. Sarah Perez, "iOS App Store Has Seen Over 170B Downloads, Over $130B in Revenue Since July 2010", *TechCrunch*, 31 mai. 2018. Disponível em: <techcrunch.com/2018/05/31/ios-app-store-has-seen-over-170b-downloads-over-130b-in-revenue-since-july-2010>.
127. "Number of Available Applications in the Google Play Store from December 2009 to September 2022", *Statista*, atualizado em mar. 2023. Disponível em: <www.statista.com/statistics/266210/number-of-available-applications-in-the-google-play-store>.
128. Ibidem.
129. Trevor Mogg, "App Economy Creates Nearly Half a Million US Jobs", *Digital Trends*, 7 fev. 2012. Disponível em: <web.archive.org/web/20170422014624/https://www.digitaltrends.com/android/app-economy-creates-nearly-half-a-million-us-jobs>.
130. Microeconomix, *App Economy in the United States*, p. 4.
131. ACT: The App Association, *State of the U.S. App Economy: 2020*, 7. ed. (Washington, DC: ACT: The App Association, 2021), p. 4. Disponível em: <actonline.org/wp-content/uploads/2020-App-economy-Report.pdf>.
132. Frey e Osborne, "Future of Employment: How Susceptible Are Jobs to Computerisation?".
133. Dusty Stowe, "Why Star Trek: The Original Series Was Cancelled After Season 3", *Screen Rant*, 21 mai. 2019. Disponível em: <screenrant.com/star-trek-original-series-cancelled-season-3-reason-why>.
134. Kayla Cobb, "From 'South Park' to 'BoJack Horseman,' Tracking the Rise of Continuity in Adult Animation", *Decider*, 16 dez. 2015. Disponível em: <decider.com/2015/12/16/tracking-the-rise-of-continuity-in-animated-comedies>; Gus Lubin, "'BoJack Horseman' Creators Explain Why Netflix Is So

Much Better Than TV", *Business Insider*, 3 out. 2014. Disponível em: <www.businessinsider.com/why-bojack-horseman-went-to-netflix-2014-9>.

135. Sindicato Internacional de Telecomunicações (ITU), "Key ICT Indicators for Developed and Developing Countries".

136. Para obter mais informações sobre a introdução da Seguridade Social nos Estados Unidos e os objetivos do programa, ver Craig Benzine, "Social Policy: Crash Course Government and Politics #49", *CrashCourse*, vídeo do YouTube, 27 fev. 2016. Disponível em: <www.youtube.com/watch?v=mlxLX8Fto_A>; "Here's How the Great Depression Brought on Social Security", *History*, vídeo do YouTube, 26 abr. 2018. Disponível em: <www.youtube.com/watch?v=cdE_EV3wnXM>; "Historical Background and Development of Social Security", Administração da Segurança Social. Acessado em: 20 abr. 2023. Disponível em: <www.ssa.gov/history/briefhistory3.html>.

137. Devido aos transtornos causados pela epidemia de Covid-19, 2019 é o ano mais recente para o qual existem boas estatísticas sobre redes de assistência social no momento em que este livro foi escrito. Os dados mais recentes são menos mensuráveis entre países porque as categorias orçamentárias para o alívio econômico relacionado com a pandemia variam. Ver Organização para a Cooperação e o Desenvolvimento Econômico (OCDE), "Social Expenditure Database (SOCX)", OECD.org, jan. 2023. Disponível em: <www.oecd.org/social/expenditure.htm>.

138. Organização para a Cooperação e o Desenvolvimento Econômico (OCDE), "Social Expenditure Database".

139. Ibidem.

140. "GDP (Current US$) — United Kingdom", Banco Mundial. Acessado em: 20 abr. 2023. Disponível em: <data.worldbank.org/indicator/NY.GDP.MKTP.CD?locations=GB>; "Population, Total — United Kingdom", Banco Mundial. Acessado em: 20 abr. 2023. Disponível em: <data.worldbank.org/indicator/SP.POP.TOTL?locations=GB>.

141. Organização para a Cooperação e o Desenvolvimento Econômico (OCDE), "Social Expenditure Database"; "GDP (Current US$) — United States", Banco Mundial. Acessado em: 20 abr. 2023. Disponível em: <data.worldbank.org/indicator/NY.GDP.MKTP.CD?locations=US>.

142. "Population, Total — United States", Banco Mundial.

143. Noah Smith, "The U.S. Social Safety Net Has Improved a Lot", *Bloomberg*, 16 mai. 2018. Disponível em: <www.bloomberg.com/opinion/articles/2018-05-16/the-u-s-social-safety-net-has-improved-a-lot>.

144. É muito difícil calcular com precisão os gastos do governo dos EUA nas esferas local, estadual e federal, e os dados do início do século 20 não são perfeitamente comparáveis com os dados mais recentes. Portanto, as melhores estimativas disponíveis devem ser baseadas em certo grau de especulação,

e é necessário fazer escolhas metodológicas para as quais não existe uma melhor opção clara e única. Isso se aplica especialmente à medição das despesas que contam como parte da rede de assistência social. Assim, os dados sobre despesas com redes de assistência apresentados neste capítulo não devem ser considerados definitivos, mas sim vagas aproximações. Note-se também que, devido a diferenças metodológicas nas fontes subjacentes, os dados anuais da "rede de assistência social" para os EUA não se alinham de forma precisa com as atuais "despesas sociais" dos EUA, conforme os cálculos da Base de Dados de Despesas Sociais da OCDE. No entanto, a tendência geral — a contínua expansão do sistema de assistência social, independentemente do partido que está no poder — é bastante evidente.

145. Departamento de Censo dos EUA, "Historical National Population Estimates, 1º de julho de 1900 a 1º de julho de 1999"; Departamento de Análise Econômica dos EUA, "Population (B230RC0A052NBEA)"; "U.S. and World Population Clock — July 1, 2021", Departamento de Censo dos EUA, atualizado em 30 jan. 2023. Disponível em: <www.census.gov/popclock>; Departamento de Análise Econômica dos EUA, "Gross Domestic Product (gdp)", retirado de FRED, Banco Federal Reserve de St. Louis, atualizado em 30 mar. 2023. Disponível em: <fred.stlouisfed.org/series/GDP>; "Consumer Price Index, 1913–", Banco Federal Reserve de Minneapolis; Christopher Chantrill, "Government Spending Chart", usgovernmentspending.com. Acessado em: 20 abr. 2023. Disponível em: <www.usgovernmentspending.com/spending_chart_1900_2021USk_22s­2li011mcny_10t40t00t>; "CPI Inflation Calculator" para jul. 2012-jul. 2021, Escritório de Estatísticas do Trabalho dos EUA. Acessado em: 20 abr. 2023. Disponível em: <www.bls.gov/data/inflation_calculator.htm>; Christopher Chantrill, "Government Spending Chart", usgovernmentspending.com. Acessado em: 20 abr. 2023. Disponível em: <www.usgovernmentspending.com/spending_chart_1900_2021USk_22s2li011mcny_Fot>; Jutta Bolt e Jan Luiten van Zanden, *Maddison Project Database*, versão 2020, Centro de Crescimento e Desenvolvimento da Universidade de Groningen, 2 nov. 2020. Disponível em: <www.rug.nl/ggdc/historicaldevelopment/maddison/releases/maddison-project-database-2020>; Jutta Bolt e Jan Luiten van Zanden, "Maddison Style Estimates of the Evolution of the World Economy. A New 2020 Update" (documento preliminar WP-15, Projeto Maddison, out. 2020. Disponível em: <www.rug.nl/ggdc/historicaldevelopment/maddison/publications/wp15.pdf>; John J. McCusker, "Colonial Statistics", em *Historical Statistics of the United States: Earliest Times to the Present*, Susan G. Carter et al. (Org.) (Cambridge, Reino Unido: Cambridge University Press, 2006), V-671; Richard Sutch, "National Income and Product", em *Historical Statistics of the United States: Earliest Times to the Present*, Susan G. Carter et al. (Org.) (Cambridge, Reino Unido: Cambridge University Press, 2006), III-23-25; Leandro Prados de la Escosura, "Lost

Decades? Economic Performance in Post-Independence Latin America", *Journal of Latin American Studies*, v. 41, n. 2 (mai. 2009), pp. 279-307. Disponível em: <www.jstor.org/stable/27744128>; "CPI Inflation Calculator" para jul. 2011-jul. 2021, Escritório de Estatísticas do Trabalho dos EUA. Acessado em: 30 jan. 2023. Disponível em: <www.bls.gov/data/inflation_calculator.htm>; Escritório de Estatísticas do Trabalho dos EUA, "Consumer Price Index for All Urban Consumers: All Items in US City Average (CPIAUCSL)"; Departamento de Análise Econômica dos EUA, "Real Gross Domestic Product per Capita (A939RX0Q048SBEA)", retirado de FRED, Banco Federal Reserve de St. Louis, atualizado em mar. 2023. Disponível em: <fred.stlouisfed.org/series/A939RX0Q048SBEA>.

146. Para as fontes utilizadas neste gráfico, ver a nota 145 deste capítulo.
147. Para as fontes utilizadas neste gráfico, ver a nota 145 deste capítulo.
148. Para as fontes utilizadas neste gráfico, ver a nota 145 deste capítulo.
149. Para assistir à nossa conversa, ver Ray Kurzweil e Chris Anderson, "Ray Kurzweil on What the Future Holds Next", *The TED Interview* podcast, dez. 2018. Disponível em: <www.ted.com/talks/the_ted_interview_ray_kurzweil_on_what_the_future_holds_next>.
150. Para saber mais sobre o crescente movimento que defende o estabelecimento de uma renda básica universal (ou um conceito relacionado chamado "serviços básicos universais") e as evidências que moldam essas propostas, ver Will Bedingfield, "Universal Basic Income, Explained", *Wired*, 25 ago. 2019. Disponível em: <www.wired.co.uk/article/universal-basic-income-explained>; Karen Yuan, "A Moral Case for Giving People Money", *The Atlantic*, 22 ago. 2018. Disponível em: <www.theatlantic.com/membership/archive/2018/08/a-moral-case-for-giving-people-money/568207>; Annie Lowrey, "Stockton's Basic-Income Experiment Pays Off", *The Atlantic*, 3 mar. 2021. Disponível em: <www.theatlantic.com/ideas/archive/2021/03/stocktons-basic-income-experiment-pays-off/618174>; Dylan Matthews, "Basic Income: The World's Simplest Plan to End Poverty, Explained", *Vox*, 25 abr. 2016. Disponível em: <www.vox.com/2014/9/8/6003359/basic-income-negative-income-tax-questions-explain>; Sigal Samuel, "Everywhere Basic Income Has Been Tried, in One Map", *Vox*, 20 out. 2020. Disponível em: <www.vox.com/future-perfect/2020/2/19/21112570/universal-basic-income-ubi-map>; Ian Gough, "Move the Debate from Universal Basic Income to Universal Basic Services", Laboratório de Pobreza Inclusiva da Unesco, 19 jan. 2021. Disponível em: <en.unesco.org/inclusivepolicylab/analytics/move-debate-universal-basic-income-universal-basic-services>.
151. Derek Thompson, "A World Without Work", *The Atlantic*, jul./ago. 2015. Disponível em: <www.theatlantic.com/magazine/archive/2015/07/world-without-work/395294>.

152. Ver o apêndice para as fontes utilizadas acerca de todos os cálculos dos custos de computação neste livro; Jaravel, "The Unequal Gains from Product Innovations", pp. 715-83; Diamandis e Kotler, *Abundance*.
153. Escritório de Estatísticas do Trabalho dos EUA, "Consumer Price Index for All Urban Consumers: Medical Care in U.S. City Average (CPIMEDSL)"; Escritório de Estatísticas do Trabalho dos EUA, "Consumer Price Index for All Urban Consumers: All Items in U.S. City Average (CPIAUCSL)"; "Consumer Price Index, 1913-", Banco Federal Reserve de Minneapolis; Escritório de Estatísticas do Trabalho dos EUA, "Consumer Price Index for All Urban Consumers: All Items in US City Average (CPIAUCSL)".
154. Escritório de Estatísticas do Trabalho dos EUA, "Consumer Price Index for All Urban Consumers: Medical Care in U.S. City Average (CPIMEDSL)"; Escritório de Estatísticas do Trabalho dos EUA, "Consumer Price Index for All Urban Consumers: All Items in U.S. City Average (CPIAUCSL)"; "Consumer Price Index, 1913-", Banco Federal Reserve de Minneapolis.
155. Para um livro bastante informativo sobre a relação entre governança e prosperidade, ver Daron Acemoglu e James A. Robinson, *Why Nations Fail: The Origins of Power, Prosperity, and Poverty* (Nova York: Crown, 2012). [Ed. bras.: *Por que as nações fracassam: as origens do poder, da prosperidade e da pobreza*. Trad. Rogério Galindo e Rosiane Correia de Freitas. Rio de Janeiro: Intrínseca, 2022.]
156. Para uma explicação útil e brilhante da hierarquia de Maslow e sua importância, ver "Why Maslow's Hierarchy of Needs Matters", *The School of Life*, vídeo do YouTube, 10 abr. 2019. Disponível em: <www.youtube.com/watch?v=L0PKWTta7lU>.
157. Sandra L. Colby e Jennifer M. Ortman, *Projections of the Size and Composition of the U.S. Population: 2014 to 2060*, Relatórios de Populações Atuais, P25-1143, Departamento de Censo dos EUA, mar. 2015, p. 6. Disponível em: <www.census.gov/content/dam/Census/library/publications/2015/demo/p25-1143.pdf>; Departamento de Censo dos EUA, "American Fact Finder, Table B24010 — Sex by Occupation for the Civilian Employed Population 16 Years and Over", Programa de levantamento demográfico American Community Survey 1-Year Estimates de 2017. Disponível em: <factfinder.census.gov/faces/tableservices/jsf/pages/productview.xhtml?src=bkmk>.
158. Skip Descant, "Autonomous Vehicles to Have Huge Impact on Economy, Tech Sector", *Government Technology*, 27 jun. 2018. Disponível em: <www.govtech.com/fs/automation/Autonomous-Vehicles-to-Have-Huge-Impact-on-Economy-Tech-Sector.html>; Kirsten Korosec, "Intel Predicts a $7 Trillion Self-Driving Future", *The Verge*, 1º jun. 2017. Disponível em: <www.theverge.com/2017/6/1/15725516/intel-7-trillion-dollar-self-driving-autonomous-cars>; Adam Ozimek, "The Massive Economic Benefits of Self-Driving Cars", *Forbes*, 8 nov. 2014. Disponível em: <www.forbes.com/

sites/modeledbehavior/2014/11/08/the-massive-economic-benefits-of-self-driving-cars/#723609f53273>.

159. Estima-se que 42.915 pessoas morreram em acidentes de trânsito nas ruas e estradas dos Estados Unidos em 2021. A despeito do debate acerca de até que ponto isso deve ser atribuído a erros humanos, está claro que a esmagadora maioria dos acidentes tem o erro humano como um componente-chave — provavelmente entre 90% e 99%. Veículos autônomos controlados por IA suficientemente capaz poderiam eliminar quase todas essas falhas humanas. Ver Bryant Walker Smith, "Human Error as a Cause of Vehicle Crashes", Centro de Internet e Sociedade, Escola de Direito de Stanford, 18 dez. 2013. Disponível em: <cyberlaw.stanford.edu/blog/2013/12/human-error-cause-vehicle-crashes>; David Zipper, "The Deadly Myth That Human Error Causes Most Car Crashes", *The Atlantic*, 26 nov. 2021. Disponível em: <www.theatlantic.com/ideas/archive/2021/11/deadly-myth-human-error-causes-most-car-crashes/620808>; Administração Nacional de Segurança de Tráfego Rodoviário (NHTSA), "Critical Reasons for Crashes Investigated in the National Motor Vehicle Crash Causation Survey", Relatório do Centro Nacional de Estatística e Análise da NHTSA DOT HS 812 115, Departamento de Transportes dos EUA, fev. 2015. Disponível em: <crashstats.nhtsa.dot.gov/Api/Public/ViewPublication/812115>; Administração Nacional de Segurança de Tráfego Rodoviário (NHTSA), "Early Estimates of Motor Vehicle Traffic Fatalities and Fatality Rate by Sub-Categories in 2021", Relatório do Centro Nacional de Estatística e Análise da NHTSA DOT HS 813 298, Departamento de Transportes dos EUA, mai. 2022. Disponível em: <crashstats.nhtsa.dot.gov/Api/Public/ViewPublication/813298>.

160. Carl Benedikt Frey et al., "Political Machinery: Did Robots Swing the 2016 US Presidential Election?", *Oxford Review of Economic Policy*, v. 34, n. 3 (2018), pp. 418-42. Disponível em: <www.oxfordmartin.ox.ac.uk/downloads/academic/Political_Machinery_July_2018.pdf>.

161. Para saber mais sobre o declínio em longo prazo da violência mundial, ver Max Roser e Hannah Ritchie, "Homicides", *Our World in Data*, dez. 2019. Disponível em: <ourworldindata.org/homicides>; Manuel Eisner, "From Swords to Words: Does Macro-LevelChangein Self-Control Predict Long-Term Variation in Levels of Homicide?", *Crime and Justice*, v. 43, n. 1 (set. 2014), pp. 800-81; Escritório da ONU sobre Drogas e Crimes (UNODC), "Intentional Homicides (Per 100,000 People) — France, Netherlands, Sweden, Germany, Switzerland, Italy, United Kingdom, Spain", retirado de Worldbank.org. Acessado em: 20 abr. 2023. Disponível em: <data.worldbank.org/indicator/VC.IHR.PSRC.P5?end=2020&locations=FR-NL-SE-DE-CH-IT-GB-ES&start=2020&view=bar>; "Appendix Tables: Homicide in England and Wales", Escritório de Estatísticas Nacionais

(Reino Unido), 9 fev. 2023. Disponível em: <www.ons.gov.uk/file?uri=/peoplepopulationandcommunity/crimeandjustice/datasets/appendixtableshomicideinenglandandwales/current/homicideyemarch22appendixtables.xlsx>; European Commission, *Investing in Europe's Future: Fifth Report on Economic, Social and Territorial Cohesion* (Luxemburgo: Escritório de Publicações da União Europeia, 2010). Disponível em: <ec.europa.eu/regional_policy/sources/docoffic/official/reports/cohesion5/pdf/5cr_part1_en.pdf>; *Global Study on Homicide*, Escritório da ONU sobre Drogas e Crimes (UNODC), 2019. Disponível em: <www.unodc.org/documents/data-and-analysis/gsh/Booklet1.pdf>; *Global Study on Homicide*, Escritório da ONU sobre Drogas e Crimes (UNODC), 2011. Disponível em: <www.unodc.org/documents/data-and-analysis/statistics/Homicide/Globa_study_on_homicide_2011_web.pdf>; Steven Pinker, *The Better Angels of Our Nature: Why Violence Has Declined* (Nova York, NY: Penguin, 2011). [Ed. bras.: *Os anjos bons da nossa natureza: por que a violência diminuiu*. Trad. Bernardo Joffily e Laura Teixeira Motta. São Paulo: Companhia das Letras, 2017.]

162. Para uma palestra aprofundada de Pinker expandindo esse ponto de vista, ver "Steven Pinker: Better Angels of Our Nature", *Talks at Google*, vídeo do YouTube, 1º nov. 2011. Disponível em: <www.youtube.com/watch?v=_gGf-7fXM3jQ>.

163. Fiz a maioria dessas previsões em meu livro de 1990 *The Age of Intelligent Machines*. Ver Raymond Kurzweil, *The Age of Intelligent Machines* (Cambridge, Massachusetts: MIT Press, 1990), pp. 429-34.

164. Kurzweil, *The Age of Intelligent Machines*, pp. 432-34.

165. Alex Shashkevich, "Meeting Online Has Become the Most Popular Way US Couples Connect, Stanford Sociologist Finds", *Stanford News*, 21 ago. 2019. Disponível em: <news.stanford.edu/2019/08/21/online-dating-popular-way-u-s-couples-meet>; Michael J. Rosenfeld, Reuben J. Thomas e Sonia Hausen, "Disintermediating Your Friends: How Online Dating in the United States Displaces Other Ways of Meeting", *Proceedings of the National Academy of Sciences*, v. 116, n. 36 (3 set. 2019): 17753-58. Disponível em: <doi.org/10.1073/pnas.1908630116>.

166. Mesmo que um smartphone de 2024 não tivesse acesso ao serviço de telefonia celular de 2024, ainda assim o aparelho seria capaz de armazenar em sua memória nativa todo o texto da *Wikipédia* em inglês. Dependendo de como se faz a medição, a *Wikipédia* provavelmente tem cerca de 150 gigabytes para download, ao passo que os iPhones mais recentes oferecem até 1 terabyte de armazenamento. Ver Nick Lewis e Matt Klein, "How to Download Wikipedia for Offline, At-Your-Fingertips Reading", *How-To Geek*, 25 mar. 2022. Disponível em: <www.howtogeek.com/260023/how-to-download-wikipedia-for-offline-at-your-fingertips-reading>; "Buy iPhone 14 Pro", Apple. Acessado em: 20 abr. 2023. Disponível em: <www.

apple.com/shop/buy-iphone/iphone-14-pro/6.7-inch-display-1tb-space-
-black-unlocked>.

167. Para deixar bem claro: estou me referindo aqui ao estágio em que os humanos e a inteligência artificial se tornam cada vez mais simbióticos e a abundância material é alcançada. Entretanto, conforme já descrevi neste capítulo, certamente haverá inevitáveis transtornos e concorrência à medida que a IA substituir os humanos em muitas tarefas e empregos existentes no atual paradigma econômico.

Capítulo 6: Os próximos trinta anos na saúde e no bem-estar

1. Uma das principais empresas de biossimulação do mundo, a Insilico Medicine, desenvolveu uma plataforma de inteligência artificial chamada Pharma.AI, a qual utilizou para criar o INS018_055, medicamento de moléculas pequenas agora em testes de fase II para tratar uma rara doença pulmonar, a fibrose pulmonar idiopática. Em uma inovação mundial, a IA não se limitou a aumentar os investigadores humanos, mas também concebeu o medicamento de ponta a ponta, o que significa que identificou um novo alvo biomolecular para tratar a doença e uma molécula que poderia funcionar nesse alvo. Para uma fascinante análise do trabalho da Insilico, ver "How AI Is Accelerating Drug Discovery", vídeo do YouTube, 3 abr. 2023. Disponível em: <www.youtube.com/watch?v=mqBvitxDo5M>; Hayden Field, "The First Fully A.I.-Generated Drug Enters Clinical Trials in Human Patients", CNBC, 29 jun. 2023. Disponível em: <www.cnbc.com/2023/06/29/ai-generated-drug-begins-clinical-trials-in-human-patients.html>.

2. Para mais recursos sobre descoberta de medicamentos baseada em IA, ver Vanessa Bates Ramirez, "Drug Discovery AI Can Do in a Day What Currently Takes Months", SingularityHub, 7 mai. 2017. Disponível em: <singularityhub.com/2017/05/07/drug-discovery-ai-can-do-in-a-day-what--currently-takes-months>; "MIT Quest for Intelligence Launch: AI-Driven Drug Discovery", *Instituto de Tecnologia de Massachusetts*, vídeo do YouTube, 9 mar. 2018. Disponível em: <www.youtube.com/watch?v=aqMRrRS_oJY>; "Developer Spotlight: Opening a New Era of Drug Discovery with Amber", NVIDIA *Developer*, vídeo do YouTube, 29 jul. 2019. Disponível em: <www.youtube.com/watch?v=FqnPGHdh7iM>; "We're Teaching Robots and AI to Design New Drugs", *SciShow*, vídeo do YouTube, 30 set. 2021. Disponível em: <www.youtube.com/watch?v=eRXqD-7FANg>; Francesca Properzi et al., "Intelligent Drug Discovery: Powered by AI" (Centro Deloitte para Soluções de Saúde, 2019). Disponível em: <www2.deloitte.com/content/dam/insights/us/articles/32961_intelligent-drug-discovery/DI_Intelligent-Drug-Discovery.pdf>; Nic Fleming, "How Artificial Intelli-

gence Is Changing Drug Discovery", *Nature*, v. 557, n. 7707 (31 mai. 2018): S55-S57. Disponível em: <doi.org/10.1038/d41586-018-05267-x>; David H. Feedman, "Hunting for New Drugs with AI", *Nature*, v. 576, n. 7787 (18 dez. 2019), pp. S49-S53. Disponível em: <www.nature.com/articles/d41586-019-03846-0>.

3. Abhimanyu S. Ahuja, Vineet Pasam Reddy e Oge Marques, "Artificial Intelligence and Covid-19: A Multidisciplinary Approach", *Integrative Medicine Research*, v. 9, n. 3, artigo 100434 (27 mai. 2020. Disponível em: <doi.org/10.1016/j.imr.2020.100434>; Jared Sagoff, "Argonne's Researchers and Facilities Playing a Key Role in the Fight Against Covid-19", Laboratório Nacional de Argonne, 27 abr. 2020. Disponível em: <www.anl.gov/article/argonnes-researchers-and-facilities-playing-a-key-role-in-the-fight-against-covid19>.

4. Jean-Louis Reymond e Mahendra Awale, "Exploring Chemical Space for Drug Discovery Using the Chemical Universe Database", ACS *Chemical Neuroscience*, v. 3, n. 9 (25 abr. 2012), pp. 649-57. Disponível em: <doi.org/10.1021/cn3000422>.

5. Chi Heem Wong, Kien Wei Siah e Andrew W. Lo, "Estimation of Clinical Trial Success Rates and Related Parameters", *Biostatistics*, v. 20, n. 2 (31 jan. 2018), pp. 273-86. Disponível em: <doi.org/10.1093/biostatistics/kxx069>.

6. "The Drug Development Process: Step 3: Clinical Research", Administração de Alimentos e Medicamentos (FDA). Acessado em: 20 out. 2022. Disponível em: <www.fda.gov/patients/drug-development-process/step-3-clinical-research>; Stuart A. Thompson, "How Long Will a Vaccine Really Take?", *The New York Times*, 30 abr. 2020. Disponível em: <www.nytimes.com/interactive/2020/04/30/opinion/coronavirus-covid-vaccine.html>; Fórum do Instituto de Medicina sobre Descoberta, Desenvolvimento e Tradução de Medicamentos, "The State of Clinical Research in the United States: An Overview", em *Transforming Clinical Research in the United States* (Washington, DC: National Academies Press, 2010. Disponível em: <www.ncbi.nlm.nih.gov/books/NBK50886>; Thomas J. Moore et al., "Estimated Costs of Pivotal Trials for Novel Therapeutic Agents Approved by the US Food and Drug Administration, 2015-2016", *JAMA Internal Medicine*, v. 178, n. 11 (nov. 2018), pp. 1451-57. Disponível em: <doi.org/10.1001/jamainternmed.2018.3931>; Olivier J. Wouters, Martin McKee, Jeroen Luyten, "Estimated Research and Development Investment Needed to Bring a New Medicine to Market, 2009-2018", *Journal of the American Medical Association*, v. 323, n. 9 (3 mar. 2020), pp. 844-53. Disponível em: <doi.org/10.1001/jama.2020.1166>; *Biopharmaceutical Research & Development: The Process Behind New Medicines*, PHRMA. Acessado em: 20 out. 2022. Disponível em: <web.archive.org/web/20230306041340/http://phrma-docs.phrma.org/sites/default/files/pdf/rd_brochure_022307.pdf>.

7. David Sparkes e Rhett Burnie, "AI Invents More Effective Flu Vaccine in World First, Adelaide Researchers Say", Australian Broadcasting Corporation, 2 jul. 2019. Disponível em: <www.abc.net.au/news/2019-07-02/computer-invents-flu-vaccine-in-world-first/11271170>; Andrew Tarantola, "How AI Is Stopping the Next Great Flu Before It Starts", *Engadget*, 14 fev. 2020. Disponível em: <www.engadget.com/2020/02/14/how-ai-is-helping-halt-the-flu-of-the-future>.
8. Tarantola, "How AI is Stopping the Next Great Flu Before It Starts".
9. Ian Sample, "Powerful Antibiotic Discovered Using Machine Learning for First Time", *The Guardian*, 20 fev. 2020. Disponível em: <www.theguardian.com/society/2020/feb/20/antibiotic-that-kills-drug-resistant-bacteria-discovered-through-ai>.
10. Ibidem.
11. "Moderna's Work on a Potential Vaccine Against Covid-19", Moderna, 2020. Disponível em: <www.sec.gov/Archives/edgar/data/1682852/000119312520074867/d884510dex991.htm>.
12. Para mais detalhes sobre o uso de IA pela Moderna no desenvolvimento de vacinas, ver "AI and the Covid-19 Vaccine: Moderna's Dave Johnson", podcast *Me, Myself, and AI*, ep. 209 (13 jul. 2021). Disponível em: <sloanreview.mit.edu/audio/ai-and-the-covid-19-vaccine-modernas-dave-johnson>; "Moderna on AWS", Amazon Web Services. Acessado em: 20 out. 2022. Disponível em: <aws.amazon.com/solutions/case-studies/innovators/moderna>; Bryce Elder, "Will Big Tobacco Save Us from the Coronavirus?", *Financial Times*, 1º abr. 2020. Disponível em: <www.ft.com/content/f909fb16-f514-47da-97dc-c03e752dd2e1>.
13. Gary Polakovic, "Artificial Intelligence Aims to Outsmart the Mutating Coronavirus", *USC News*, 5 fev. 2021. Disponível em: <news.usc.edu/181226/artificial-intelligence-ai-coronavirus-vaccines-mutations-usc-research>; Zikun Yang et al., "An *In Silico* Deep Learning Approach to Multi-Epitope Vaccine Design: A SARS-CoV-2 Case Study", *Scientific Reports*, v. 11, artigo 3238 (5 fev. 2021). Disponível em: <doi.org/10.1038/s41598-021-81749-9>.
14. Para uma análise mais aprofundada do problema do enovelamento de proteínas, incluindo vídeos com visualizações úteis, ver "The Protein Folding Revolution", *Science Magazine*, vídeo do YouTube, 21 jul. 2016. Disponível em: <www.youtube.com/watch?v=cAJQbSLlonI>; "Protein Structure", *Professor Dave Explains*, vídeo do YouTube, 27 ago. 2016. Disponível em: <www.youtube.com/watch?v=EweuU2fEgjw>; Ken Dill, "The Protein Folding Problem: A Major Conundrum of Science: Ken Dill at TEDxSBU", *TEDx Talks*, vídeo do YouTube, 22 out. 2013. Disponível em: <www.youtube.com/watch?v=zm-3kovWpNQ>; Ken A. Dill et al., "The Protein Folding Problem", *Annual Review of Biophysics*, v. 37 (9 jun. 2008), pp. 289-316. Disponível em: <doi.org/10.1146/annurev.biophys.37.092707.153558>; Andrew

W. Senior et al., "Improved Protein Structure Prediction Using Potentials from Deep Learning", *Nature*, v. 577, n. 7792 (15 jan. 2020). Disponível em: <doi.org/10.1038/s41586-019-1923-7>.

15. Para mais detalhes sobre como o AlphaFold original alcançou grande progresso no enovelamento de proteínas, ver Andrew W. Senior et al., "AlphaFold: Using AI for Scientific Discovery", DeepMind, 15 jan. 2020. Disponível em: <deepmind.com/blog/article/AlphaFold-Using-AI-for-scientific-discovery>; Andrew Senior, "AlphaFold: Improved Protein Structure Prediction Using Potentials from Deep Learning", *Instituto de Design de Proteínas*, vídeo do YouTube, 23 ago. 2019. Disponível em: <www.youtube.com/watch?v=u-Q1uVbrIv-Q>; Greg Williams, "Inside DeepMind's Epic Mission to Solve Science's Trickiest Problem", *Wired*, 6 ago. 2019. Disponível em: <www.wired.co.uk/article/deepmind-protein-folding>; Senior et al., "Improved Protein Structure Prediction Using Potentials from Deep Learning", pp. 706-10.

16. Ian Sample, "Google's DeepMind Predicts 3D Shapes of Proteins", *The Guardian*, 2 dez. 2018. Disponível em: <www.theguardian.com/science/2018/dec/02/google-deepminds-ai-program-alphafold-predicts-3D-shapes-of-proteins>; Matt Reynolds, "DeepMind's AI Is Getting Closer to Its First Big Real-World Application", *Wired*, 15 jan. 2020. Disponível em: <ww.wired.co.uk/article/deepmind-protein-folding-alphafold>.

17. Para algumas explicações mais detalhadas sobre o AlphaFold 2 e o artigo científico que o descreve, ver "AlphaFold: The Making of a Scientific Breakthrough", DeepMind, vídeo do YouTube, 30 nov. 2020. Disponível em: <www.youtube.com/watch?v=gg7WjuFs8F4>; "DeepMind Solves Protein Folding | AlphaFold 2", *Lex Fridman*, vídeo do YouTube, 2 dez. 2020. Disponível em: <www.youtube.com/watch?v=W7wJDJ56c88>; Ewen Callaway, "'It Will Change Everything': DeepMind's AI Makes Gigantic Leap in Solving Protein Structures", *Nature*, v. 588, n. 7837 (30 nov. 2020), pp. 203-4. Disponível em: <doi.org/10.1038/d41586-020-03348-4>; Demis Hassabis, "Putting the Power of AlphaFold into the World's Hands", DeepMind, 22 jul. 2022. Disponível em: <deepmind.com/blog/article/putting-the-power-of-alphafold-into-the-worlds-hands>; John Jumper et al., "Highly Accurate Protein Structure Prediction with AlphaFold", *Nature*, v. 596, n. 7873 (15 jul. 2021), pp. 583-89. Disponível em: <doi.org/10.1038/s41586-021-038192>.

18. Mohammed AlQuraishi, "Protein-Structure Prediction Revolutionized", *Nature*, v. 596, n. 7873 (23 ago. 2021), pp. 487-88. Disponível em: <doi.org/10.1038/d41586-021-02265-4>.

19. Hassabis, "Putting the Power of AlphaFold into the World's Hands"; Jumper et al., "Highly Accurate Protein Structure Prediction with AlphaFold".

20. Para explicações relativamente simples desses métodos, consulte National Cancer Institute, "CAR-T Cells: Engineering Patients' Immune Cells to

Treat Their Cancers", National Institutes of Health, 10 mar. 2022. Disponível em: <www.cancer.gov/about-cancer/treatment/research/car-t-cells>; "BiTE: The Engager", Amgen, 2022. Disponível em: <www.amgenoncology.com/resources/BiTE-the-Engager.pdf>; "Immune Checkpoint Inhibitor Cancer Treatment", Centro Memorial de Câncer Sloan Kettering. Acessado em: 20 out. 2022. Disponível em: <www.mskcc.org/cancer-care/diagnosis-treatment/cancer-treatments/immunotherapy/checkpoint-inhibitors>.

21. Robert C. Sterner e Rosalie M. Sterner, "CAR-T Cell Therapy: Current Limitations and Potential Strategies", *Blood Cancer Journal*, v. 11, artigo 69 (6 abr. 2021). Disponível em: <doi.org/10.1038/s41408-021-00459-7>.

22. Para resumos sucintos dos mecanismos teorizados de doenças neurodegenerativas, ver "Alzheimer's Disease", Clínica Mayo, 19 fev. 2022. Disponível em: <www.mayoclinic.org/diseases-conditions/alzheimers-disease/symptoms-causes/syc-20350447>; "Parkinson's Disease", Clínica Mayo, 8 jul. 2022. Disponível em: <www.mayoclinic.org/diseases-conditions/parkinsons-disease/symptoms-causes/syc-20376055>.

23. "About Mental Health", Centros de Controle e Prevenção de Doenças dos EUA (CDCs), 28 jun. 2021. Disponível em: <www.cdc.gov/mentalhealth/learn/index.htm>.

24. Para saber mais sobre as limitações dos medicamentos psiquiátricos comuns, ver Melinda Wenner Moyer, "How Much Do Antidepressants Help, Really?", *The New York Times*, 21 abr. 2022. Disponível em: <www.nytimes.com/2022/04/21/well/antidepressants-ssri-effectiveness.html>; Harvard Health Publishing, "What Are the Real Risks of Antidepressants?", Escola de Medicina de Harvard, 17 ago. 2021. Disponível em: <www.health.harvard.edu/newsletter_article/what-are-the-real-risks-of-antidepressants>; Krishna C. Vadodaria et al., "Altered Serotonergic Circuitry in SSRI-Resistant Major Depressive Disorder Patient-Derived Neurons", *Molecular Psychiatry*, v. 24 (22 mar. 2019), pp. 808-18. Disponível em: <doi.org/10.1038/s41380-019-0377-5>.

25. Para mais informações sobre a introdução de simulações *in silico* na área da saúde, ver Fleming, "How Artificial Intelligence Is Changing Drug Discovery"; Madhumita Murgia, "AI-Designed Drug to Enter Human Clinical Trial for First Time", *Financial Times*, 30 jan. 2020. Disponível em: <www.ft.com/content/fe55190e-42bf-11ea-a43a-c4b328d9061c>; Osman N. Yogurtcu et al., "TCPro Simulates Immune System Response to Biotherapeutic Drugs", Administração de Alimentos e Medicamentos (FDA), 17 set. 2019. Disponível em: <www.fda.gov/vaccines-blood-biologics/science-research-biologics/tcpro-simulates-immune-system-response-biotherapeutic-drugs>; Tina Morrison, "How Simulation Can Transform Regulatory Pathways", Administração de Alimentos e Medicamentos (FDA), 14 ago. 2018. Dis-

ponível em: <www.fda.gov/science-research/about-science-research-fda/how-simulation-can-transform-regulatory-pathways>; Anna Edney, "Computer-Simulated Tests Eyed at FDA to Cut Drug Approval Costs", *Bloomberg*, 7 jul. 2017. Disponível em: <www.bloomberg.com/news/articles/2017-07-07/drug-agency-looks-to-computer-simulations-to-cut-testing-costs>; "Virtual Bodies for Real Drugs: *In Silico* Clinical Trials Are the Future", *The Medical Futurist*, 10 ago. 2019. Disponível em: <medicalfuturist.com/in-silico-trials-are-the-future>; Pratik Shah et al., "Artificial Intelligence and Machine Learning in Clinical Development: A Translational Perspective", NPJ *Digital Medicine*, v. 2, n. 69 (26 jul. 2019). Disponível em: <doi.org/10.1038/s41746-019-0148-3>; Neil Savage, "Tapping into the Drug Discovery Potential of AI", *Biopharma Dealmakers*, v. 15, n. 2 (27 mai. 2021). Disponível em: <doi.org/10.1038/d43747-021-00045-7>.

26. Ray Kurzweil, "AI-Powered Biotech Can Help Deploy a Vaccine in Record Time", *Wired*, 19 mai. 2020. Disponível em: <www.wired.com/story/opinion-ai-powered-biotech-can-help-deploy-a-vaccine-in-record-time>; Aaron Dubrow, "AI Fast-Tracks Drug Discovery to Fight Covid-19", Centro de computação avançada do Texas, 22 abr. 2020. Disponível em: <www.tacc.utexas.edu/-/ai-fast-tracks-drug-discovery-to-fight-covid-19>; Thompson, "How Long Will a Vaccine Really Take?"; Tina Morrison et al., "Advancing Regulatory Science with Computational Modeling for Medical Devices at the FDA's Office of Science and Engineering Laboratories", *Frontiers in Medicine*, v. 5, artigo 241 (25 set. 2018). Disponível em: <doi.org/10.3389/fmed.2018.00241>.

27. "The Drug Development Process: Step 3: Clinical Resarch", Administração de Alimentos e Medicamentos (FDA).

28. Daniel Bastardo Blanco, "Our Cells Are Filled with 'Junk DNA' — Here's Why We Need It", *Discover*, 13 ago. 2019. Disponível em: <www.discovermagazine.com/health/our-cells-are-filled-with-junk-dna-heres-why-we-need-it>.

29. Jian Zhou et al., "Whole-Genome Deep-Learning Analysis Identifies Contribution of Noncoding Mutations to Autism Risk", *Nature Genetics*, v. 51, n. 6 (27 mai. 2019), pp. 973-80. Disponível em: <doi.org/10.1038/s41588-019-0420-0>; Thomas Sumner, "New Causes of Autism Found in 'Junk' DNA", Fundação Simons, 27 mai. 2019. Disponível em: <www.simonsfoundation.org/2019/05/27/autism-noncoding-mutations>.

30. Sumner, "New Causes of Autism Found in 'Junk' DNA".

31. Nancy Fliesler, "Using Multiple Data Streams and Artificial Intelligence to 'Nowcast' Local Flu Outbreaks", *Vector*, Hospital Infantil de Boston, 14 jan. 2019. Disponível em: <web.archive.org/web/20210121214157/https://vector.childrenshospital.org/2019/01/local-flu-prediction-argonet>.

32. Ibidem.

33. Ibidem.
34. Fliesler, "Using Multiple Data Streams and Artificial Intelligence to 'Nowcast' Local Flu Outbreaks"; Fred S. Lu et al., "Improved State-Level Influenza Nowcasting in the United States Leveraging Internet-Based Data and Network Approaches", *Nature Communications*, v. 10, artigo 147 (11 jan. 2019). Disponível em: <doi.org/10.1038/s41467-018-08082-0>.
35. Para mais detalhes sobre CheXNet e seu sucessor, CheXpert, ver "CheXNet and Beyond", *Matthew Lungren*, vídeo do YouTube, 10 nov. 2018. Disponível em: <www.youtube.com/watch?v=JqYte9UMJCg>; Pranav Rajpurkar et al., "CheXNet: Radiologist-Level Pneumonia Detection on Chest X-Rays with Deep Learning", Documento preliminar do Grupo de Aprendizado de Máquina de Stanford, 14 nov. 2017. Disponível em: <arxiv.org/pdf/1711.05225v1.pdf>; Jeremy Irvin et al., "CheXpert: A Large Chest Radiograph Dataset with Uncertainty Labels and Expert Comparison", *Proceedings of the AAAI Conference on Artificial Intelligence*, v. 33, n. 1 (17 jul. 2019): AAAI-10, IAAI-19, EAAI-20. Disponível em: <www.aaai.org/ojs/index.php/AAAI/article/view/3834>.
36. Huiying Liang et al., "Evaluation and Accurate Diagnoses of Pediatric Diseases Using Artificial Intelligence", *Nature Medicine*, v. 25, n. 3 (11 fev. 2019), pp. 433-38. Disponível em: <doi.org/10.1038/s41591-018-0335-9>.
37. Dimitrios Mathios et al., "Detection and Characterization of Lung Cancer Using Cell-Free DNA Fragmentomes", *Nature Communications*, v. 12, artigo 5060 (20 ago. 2021). Disponível em: <doi.org/10.1038/s41467-021-24994-w>.
38. Sophie Bushwick, "Algorithm That Detects Sepsis Cut Deaths by Nearly 20 Percent", *Scientific American*, 1º ago. 2022. Disponível em: <www.scientificamerican.com/article/algorithm-that-detects-sepsis-cut-deaths-by-nearly-20-percent>; Roy Adams et al., "Prospective, Multi-Site Study of Patient Outcomes After Implementation of the TREWS Machine Learning-Based Early Warning System for Sepsis", *Nature Medicine*, v. 28 (21 jul. 2022), pp. 1455-60. Disponível em: <doi.org/10.1038/s41591-022-01894-0>; Katharine E. Henry et al., "Factors Driving Provider Adoption of the TREWS Machine Learning-Based Early Warning System and Its Effects on Sepsis Treatment Timing", *Nature Medicine*, v. 28 (21 jul. 2022), pp. 1447-54. Disponível em: <doi.org/10.1038/s41591-022-01895-z>.
39. Lungren, "CheXNet and Beyond"; Rajpurkar et al., "CheXNet: Radiologist-Level Pneumonia Detection"; Irvin et al., "CheXpert: A Large Chest Radiograph Dataset with Uncertainty Labels and Expert Comparison", AAAI-10, IAAI-19, EAAI-20; Thomas Davenport e Ravi Kalakota, "The Potential for Artificial Intelligence in Healthcare", *Future Healthcare Journal*, v. 6, n. 2 (jun. 2019), pp. 94-98. Disponível em: <doi.org/10.7861/futurehosp.6-2-94>.

40. Dario Amodei e Danny Hernandez, "AI and Compute", OpenAI, 16 mai. 2018. Disponível em: <openai.com/blog/ai-and-compute>.
41. Eliza Strickland, "Autonomous Robot Surgeon Bests Humans in World First", IEEE *Spectrum*, 4 mai. 2016. Disponível em: <spectrum.ieee.org/the-human-os/robotics/medical-robots/autonomous-robot-surgeon-bests-human-surgeons-in-world-first>.
42. Alice Yan, "Chinese Robot Dentist Is First to Fit Implants in Patient's Mouth Without Any Human Involvement", *South China Morning Post*, 21 set. 2017. Disponível em: <www.scmp.com/news/china/article/2112197/chinese-robot-dentist-first-fit-implants-patients-mouth-without-any-human>.
43. Para a apresentação de Elon Musk sobre a tecnologia automatizada de implantação de eletrodos da Neuralink, ver "Neuralink: Elon Musk's Entire Brain Chip Presentation in 14 Minutes (Supercut)", CNET, vídeo do YouTube, 28 ago. 2020. Disponível em: <www.youtube.com/watch?v=CLUW-DLKAF1M>.
44. Wallace P. Ritchie Jr., Robert S. Rhodes e Thomas W. Biester, "Work Loads and Practice Patterns of General Surgeons in the United States, 1995-1997", *Annals of Surgery*, v. 230, n. 4 (out. 1999), pp. 533-43. Disponível em: <doi.org/10.1097/00000658-199910000-00009>.
45. Hans Moravec, *Mind Children: The Future of Robot and Human Intelligence* (Cambridge, Massachusetts: Harvard University Press, 1988).
46. Peter Weibel, "Virtual Worlds: The Emperor's New Bodies", em *Ars Electronica: Facing the Future*, Timothy Druckery (Org.), Cambridge, Massachusetts: MIT Press, 1999, p. 215. Disponível em: <monoskop.org/images/4/47/Ars_Electronica_Facing_the_Future_A_Survey_of_Two_Decades_1999.pdf>.
47. "Neuron Firing Rates in Humans", AI Impacts, 14 abr. 2015. Disponível em: <aiimpacts.org/rate-of-neuron-firing; Suzana Herculano-Houzel>, "The Human Brain in Numbers: A Linearly Scaledup Primate Brain", *Frontiers in Human Neuroscience*, v. 3, n. 31 (9 nov. 2009). Disponível em: <doi.org/10.3389/neuro.09.031.2009>; David A. Drachman, "Do We Have Brain to Spare?", *Neurology*, v. 64, n. 12 (27 jun. 2005). Disponível em: <doi.org/10.1212/01.WNL.0000166914.38327.BB>; Antony Leather, "Intel Fires Back at AMD with Fastest Ever Processors: Mobile CPUs with up to 8 Cores and 5.3GHz Inbound", *Forbes*, 2 abr. 2020. Disponível em: <www.forbes.com/sites/antonyleather/2020/04/02/intel-fires-back-at-amd-with-fastest-ever-processors-mobile-cpus-with-up-to-8-cores-and-53ghz-inbound/#210c5243643D>.
48. Mladen Božanić e Saurabh Sinha, "Emerging Transistor Technologies Capable of Terahertz Amplification: A Way to Re-Engineer Terahertz Radar Sensors", *Sensors*, v. 19, n. 11 (29 mai. 2019). Disponível em: <doi.

org/10.3390/s19112454>; "Intel Core i9-10900K Processor", Intel. Acessado em: 23 dez. 2022. Disponível em: <ark.intel.com/content/www/us/en/ark/products/199332/intel-core-i910900k-processor-20m-cache-up-to--5-30-ghz.html>.

49. Ray Kurzweil, *The Singularity Is Near* (Nova York: Viking, 2005), p. 125 [Ed. bras.: *A Singularidade está próxima: quando os humanos transcendem a biologia*. Trad. Ana Goldberger. São Paulo: Itaú Cultural/Iluminuras, 2018]; Moravec, *Mind Children*, p. 59.

50. "June 2022", Top500.org. Acessado em: 20 out. 2022. Disponível em: <www.top500.org/lists/top500/2022/06>.

51. Para um ensaio adaptado da palestra de Feynman de 29 de dezembro de 1959, ver Richard Feynman, "There's Plenty of Room at the Bottom", *Engineering and Science*, v. 23, n. 5 (fev. 1960), pp. 22-26, 30-36. Disponível em: <calteches.library.caltech.edu/47/2/1960Bottom.pdf>.

52. Feynman, "There's Plenty of Room at the Bottom", pp. 22-26, 30-36.

53. John von Neumann, *Theory of Self-reproducing Automata* (Urbana, Illinois: University of Illinois Press, 1966). Disponível em: <archive.org/details/theoryofselfreproovonn_0/mode/2up>; John G. Kemeny, "Man Viewed as a Machine", *Scientific American*, v. 192, n. 4 (abr. 1955), pp. 58-67. Disponível na forma quase completa em: <https://dijkstrascry.com/sites/default/files/papers/JohnKemenyManViewedasaMachine.pdf>.

54. Von Neumann, *Theory of Self-reproducing Automata*, pp. 251-96, 377.

55. Para os livros originais de Drexler, ver K. Eric Drexler, *Engines of Creation: The Coming Era of Nanotechnology* (Nova York: Anchor Press/Doubleday, 1986); K. Eric Drexler, *Nanosystems: Molecular Machinery, Manufacturing, and Computation* (Hoboken, Nova Jersey: Wiley, 1992).

56. Drexler, *Engines of Creation*, pp. 18-19, 105-8, 247.

57. Drexler, *Nanosystems*, pp. 343-66.

58. Ibid., pp. 354 55.

59. Ralph C. Merkle et al. "Mechanical Computing Systems Using Only Links and Rotary Joints", *Journal of Mechanisms and Robotics*, v. 10, n. 6, artigo 061006, 17 set. 2018, arXiv:1801.03534v2[cs.ET], 25 mar. 2019. Disponível em: <arxiv.org/pdf/1801.03534.pdf>.

60. O projeto de Merkle et al. para uma "porta lógica mecânica molecular" consiste em 87.595 átomos de carbono e 33.100 átomos de hidrogênio. Ocupa um volume de cerca de 27 nm x 32 nm x 7 nm, ou 6.048 nanômetros cúbicos. Isso corresponde a cerca de 1,65 x 10^{20} (165 quintilhões) de portas lógicas por litro de volume. A uma frequência operacional projetada de 100 MHz, isso sugere um máximo de 10^{28} operações de porta por segundo por litro de volume de computação. Tenha em mente que esses são máximos extremamente teóricos, excluindo limitações de engenharia — resta saber se os computadores em nanoescala são realmente capazes de chegar

perto desses máximos. Ver Merkle et al., "Mechanical Computing Systems Using Only Links and Rotary Joints", arXiv, pp. 24-27; Drexler, *Nanosystems*, pp. 370-71.

61. De acordo com Merkle et al., cada operação da porta lógica aqui descrita gastaria na ordem de 10^{-26} joules (uma ordem de grandeza maior que os 10^{-27} por junta rotativa única). Assim, as 10^{28} operações por segundo neste hipotético computador de um litro seriam gastas na ordem de 100 watts. Ver Merkle et al., "Mechanical Computing Systems Using Only Links and Rotary Joints", arXiv, pp. 24-27.

62. Liqun Luo, "Why Is the Human Brain So Efficient?", *Nautilus*, 12 abr. 2018. Disponível em: <nautil.us/issue/59/connections/why-is-the-human-brain-so-efficient>.

63. Ralph C. Merkle, "Design Considerations for an Assembler", *Nanotechnology*, v. 7, n. 3 (set. 1996), pp. 210-15. Disponível em: <doi.org/10.1088/0957-4484/7/3/008>, espelhado em versão semelhante em <www.zyvex.com/nanotech/nano4/merklePaper.html>.

64. Merkle, "Design Considerations for an Assembler", pp. 210-15; Ralph. C. Merkle, "Self Replicating Systems and Molecular Manufacturing", *Journal of the British Interplanetary Society*, v. 45, n. 12 (dez. 1992), pp. 407-13. Disponível em versão adaptada em: <http://www.zyvex.com/nanotech/selfRepJBIS.html>; Neil Jacobstein, "Foresight Guidelines for Responsible Nanotechnology Development", Instituto Foresight, abr. 2006. Disponível em: <foresight.org/guidelines/current.php>.

65. Robert A. Freitas Jr., "The Gray Goo Problem", KurzweilAI.net, 20 mar. 2001. Disponível em: <www.kurzweilai.net/the-gray-goo-problem>; Robert A. Freitas Jr., "Some Limits to Global Ecophagy by Biovorous Nanoreplicators, with Public Policy Recommendations", Instituto Foresight, abr. 2000. Disponível em: <www.rfreitas.com/Nano/Ecophagy.htm>.

66. James Lewis, "Ultrafast DNA Robotic Arm: A Step Toward a Nanofactory?", Instituto Foresight, 25 jan. 2018. Disponível em: <foresight.org/ultrafast-robotic-arm-step-toward-nanofactory>; Kohji Tomita et al., "Self-Description for Construction and Execution in Graph Rewriting Automata", em *Advances in Artificial Life: 8th European Conference*, ECAL 2005, Canterbury, UK, September 5-9, 2005, Proceedings, Mathieu S. Capcarrere et al. (Org.) (Heidelberg, Germany: Springer Science & Business Media, 2005), pp. 705-14.

67. Para mais detalhes sobre bem-sucedidas tentativas de construir máquinas e peças de máquinas funcionais em nanoescala, ver Eric Drexler, "Big Nanotech: Building a New World with Atomic Precision", *The Guardian*, 21 out. 2013. Disponível em: <www.theguardian.com/science/small-world/2013/oct/21/big-nanotech-atomically-precise-manufacturing-apm>; Mark Peplow, "The Tiniest Lego: A Tale of Nanoscale Motors,

Rotors, Switches and Pumps", *Nature*, v. 525, n. 7567 (2 set. 2015), pp. 18-21. Disponível em: <doi.org/10.1038/525018a>; Carlos Manzano et al., "Step-by-Step Rotation of a Molecule-Gear Mounted on an Atomic-Scale Axis", *Nature Materials*, v. 8, n. 6 (14 jun. 2009), pp. 576-79. Disponível em: <doi.org/10.1038/nmat2467>; Babak Kateb e John D. Heiss, *The Textbook of Nanoneuroscience and Nanoneurosurgery* (Boca Raton, Flórida: CRC Press, 2013), pp. 500-501. Disponível em: <www.google.com/books/edition/The_Textbook_of_Nanoneuroscience_and_Nan/rCbOBQAAQBAJ>; Torben Jasper-Toennies et al., "Rotation of Ethoxy and Ethyl Moieties on a Molecular Platform on Au(111)", ACS *Nano*, v. 14, n. 4 (19 fev. 2020), pp. 3907-16. Disponível em: <doi.org/10.1021/acsnan0oc00029>; Kwanoh Kim et al., "Man-Made Rotary Nanomotors: A Review of Recent Development", *Nanoscale*, v. 8, n. 20 (19 mai. 2016), 10471-90. Disponível em: <doi.org/10.1039/c5nr08768f>; The Optical Society, "Nanoscale Machines Convert Light into Work", Phys.org, 8 out. 2020. Disponível em: <phys.org/news/2020-10-nanoscale-machines.html>.

68. Para o debate Drexler-Smalley original, meu comentário, duas palestras de Drexler e uma amostra de pesquisas recentes abrindo caminho para montadores moleculares, ver Richard E. Smalley, "Of Chemistry, Love and Nanobots", *Scientific American*, set. 2001. Disponível em: <www.scientificamerican.com/article/of-chemistry-love-and-nanobots>; Rudy Baum, "Nanotechnology: Drexler and Smalley Make the Case for and Against 'Molecular Assemblers'", *Chemical & Engineering News*, v. 81, n. 48 (8 set. 2003), pp. 37-42. Disponível em: <web.archive.org/web/20230116122623/http://pubsapp.acs.org/cen/coverstory/8148/8148counterpoint.html>; Eric Drexler, "Transforming the Material Basis of Civilization | Eric Drexler | TEDxISTAlameda", *TEDx Talks*, vídeo do YouTube, 16 nov. 2015. Disponível em: <www.youtube.com/watch?v=Q9RiB_07Szs>; Eric Drexler, "Dr. Eric Drexler — The Path to Atomically Precise Manufacturing", *The Artificial Intelligence Channel*, vídeo do YouTube, set. 2017. Disponível em: <www.youtube.com/watch?v=dAA-HWMaF9o>; UT-Battelle, *Productive Nanosystems: A Technology Roadmap*, Battelle Instituto Memorial de Foresight e Nanotecnologia, 2007. Disponível em: <foresight.org/wp-content/uploads/2023/05/Nanotech_Roadmap_2007_main.pdf>; James Lewis, "Atomically Precise Manufacturing as the Future of Nanotechnology", Instituto de Foresight, 8 mar. 2015. Disponível em: <foresight.org/atomically-precise-manufacturing-as-the-future-of-nanotechnology>; Xiqiao Wang et al., "Atomic-Scale Control of Tunneling in Donor-Based Devices", *Communications Physics*, v. 3, artigo 82 (11 mai. 2020). Disponível em: <doi.org/10.1038/s42005-020-0343-1>; "Paving the Way for Atomically Precise Manufacturing", UT *Dallas*, vídeo do YouTube, 9 fev. 2018. Disponível em: <www.youtube.com/watch?v=0r3jYNZ6fn8>; Universidade de

Texas em Dallas, "Microscopy Breakthrough Paves the Way for Atomically Precise Manufacturing", Phys.org, 12 fev. 2018. Disponível em: <phys.org/news/2018-02-microscopy-breakthrough-paves-atomically-precise.html>; Universidade de Kiel, "Towards a Light Driven Molecular Assembler", Phys.org, 23 jul. 2019. Disponível em: <phys.org/news/2019-07-driven-molecular.html>; Jonathan Wyrick et al., "Atom-by-Atom Fabrication of Single and Few Dopant Quantum Devices", *Advanced Functional Materials*, v. 29, n. 52 (14 ago. 2019. Disponível em: <doi.org/10.1002/adfm.201903475>; Farid Tajaddodianfar et al., "On the Effect of Local Barrier Height in Scanning Tunneling Microscopy: Measurement Methods and Control Implications", *Review of Scientific Instruments*, v. 89, n. 1, artigo 013701 (2 jan. 2018). Disponível em: <doi.org/10.1063/1.5003851>.

69. Ray Kurzweil, "The Drexler-Smalley Debate on Molecular Assembly", KurzweilAI.net, 1º dez. 2003. Disponível em: <www.kurzweilai.net/the-drexler-smalley-debate-on-molecular-assembly>.

70. Drexler, *Nanosystems*, pp. 398-410.

71. Ibid., pp. 238-49, 458-68.

72. Drexler, *Engines of Creation*; Drexler, *Nanosystems*; Dexter Johnson, "Diamondoids on Verge of Key Application Breakthroughs", *IEEE Spectrum*, 31 mar. 2017. Disponível em: <spectrum.ieee.org/nanoclast/semiconductors/materials/diamondoids-on-verge-of-key-application-breakthroughs>.

73. Neal Stephenson, *The Diamond Age: Or, a Young Lady's Illustrated Primer* (Nova York: Bantam, 1995).

74. Matthew A. Gebbie et al., "Experimental Measurement of the Diamond Nucleation Landscape Reveals Classical and Nonclassical Features", *Proceedings of the National Academy of Sciences*, v. 115, n. 33 (14 ago. 2018), pp. 8284-89. Disponível em: <doi.org/10.1073/pnas.1803654115>.

75. Hongyao Xie et al., "Large Thermal Conductivity Drops in the Diamondoid Lattice of CuFeS2 by Discordant Atom Doping", *Journal of the American Chemical Society*, v. 141, n. 47 (2 nov. 2019), pp. 18900-909. Disponível em: <doi.org/10.1021/jacs.9b10983>; Shenggao Liu, Jeremy Dahl e Robert Carlson, "Heteroatom-Containing Diamondoid Transistors", U.S. Patent 7,402,835 (pedido de registro de patente protocolado em 16 de julho de 2003; aprovado em 22 de julho de 2008), Escritório de Marcas e Patentes dos EUA. Disponível em: <patents.google.com/patent/US7402835B2/en>.

76. Ver, por exemplo, Robert A. Freitas Jr., "A Simple Tool for Positional Diamond Mechanosynthesis, and Its Method of Manufacture", U.S. Patent 7,687,146 (pedido de registro de patente protocolado 11 de fevereiro de 2005; aprovado em 30 de março de 2010), Escritório de Marcas e Patentes dos EUA. Disponível em: <patents.google.com/patent/US7687146B1/en>; Samuel Stolz et al., "Molecular Motor Crossing the Frontier of Classical to Quantum Tunneling Motion", *Proceedings of the National Academy*

of Sciences, v. 117, n. 26 (15 jun. 2020), pp. 14838-42. Disponível em: <doi.org/10.1073/pnas.1918654117>; Haifei Zhan et al., "From Brittle to Ductile: A Structure Dependent Ductility of Diamond Nanothread", *Nanoscale*, v. 8, n. 21 (10 mai. 2016), pp. 11177-84. Disponível em: <doi.org/10.1039/C6NR02414Ad>.

77. Para saber mais sobre essa proposta e links para uma ampla gama de outros artigos de Merkle sobre nanotecnologia, ver Ralph C. Merkle, "A Proposed 'Metabolism' for a Hydrocarbon Assembler", *Nanotechnology*, v. 8, n. 4 (dez. 1997), pp. 149-62. Disponível em: <iopscience.iop.org/article/10.1088/0957-4484/8/4/001/meta>, espelhado em <www.zyvex.com/nanotech/hydroCarbonMetabolism.html>; "Papers by Ralph C. Merkle", Merkle.com. Acessado em: 20 out. 2022. Disponível em: <www.merkle.com/merkleDir/papers.html>.

78. Merkle, "A Proposed 'Metabolism' for a Hydrocarbon Assembler".

79. Para uma pequena amostra dos avanços em grafeno, nanotubos de carbono e nanofios de carbono, incluindo um impressionante projeto do MIT para criar um chip de computador de 14 mil transistores feito inteiramente de nanotubos de carbono, ver "The Graphene Times", *Nature Nanotechnology*, v. 14, n. 10, artigo 903 (3 out. 2019). Disponível em: <doi.org/10.1038/s41565-019-0561-4>; "Nova: Car bon Nanotubes", *Mangefox*, vídeo do YouTube, 28 jan. 2011. Disponível em: <www.youtube.com/watch?v=19nzPt62UPg>; Elizabeth Gibney, "Biggest Carbon-Nanotube Chip Yet Says 'Hello, World!'", *Nature*, 28 ago. 2019. Disponível em: <doi.org/10.1038/d41586-019-02576-7>; Haifei Zhan et al., "The Best Features of Diamond Nanothread for Nanofibre Applications", *Nature Communications*, v. 8, artigo 14863 (17 mar. 2017. Disponível em: <doi.org/10.1038/ncomms14863>; Haifei Zhan et al., "High Density Mechanical Energy Storage with Carbon Nanothread Bundle", *Nature Communications*, v. 11, artigo 1905 (20 abr. 2020). Disponível em: <doi.org/10.1038/s41467-020-15807 7>; Keigo Otsuka et al., "Deterministic Transfer of Optical-Quality Carbon Nanotubes for Atomically Defined Technology", *Nature Communications*, v. 12, artigo 3138 (25 mai. 2021). Disponível em: <doi.org/10.1038/s41467-021-23413-4>.

80. Provavelmente o trabalho mais detalhado até agora sobre como realizar a mecanossíntese baseada em diamantoides é o estudo de Robert Freitas e Ralph Mekle de 2008 sobre as vias de reação necessárias para a nanofabricação versátil. Ver Robert A. Freitas Jr. e Ralph C. Merkle, "A Minimal Toolset for Positional Diamond Mechanosynthesis", *Jornal of Computational and Theoretical Nanoscience*, v. 5, n. 5 (mai. 2008), 00. 760-862. Disponível em: <doi.org/10.116/jctn.2008.2531>, espelhado em: <http://www.molecularassembler.com/Papers/MinToolset.pdf>.

81. Masayuki Endo e Hiroshi Sugiyama, "DNA Origami Nanomachines", *Molecules*, v. 23, n. 7 (artigo 1766), 18 jul. 2018. Disponível em: <doi.org/10.3390/

molecules23071766>; Fei Wang et al., "Programming Motions of DNA Origami Nanomachines", *Small*, v. 15, n. 26, artigo 1900013 (25 mar. 2019). Disponível em: <doi.org/10.1002/smll.201900013>.

82. Suping Li et al., "A DNA Nanorobot Functions as a Cancer Therapeutic in Response to a Molecular Trigger *In Vivo*", *Nature Biotechnology*, v. 36, n. 3 (12 fev. 2018), pp. 258-64. Disponível em: <doi.org/10.1038/nbt.4071>; Stephanie Lauback et al., "Real-Time Magnetic Actuation of DNA Nanodevices via Modular Integration with Stiff Micro-Mevers", *Nature Communications*, v. 9, n. 1, artigo 1446 (13 abr. 2018). Disponível em: <doi.org/10.1038/s41467-018-03601-5>.

83. Liang Zhang, Vanesa Marcos e David A. Leigh, "Molecular Machines with Bio-Inspired Mechanisms", *Proceedings of the National Academy of Sciences*, v. 115, n. 38 (26 fev. 2018). Disponível em: <doi.org/10.1073/pnas.1712788115>.

84. Christian E. Schafmeister, "Molecular Lego", *Scientific American*, fev. 2007. Disponível em: <www.scientificamerican.com/article/molecular-lego>.

85. Matthias Koch et al., "Spin Read-Out in Atomic Qubits in an All-Epitaxial Three-Dimensional Transistor", *Nature Nanotechnology*, v. 14, n. 2 (7 jan. 2019), pp. 137-40. Disponível em: <doi.org/10.1038/s41565-018-0338-1>.

86. Mukesh Tripathi et al., "Electron-Beam Manipulation of Silicon Dopants in Graphene", *Nano Letters*, v. 18, n. 8 (27 jun. 2018), pp. 5319-23. Disponível em: <doi.org/10.1021/acs.nanolett.8b02406>.

87. John N. Randall et al., "Digital Atomic Scale Fabrication an Inverse Moore's Law — A Path to Atomically Precise Manufacturing", *Micro and Nano Engineering*, v. 1 (nov. 2018), pp. 1-14. Disponível em: <doi.org/10.1016/j.mne.2018.11.001>.

88. Roshan Achal et al., "Lithography for Robust and Editable Atomic-Scale Silicon Devices and Memories", *Nature Communications*, v. 9, n. 1, artigo 2778 (23 jul. 2018). Disponível em: <doi.org/10.1038/s41467-018-05171-y>.

89. Universidade de Tecnologia Chalmers, "Graphene and Other Carbon Nanomaterials Can Replace Scarce Metals", Phys.org, 19 set. 2017. Disponível em: <phys.org/news/2017-09-graphene-carbon-nanomaterials-scarce-metals.html>; Rickard Arvisson e Björn A. Sandén, "Carbon Nanomaterials as Potential Substitutes for Scarce Metals", *Journal of Cleaner Production*, v. 156 (10 jul. 2017), pp. 253-61. Disponível em: <doi.org/10.1016/j.jclepro.2017.04.048>.

90. K. Eric Drexler, *Radical Abundance: How a Revolution in Nanotechnology Will Change Civilization* (Nova York: PubliAffairs, 2013), pp. 168-72.

91. Paul Sullivan, "A Battle over Diamonds: Made by Nature or in a Lab?", *The New York Times*, 9 fev. 2018. Disponível em: < https://encurtador.com.br/QwMSx>.

92. Milton Esterow, "Art Experts Warn of a Surging Market in Fake Prints", *The New York Times*, 24 jan. 2020. Disponível em: <https://www.nytimes.com/2020/01/24/arts/design/fake-art-prints.html>; Kelly Crow, "Leonardo da Vinci Painting 'Salvator Mundi' Smashes Records with $450.3 Million

Sale", *The Wall Street Journal*, 16 nov. 2017. Disponível em: < https://encurtador.com.br/bbI26>.

93. Ray Kurzweil e Terry Grossman, *Transcend: Nine Steps to Living Well Forever* (Emmaus, Pensilvânia: Rodale, 2009).

94. Para obter mais recursos sobre pesquisas recentes em biogerontologia destinadas a compreender e curar o envelhecimento, ver "Why Age? Should We End Aging Forever?", *Kurzgesagt — In a Nutshell*, vídeo do YouTube, 20 out. 2017. Disponível em: <www.youtube.com/watch?v=GoJsr4IwCm4>; "How to Cure Aging — During Your Lifetime?", *Kurzgesagt — In a Nutshell*, vídeo do YouTube, 3 nov. 2017. Disponível em: <www.youtube.com/watch?v=MjdpR-TY6QU>; "Daphne Koller, Chief Computing Officer, Calico Labs", *CB Insights*, vídeo do YouTube, 18 jan. 2018. Disponível em: <www.youtube.com/watch?v= 0EIZ8wJYAEA>; "Ray Kurzweil — Physical Immortality", *Aging Reversed*, vídeo do YouTube, 3 jan. 2017. Disponível em: <www.youtube.com/watch?v=BUExzREe900>; Peter H. Diamandis, "Nanorobots: Where We Are Today and Why Their Future Has Amazing Potential", SingularityHub, 16 mai. 2016. Disponível em: <singularityhub.com/2016/05/16/nanorobots-where-we-are-today-and-why-their-future--has-amazing-potential>.

95. Nicola Davis, "Human Lifespan Has Hit Its Natural Limit, Research Suggests", *The Guardian*, 5 out. 2016. Disponível em: <www.theguardian.com/science/2016/oct/05/human-lifespan-has-hit-its-natural-limit-research-suggests>; Craig R. Whitney, "Jeanne Calment, World's Elder, Dies at 122", *The New York Times*, 5 ago. 1997. Disponível em: <www.nytimes.com/1997/08/05/world/jeanne-calment-world-s-elder-dies-at-122.html>.

96. "Actuarial Life Table", Administração da Seguridade Social dos EUA. Acessado em: 20 out. 2022. Disponível em: <www.ssa.gov/oact/STATS/table4c6.html>.

97. France Meslé e Jacques Vallin, "Causes of Death at Very Old Ages, Including for Supercentenarians", em *Exceptional Lifespans*, Heiner Maier et al. (Org.) (Cham, Suíça: Springer, 2020), pp. 72-82. Disponível em: <link.springer.com/content/pdf/10.1007/978-3-030-49970-9.pdf?pdf=button>.

98. "Aubrey De Grey — Living to 1,000 Years Old", *Aging Reversed*, vídeo do YouTube, 26 mai. 2018. Disponível em: <www.youtube.com/watch?v=-ZkMPZ8obByw>; "One-on-One: An Investigative Interview with Aubrey de Grey — 44th St. Gallen Symposium", *StGallenSymposium*, vídeo do YouTube, 8 mai. 2014. Disponível em: <www.youtube.com/watch?v=DkBfT_EPBI0>; "Aubrey de Grey, PhD: 'The Science of Curing Aging'", *Talks at Google*, vídeo do YouTube, 4 jan. 2018. Disponível em: <www.youtube.com/watch?v=S6ARUQ5LoUo>.

99. "A Reimagined Research Strategy for Aging", Fundação de Pesquisa SENS. Acessado em: 27 dez. 2022. Disponível em: <web.archive.org/

web/20221118080039/https://www.sens.org/our-research/intro-to-sens-
-research>.
100. "Longevity: Reaching Escape Velocity", *Instituto de Foresight*, vídeo do YouTube, 12 dez. 2017. Disponível em: <www.youtube.com/watch?v=M4b-19vZ57U4>.
101. Richard Zijdeman e Filipa Ribeira da Silva, "Life Expectancy at Birth (Total)", IISH Data Collection, V1 (2015). Disponível em: <hdl.handle.net/10622/LKYT53>.
102. Robert A. Freitas Jr., "The Life-Saving Future of Medicine", *The Guardian*, 28 mar. 2014. Disponível em: <www.theguardian.com/what-is-nano/nano-and-the-life-saving-future-of-medicine>.
103. Jacqueline Krim, "Friction at the Nano-Scale", *Physics World*, 2 fev. 2005. Disponível em: <physicsworld.com/a/friction-at-the-nano-scale>.
104. Rose Eveleth, "There Are 37.2 Trillion Cells in Your Body", *Smithsonian Magazine*, 24 out. 2013. Disponível em: <smithsonianmag.com/smart-news/there-are-372-trillion-cells-in-your-body-4941473>.
105. Para explicações úteis e acessíveis sobre o sistema imunológico e os hormônios, ver "How the Immune System Actually Works — Immune", *Kurzgesagt — In a Nutshell*, vídeo do YouTube, 10 ago. 2021. Disponível em: <www.youtube.com/watch?v=lXfEK8G8CUI>; "How Does Your Immune System Work? — Emma Bryce", TED-*Ed*, Vídeo do YouTube, 8 jan. 2018. Disponível em: <www.youtube.com/watch?v=PSRJfaAYkW4>; "How Do Your Hormones Work? — Emma Bryce", TED-*Ed*, vídeo do YouTube, 21 jun. 2018. Disponível em: <www.youtube.com/watch?v=-SPRPkL0Kp8>.
106. Para uma explicação útil e acessível sobre os pulmões, ver "How Do Lungs Work? — Emma Bryce", TED-*Ed*, vídeo do YouTube, 24 nov. 2014. Disponível em: <www.youtube.com/watch?v=8NUxvJS-ok>.
107. Para uma explicação útil e acessível sobre os rins, ver "How Do Your Kidneys Work? — Emma Bryce", TED-*Ed*, vídeo do YouTube, 9 fev. 2015. Disponível em: <www.youtube.com/watch?v=FN3MFhYPWWo>.
108. Para uma explicação útil e acessível sobre o sistema digestivo, ver "How Your Digestive System Works — Emma Bryce", TED-*Ed*, vídeo do YouTube, 14 dez. 2017. Disponível em: <www.youtube.com/watch?v=Og5xAdC8EUI>.
109. Para uma explicação útil e acessível sobre o papel e a função do pâncreas, ver "What Does the Pancreas Do? — Emma Bryce", TED-*Ed*, vídeo do YouTube, 19 fev. 2015. Disponível em: <www.youtube.com/watch?v=8dgoeYPoE-0>.
110. George Dvorsky, "FDA Approves World's First Automated Insulin Pump for Diabetics", *Gizmodo*, 29 set. 2016. Disponível em: <gizmodo.com/fda-approves-worlds-first-automated-insulin-pump-for-di-1787227150>.
111. Para explicações úteis e acessíveis sobre o papel dos hormônios no diabetes, ver "Role of Hormones in Diabetes", *Match Health*, vídeo do YouTube,

6 dez. 2013. Disponível em: <www.youtube.com/watch?v=sPwoMm9c-v1M>; Matthew McPheeters, "What Is Diabetes Mellitus? | Endocrine System Diseases | NCLEX-RN", *Academia Khan Medicine*, vídeo do YouTube, 14 mai. 2015. Disponível em: <www.youtube.com/watch?v=ulxyWZf7BWc>.

112. Para uma breve explicação não técnica da relação entre sono e hormônios, ver Hormone Health Network, "Sleep and Circadian Rhythm", Hormone.org, Sociedade de Endocrinologia, jun. 2019. Disponível em: <www.hormone.org/your-health-and-hormones/sleep-and-circadian-rhythm>.

113. Para saber mais sobre recorrência do câncer e células-tronco cancerígenas, ver "Why Is It So Hard to Cure Cancer? — Kyuson Yun", *TED-Ed*, vídeo do YouTube, 10 out. 2017. Disponível em: <www.youtube.com/watch?v=h2rR-77VsF5c>; "Recurrent Cancer: When Cancer Comes Back", National Cancer Institute, 18 jan. 2016. Disponível em: <www.cancer.gov/types/recurrent-cancer>; Kyle Davis, "Investigating Why Cancer Comes Back", Instituto Nacional de Pesquisa do Genoma Humano, 8 set. 2015. Disponível em: <www.genome.gov/news/news-release/Investigating-why-cancer-comes-back>.

114. Zuoren Yu et al., "Cancer Stem Cells", *International Journal of Biochemical Cell Biology*, v. 44, n. 12 (dez. 2012), pp. 2144-51. Disponível em: <doi.org/10.1016/j.biocel.2012.08.022>.

115. "How Does Chemotherapy Work? — Hyunsoo Joshua No", *TED-Ed*, vídeo do YouTube, 5 dez. 2019. Disponível em: <www.youtube.com/watch?v=RgWQCGX3MOk>; "Why People with Cancer Are More Likely to Get Infections", Sociedade Norte-Americana do Câncer, 13 mar. 2020. Disponível em: <www.cancer.org/treatment/treatments-and-side-effects/physical-side-effects/low-blood-counts/infections/why-people-with-cancer-are-at-risk.html>.

116. Nirali Shah e Terry J. Fry, "Mechanisms of Resistance to CAR-T Cell Therapy", *Nature Reviews Clinical Oncology*, v. 16 (5 mar. 2019), pp. 372-85. Disponível em: <doi.org/10.1038/s41571-019-0184-6>; Robert Vander Velde et al., "Resistance to Targeted Therapies as a Multifactorial, Gradual Adaptation to Inhibitor Specific Selective Pressures", *Nature Communications*, v. 11, artigo 2393 (14 mai. 2020). Disponível em: <doi.org/10.1038/s41467-020-16212-w>.

117. Para uma ótima explicação não técnica sobre reprodução celular, ver Hank Green, "Mitosis: Splitting Up Is Complicated — Crash Course Biology #12", *CrashCourse*, vídeo do YouTube, 16 abr. 2012. Disponível em: <www.youtube.com/watch?v=Lok-enzoeOM>.

118. Para uma breve introdução à CRISPR, uma das abordagens de edição genética mais promissoras no âmbito do paradigma atual, ver Brad Plumer et al., "A Simple Guide to CRISPR, One of the Biggest Science Stories of the Decade", *Vox*, atualizado em 27 dez. 2018. Disponível em: <www.vox.com/2018/7/23/17594864/crispr-cas9-gene-editing>.

119. Eveleth, "There Are 37.2 Trillion Cells in Your Body".
120. Para uma visão geral introdutória desse processo, ver "Regulation of Gene Expression: Operons, Epigenetics, and Transcription Factors", *Professor Dave Explains*, vídeo do YouTube, 15 out. 2017. Disponível em: <www.youtube.com/watch?v=J9jhg9oA7Lw>.
121. Bert M. Verheijen e Fred W. van Leeuwen, "Commentary: The Landscape of Transcription Errors in Eukaryotic Cells", *Frontiers in Genetics*, v. 8, artigo 219 (14 dez. 2017). Disponível em: <doi.org/10.3389/fgene.2017.00219>.
122. Patricia Mroczek, "Nanoparticle Chomps Away Plaques That Cause Heart Attacks", MSUToday, Universidade Estadual de Michigan, 27 jan. 2020. Disponível em: <msutoday.msu.edu/news/2020/nanoparticle-chomps-away-plaques-that-cause-heart-attacks>; Alyssa M. Flores, *Nature Nanotechnology*, v. 15, n. 2 (27 jan. 2020), pp. 154-61. Disponível em: <doi.org/10.1038/s41565-019-0619-3>; Ira Tabas e Andrew H. Lichtman, "Monocyte-Macrophages and T Cells in Atherosclerosis", *Immunity*, v. 47, n. 4 (17 out. 2017), pp. 621-34. Disponível em: <doi.org/10.1016/j.immuni.2017.09.008>.
123. Associação Norte-Americana de Acidentes Vasculares Cerebrais. "Understanding Diagnosis and Treatment of Cryptogenic Stroke: A Health Care Professional Guide", Associação Norte-Americana de Cardiologia, 2019. Disponível em: <web.archive.org/web/20211023144019/https://www.stroke.org/-/media/stroke-files/cryptogenic-professional-resource-files/crytopgenic-professional-guide-ucm-477051.pdf>.
124. Para uma explicação de nível básico sobre enovelamento de proteínas, ver "Protein Structure and Folding", *Amoeba Sisters*, vídeo do YouTube, 24 set. 2018. Disponível em: <www.youtube.com/watch?v=hok2hyED9go>.
125. A taxa máxima de disparo (muito teórica) dos neurônios biológicos é algo em torno de 1.000 hertz, ao passo que o sistema de computação mecânica em nanoescala de Ralph Merkle poderia atingir cerca de 100 megahertz — cerca de 100 mil vezes mais rápido. As fibrilas de colágeno no corpo têm uma resistência à tração de cerca de 90 megapascais, enquanto os nanotubos de carbono de paredes múltiplas demonstraram experimentalmente ter uma resistência à tração em torno de 63 gigapascais, e as nanoagulhas de diamante até 98 gigapascais; já o máximo teórico do diamantoide é de cerca de 100 gigapascais — tudo na ordem de mil vezes mais forte que o colágeno. Ver "Neuron Firing Rates in Humans", AI Impacts; Ralph C. Merkle et al., "Mechanical Computing Systems Using Only Links and Rotary Joints", 24-27; Yehe Liu, Roberto Ballarini e Steven J. Eppell, "Tension Tests on Mammalian Collagen Fibrils", *Interface Focus*, v. 6, n. 1, artigo 20150080 (6 fev. 2016). Disponível em: <doi.org/10.1098/rsfs.2015.0080>; Min-Feng Yu et al., "Strength and Breaking Mechanism of Multiwalled Carbon Nanotubes Under Tensile Load", *Science*, v. 287, n. 5453 (28 jan. 2000), pp. 637-40. Disponível em: <doi.org/10.1126/science.287.5453.637>;

Amit Banerjee et al., "Ultralarge Elastic Deformation of Nanoscale Diamond", *Science*, v. 360, n. 6386 (20 abr. 2018), pp. 300-302. Disponível em: <doi.org/10.1126/science.aar4165>; Drexler, *Nanosystems*, pp. 24-35, 142-43.

126. Robert A. Freitas, "Exploratory Design in Medical Nanotechnology: A Mechanical Artificial Red Cell", *Artificial Cells, Blood Substitutes, and Biotechnology*, v. 26, n. 4 (1998), pp. 411-30. Disponível em: <doi.org/10.3109/10731199809117682>.

127. Freitas, "Exploratory Design in Medical Nanotechnology", p. 426; Robert A. Freitas Jr., "Respirocytes: A Mechanical Artificial Red Cell: Exploratory Design in Medical Nanotechnology", Instituto de Foresight/ Instituto de Fabricação Molecular", 17 abr. 1996. Disponível em: <web.archive.org/web/20210509160649>; <https://foresight.org/Nanomedicine/Respirocytes.php>.

128. Herculano-Houzel, "The Human Brain in Numbers"; Drachman, "Do We Have Brain to Spare?"; Hervé Lemaître et al., "Normal Age-Related Brain Morphometric Changes: Non-uniformity Across Cortical Thickness, Surface Area and Grey Matter Volume?", *Neurobiology of Aging*, v. 33, n. 3 (mar. 2012), pp. 617.e1-617.e9. Disponível em: <doi.org/10.1016/j.neurobiolaging.2010.07.013>; Merkle et al., "Mechanical Computing Systems Using Only Links and Rotary Joints", pp. 24-27.

129. "Neuron Firing Rates in Humans", AI Impacts; Merkle et al., "Mechanical Computing Systems Using Only Links and Rotary Joints", 24-27; Drexler, *Nanosystems*, pp. 370-71.

130. Herculano-Houzel, "The Human Brain in Numbers"; Drachman, "Do We Have Brain to Spare?"; "Firing Behavior and Network Activity of Single Neurons in Human Epileptic Hypothalamic Hamartoma", *Frontiers in Neurology*, v. 2, n. 210 (27 dez. 2013). Disponível em: <doi.org/10.3389/fneur.2013.00210>; Ernest L. Abel, *Behavioral Teratogenesis and Behavioral Mutagenesis: A Primer in Abnormal Development* (Nova York: Plenum Press, 1989), p. 113. Disponível em: <books.google.co.uk/books?id=gV0rBgAAQBAJ>; Anders Sandberg e Nick Bostrom, *Whole Brain Emulation: A Roadmap*, relatório técnico 2008-3, Instituto Futuro da Humanidade, Universidade de Oxford (2008), p. 80. Disponível em: <www.fhi.ox.ac.uk/brain-emulation-roadmap-report.pdf>; ver o apêndice para as fontes utilizadas acerca de todos os cálculos dos custos de computação neste livro.

131. Herculano-Houzel, "The Human Brain in Numbers"; Drachman, "Do We Have Brain to Spare?"; "Firing Behavior and Network Activity of Single Neurons in Human Epileptic Hypothalamic Hamartoma"; Abel, *Behavioral Teratogenesis and Behavioral Mutagenesis*; Sandberg and Bostrom, *Whole Brain Emulation*, p. 80; ver o apêndice para as fontes utilizadas acerca de todos os cálculos dos custos de computação neste livro.

Capítulo 7: Perigo

1. Bill McKibben, "How Much Is Enough? The Environmental Movement as a Pivot Point in Human History", Seminário de Harvard sobre Valores Ambientais, 18 out. 2000, p. 11. Disponível em: <docshare04.docshare.tips/files/9552/95524564.pdf>.

2. Robert M. Pirsig, *Zen and the Art of Motorcycle Maintenance* (Nova York: Quill, 1999, p. 26; publicado originalmente por William Morrow, 1974). [Ed. bras.: *Zen e arte de manutenção de motocicletas: uma investigação sobre valores*. Trad. Celina Cardim Cavalcanti. Rio de Janeiro: Paz e Terra, 1984.] Combinando ideias orientais e ocidentais, a obra de Pirsig introduziu a estrutura filosófica conhecida como "metafísica da qualidade", que se concentra em como as experiências vividas pelas pessoas dão origem ao conhecimento e às ideias. Tornou-se um dos livros de filosofia mais vendidos de todos os tempos. Ver também Tim Adams, "The Interview: Robert Pirsig", *The Guardian*, 19 nov. 2006. Disponível em: <www.theguardian.com/books/2006/nov/19/fiction>.

3. Hans M. Kristensen e Matt Korda, "Status of World Nuclear Forces", Federação de Cientistas Norte-Americanos, 2 mar. 2022. Disponível em: <fas.org/issues/nuclear-weapons/status-world-nuclear-forces>.

4. Hans M. Kristensen, "Alert Status of Nuclear Weapons", Briefing to Short Course on Nuclear Weapon and Related Security Issues, Escola Elliott de Assuntos Internacionais da Universidade George Washington, 21 abr. 2017, p. 2. Disponível em: <uploads.fas.org/2014/05/Brief2017_GWU_2s.pdf>.

5. Você pode investigar por conta própria os efeitos da guerra nuclear usando uma fascinante ferramenta interativa criada por Alex Wellerstein chamada Nukemap. Disponível em: <https://nuclearsecrecy.com/nukemap>. Ver também Kyle Mizokami, "335 Million Dead: If America Launched an All-Out Nuclear War", *National Interest*, 13 mar. 2019. Disponível em: <nationalinterest.org/blog/buzz/335-million-dead-if-america-launched--all-out-nuclear-war-57262>; Dylan Matthews, "40 Years Ago Today, One Man Saved Us from World-Ending Nuclear War", *Vox*, 26 set. 2023. Disponível em: <www.vox.com/2018/9/26/17905796/nuclear-war-1983-stanislav--petrov-soviet-union>; Owen B. Toon et al., "Rapidly Expanding Nuclear Arsenals in Pakistan and India Portend Regional and Global Catastrophe", *Science Advances*, v. 5, n. 10 (2 out. 2019). Disponível em: <advances.sciencemag.org/content/5/10/eaay5478>.

6. Seth Baum, "The Risk of Nuclear Winter", Federação de Cientistas Norte-Americanos, 29 mai. 2015. Disponível em: <fas.org/pir-pubs/risk-nuclear-winter>; Bryan Walsh, "What Could a Nuclear War Do to the Climate — and Humanity?", *Vox*, 17 ago. 2022. Disponível em: <www.vox.com/future-perfect/2022/8/17/23306861/nuclear-winter-war-climate-change-food-starvation-existential-risk-russia-united-states>.

7. Anders Sandberg e Nick Bostrom, *Global Catastrophic Risks Survey*, relatório técnico 2008-1, Instituto Futuro da Humanidade, Universidade de Oxford (2008), p. 1. Disponível em: <www.fhi.ox.ac.uk/reports/2008-1.pdf>.
8. Kristensen e Korda, "Status of World Nuclear Forces"; Associação de Controle de Armas, "Nuclear Weapons: Who Has What at a Glance", Associação de Controle de Armas, jun. 2023. Disponível em: <www.armscontrol.org/factsheets/Nuclearweaponswhohaswhat>.
9. Para um resumo útil dos tratados de controle de armas relevantes, ver "US-Russian Nuclear Arms Control Agreements at a Glance", Associação de Controle de Armas, 2 ago. 2019. Disponível em: <www.armscontrol.org/factsheets/USRussiaNuclearAgreements>.
10. Max Roser e Mohamed Nagdy, "Nuclear Weapons", *Our World in Data*, 2019. Disponível em: <ourworldindata.org/nuclear-weapons>; Hans M. Kristensen e Robert S. Norris, "The Bulletin of the Atomic Scientists' Nuclear Notebook", Federação de Cientistas Norte-Americanos, 2019. Disponível em: <thebulletin.org/nuclear-notebook-multimedia>; Kristensen e Korda, "Status of World Nuclear Forces".
11. Tratado de Proibição Parcial de Testes (Partial Test Ban Treaty, PTBT), que proíbe testes de armas nucleares na atmosfera, no espaço sideral e debaixo d'água, 10 out. 1963. Disponível em: <treaties.un.org/doc/Publication/UNTS/Volume%20480/volume-480-I-6964-English.pdf>.
12. Para um resumo útil do direito internacional relevante, ver "International Legal Agreements Relevant to Space Weapons", União de Cientistas Preocupados, 11 fev. 2004. Disponível em: <www.ucsusa.org/nuclear-weapons/space-weapons/international-legal-agreements>.
13. Os acadêmicos começaram a reconhecer isso há décadas, por exemplo em Martin E. Hellman, "Arms Race Can Only Lead to One End: If We Don't Change Our Thinking, Someone Will Drop the Big One", *Houston Post*, 4 abr. 1985. Disponível em formato muito semelhante em: <ee.stanford.edu/~hellman/opinion/inevitability.html>.
14. Para um resumo claro e conciso de como funciona a destruição mútua assegurada, ver "Mutually Assured Destruction: When the Only Winning Move Is Not to Play", *Farnam Street*, jun. 2017. Disponível em: <fs.blog/2017/06/mutually-assured-destruction>.
15. Para saber mais sobre os programas de defesa antimísseis dos EUA, ver "Current U.S. Missile Defense Programs at a Glance", Associação de Controle de Armas, ago. 2019. Disponível em: <www.armscontrol.org/factsheets/usmissiledefense>.
16. Alan Robock e Owen Brian Toon, "Self-Assured Destruction: The Climate Impacts of Nuclear War", *Bulletin of the Atomic Scientists*, v. 68, n. 5 (1º set. 2012), pp. 66-74. Disponível em: <thebulletin.org/2012/09/self-assured-destruction-the-climate-impacts-of-nuclear-war>.

17. Valerie Insinna, "Russia's Nuclear Underwater Drone Is Real and in the Nuclear Posture Review", *DefenseNews*, 12 jan. 2018. Disponível em: <www.defensenews.com/space/2018/01/12/russias-nuclear-underwater-drone-is-real-and-in-the-nuclear-posture-review>; Douglas Barrie e Henry Boyd, "Burevestnik: US Intelligence and Russia's 'Unique' Cruise Missile", Instituto Internacional de Estudos Estratégicos, 5 fev. 2021. Disponível em: <www.iiss.org/blogs/military-balance/2021/02/burevestnik-russia-cruise-missile>.
18. Richard Stone, "'National Pride Is at Stake.' Russia, China, United States Race to Build Hypersonic Weapons", *Science*, 8 jan. 2020. Disponível em: <www.science.org/content/article/national-pride-stake-russia-china-united-states-race-build-hypersonic-weapons>.
19. Joshua M. Pearce e David C. Denkenberger, "A National Pragmatic Safety Limit for Nuclear Weapon Quantities", *Safety*, v. 4, n. 2 (2018), p. 25. Disponível em: <www.mdpi.com/2313-576X/4/2/25>.
20. "Safety Assistance System Warns of Dirty Bombs", Fraunhofer, 1º set. 2017. Disponível em: <www.fraunhofer.de/en/press/research-news/2017/september/safety-assistance-system-warns-of-dirty-bombs-html>.
21. Jaganath Sankaran, "A Different Use for Artificial Intelligence in Nuclear Weapons Command and Control", War on the Rocks, 25 abr. 2019. Disponível em: <warontherocks.com/2019/04/a-different-use-for-artificial-intelligence-in-nuclear-weapons-command-and-control>; Jill Hruby e M. Nina Miller, "Assessing and Managing the Benefits and Risks of Artificial Intelligence in Nuclear-Weapon Systems", Iniciativa de Ameaça Nuclear, 26 ago. 2021. Disponível em: <www.nti.org/analysis/articles/assessing-and-managing-the-benefits-and-risks-of-artificial-intelligence-in-nuclear-weapon-systems>.
22. Para uma explicação rápida e útil sobre a peste bubônica e outras epidemias, ver Jenny Howard, "Plague, Explained", *National Geographic*, 20 ago. 2019. Disponível em: <www.nationalgeographic.com/science/health-and-human-body/human-diseases/the-plague>.
23. "Historical Estimates of World Population", Departamento de Censo dos EUA, 5 jul. 2018. Disponível em: <www.census.gov/data/tables/time-series/demo/international-programs/historical-est-worldpop.html>.
24. Elizabeth Pennisi, "Black Death Left a Mark on Human Genome", *Science*, 3 fev. 2014. Disponível em: <www.sciencemag.org/news/2014/02/black-death-left-mark-human-genome>.
25. A terapia genética, por exemplo, tem propósitos e intenções benéficos, mas amiúde utiliza vírus modificados para atingir seus objetivos. Para um breve panorama, ver "Gene Therapy Inside Out", *Administração de Alimentos e Medicamentos* (FDA), vídeo do YouTube, 19 dez. 2017. Disponível em: <www.youtube.com/watch?v=GbJasFgJkLg>.

26. Para um resumo acessível dos riscos do bioterrorismo, ver R. Daniel Bressler e Chris Bakerlee, "'Designer Bugs': How the Next Pandemic Might Come from a Lab", *Vox*, 6 dez. 2018. Disponível em: <www.vox.com/future-perfect/2018/12/6/18127430/superbugs-biotech-pathogens-biorisk-pandemic>.

27. Para um estudo de caso mais aprofundado sobre a Conferência de Asilomar e os princípios que ela produziu, ver M. J. Peterson, "Asilomar Conference on Laboratory Precautions When Conducting Recombinant DNA Research — Case Summary", Série de Estudos de Caso em Dimensões Internacionais da Educação Ética em Ciência e Engenharia, jun. 2010. Disponível em: <scholarworks.umass.edu/cgi/viewcontent.cgi?article=1023&context=edethicsinscience>.

28. Alan McHughen e Stuart Smyth, "US Regulatory System for Genetically Modified [Genetically Modified Organism (GMO), rDNA or Transgenic] Crop Cultivars", *Plant Biotechnology Journal*, v. 6, n. 1 (jan. 2008), pp. 2-12. Disponível em: <doi.org/10.1111/j.1467-7652.2007.00300.x>.

29. Para informações mais detalhadas sobre as atividades da GRRT, ver Tasha Stehling-Ariza et al., "Establishment of CDC Global Rapid Response Team to Ensure Global Health Security", *Emerging Infectious Diseases*, v. 23, n. 13 (dez. 2017). Disponível em: <wwwnc.cdc.gov/eid/article/23/13/17-0711_article>; Centros de Controle e Prevenção de Doenças dos EUA (CDCs), "Global Rapid Response Team Expands Scope to US Response", *Updates from the Field* 30 (outono de 2020). Disponível em: <www.cdc.gov/globalhealth/healthprotection/fieldupdates/fall-2020/grrt-response-covid.html>.

30. Para saber mais sobre as atividades da Confederação Nacional Interagências para Investigação Biológica (NICBR) e do Instituto de Investigação Médica de Doenças Infecciosas do Exército dos Estados Unidos (USAMRIID) para combater o risco de bioterrorismo, ver seus respectivos websites em https://www.nicbr.mil e https://www.usamriid.army.mil.

31. Françoise Barré-Sinoussi et al., "Isolation of a T-Lymphotropic Retrovirus from a Patient at Risk for Acquired Immune Deficiency Syndrome (AIDS)", *Science*, v. 220, n. 4599 (20 mai. 1983), pp. 868-71. Disponível em: <www.jstor.org/stable/1690359>; Jean K. Carr et al., "Full-Length Sequence and Mosaic Structure of a Human Immunodeficiency Virus Type 1 Isolate from Thailand", *Journal of Virology*, v. 70, n. 9 (31 ago. 1996), pp. 5935-43. Disponível em: <www.ncbi.nlm.nih.gov/pmc/articles/PMC190613>; Kristen Philipkoski, "SARS Gene Sequence Unveiled", *Wired*, 15 abr. 2003. Disponível em: <www.wired.com/2003/04/sars-gene-sequence-unveiled>; Cameron Walker, "Rapid Sequencing Method Can Identify New Viruses Within Hours", *Discover*, 11 dez. 2013. Disponível em: <web.archive.org/web/20201111180212>; "Rapid Sequencing of RNA Virus Genomes", Nano-

pore Technologies, 2018. Disponível em: <nanoporetech.com/resource-centre/rapid-sequencing-rna-virus-genomes>.

32. Darren J. Obbard et al., "The Evolution of RNAi as a Defence Against Viruses and Transposable Elements", *Philosophical Transactions of the Royal Society B: Biological Sciences*, v. 364, n. 1513, pp. 99-115. Disponível em: <www.ncbi.nlm.nih.gov/pmc/articles/PMC2592633>.

33. Para uma breve explicação sobre como funcionam as vacinas tradicionais baseadas em antígenos, ver "Understanding How Vaccines Work", Centros de Controle e Prevenção de Doenças dos EUA (CDCs), jul. 2018. Disponível em: <www.cdc.gov/vaccines/hcp/conversations/understanding-vacc-work.html>.

34. Ray Kurzweil, "AI-Powered Biotech Can Help Deploy a Vaccine in Record Time", *Wired*, 19 mai. 2020. Disponível em: <www.wired.com/story/opinion-ai-powered-biotech-can-help-deploy-a-vaccine-in-record-time>.

35. Asha Barbaschow, "Moderna Leveraging Its 'AI Factory' to Revolutionise the Way Diseases Are Treated", *ZDNet*, 17 mai. 2021. Disponível em: <www.zdnet.com/article/moderna-leveraging-its-ai-factory-to-revolutionise-the-way-diseases-are-treated>.

36. Barbaschow, "Moderna Leveraging Its 'AI Factory'"; "Moderna Covid-19 Vaccine", Administração de Alimentos e Medicamentos (FDA), 18 dez. 2020. Disponível em: <www.fda.gov/emergency-preparedness-and-response/coronavirus-disease-2019-covid-19/moderna-covid-19-vaccine>.

37. Philip Ball, "The Lightning-Fast Quest for COVID Vaccines — and What It Means for Other Diseases", *Nature*, v. 589, n. 7840 (18 dez. 2020), pp. 16-18. Disponível em: <www.nature.com/articles/d41586-020-03626-1>.

38. Para dois panoramas úteis das evidências a favor e contra, ver Amy Maxmen e Smriti Mallapaty, "The COVID Lab-Leak Hypothesis: What Scientists Do and Don't Know", *Nature*, v. 594, n. 7863 (8 jun. 2021), pp. 313-15. Disponível em: <www.nature.com/articles/d41586-021-01529-3>; Jon Cohen, "Call of the Wild", *Science*, v. 373, n. 6559 (2 set. 2021), pp. 1072-77. Disponível em: <www.science.org/content/article/why-many-scientists-say-unlikely-sars-cov-2-originated-lab-leak>.

39. James Pearson e JuMin Park, "North Korea Overcomes Poverty, Sanctions with Cut-Price Nukes", *Reuters*, 11 jan. 2016. Disponível em: <www.reuters.com/article/usnorthkorea-nuclear-money-idUSKCN0UP1G820160111>.

40. Lord Lyell, "Chemical and Biological Weapons: The Poor Man's Bomb", esboço de relatório geral, Comissão de Ciência e Tecnologia (96) 8, Assembleia do Atlântico Norte, 4 out. 1996. Disponível em: <irp.fas.org/threat/an253stc.htm>.

41. Secretário-Geral das Nações Unidas, "Chemical and Bacteriological (Biological) Weapons and the Effects of Their Possible Use: Report of the Secretary-General", Nações Unidas, ago. 1969; discutido em Gregory Koblentz,

"Pathogens as Weapons: The International Security Implications of Biological Warfare", *International Security*, v. 28, n. 3 (inverno de 2003/2004), p. 88. Disponível em: <doi.org/10.1162/0162288803773100084>.

42. Para uma análise mais aprofundada e sóbria das potenciais aplicações prejudiciais da nanotecnologia, ver Louis A. Del Monte, *Nanoweapons: A Growing Threat to Humanity* (Lincoln: University of Nebraska Press, 2017).

43. K. Eric Drexler, *Engines of Creation: The Coming Era of Nanotechnology* (Nova York: Anchor Press/Doubleday, 1986), p. 172.

44. Ralph C. Merkle, "Self Replicating Systems and Low Cost Manufacturing", Zyvex.com. Acessado em: 5 mar. 2023. Disponível em: <www.zyvex.com/nanotech/selfRepNATO.html>.

45. De acordo com as estimativas de Yinon M. Bar-On, Rob Phillips e Ron Milo, a biomassa total da Terra contém 550 gigatoneladas de carbono, somando-se todos os tipos de criaturas vivas (sem contar o carbono subterrâneo, como os depósitos de carvão originalmente resultantes de matéria viva). Isso equivale a $5,5 \times 10^{17}$ gramas de carbono. Com um peso atômico médio de 12,011, podemos calcular o número de átomos como $5,5 \times 10^{17}$ / $12,011 = 4,6 \times 10^{16}$ mols. Usando esse número, podemos estimar $(4,6 \times 10^{16}) \times (6,022 \times 10^{23})$ (número de Avogadro) = $2,8 \times 10^{40}$ átomos de carbono na biomassa disponível na Terra. A quantidade total de carbono orgânico, inclusive na atmosfera, no solo e nas reservas de hidrocarbonetos subterrâneas pode ser consideravelmente maior, mas é muito mais difícil avaliar qual porção disso seria facilmente acessível por nanorrobôs em um cenário de gosma cinza. Ver Yinon M. Bar-On et al., "The Biomass Distribution on Earth", PNAS, v. 115, n. 25 (19 jun. 2018), pp. 6506-11. Disponível em: <doi.org/10.1073/pnas.1711842115>.

46. Segundo o especialista em nanotecnologia Rob Freitas, um nanobô autorreplicador pode ter cerca de 70 milhões de átomos de carbono. Trata-se de um número especulativo, mas é provavelmente a melhor estimativa disponível e pode servir como um guia geral para pensar sobre tal cenário hipotético. Ver Robert A. Freitas Jr., "Some Limits to Global Ecophagy by Biovorous Nanoreplicators, with Public Policy Recommendations", Instituto de Foresight, abr. 2000. Disponível em: <www.rfreitas.com/Nano/Ecophagy.htm>.

47. Esta é uma média, partindo-se do pressuposto de que a distribuição de carbono é mais ou menos uniforme e contínua, mas em um cenário real variaria de acordo com as condições locais. Em alguns lugares, o fornecimento de carbono disponível se esgotaria após menos gerações. Em outros, poderia ser necessário um número maior de gerações para converter todo o carbono, prolongando um pouco o tempo.

48. Freitas, "Some Limits to Global Ecophagy by Biovorous Nanoreplicators".

49. Ibidem.

50. Robert A. Freitas Jr. e Ralph C. Merkle, *Kinematic Self-Replicating Machines* (Austin, Texas: Landes Bioscience, 2004). Disponível em: <www.molecularassembler.com/KSRM/4.11.3.3.htm>.
51. Para ler as diretrizes atualizadas e algumas informações esclarecedoras sobre elas, ver Neil Jacobstein, "Foresight Guidelines for Responsible Nanotechnology Development", Instituto de Foresight, 2006. Disponível em: <www.imm.org/policy/guidelines>.
52. Para saber mais sobre a pitoresca gama de termos como "gosma azul" e "gosma cinza" que surgiram para descrever vários cenários hipotéticos de nanotecnologia, ver Chris Phoenix, "Goo vs. Paste", *Nanotechnology Now*, set. 2002. Disponível em: <www.nanotech-now.com/goo.htm>.
53. Freitas, "Some Limits to Global Ecophagy by Biovorous Nanoreplicators".
54. Bill Joy, "Why the Future Doesn't Need Us", *Wired*, 1º abr. 2000. Disponível em: <www.wired.com/2000/04/joy-2>.
55. Organização Mundial da Saúde, "WHO Coronavirus Dashboard", Organização Mundial da Saúde (OMS). Acessado em: 16 out. 2023. Disponível em: <covid19.who.int>.
56. Miles Brundage et al., *The Malicious Use of Artificial Intelligence: Forecasting, Prevention, and Mitigation* (Oxford, Reino Unido: Instituto Futuro da Humanidade, fev. 2018). Disponível em: <img1.wsimg.com/blobby/go/3D-82daa4-97fe-4096-9c6b-376b92c619de/downloads/MaliciousUseofAI.pdf?ver=1553030594217>.
57. Evan Hubinger, "Clarifying Inner Alignment Terminology", AI Alignment Forum, 9 nov. 2020. Disponível em: <www.alignmentforum.org/posts/SzecSPYxqRa5GCaSF/clarifying-inner-alignment-terminology>; Paul Christiano, "Current Work in AI Alignment", Effective Altruism. Acessado em: 5 mar. 2023. Disponível em: <www.effectivealtruism.org/articles/paul-christiano-current-work-in-ai-alignment>.
58. Hubinger, "Clarifying Inner Alignment Terminology"; Christiano, "Current Work in AI Alignment".
59. Para uma explicação mais aprofundada e relativamente acessível da generalização imitativa, ver Beth Barnes, "Imitative Generalisation (AKA 'Learning the Prior')", AI Alignment Forum, 9 jan. 2021. Disponível em: <www.alignmentforum.org/posts/JKj5Krff50KMb8TjT/imitative-generalisation-aka-learning-the-prior-1>.
60. Geoffrey Irving e Dario Amodei, "AI Safety via Debate", OpenAI, 3 mai. 2018. Disponível em: <openai.com/blog/debate>.
61. Para uma esclarecedora sequência de postagens explicando a amplificação iterada, escritas pelo criador principal do conceito, ver Paul Christiano, "Iterated Amplification", AI Alignment Forum, 29 out. 2018. Disponível em: <www.alignmentforum.org/s/EmDuGeRw749sD3GKd>.

62. Para mais detalhes sobre os desafios técnicos da segurança da IA, ver Dario Amodei et al., "Concrete Problems in IA Safety", arXiv:1606.06565v2 [cs.AI], 25 jul. 2016. Disponível em: <arxiv.org/pdf/1606.06565.pdf>.
63. Para ler na íntegra os "Princípios de IA de Asilomar", juntamente com a lista de signatários atualizada regularmente, ver "Asilomar AI Principles", Instituto Futuro da Vida, 2019. Disponível em: <futureoflife.org/ai-principles>.
64. Um dos pais da internet, Vint Cerf, escreveu um ensaio útil expandindo o papel da DARPA na criação da internet. Ver Vint Cerf, "A Brief History of the Internet and Related Networks", Internet Society. Acessado em: 5 mar. 2023. Disponível em: <www.internetsociety.org/internet/history-internet/brief-history-internet-related-networks>.
65. "Asilomar AI Principles", Instituto Futuro da Vida.
66. "Lethal Autonomous Weapons Pledge", Instituto Futuro da Vida, 2019. Disponível em: <futureoflife.org/lethal-autonomous-weapons-pledge>.
67. Kelley M. Sayler, "Defense Primer: US Policy on Lethal Autonomous Weapon Systems" (report IF11150, Serviço de Pesquisa do Congresso, atualizado em 14 nov. 2022). Disponível em: <crsreports.congress.gov/product/pdf/IF/IF11150>.
68. *Department of Defense Directive 3000.09 — Autonomy in Weapon Systems*, Departamento de Defesa dos EUA, 21 nov. 2012 (em vigor em 25 de janeiro de 2023. Disponível em: <www.esd.whs.mil/Por tals/54/Documents/DD/issuances/dodd/300009p.pdf>.
69. Erico Guizzo e Evan Ackerman, "Do We Want Robot Warriors to Decide Who Lives or Dies?", *IEEE Spectrum*, 31 mai. 2016. Disponível em: <spectrum.ieee.org/robotics/military-robots/do-we-want-robot-warriors-to-decide-who-lives-or-dies>.
70. Ibidem.
71. Departamento de Controle, Verificação e Conformidade de Armas, "Political Declaration on Responsible Military Use of Artificial Intelligence and Autonomy", Departamento de Estado dos EUA, 16 fev. 2023. Disponível em: <www.state.gov/political-declaration-on-responsible-military-use-of-artificial-intelligence-and-autonomy>.
72. Brian M. Carney, "Air Combat by Remote Control", *The Wall Street Journal*, 12 mai. 2008. Disponível em: <www.wsj.com/articles/SB121055519404984109>.
73. "Supporters of a Ban on Killer Robots", Campaign to Stop Killer Robots, atualizado em 18 mai. 2021. Disponível em: <web.archive.org/web/20210518133318/https://www.stopkillerrobots.org/endorsers>.
74. Brian Stauffer, "Stopping Killer Robots: Country Positions on Banning Fully Autonomous Weapons and Retaining Human Control", Human Rights Watch, 10 ago. 2020. Disponível em: <www.hrw.org/report/2020/08/10/stopping-killer-robots/country-positions-banning-fully-autonomous-weapons-and>.

75. Para compreender melhor a questão da transparência na IA, uma analogia útil é a diferença em matemática entre encontrar uma solução para um problema e verificar se uma determinada solução está correta. Em alguns casos, é fácil para humanos verificarem uma solução encontrada por um computador. Por exemplo, se um programa for instruído a encontrar o maior número inteiro ímpar menor que 1.000.000, é trivial para um ser humano confirmar que 999.999 de fato atende a esses critérios. Por outro lado, se um programa for instruído a encontrar o maior número primo inferior a 1.000.000, um ser humano terá muita dificuldade em verificar por si próprio se 999.983 é de fato primo. De forma semelhante, quando a IA gera algoritmicamente uma resposta a partir de parâmetros definidos com clareza por seus criadores, é fácil para os programadores "olharem nos bastidores" e verem exatamente quais são os fatores que levaram a essa resposta. Por exemplo, um programa do jogo Go que avalia o tabuleiro com base em regras fixas pode dizer a seus programadores precisamente porque determinou que um movimento específico será o melhor. Porém, em abordagens conexionistas como a aprendizagem profunda, o "porquê" completo é muitas vezes inacessível tanto para os programadores humanos como para a própria IA. Provavelmente não existe uma técnica universal que seja capaz de verificar razões compreensíveis para qualquer solução arbitrária gerada por uma rede neural. Para saber mais sobre o chamado "problema da caixa preta" da IA, ver Will Knight, "The Dark Secret at the Heart of AI", *MIT Technology Review*, 11 abr. 2017. Disponível em: <www.technologyreview.com/s/604087/the-dark-secret-at-the-heart-of-ai>.

76. Paul Christiano, "Eliciting Latent Knowledge", AI Alignment, *Medium*, 25 fev. 2022. Disponível em: <ai-alignment.com/eliciting-latent-knowledge-f-977478608fc>.

77. John-Clark Levin e Matthijs M. Maas, "Roadmap to a Roadmap: How Could We Tell When AGI Is a 'Manhattan Project' Away?", arXiv:2008.04701 [cs.CY], 6 ago. 2020. Disponível em: <arxiv.org/pdf/2008.04701.pdf>.

78. "The Bletchley Declaration by Countries Attending the AI Safety Summit, 1-2 November 2023", Governo do Reino Unido, 1º nov. 2023. Disponível em: <www.gov.uk/government/publications/ai-safety-summit-2023-the-bletchley-declaration/the-bletchley-declaration-by-countries-attending-the-ai-safety-Summit-1-2-november-2023>.

79. Para uma análise mais aprofundada da tendência mundial de longo prazo de diminuição da violência, você pode encontrar muitos insights úteis e ricos em dados no excelente livro do meu amigo Steven Pinker *The Better Angels of Our Nature* (Nova York, NY: Viking, 2011). [Ed. bras.: *Os anjos bons da nossa natureza: por que a violência diminuiu*. Trad. Bernardo Joffily e Laura Teixeira Motta. São Paulo: Companhia das Letras, 2017.]

80. Para um ensaio útil sobre os sentimentos antitecnológicos que se desenvolvem em resposta aos temores sobre ameaças tecnológicas emergentes, ver Lawrence Lessig, "Stamping Out Good Science", *Wired*, 1º jul. 2004. Disponível em: <www.wired.com/2004/07/stamping-out-good-science>.
81. Walter Suza, "I Fight Anti-gmo Fears in Africa to Combat Hunger", *The Conversation*, 7 fev. 2019. Disponível em: <theconversation.com/i-fight-anti-gmo-fears-in-africa-to-combat-hunger-109632>; Conselho Editorial, "There's No Choice: We Must Grow GM Crops Now", *The Guardian*, 16 mar. 2014. Disponível em: <www.theguardian.com/commentisfree/2014/mar/16/gm-crops-world-food-famine-starvation>.
82. Para uma gama representativa dessas críticas, ver Joël de Rosnay, "Artificial Intelligence: Transhumanism Is Narcissistic. We Must Strive for Hyperhumanism", *Crossroads to the Future*, 26 abr. 2015. Disponível em: <web.archive.org/web/20230322182945>; <https://www.crossroads-to-the-future.com/articles/artificial-intelligence-transhumanism-is-narcissistic-we-must-strive-for-hyperhumanism>; Wesley J. Smith, "Jeffrey Epstein, a Narcissistic Transhumanist", *National Review*, 1º ago. 2019. Disponível em: <www.nationalreview.com/corner/jeffrey-epstein-a-narcissistic-transhumanist>; Sarah Spiekermann, "Why Transhumanism Will Be a Blight on Humanity and Why It Must Be Opposed", The Privacy Surgeon, 6 jul. 2017. Disponível em: <web.archive.org/web/20180212062523>; <http://www.privacysurgeon.org/blog/incision/why-transhumanism-will-be-a-blight-on-humanity-and-why-it-must-be-opposed>.
83. Em 2021, o consumo global total de energia primária foi de cerca de 595,15 exajoules, o que equivale a 165.320 terawatts-hora. É o equivalente anual a 18,8 terawatts (TW) contínuos. Em comparação, estima-se que a energia solar que atinge constantemente a Terra é da ordem de 173.000-175.000 TW, dos quais o Laboratório Nacional Sandia calcula que cerca de 89.300 TW atingem a superfície do planeta, e 58.300 TW são teoricamente extraíveis por energia fotovoltaica baseada na superfície. Desse total, a pesquisa do Sandia avaliou que até 7.500 TW poderiam ser gerados a partir de áreas bem insoladas com a tecnologia de 2006. Na verdade, construir apenas 0,25% desta capacidade cobriria a energia que utilizamos atualmente de todas as fontes — não apenas eletricidade, mas também combustíveis que atualmente são utilizados sem serem convertidos primeiro em energia elétrica. Ver BP *Statistical Review of World Energy 2022* (Londres: BP, 2022). Disponível em: <www.bp.com/content/dam/bp/business-sites/en/global/corporate/pdfs/energy-economics/statistical-review/bp-stats-review-2022-full-report.pdf>, 9; Jeff Tsao et al., "Solar FAQs", Departamento de Energia dos EUA (documento provisório SAND 2006-2818P, Laboratório Nacional Sandia 2006), p. 9. Disponível em: <web.archive.org/web/20200424084337>; <https://www.sandia.gov/~jytsao/Solar%20FAQs.pdf>.

84. Para dois resumos muito úteis sobre o pensamentos de alguns dos principais futuristas do mundo acerca dos riscos existenciais — isto é, eventos que poderiam destruir a civilização ou causar a extinção humana por completo —, ver Sebastian Farquhar et al., *Existential Risk: Diplomacy and Governance*, Projeto de Prioridades Globais, 2017. Disponível em: <www.fhi.ox.ac.uk/wp-content/uploads/Existential-Risks-2017-01-23.pdf>; Nick Bostrom, "Existential Risks: Analyzing Human Extinction Scenarios and Related Hazards", *Journal of Evolution and Technology*, v. 9, n. 1 2002). Disponível em: <www.nickbostrom.com/existential/risks.html>.

ÍNDICE REMISSIVO

OS NÚMEROS DE PÁGINA EM ITÁLICO REFEREM-SE A GRÁFICOS E ILUSTRAÇÕES.

A

ABC (rede de TV), 241
ABIOGÊNESE, 107, 381
ABORDAGEM da nanotecnologia
  "de baixo para cima", 273
  "de cima para baixo", 273
ABSTRAÇÃO, 44-5
ABUNDÂNCIA (Diamandis e Kotler), 124
ACEMOĞLU, Daron, 142
ACIDENTES de trânsito, 250-1
ACIDENTES vasculares cerebrais
  criptogênicos, 286
  isquêmicos, 286
ACUMULAÇÃO, 277
AEROPONIA, 197
ÁFRICA
  eletricidade, 191
  fome e OGMs, 309
  surto do vírus ebola, 296
  taxa de pobreza, *129*, 155
AGE of Intelligent Machines, The (Kurzweil), 180
ÁGUA potável, acesso à, 194-6
AGRICULTURA, 185-6, 220-3, 248
  trabalho agrícola, 217, 220-3, *222*, 240
  vertical, 186, 188, 195, 196-8, *199*
AGÜERA Arcas, Blaise, 283
AI Impacts, projeto, 72
ALEATORIEDADE, 92, 98, 109
ALEMANHA
  índices de criminalidade, *164*
  rede de segurança social, 244
  taxas de mortalidade na guerra, 167
ALEXANDRE II da Rússia, 178
ALFABETIZAÇÃO, 123-4, 134-6
  crescimento desde 1820, *137*
  taxas por país, *137*
ÁLGEBRA, 23
ALGORITMOS, 10, 66, 97-8
  evolucionários, 28, 30-1, 32, 37
  mídias sociais, 126-7
  pesquisas na internet, 54-5, 62-3, 232
  rede neural *ver* redes neurais
ALINHAMENTO de valores, 305, 308
ALPHABET
  DeepMind, 49, 50, 56, 60, 215, 261
  Waymo, 51, 213
  Ver também Google
ALPHACODE, 60
ALPHAFOLD, 261
ALPHAFOLD 2, 10, 261
ALPHAGO, 49-50, 437
ALPHAGO Master, 49-50
ALPHAGO Zero, 50, 261, 437
ALPHAZERO, 50
ALQUIST 3D, 205
ALTAIR 8800, 145, 182, 331
ALUCINAÇÕES, 75
  Ver também grandes modelos de linguagem
AMAZON, 157, 232, 276
AMD Radeon RX, 182, 342
AMEBAS, 87

AMECA, 113
AMINOÁCIDOS, 260, 285, 287
AMPLIFICAÇÃO iterada, 304
ANDERSON, Chris, 247
ANDREESSEN, Marc, 231
ANDROID, 239
ANDROIDES, 99, 112
ANIMAIS
  cérebros dos, 40, 41-2, 45, 55, 83
  consciência dos, 86, 87, 88-90, 91
  direitos dos, 87, 91, 168
  domesticação dos, 209
  evolução dos, 16, 38
  teste do espelho, 70, 86
  Ver também animais específicos
ANJOS bons da nossa natureza, Os (Pinker), 167, 252
ANTIBIÓTICOS, 147, 250-60
APARÊNCIA pessoal, 120, 287
APLICATIVOS de relacionamento, 253
APPLE, 145
APPLE Macintosh, 182, 331
APRENDIZAGEM com poucos disparos, 59
APRENDIZAGEM profunda, 48-55, 67-8, 110-1
  Lei de Moore, 48-9
  transformadores, 55-6
AQUISIÇÃO de novas habilidades e aprimoramento de competências, 227
ARGONET, 265-6
ARGUMENTO do quarto chinês, 57, 372n
ARMAS, 298-300, 304-6
  atômicas ver armas nucleares
  biológicas, 298
  de fogo, impressas em 3D, 203-4
  hipersônicas, 294
  nucleares, 293
ARMAZENAMENTO de bateria, 193
ARQUITETURA de transmissão, 301
ARREPENDIMENTOS, 119
ARTE, 45, 84, 120, 229
ÁSIA, pobreza, 151, 154
ASILOMAR
  Conferência sobre DNA Recombinante, 295
  Conferência sobre IA Benéfica, 304
  Princípios de IA de, 305, 307
ASIMO, 112
ASKELL, Amanda, 57
ASTEROIDES, 42
ATAQUES cibernéticos, 210
ATARI, 51
ATEROSCLEROSE, 198, 286
ATLAS (robô), 113

ÁTOMOS, 15, 38, 109, 189, 269, 270-3, 275, 299, 483n
AUSTRÁLIA
  sistema de assistência social, 244, 244
  taxa de pobreza, 129
AUTISMO, 265
AUTOCRACIAS, 179
AUTODESTRUIÇÃO assegurada (SAD), 294
AUTOMAÇÃO, 252-3, 276
  empregos e, 214-8, 223, 226-300, 240, 242
AUTÔMATOS
  celulares, 93-9, 94, 95, 96
  celulares elementares, 94, 94-7, 95, 96
  de classe 1, 93, 93-4
  de classe 4, 94-9
AUTOMONTAGEM, 273
AUTORREPLICAÇÃO, 13, 38, 107, 269-72, 275, 284, 297-8
  gosma cinza, 272, 299-302
AVALIAÇÃO Nacional da Alfabetização de Adultos, 137
AVATARES, 111, 287
AXÔNIOS, 99

B

BABBAGE, Charles, 319
BACTÉRIAS, 194, 195, 259, 286, 299
BANCO de Compensações Internacionais, 238
BANDA larga, 125
BARATAS, 87
BARDEM, Javier, 111
BARNES, Lucas, 109
BIG Bang, 15, 38-9, 108-9
BIG data, 10, 66-7
BINAC, 182, 238
BIOCOMBUSTÍVEIS, 170, 190
BIOLOGIA genética, 265
BIOMASSA, 272, 299, 483n
BIOMOLÉCULAS, 149
BIOIMPRESSÃO, 203
BIOSFERA, 299-300
BIOTECNOLOGIA, 12, 13, 149
  combinação com IA, 257-68
  riscos e perigos, 295-6
  Ver também tecnologias específicas
BITCOIN ver criptomoedas
BITES (engajadores biespecíficos de células T), 262
BLACKBURN, Simon, 92
BLADE Runner (filme), 111

BLITZ de Londres, 178
BODE, Stella de, 99
BOJACK *Horseman* (programa de TV), 242
BOSTON Dynamics, 113
BOSTROM, Nick, 49, 73, 115, 293, 322, 323
BRAINGATE, 81
BRYNJOLFSSON, Erik, 227-8, 231
BUDA, 291
BURACOS negros, 9-10, 109
BUTADIENO, 274
BUTLER, Samuel, 85-6

C

CAÇADORES-COLETORES, 126, 167
CÃES, 87
CAIXAS eletrônicos, 228
CALIFÓRNIA, automação e empregos, 215
CALMENT, Jeanne, 279
CAMINHONEIROS, 215-6, 250-1
CAMPANHA para deter robôs assassinos, 306-307
CAMUNDONGOS, 41
CANADÁ
  sistema de assistência social, 244, *244*
  taxa de pobreza, *129*
CÂNCER
  biossimulação e, 207-8, 209, 264
  detecção, 266
  IA e, 232-4
  imunoterapia para, 207, 248, 262
  nanotecnologia para, 268, 269-70, 285
  prolongamento da vida e, 148, 149, 207-8, 209, 268, 269-70, 285
CAPACIDADE computacional do cérebro humano, estimativas, 63, 67, 71, 72, 82-3, 269, 271, 288-9
CAPITAL e trabalho, 229-30
CAR-T, terapia celular, 207, 262
CARBONO, 15, 91, 107, 273, 299
CARNE cultivada em laboratório, 186, 188
CARNE de cultura, 186
CARROS autônomos, 51, 188, 213-4, 228-9, 234, 250-1, 277
  Ver também veículos autônomos
CARVÃO, 229, 483*n*
CBS (rede de TV), 241
CDCS (Centros de Controle e Prevenção de Doenças dos EUA), 265
CÉLULAS da ilhota pancreática, 209
CÉLULAS-TRONCO, 203, 207-8, 284
  pluripotentes induzidas (IpS), 207-8
CELULARES *ver* smartphones

CEREBELO, 19, 37-42
  funções, 38-41
  hierarquias, 45-6
  memória muscular, 38-40
  padrões de ação fixos, 40-2
CÉREBRO humano
  capacidade computacional, estimativas, 63, 67, 71, 72, 82-3, 269, 271, 288-9
  cerebelo do *ver* cerebelo
  dilema do livre-arbítrio, 92-4
  efeito da toxicidade ambiental sobre, 165-6
  emulação *ver* upload da mente
  evolução do, 12, 39-40, 42-3, 45, 83
  identidade e, 85-6
  implantes neurais, 103-4
  interface computador *ver* interface cérebro-computador
  neocórtex do *ver* neocórtex
  tamanho do, 43, 269
  tomada de decisão, 92-3
  velocidade de processamento, 71-2
  Ver também cerebelo; neocórtex
CÉREBRO tripartido, 38
CÉREBROS matriosca, 116
CHALMERS, David, 57, 90, 91, 115
CHARLES (rio), 104
CHATGPT, 60-1, 217
  Ver também OpenAI
CHEXNET, 266, 267
CHEXPERT, 267
CHIMPANZÉS, 45, 70, 87
CHINA
  armas nucleares, 293
  educação e alfabetização, 136, *137*, 138, *139*
  pobreza, *129*, 151-2
CHIPS, computador, 125, 180-9, 270-1
  preço/desempenho, 319-43
CHOMSKY, Noam, 305
CHURCHILL, Winston, 178
CICERO, 51
CICLO de feedback positivo, 70, 146
CÍRCULOS virtuosos, 168, 211
CIRCUITOS integrados, 48, 49, 164
CIRURGIAS, robóticas, 267-8
CLASSE de regras, 1, 93-4
CLIP, 53
CNN, 132
COBALTO, 292
CODEX, 60
CODIFICADOR de Frases Universal, 54

COGNIÇÃO, 10, 17
　em animais, 87, 90
　em humanos, 43, 69-70, 71, 82, 269
　IA e, 69-70, 71, 75, 114
CÓLERA, 148, 194
COLETA e análise de dados, 68-9
COLOSSUS Mark 1, 181, 326
COMBUSTÍVEIS fósseis, 69, 229
　substituição de, 169-70, 189-93
COMIDA ver agricultura
COMO criar uma mente (Kurzweil), 12, 43, 85, 90, 101, 104, 114, 116
COMPAQ Deskpro, 386 182, 331-2
COMPAQ Deskpro, 386/25, 182, 332
COMPATIBILISMO, 98
COMPENSAÇÃO espaço-temporal, 80
COMPETÊNCIA inconsciente, 40
COMPROMISSO de Armas Autônomas Letais, 305
COMPORTAMENTO, 41-3, 86, 87-8
COMPUTAÇÃO
　emulação da inteligência humana, 64, 71-2, 81-2, 269, 272, 288-9
　Lei de Moore, 48-9, 67, 125, 184
　Lei dos Retornos Acelerados, 180-8
　neocórtex conectado à nuvem, 18, 80-4, 243, 266-7, 317-8
　preço/desempenho da, 11, 11, 12, 23-4, 38, 48, 65, 66-8, 67, 71, 72, 73, 180-8, 181-2, 198-9, 319-44
　processamento paralelo, 67-8, 71-2, 272
　quântica, 274
　simbólica, 22-7, 48
　Teste de Turing, 17-8, 20-1, 73-9
COMPUTAÇÃO de treinamento (FLOPS) de marcos de sistemas de aprendizado de máquina ao longo do tempo, 66, 67
COMPUTADORES pessoais (PCs), 145, 230
COMPUTING Machinery and Intelligence (Turing), 20
COMPUTRONIUM, 17, 79
COMUNIDADE Polaco-Lituana, 177
CONCORDE, 125
CONEXIONISMO, 22, 26, 34-7, 48-9, 64
CONFEDERAÇÃO Nacional Interagências para Investigação Biológica, 296
CONSCIÊNCIA, 9, 15, 85-92
　dos animais, 86, 87, 88-90, 91
　explicação causal da, 90-2
　funcional, 86-8, 89-90
　IA, 75
　origens da, 88
　replicantes e, 113

　subjetiva, 72, 86-90, 91, 104, 105
　uso de drogas para alterar a, 120
　uso do termo, 86
　visão geral da, 85-9
　"Você 2" consciente, 101-5, 112, 113
CONSTRUTOR universal, 270, 272
CONTEINERIZAÇÃO, 223
COOLIDGE, Calvin, 254
COOPERAÇÃO, 169
CORE 2 Duo E6300, 182, 339
COREIA do Norte, 293, 298
CÓRTEX cerebral, 43, 288
CÓRTEX motor, 40
CÓRTEX pré-frontal, 83
COSMÉTICOS, 120
COVID-19 (pandemia), 149, 295-7
　desinformação sobre, 248-9, 297
　despesas com segurança social, 243, 244
　força de trabalho, 161, 162, 235, 236
　IA e medicina, 148-9, 206-11, 257-68
　renda e pobreza, 153, 157, 158, 219
　riscos da biotecnologia, 295-7
　teletrabalho, 136, 161
　vacinas, 249, 259-60, 297
CRAIGSLIST, 239
CRESCIMENTO exponencial, 10, 17-8, 123-212
　Lei dos Retornos Acelerados, 49, 124-5, 176, 188, 192, 198, 211
　parte íngreme do, 180-8
　preço/desempenho da computação, 11, 11, 12, 23-4, 38, 48, 65, 66-8, 67, 71, 72, 73, 180-8, 181-2, 198-9, 319-44
　Ver também progresso tecnológico
CRIATIVIDADE, 428, 287
CRIPTOMOEDAS, 238-9
CRISE financeira de 2008, 153
CRISPR, 264
CTRL Shift Face, 111
CUBO mágico, 40
CULTURA norte-americana das armas, 252
CURTISS, Susan, 99
CUSTO marginal, 231-2, 448n
CYCORP, 25

D

DADOS múltiplos de instruções individuais (SIMD), 272
DAFOE, Willem, 111
DALÍ, Salvador, 58
DALL-E, 58-9, 242
DALL-E 2, 229

DARPA, 82, 213
DARWIN, Charles, 47-8, 57
DATA General Nova, *182*, 330
DAWKINS, Richard, 380*n*
DEC PDP-1, 24, 329
DEC PDP-4, 329
DEC PDP-8, 329
DECLARAÇÃO de Bletchley, 308
DECLARAÇÃO *de Cambridge sobre a Consciência*, 88
DECLARAÇÃO de Direitos, 177
DEEP Blue *ver* IBM
DEEPFAKE (vídeos falsos), 111
DEEPMIND *ver* Alphabet
DEFLAÇÃO, 183, 185, 234, 235
DELFI, 266
DEMOCRACIA, 175-80, 211
  propagação desde 1800, *180*
DENDRITOS, 104
DENSIDADE das lavouras, 197
DEPOSIÇÃO química de vapor, 274
DESALINHAMENTO externo, 303
DESALINHAMENTO interno, 303
DESERTOS, energia solar nos, 191
DESIGN de Sistema de Engenharia Neural, 82
DESIGUALDADE, 211
DESTRUIÇÃO mútua assegurada (MAD), 293-4
DESQUALIFICAÇÃO, 227
DETERMINISMO, 92-9
DEUS, 47, 88, 97
DEUTSCHLAND (navio), 125
DIABETES, 148, 209, 283
DIAMANDIS, Peter, 124
DIAMANTES artificiais, 274
DIAMANTOIDES, 274, 282, 287
DIAMOND Age, The (Stephenson), 274
DICAPRIO, Leonardo, 111
DIFÍCIL problema da consciência, 89-92
DIGESTÃO, 81, 283
DINÂMICA dos fluidos, 282
DINOSSAUROS, 42
DIPLOMACIA (jogo), 51
DISCOVERY Channel, 241
DIÓXIDO de carbono, 209, 283
DIREITO de voto, 178
DISENTERIA, 148, 194
DISPARIDADES raciais e policiamento, 165
DNA, 16, 113, 206, 260, 275, 284
  "lixo", 265
  nanotecnologia, 274
  origami de, 274
  reparação, 82
  sequenciamento, 10, 148, 206
DOENÇA de Alzheimer, 148, 262, 279
DOENÇA de Parkinson, 101, 262
DOENÇA diarreica, 194
DOENÇAS degenerativas, 148-9, 209, 262-3
DOENÇAS infecciosas, 24, 265-6
DREXLER, K. Eric, 185, 270-6, 299
DUALISMO, 91
DURRANT, Jacob, 259
DVRS (gravadores digitais de vídeo), 241

E

EBAY, 158
EBOLA, surto do vírus, 296
E-BOOKS, 232, 276
ECONOMIA
  clássica, 230
  de aplicativos, 239-40
  digital, 277
  gig, 240
  subterrânea, 238
EDIFÍCIOS, impressão 3D, de 186, 204-6
EDUCAÇÃO e aprendizagem, 134-9
  alfabetização, 123-4, 134-6
  despesas do governo dos EUA, *138*
  empregos e competências, 221-2, 222, 233-4, 240
  média de anos de, *139*
EFEITO IA, 75
EINSTEIN, Albert, 48
EISNER, Manuel, 164
ELEFANTES, 46, 55, 70
ELETRICIDADE
  da energia solar *ver* energia fotovoltaica
  do vento *ver* energia eólica
  energia renovável, 169-75
  problemas de armazenamento, 191-2
ELETRIFICAÇÃO, 141
ELETRODOMÉSTICOS, 134
ELETROENCEFALOGRAMAS (EEGs), 80
ELETROMAGNETISMO, 107
ELETRÔNICOS, 80, 83, 228
ELÉTRONS, 107, 108
EMISSÕES de carbono, 186, 198, 202
EMPATIA, 120, 168, 252
  "círculo em expansão" de, *168*
EMPREGOS, 213-55
  aquisição de novas habilidades e aprimoramento de competências, 227

desqualificação, 227
destruição e criação, 223-9
distinção entre tarefas e profissões, 233
falta de produtividade, 234-5
grandes transtornos, 231-4
motoristas, 220-2, 253-4
na indústria (fábricas), 221-2, 223-4, 224
perdas líquidas, 231-3
procura por significado, 240, 248
renda e, 123-4, 148-58, 224-5
revolução atual nos, 214-8
revolução vindoura nos, 240-55
sem qualificações, 227, 228
trabalho agrícola, 218, 220-2, 222, 241
Ver também força de trabalho; mão de obra
EMULAÇÃO
biomolecular, 116
celular, 116
conectômica, 115-6
de cérebro inteiro (WBE) *ver* upload da mente
funcional, 115
quântica, 116
ENCICLOPÉDIA *Britânica*, 184
ENGENHARIA genética, 297
ENERGIA
armazenamento de, 192-3
custos de, *193*
total nos EUA, *194*
nanotecnologia e, 277-8
substituição de combustíveis fósseis, 169-70, 189-93
Ver também energia renovável
ENERGIA eólica, 164, 184-5
custos, *173*
geração de eletricidade mundial, *173*
ENERGIA fotovoltaica
capacidade instalada global, *172*
custo do módulo por watt, *170*
porcentagem da eletricidade mundial, *172*
SolarWindow Technologies, 189
ENERGIA maremotriz, 174
ENERGIA renovável
crescimento de, 169-70
problemas de armazenamento, 170
ENERGIA solar *ver* energia fotovoltaica
ENGINEERED Arts, 113
ENGINES of Creation (Drexler), 274
ENIAC, 181, 327
ENOVELAMENTO de proteínas, 261-3, 309

ENSAIOS clínicos *ver* testes clínicos
ENTROPIA, 109, 128, 176
ENVELHECIMENTO, 13, 209, 278-80, 283
desaceleração e reversão *ver* prolongamento radical da vida
ENZIMAS, 273
EPIGENÉTICA, 106, 285
EPILEPSIA, 45
ÉPOCAS
Época Cinco, 16, 18, 19
Época Dois, 16
Época Quatro, 16
Época Seis, 17
Época Três, 16
Época Um, 15
EQUIPE Global de Resposta Rápida (GRRT), 296
ERA *das máquinas espirituais*, A (Kurzweil), 12, 17, 21, 73, 124, 180
ESCLEROSE lateral amiotrófica (ELA), 81
ESCOAMENTO agrícola, 197, 198
ESPANHA
alfabetização, 136, *137*
taxa de pobreza, *129*
ESPERMA, 105
ESTRATÉGIAS para a Construção de um Envelhecimento Negligenciável (SENS), 280
EVENTO de extinção do Cretáceo-Paleógeno, 42
EVOLUÇÃO
do cérebro humano, 12, 39-40, 42-3, 45, 83
uso da nostalgia, 127, 128
viés de más notícias, 126-8, 131-2
EXAMES cerebrais, 80
EXCEDENTE do consumidor, 232
EXERCÍCIOS de defesa civil, 929, 310
EXPECTATIVA de vida, 147-50
EXPLOSÃO de inteligência *ver* FOOM
EXPRESSÃO gênica, 264, 286
EXTINÇÃO, 42, 293, 302
EXTRAIR conhecimento latente, 307
EXTREMA pobreza, 121-2, *129*, 147-9

F

FABRICAÇÃO de ferramentas, 45, 201, 203-4, 254,
FABRICAÇÃO molecular, 276
FABRICAÇÃO subtrativa, 200
FACEBOOK, 81, 187, 198, 232, 233, 277
FDA, 81, 259, 263, 297

FEBRE tifoide, 194
FELDMAN, Daniel, 62-3
FERTILIZANTES, 196, 198, 221
FEYNMAN, Richard, 269
FIALA, John, 115
FISICALISMO (materialismo), 91-2
FILTRAGEM (tecnologia), 195
FILOSOFIA da mente
   difícil problema da consciência, 89-92
   navio de Teseu, 102, 103
FÍSICA
   Modelo Padrão da, 107-8, 381*n*
   na Época Um, 15, *79*
   regras da, 107-8
FITMYFOOT, 201, 228
FLEABAG (programa de TV), 241
FLOPS (operações de ponto flutuante por segundo), 67-8, 322
FOME, 197, 248, 292, 309
FOOM (explosão de inteligência), 71
FORBES, 232
FORÇA de trabalho, 224-5
   nos EUA, 219, 223
   taxa de participação, *236*, 236-340, *237*, 438*n*
   Ver também empregos; mão de obra
FORÇA nuclear forte, 15
FORÇA nuclear fraca, 107
FORÇAS fundamentais, 107
FORMAÇÃO de estrelas, 107
FORMAÇÃO universitária, 215
FÓRUM Internacional de Transportes, 202
FRACTAIS, 96
FRAGILIDADES biológicas, 13
FRANÇA
   armas nucleares, 293
   educação e alfabetização, 137, *137*, *139*
   índices de criminalidade, *164*
   Princípios de Asilomar, 305
   taxa de pobreza, 129
FREITAS, Robert A., 287, 299, 301
FREY, Carl Benedikt, 216
FRIED, Itzhak, 45
FRONTIER (supercomputador), 71, 269
FUNÇÕES básicas, 39
FUNDAÇÃO de Pesquisa SENS, 280
FUNDO Monetário Internacional (FMI), 183

G

GAGNÉ, Jean-François, 21
GANS (redes adversárias generativas), 110
GASES do efeito estufa, 170, 186

GATEWAY 486DX2/66, 182, 333
GATO, 59
GAZZANIGA, Michael, 100
GEMINI, 10, 17, 73
GENERALIZABILIDADE, 270, 275
GENERALIZAÇÃO imitativa, 304
GENES, 41, 149, 264-5
   mutações, 41, 149, 208-9, 265, 286, 302
   nanotecnologia de DNA, 285-6
GENÉTICA, nanotecnologia e robótica, 309
GÊNIOS, 302
GEOLOGIA, 47, 48
GEOTÉRMICO, 171, 189
GERAÇÃO Grandiosa, 146
GERAÇÃO Z, 161
GLICOSE, 80
GLOBALIZAÇÃO, 157
GMAIL Smart Reply, 54
GO (jogo), 10, 17, 49-50, 215, 352*n*, 356*n*
GOOD, I. J., 70
GOOGLE
   Codificador de Frases Universal, 54
   Duplex, 75
   Gemini, 10, 17, 73
   Play Store, 239
   reconhecimento de objetos, 22
   Talk to Books, 54, 79, 117
   Tendências da Gripe, 265
   Ver também Alphabet
GOOGLE Cloud, 24, 181, *182*, 321, 342
GOOGLE Switch, 56
GOOGLE Workspace, 22
GOPHER, 56
GOSMA azul 301-2
   Ver também nanobôs/nanorrobôs
GOSMA cinza, 272, 299-302
   Ver também nanobôs/nanorrobôs
GOTHAM Greens, 197
GPS, 23, 24
GPT ver Openai
GRÃ-BRETANHA *ver* Reino Unido
GRAFENO, 189, 201, 274
GRAND Canyon, 47
GRANDE Depressão, 141, 157, 159-60
GRANDE Recessão, 223
GRANDES modelos de linguagem, 21, 58, 65, 75-6
   alucinações, 75
   baseados em transformadores, 56
   GPT-3, 56, 57, 58, 59, 261, 359n
   GPT-4, 10, 17, 62-6, 75
GRAVIDADE, 10, 16, 65, 107, 108
GRAVIDEZ na adolescência, 130

GRÁVITONS, 107
GREAT Western (navio), 125
GREY, Aubrey de, 280, 281
GRIPE, 259, 265
GROSSMAN, Terry, 209
GTX 285, 182, 340
GTX 580, 182, 340
GTX 680, 182, 340-341
GUERRA de Independência dos EUA, 125, 177
GUERRA Fria, 151-2, 179, 293
GUGOL, 106
GUGOLPLEX, 106
GUTENBERG, Johannes, 175, 176

H

HABITAÇÕES impressas em 3D, 204, 205
HABITAÇÕES modulares, 204
HAMEROFF, Stuart, 373n
HANDS Free Hectare, 221
HANSON Robotics, 113
HANSON, Robin, 71
HAWKING, Stephen, 305
HEURÍSTICA, 133, 168
HEURÍSTICA da disponibilidade, 133
HIDROGÊNIO, 38, 107-8, 275
HIDROPONIA, 197
HINGE, 253
HISTORY Channel, 241
HIV (vírus), 296
HOFER, Johannes, 127
HOFFMAN, Dustin, 70
HOGAN, Craig J., 108
HOLLERITH (máquinas tabuladoras), 356n
HOLOCAUSTO, 255
HOMEM-ARANHA, 53
HOMICÍDIO (taxas de), 163-9
   crimes violentos nos EUA, 167
   na Europa Ocidental desde 1300, 164
   nos EUA, 167
HOMINÍDEOS, 250
HONDA ASIMO, 112
HORMÔNIOS, 209, 283-4
HUASHANG Tengda, 205
HUMANISMO, 309
HUMOR, 45-6, 60
HUTTON, James, 47

I

IA ver inteligência artificial
IBM
   Deep Blue, 50-1, 74
   Project Debater, 75
   Watson, 74
IBM 7094, 183, 184, 230
IDADE da Pedra, 89
IDADE do Bronze, 274
IDADE do Ferro, 274
IDADE Média, 84, 126, 136, 167
IDENTIDADE, 101-105
   conversa com meu pai-robô, 117-9
   de Ray Kurzweil, 85, 119-20
   "Quem sou eu?", 85-6
   replicantes e, 113
IDENTIDADE de gênero, 120
IKEA, 204
ILUMINISMO, 136
IMORTALIDADE, 105, 280
IMPACTOS da IA, 72
IMPLANTES
   cocleares, 103
   médicos, 200-1, 204
   neurais, 80-1, 102-3, 267
IMPRENSA (Gutenberg), 175-6
IMPRESSÃO 3D, 158, 192, 200-5
   de células solares, 189
   de edifícios, 186, 204-206
   de implantes médicos, 200-201
   miniaturização, 48, 185
IMPRESSÃO por extrusão, 185
IMPRESSORAS a jato de tinta, 200
IMUNOTERAPIAS, 248, 284
IN silico, 207, 264
INDETERMINISMO, 87
ÍNDIA
   armas nucleares, 293
   educação e alfabetização, 137, 138
   pobreza, 129
INDÚSTRIA, 221-2, 223-4, 224
   mão de obra nos EUA desde 1900, 224
INFERÊNCIA causal, 65
INFLAÇÃO, 37, 220, 230, 234, 235, 248
INPUT do problema da rede neural, 27, 28
INSETOS, 87
INSTAGRAM, 239
INSTITUTO de Investigação Médica de Doenças Infecciosas do Exército dos EUA, 296
INSTITUTO de Métricas e Avaliação em Saúde, 194
INSTITUTO de Pesquisa de Religião Pública, 128
INSTITUTO Futuro da Humanidade, 73
INSTITUTOS nacionais de saúde, 260

INSULINA, 209, 283
INTEL, 48
INTELIGÊNCIA, evolução da, 15-8
INTELIGÊNCIA artificial, 9
   agricultura vertical, 197-9
   análise de crimes, 165-6
   aprendizagem profunda, 48-55, 67-8, 110-1
   biossimulação, 206-11, 263-5
   computação simbólica, 22-7, 48
   conexionismo, 22, 26, 34-7, 48-9, 64
   consciente, 91
   convergência biotecnológica e, 257-68
   deficiências remanescentes da, 64-73
   desalinhamento, 302-3
   diálogo com Cassandra, 313-8
   "do pensamento ao texto", 81
   empregos e, 214-8, 223, 226-300, 240, 242
   energia renovável e, 189-90
   FOOM, 71
   impactos da, 72
   impressão 3D, 201
   Lei dos Retornos Acelerados, 10, 124-5
   na medicina, 148-9, 206-11, 257-68
   nanotecnologia e, 268-89
   nascimento da, 12-29
   neocórtex conectado à nuvem, 18, 80-4, 243, 266-7, 317-8
   redes neurais *ver* redes neurais
   riscos e perigos da, 302-11
   superinteligente *ver* IA superinteligente
   Teste de Turing, 17-8, 20-1, 73-9
   uso do termo, 21
   uso indevido da, 302-4, 308
   vida pós-morte e, 110-7
INTELLEC, 8, *182*, *330*
INTERFACE cérebro-computador
   diálogo com Cassandra, 313-8
   extensão do neocórtex para a nuvem, 18, 80-4, 243, 266-7, 317-8
   Neuralink, 81, 267
   transferência de consciência, 98
   "Você 2" consciente, 101-5, 112, 113
INTERNET, acesso à, 146-7, 253, 400-1*n*
INTERNET, pesquisa na, 55-7, 63-6, 232
IPHONE *ver* smartphones
IRRIGAÇÃO, 196
IRSNs, 262
ISRSs, 262
ISRAEL, 293, 305
ITÁLIA
   alfabetização, 136, *137*
   índices de criminalidade, *164*
   propagação da democracia, 175-80
   taxa de pobreza, *129*

J

JANICKI Omni Processor, 195
JAPÃO
   educação e alfabetização, 136, *137*
   sistema de assistência social, 244
   taxa de pobreza, *129*
   taxas de mortalidade na guerra, 168
JAVASCRIPT, 60
JENNINGS, Ken, 74
JEOPARDY!, 10, 74
JOÃO Sem-Terra, rei da Inglaterra, 175
JOGO da Vida de Conway, 93
JOGO de imitação *ver* Teste de Turing
JOY, Bill, 302

K

KAHNEMAN, Daniel, 132, 133, 250-2, 253, 255, 316, 317
KAMEN, Dean, 195
KAPOR, Mitch, 17, 74
KASPAROV, Garry, 50, 74
KAUFMAN, Scott Barry, 58
KE Jie, 40, 50
KELLING, George, 165
KENBAK-1, 145
KHATCHADOURIAN, Raffi, 22
KISER, Grace, 21
KOTLER, Steven, 124
KURZWEIL, Amy, 117
KURZWEIL, Fredric, 117
   conversa com meu pai-robô, 117-9
KUYDA, Eugenia, 111, 113

L

LABORATÓRIO Nacional de Oak Ridge, 71
LAGARDE, Christine, 182
LAMARCK, Jean-Baptiste, 47
LEARNING Channel, 241
LEGO molecular, 275
LEI de Moore, 48-9, 67, 125, 184
LEI dos Retornos Acelerados, 49, 124-5, 176, 188, 192, 198, 211
LENAT, Douglas, 25
LENTES de contato, 243
LEONARDO da Vinci, 61
LESÕES na medula espinhal, 81
LIFESTRAW, 195
LINHAS de montagem, 223

LINGUAGEM
"argumento do quarto chinês", 57, 372n
cérebro e, 47, 101
domínio da IA, 15, 54-60, 74-80
natural, 21, 56
tecnologia "do pensamento ao texto", 81-2
Teste de Turing, 17-8, 20-1, 73-9
tradução de, 59, 246
LITOGRAFIA de despassivação de hidrogênio, 275
LITTLE Sophia (robô), 113
LIVRE-ARBÍTRIO, 92-94
autômatos celulares, 93-9, *94, 95, 96*
definição de, 92-4
dilema de mais de um cérebro por ser humano, 100, 101-4
LIVRE mercado, 309
LÓGICA, 23
LOGÍSTICA, 223, 321
LONG Now (aposta), 74
LUDD, Ned, 217
LUDITAS, 217
LYELL, Charles, 47, 48

M

MACACOS, 81, 83
MACRÓFAGOS, 286
MAD (destruição mútua assegurada), 293-4
MAGNA Carta, 175
MANTHA, Yoan, 21
MANUFATURA aditiva *ver* impressão 3D
MÃO de obra, 213-255
Ver também empregos; força de trabalho
MARK 1 Perceptron, 35
MARKMAN, Art, 128
MASLOW (hierarquia de necessidades), 249-50
MATEMÁTICA
autômatos celulares, 92-8
singularidade, 9, 10
MAYFLOWER (navio), 125
MAZURENKO, Roman, 111, 113
MCCARTHY, John, 20-21
MCKIBBEN, Bill, 291
MCKINSEY & Co., 217
MECANISMO de atenção na aprendizagem profunda, 54
MECANOSSÍNTESE, 270
MEDIA Psychology Research Center, 127

MEDICAID, 245
MEDICAMENTOS, 250-1, 255, 259-69
biossimulação, 150-1, 211-5, 259-69
IA e, 211-5, 264-5
impressão 3D em, 201, 202, 203
nanotecnologia em, 201, 273, 279-85, 300-1
MEDO, 87
MEIOS de comunicação, 143
viés de más notícias, 126-8, 131-2
MELHORAMENTO de plantas, 220
MEMÓRIA
associativa, 46
contextual, 64
muscular, 39
MERCADO de ações, 128
MERKLE, Ralph, 271, 272, 274, 288
METABOLISMO, 73, 274, 280, 283
METACULUS, 21-22
METAVERSO, 187
MICROSCOPIA de tunelamento de varredura, 275
MICROSOFT, 64, 145
MICROSOFT Office, 63
MICROTÚBULOS, 373n
MÍDIAS sociais, 9, 230-1, 252, 278
MIDJOURNEY, 58, 229, 242
MILLENNIALS, 146, 161
MIND *Children* (Moravec), 72
MINERAÇÃO de dados, 113
MINIATURIZAÇÃO, 185
MINSKY, Marvin, 64, 100
MIOPIA histórica, 168
MIPS (milhão de instruções por segundo), 183, 322
MÍSSEIS de cruzeiro, 294
MIT (Instituto de Tecnologia de Massachusetts), 22, 35, 64, 142, 153, 183, 184, 189, 230, 259
MITOCÔNDRIAS, 104
MOBILE Pentium MMX, 182, 334
MODERNA, 260, 297
Ver também Covid-19, vacinas
MONA *Lisa* (Da Vinci), 61
MONÓCITOS, 286
MONTADORES moleculares, 274-5
MONTE Everest, 187
MOORE, Gordon, 48, 184
MORALIDADE, 91, 101
consciência e, 86-7
MORAVEC, Hans 72, 112, 268, 269, 322
MOSCAS-DAS-FRUTAS, 87
MOTORES a jato, 125

MÓVEIS impressos em 3D, 201
MT486DX, 333
MUDANÇAS de paradigma, 15-8, 79
    Ver também épocas
MUNDO de prótons, 108
MULTIMODALIDADE, 58
MÚSICA, 45, 70, 117-8, 203, 242
MUSK, Elon, 81, 305
MUZERO, 50-2, 59
MYCIN (sistema), 24-5

N

NANOARMAS, 298-9
NANOBÔS/NANORROBÔS
    autorreplicação de, 13, 38, 107, 269-72, 275, 284, 297-8
    em biomassa, 273, 299
    gosma azul, 301-2
    gosma cinza, 272, 299-302
    médicos, 148-9, 206-11, 257-68
    montadores moleculares, 274-5
    neocórtex conectado à nuvem, 18, 80-4, 243, 266-7, 317-8
    no sangue, 81, 214, 269, 282-3, 286-7
    "problema dos dedos gordos" e "problema dos dedos pegajosos", 273
    prolongamento radical da vida, 148-9, 208-11, 278-90, 309-10
    riscos e perigos, 297-302
NANOCRISTAIS, 189
NANOFIOS, 189, 274
NANOSYSTEMS (Drexler), 273, 274
NANOTECNOLOGIA, 9, 12-3, 268-89
    aplicação na saúde e na longevidade, 278-89
    corpos artificiais, 113
    debate Smalley-Drexler, 272-3
    desenvolvimento e aperfeiçoamento, 268-78
    diamantoides, 274, 282, 284
    diretrizes de segurança, 301
    em energia renovável, 189-90
    escassez física, 277, 278
    ferramentas e técnicas, 274-8
    na indústria, 179, 272-9
    na medicina, 148-9, 206-11, 257-68
    origens e história da, 272-9
    projetos e designs, 272-9
    riscos e perigos, 298-302
    uso militar de, 298-302
    Ver também nanobôs/nanorrobôs
NANOTUBOS, 189, 274

NÃO linearidade, 32-3
NARRATIVA e viés de negatividade, 124-6, 130-1
NATURE Medicine, 266
NAVIO de Teseu, 102, 103
NBC (rede de TV), 241
NEOCÓRTEX, 21, 40, 43-50, 283
    anatomia do, 44-6, 47-8
    aprendizagem profunda recriando poderes do, 50-4
    conectado à nuvem, 18, 80-4, 243, 266-7, 317-8
    função do, 44-6, 47-8
    hierarquias no, 47-8
    livre-arbítrio e, 99-100
    treinamento, 68-9
    uso do termo, 43-4
NEOLÍTICOS, 89
NEUMANN, John von, 270, 272
NEURALINK, 81, 267, 369n
NEUROGRÃOS, 82
NEURÔNIOS, 81, 87, 103
    redes neurais, 30-4
    velocidade de computação cerebral, 40-1, 42, 45, 71, 269-70, 270-1
NEUTRONS, 15, 107, 108
NEW Kind of Science, A (Wolfram), 93
NEW York Times, The, 132
NEW Yorker, The, 22
NEWELL, Allen, 23
NEWTON, Isaac, 48
NMDA (receptores), 104
NOBEL (Prêmio), 132
NORMANDIE (navio), 125
NOSTALGIA, 127-128
NOVO iluminismo, O (Pinker), 124
NOTTINGHAM, tecelões de, 217
    Ver também luditas
NÚCLEO, 82, 275
NÚMEROS primos, 23
NUTRIÇÃO, 209, 221, 279

O

ONDE os fracos não têm vez (filme), 111
OPENAI
    ChatGPT, 58, 59, 217
    CLIP, 43
    Codex, 60
    DALL-E, 58-9
    GPT-2, 56
    GPT-3, 56, 57, 58, 59, 261, 359n
    GPT-3.5, 58, 59

GPT-4, 10, 17, 62-6, 75
Ver também grandes modelos de linguagem
ORGANISMOS geneticamente modificados (OGMs), 309
ORGANISMOS unicelulares, 87
ORGANIZAÇÃO das Nações Unidas (ONU), 152, 186, 298
　Objetivos de Desenvolvimento do Milênio (ODM), 152
ORGANIZAÇÃO do Tratado do Atlântico Norte (OTAN), 298
ORGANIZAÇÃO Internacional do Trabalho (OIT), 162
ORGANIZAÇÃO para a Cooperação e o Desenvolvimento Econômico (OCDE), 152, 216
ÓRGÃOS transplantados, 203
ORIGEM *das espécies, A* (Darwin), 48
ORIGEM do universo, 37-8, 106-7
OSBORNE, Michael, 216, 240
OTIMISMO, 132, 133, 179, 255, 294
ÓVULO (célula reprodutiva), 106
OXIDANTES, 282
OXIGÊNIO, 80, 107, 195, 209, 283

P

PADRÃO de vida, 237, 245
PADRÕES de ação fixos, 41
PAÍSES Baixos
　alfabetização, 136, *137*
　índices de criminalidade, *164*
　taxa de pobreza, *129*
PALAVRAS cruzadas, 74, 366n
PAN Am, 125
PÂNCREAS, 283
PANDEMIA de Covid-19 *ver* Covid-19 (pandemia)
PANPROTOPSIQUISMO, 91-2, 97, 99, 101, 105, 112, 116
　Ver também Chalmers, David
PAPERT, Seymour, 35-6
PARADOXO de Moravec, 112
PARALEGAIS, 229
PARALELISMO, 43, 72, 271
PARALISIA, 81
PASSATEMPOS, 93
PC's Limited, 386, *182*, 332
PDP-8, 180, 329
PENICILINA, 147
PENROSE, Roger, 109
PENSAMENTO analógico, 46, 48, 59

PENTIUM, 64, *182*, 334
PENTIUM 4, 181, *182*, 322, 336, 338
PENTIUM Dual-Core E2180, *182*, 339
PENTIUM II, *182*, 335
PENTIUM III, *182*, 335
PENTIUM Pro, *182*, 334
PERCEPÇÕES equivocadas, 131
PERCEPTRONS (Minsky e Papert), 35-7
PERCEPTRONS, 35-7, 66
　Ver também redes neurais
PERDA auditiva, 81
PERTURBAÇÕES sociais, 251-2
PESSIMISMO, 132
PESSOAS transgêneras, 120
PESTE bubônica, 295
PESTICIDAS, 198, 221
PETRÓLEO, 69
PIB, 127, 156-7, 230-1
　despesas líquidas com assistência social, 244-5, *246*
　EUA per capita, *156*
PICHAÇÕES, 165
PINKER, Steven, 124, 132, 167-8, 252
PIRSIG, Robert M., 291
PLATÃO, 127
POBREZA, 151-61, 164
　índices nos EUA, 153, *153*
　população mundial, *129*, 129-30
　saneamento e, 119-120
　taxas decrescentes, 121-2, 151-61, *153*, *154*
POESIA, 58, 68
POGGIO, Tomaso, 22
POLARIZAÇÃO, 251
POLEGARES opositores, 268
POLICIAMENTO, 165, 255
POLÍTICA, 143
　deepfake (vídeos falsos), 111
　direito a voto, 178
　escassez física e, 277, 278
　livre-arbítrio e, 92-4
　sistema de assistência social e, 244
　viés de más notícias e, 128
POLUIÇÃO, 166, 169, 186, 198-205, 250
PONG (videogame), 51, 81
PONTOS quânticos, 189
PORTAS lógicas, 271, 288
POSICIONAMENTO de átomos baseado em feixe de elétrons, 275
PREÇO/DESEMPENHO da computação, 11, 11, 12, 23-4, 38, 48, 65, 66-8, *67*, 71, 72, 73, 180-8, *181*-2, 198-9, 319-44
PREDETERMINAÇÃO, 300

PRÊMIO Millennium, 70
PRIMAVERA Árabe, 179
PRIMEIRA Guerra Mundial, 178, 255
PRINCÍPIO antrópico, 109
PRÍONS, 209
PROBABILIDADE *a priori*, 133
PROBLEMA da caixa preta, 26
PROBLEMA dos dedos gordos e dos dedos pegajosos, 273
PROCESSAMENTO de linguagem hiperdimensional, 52-5
PRODUÇÃO de milho, 196
PRODUÇÃO descentralizada, 202-3
PRODUTO Interno Bruto *ver* PIB
PRODUTIVIDADE, 221, 230-3
PRODUTOS químicos antibacterianos na água, 195
PROFISSIONAIS do sexo, 215-6
PROGRAMAÇÃO de computadores, 60, 70, 136
PROGRESSO, 126-212
 acesso à água potável, 194-6
 agricultura vertical, 186, 188, 195, 196-9, 221
 alfabetização e educação, 123-4, 135-9
 declínio da pobreza e aumento da renda, 140-1, 150-62
 declínio da violência, 163-169
 disponibilidade de vasos sanitários com descarga, eletricidade, rádio, TV e computadores, 140-7
 energia renovável, 169-80
 expectativa de vida, 147-50
 impressão 3D, 200-6
 Lei dos Retornos Acelerados, 124-5
 maré crescente de, 211-2
 percepções públicas *vs.* realidade do, 123-33
 propagação da democracia, 175-80
 velocidade de escape da longevidade, 206-11
PROJECT Debater, 75
PROJETO Genoma Humano, 148, 206, 295
PROJETO Wolfram Physics, 97
PROLONGAMENTO radical da vida, 148-9, 208-11, 278-90, 309-10
 aplicação de nanotecnologia, 278-290
 primeira ponte para, 148, 278, 403*n*
 quarta ponte para, 140, 210, 403*n*
 riscos e perigos, 309-10
 segunda ponte para, 148, 403*n*
 terceira ponte para, 149, 403*n*
 velocidade de escape da longevidade, 206-12, 278-90

PROLONGAMENTO sub-reptício da vida, 283
PROPRIEDADE intelectual, 203
PRÓTESES cerebrais, 103
PRÓTESES de hipocampo, 103
PRÓTONS, 15, 107, 108
PROVERB (IA solucionadora de palavras cruzadas), 366*n*
PULMÕES, 203, 283, 287
PURIFICAÇÃO e distribuição de água, 194-6
PYTHON (linguagem de programação), 60

Q

QUALIA, 86, 87-9
 difícil problema da consciência e, 89-92
 qualidade de vida
 progresso em, 123-4, 126-7, 281
 percepções públicas *vs.* realidade do progresso, 123-33
 Ver também saúde e bem-estar
QUARKS, 107-8
QUARKS down, 107
QUARKS up, 107
QUBITS, 275
QUÍMICA, 15-6, 107, 274
QUIMIOTERAPIA, 284

R

RACIOCÍNIO de "cadeia de pensamento", 61
RACIOCÍNIO inferencial, 60
RADICAL Abundance (Drexler), 185
RADIO, 143-4, 144, 178
RAIN man (filme), 70
RAND Corporation, 23
RATO-VEADEIRO, 41
REAÇÕES e nanobôs/nanorrobôs autoimunes, 286
REALIDADE aumentada (RA), 177-8, 243, 310
REALIDADE virtual (RV), 177-8, 310, 315
RECONHECIMENTO de imagem, 58-9
RECONHECIMENTO de padrões, 28, 29-30, 261
RECONHECIMENTO facial, 110, 112
REDES neurais, 10, 27, 27-35, 215, 266
 assíncronas, 33
 definir a topologia, 28-9
 diagrama de rede neural simples, 27
 IA e linguagem, 52-4
 input do problema, 27-8

Perceptrons, 34-5, 36, 66
  principais decisões de design, 30-2
  profundas, 52-3, 170, 215, 436n
  síncronas, 33
  testes de reconhecimento, 29-30, 32
  treinamento, 30
  variações, 33
REDUÇÃO objetiva orquestrada (Orch OR), 373n
REES, Martin, 108-9
REGRA se-então, 24
REGRESSÃO à média, 133
REGULAMENTAÇÕES ambientais, 166
REINO Unido
  armas nucleares, 293
  educação e alfabetização, 137, *137*, *139*
  expectativa de vida, 147-50
  índices de criminalidade, *164*
  Princípios de Asilomar, 305, 307
  propagação da democracia, 175-80
  sistema de assistência social, 244, *244*
  taxa de pobreza, *129*
RELATÓRIO Global de Talentos em IA, 21
RELÉS eletromecânicos, 184
RENASCIMENTO, 176
RENDA, 123-4, 151-61, 169
  básica universal (UBI), 247
  média dos EUA por hora trabalhada, 159-60, *160*
  EUA per capita, *158*, 158-9
REPLICANTES, 111-5
  conversa com meu pai-robô, 117-9
REPRODUÇÃO sexuada, 295
RESSONÂNCIA magnética funcional (fMRI), 68, 80
RETORNOS acelerados *ver* Lei dos Retornos Acelerados
REUNIÕES virtuais, 187
REVOLUÇÃO Industrial, 160, 220-2, 224, 229
REVOLUÇÃO Inglesa, 177
REVOLUÇÕES de 1848, 178
RIBOSSOMOS, 273
RITCHIE, Hannah, 164
RNA mensageiro, 296
ROBINSON, James, 142
ROBÔS sociais, 113
ROBÓTICA, 110-1
  cirurgias, 256
  fabricação, 198, 214
  riscos e perigos, 300-2
  Ver também nanobôs/nanorrobôs
ROEDORES, 42, 87
ROOSEVELT, Franklin D., 141
ROSENBLATT, Frank, 22, 34-7
ROSER, Max, 164
ROSS, Hugo, 109
ROUPAS impressas em 3D, 185, 201
ROUTLEDGE, Clay, 127
RUBY (linguagem de programação), 60
RÚSSIA, 292, 294, 305
RUTLEDGE, Pamela, 127
RUTTER, Brad, 74

S

SAARA, deserto do, 191
SANDBERG, Anders, 73, 115
SANEAMENTO, 123-4, 134, 140-1, *141*
SANTILLANA, Mauricio, 265
SAPATOS impressos em 3D, 201
SARS (síndrome respiratória aguda grave), 296
SARS-CoV-2, 297
  Ver também pandemia de Covid-19
SATÉLITES, 97
SAÚDE e bem-estar, 257-87267
  aplicação de nanotecnologia em, 267
  combinação de IA com biotecnologia, 257-258
  desenvolvimento e aperfeiçoamento da nanotecnologia, 268-89
SCHWARZENEGGER, Arnold, 111
SCIENTIFIC American, 270
SEARLE, John, 57, 372n
SEDOL, Lee, 50
SEGUNDA Guerra Mundial, 138, 143, 151, 160, 178, 222, 255, 429n
SEGURANÇA cibernética, 249
SELEÇÃO natural, 32, 41, 48, 206
SENSO comum, 64, 65, 76
SEPSE, 266
SEQUENCIAMENTO do genoma, 10, 148, 206, 296
SHAKESPEARE, William, 87, 127
SHAW, J. C., 23
SHŌGI, 50
SIMON, Herbert A., 15
SIMULAÇÃO biológica (biossimulação), 206-11, 263-5
SILÍCIO negro, 189
SINAPSES, 71, 104
SINDICATO Internacional de Telecomunicações (UIT), 243, 400n
SÍNDROME do encarceramento, 86
SINGER, Peter, 168
SINGULARIDADE
  cronograma para, 9, 10, 11-14, 21-22

definição de, 83
previsão do autor para 2029, 18, 22, 23, 73
uso do termo, 9, 10
SINGULARIDADE *está próxima*, A (Kurzweil) 9, 15, 16, 49, 60, 71, 124, 213, 269
SÍNTESE proteica, 285
SISTEMA bancário, 228
SISTEMA de assistência social, 244-248, 252
despesas dos países, 244, 244-5
despesas totais dos EUA, 245, *245*, *246*, *247*
SISTEMA de nomes de domínio da internet, 146
SISTEMA imunológico, 203, 209, 259, 284, 301
SISTEMAS baseados em regras, 25, 48
SITUAÇÃO hipotética de substituição gradual, 103
SLINGSHOT, 195-196
SMALLEY, Richard, 272-3
SMARTPHONES, 10, 142, 217, 256-7
atividade econômica, 145, 191, 192, 202
economia de aplicativos, 239-40
iPhone, 145, 177-8, 242-3
penetração no mercado, 145, 177-8, 242-3, 400*n*
preço/desempenho, 160, 177-8, 233
SNAP (Programa de Assistência à Nutrição Suplementar), 245
SNAPDRAGON, 810
SOCIEDADE da mente, 100
SOFRIMENTO, 88, 180, 241, 252, 309
SOLARWINDOW Technologies, 189
SOPHIA (robô), 113
STABLE Diffusion, 229, 242
STAR (Robô Autônomo de Tecido Inteligente), 267
STAR *Wars* (filmes), 126
STARCRAFT II (videogame), 51
STEPHENSON, Neil, 274
STIRLING (motor), 196
STRANGER *Things* (programa de TV), 241
STREAMING, 144, 146, 241-2
SUBCONSCIENTE, 39-40
SUPER *Bowl* (1984), 145
SUPERCENTENÁRIOS, 279
SUPERCOMPUTAÇÃO, 170
SUPERNOVAS, 16, 108
SUPERSTIÇÃO, 76
SUPERVÍRUS, 295

T

TECNOLOGIAS criptografadas, 238
TEORIA de tudo, 97
TALK *to Books*, 54-5, 79, 117-9
Ver também Google
TALOS de Creta, 20
TECNOLOGIA "do pensamento ao texto", 81-2
TECNOLOGIAS de informação (TI), 231-4
crescimento exponencial das, 124-5, 131-2, 146, 154, 178, 182-3, 186, 214, 259
propagação da democracia e, 175-80
Lei dos Retornos Acelerados *ver* Lei dos Retornos Acelerados
preço e poder, 154, 182, 183-4, 218, 235-8
TEGMARK, Max, 373
TELETRABALHO, 136, 161
TELEVISÃO, 140, 143-4, 145, 241
TELÔMEROS, comprimento dos, 149
TENCENT, 21
TEORIA da mente, 45, 66
TEORIA da relatividade geral, 48
TEORIA das janelas quebradas, 165
TEORIAS da conspiração, 249
TERRORISMO, 294
TESTE do espelho, 70, 86
TESTE de Turing, 17-18, 20-1, 73-9
aprovação, 17-8
ponto de vista panprotopsicista, 20-1
TESTES acadêmicos, 62
TESTES clínicos, 264
IA e biossimulação, 206-11, 263-5
TETO de complexidade, 25, 64
TIGRES, 97
TIKTOK, 232, 239
TINDER, 253
TITAN X, 182, 341
TOTALITARISMO, 325, 326
TOXICIDADE ambiental, 166
TRABALHO agrícola (nos EUA desde 1800), 187, 198, 222
TRABALHO infantil, 162, *163*
em declínio em todo o mundo, *163*
TRANSCEND (Kurzweil e Grossman), 278
TRANSFORMADORES, 55, 56, 110
TRANSISTORES, 181, 184, 269
TRANSPLANTE de órgãos, 203
TRANSPORTE de cargas, 216
TRATADO de Proibição Parcial de Testes, 479*n*

TRATAMENTO e prevenção de doenças, 286, 296
   combinação de IA com biotecnologia, 257-67
TREMOR essencial, 101
TREWS (Pontuação de Alerta Antecipado em Tempo Real), 266
TROYANSKAYA, Olga, 265
TUBOS de vácuo, 49, 184
TURING, Alan, 20, 70, 74
TV a cabo, 241, 282
TVERSKY, Amos, 132-133

U

UNIÃO Europeia (UE), 75
UNIÃO Soviética, 293
UNIFORMITARISMO, 47
UNITED Therapeutics, 203
UNIVAC 1103, 182, 328
UNIVERSIDADE Brown, 82
UNIVERSIDADE Cornell, 34
UNIVERSIDADE da Singularidade, 287
UNIVERSIDADE de Cambridge, 88
UNIVERSIDADE de Harvard, 265
UNIVERSIDADE de Oxford, 73
UNIVERSIDADE de Pittsburgh, 259
UNIVERSIDADE de Stanford, 346n
UNIVERSIDADE do Sul da Califórnia, 260
UNIVERSIDADE Estadual de Dakota do Norte, 127
UNIVERSIDADE Estadual de Michigan, 286
UNIVERSIDADE Estadual do Colorado, 127
UNIVERSIDADE Flinders, 259
UNIVERSIDADE Johns Hopkins, 266
UPLOAD da mente, 73-4, 105, 115-6, 210
   situação hipotética do "Você 2", 101-5, 112, 113

V

VACINAS, 249, 260, 297
VALE da estranheza, 111, 113
VANDALISMO, 165
VASOS sanitários com descarga, 124
VEÍCULOS autônomos, 51, 188, 213-4, 228-9, 234, 250-1, 277
   Ver também carros autônomos
VELOCIDADE de escape da longevidade, 206-11
VELOCIDADES de tecnologia de transporte, 125
VIDA pós-morte, 110-9

VIÉS de más notícias, 126-8, 131-2
VIÉS de seleção, 126
VIÉS de seleção do observador, 109
VIESES cognitivos, 131
VIOLÊNCIA, 163-9
   declínio da, 163-9
   nos EUA, 166, 167, 167, 168
   percepção pública do aumento, 168
VÍRUS, 260, 295-8
   Ver também pandemia de Covid-19
VOZ, 48, 67

W

WALKER, Richard, 127
WALL-E (filme), 58
WATSON (computador), 74-5
WAYMO ver Google
WBE (emulação de cérebro inteiro), 115
WEIBEL, Peter, 268
WFFs (fórmulas bem formadas), 23
WIKIPÉDIA, 46, 78, 184, 233, 254, 278
WILSON, James Q., 165
WINDOWS 11, 176
WIRED, 297
WOLFRAM, Stephen, 93, 94
WORK, Robert, 305
WORKSHOP do Dartmouth College sobre IA, 20
WORKSHOP sobre Normas de Políticas de Pesquisa em Nanotecnologia Molecular, 301
WORSTALL, Tim, 232-3
WRIGLEY, Mckay, 58

X

XADREZ, 49
XEON, 182, 337
XOR (função computacional), 35

Y

YOUTUBE, 111, 239, 250
YUDKOWSKY, Eliezer, 71

Z

z2, 181, 321, 322, 324
z3, 181, 325
ZEN e a arte da manutenção de motocicletas (Pirsig), 291
ZUMBIS, 89-92, 372n
ZUSE, Konrad, 180

AGRADECIMENTOS

Eu gostaria de expressar minha gratidão à minha esposa, Sonya, por sua amorosa paciência durante as vicissitudes do processo criativo e por compartilhar ideias comigo ao longo de cinquenta anos.

Aos meus filhos Ethan e Amy, à minha nora Rebecca, ao meu genro Jacob, à minha irmã Enid e aos meus netos Leo, Naomi e Quincy, por seu amor, inspiração e ótimas ideias.

À minha falecida mãe, Hannah, e ao meu falecido pai, Fredric, que em caminhadas pelos bosques de Nova York me ensinaram o poder das ideias, e que, desde quando eu era muito jovem, me deram a liberdade de experimentar.

A John-Clark Levin, por seu meticuloso trabalho de pesquisa e inteligente análise dos dados que servem como o alicerce deste livro.

Ao meu editor de longa data na Viking, Rick Kot, por sua liderança, orientação inabalável e engenhoso trabalho de edição.

A Nick Mullendore, meu agente literário, por sua orientação astuta e entusiástica.

A Aaron Kleiner, meu parceiro de negócios de longa data (desde 1973), por sua dedicada colaboração nos últimos cinquenta anos.

A Nanda Barker-Hook, pela talentosa e qualificada assistência na escrita e pela supervisão e gerenciamento especializados de meus discursos e palestras.

A Sarah Black, por seus extraordinários insights de pesquisa e organização de ideias.

A Celia Black-Brooks, por seu atencioso apoio e hábil estratégia no compartilhamento de minhas ideias com o mundo.

A Denise Scutellaro, pela forma competente de lidar com minhas operações comerciais.

A Laksman Frank, pelo excelente design gráfico e ilustrações.

A Amy Kurzweil e Rebecca Kurzweil, pelos conselhos sobre a arte da escrita e por seus maravilhosos exemplos de livros de muito sucesso.

A Martine Rothblatt, por sua dedicação a todas as tecnologias que discuto no livro e por nossas duradouras colaborações no desenvolvimento de exemplos excepcionais nessas áreas.

À equipe Kurzweil, que contribuiu para este projeto com uma considerável quantidade de pesquisa, escrita e apoio logístico, incluindo Amara Angelica, Aaron Kleiner, Bob Beal, Nanda Barker-Hook, Celia Black-Brooks, John-Clark Levin, Denise Scutellaro, Joan Walsh, Marylou Sousa, Lindsay Boffoli, Ken Linde, Laksman Frank, Maria Ellis, Sarah Black, Emily Brangan e Kathryn Myronuk.

À dedicada equipe da Viking Penguin por todo o seu zeloso conhecimento especializado, incluindo Rick Kot, editor executivo; Allison Lorentzen, editora executiva; Camille LeBlanc, editora associada; Brian Tart, editor; Kate Stark, editora associada; Carolyn Coleburn, agente de publicidade executiva; e Mary Stone, diretora de marketing.

A Peter Jacobs, da CAA, por sua inestimável liderança e apoio em minhas palestras.

Às equipes da Fortier Public Relations e da Book Highlight, por sua excepcional experiência em relações públicas e orientação estratégica na divulgação deste livro mundo afora.

Aos meus leitores especializados e leigos, que forneceram muitas ideias inteligentes e criativas.

E, finalmente, a todas as pessoas que têm a coragem de questionar suposições ultrapassadas e usar a imaginação para fazer coisas que nunca foram feitas. Vocês me inspiram.

TIPOGRAFIA	Freight Pro [TEXTO] Nagel VF e Freight Pro [ENTRETÍTULOS]
PAPEL	Pólen Natural 70 g/m² [MIOLO] Cartão Supremo 250 g/m² [CAPA]
IMPRESSÃO	Ipsis Gráfica [AGOSTO DE 2024]